本书（第2版）为同济大学研究生教材建设项目（20[illegible]20）资助出版

永磁同步电动机变频调速系统及其控制

第2版

袁登科　徐延东　李秀涛　编著

机 械 工 业 出 版 社

本书是在第1版的基础上修订而成的，内容覆盖数学模型、仿真建模和应用实例三个层面，从简单实用的角度，较为全面地介绍了永磁同步电动机变频调速系统的主要构成部分的工作原理与控制技术。

本书具体内容包括：永磁同步电动机的结构与基本工作原理、动态数学模型、仿真模型以及有限元分析建模；电压型逆变器的工作原理、仿真建模与常见的PWM控制技术；永磁同步电动机的工作特性及其在正弦交流电压源、电压型逆变器供电下的工作特性；用于电机控制的常见数字微控制器及PWM算法实例；永磁同步电动机的转子磁场定向矢量控制技术和直接转矩控制技术；永磁同步电动机变频调速系统应用实例；永磁同步电动机典型试验；附录中提供了部分MATLAB仿真模型及其部分代码、MTPA公式汇总、英飞凌XMC1300单片机的SVPWM程序、基于SIMULINK的TMS320F2812矢量控制程序、SVPWM的调制电压及逆变器输出电压的频域分析、电机调速系统相关的一些标准名称。

本书可以用作高等院校电气工程及其自动化专业高年级本科生、电力电子与电力传动方向研究生的教材，也可供从事电动汽车、轨道交通车辆牵引、风力发电系统等交流电机调速方面工作的科技人员阅读。

本书配有仿真程序，欢迎读者登录www.cmpedu.com免费下载。

图书在版编目（CIP）数据

永磁同步电动机变频调速系统及其控制/袁登科，徐延东，李秀涛编著. —2版. —北京：机械工业出版社，2022.12（2024.1重印）

ISBN 978-7-111-72468-1

Ⅰ.①永… Ⅱ.①袁… ②徐… ③李… Ⅲ.①同步电动机-变频调速-研究 Ⅳ.①TM341

中国版本图书馆CIP数据核字（2022）第255499号

机械工业出版社（北京市百万庄大街22号 邮政编码100037）

策划编辑：林春泉　　责任编辑：林春泉　朱　林

责任校对：樊钟英　李　杉　　封面设计：王　旭

责任印制：张　博

北京雁林吉兆印刷有限公司印刷

2024年1月第2版第2次印刷

184mm×260mm · 27印张 · 657千字

标准书号：ISBN 978-7-111-72468-1

定价：119.00元

电话服务　　网络服务

客服电话：010-88361066　　机　工　官　网：www.cmpbook.com

010-88379833　　机　工　官　博：weibo.com/cmp1952

010-68326294　　金　书　网：www.golden-book.com

机工教育服务网：www.cmpedu.com

前　言

电机调速系统采用各类电动机将电能转换成机械能，为机械负载提供源动力，在电动汽车、城市地铁、干线铁路等交通工具中，在冶金、纺织等各工业生产线中，在空调、电冰箱等人们日常生活等众多领域内发挥着不可替代的作用。

交流电机调速系统采用交流电动机提供负载所需源动力，它是电机学、交流电机调速理论、自动控制理论、电力电子技术、微电子技术等学科的有机结合与交叉应用。自20世纪70年代以来，随着上述学科日渐成熟，加之交流电机在体积、重量、维修、可靠性、效率等方面优于直流电机，目前实际应用的电机调速系统已经从直流电机调速系统转为交流电机调速系统，并处于从传统电机向新型电机过渡的阶段。

近些年来，随着永磁材料性能的不断提升和成本的降低，采用永磁材料的各类电机（特别是永磁同步电机）已经在广受瞩目的电动汽车中得到较多的应用，并且在新能源如风能开发与利用、铁道与城市轨道交通等领域也崭露头角。由于在体积、重量、效率等方面有较大优势，永磁电机的应用将会更加普及。

为顺应永磁同步电机应用发展趋势以及便于读者理解，本书围绕永磁同步电机变频调速系统及其控制技术，从数学模型、仿真建模和应用实例三个层面，力争做到将理论分析与简单实用、仿真运用、调速应用相结合，从构成调速系统的各基本单元入手编写了15章内容。

第1章绪论，简要介绍了电机的分类、应用场合、控制策略与研究方法。

第2~5章是基础篇。其中第2章介绍了永磁同步电机（PMSM）的结构及其基本工作原理；第3章推导了永磁同步电机的动态数学模型并对其进行简化；第4章以MATLAB/SIMULINK为仿真平台介绍了永磁同步电机的仿真建模，第2版增加了两部分内容：恒幅值变换与恒功率变换的对比、带有整流器负载的多相永磁同步发电机的电路法建模；第5章介绍了JMAG有限元分析软件在永磁同步电机电磁分析与仿真建模中的应用，第2版增加了JMAG-RT电机模型与SIMULINK的联合仿真内容。

第6~11章是控制篇。第6章分析了永磁同步电机的基本工作特性；第7章分析了在理想正弦交流电压源供电环境下永磁同步电机的工作特性；第8章分析了三相电压型逆变器的结构与工作原理；第9章讲解了电压型逆变器的常用PWM控制技术，第2版增加了两部分内容：不连续空间矢量PWM、过调制区域的SVPWM；第10章分析了在电压型逆变器供电情况下，永磁同步电机调速系统的一些特殊问题，第2版增加了死区对逆变器输出电压的影响以及IGBT逆变器损耗的定量分析内容；第11章介绍了目前几款用于调速系统电机控制的数字微控制器。

第12~15章是应用篇。第12章阐释了永磁同步电机的矢量控制变频调速系统；第13章分析了永磁同步电机的直接转矩控制变频调速系统；第14章举例介绍了永磁同步电机调速系统在电动汽车与城市轨道交通中的应用。第15章主要介绍了PMSM参数的获取及典型试验。

书后的附录提供了SIMULINK仿真模型、基于MATLAB/SIMULINK模型文件的DSP程序开发实例、与电机及电机调速系统相关的部分标准名称等内容，第2版增加了永磁同步电机的标幺值数学模型、MTPA相关公式汇总、英飞凌XMC1300单片机的SVPWM程序、SVPWM的调制电压及逆变器输出电压的频域分析等内容，供读者参考。

本书的特色内容：第3.2节中的PMSM数学模型的详细推导，第4.5节中的恒幅值与恒功率变换的对比分析，第4.6节中的PMSG的电路法建模，第6.3.4节中的PMSM的MTPA分析，第6.6节中的考虑铁耗的数学模型及建模，第7章中的PMSM起动性能分析，第9章中SVPWM及其过调制区的分析，第10章的VSI损耗分析等，第15章PMSM的典型试验及参数测试，附录C中的双模式电机s-函数建模、附录D共模电压注入的SVPWM算法、附录I的SIMULINK使用技巧、附录K三次谐波注入的载波PWM电压谐波及逆变器直流侧电流频谱分析和附录L的PMSM电流响应分析。

本书由袁登科、徐延东、李秀涛编著，陶生桂教授进行审定。徐延东编写第14章，李秀涛编写第11章，袁登科编写其余各章节并负责全书的统稿。

感谢张舟云、龚熙国等业内同行的大力支持，他们为本书的编写和修订提出了宝贵的意见与建议。

本书的编辑工作中，得到了陈最、杨守建、寿利宾、胡展敏、武凯迪、高喆、王凯、徐驰、陈翰寅、薛林燚、姚佑伟、孟禹、冯维宇等的热心帮助，在此表示衷心感谢。

不少读者就本书的内容与作者进行过交流，提出了许多宝贵意见，在此衷心感谢读者的分享！

非常感谢机械工业出版社的林春泉编辑及其同事们，他们为本书的出版提供了大力支持与帮助。

作者对家人及同济大学电气工程系各位同事等给予的支持与关怀表示深深的感谢。

本书的修订工作得到了同济大学研究生教材建设项目（2021JC20）资助。

由于学识、经验和水平有限，书中难免出现不当之处，敬请广大读者批评指正，并给予谅解。电子邮箱：YWZDK@163.COM。机械工业出版社教育服务网www.cmpedu.com提供了本书配套的MATLAB 2020a等版本仿真程序。智慧树平台课程号K6736282（用户登录智慧树平台后，进入我的学堂，在反转课处点击搜索课程）。网盘链接：https://pan.baidu.com/s/1nMV1J00vIfapCH_KKr9ppQ?pwd=1234。

作　者

缩略语及变量符号

AC：Alternating Current，交流

ACR：Automatic Current Regulator，自动电流调节器

ANN：Artificial Neural Network，人工神经元网络

ASR：Automatic Speed Regulator，自动速度调节器

BLDCM：Brushless Direct Current Motor，无刷直流电机

CDTC：Classical DTC，传统直接转矩控制

CHBPWM：Current Hysteresis Band PWM，电流滞环脉冲宽度调制

DC：Direct Current，直流

DSP：Digital Signal Processor，数字信号处理器

DTC：Direct Torque Control，直接转矩控制

FC：Fuzzy Control，模糊控制

FOC：Field Orientation Vector Control，磁场定向控制

GTO：Gate Turn-off Thyristor，门极关断晶闸管

IDTC：Improved DTC，改进型直接转矩控制

IGBT：Insulated Gate Bipolar Transistor，绝缘栅双极型晶体管

IPM：Interior Permanent Magnet Synchronous Motor，内嵌式永磁同步电机

MOSFET：Metal Oxide Semiconductor Field Effect Transistor，金属氧化物半导体场效应晶体管

MTPA：Maximum Torque per Ampere，最大转矩/电流

PI：Proportional Integral，比例积分

PMSM：Permanent Magnet Synchronous Motor，永磁同步电机

PWM：Pulse Width Modulation，脉冲宽度调制

SPWM：Sinusoidal Pulse Width Modulation，正弦脉冲宽度调制

SVPWM：Space Vector PWM，空间矢量脉冲宽度调制

VSI：Voltage Source Inverter，电压型逆变器

VVVF：Variable Voltage Variable Frequency，变压变频

i_1：定子电流矢量

i_d：定子电流 d 轴分量

i_q：定子电流 q 轴分量

i_{1m}：定子电流矢量幅值

I_{lim}：定子相电流幅值的最大值

L_d：定子绕组 d 轴电感

L_q：定子绕组 q 轴电感

n_p：电机极对数

R_1：定子一相绕组电阻

ρ：电机的凸极率

T_e：电机电磁转矩

T_l：电机的负载转矩

U_d：直流电压

U_{lim}：定子相电压幅值的最大值

u_1：定子电压矢量

u_{1m}：定子电压矢量幅值

u_d：定子电压 d 轴分量

u_q：定子电压 q 轴分量

ψ_f：转子永磁体匝链到定子绕组的磁链

ψ_d：定子磁链 d 轴分量

ψ_q：定子磁链 q 轴分量

θ：转子电角位置

θ_m：转子机械角位置

ω：转子电角速度

R_{rion}：电机铁耗电阻

目　录

第1章　绪　　论

本章对电动机的类型、应用特点、控制策略和对电动机变频调速系统常用的研究方法进行简要介绍。

1.1　电动机类型

电动机是一个集电、磁、机械、力、热等能量于一体的复杂物理实体，电动机的研究是一个多物理域内的研究工作。本书从控制与应用的角度入手，主要对电动机的变频调速相关内容进行阐述。

从组成材料上来说，电动机包含导磁材料（如构成铁心的硅钢片提供低磁阻的磁力线通路）、导电材料（如铜、铝等材料提供低电阻的电流通路）、绝缘材料（如直流电动机换向片之间的云母、漆包线的外层漆、线圈与铁心之间放置的环氧）等。

从运动形式上来说，有静止式的电动机——变压器，还有运动式的电动机，后者又可以分为旋转运动与直线运动的电动机。

从结构上来说，电动机包含有定子与转子两大部分。有的电动机定子在外侧，转子在内侧；而有的电动机则正相反。有的电动机定、转子只有一套，而有的电动机定子或者转子则有两套。

电动机种类繁多，分类方法也是多种多样。大部分情况下可以按照电动机工作时所需的是直流电还是交流电分为直流电动机与交流电动机，如图 1-1 所示。

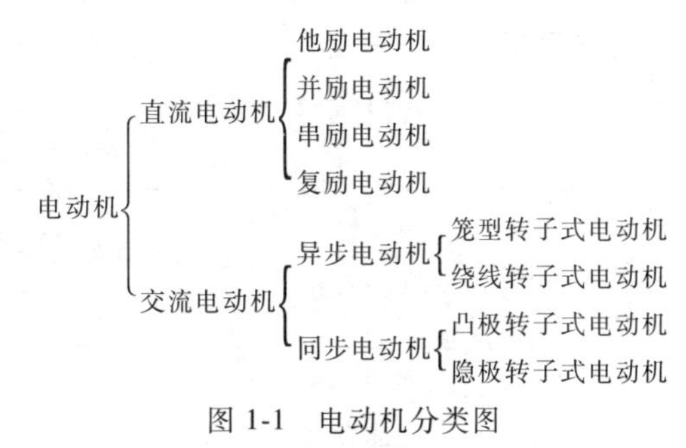

图 1-1　电动机分类图

直流电动机根据励磁绕组与电枢绕组连接方式的不同可分为他励直流电动机、并励直流电动机、串励直流电动机以及采用两套励磁绕组的复励直流电动机。电动机的励磁源可以是电励磁，也可以是永磁体励磁，近年来出现了两者的混合励磁。

交流电动机大体上可以分为交流异步电动机与交流同步电动机。前者负载运行时，电动机转子速度与定子绕组产生的旋转磁场的速度不相等，又称为感应电动机，有笼型转子式交流异步电动机与绕线转子式交流异步电动机之分。两者的不同之处在于转子的结构，后者通过改变转子回路参数可以获得较好的起动与调速特性。交流同步电动机稳定运行时，转子速度始终与气隙旋转磁场速度保持同步。交流同步电动机按转子结构的不同可分为凸极式与隐极式电动机，按照励磁方式的不同则可以分为电励磁、永磁式同步电动机和近年来出现的混合励磁型同步电动机。

随着现代电子技术的发展出现了一些结构与传统电动机结构大不相同的新型电动机，如步进电动机（Stepper Motor）、开关磁阻电动机（Switched Reluctance Motor，SRM）等。这些电动机在工作时必须配以相应的电子装置从而构成电子式的电动机，例如配备有位置传感器以及电子换向器的无刷直流电动机（Brushless Direct Current Motor，BLDCM）。从内部运行规律来说，BLDCM 属于交流同步电动机。

永磁同步电动机（Permanent Magnet Synchronous Motor，PMSM）出现于 20 世纪 50 年代。永磁同步电动机的运行原理与普通电励磁同步电动机相同，但它以永磁体励磁替代励磁绕组励磁，使电动机结构更为简单，降低了加工和装配费用，同时还省去容易出现问题的集电环和电刷，提高了电动机运行的可靠性。由于无需励磁电流，没有励磁损耗，提高了电动机的工作效率。早期的研究主要是围绕固定频率供电的永磁同步电动机，特别是稳态特性和直接起动性能的研究。在工频电源供电条件下，永磁同步电动机无自起动能力，一般通过在转子上安装阻尼绕组，依靠其产生的异步转矩，将电动机起动并加速到接近同步转速，然后由永磁体产生的磁阻转矩和同步转矩将 PMSM 牵入同步。随着电力电子技术和微型计算机的发展，20 世纪 70 年代，永磁同步电动机开始应用于交流变频调速系统。逆变器供电的永磁同步电动机与直接起动的电动机基本相同，但一般不加阻尼绕组。PMSM 的典型结构如图 1-2 所示，主要部件是定子铁心、定子线圈、永磁体、转子铁心和轴等。

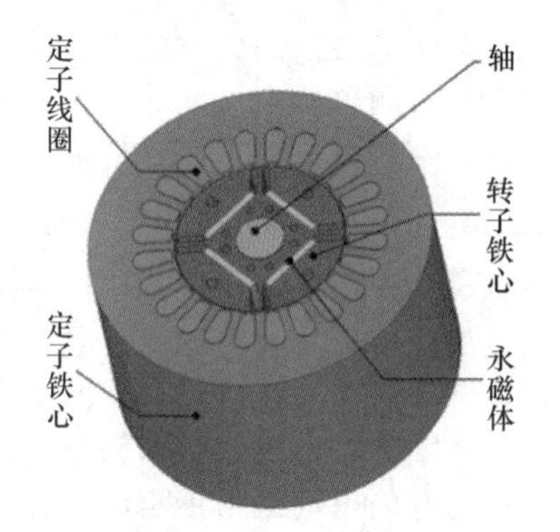

图 1-2　永磁同步电动机结构示意图

依靠连续的转子位置信息，控制好定子绕组的正弦波电流，PMSM 理论上可获得平稳转矩。随着永磁材料性能的不断提高和完善，以及电力电子器件的进一步发展和改进，加上永磁电动机研究和开发经验的逐步成熟，目前永磁同步电动机正向大功率（超高速、大转矩）、高性能化、微型化和智能化方向发展。

表 1-1 给出了不同类型电动机的特点。

表 1-1　不同类型电动机的特点比较

比较项目 \ 电动机类型		直流电动机	异步电动机	开关磁阻电动机	永磁电动机	
					无刷直流电动机	永磁同步电动机
起动性能		○	○	○	○	◎
额定运行点峰值效率		△	○	○	◎	◎
恒功率速度范围	理想	无穷	无穷			无穷
	典型	1.5~3	2~3	2~3	1~2	3~4
	最优	4	4			>7.5
高效率运行区(>85%)占整个运行区 50%以上		△	○	○	○	◎
重量功率密度/(kW/kg)		△	○	○	◎	◎
转矩波动	低速	○	○	△	○	◎
	高速	○	◎	△	○	◎

（续）

比较项目 \ 电动机类型	直流电动机	异步电动机	开关磁阻电动机	永磁电动机	
				无刷直流电动机	永磁同步电动机
电动机可靠性	△	◎	◎	○	○
NVH(振动噪声舒适性)	△	◎	△	○	◎

注：指标按△、○、◎顺序逐步提高。

1.2 电动机应用概述

不同类型电动机的运行特性不同，因而它们分别适用于不同的应用场合。

在20世纪70年代以前，由于交流电动机调速系统复杂，调速性能又无法与直流电动机调速系统相比，因而一直存在这样的格局：直流电动机在电气牵引、生产加工等调速领域内占据霸主地位；交流电动机通常用于基本上无需调速的场合中，例如各种风机、水力发电等。但是交流电动机自身优点众多：结构简单，重量轻，体积小，基本无需维护，单机的速度与功率都可以做得很大，所以当交流电动机现代控制理论、电力电子技术、微型处理器及微型控制器技术发展起来后，从20世纪后期开始便出现了电气传动交流化的浪潮。目前，交流电气传动已经占有统治地位。

以电动客车为例，它对调速性能有较高的要求。早期的电动客车采用直流传动系统。当交流电动机矢量控制系统发展起来后，采用磁场定向矢量控制技术的交流异步电动机调速系统具有了良好的调速性能，加上电动机本身的优点，因而迅速在电动客车上取得了应用。而目前永磁同步电动机有更高的效率、更大的功率体积比，所以采用高性能控制技术的永磁同步电动机在电动客车上的应用成为近年来的研究热点之一。

图1-3给出了某台PMSM及逆变器系统的效率MAP图，可以看出，在较大的区域内，

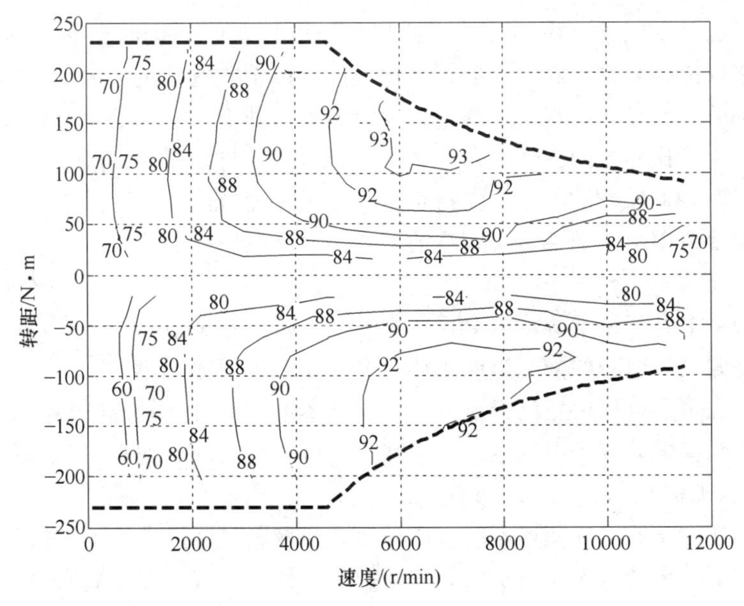

图1-3 某台PMSM与逆变器系统的效率MAP图

电动机传动系统都可以保持较高的工作效率。

1.3　电动机控制策略

直流电动机的控制方法较简单且成熟，其中调节电枢回路电阻最为简单，但是它属于有级调速，并且耗能较多。后来发展到调节电枢电压调速，电动机的调速性能好，属无级调速，但是需要较为复杂与昂贵的调压装置，其中可以采用的调压装置有旋转变流机组、晶闸管相控整流系统、直流 PWM 斩波系统等；当电动机运行在额定电压且需要进一步提高速度就需要采用削弱主磁场的方式进行弱磁调速。

交流异步电动机的调速方法众多，大体上可以根据转差功率的不同分为转差功率消耗型、转差功率回馈型和转差功率不变型三类。早期通常采用第一类方法，例如调节定子电压调速（利用调压装置或者Y/△调速）、调节定子回路或者转子回路电阻、电感等参数调速等。这种方法中电动机的输出功率是通过调节转差功率来实现的，效率较低，现在大部分场合都不采用了。但是在调速要求较低的场合有时会采用晶闸管实现调压（或调功）调速，可以避免起动时产生较大的电流冲击，相应的产品称为电子式软起动器；同时根据机械负载的不同进行简单的电压调节，可以起到提高运行效率的作用。转差功率回馈型交流调速系统主要是串级调速，通过将部分转差功率进行反馈，回送到电网从而可以提高系统效率。而转差功率不变型调速系统主要是变极调速（有级）与变频调速（无级），此时转差功率基本不变，随着输出功率的变化，系统从电网吸收的有功功率也随之变化，始终保持较高的运行效率，并且调速性能也最好。

交流同步电动机稳态运行时不存在转差，因而只能通过改变主磁场的运行速度来进行调速——改变电动机磁极数目（有级）或者改变定子频率（无级变频调速）。

交流电动机变频调速已经广泛应用于各种场合，本书中永磁同步电动机速度的控制就是围绕变频调速展开的。

电动机运行的基本问题（电与磁之间的相互作用）在电动机的控制过程中必须得到很好的处理。由于铁磁性导磁材料存在磁饱和现象，所以希望电动机的磁路工作点处于轻度饱和状态，以便充分利用导磁材料。这样在较大磁场的基础上，相同的电流流过导体就可以有更大的作用力产生。这种控制方法是通过定子电压（U）与定子频率（f）之比（即压频比、伏赫比）保持恒定来实现的，如图 1-4 所示，在较低频率范围内，随着定子频率的增加，定子电压随之成比例上升。

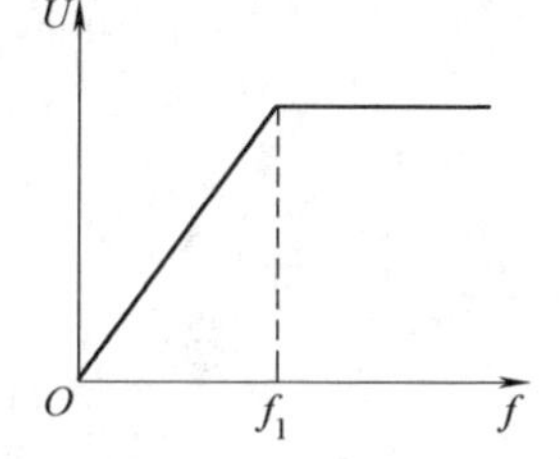

图 1-4　交流电动机变频调速中电压与频率的关系

而当定子频率上升到一定程度（如图 1-4 中 f_1）时，定子电压由于绝缘或者受到供电电源的限制不能继续上升，那么压频比就不能保持恒定了。在定子电压恒定的情况下，定子频率继续上升，磁场逐渐减小，电动机的转速仍可以进一步增加——这就是弱磁升速（与直流电动机相类似）。

进行变频调速的交流电气调速系统可以采用开环控制也可以采用闭环控制。同步电动机在开环控制状态下较易产生失步，从而导致系统的不稳定。这一点在后面第 7 章中正弦波供电永磁同步电动机起动过程的仿真中得到验证。为提高系统的稳定性，同步电动机通常采用

图 1-5 所示的自控式变频控制技术——利用转子位置传感器获取转子位置信号，经过运算得到电动机转子的电角位置以及电角速度，然后根据运行指令的要求（电动机转矩、磁链、电流等），由控制系统通过主电路对电动机的位置、速度和电流等实施闭环控制。

从运行特性上来说，PMSM 与传统电励磁同步电动机没有太多的区别，只不过传统电励磁同步电动机可以通过励磁电流的调节使电动机工作在过励磁与欠励磁的状态，从而可以改变电动机与外界的无功功率交换，用以调节功率因数，同时可以进行弱磁升速的控制；而永磁同步电动机气隙磁场的调节只能通过定子电流中通入额外的去磁电流以抵消转子永磁体在气隙中产生的磁场从而进行弱磁升速。

早期的 PMSM 主要是表面式结构，见图 1-6a。这样，由于永磁体的磁导率与空气相差不大，所以电动机 d、q 轴磁路是对称的（有 $L_d=L_q$），此时电动机相当于传统电励磁同步电动机中的隐极同步电动机。在控制中，根据转子位置确定定子电流矢量的相位（电流超前转子 90°电角度），定子电流幅值 i_{1m} 根据转矩命令的大小确定，见下式：

$$i_{1m}=T_e/(1.5n_p\psi_f)$$

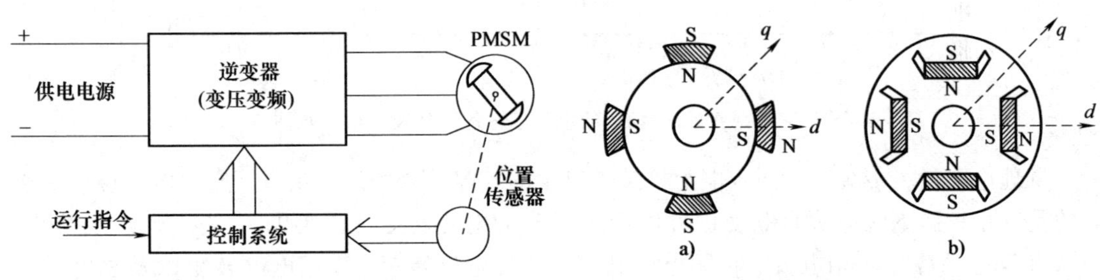

图 1-5 永磁同步电动机自控式变频调速系统框图

图 1-6 表面式与内置式 PMSM 转子结构

研究发现，如果转子永磁体采用内置式的结构，那么磁路将呈现出不对称，如图 1-6b 所示，从而等效于传统电励磁同步电动机中的凸极同步电动机。不过此时有 $L_d<L_q$，这与传统电励磁同步电动机刚好相反。在电动机控制过程中，如果通入沿 d 轴的负向励磁电流（即弱磁电流）时，一方面可以进行弱磁升速，另一方面又可以增加一个磁阻转矩分量，提高功率密度。随着弱磁控制技术研究的不断深入，该类型电动机在电动汽车等需要大功率输出的场合中得到了越来越广泛的应用。另外，近年来又出现磁体分段式转子结构，不同部分的转子呈现出不同的特性，以便使电动机的整体性能得到进一步提升。

BLDCM 在运行特性上与传统同步电动机有较大区别。从发展历程上来说，在 BLDCM 出现之前首先出现的是无换向器电动机，可以说它是 BLDCM 的雏形。无换向器电动机转子励磁产生的依然是正弦分布的磁场（见图 1-8a），而定子绕组采用电流源逆变器供电，通过循环切换逆变器主开关向定子绕组中通以正负半周各自导通 120°电角度、三相互差 120°的直流电流如图 1-7b 所示。这种情况下，电动机可以产生有效的平均转矩；但是由于反电动势为正弦波如图 1-7a 所示，而定子电流为直流，所以存在着较大的转矩脉动，如图 1-7f 中三相的合成转矩。

各种围绕减小转矩脉动的研究展开之后，出现了气隙磁场为梯形波（类似于直流电动机的主磁场）的同步电动机——BLDCM，如图 1-8b 所示的梯形波气隙磁场可以通过优化永磁体形状产生。

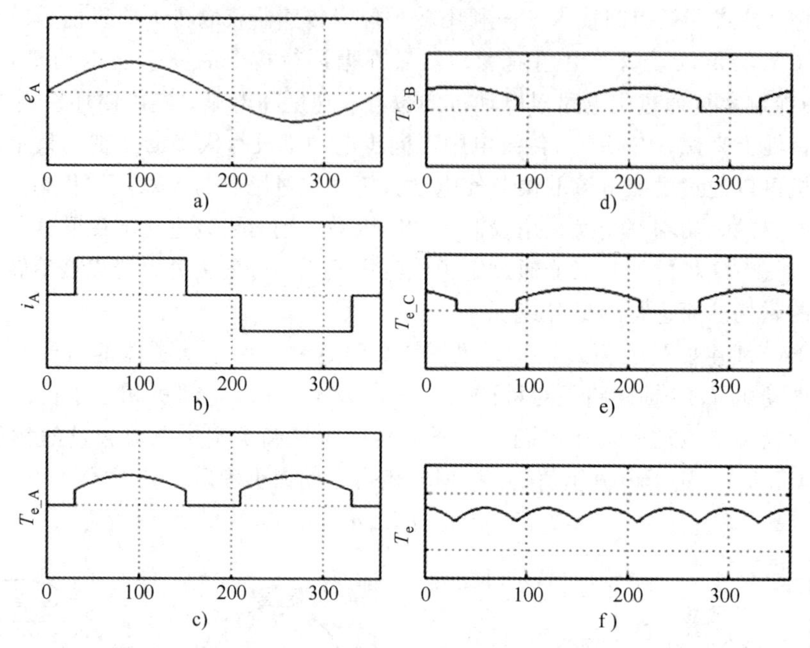

图 1-7　无换向器电动机的电压、电流、转矩波形示意图

从理论上说，传统三相同步电动机转子产生的气隙主磁场是正弦波，定子电枢绕组中通入的是三相正弦电流，从而电动机可以产生恒定的电磁转矩，图 1-9a～1.9e 分别是 PMSM 的 A 相反电动势与 A 相电流、A 相电磁转矩、B 相电磁转矩、C 相电磁转矩以及总电磁转矩。如果电动机旋转时电枢绕组切割的主磁场是恒定的，并且电枢绕组通入的又是恒定的直流电流，那么电动机也可以产生恒定的电磁转矩，图 1-9f～1.9j 分别是 BLDCM A 相反电动势与 A 相电流、A 相电磁转矩、B 相电磁转矩、C 相电磁转矩以及总电磁转矩，图 1-9 的横坐标都是转子电角度。

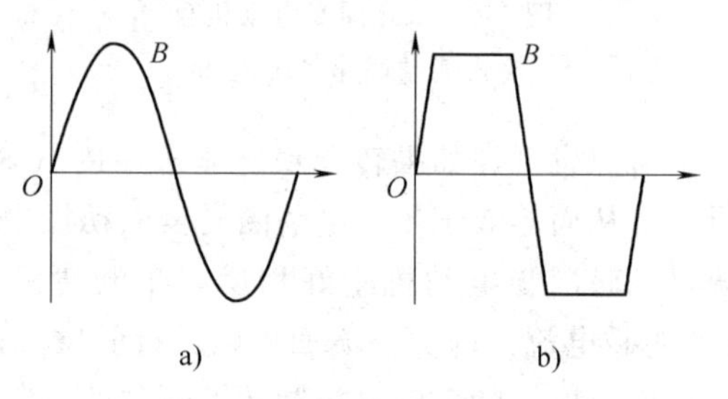

图 1-8　正弦波气隙磁场与方波气隙磁场波形示意图

直流电动机的电气调速系统大体上有三种：转速开环调速系统、转速单闭环调速系统和转速、电流双闭环调速系统，见表 1-2。为了使交流电气调速系统具有类似他励直流电动机转速与电流双闭环系统的良好调速性能，那就不得不研究高性能的控制技术——磁场定向矢量控制（Field Orientation Vector Control，FOC）技术和直接转矩控制（Direct Torque Control，DTC）技术。

交流电动机的控制性能在 FOC 技术问世以后才得到了质的飞跃。FOC 提倡的是励磁电流与转矩电流的解耦控制，从而使磁场控制与转矩控制得到兼顾，克服了交流电动机自身耦合的不足。直接转矩控制技术也是基于磁场与转矩分别独立控制的思想，但采用的是比较巧妙的技术——具有继电器特性的砰砰控制和电压矢量查询表。

交流电动机是一个非线性、强耦合、高阶、多变量的复杂对象，实际运行工况非常复杂，诸多电动机参数都会发生着一定程度的变化（受到温度的影响，电阻会发生变化；受到

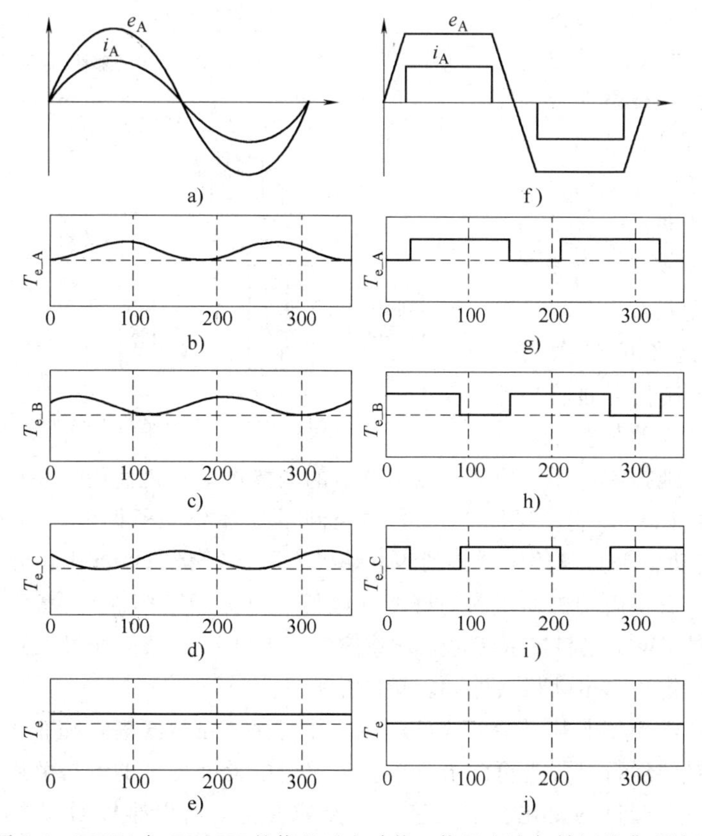

图 1-9　PMSM 与 BLDCM 的绕组反电动势、绕组电流与转矩的典型波形

表 1-2　性能相当的交直流电动机调速系统

直流电动机调速系统	交流电动机调速系统
转速开环调压调速系统	转速开环恒 U/f 变频调速系统
转速单闭环调压调速系统	转速闭环转差频率控制变频调速系统(异步电动机)
转速、电流双闭环调压调速系统	磁场定向矢量控制与直接转矩控制变频调速系统

磁场饱和的影响，定子、转子电感会发生变化；如果使永磁体励磁，那么温度也会影响磁钢的特性与励磁的强弱)，从而影响着交流电动机的实际控制性能。随着自动控制技术的发展，参数辨识技术、自适应控制技术、基于神经网络和模糊控制等先进的控制算法逐步融入电动机控制技术中，以提高调速系统的快速性、稳定性和鲁棒性。

此外，目前市场上已有 JMAG、ANSOFT、FLUX 等有限元法（Finite Element Method, FEM）商业软件，能够对电动机内部的电磁场、电动机的铁耗、磁场谐波、磁路饱和等性能进行准确的分析。

1.4　电动机调速系统的构成及其研究方法

图 1-10 给出了一般化的电气调速系统原理框图。实现电动机的电气调速首先需要一个主电路系统，它以电动机为主体，并由受控的电能变换装置向其供电。现代电能变换装置基本上是由电感、电容、二极管和 IGBT 等器件构成的开关式电能变换装置，该装置将外部的

电能转换成机械动力源（直流电动机或交流电动机）需要的电能。对直流电动机来说电能变换装置通常是电压可以调节的直流电源；对于实施变频控制的交流电动机来说，电能变换装置是指可以变压变频的逆变器。电能变换装置受控于控制系统，可以认为该变换装置就是将 IGBT 等开关器件的 PWM 控制信号进行电压、电流和功率放大的装置。

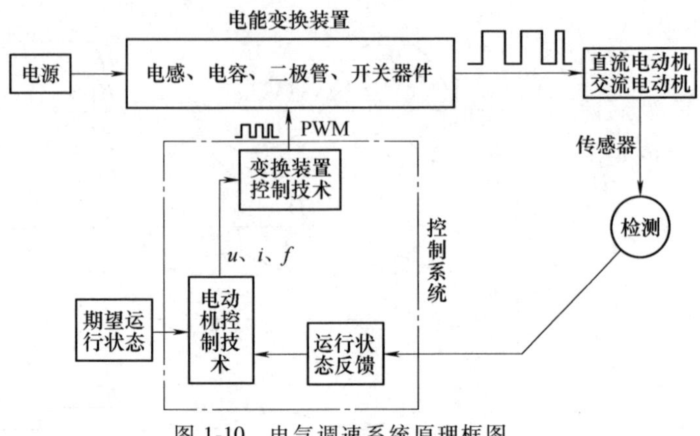

图 1-10　电气调速系统原理框图

为了能够很好地控制电能变换装置输出合适的电能供电动机使用，往往需要对电能变换装置施加高性能的闭环控制，见图 1-10 中的控制系统部分。根据电动机的期望运行状态（转速、转矩或者功率等）和传感器得到的电动机实际运行状态进行比较分析，采用合适的电动机控制技术，获得电动机期望的物理量（电压、电流、频率等）。然后，将该物理量通过电能变换装置的 PWM 控制技术转化成开关信号（0 和 1），从而通过控制电能变换装置输出合适形式的电能实现对电动机转速和转矩的控制。

交流电动机数学模型非常复杂，变量众多，并且存在强烈的耦合和非线性，这些因素导致了难以对电动机的运行过程进行深入分析。求解出电动机变量的解析解通常不大现实；强烈的耦合导致了一个变量的变化会引发诸多变量的变化，所以难以对多个变量同时进行分析，增大了理解和控制的难度；由于存在较强的非线性，所以定性分析在小范围内是可行的，在大范围内可能会出现错误。

研究人员长期以来采用各种方法来对交流电动机调速系统的运行过程进行了研究。早期采用了由各种模拟电路搭建的模拟计算机实现对交流电动机的建模与仿真，这种方法使我们对电动机内部各变量的变化规律有较好的理解。但是模拟计算机与生俱来的温度漂移、数值范围比较有限等缺点限制了它的推广。在数字计算机出现以后，采用各种软件来模拟交流电动机从而实现对其内部变量进行数字仿真得到了广泛的应用，除了 MATLAB 软件，像 PSIM、SABER、PSCAD、PSPICE 等软件都可以对交流电动机进行数字仿真。图 1-11 给出了在 MATLAB/SIMULINK 环境下的 PMSM 仿真模型图。

MATLAB R2018b 提供了面向汽车行业应用的 Powertrain Blockset（动力总成模块集，用于搭建动力传动相关的纵向动力学模型，用于汽车燃油经济性和动力性能的仿真与设计优化）、Vehicle Dynamics Blockset（车辆动力学模块集，提供了完备的车辆动力学模块库和多自由度整车模型，可在 3D 虚拟环境下对车辆驾驶和操控进行模拟）、Automated Driving System Toolbox（自动驾驶系统）等工具集。MATLAB R2020a 推出了 Motor Control Blockset 电机控制模块集，它提供了一系列模块可为交流电机创建和优化磁场定向控制算法。这些模块包括帕克和克拉克变换、无传感器观测器、弱磁、空间矢量发生器和磁场定向控制（FOC）自动调节器。该工具集提供了电机控制算法库为生成紧凑型代码专门做了优化，并且为多个电机控制硬件套件提供现成支持。提供了包括电机控制算法、传感器解码器和观测器、电机参数估计、电机模型等在内的参考示例。用户可以使用模块集包含的电机和逆变器模型，在闭环仿真中验

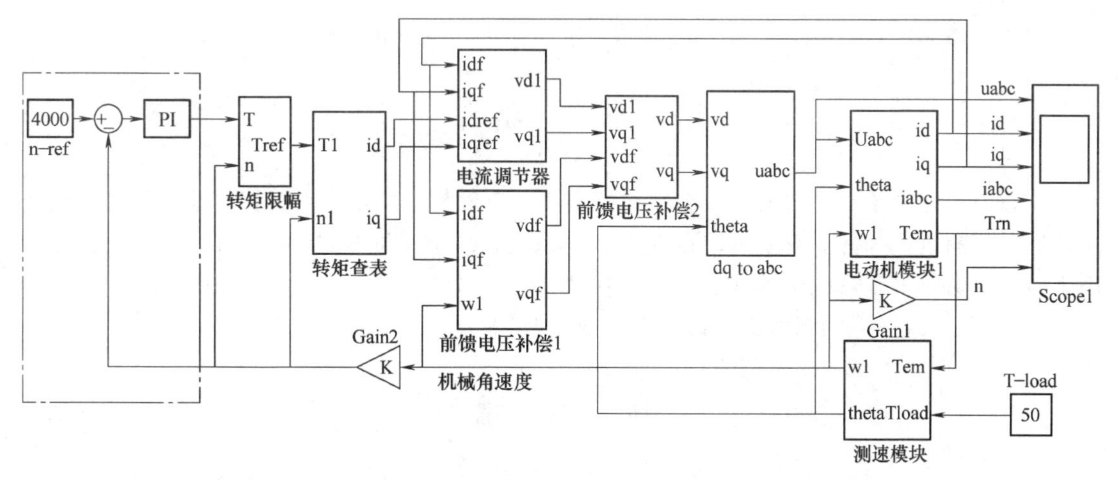

图 1-11 MATLAB/SIMULINK 环境下的永磁电动机系统仿真框图

证控制算法；可以借助模块集参数估计工具，在电机硬件上运行预定义的测试，准确估计定子电阻、d 轴和 q 轴电感、反电动势等；可以将这些电机参数值置入到闭环仿真以分析控制器的设计。MATLAB R2020b 版本提供了全新的 Road Runner Scene Builder 产品，可利用高精度地图自动创建道路网络。MATLAB R2022a 版本推出了 Virtual Vehicle Composer 的 app，使用虚拟车辆组建工具来配置和构建整车模型，实现包括组件选型、燃油经济性和行驶工况的跟踪。

计算机仿真可以以其较低的成本帮助我们实现对电动机运行过程的深入分析。而实际调速系统仍需要使用各种数字控制器实现实时控制，例如微处理器（Microprocessor）、单片微型计算机、高速数字信号处理器（Digital Signal Processor，DSP）等。目前，TI、Infineon、Freescale、Motorola 等公司的高性能数字信号处理器已经在电动机控制领域得到了广泛的应用，DSP 器件已经成为交流电动机控制器的首选。

对采用 DSP 控制的实物系统来说，初学者较难上手，并且系统的成本较高，开发起来也不容易。于是出现了 dSPACE、RT-LAB 等半实物系统仿真：采用 MATLAB 实现控制系统的算法建模，然后将其导入到 dSPACE 硬件平台中，接下来利用 dSPACE 系统提供的接口实现逆变器和交流电动机的控制。所以开发过程较快，成为近些年来较为流行的一种研究方

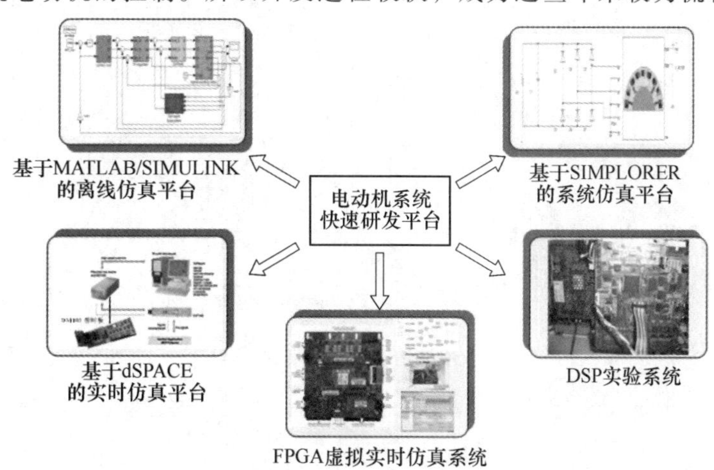

图 1-12 电动汽车用电动机驱动系统仿真分析平台

式。图 1-12 给出了一个电动汽车用电动机驱动系统的仿真分析平台。

小　结

本章简单地介绍了下述内容：电动机的类型、电动机的应用特点及控制策略，电动机变频调速系统的构成和同步电动机的自控式调速系统，PMSM 与 BLDCM 的结构特点，常见的用于电动机仿真的计算机仿真软件、半实物仿真系统的概念。

【生命是逆风飞翔的老鹰，它追寻未知的东西】

练 习 题

1. 常见的电动机有哪些种类？PMSM 属于哪一类，它有何特点？

2. 电动机的电气调速系统由哪些部分构成，图 1-10 中各部分的作用是什么？

3. 对永磁同步电动机进行变频调速，可以采用哪些控制技术？

4. 采用计算机仿真软件对电动机进行分析有何好处？

5. 转速、电流双闭环直流调压调速系统的原理图是什么样的？（参考本书参考文献 4 的第 4 章）

6. 图 1-10 中对于交流电动机的情况，电机端部的电压是如图 1-10 所示的脉冲波形，而电流基本上是正弦波，这种说法对吗？

7. 电机是一种具有可变反电势的感性负载，这种说法对吗？其反电势有何特点？

8. 图 1-11 中电流调节器的作用是什么？通常情况下，可以采用比例积分（PI）调节器满足电流调节的需求吗？

第2章 PMSM结构与基本工作原理

本章讨论的知识点：PMSM 的定、转子结构，旋转变压器工作原理及解码电路，PMSM 的制造加工流程，PMSM 定、转子的圆周作用力（及转矩），PMSM 的两种控制模式。

2.1 PMSM 结构

根据转子与定子的相对位置，可以划分为内转子与外转子两种 PMSM，根据永磁体磁场方向可以划分为径向磁场和轴向磁场 PMSM，本书围绕内转子径向磁场 PMSM 进行分析。

永磁同步电动机的结构示意图与电动机外形图如图 2-1 所示，主要包括机座、定子铁心、定子绕组、转子铁心、永磁体、转子轴、轴承及电动机端盖等部分，此外还有转子支撑部件、通风孔或者冷却水道、外部的接线盒等。

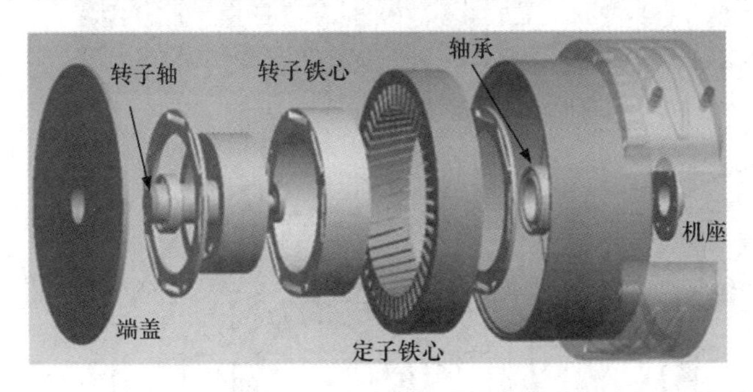

图 2-1　永磁同步电动机结构示意图与电动机的外形图

2.1.1 定子

PMSM 的定子主要是指定子绕组与定子铁心部分。

一般采用表面绝缘的铜材料先绕制成多匝线圈，将线圈放置在合适的定子槽中，然后将某一相绕组的线圈连接起来，最后将不同磁极下同一相绕组的线圈焊接在一起，从而构成一相绕组，并将其从内部与电动机接线盒中的对应端子相连。

从图 2-2 中可以看出，除导电材料外，还需要用各种绝缘材料将线圈之间及其与铁心之间隔离开，同时起到初步固定线圈的作用。

目前，PMSM 的定子绕组有分布式与集中式两种结构。分布式绕组与异步电动机的定子多相交流绕组相似，一般希望分布在定子槽中的定子绕组产生的理想磁通势为正弦波，然而实际绕组不会产生理想的正弦波。定义每极每相槽数 $q=Z/(2n_{p}m)$，Z 为定子槽数，n_{p} 为电动机极对数，m 为电动机定子绕组相数。若 q 值较大，采用双层短距绕组（即线圈的跨距小于一个极距）可以改善电动势的波形。但是，极数多的电动机和 q 值大的电动机在制造工艺上比较难以实现，并且端部较长的电动机也会增加铜耗。

如图 2-3 所示，与分布式绕组的传统电动机相比而言，集中式绕组的端部较短，工艺相对简单，结构更加紧凑。采用集中式绕组后，绕组端部的铜耗量可以显著减少，特别是电动机的轴向长度很短的时候，效果更加明显。由于其性价比高，分数槽集中式绕组永磁电动机受到越来越多的关注。分数槽集中式绕组永磁电动机每个线圈只绕在一个齿上，绕线简单且可以自动绕线，所以价格会更低。分数槽绕组的极数和齿数应按合适的比例进行组合。

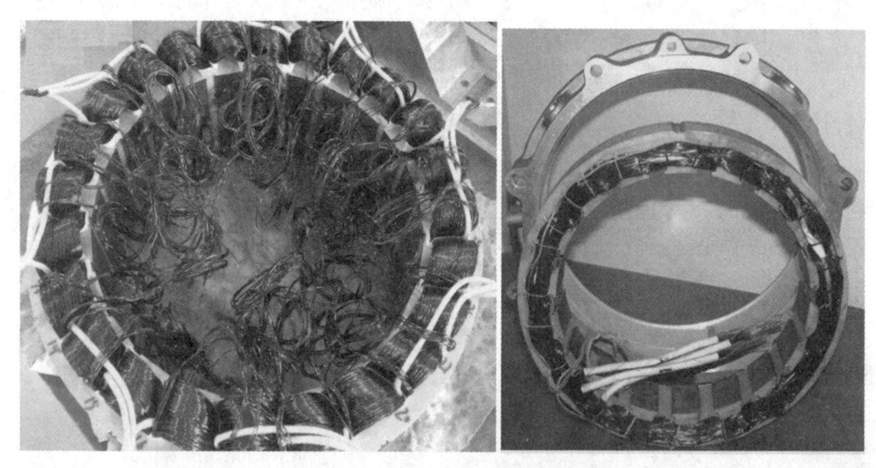

图 2-2　电动机定子绕组图片

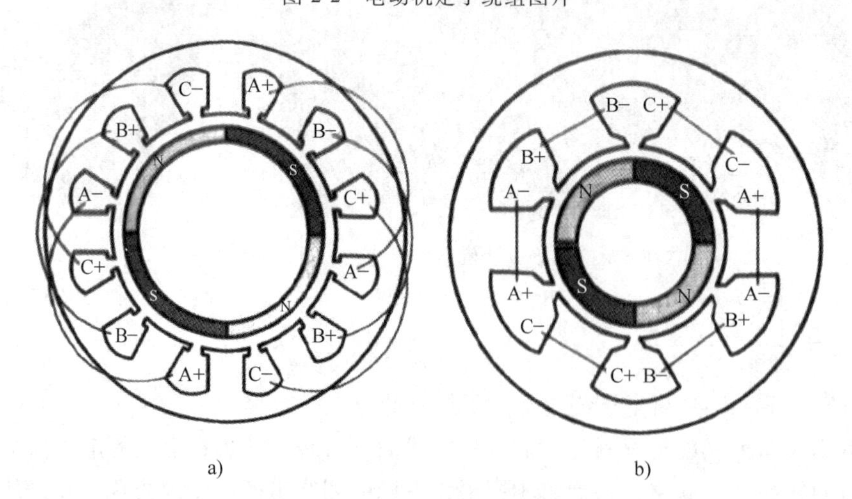

图 2-3　两种形式的定子绕组

a）整数槽分布式绕组　b）分数槽集中式绕组

PMSM 的定子铁心与传统电励磁同步电动机相同，采用叠片结构以减小电动机运行时的铁耗。

2.1.2　转子

永磁同步电动机的转子包括永磁体、转子铁心、转轴、轴承等。传统的电网供电异步起动永磁同步电动机的转子会安装有笼形绕组，现代变频调速用永磁同步电动机通常不会安装转子绕组。

为了降低电动机运行时的铁耗，PMSM 的转子铁心通常采用叠片结构。图 2-4a 给出了转子铁心冲片图片，图 2-4b 是对转子铁心冲片进行加工，将其制作成整体。从图中可以看出在转子铁心的截面中，留有永磁体和转子轴的安装空间，另外还有通风孔等。图 2-4c 是瓦片形状永磁体图片，它常用于插入式永磁同步电动机中，如图 2-5b 所示。

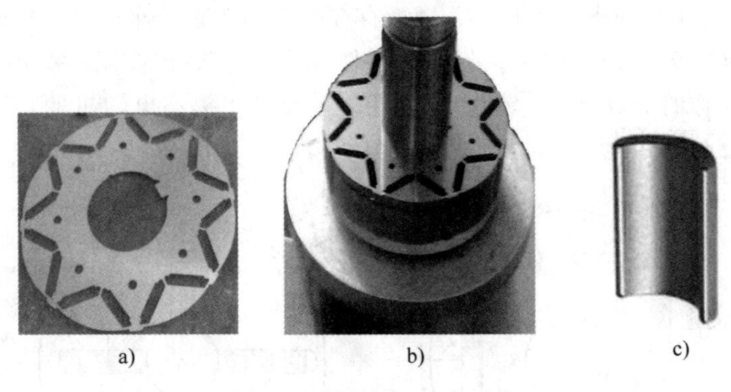

a)　b)　c)

图 2-4　转子铁心与永磁体

a）转子铁心冲片　b）转子铁心的加工　c）瓦片状永磁体

具体来说，根据永磁体在转子铁心中的位置可以划分为表面式与内置式 PMSM，其中表面式 PMSM（SPM）转子结构又可以分为表贴式与插入式两种结构，如图 2-5 所示。

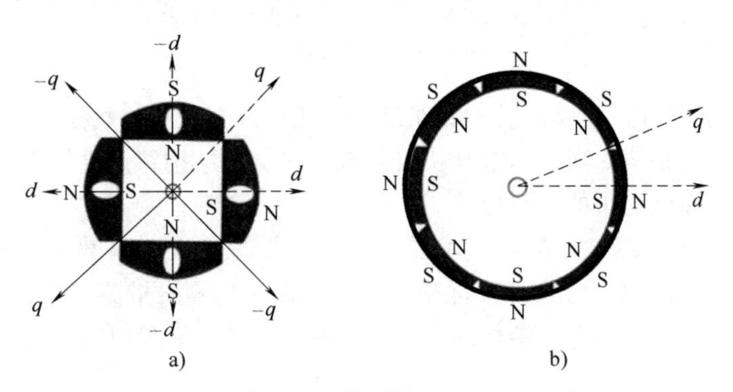

a)　b)

图 2-5　典型的 SPM

图 2-5a 中电动机极对数为 2，图 2-5b 中电动机极对数为 4，两幅图中都已经标出了 d 轴线与 q 轴线的位置。d 轴线与电动机的转子磁极所在轴线重合，q 轴线超前 d 轴线 90°电角度，即与相邻两个磁极的几何中性线重合。由于磁极对数不同，所以 q 轴与 d 轴之间的机械角度差是不同的，但电角度的差都是 90°。

图 2-5 中 SPM 转子结构的特点是：永磁体贴在转子圆形铁心外侧；由于永磁材料磁导率与气隙磁导率接近，即相对磁导率接近 1，其有效气隙长度是气隙和径向永磁体厚度总和；交直轴磁路基本对称，电动机的凸极率 $\rho = L_q/L_d \approx 1$，所以 SPM 是典型的隐极电动机，

无凸极效应和磁阻转矩；该类电动机交、直轴磁路的等效气隙都很大，所以电枢反应比较小，弱磁能力较差，其恒功率弱磁运行范围通常都比较小。由于永磁体直接暴露在气隙磁场中，因而容易退磁，弱磁能力受到限制。由于制造工艺简单、成本低，应用较广泛，尤其适宜于方波式永磁电动机（无刷直流电动机）。

内置式 PMSM（IPM）的永磁体埋于转子铁心内部，其外表面与气隙之间有铁磁物质的极靴保护，永磁体受到极靴的保护；q 轴电感大于 d 轴电感，有利于弱磁升速。由于永磁体埋于转子铁心内部，转子结构更加牢固，易于提高电动机高速旋转的安全性。

IPM 的转子磁路结构又可以分为径向式、切向式和混合式三种。图 2-6a 给出了径向式转子磁路结构示意图。此时，永磁体置于转子的内部，适用于高速运行场合；有效气隙较小，d 轴和 q 轴的电枢反应电抗均较大，因而存在较大的弱磁升速空间。另外，从图 2-6a 中可以看出，d 轴的等效气隙较 q 轴等效气隙更大，所以电动机的凸极率 $\rho=L_q/L_d>1$。转子交、直轴磁路不对称的凸极效应所产生的磁阻转矩有助于提高电动机的功率密度和过载能力，而且易于弱磁升速，提高电动机的恒功率运行范围。

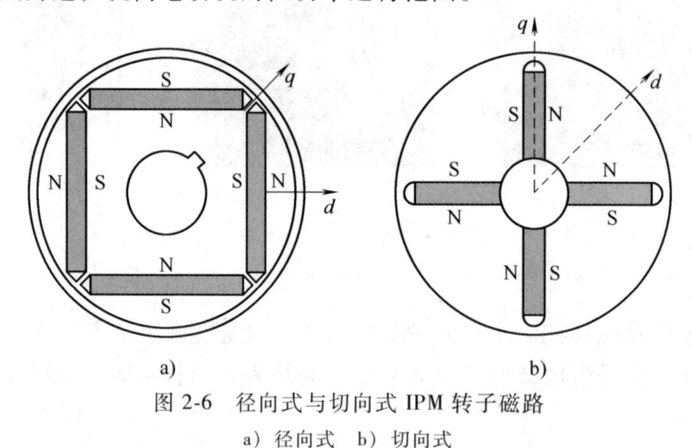

图 2-6　径向式与切向式 IPM 转子磁路

a）径向式　b）切向式

图 2-6b 给出了切向式 IPM 的转子磁路结构，相邻两个磁极并联提供一个极距下的磁通，所以可以得到更大的每极磁通。当电动机极数较多时，该结构特点更加突出。采用切向结构电动机的磁阻转矩在电动机的总电磁转矩中的比例可达 40%。

径向式结构的 IPM 漏磁系数小，不需采取隔磁措施，极弧系数易控制，转子强度高，永磁体不易变形。切向式结构的 IPM 漏磁系数大，需采取隔磁措施，每极磁通大，极数多，磁阻转矩大。此外，还有混合式结构的 IPM，它结合了径向式和切向式的优点，但结构和工艺复杂，成本高。

图 2-7 给出了不同转子结构永磁电动机凸极率的情况。其中表贴式电动机的凸极率最小，其次是表面插入式转子电动机。IPM 电动机转子的结构设计灵活多样，可适用于不同的弱磁控制和恒功率运行范围的要求。其中单层（SINGLE-LAYER）磁钢结构的 IPM 电动机应用广泛，电动机的凸极率 ρ 可以达到 3 左右；双层（DOUBLE-LAYER）磁钢和三层（THREE-LAYER）磁钢结构的 IPM 电动机的凸极率可达到 10~12；三层以上磁钢的 IPM 电动机采用轴向迭片（AXIALLY-LAMINATED）结构后，凸极率 $\rho>12$。由此可见，采用多层磁钢转子结构，可以显著提高电动机的凸极率，增加气隙磁通密度。但是，其缺点是结构和制造工艺复杂，制造成本也高。

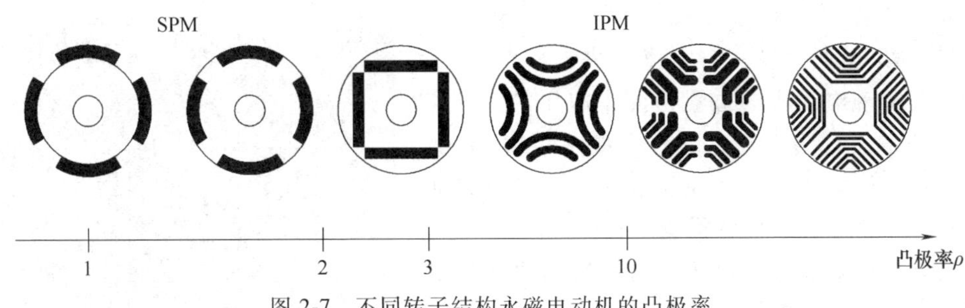

图 2-7　不同转子结构永磁电动机的凸极率

2.2　旋转变压器

为了提高永磁同步电动机的运行稳定性，通常采用位置传感器检测电动机的转子位置用以对电动机进行高性能的控制。这里的位置传感器通常是旋转编码器，从工作原理上可以划分为磁性编码器与光学编码器，根据旋转编码器输出信号的不同又可以划分为绝对值编码器（absolute）和增量式编码器（incremental）。绝对值编码器可以直接测得转子的绝对位置，为转子的不同位置提供独一无二的编码，它不受停电的影响。图 2-8 给出了增量式光学编码器的工作原理示意图。

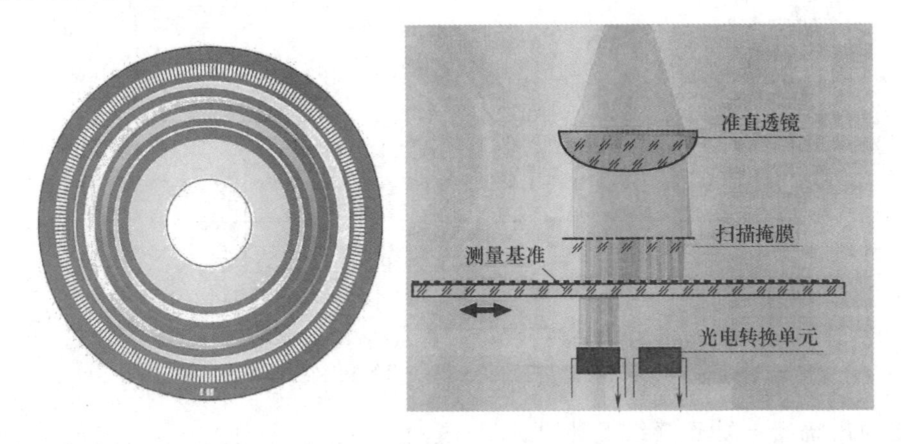

图 2-8　增量式光学编码器

增量式编码器在码盘上均匀地刻制一定数量的光栅，在光线的照射作用下，接收装置的输出端便得到频率与转轴转速成正比的方波脉冲序列，从而可用于计算位置与转速。通常情况下，有 A 与 B 两路输出信号，如图 2-9 所示，两路信号的相位信息可以反映转轴的旋转方向。一般情况下，编码器还提供了一个 Z 脉冲信息，码盘旋转一圈过程中仅仅输出一个 Z 脉冲，它可以用来获得编码器的零参考位置。

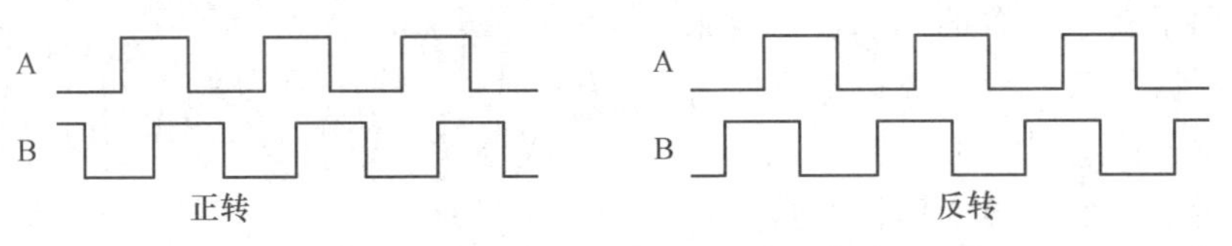

图 2-9　增量式光学编码器输出信号

旋转变压器是一种基于磁性原理的旋转编码器，它的环境适应性强、响应速度快、可靠性高，在电动汽车驱动电动机的位置检测中应用广泛。旋转变压器通常简称为旋变，其外形如图 2-10 所示，其输出绕组的端电压随转子位置发生变化，可以通过测量该电压获取转子位置信息。

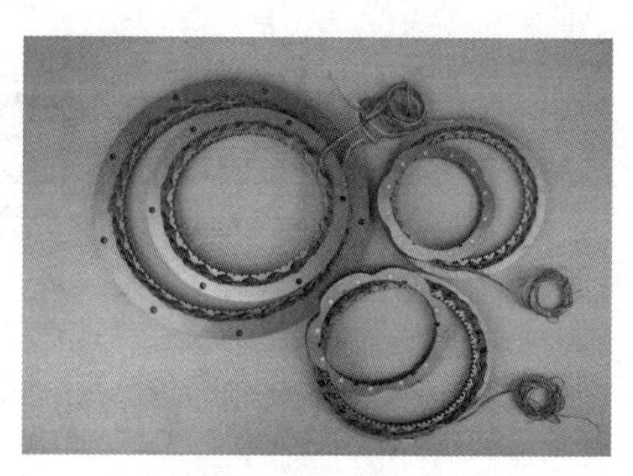

图 2-10　旋转变压器定子与转子

按旋转变压器的输出电压与转子转角之间的函数关系，主要可以分为三类：

1）正-余弦旋转变压器——其输出电压与转子转角的函数关系为正弦或余弦函数关系。

2）线性旋转变压器——其输出电压与转子转角为线性函数关系。

3）特殊旋转变压器——其输出电压与转角为特殊函数关系。

2.2.1　工作原理

旋转变压器的绕组包括励磁绕组与输出绕组。图 2-11 所示旋变结构中，高频正弦交流励磁电压 $E_{R1\text{-}R2}$ 通过集电环输入到位于转子的励磁绕组，它在电动机的内部产生高频脉振磁场，随着转子的旋转，位于定子上的两相正交输出绕组分别感应到相差 90°电角度的高频交流电压 $E_{S1\text{-}S3}$ 与 $E_{S2\text{-}S4}$。

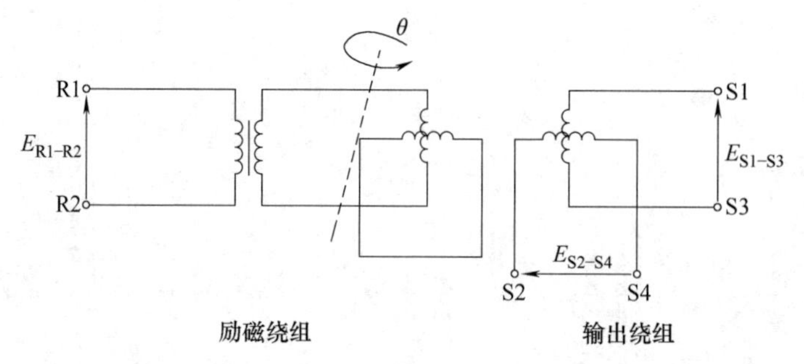

图 2-11　旋转变压器绕组结构示意图

假定输出绕组与励磁绕组变比是 k，那么输出绕组电压可以近似表示为

$$\begin{cases} E_{S1\text{-}S3}=kE_{R1\text{-}R2}\cos\theta \\ E_{S2\text{-}S4}=kE_{R1\text{-}R2}\sin\theta \end{cases} \tag{2-1}$$

图 2-12 给出了典型的励磁绕组与输出绕组电压波形，可以看出随着转子角度发生变化（0°~360°），输出绕组的高频电压信号明显受到了转子位置的调制。需要采用合适的解算器从两相输出绕组电压中解算出转子的位置信息。

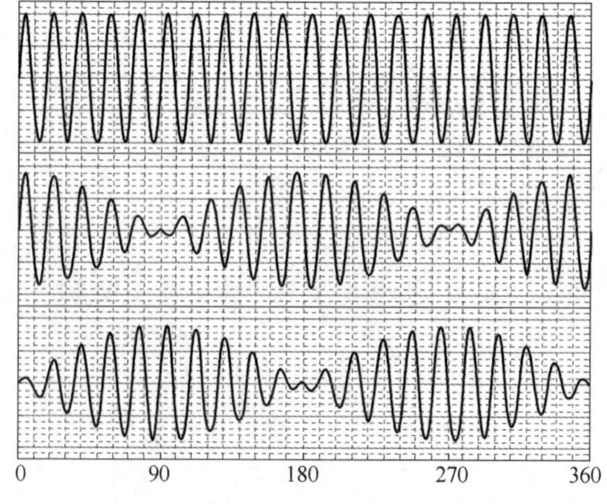

图 2-12　旋转变压器绕组电压典型波形

有一种磁阻式的旋转变压器，其工作原理如图 2-13 所示。与前一种不同的是，

磁阻式旋转变压器的转子上没有绕组，仅仅是磁阻式转子铁心。定子励磁绕组通入高频励磁信号后，随着转子旋转，输出绕组与励磁绕组的互感发生有规律的变化，从而可以在输出绕组侧得到经转子位置调制的电压信号，见式（2-2），其中 X 表示磁阻转子的极对数。

$$\begin{cases} E_{S1\text{-}S2} = kE_{R1\text{-}R2}\cos X\theta \\ E_{S3\text{-}S4} = kE_{R1\text{-}R2}\sin X\theta \end{cases} \quad (2\text{-}2)$$

一般情况下，磁阻式旋转变压器的转子极对数选择与同步电动机极对数相同。由于结构更加牢靠，磁阻式旋转变压器在电动汽车驱动电动机位置检测中应用较多。两种旋转变压器的图片都在图 2-10 中。

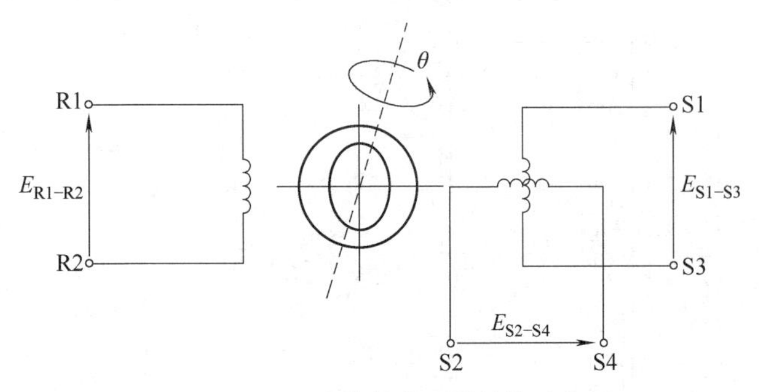

图 2-13　磁阻式旋转变压器结构示意图

一种比较典型的 4 对极磁阻式旋变参数为：励磁电压为 AC 7V，励磁频率为 10kHz，电压比为 0.286，位置准确度<30′。

2.2.2　解码电路

旋转变压器的输出绕组提供了经过转子位置调制后的两相高频交流电压信号，需要采用合适的解码电路从中获取转子的绝对位置信息。一般情况下，可以采用专用的解码芯片如 AU6802、AD2S80 等，也可以采用高速数字信号处理器（DSP）的 ADC 功能及程序代码进行软件解码。

图 2-14 给出了以 AU6802 为例的解码电路原理图。该电路通过对旋转变压器输出模拟信号的解调来完成电动机转子绝对位置的检测。AU6802 芯片本身可以产生一个 10kHz 的正弦信号，但该信号中存在 2.5V 直流电压的偏置，并且正弦信号峰峰值仅有 2V，信号幅度太小，无法提供旋转变压器所需的正常工作电流。所以图 2-14 电路对该正弦信号进行隔直与电压放大后输出给旋转变压器。旋转变压器输出的经转子位置调制后的高频信号经过信号调理后变成大小合适的电压信号（S1~S4）反馈给解码芯片。解码芯片 AU6802 的功能设置见表 2-1。

表 2-1　RDC 芯片 AU6802 的功能设置

引脚信号名称	设置状态	功能说明
MDSEL	L	12 位高分辨率模式
OUTMD	H	12 位并行数据模式
CSB、RDB	L	选通芯片，允许数据输出
INHB	I/O	由 DSP 控制是否锁存数据
FSEL1	L	选择 10kHz 正弦信号频率
FSEL2	H	
ERRSTB	I/O	DSP 控制，对解码芯片进行复位

在电路设计中需要注意的是：当旋转变压器需要大电压信号的励磁电压时，如图 2-14 所示的正负双电源供电功放需要工作在大信号条件下，此时需要运放具有较高的转换速率。常用的运放芯片 LM324 等转换速率较小，可以采用 LF353 产生 10kHz 峰峰值约 20V 的正弦信号。另外，功放电路直流工作点的选择也很重要，不合适的工作点会使输出正弦波发生畸变或者功放的功耗过大。

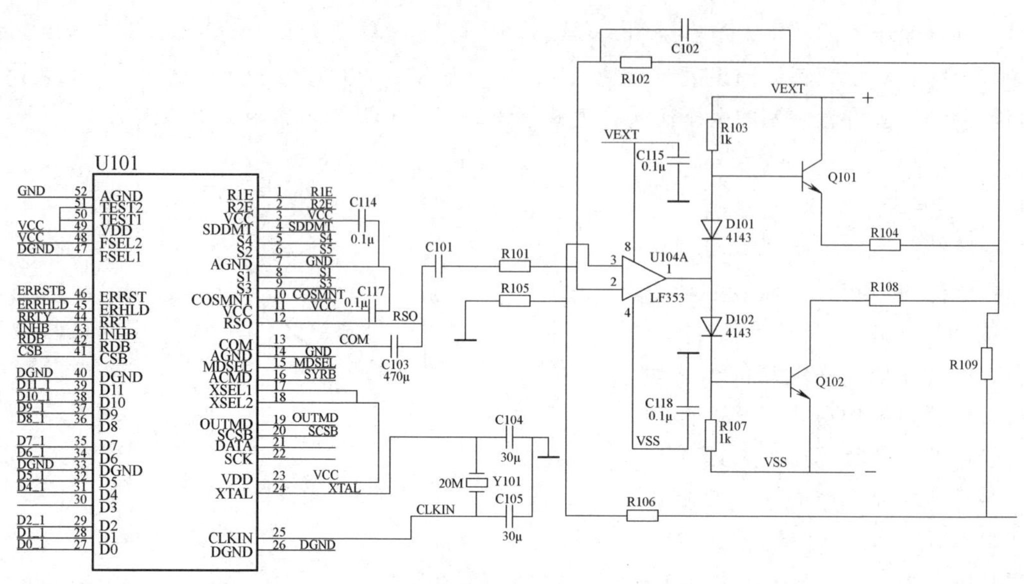

图 2-14　转子位置检测电路（解码芯片与激励信号输出电路）

解码芯片与 TMS320LF2407 DSP 接口电路如图 2-15 所示。AU6802 输出 12 位并行数据

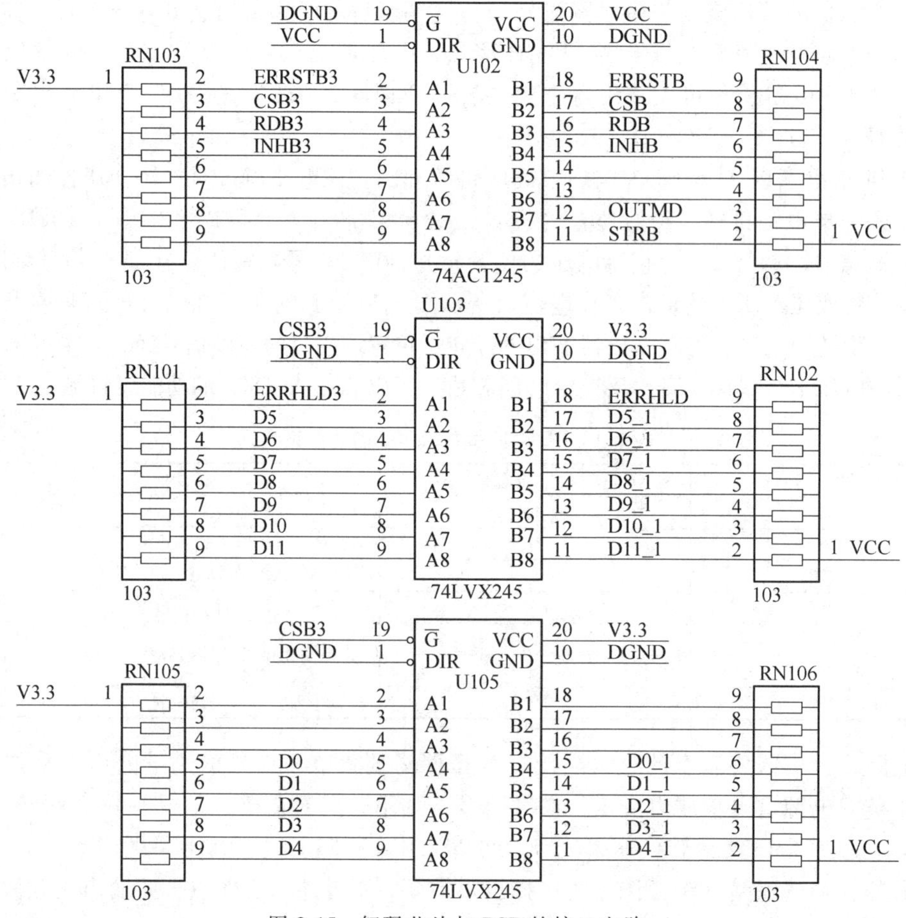

图 2-15　解码芯片与 DSP 的接口电路

通过数据总线送到 DSP。但是前者为 5V 系统，而 DSP 是 3.3V 系统，所以需要进行电平的转换。74ACT245 芯片可以接收 3.3V 电平信号同时输出 5V 电平，如图 2-15 中 DSP 的控制信号经它处理后去控制解码芯片。74LVX245 芯片可以接收 5V 电平信号同时输出为 3.3V 的电平信号，图中解码芯片的 12 位数据经过该芯片后接至 DSP 的数据总线（图中左侧 $D_0 \sim D_{11}$）。

2.3　PMSM 加工流程介绍

电机制造厂商利用定子叠片、转子叠片、铜导线以及云母等绝缘材料完成定子装配、转子装配和最后的电机总装。

（1）定子装配流程，如图 2-16 所示。

（2）转子装配流程

领料──→安装垫圈──→安装转子前端板──→安装转子叠片──→安装永磁体──→检验──→安装转子后端板──→清理转子铁心──→预热铁心──→环氧注塑──→校验动平衡──→防锈处理──→检验

（3）电机总装流程

永磁体充磁──→转子轴承装配──→前端盖组件装配──→定、转子合装──→旋转变压器装配──→接线座装配──→信号线装配──→动力线装配──→旋转变压器位置调整──→接线盒装配──→打标记。在整机性能测试合格后，完成成品制造，入库保存。

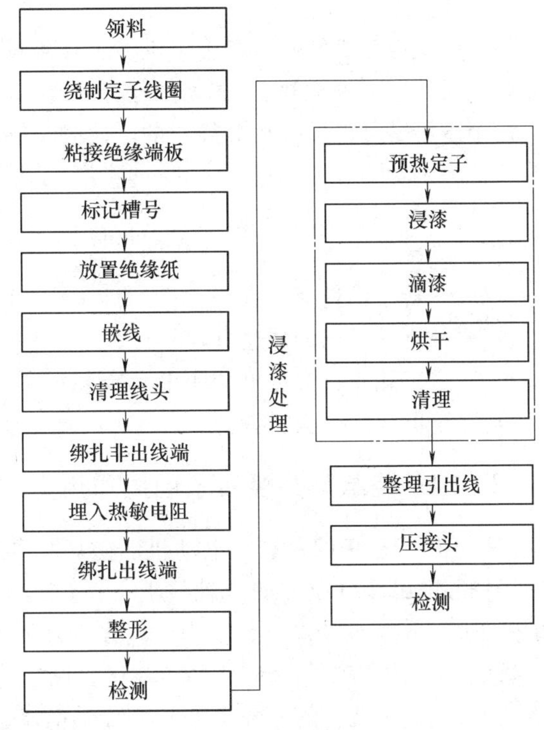

图 2-16　永磁同步电动机定子装配流程图

2.4　PMSM 的工作原理

电动机的工作原理是基于定子绕组中的电流与转子磁场的相互作用，定子绕组的结构和连接形式以及绕组中的电流和产生的反电动势决定着电动机的工作模式和电动机形式。

这里对电动机定子绕组与转子之间的圆周作用力进行定性的介绍，有助于读者对电动机的转矩建立基本的概念，详细的数学推导见第 3 章。电动机转子的旋转是因为有电磁转矩的原因，这里又可以细分为定子绕组与永磁体和定子绕组与凸极转子两种电磁转矩。

2.4.1　定子绕组与永磁转子圆周作用力

如图 2-17 所示，当电动机转子静止时，永磁体产生的磁场是直流磁场，设等效励磁电流为 i_f，方向沿 d 轴（如图中 N、S 所示），该磁场在空间内是不会旋转的。当三相定子绕组通入直流电，那么也可以产生直流磁场，如果合理地控制各相绕组的电流大小，那么定子绕组产生的合成直流磁场的位置（可以近似认为是图中合成电流 i_s 的位置，i_s 与三相电流分量的关系可参考式 9-6）也是不同的。两个直流磁场就如同两块磁铁，它们之间可以产生相互作用力。定子绕组由于固定在定子槽中不能运动，所以转子磁铁受到作用力后就会旋转。

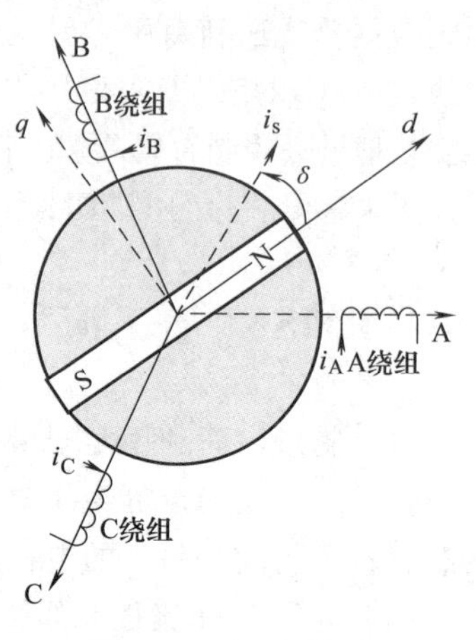

图 2-17　定子磁场与转子磁铁作用示意图

当两块磁铁的相对位置发生变化时，它们之间的作用力将会随之变化而不能够保持恒定。如果希望它们之间的作用力保持恒定，那么就需要在转子磁铁旋转时，在定子绕组中通入正弦交流电从而产生一个等效的旋转磁铁。定转子产生的转矩为 $T_{e1} \propto i_f i_s \sin\delta$。

转子磁铁由于机械旋转产生了机械旋转磁场；定子绕组虽然静止不动，但通入的正弦交流电流产生了电气旋转磁场，两个磁场是可以保持相对静止的。此时，旋转磁场的转速为

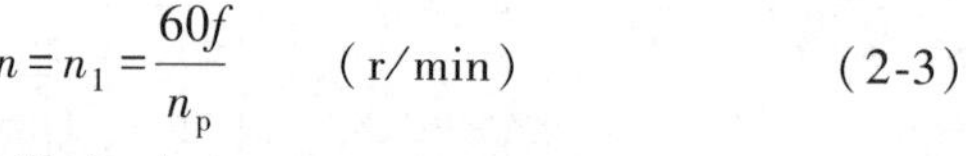

$$n = n_1 = \frac{60f}{n_p} \quad (\mathrm{r/min}) \tag{2-3}$$

式中　n——转子的转速（r/min）；

n_1——旋转磁场的转速（r/min）；

f——三相正弦交流电的频率（Hz）；

n_p——电机的磁极对数。

2.4.2　定子绕组与凸极转子圆周作用力

PMSM 转子凸极的存在使电动机的磁场复杂化，为了便于说明，在图 2-18 中，假定凸极转子铁心的磁场分布在两个轴线上——d 轴与 q 轴，定子绕组也被替换成一个 d 轴绕组（图中的 D_1 与 D_2 两个端子，图中电流方向为正方向）和一个 q 轴绕组（图中的 Q_1 与 Q_2 两个端子，图中电流方向为正方向）。当定子绕组的 d 轴电流 i_d 与 q 轴电流 i_q 分别在 d 轴、q 轴的磁路中励磁，将会分别产生 d 轴的磁通 Φ_d 与 q 轴的磁通 Φ_q。定子绕组与凸极转子之间的作用力是相互的，可以通过分析定子绕组的受力来计算转子的受力。

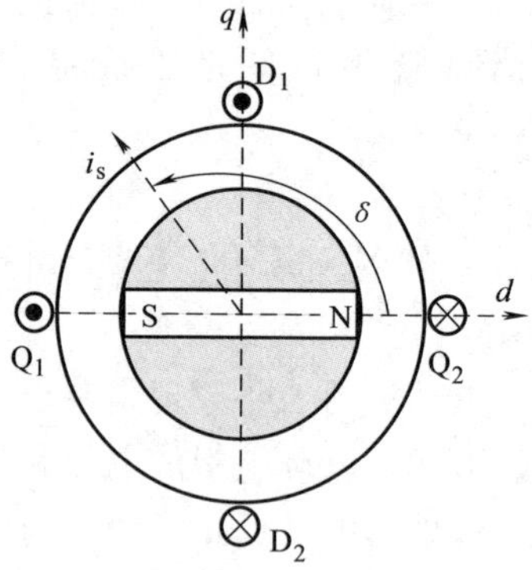

图 2-18　定子磁场与凸极转子的作用示意图

定子绕组 d 轴电流 i_d 与 q 轴磁路中的磁通 Φ_q 产生作用力 f_1，定子绕组 q 轴电流 i_q 与 d 轴磁路中的磁通 Φ_d 产生作用力 f_2，如下式所示：

$$\begin{aligned} & f_1 \propto B_q i_d l \propto N \frac{N i_q \Lambda_q}{S} i_d l \propto L_q i_d i_q \\ & f_2 \propto L_d i_d i_q \end{aligned} \tag{2-4}$$

凸极转子的受力与定子绕组的受力相反，在图 2-18 中，按照转子逆时针方向旋转为正方向，转子受到的电磁转矩可以简单地描述为式（2-5）。

$$T_{e2} = R \times (f_2 - f_1) = K \times (L_d - L_q) \times i_d i_q \propto (1-\rho) i_d i_q L_d \propto -\beta L_d i_d i_q \tag{2-5}$$

由于 d 轴磁路的磁导小于 q 轴磁路的磁导，所以 $L_d < L_q$，即凸极率 $\rho = \dfrac{L_q}{L_d} > 1$，记 $\beta = \rho - 1$。

当 $i_q>0$ 时，如果希望有正向的电磁转矩产生，那么必须有 $i_d<0$。即是说图 2-18 中第二象限内的定子绕组合成电流可以牵引凸极转子逆时针旋转，第一象限内的定子绕组合成电流则不能够实现这一点。

上面的分析结果也可以说明，只要定子绕组 d 轴、q 轴的电流不变，那么转矩也是恒定的。

实际上，电动机三相定子绕组的对称正弦波电流产生的总电流可以用电流矢量来描述，此时的电流矢量是一个幅值恒定、匀速旋转的矢量，该电流矢量的旋转速度等于正弦电流的电角速度，当该速度与转子电角速度相等时，电动机转子受到的作用力保持恒定——这通常是我们希望的，电动机调速系统通常需要恒定的转矩对机械系统进行加速或制动。电流矢量的旋转速度通常称为同步速度，电动机稳定运行时的转速也是该速度，这是我们称这种电动机为“同步”电动机的原因。

2.4.3　电动机的基本控制模式

根据电动机的基本运行原理，可以考虑两种方式来控制电动机，使其产生恒定的电磁转矩。一种情况是在不知道电动机转子位置的情况下，给定子绕组通入旋转的电流矢量，利用该电流与转子的相互作用力驱动电动机旋转，条件合适的话，电动机转子可以与电流矢量保持同步旋转，这种情况下称电动机处于他控模式。另一种情况是首先需要知道电动机的转子位置，然后根据该信息控制定子绕组的通电方式和各相绕组的电流值，从而保持定子电流矢量与转子的同步，这种情况下称电动机处于自控模式。

电动机处于他控模式下，有可能会出现定子电流矢量与转子位置关系非常不协调，此时不能产生合适的电磁转矩驱动转子同步旋转，那么电动机就不能进入稳定运行的状态。另外，当电动机稳定运行时，如果转子受到某种扰动而使其位置发生变化，那么电动机的电磁转矩就会直接受到影响。如果电动机转矩不能及时驱动转子进入同步状态，那么电动机将可能会发生失步，不再稳定运行。相比之下，自控模式下的电动机电流矢量可以根据转子位置进行实时控制，所以电动机的工作稳定性可以大大提高。

小　　结

本章讲解了 PMSM 的定子与转子结构、用于测量转子位置信息的旋转变压器的工作原理、电动机的制造加工流程、PMSM 的基本工作原理，定性分析了载流定子绕组与永磁体及凸极转子的圆周作用力，并介绍了自控与他控的两种控制模式。

根据转子磁路结构的不同，PMSM 可以划分为隐极式与凸极式，两种电动机有各自的特点，分别适用于不同的场合。后者的电磁转矩中除了永磁转矩外，还有磁阻转矩，故而功率密度更大，更适宜在空间相对狭小的电动汽车等场合中应用。

旋转变压器是一种基于磁性原理的旋转编码器，通常简称为旋变。它环境适应性强、响应速度快、可靠性高，在电动汽车驱动电动机的位置检测中应用广泛。其输出绕组的端电压随转子位置发生变化，可以通过测量该电压并进行解码以获取转子位置信息。

【时间就像一张网，撒在哪里，收获就在哪里】

【人是不能教会的，只能引导他们发现自己】

练 习 题

1. 转子阻尼绕组的作用是什么？是否所有的同步电动机都必须使用阻尼绕组？

2. 隐极式与凸极式 PMSM 的结构与电磁转矩分别有何特点？

3. 电动机的空间机械角度与空间电角度是什么关系？

4. 磁阻式旋变有何特点使其在电动汽车中广泛应用？

5. PMSM 永磁转矩与哪些因素有关，磁阻转矩与哪些因素有关？

6. 什么是自控模式的 PMSM，什么是他控模式的 PMSM？

7. 永磁同步电动机的转子铁心和定子铁心为何采用叠片来制造？

8. 对于嵌入式 IPM，如果永磁体没有充磁，那么电机还可以输出转矩和功率吗？注意，$L_d \neq L_q$。

9. PMSM 的三相定子绕组通电后，相当于一块位于定子电流矢量处的电磁铁，电机转矩的控制可以理解为电磁铁磁场的强弱及其与转子永磁体磁场夹角的控制，这种说法对吗？

10. PMSM 工作在稳态情况（速度与转矩都恒定）时，定子绕组通电产生的磁场与转子永磁体产生的磁场旋转方向相同，且两者的夹角恒定不变，请判断下面的两个说法是否正确：(1) 转子旋转方向对应于两个磁场的旋转方向；(2) 电机工作在电动还是发电工况，取决于转子永磁体是被定子磁场拉着跑（电动），还是主动拉着定子磁场跑（发电）。

第3章　PMSM动态数学模型

本章讨论的问题：PMSM 的物理模型、三相静止坐标系及 dq 坐标系的数学模型是怎样的？什么是坐标变换？如何使用 MATLAB 进行电机数学模型的化简？PMSM 的等效电路是怎样的？

3.1　PMSM 的物理模型

首先对交流永磁同步电动机作如下假设：

1）定子绕组 Y 形联结，三相绕组对称分布，各绕组轴线在空间互差 120°；转子上的永磁体在定转子气隙内产生主磁场（对于 PMSM，该磁场沿气隙圆周呈正弦分布；对于 BLDCM，该磁场沿气隙圆周呈梯形波分布），转子没有阻尼绕组。

2）忽略定子绕组的齿槽对气隙磁场分布的影响。

3）假设铁心的磁导率是无穷大，忽略定子铁心与转子铁心的涡流损耗和磁滞损耗。

三相两极交流永磁电动机的结构如图 3-1 所示。

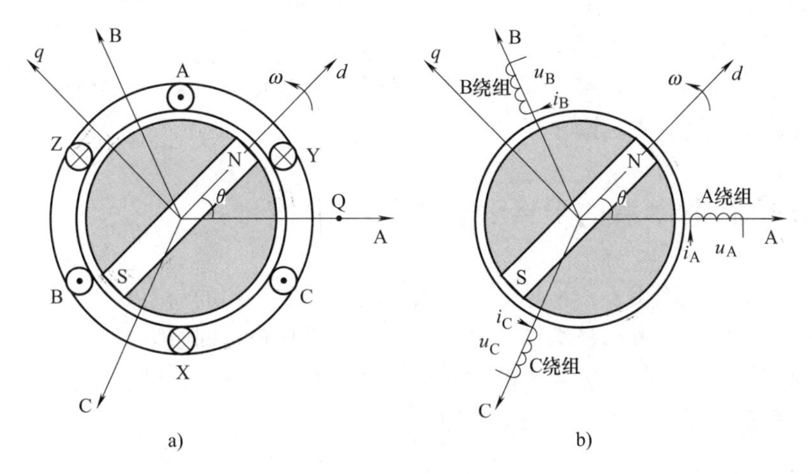

图 3-1　交流永磁电动机结构原理示意图

a）定子绕组分布图　b）定子绕组示意图

图 3-1 中的定子三相绕组 AX、BY、CZ 沿圆周呈对称分布，A、B、C 为各绕组的首端，X、Y、Z 为各绕组的尾端。各绕组首端流出电流、尾端流入电流规定为该相电流的正方向。

此时各绕组产生磁场（右手螺旋定则）方向规定为该绕组轴线的正方向，将这三个方向作为空间坐标轴的轴线，可以建立一个三相静止坐标系——ABC 坐标系（A 轴线超前 C 轴线 120°，B 轴线超前 A 轴线 120°），在本书中也称为 3s 坐标系（s 的含义是定子，stator）。如图 3-1b 所示的定子绕组位置示意图，可以简单地说，A 相绕组在 A 轴线上，B、C 相绕组类似。

转子的电角位置与电角速度的正方向选取为逆时针方向。根据转子永磁体磁极轴线 d 轴以及与其垂直的方向确定一个平面直角坐标系——dq 坐标系（固定在转子上，也称之为 2r 坐标系，r 的含义是转子，rotor），其中 d 轴正方向如图 3-1 所示（为磁极 N 的方向）；q 轴正方向超前 d 轴 90°。d 轴线超前 A 轴线角度为 θ，$\theta=0°$意味着 d 轴与 A 轴重合。本书中的速度、角速度都是电气变量，特别说明的除外。

下面简单分析定子 A 相绕组通电后与转子的作用力。如图 3-2 所示，A 相绕组放置于定子铁心的槽中，A 端电流从纸面指向纸外，X 端电流从纸外指向纸面，那么 A 相绕组产生的磁场分布如图中所示。可以看出，A 相电流产生的磁场方向为图中标注的 A 轴线正方向。在理想空载（负载转矩为 0）的稳态情况下，图 3-1 中转子 d 轴线（即转子的 N 极）应该与 A 轴线正方向重合，此时转子就会保持不动，电动机的电磁转矩与负载转矩相平衡，因而也为 0（假设 A 相绕组的电流值为 i_A，那么可以认为 i_A 全部都是 d 轴分量，即 $i_d=i_A$，$i_g=0$）。

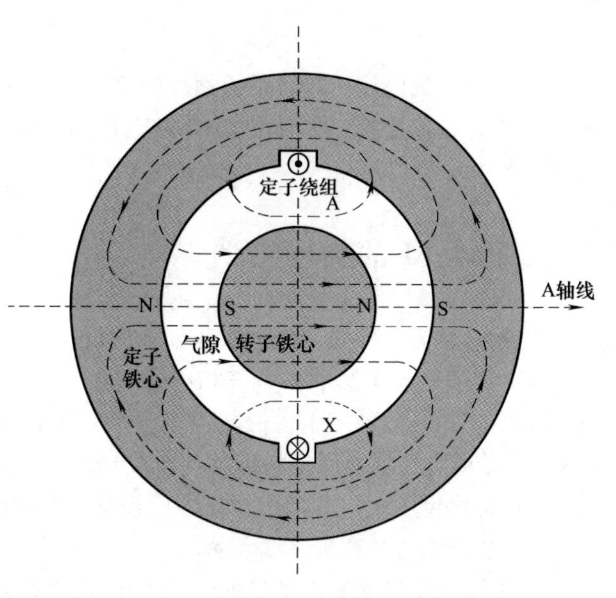

图 3-2　定子 A 相绕组电流产生的磁场分布

根据图 3-1 中永磁体在气隙中产生磁场的不同，可以将交流永磁电动机分为具有正弦波磁场分布的 PMSM 和具有梯形波分布的 BLDCM。尽管气隙磁场不同，但是都具有下面推导的统一化动态数学模型。

3.2　三相静止坐标系的 PMSM 动态数学模型

下面从基本电磁关系出发，推导出交流永磁电动机统一化的动态数学模型，为不失一般性，假定电动机的转子具有凸极结构。电动机的数学模型包括四组方程：电压方程、磁链方程、转矩方程与动力学方程。因为永磁同步电动机只有定子绕组，没有转子绕组，因此电压方程和磁链方程仅仅需要列写定子侧方程即可。

3.2.1　定子电压方程

在 ABC 坐标系中，可以列出三相定子电压方程矩阵形式为

$$(\boldsymbol{u}_1)=(\boldsymbol{R})\cdot(\boldsymbol{i}_1)+p(\boldsymbol{\psi}_1(\theta,i)) \tag{3-1}$$

式中，$(\boldsymbol{u}_1)$ 为定子绕组相电压矩阵，$(\boldsymbol{u}_1)=(u_A \quad u_B \quad u_C)^T$，$u_A$、$u_B$、$u_C$ 分别为三相定子

绕组相电压（V）；$(\boldsymbol{i}_1)$ 为定子绕组相电流矩阵，$(\boldsymbol{i}_1)=(i_A \quad i_B \quad i_C)^T$，$i_A$、$i_B$、$i_C$ 分别为三相定子绕组相电流（A）；$(\boldsymbol{R})$ 为定子绕组相电阻矩阵，$(\boldsymbol{R})=\begin{bmatrix} R_1 & 0 & 0 \\ 0 & R_1 & 0 \\ 0 & 0 & R_1 \end{bmatrix}$，$R_1$ 为三相对称定子绕组一相电阻（Ω）；$p=\mathrm{d}/\mathrm{d}t$ 为微分算子；$(\boldsymbol{\psi}_1(\theta,\ i))=\begin{bmatrix} \psi_A(\theta,\ i) \\ \psi_B(\theta,\ i) \\ \psi_C(\theta,\ i) \end{bmatrix}$ 为定子相绕组磁链矩阵，$\psi_A(\theta,\ i)$、$\psi_B(\theta,\ i)$、$\psi_C(\theta,\ i)$ 分别为三相定子绕组的全磁链（Wb）；θ 为图 3-1 中 d 轴与 A 轴夹角的空间电角度。

3.2.2　定子磁链方程

三相定子绕组的全磁链（$\boldsymbol{\psi}_1(\theta,\ i)$）可以表示为

$$(\boldsymbol{\psi}_1(\theta,i))=(\boldsymbol{\psi}_{11}(\theta,i))+(\boldsymbol{\psi}_{12}(\theta)) \tag{3-2}$$

其中（$\boldsymbol{\psi}_{12}(\theta)$）矩阵是永磁体磁场匝链到定子绕组的永磁磁链矩阵。

$$(\boldsymbol{\psi}_{12}(\theta))=\begin{bmatrix} \psi_{fA}(\theta) \\ \psi_{fB}(\theta) \\ \psi_{fC}(\theta) \end{bmatrix} \tag{3-3}$$

$\psi_{fA}(\theta)$、$\psi_{fB}(\theta)$、$\psi_{fC}(\theta)$ 分别为永磁体磁场交链 A、B、C 三相定子绕组的永磁磁链分量（Wb），与定子电流无关。对于一台确定的电动机，永磁磁链仅与转子位置 θ 有关。

式（3-2）中的（$\boldsymbol{\psi}_{11}(\theta,\ i)$）是定子绕组电流产生的磁场匝链到定子绕组自身的磁链分量：

$$(\boldsymbol{\psi}_{11}(\theta,i))=\begin{bmatrix} \psi_{1A}(\theta,i) \\ \psi_{1B}(\theta,i) \\ \psi_{1C}(\theta,i) \end{bmatrix}=\begin{bmatrix} L_{AA}(\theta) & M_{AB}(\theta) & M_{AC}(\theta) \\ M_{BA}(\theta) & L_{BB}(\theta) & M_{BC}(\theta) \\ M_{CA}(\theta) & M_{CB}(\theta) & L_{CC}(\theta) \end{bmatrix}\cdot\begin{bmatrix} i_A \\ i_B \\ i_C \end{bmatrix} \tag{3-4}$$

式中　L_{AA}、L_{BB}、L_{CC}——三相定子绕组的自感（H）；

M_{AB}、M_{AC}、M_{BA}、M_{BC}、M_{CA}、M_{CB}——三相定子绕组之间的互感(H)。

下面对式 3-4 中的电感系数分别进行分析。

1. 定子绕组的漏自感和自感

永磁同步电动机定子绕组中通入三相电流后，由电流产生的磁通分为两部分：一部分为漏磁通，与漏磁通相对应的电感与转子位置无关，为一个恒定值；另一部分为主磁通，该磁通穿过气隙且与其他两相定子绕组交链，当电动机转子转动时，凸极效应会引起主磁通路径的磁阻变化，对应的电感系数也相应发生变化。在距离 d 轴角度为 θ 的点 Q 处，单位面积的气隙磁导 $\lambda_\delta(\theta)$ 可以足够精确地表示为

$$\lambda_\delta(\theta)=\lambda_{\delta 0}-\lambda_{\delta 2}\cos 2\theta \tag{3-5}$$

式中　$\lambda_{\delta 0}$——气隙磁导的平均值；

$\lambda_{\delta 2}$——气隙磁导的二次谐波幅值。

式（3-5）描述的气隙磁导与转子位置角 θ 之间的关系描绘在图 3-3 中。当 $\theta=0°$时，d 轴方向气隙磁导为

$$\lambda_{\delta d}=\lambda_{\delta 0}-\lambda_{\delta 2} \tag{3-6}$$

当 $\theta=90°$时，q 轴方向气隙磁导为

$$\lambda_{\delta q}=\lambda_{\delta 0}+\lambda_{\delta 2} \tag{3-7}$$

注意，式（3-5）、式（3-6）、式（3-7）与电励磁同步电动机的公式略有不同，因为两类电动机中 d、q 轴的气隙磁导规律不同（永磁同步电动机中，d 轴电感小于或者近似等于 q 轴电感，电励磁同步电动机则反之）。为了更加符合 PMSM 情况，将公式略作修改，但并不影响最终推导的 d、q 轴电感以及磁链和转矩方程的表达式。

所以可以得到

$$\lambda_{\delta 0}=\frac{1}{2}(\lambda_{\delta d}+\lambda_{\delta q}) \tag{3-8}$$

$$\lambda_{\delta 2}=\frac{1}{2}(\lambda_{\delta q}-\lambda_{\delta d}) \tag{3-9}$$

$$\lambda_{\delta}(\theta)=\frac{1}{2}(\lambda_{\delta d}+\lambda_{\delta q})+\frac{1}{2}(\lambda_{\delta d}-\lambda_{\delta q})\cos 2\theta \tag{3-10}$$

为了对比的更加清楚，图 3-3 中还绘制了定子绕组三相电流的示意图。这三相电流在转子位置从 0°到 360°的变化过程中都呈现一个周期的变化，在此过程中，因而气隙磁导出现了两个周期。

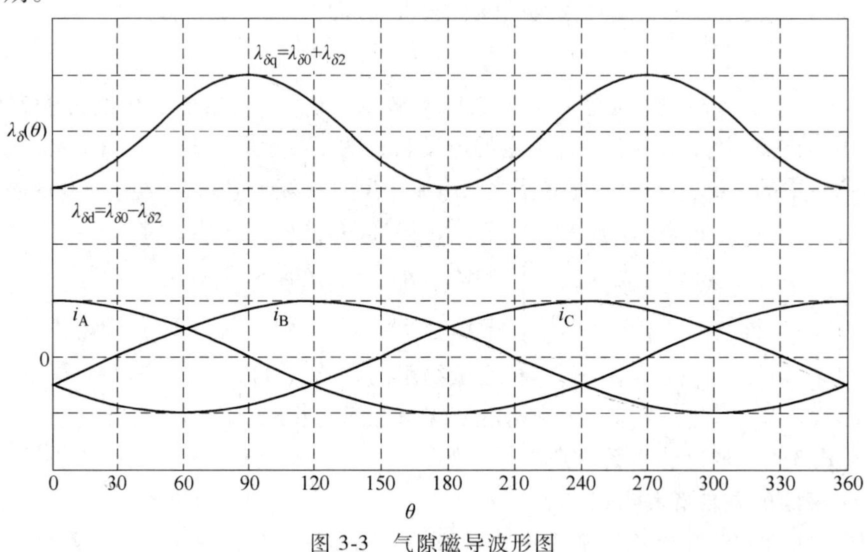

图 3-3 气隙磁导波形图

另外，图 3-3 中所示的三相定子电流中仅含有励磁分量（d 轴分量），不含有转矩分量（q 轴分量）。若希望电动机能够输出非零转矩，那么图中的电流相位必须发生改变。结合后面的转矩公式可以更好地理解这一点。

以 A 相定子绕组为例，当通入电流 i_A 时，在 A 相定子绕组轴线方向的磁动势 F_A 与 Q 点处单位面积的气隙磁导 $\lambda_\delta(\theta)$ 对应的 A 相定子绕组气隙磁链 $\psi_{A\delta}(\theta)$ 满足如下关系：

$$\begin{aligned}\psi_{A\delta}(\theta)&=K\cdot F_A\cdot\lambda_\delta(\theta)=K\cdot N_A i_A\cdot\left[\frac{1}{2}(\lambda_{\delta d}+\lambda_{\delta q})+\frac{1}{2}(\lambda_{\delta d}-\lambda_{\delta q})\cos 2\theta\right]\\&=i_A\cdot\left[\frac{1}{2}(L_{AAd}+L_{AAq})+\frac{1}{2}(L_{AAd}-L_{AAq})\cos 2\theta\right]\end{aligned} \tag{3-11}$$

式中 K——气隙磁链和磁动势、气隙磁导的比例系数；

N_A——A 相绕组的匝数。且 $L_{AAd}=K\cdot N_A\cdot\lambda_{\delta d}$，$L_{AAq}=K\cdot N_A\cdot\lambda_{\delta q}$。

根据漏自感和自感的定义，A 相定子绕组的漏自感 $L_{A\sigma}$ 和自感 L_{AA} 分别表示为

$$L_{A\sigma}=\frac{\psi_{A\sigma}}{i_A}=L_l \tag{3-12}$$

$$\begin{aligned}L_{AA}&=\frac{\psi_{A\sigma}+\psi_{A\delta}(\theta)}{i_A}=L_l+\frac{1}{2}(L_{AAd}+L_{AAq})+\frac{1}{2}(L_{AAd}-L_{AAq})\cos2\theta\\&=L_{s0}-L_{s2}\cos2\theta\end{aligned} \tag{3-13}$$

两式中，L_l 为漏自感的平均值，与 A 相定子绕组漏磁链 $\psi_{A\sigma}$ 有关，与转子位置无关；L_{s0} 为 A 相定子绕组自感的平均值，L_{s2} 为 A 相定子绕组自感二次谐波的幅值。可以看出，有以下关系式成立

$$L_{s0}=L_l+(L_{AAd}+L_{AAq})/2 \tag{3-14}$$

$$L_{s2}=(L_{AAq}-L_{AAd})/2 \tag{3-15}$$

由于 B 相定子绕组和 C 相定子绕组与 A 相定子绕组在空间互差 120°，可以认为 A、B、C 三相定子绕组各自的漏电感相等，即有

$$L_{A\sigma}=L_{B\sigma}=L_{C\sigma}=L_l \tag{3-16}$$

因而将式（3-13）中 θ 分别用（θ-120°）和（θ+120°）替代，可以求得 A、B、C 三相定子绕组的自感为

$$\begin{aligned}L_{AA}&=L_{s0}-L_{s2}\cos2\theta\\L_{BB}&=L_{s0}-L_{s2}\cos2(\theta-120°)\\L_{CC}&=L_{s0}-L_{s2}\cos2(\theta+120°)\end{aligned} \tag{3-17}$$

2. 定子绕组的互感

当 A 相定子绕组通入电流 i_A 时，在 A 相定子绕组轴线方向的磁动势 F_A 可以分解为 d 轴方向的直轴磁动势分量 F_{Ad} 和 q 轴方向的交轴磁动势分量 F_{Aq}。

$$\begin{aligned}F_{Ad}&=N_A\cdot i_A\cos\theta\\F_{Aq}&=N_A\cdot i_A\sin\theta\end{aligned} \tag{3-18}$$

直轴磁动势分量 F_{Ad} 和交轴磁动势分量 F_{Aq} 分别产生各自的磁链分量 $\psi_{Ad}(\theta)$ 和 $\psi_{Aq}(\theta)$ 为

$$\begin{aligned}\psi_{Ad}(\theta)&=K\cdot F_{Ad}\cdot\lambda_{\delta d}=K\cdot N_A\lambda_{\delta d}\cdot i_A\cos\theta\\\psi_{Aq}(\theta)&=K\cdot F_{Aq}\cdot\lambda_{\delta q}=K\cdot N_A\lambda_{\delta q}\cdot i_A\sin\theta\end{aligned} \tag{3-19}$$

由于 d 轴与 B 相定子绕组轴线相差（θ-120°），$\psi_{Ad}(\theta)$ 与 B 相定子绕组交链的部分为 $\psi_{Ad}(\theta)\cos(\theta-120°)$；$\psi_{Aq}(\theta)$ 与 B 相定子绕组交链的部分为 $\psi_{Aq}(\theta)\sin(\theta-120°)$；因此，A 相定子绕组电流 i_A 经过气隙与 B 相定子绕组交链的磁链 $\psi_{BA\delta}(\theta)$ 表示为

$$\begin{aligned}\psi_{BA\delta}(\theta)&=\psi_{Ad}(\theta)\cos(\theta-120°)+\psi_{Aq}(\theta)\sin(\theta-120°)\\&=L_{AAd}i_A\cos(\theta)\cos(\theta-120°)+L_{AAq}i_A\sin(\theta)\sin(\theta-120°)\\&=-i_A\left[\frac{1}{4}(L_{AAd}+L_{AAq})+\frac{1}{2}(L_{AAd}-L_{AAq})\cdot\cos2(\theta+30°)\right]\end{aligned} \tag{3-20}$$

A 相定子绕组与 B 相定子绕组的互感 M_{BA} 可以表示为

$$M_{BA}=\frac{\psi_{BA\delta}(\theta)}{i_A}=-M_{s0}+M_{s2}\cos2(\theta+30°) \tag{3-21}$$

式中　M_{s0}——A 相、B 相定子绕组互感平均值的绝对值；

M_{s2}——A 相、B 相互感的二次谐波的幅值。

它们满足

$$M_{s0}=\frac{1}{4}(L_{AAd}+L_{AAq}) \tag{3-22}$$

$$M_{s2}=\frac{1}{2}(L_{AAq}-L_{AAd})=L_{s2} \tag{3-23}$$

由于空间的对称性，当 B 相定子绕组通入电流 i_B 时，B 相定子绕组与 A 相定子绕组的互感可表示为

$$M_{AB}=-M_{s0}+M_{s2}\cos2(\theta+30°) \tag{3-24}$$

因而将式（3-20）和式（3-21）中的 θ 分别用（$\theta-120°$）和（$\theta+120°$）替代，可以得到 A、B、C 三相定子绕组的互感为

$$\begin{aligned}M_{AB}&=M_{BA}=-M_{s0}+M_{s2}\cos2(\theta+30°)\\M_{BC}&=M_{CB}=-M_{s0}+M_{s2}\cos2(\theta-90°)\\M_{AC}&=M_{CA}=-M_{s0}+M_{s2}\cos2(\theta+150°)\end{aligned} \tag{3-25}$$

将式（3-17）、式（3-25）代入式（3-4）定子磁链分量的矩阵方程可得：

$$\begin{pmatrix}\psi_{1A}(\theta,i)\\\psi_{1B}(\theta,i)\\\psi_{1C}(\theta,i)\end{pmatrix}=\left\{\begin{pmatrix}L_{s0}&-M_{s0}&-M_{s0}\\-M_{s0}&L_{s0}&-M_{s0}\\-M_{s0}&-M_{s0}&L_{s0}\end{pmatrix}+\right.$$

$$\left.\begin{pmatrix}-L_{s2}\cos2\theta&M_{s2}\cos2(\theta+30°)&M_{s2}\cos2(\theta+150°)\\M_{s2}\cos2(\theta+30°)&-L_{s2}\cos2(\theta-120°)&M_{s2}\cos2(\theta-90°)\\M_{s2}\cos2(\theta+150°)&M_{s2}\cos2(\theta-90°)&-L_{s2}\cos2(\theta+120°)\end{pmatrix}\right\}\cdot\begin{pmatrix}i_A\\i_B\\i_C\end{pmatrix} \tag{3-26}$$

图 3-4 给出了 PMSM 各定子绕组的自感和互感与转子位置的关系示意图。

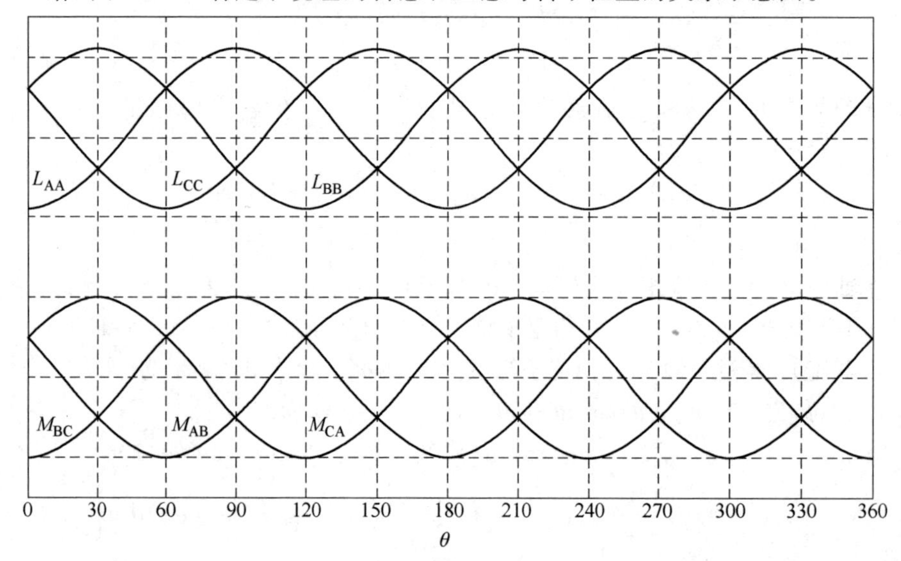

图 3-4　PMSM 定子绕组电感与转子位置关系示意图

3. 定、转子绕组的互感计算

为了便于推导电动机的电磁转矩公式，我们将转子永磁体等效为具有电流 i_f 的转子励磁绕组 f（对于正弦波磁场分布的 PMSM 来说，i_f 是一个恒定值），仅在本部分推导转矩公式时使用。

转子绕组 f 与定子三相绕组之间的互感矩阵［$\boldsymbol{M}_{sf}$］为

$$(\boldsymbol{M}_{sf})=\begin{bmatrix}M_{Af}(\theta)\\M_{Bf}(\theta)\\M_{Cf}(\theta)\end{bmatrix} \tag{3-27}$$

$$(\boldsymbol{M}_{fs})=(\boldsymbol{M}_{sf})^{T} \tag{3-28}$$

需要指出的是，不管永磁体产生的是何种分布的气隙磁场，式 3-3 都可以用来表示永磁磁链，即下式成立

$$(\boldsymbol{\psi}_{12}(\theta))=\begin{bmatrix}M_{Af}(\theta)\\M_{Bf}(\theta)\\M_{Cf}(\theta)\end{bmatrix}i_f \tag{3-29}$$

4. 转子绕组的自感

虽然存在转子的凸极效应，但是这并不影响转子励磁绕组自感 L_{ff}，因为它不随转子位置而变化。这里引入 L_{ff} 也仅仅是为了推导电动机转矩的方便。

3.2.3　电动机转矩方程

运用能量法得出交流永磁电动机运行时，电动机中的磁场储能为[12]

$$W_m=\frac{1}{2}\sum_k i_k\Psi_k\qquad(k=A、B、C、f) \tag{3-30}$$

根据前面分析，有

$$\begin{aligned}W_m&=\frac{1}{2}\sum_k i_k\Psi_k=\frac{1}{2}[\boldsymbol{i}_1^T\quad i_f]\cdot\begin{bmatrix}\boldsymbol{L}(\theta)&\boldsymbol{M}_{sf}\\\boldsymbol{M}_{fs}&L_{ff}\end{bmatrix}\cdot\begin{bmatrix}\boldsymbol{i}_1\\i_f\end{bmatrix}\\&=\frac{1}{2}(\boldsymbol{i}_1)^T\cdot(\boldsymbol{L}(\theta))\cdot(\boldsymbol{i}_1)+\frac{1}{2}(\boldsymbol{i}_1)^T\cdot(\boldsymbol{\psi}_{12}(\theta))+\frac{1}{2}i_f(\boldsymbol{M}_{fs})\cdot(\boldsymbol{i}_1)+\frac{1}{2}L_{ff}i_f^2\\&=\frac{1}{2}(\boldsymbol{i}_1)^T\cdot(\boldsymbol{L}(\theta))\cdot(\boldsymbol{i}_1)+\frac{1}{2}(\boldsymbol{i}_1)^T\cdot(\boldsymbol{\psi}_{12}(\theta))+\frac{1}{2}(\boldsymbol{\psi}_{12}(\theta))^T\cdot(\boldsymbol{i}_1)+\frac{1}{2}L_{ff}i_f^2\\&=\frac{1}{2}(\boldsymbol{i}_1)^T\cdot(\boldsymbol{L}(\theta))\cdot(\boldsymbol{i}_1)+(\boldsymbol{i}_1)^T\cdot(\boldsymbol{\psi}_{12}(\theta))+\frac{1}{2}L_{ff}i_f^2\end{aligned} \tag{3-31}$$

式中　$\boldsymbol{L}(\theta)$——自感和互感矩阵；

$\boldsymbol{\psi}_{12}(\theta)$——永磁磁链矩阵。

根据能量守恒定律，电动机运行时电源输送的净电能 dW_e 应等于电动机中磁场能量的增量 dW_m 加上电动机轴输出机械功率增量 dW_{mech}，即有

$$dW_e=dW_m+dW_{mech} \tag{3-32}$$

另外，$dW_e=\sum_k i_k(u_k-R_ki_k)dt=\sum_k i_k d\Psi_k$

$$\mathrm{d}W_{\mathrm{m}}\Big|_{[i]=const}=\frac{1}{2}\sum_{k}i_{\mathrm{k}}\mathrm{d}\Psi_{\mathrm{k}}=\frac{1}{2}\mathrm{d}W_{\mathrm{e}} \tag{3-33}$$

所以有

$$\mathrm{d}W_{\mathrm{mech}}=T_{\mathrm{e}}\mathrm{d}\theta_{\mathrm{m}}=\mathrm{d}W_{\mathrm{e}}-\mathrm{d}W_{\mathrm{m}}\Big|_{[i]=const}=\frac{1}{2}\mathrm{d}W_{\mathrm{e}} \tag{3-34}$$

式中，θ_{m} 为电动机的机械角位移，它表明：当外电源注入电动机的电流恒定时，电动机磁场能量的增量与电动机输出机械功率分别等于电动机输入净电能的一半。

根据式（3-34）知道，电磁转矩等于电流不变时磁场储能对机械角位移 θ_{m} 的偏导数。

$$T_{\mathrm{e}}=\frac{\mathrm{d}W_{\mathrm{mech}}}{\mathrm{d}\theta_{\mathrm{m}}}=\frac{\partial W_{\mathrm{m}}}{\partial\theta_{\mathrm{m}}}\Bigg|_{[i]=const}=n_{\mathrm{p}}\cdot\frac{\partial W_{\mathrm{m}}}{\partial\theta}\Bigg|_{[i]=const} \tag{3-35}$$

式中　n_{p}——交流永磁电动机的极对数；

θ——电气角位移。进一步推导转矩，有

$$\begin{aligned}T_{\mathrm{e}}&=n_{\mathrm{p}}\cdot\frac{\partial W_{\mathrm{m}}}{\partial\theta}\Bigg|_{[i]=const}\\&=n_{\mathrm{p}}\frac{\partial\left(\frac{1}{2}(\boldsymbol{i}_1)^{\mathrm{T}}\cdot(\boldsymbol{L}(\theta))\cdot(\boldsymbol{i}_1)+(\boldsymbol{i}_1)^{\mathrm{T}}\cdot(\boldsymbol{\psi}_{12}(\theta))+\frac{1}{2}L_{\mathrm{ff}}i_{\mathrm{f}}^{2}\right)}{\partial\theta}\Bigg|_{(i)=const}\\&=n_{\mathrm{p}}\cdot\left(\frac{1}{2}(\boldsymbol{i}_1)^{\mathrm{T}}\cdot\frac{\partial(\boldsymbol{L})}{\partial\theta}\cdot(\boldsymbol{i}_1)+(\boldsymbol{i}_1)^{\mathrm{T}}\cdot\frac{\mathrm{d}(\boldsymbol{\psi}_{12}(\theta))}{\mathrm{d}\theta}\right)\end{aligned} \tag{3-36}$$

综合式（3-26）、式（3-36），交流永磁电动机的电磁转矩可以表示为

$$\begin{aligned}\boldsymbol{T}_{\mathrm{e}}=&-n_{\mathrm{p}}\cdot[i_{\mathrm{A}}\quad i_{\mathrm{B}}\quad i_{\mathrm{C}}]\cdot\begin{bmatrix}-L_{\mathrm{s2}}\sin2\theta & M_{\mathrm{s2}}\sin2(\theta+30°) & M_{\mathrm{s2}}\sin2(\theta+150°)\\ M_{\mathrm{s2}}\sin2(\theta+30°) & -L_{\mathrm{s2}}\sin2(\theta-120°) & M_{\mathrm{s2}}\sin2(\theta-90°)\\ M_{\mathrm{s2}}\sin2(\theta+150°) & M_{\mathrm{s2}}\sin2(\theta-90°) & -L_{\mathrm{s2}}\sin2(\theta+120°)\end{bmatrix}\cdot\begin{bmatrix}\boldsymbol{i}_{\mathrm{A}}\\ \boldsymbol{i}_{\mathrm{B}}\\ \boldsymbol{i}_{\mathrm{C}}\end{bmatrix}+\\&\frac{n_{\mathrm{p}}}{\omega}[i_{\mathrm{A}}\quad i_{\mathrm{B}}\quad i_{\mathrm{C}}]\cdot\begin{bmatrix}e_{\mathrm{rA}}(\theta)\\ e_{\mathrm{rB}}(\theta)\\ e_{\mathrm{rC}}(\theta)\end{bmatrix}\end{aligned} \tag{3-37}$$

式中，ω 为电动机的电角频率（rad/s）；e_{rA}、e_{rB}、e_{rC} 分别是电动机旋转时，永磁体在定子绕组中产生的反电动势。上述公式中的第一部分转矩对应着磁阻转矩，第二部分转矩是永磁体与定子电流作用产生的永磁转矩，该转矩公式对 PMSM 和 BLDCM 都适用。

对于正弦波磁场分布的 PMSM，式（3-3）中的永磁磁链可以表示为下式。

$$\boldsymbol{\psi}_{12}(\theta)=\begin{bmatrix}\psi_{\mathrm{fA}}(\theta)\\ \psi_{\mathrm{fB}}(\theta)\\ \psi_{\mathrm{fC}}(\theta)\end{bmatrix}=\psi_{\mathrm{f}}\begin{bmatrix}\cos(\theta)\\ \cos(\theta-120°)\\ \cos(\theta-240°)\end{bmatrix} \tag{3-38}$$

注意，式（3-38）中的 Ψ_{f} 指的是定子相绕组中永磁磁链的幅值。式（3-37）的转矩公式就可以表示为

$$\boldsymbol{T}_{\mathrm{e}}=-n_{\mathrm{p}}\cdot[i_{\mathrm{A}}\quad i_{\mathrm{B}}\quad i_{\mathrm{C}}]\cdot\begin{bmatrix}-L_{\mathrm{s2}}\sin2\theta & M_{\mathrm{s2}}\sin2(\theta+30°) & M_{\mathrm{s2}}\sin2(\theta+150°)\\ M_{\mathrm{s2}}\sin2(\theta+30°) & -L_{\mathrm{s2}}\sin2(\theta-120°) & M_{\mathrm{s2}}\sin2(\theta-90°)\\ M_{\mathrm{s2}}\sin2(\theta+150°) & M_{\mathrm{s2}}\sin2(\theta-90°) & -L_{\mathrm{s2}}\sin2(\theta+120°)\end{bmatrix}\cdot\begin{bmatrix}i_{\mathrm{A}}\\ i_{\mathrm{B}}\\ i_{\mathrm{C}}\end{bmatrix}-$$

$$n_p\psi_f[i_A \quad i_B \quad i_C]\cdot\begin{bmatrix}\sin(\theta)\\ \sin(\theta-120°)\\ \sin(\theta-240°)\end{bmatrix} \tag{3-39}$$

3.2.4 动力学方程

根据牛顿第二定律知道电动机动力学方程式为

$$T_e-T_l=J\frac{d\omega_m}{dt}=\frac{J}{n_p}\frac{d\omega}{dt} \tag{3-40}$$

式中 J——整个机械负载系统折算到电动机轴端的转动惯量（$kg\cdot m^2$）；

T_l——折算到电动机轴端的负载转矩（N·m）；

ω_m——转子机械角速度（rad/s）。

综上，交流永磁电动机的电压矩阵方程［式（3-1）］、磁链方程［式（3-2）、式（3-3）、式（3-26）］和转矩方程［式（3-37）］、动力学方程［式（3-40）］共同组成了交流永磁电动机的一般化动态数学模型。从中可以看出，交流永磁电动机在ABC坐标系中的数学模型非常复杂，它具有非线性、时变、高阶、强耦合的特征。为了便于对电动机的运行过程进行深入分析，必须对其进行简化。

3.2.5 基于MATLAB的转矩公式分析

本部分内容采用MATLAB软件对三相静止坐标系中的电动机转矩公式进行仿真分析。首先将式（3-37）稍作整理，然后在MATLAB命令窗口中逐步键入如下命令（这里以磁阻转矩为例）：

```
clear
whos
syms ia ib ic st2;
whos
```

上述语句中第一句清空变量，第二句观察现有变量（应该是没有变量了），第三句定义符号变量用以推导转矩公式，第四句再次观察工作空间的变量，出现如下结果：

```
Name    Size    Bytes    Class    Attributes
ia      1×1     8        sym
ib      1×1     8        sym
ic      1×1     8        sym
st2     1×1     8        sym
```

可以看出，工作空间中已经出现了4个符号变量，其中st2表示式（3-37）中的2θ，ia、ib、ic分别表示三相定子电流。然后根据式（3-37），键入如下命令（公式简化中暂时忽略电动机的极对数与电感等常量）：

```
te1=-[ia ib ic]*[-sin(st2)  sin(st2+60/180*pi)  sin(st2+300*pi/180);  sin(st2+60/180*pi)  -sin(st2-240*pi/180)  sin(st2-180*pi/180);  sin(st2+300*pi/180)  sin(st2-180*pi/180)  -sin(st2+240*pi/180)]*[ia; ib; ic]
```

此时，MATLAB中会出现如下结果，MATLAB尚未对其进行化简。

```
te1=
```

ib * (ic * sin(st2) -ia * sin(pi/3+st2) +ib * sin(st2-(4 * pi)/3)) -ia * (ib * sin(pi/3+st2) -ia * sin(st2) +ic * sin((5 * pi)/3+st2)) +ic * (ib * sin(st2) -ia * sin((5 * pi)/3+st2) +ic * sin((4 * pi)/3+st2))

然后，键入如下命令：

simplify(te1)

显示如下结果：

ans =

ia ^ 2 * sin(st2) -(ib ^ 2 * sin(st2))/2-(ic ^ 2 * sin(st2))/2-ia * ib * sin(st2) -ia * ic * sin (st2) +2 * ib * ic * sin(st2) +(3 ^(1/2) * ib ^ 2 * cos(st2))/2-(3 ^(1/2) * ic ^ 2 * cos(st2))/ 2-3 ^(1/2) * ia * ib * cos(st2) +3 ^(1/2) * ia * ic * cos(st2)

关于化简的其他方法还有 combine、factor、expand、radsimp、rewrite、collect 等等。

然后我们开始新的分析过程，键入如下命令：

```
clear
whos
syms st2 bt ima
ia = ima * cos( bt)
ib = ima * cos( bt-120 * pi/180)
ic = ima * cos( bt-240 * pi/180)
```

此时，可以看到命令窗口中会出现如下结果，这说明 MATLAB 已经接受了这几个符号变量。

```
ia =
ima * cos( bt)
ib =
ima * cos( bt-( 2 * pi)/3)
ic =
ima * cos( bt-( 4 * pi)/3)
```

上述指令的含义是让三相定子电流为对称三相正弦电流，相电流的幅值为 ima。然后键入如下命令：

te1 = sin(st2) * ia^2-2 * sin(pi/3+st2) * ia * ib+2 * cos(pi/6+st2) * ia * ic+cos(pi/6+st2) * ib^2+2 * sin(st2) * ib * ic-sin(pi/3+st2) * ic^2

在 MATLAB 接受转矩变量以后，再键入如下化简命令：

simplify(te1)

同样，在采用各种方式简化后，出现了最终的结果：

ans = -(9 * ima^2 * sin(2 * bt-st2))/4　　　　(3-41)

依据式（3-41），在上述三相定子电流下，最终的转矩公式从式（3-39）可以变换成下式：

$$T_{\mathrm{e}}=-\frac{9}{4}n_{\mathrm{p}}L_{\mathrm{s2}}i_{\mathrm{ma}}^{2}\sin2(\beta-\theta)+\frac{3}{2}n_{\mathrm{p}}\psi_{\mathrm{f}}i_{\mathrm{ma}}\sin(\beta-\theta) \tag{3-42}$$

通过前述一系列 MATLAB 的化简推导与变换，三相对称正弦电流供电下，PMSM 的转矩公式还是比较简单的。需要注意的是公式中的电流与磁链均是指的相变量的幅值。在后面进一步简化后，还需要将前后的转矩公式在一起进行对比，以便深入理解各变量与相关公式。

图 3-2 左侧与图 3-3 下方文字简单说明了该图中的电流产生的转矩为 0，这是因为图中所示相电流波形对应的 β 与 θ 刚好是同相位的，所以图中的定子电流都是励磁电流，不能产生转矩。式（3-42）可以很好地解释这一点。为了输出转矩，电动机相电流的相位必须发生变化，以出现产生转矩的电流分量，即后面 3.4 节中所述的 i_q 电流分量。

3.3　坐标变换

在对交流电动机数学模型进行化简的过程中，需要引入不同的坐标系，并将某些物理量在不同坐标系之间进行变换，这就是坐标变换。常用的坐标系如图 3-5 所示。图 3-5a 是一个由 ABC 三个坐标轴构成的三相静止坐标系，它就是图 3-1 中的三相 ABC 定子坐标系（3s 坐标系），每个坐标轴上有一个等效绕组。图 3-5b 是一个静止的两相平面直角坐标系（2s 坐标系），其中 α 轴与图 3-5a 中的 A 轴线重合，β 轴超前 α 轴 90°，同样两个坐标轴（α 与 β）上分别各有一个绕组。图 3-5c 给出的是一个以速度 ω 旋转的平面直角坐标系（2r 坐标系），两个坐标轴（d 与 q，其中 q 轴超前 d 轴 90°）上也分别各有一个绕组。

可以设想：如果电动机的定子三相绕组可以采用图 3-5c 中的 d 绕组和 q 绕组（d、q 绕组的真实位置参考图 2-18）等效，并且 dq 坐标系与转子坐标系（图 3-1a 中的 dq 坐标系）重合的话，那么 dq 轴上新的定子绕组与转子就是相对静止的，dq 绕组之间的互感也就不会与转子位置 θ 有关系了，电感矩阵将会得到极大地简化。这里需要指出的是，d、q 绕组既然是旋转的，那就不可能是实际的定子绕组，所以它们是虚拟（等效）的绕组。

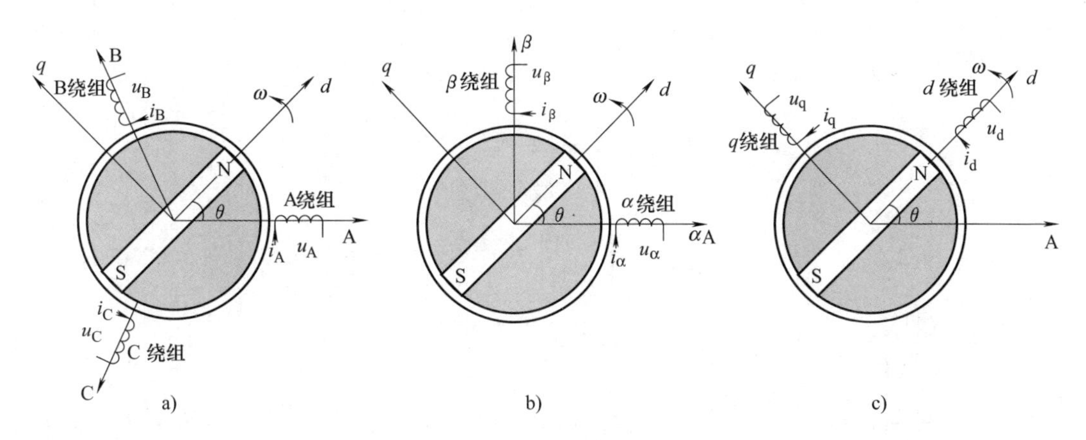

图 3-5　不同坐标系及绕组的示意图
a）3s 坐标系　b）2s 坐标系　c）2r 坐标系

下面分析上述三种坐标系中的绕组如何等效，同时分析不同坐标系绕组中的物理量（电压、电流等）之间如何进行等效变换。

电动机内的气隙磁场是进行电磁能量传递的媒介，定、转子间能量的传递正是通过气隙磁场进行的。不同类型的绕组进行变换时，应保证它们产生的总磁动势不变。只有遵守这一原则，才能保证电动机能量转换关系不变。

图 3-5a 中三相对称定子绕组的每相匝数均为 N_3，那么三相绕组产生的磁动势空间矢量在静止坐标系中采用复数可以表示为

$$\boldsymbol{f}_{3s}^{2s}=N_3(i_A+i_B e^{j\frac{2\pi}{3}}+i_C e^{j\frac{4\pi}{3}}) \tag{3-43}$$

上式中 $\boldsymbol{f}_{3s}^{2s}$ 的下角标 3s 表示该磁动势由 3s 坐标系绕组产生，上角标 2s 表示描述该磁动势的坐标系，这里即是两相静止 $\alpha\beta$ 坐标系。本书变量中上角标的含义与此相同。

图 3-5b 中两相静止绕组的每相绕组匝数为 N_2，两相绕组产生的磁动势空间矢量为

$$\boldsymbol{f}_{2s}^{2s}=N_2\left(i_\alpha+i_\beta e^{j\frac{\pi}{2}}\right) \tag{3-44}$$

图 3-5c 中两相旋转绕组的每相绕组匝数为 N_2，两相绕组产生的磁动势空间矢量为

$$\boldsymbol{f}_{2r}^{2s}=N_2\left(i_d+i_q e^{j\frac{\pi}{2}}\right)\cdot e^{j\theta} \tag{3-45}$$

令 ABC 绕组、$\alpha\beta$ 绕组产生的磁动势相等，即

$$\boldsymbol{f}_{3s}^{2s}=\boldsymbol{f}_{2s}^{2s} \tag{3-46}$$

可以推导出下式：

$$\left(i_\alpha+i_\beta e^{j\frac{\pi}{2}}\right)=\frac{N_3}{N_2}\left(i_A+i_B e^{j\frac{2\pi}{3}}+i_C e^{j\frac{4\pi}{3}}\right) \tag{3-47}$$

上式中，通常取 $N_3/N_2=2/3$，这样推导的三相电流与两相电流的幅值是相等的。采用其他的变换系数也是可行的，不过各物理量之间进行坐标变换时较容易弄错，在第 4 章的末尾将会对此通过 MATLAB 仿真进一步对比说明。此时根据式（3-47）推出 3s 坐标系中 ABC 绕组的电流与 2s 坐标系中 $\alpha\beta$ 绕组的电流之间的变换矩阵分别为式（3-48）和式（3-49）。

$$\boldsymbol{C}_{3s\to 2s}=\frac{2}{3}\begin{pmatrix}1 & -1/2 & -1/2\\ 0 & \sqrt{3}/2 & -\sqrt{3}/2\end{pmatrix} \tag{3-48}$$

$$\boldsymbol{C}_{2s\to 3s}=\begin{pmatrix}1 & 0\\ -1/2 & \sqrt{3}/2\\ -1/2 & -\sqrt{3}/2\end{pmatrix} \tag{3-49}$$

可以进行验算，$C_{2s\to 3s}\cdot C_{3s\to 2s}=\begin{bmatrix}1 & 0\\ 0 & 1\end{bmatrix}$ 是一个 2 维单位矩阵；$C_{3s\to 2s}\cdot C_{2s\to 3s}=\begin{bmatrix}\frac{2}{3} & -\frac{1}{3} & -\frac{1}{3}\\ -\frac{1}{3} & \frac{2}{3} & -\frac{1}{3}\\ -\frac{1}{3} & -\frac{1}{3} & \frac{2}{3}\end{bmatrix}$ 的结果虽然不是 3 维单位矩阵，但是对于三相三线系统中的一组变量（电压、电流、磁链等），若满足三相变量之和等于 0（即零序分量为 0），其坐标变换结果与 3 维单位矩阵 $\begin{bmatrix}1 & 0 & 0\\ 0 & 1 & 0\\ 0 & 0 & 1\end{bmatrix}$ 是等效的。物理量在经过两次变换后均能够保持不变——这样的变换

才是正确的。采用式（3-48）和式（3-49）的三相变量与两相变量的幅值（正弦变量）保持不变，因而该变换被称为恒幅值变换。

除此之外，还有一种称为恒功率变换的3s与2s坐标系变量之间的变换矩阵，分别见式（3-50）与式（3-51），下角标中的 cp 表示恒功率。此变换中，两相电流幅值是三相电流幅值的 $\sqrt{\frac{3}{2}}$ 倍。

$$C_{3s\to 2s\_cp}=\sqrt{\frac{2}{3}}\begin{bmatrix}1 & -1/2 & -1/2\\ 0 & \sqrt{3}/2 & -\sqrt{3}/2\end{bmatrix} \tag{3-50}$$

$$C_{2s\to 3s\_cp}=\sqrt{\frac{2}{3}}\begin{bmatrix}1 & 0\\ -1/2 & \sqrt{3}/2\\ -1/2 & -\sqrt{3}/2\end{bmatrix} \tag{3-51}$$

根据 $\alpha\beta$ 绕组与 dq 绕组产生的磁动势相等，有

$$\boldsymbol{f}_{2s}^{2s}=\boldsymbol{f}_{2r}^{2s} \tag{3-52}$$

可以推导出下式

$$i_{\alpha}+i_{\beta}e^{j\frac{\pi}{2}}=(i_{d}e^{j\theta}+i_{q}e^{j\frac{\pi}{2}})\cdot e^{j\theta} \tag{3-53}$$

根据上式推导出的2s坐标系中 $\alpha\beta$ 绕组的电流与2r坐标系中 dq 绕组的电流之间的变换矩阵为

$$\boldsymbol{C}_{2r\to 2s}=\begin{pmatrix}\cos\theta & -\sin\theta\\ \sin\theta & \cos\theta\end{pmatrix} \tag{3-54}$$

$$\boldsymbol{C}_{2s\to 2r}=\begin{pmatrix}\cos\theta & \sin\theta\\ -\sin\theta & \cos\theta\end{pmatrix} \tag{3-55}$$

可以进行验算，$C_{2s\to 2r}\cdot C_{2r\to 2s}=C_{2r\to 2s}\cdot C_{2s\to 2r}=\begin{bmatrix}1 & 0\\ 0 & 1\end{bmatrix}$ 是一个2维单位矩阵，这也说明，经过了前后两次变换后的物理量保持不变。

3.4　*dq* 转子坐标系的PMSM动态数学模型

3.2节中分析的PMSM动态数学模型是建立在三相静止坐标系的，其中的电感矩阵非常复杂，这是因为三相定子绕组之间的耦合情况与转子的位置密切相关。采用坐标变换可以将该数学模型变换到任意一个两相坐标系中，这样，耦合情况有可能会得到简化。如果选取的两相坐标系是将 d 轴始终定位在转子磁极轴线上的转子坐标系的话，电感矩阵将会简化为常数，数学模型得到极大简化。

3.4.1　*dq* 坐标系PMSM动态数学模型推导

根据3.3节的推导，可以利用下述的变换矩阵将ABC坐标系中三相静止定子绕组的电流变量变换到 dq 转子坐标系中两相旋转绕组中的电流变量：

$$\begin{bmatrix}i_d\\ i_q\end{bmatrix}=\boldsymbol{C}_{2s\to 2r}\cdot\boldsymbol{C}_{3s\to 2s}\cdot\begin{bmatrix}i_A\\ i_B\\ i_C\end{bmatrix} \tag{3-56}$$

采用上述坐标变换原理，可以把交流电动机不同的绕组变换为同一个坐标系（dq 坐标系）中的绕组。电动机的电压、磁链等物理量的变换矩阵与上述的电流变换矩阵相同。这样就可以将上一节中复杂的数学模型进行化简，得到下面的永磁同步电动机的数学模型。

1. 定子电压方程

$$
\begin{aligned}
u_d &= R_1 i_d + p\psi_d - \omega\psi_q \\
u_q &= R_1 i_q + p\psi_q + \omega\psi_d
\end{aligned} \tag{3-57}
$$

式中　ω——转子旋转电角速度；

p——微分算子。该式可以描述为式 3-58 的矢量形式。

$$
\boldsymbol{u}_1^{2r} = R_1 \cdot \boldsymbol{i}_1^{2r} + p\boldsymbol{\psi}_1^{2r} + j\omega\boldsymbol{\psi}_1^{2r} \tag{3-58}
$$

以电压为例，如下式所示，矢量由其实部与虚部共同构成。

$$
\boldsymbol{u}_1^{2r} = u_d + ju_q \tag{3-59}
$$

2. 定子磁链方程

$$
\begin{aligned}
\psi_d &= \psi_f + L_d i_d \\
\psi_q &= L_q i_q
\end{aligned} \tag{3-60}
$$

由于 PMSM 转子永磁体产生的是正弦分布磁场，所以当该磁场变换到转子坐标系以后仅与定子绕组中的 d 绕组匝链（即上式中的 ψ_f 项——一相定子绕组中永磁磁链的幅值），而与 q 绕组没有匝链（BLDCM 则不同）。式（3-60）中的电感参数与三相系统中的电感参数之间的关系参见式（3-73）。

式（3-60）也可以表述为式（3-61）的矩阵形式和式（3-62）的矢量形式。

$$
\boldsymbol{\psi}_1^{2r} = [L]^{2r} \cdot \boldsymbol{i}_1^{2r} + \boldsymbol{\psi}_f^{2r} \tag{3-61}
$$

$$
\boldsymbol{\psi}_1^{2r} = (L_d i_d + jL_q i_q) + (\psi_f + j0) \tag{3-62}
$$

将式（3-60）代入到式（3-57）中，并假定电感参数（L_d、L_q）为常数，则可以得到以电流为状态变量的微分方程：

$$
\begin{aligned}
u_d &= R_1 i_d + L_d p i_d - \omega L_q i_q \\
u_q &= R_1 i_q + L_q p i_q + \omega(\psi_f + L_d i_d)
\end{aligned} \tag{3-63}
$$

3. 电磁转矩方程

$$
T_e = 1.5 n_p (\psi_d i_q - \psi_q i_d) \tag{3-64}
$$

将式（3-60）代入到式（3-64）中，则有

$$
T_e = 1.5 n_p i_q [\psi_f + (L_d - L_q) i_d] = 1.5 n_p i_q (\psi_f - \beta L_d i_d) \tag{3-65}
$$

转矩公式（3-65）中的两个转矩分量与 2.4 节中的转矩 T_{e1} 与 T_{e2} 是相对应的。

需要说明的是，电机气隙除了基波正弦磁场外，还存在谐波磁场，还有永磁体磁场与电机定子齿槽之间的齿槽转矩，这些转矩分量并没有在式（3-64）中体现，所以该转矩公式适用于计算不考虑上述谐波的电机的平均转矩。

4. 动力学方程

$$
T_e - T_l = \frac{J}{n_p} \frac{d\omega}{dt}
$$

关于电机参数的简单解释如下（默认采用恒幅值变换，另外可参考表4-2）：

永磁磁链：永磁体产生的磁场在定子一相绕组中产生的磁链的最大值。可以利用原动机拖动被测电机（定子绕组A、B、C三个端子开路，不连接任何外电路）在某一转速下匀速转动，测量得到的相电压幅值（即线电压有效值乘以$\sqrt{2/3}$）除以电气角速度（即$2\pi f$）后得到永磁磁链数值（可参考15.3节）。

相电流幅值：一相定子绕组正弦电流的幅值。由于采用了恒幅值变换，所以三相电流幅值与两相正弦电流（i_α和i_β）的幅值相等，也与定子电流矢量的幅值相等（即与i_d和i_q的平方和开根号后的值相等）。

铜耗：定子绕组相电流有效值的平方乘以一相电阻后，再乘以3。

输出有功功率：利用输出转矩与电机机械角速度计算得到。

输入有功功率：d轴有功功率（$u_d \cdot i_d$）与q轴有功功率（$u_q \cdot i_q$）求和后，再乘以3/2（因为采用了恒幅值变换的缘故）。

效率：输出有功功率与输入有功功率的比值。

（基波）功率因数：电机定子绕组相电流滞后相电压电角度的余弦值。

需要特别指出的是：对于一台实际的永磁同步电动机，式（3-57）和式（3-63）是不同的。由于存在着磁场的饱和以及dq轴磁场的交叉耦合作用，实际电机的电感参数（L_d和L_q）是与电流（i_d和i_q）有关联的。式（3-57）可以说是更为准确的表达式。式3-60中的电感为视在电感，而式3-63右侧中间微分项中的电感则是微分电感。

另外，从式3-57（或3-63）中可看出，dq轴存在旋转电压的耦合项，且它在电机的端电压中占据了主要部分（速度不为0时）。可参考附录图L-1绘制的电机内部结构图，进行直观的分析。

3.4.2 基于MATLAB的PMSM数学模型化简

1. 三相ABC坐标系中对称电流变换到*dq*坐标系电流

在MATLAB命令窗口中键入如下命令：

```
clear
whos
syms st bt ima
ia=ima*cos(bt)
ib=ima*cos(bt-120*pi/180)
ic=ima*cos(bt-240*pi/180)
c2s2r=[cos(st) sin(st);-sin(st) cos(st)]
c3s2s=2/3*[1 -0.5 -0.5; 0 sqrt(3)/2 -sqrt(3)/2]
idq=c2s2r*c3s2s*[ia; ib; ic]
```

其中st为转子位置电角度，bt为定子A相电流的电角度，对idq进行简化。

```
simplify(idq)
```

最后在MATLAB中可以得到如下简化形式：

```
ans=
ima*cos(bt-st)
```

```
ima * sin(bt-st)
```

将此变换结果采用下式描述。

$$i_{\mathrm{d}} = i_{\mathrm{ma}}\cos(\beta-\theta)$$
$$i_{\mathrm{q}} = i_{\mathrm{ma}}\sin(\beta-\theta) \tag{3-66}$$

从上式中可以看出，幅值恒定的电流矢量变换到转子 dq 坐标系（速度恒定）后还是一个恒定的旋转电流矢量，其幅值没有变化，只不过在原来的相角中减去 dq 坐标系的相角。如果电流矢量旋转速度与 dq 坐标系旋转速度相等，那么式中的相角差（即 bt-st）是一个恒定值。此时，电流矢量在 dq 坐标系中变成了一个恒定的静止的电流矢量，它的两个分量均保持不变。如果可以控制相角差，那么电流的两个分量也就可以控制了。不过这两个电流分量的物理含义需要进一步深入理解。

2. 永磁体匝链到定子绕组的永磁磁链变换到 *dq* 坐标系

MATLAB 中命令如下：

```
clear
whos
syms st ff
ffa=ff * cos(st)
ffb=ff * cos(st-120 * pi/180)
ffc=ff * cos(st-240 * pi/180)
c2s2r=[cos(st)sin(st);-sin(st)cos(st)]
c3s2s=2/3 * [1-0.5-0.5; 0 sqrt(3)/2-sqrt(3)/2]
fdq=c2s2r * c3s2s * [ffa; ffb; ffc]
```

注意，永磁磁链的相位角和转子位置是同一个角，简化 fdq 后，结果如下所示：

```
simplify(fdq)
ans=
ff
0
```

简化的最终结果如上式所示。可以看出匝链到定子绕组的正弦波永磁磁场在转子 dq 坐标系中的描述非常简单。它仅在 d 轴上有分量，且为一相定子绕组永磁磁链的幅值，q 轴上分量为 0。上述结果可以用下式描述

$$\boldsymbol{\psi}_{\mathrm{f}}^{2\mathrm{r}} = \begin{bmatrix} \psi_{\mathrm{fd}} \\ \psi_{\mathrm{fq}} \end{bmatrix} = \begin{bmatrix} \psi_{\mathrm{f}} \\ 0 \end{bmatrix} \tag{3-67}$$

3. 三相 ABC 坐标系 PMSM 数学模型中的电感矩阵变换到 *dq* 坐标系

在 dq 坐标系中，式（3-2）的矩阵描述为

$$(\boldsymbol{\psi}_1(\theta,i))^{2\mathrm{r}} = (\boldsymbol{\psi}_{11}(\theta,i))^{2\mathrm{r}} + (\boldsymbol{\psi}_{12}(\theta))^{2\mathrm{r}} \tag{3-68}$$

前面刚刚推导出下式：

$$(\boldsymbol{\psi}_{12}(\theta))^{2\mathrm{r}} = \begin{bmatrix} \psi_{\mathrm{fd}} \\ \\ \psi_{\mathrm{fq}} \end{bmatrix} \tag{3-69}$$

下面着重对定子电流产生的定子绕组磁链部分进行变换，目标是下式中的电感矩阵 $(\boldsymbol{L})^{2\mathrm{r}}$。

$$(\boldsymbol{\psi}_{11}(\theta,i))^{2r}=(\boldsymbol{L})^{2r}\cdot(\boldsymbol{i}_1)^{2r} \tag{3-70}$$

根据前述方法，对式（3-26）的两侧同时进行坐标变换，如下式所示。

$$\begin{aligned}(\boldsymbol{\psi}_{11}(\theta,i))^{2r}&=\boldsymbol{C}_{2s\to2r}\cdot\boldsymbol{C}_{3s\to2s}\cdot\begin{pmatrix}\boldsymbol{\psi}_{1A}(\theta,i)\\\boldsymbol{\psi}_{1B}(\theta,i)\\\boldsymbol{\psi}_{1C}(\theta,i)\end{pmatrix}=\boldsymbol{C}_{2s\to2r}\cdot\boldsymbol{C}_{3s\to2s}\cdot(\boldsymbol{L})^{3s}\cdot(\boldsymbol{i}_1)^{3s}\\&=\boldsymbol{C}_{2s\to2r}\cdot\boldsymbol{C}_{3s\to2s}\cdot(\boldsymbol{L})^{3s}\cdot\boldsymbol{C}_{2s\to3s}\cdot\boldsymbol{C}_{2r\to2s}\cdot(\boldsymbol{i}_1)^{2r}=(\boldsymbol{L})^{2r}\cdot(\boldsymbol{i}_1)^{2r}\end{aligned} \tag{3-71}$$

显然，目标电感矩阵（$\boldsymbol{L}$）^{2r}应该按下式进行计算：

$$(\boldsymbol{L})^{2r}=\boldsymbol{C}_{2s\to2r}\cdot\boldsymbol{C}_{3s\to2s}\cdot(\boldsymbol{L})^{3s}\cdot\boldsymbol{C}_{2s\to3s}\cdot\boldsymbol{C}_{2r\to2s} \tag{3-72}$$

式（3-72）中的电感矩阵（$\boldsymbol{L}$）^{3s}即是式3-26中的电感矩阵。在MATLAB中键入如下命令逐步进行分析：

```
clear
whos
syms st ls0 ls2 ms0
c2s2r=[cos(st)sin(st);-sin(st)cos(st)]
c2r2s=[cos(st)   -sin(st); sin(st)cos(st)]
c3s2s=2/3*[1-0.5-0.5; 0 sqrt(3)/2-sqrt(3)/2]
c2s3s=[1 0;-0.5   sqrt(3)/2;-0.5-sqrt(3)/2]
l3s=[ls0 -ms0 -ms0;-ms0 ls0-ms0;-ms0-ms0 ls0]+ls2*[-cos(2*st)cos(2*st+60/180*pi)cos(2*st+300*pi/180); cos(2*st+60/180*pi)   -cos(2*st-240*pi/180)cos(2*st-180*pi/180); cos(2*st+300*pi/180)cos(2*st-180*pi/180)-cos(2*st+240*pi/180)]
l2r=c2s2r*c3s2s*l3s*c2s3s*c2r2s
```

然后继续进行简化，如下：

```
simplify(l2r)
```

MATLAB中简化的最终结果如下：

```
ans=
[ ls0-(3*ls2)/2+ms0,            0]
[0,                 ls0+(3*ls2)/2+ms0]
```

参考式（3-14）、式（3-22），该结果描述为

$$\begin{aligned}L_d&=L_{s0}+M_{s0}-3/2L_{s2}=L_1+3/2L_{AAd}\\L_q&=L_{s0}+M_{s0}+3/2L_{s2}=L_1+3/2L_{AAq}\end{aligned} \tag{3-73}$$

所以前面分析的目标矩阵（$\boldsymbol{L}$）^{2r}就可以表示为

$$(\boldsymbol{L})^{2r}=\begin{bmatrix}L_d&0\\0&L_q\end{bmatrix} \tag{3-74}$$

4. 三相ABC坐标系与*dq*坐标系中电磁转矩公式对比

由于转矩公式非常复杂，这里仅针对三相对称正弦电流下的电动机转矩公式对比，前面已经给出了化简后的转矩公式，见式（3-42）。*dq*坐标系中转矩分析如下：

$$
\begin{aligned}
T_e &= 1.5n_p(\psi_d i_q - \psi_q i_d) = \frac{3}{2}n_p\{(\psi_f + L_d i_d)i_q - L_q i_q i_d\} \\
&= \frac{3}{2}n_p\{(\psi_f + L_d i_{ma}\cos(\beta-\theta))i_{ma}\sin(\beta-\theta) - L_q i_{ma}\sin(\beta-\theta)i_{ma}\cos(\beta-\theta)\} \\
&= \frac{3}{2}n_p\left\{\psi_f i_{ma}\sin(\beta-\theta) + \frac{i_{ma}^2}{2}(L_d - L_q)\sin 2(\beta-\theta)\right\}
\end{aligned} \tag{3-75}
$$

对比一下，可以发现式（3-65）与式（3-42）完全吻合，转矩公式变换前后保持了一致。当然，式（3-65）形式上更为简单一点，使用频率较多。

必须强调的是：式（3-65）与式（3-75）中的永磁磁链指的是一相定子绕组中永磁磁链的幅值，公式中的 dq 轴电流在三相坐标系与两相坐标系的变换中采用了式（3-48）与式（3-49），即这里的电流指的是定子绕组相电流的幅值。当然，也可以采用其他的变换（如恒功率变换），但是如果上述变量和变换矩阵的使用不统一，那么建立的模型就是错误的，是自相矛盾的，也就无法用来对电动机进行正确的分析。

3.4.3 PMSM 等效电路图

图 3-6 与图 3-7 分别给出了 PMSM 在 d 轴与 q 轴上的动态等效电路，电压方程与磁链方程都体现在电路中。

图 3-6 的 d 轴等效电路中定子侧有旋转电动势（为转子电角速度与 q 轴定子磁链乘积），另外转子侧有励磁电流，气隙磁场由永磁体与 d 轴定子电枢反应磁场共同构成。

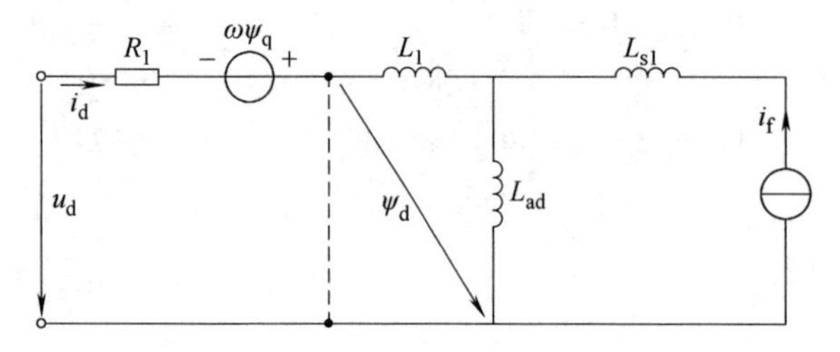

图 3-6　PMSM 的 d 轴动态等效电路

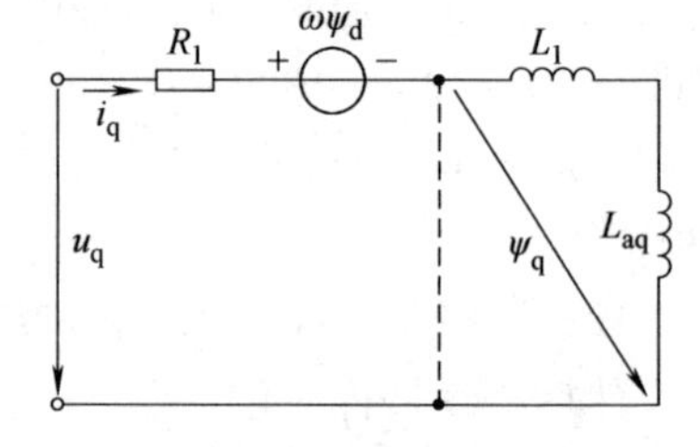

图 3-7　PMSM 的 q 轴动态等效电路

图 3-7 的 q 轴等效电路中定子侧有旋转电动势（为转子电角速度与 d 轴定子磁链乘积），q 轴气隙磁场为 q 轴定子电枢反应磁场。

当电动机运行于稳态时，dq 轴的电流、磁链与电压均是恒定的直流量，式（3-57）、式（3-63）中的磁链微分项为 0。所以稳态下，图 3-6 与图 3-7 中虚线两端都处于等电位上。

当考虑电机铁耗时，图 3-6 与图 3-7 就不再适用了，可以在图中加入描述铁耗的铁耗电阻，可参见图 6-23。

3.5 电动机矢量图

交流永磁同步电动机运行特性的分析往往要借助矢量图，矢量图有助于清楚、直观、定性地对各物理量的变化规律及它们之间的相互关系进行分析。下面将永磁同步电动机的磁动势空间矢量与电动势时间矢量画在同一张图上，图 3-8 中根据电动机惯例，磁通滞后于感应电动势 90°电角度。

凸极转子结构在同步电动机中应用较为广泛，但是由于凸极电动机的气隙不均匀，这使得相同的电枢电流在交轴 q 与直轴 d 上产生的电枢反应是不相同的，加大了分析的难度。应用双反应定理可以有效地解决这个问题：将电枢反应分解成交轴与直轴分量后分别分析，如图 3-8 所示。

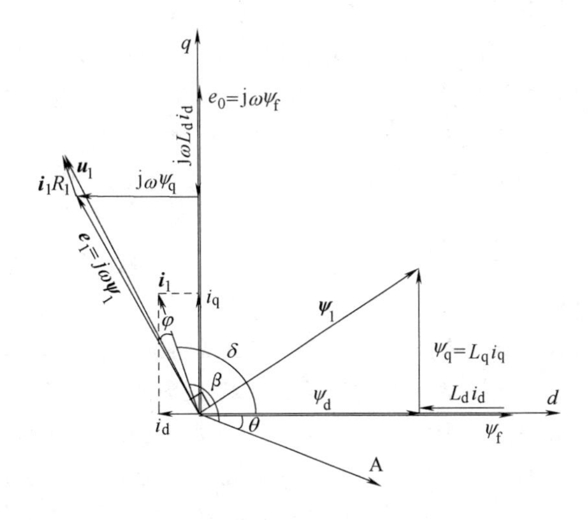

图 3-8　凸极永磁电动机时空矢量图（$i_d<0$）

转子永久磁钢在主磁路中产生气隙磁场。当定子交流绕组中通过电流 $\boldsymbol{i}_1$ 时将产生电枢反应。将定子电流矢量变换到转子坐标系中并分解成 i_d 与 i_q，它们各自产生 d 轴与 q 轴上的电枢反应。矢量图中定子电压矢量 $\boldsymbol{u}_1$ 与定子电流矢量 $\boldsymbol{i}_1$ 之间的电角度 φ 为功率因数角。图 3-8 所示矢量图为 PMSM 在一般运行情况下的矢量图，图中的定子电流矢量 $\boldsymbol{i}_1$ 存在转矩电流分量 i_q 与励磁电流分量 i_d（图中此时为去磁效果）。但是可以通过电流的闭环控制，使图中的 φ 角控制为 0，即功率因数恒定为 1 的运行工况；也可以使图中的定子电流矢量定位在 q 轴上（即 $i_d=0$），如图 3-9 所示，这样控制较为简单，一般在隐极电动机中应用较多。

图 3-8 与图 3-9 的本质不同在于 i_d 的不同。在图中可以看出，转子旋转产生的定子绕组反电动势是相同的，去磁电流 i_d 的存在可以使电动机对定子绕组端电压 $\boldsymbol{u}_1$ 的需求大大降低。一方面可以使电动机在更高速度下运行；另一方面较大的电压裕量使得电动机电流的可控性大大提高；再者，从电动机的转矩公式中可以看出（对于凸极 PMSM，有 $L_d<L_q$），此时的磁阻转矩为正，即去磁电流提高了电动机的转矩输出能力。总之，去磁电流 i_d 的存在更加有利于电动机在高速区域的运行。

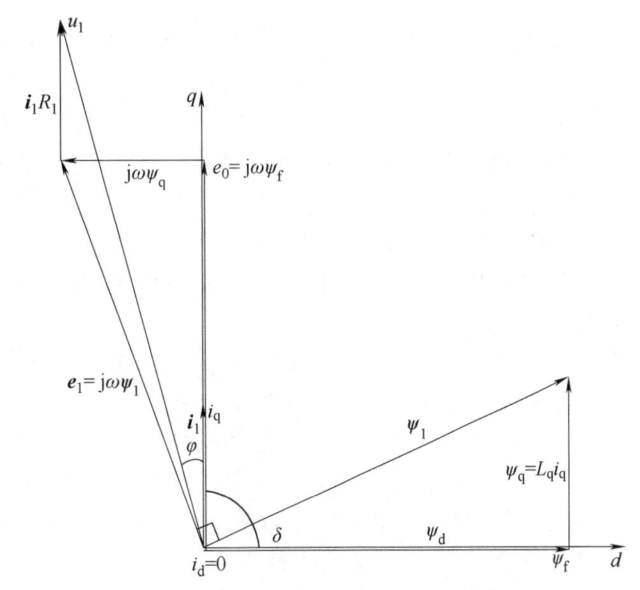

图 3-9　凸极永磁电动机时空矢量图（$i_d=0$）

在电压型逆变器供电永磁电动机变频调速系统的控制中，要注意逆变器输出电压的限制，还要注意逆变器输出电流的限制，这些限制条件对电动机运行的工况会有较大影响。更详细的内容可参考第 6 章。

这里给出了一台峰值功率 88kW 的永磁同步电动机参数：定子相电阻为 0.004Ω，定子相绕组永磁磁链幅值 0.055Wb，电动机极对数为 4，折算到电动机轴的转动惯量 J 为 0.048kgm^2，定子绕组相漏电感为 20μH，d

轴励磁电感 88μH，q 轴励磁电感 300μH，额定转速为 4000r/min，额定功率为 42kW，额定转矩为 100Nm，峰值转矩为 210Nm。另外，MATLAB 提供的仿真实例中的某 100kW 永磁同步电动机的参数为：定子相电阻为 0.0083Ω，定子相绕组永磁磁链峰值为 0.071Wb，电动机极对数为 4，折算到电动机轴的转动惯量 J 为 0.1kg/m^2，定子绕组 d 轴电感 174μH，q 轴电感为 293μH，额定转速为 4700r/min，峰值转矩为 256Nm。

小　　结

本章首先介绍了理想化的 PMSM 的物理模型，然后从基本电磁关系出发，推导了 PMSM 的动态数学模型，包括定子绕组电压方程、定子绕组磁链方程、电磁转矩方程和动力学方程。书中借助于 MATLAB 软件，对众多公式进行了推导与化简。

由于数学模型较为复杂，通过引入坐标变换的概念，改变问题分析的角度，可以推导出 dq 转子坐标系中的 PMSM 动态数学模型。PMSM 的等效电路图与时空矢量图是分析电动机工作特性的两个有用工具。

附录 A 给出了在两相静止坐标系中的 PMSM 的数学模型，读者可以利用坐标变换矩阵和 MATLAB 自行推导。

【一种人生，就是一道独特的风景线】

【换个角度看问题，问题更容易；换个心态看人生，人生更多彩】

【珍惜自己已经拥有的，努力争取实现新的目标】

练　习　题

1. 在 PMSM 的数学模型中，如何考虑电动机的磁路饱和？

2. 在本章给出的电动机数学模型使用的角度中，哪些是电角度，哪些是机械角度？

3. PMSM 的 d 轴电感 L_d、q 轴电感 L_q 的含义是什么？异步电动机中为何不需要区分？

4. 电励磁与永磁体励磁的同步电动机的 d、q 轴电感的特点有何不同？由此产生的磁阻转矩的特性又有何不同？

5. PMSM 在三相与两相的坐标变换中，需要注意什么？

6. 在电动机的时空矢量图中，在不弱磁与弱磁两种方式下，请定性分析 PMSM 的工作性能有何不同？

7. 如果需要考虑电机的铁耗，那么 PMSM 的数学模型应该怎样修改？

8. 如何通过试验，测量 PMSM 的永磁磁链？

9. 关于图 3-2 中定子铁心中的磁场方向，为何水平方向的左侧标注 N，右侧标注 S？

10. 请简要说明式（3-5）的含义。

11. 式（3-39）给出了转矩的表达式，可以根据它来控制电机的转矩吗？为什么？

12. 设一台三相Y联结（中性点为 O）的 PMSM 的定子绕组相电阻为 2Ω，电机处于理想空载下的静止状态，现在将 A、B 端子连接在一起，并且连接到一台稳压直流电源的正极，电机的 C 端子连接到该直流电源的负极，已知直流电源的电压为 6V，试计算三相电流和电压（参考点为 O）分别是多少（可参考图 15-2）？2s 坐标系中的两相电流和电压分别是多少？转子坐标系中的 i_d、i_q 及 u_d、u_q 分别是多少？

第4章 PMSM的MATLAB仿真建模

本章讨论的问题：MATLAB/SIMULINK 是什么软件？如何利用分立模块、s 函数以及 Specialized Power Systems 对 PMSM 进行仿真建模？恒幅值变换与恒功率变换有哪些不同？如何使用电路法对带有整流器负载的永磁同步发电机进行仿真建模？

4.1 MATLAB/SIMULINK 简介

MATLAB 是 MATrix LABoratory（矩阵实验室）的缩写，是一款由美国 MathWorks 公司开发的商业数学软件。MATLAB 是一种用于算法开发、数据可视化、数据分析以及数值计算的高级计算语言和交互式环境。除矩阵运算、绘制函数/数据图像等常用功能外，MATLAB 还可以用来创建图形用户界面（Graphics User Interface，GUI）、调用其他语言（包括 C、C++和 FORTRAN 等）编写的程序。

MATLAB 的基本数据单位是矩阵，它的指令表达式与数学、工程中常用的形式十分相似，故用 MATLAB 来解算问题要比用 C、FORTRAN 等语言完成相同的事情简捷得多。此外 MATLAB 语言简洁紧凑，使用方便灵活，库函数极其丰富。MATLAB 程序书写形式自由，利用丰富的库函数避开繁杂的子程序编程任务，压缩了很多不必要的编程工作。

MATLAB 大家庭有许多成员，包括应用程序开发工具、工具箱（Toolbox）、数据存取工具、状态流图（Stateflow）、模块集（Blocksets）、代码生成工具等。其中，应用程序开发工具包括 MATLAB 编译器、C/C++数学库、MATLAB Web 服务器、MATLAB 运行服务器，这些工具可以建立和发布独立于 MATLAB 环境的应用程序。工具箱实际上是一些高度优化且面向专门应用领域的函数集合，软件提供的工具箱可支持的领域有信号和图像处理、控制系统设计、最优化、金融工程、符号数学、神经网络等，其最大特点是开放性，几乎所有函数都是用 MATLAB 语言写成的（只有少数工具箱的某些函数是使用 C 语言写成的动态库函数），因而可以直接阅读和加以改写，用户也可以自行开发适合特定领域的工具箱。数据存取工具提供了从外部数据源获取数据的简捷途径，这些数据源包括外部硬件和外部数据库（与 ODBC 等兼容）。状态流图是一个专门针对事件驱动系统建模和设计的图形化模拟环境。模块集是面向应用领域的模块（SIMULINK 的基本单位）的集合，这些模块可以直接用于 SIMULINK 模型中。代码生成工具可以从 SIMULINK 模型或状态流图中产生可定制的 C 和 Ada 代码，以便实现快速原型和硬件在线模拟。

MATLAB 系统由 MATLAB 开发环境、MATLAB 数学函数库、MATLAB 语言、MATLAB

图形处理系统和 MATLAB 应用程序接口（API）五大部分构成。

（1）开发环境

MATLAB 开发环境是一套方便用户使用的 MATLAB 函数和文件工具集，其中许多工具是图形化用户接口。它是一个集成的用户工作空间，允许用户输入输出数据，并提供了 M 文件的集成编译和调试环境，包括 MATLAB 桌面、命令窗口、M 文件编辑调试器、MATLAB 工作空间和在线帮助文档。

（2）数学函数库

MATLAB 数学函数库包括了大量的计算算法。从基本算法如加法、正弦，到复杂算法如矩阵求逆、快速傅里叶变换等。

（3）语言

MATLAB 语言是一种高级的基于矩阵/数组的语言，它有程序流控制、函数、数据结构、输入/输出和面向对象编程等特色。

（4）图形处理系统

图形处理系统使得 MATLAB 能方便地图形化显示向量和矩阵，而且能对图形添加标注和打印。它包括强大的二维与三维图形函数、图像处理和动画显示等函数。

（5）应用程序接口

MATLAB 应用程序接口（API）是一个使 MATLAB 语言能与 C、Fortran 等其他高级编程语言进行交互的函数库。该函数库的函数通过调用动态链接库（DLL）实现与 MATLAB 文件的数据交换，其主要功能包括在 MATLAB 中调用 C 和 Fortran 程序，以及在 MATLAB 中与其他应用程序建立客户、服务器关系。

本书采用仿真软件 MATLAB R2018b 版本对永磁同步电动机进行仿真建模，软件界面如图 4-1 所示。

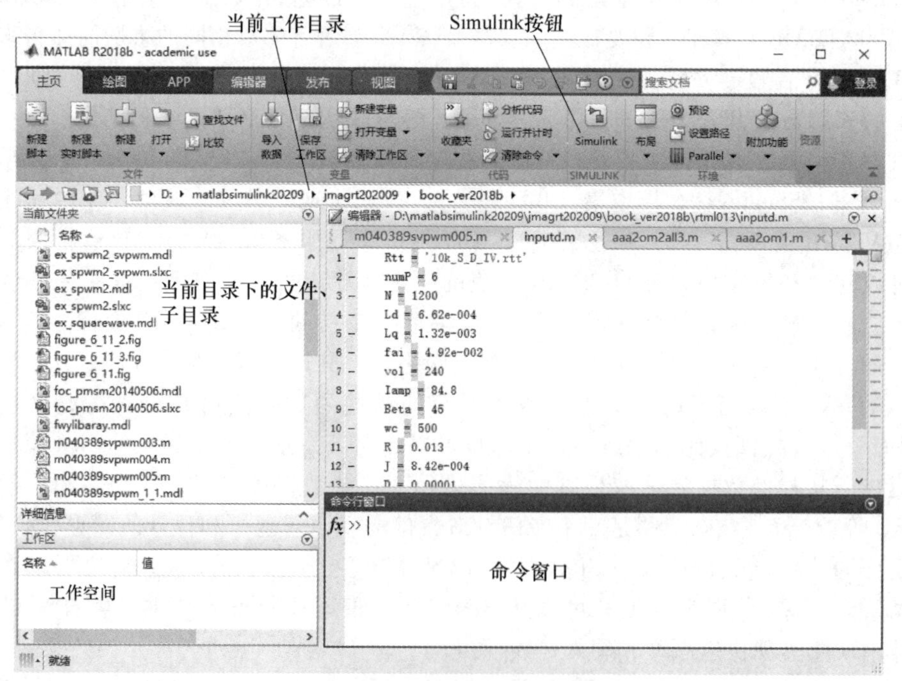

图 4-1　MATLAB 软件界面

SIMULINK 是一个对动态系统（包括连续系统、离散系统和混合系统）进行建模、仿真和综合分析的集成软件包，是 MATLAB 的一个附加组件，其特点是模块化操作、易学易用，而且能够使用 MATLAB 提供的丰富资源。在 SIMULINK 环境中，用户不仅可以观察现实世界中非线性因素和各种随机因素对系统行为的影响，而且也可以在仿真进程中改变感兴趣的参数，实时地观察系统行为的变化。因此，目前 SIMULINK 已成为控制工程领域的通用软件，而且在许多其他的领域（如通信、信号处理、电力、金融、生物系统等）也获得了重要应用。

和 MATLAB 的其他组件相比，SIMULINK 的一个突出特点就是它完全支持图形用户界面（GUI），这样就极大地方便了用户的操作。用户只需要进行简单的拖拽操作就可以构造出复杂的仿真模型，它的外观以框图的形式来呈现，而且采用分层结构。从建模的角度来看，这种方法可以让用户将主要的精力放在具有创造性的算法和模块结构的设计上，而不用把精力放在算法的具体实现上。从分析研究的角度来看，SIMULINK 模型不仅可以让用户知道具体环节的动态细节，而且还可以让用户清晰地了解到各系统组件、各子系统、各系统之间的信息交换。

SIMULINK 启动方式有以下几种：在 MATLAB 的命令窗口（command window）中从键盘键入 simulink（小写，注意 MATLAB 软件环境对字母的大小写敏感）后回车；用鼠标左键单击图 4-1 中的 SIMULINK 按钮。

启动 SIMULINK 后，会弹出图 4-2a 所示的 SIMULINK 库浏览器（Library Browser）（若没有 mdl 文档打开，则会显示 4-2b 的界面）。左上方的 SIMULINK 库中包含了众多的子库，其中有常用模块（Commonly Used Blocks）、时间连续模块（Continuous）、时间不连续模块（Discontinuities）、时间离散模块（Discrete）、逻辑与位运算模块（Logic And Bit Operations）、查表模块（Lookup Tables）、数学运算模块（Math Operations）、模型验证模块（Model Verification）、模型扩展实用工具（Model-Wide Utilities）、端口与子系统模块（Ports & Subsystems）、信号属性模块（Signal Attributes）、信号连接模块（Signal Routing）、输入模块（Sinks）、输出模块（Sources）、字符串模块（String）、用户定义函数模块（User-Defined Functions）、补充数学与离散模块（Additional Math & Discrete）。读者完全可以在实际操作中

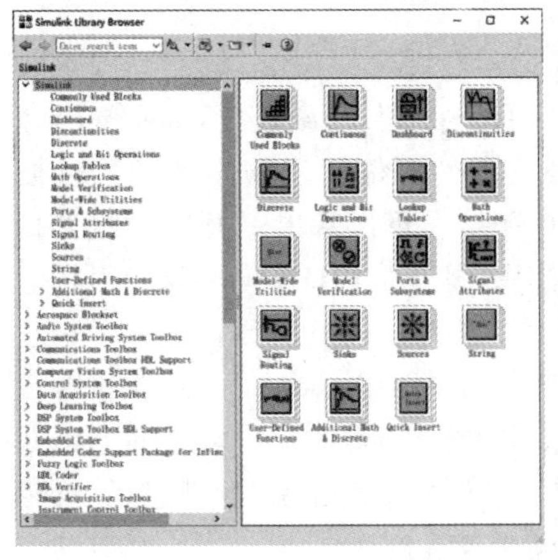

a)

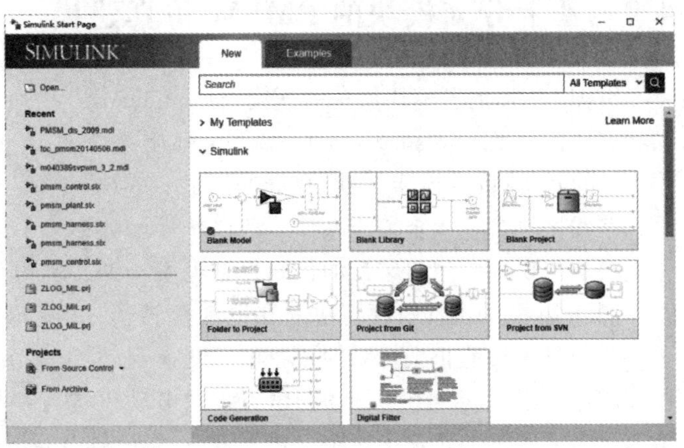

b)

图 4-2　SIMULINK 软件包界面

熟悉这些模块，其功能不再详细解释。

如果 MATLAB 软件安装的工具箱比较完整的话，在图 4-2 的界面中可以看到与 SIMULINK 处于并列位置的其他工具箱，如常用的控制系统工具箱（Control System Toolbox）、模糊逻辑控制工具箱（Fuzzy Logic Toolbox）、神经网络工具箱（Neural Network Toolbox）（R2018b 版本已将原工具箱放到了 Deep Learning Toolbox/Shallow Neural Networks 中）、电力系统仿真库（SimPowerSystems）（较新版本 MATLAB 已将其移动到 Simscape 中）物理建模仿真库（Simscape）、辅助的 SIMULINK 模块库（SIMULINK Extras）、状态流图工具箱（Stateflow）、系统辨识工具箱（System Identification Toolbox）等等。

在 SIMULINK 中对永磁同步电动机进行仿真建模通常可以采用以下三种方法：

1）使用 SIMULINK 库里已有的分立模块进行组合来搭建电动机模型，该方法思路清晰、简单、直观，但需要调用较多的模块，连线较多且不利于查错（尤其是复杂的数学模型）。因此本方法一般较适用于简单的、小规模系统的仿真建模。如果利用它提供的 from 与 goto 模块代替连线，可以大大减少连线出错。

2）用 S 函数（S-Function）模块构造模型。该方法建模接近数学解析表达式，容易修改，方式灵活。这种模型处理能力强，可以方便地构建极其复杂的连续、离散动态系统和对采样时间有较高要求的模型，非常适合 PMSM 的分析。

3）使用 SIMULINK 内部提供的 PMSM 模型，不同版本 MATLAB 中，该模块的具体位置是不同的，对于 R2018b 版本，PMSM 包含在 Simscape/Electrical/Specialized Power Systems 子库（即老版本中的 SimPowerSystems）的 Fundamental Blocks 中的电动机库（Machines）中。这种方法简单、方便，适于快速构建永磁同步电动机调速系统。但由于模型已经封装好，不能随意进行修改，同时也不方便研究 PMSM 内部变量之间的关系。另外，SimPowerSystems 中的模块性质与 SIMULINK 中模块性质是不同的，因此它们之间的连线需要经过特别的接口模块[如受控电压源（Controlled Voltage Source）、受控电流源（Controlled Current Source）、电压检测模块（Voltage Measurement）、电流检测模块（Current Measurement）]等才能顺利建模。

下面分别对三种建模方法进行详细阐述。

4.2　基于分立模块的 PMSM 仿真建模

SIMULINK 的子模块库——连续（Continuous）模块的子库中有传递函数（Transfer Fcn）和状态空间方程（State-Space）模块，可用来方便地搭建线性多输入多输出系统。根据 PMSM 的 dq 轴数学模型［式（3-60）、式（3-61）、式（3-64）］可以看出 PMSM 系统为高阶、非线性、多输入多输出系统，所以传递函数模块不适用于这里。PMSM 模型只能用其他分立模块实现，打包封装后的仿真模型见图 4-3a，其内部结构图如图 4-3b 所示。

图 4-3b 中的电动机模型建立在电动机转子 dq 旋转坐标系，图中 abc2dq 子系统利用转子位置角将三相静止坐标系的正弦电压变换到 dq 坐标系；PMSM_nonS 利用电动机的电压方程、磁链方程、转矩方程、动力学方程对电动机进行建模，根据 dq 坐标系的电压与负载转矩求解出电动机的转速、转矩、定子电流的 dq 轴分量和转子位置角。

图 4-4 给出了 abc2dq 子系统的内部结构图，里面采用了一个 Mux 模块将 4 个输入信号合成为一个；然后采用两个函数模块（Fun）进行 ABC 坐标系到 dq 坐标系的旋转变换（输

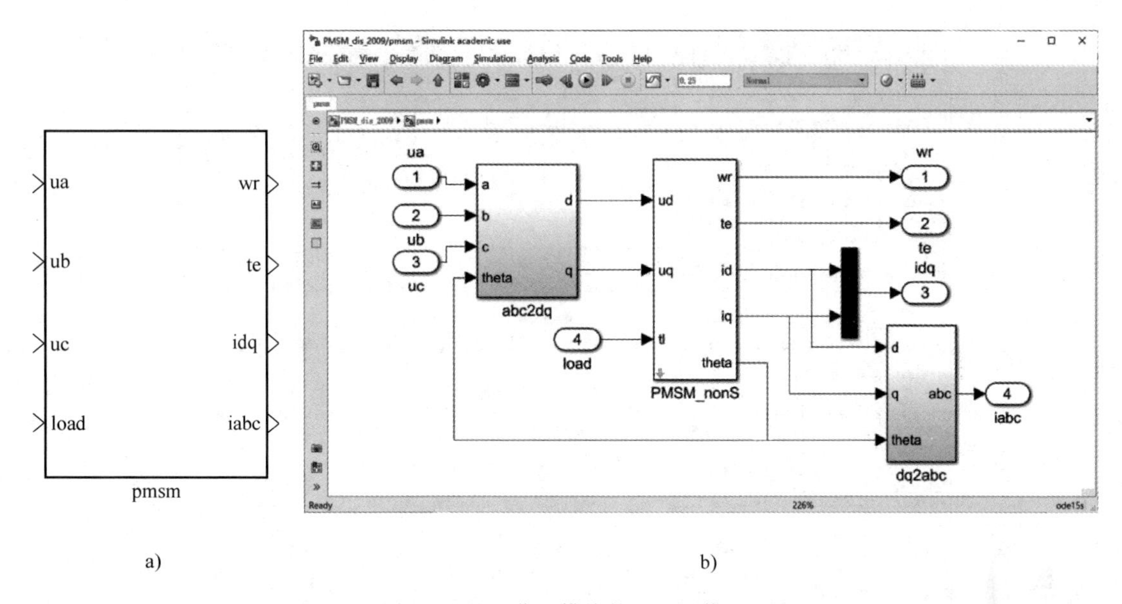

a)　　　　　　　　　　　　b)

图 4-3　基于分立模块的 PMSM 模型

a）打包封装后的模块　b）双击模块后显示的内部结构图

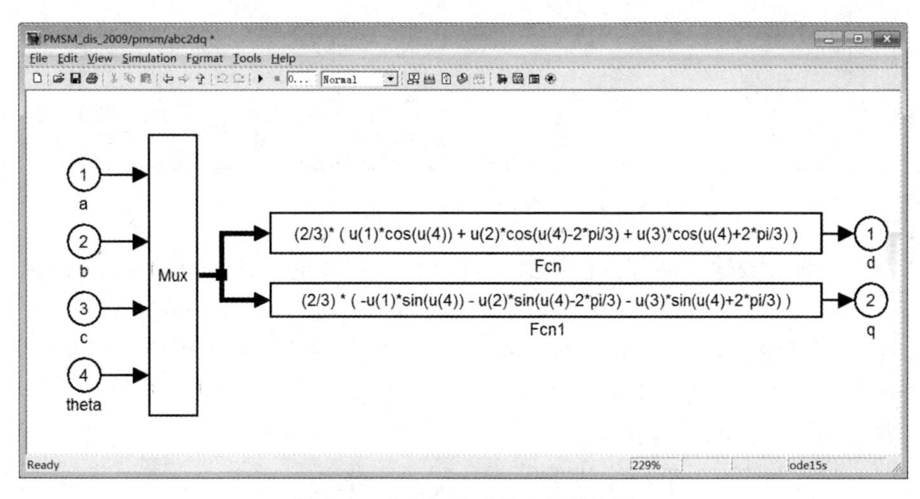

图 4-4　abc2dq 子系统内部结构图

出为 ud 与 uq)。图 4-5 给出了双击 PMSM_nonS 子系统后出现的参数设置对话框界面，通过该界面可以直接对电动机的电感、电阻、磁链、极对数、转动惯量等参数以及电动机电流、转速、转子位置的初始值进行设置。

图 4-6 给出了 PMSM_nonS 子系统的内部模型图，可以将鼠标右键单击 PMSM_nonS 子系统，然后在菜单中选择 Mask/Look Under Mask（或者鼠标单击子系统模块左下角的向下箭头符号），即可出现该界面。

附录 B 给出了采用分立模块搭建的永磁同步电动机仿真模型，可以看出，图中用来进行变量传递的连线太多，不太容易检查与纠错。在图 4-6 中，为避免出现众多连线的交叉，使用了 SIMULINK 模块库的信号连接（Signal Routing）子库下的信号跳转（Goto）模块和信号接收（From）模块进行变量值的传递。整个模型分为 4 个区域：输入部分、输出部分、

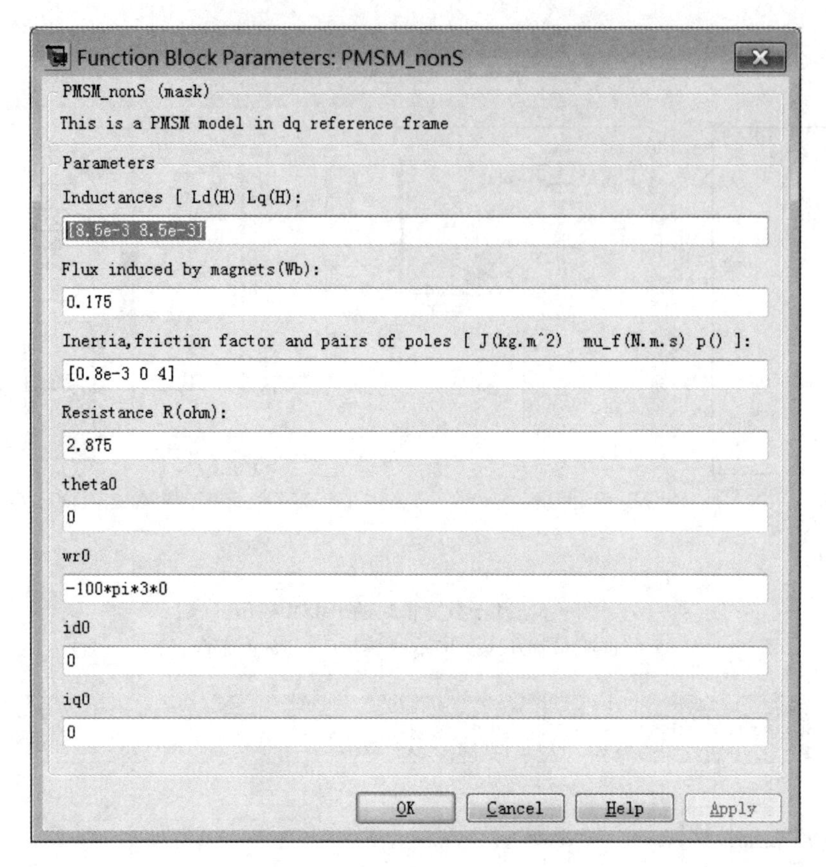

图 4-5　PMSM_nonS 子系统对话框

计算部分和电动机参数输入部分。计算部分包括 5 个子系统（Subsystem）：$i_{\rm d}$ 计算（calculate id）子系统、$i_{\rm q}$ 计算（calculate iq）子系统、ω 计算（calculate wr）子系统、$T_{\rm e}$ 计算（calculate te）子系统、θ 计算（calculate theta）子系统。请参考本书附录 I 将本例中 goto 模块中的变量作用范围设置为 global。

$i_{\rm d}$ 计算（calculate id）子系统：

由式（3-57）和式（3-60）可以推出 $i_{\rm d}$ 与 $i_{\rm q}$ 的导数为

$$\frac{{\rm d}i_{\rm d}}{{\rm d}t}=\frac{u_{\rm d}}{L_{\rm d}}+\frac{L_{\rm q}}{L_{\rm d}}\omega i_{\rm q}-\frac{1}{L_{\rm d}}R_1 i_{\rm d}\qquad \frac{{\rm d}i_{\rm q}}{{\rm d}t}=\frac{u_{\rm q}}{L_{\rm q}}-\frac{\omega(\psi_{\rm f}+L_{\rm d}i_{\rm d})}{L_{\rm q}}-\frac{R_1 i_{\rm q}}{L_{\rm q}} \tag{4-1}$$

上式经过积分环节可得出 $i_{\rm d}$。这个过程在 SIMULINK 中可以用如图 4-7 的形式实现。图中使用了 SIMULINK 连续模块（Continuous）子库中的积分（Integrator）模块。

同理可以得出其他计算子系统的模型，分别如图 4-8、图 4-9、图 4-10 和图 4-11 所示。需要提醒的是图 4-10 中计算的是机械角速度。

图 4-12 将 dq 坐标系的定子电流变换到三相 ABC 静止坐标系中，并且通过 mux 模块后合成一个信号输出。

图 4-13 给出了 PMSM_nons 模块的封装与变量相互传递的对应关系图。图 4-3a 中 PMSM_nonS 子系统封装（mask）过程出现的变量编辑界面如图 4-13 右上角界面所示。图 4-6 中的 Constant 常数模块如图 4-13 左上角所示，双击后出现对话框见图 4-13 左下角界面，Constant

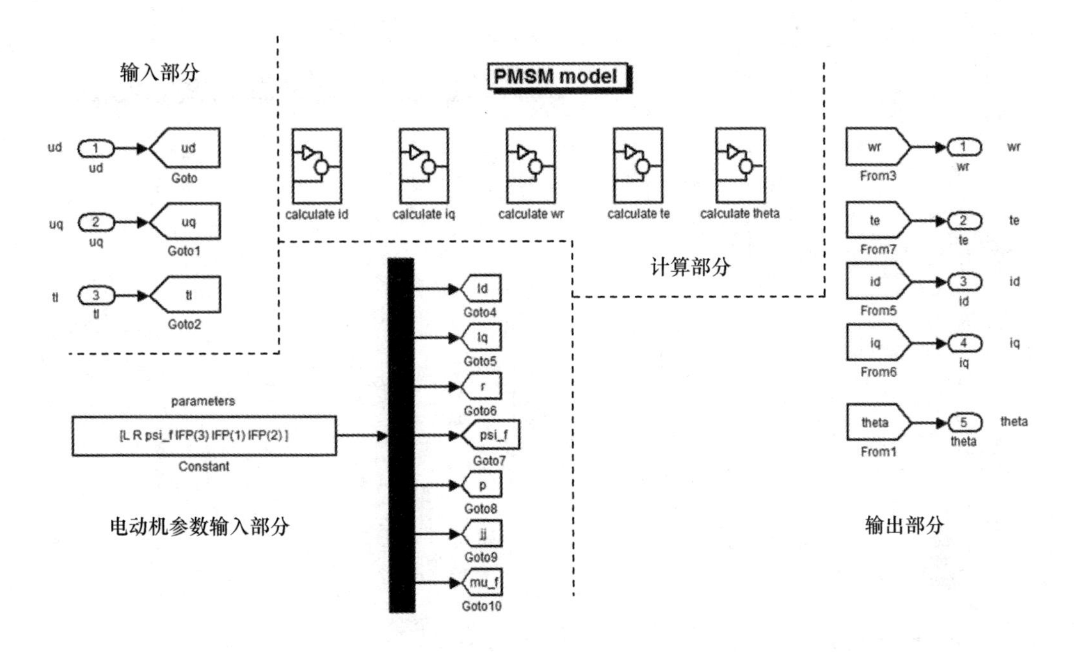

图 4-6　PMSM_nonS 子系统内部图

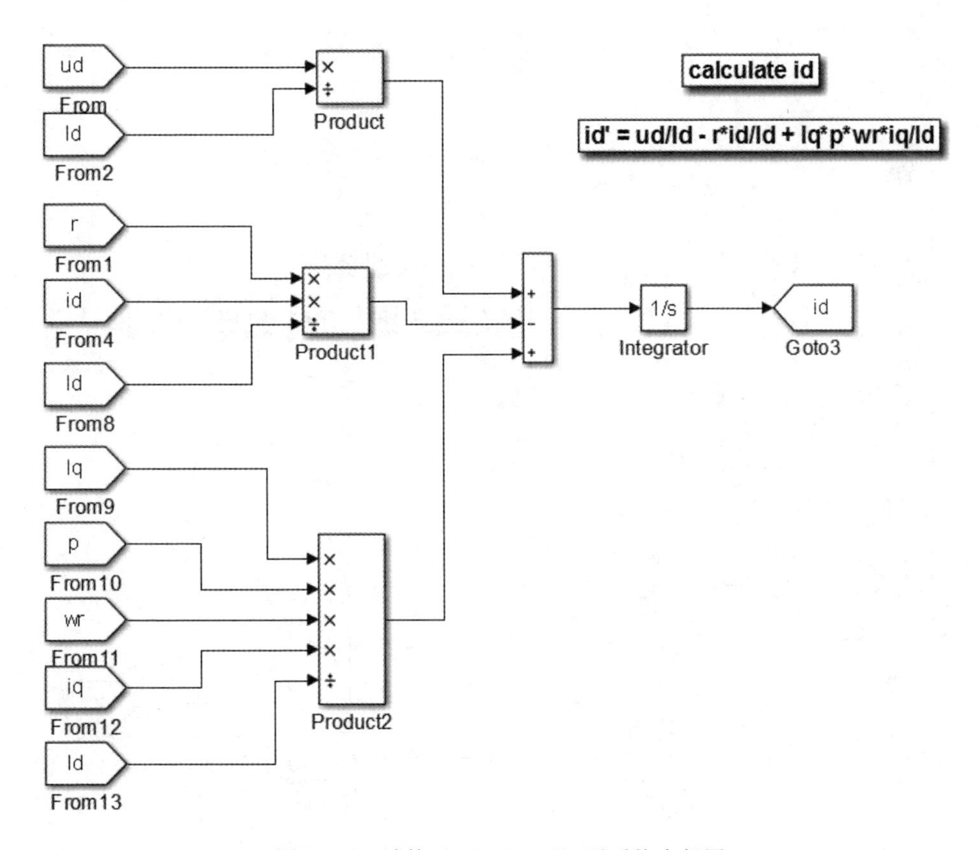

图 4-7　i_d 计算（calculate id）子系统内部图

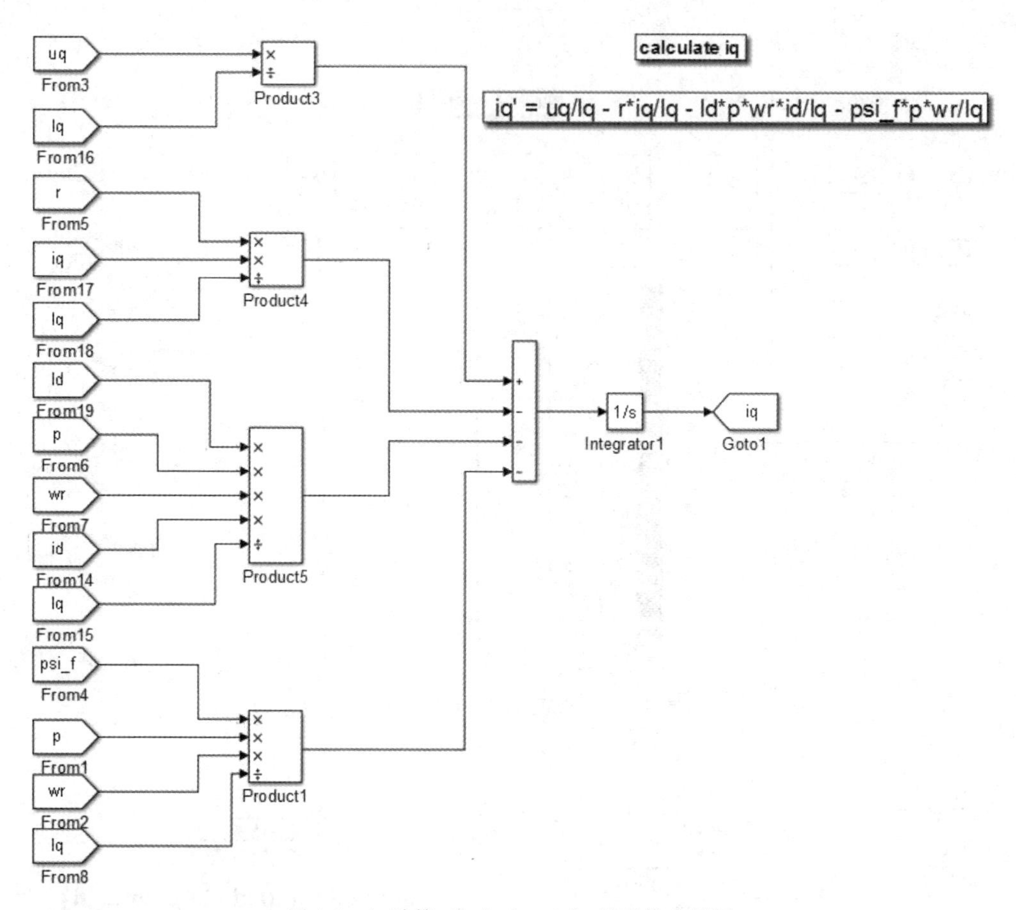

图 4-8　i_q 计算（calculate iq）子系统内部图

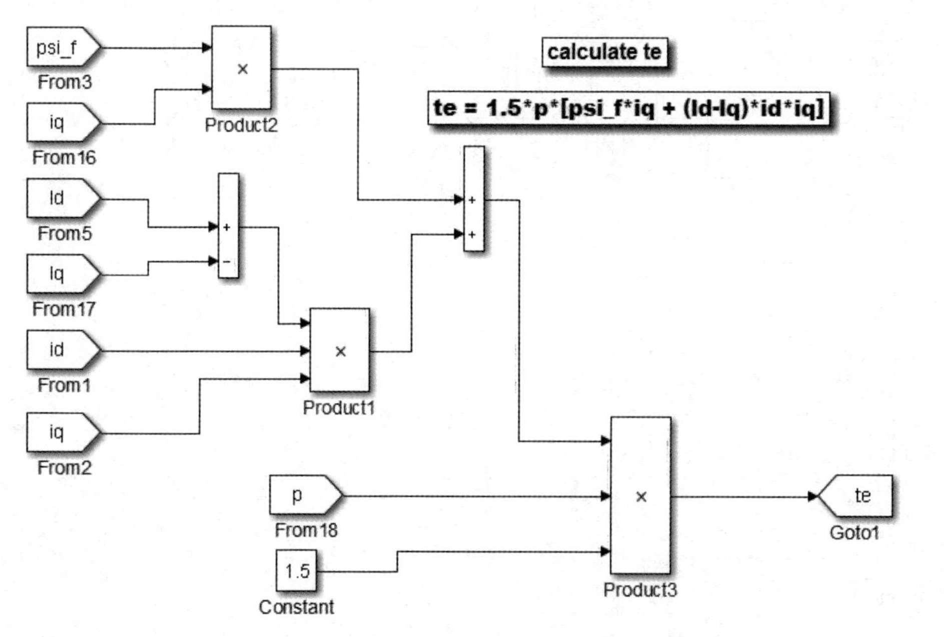

图 4-9　T_e 计算（calculate te）子系统内部图

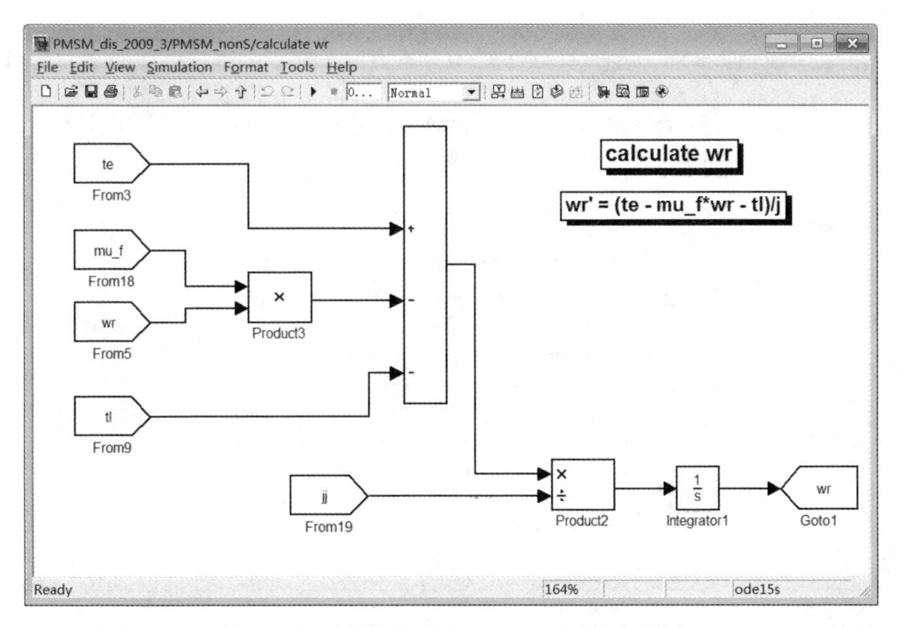

图 4-10 ω 计算（calculate wr）子系统内部图

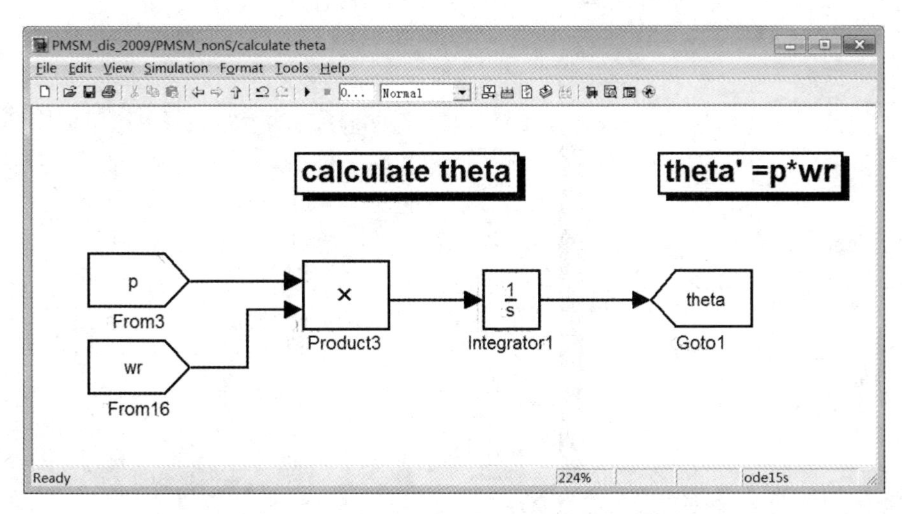

图 4-11 θ 计算（calculate theta）子系统内部图

的数据来源于电动机参数输入对话框（图 4-13 右下角，PMSM_nons 在封装完毕后，当鼠标双击该模块后即会出现此对话框），并输出到分解（Demux）模块分解信号以后输出到各个信号跳转（Goto）模块，以用于各子系统的模型中。

针对图 4-3a 的电动机模块，采用恒压恒频的正弦交流电驱动该电动机，仿真程序如图 4-14 所示。

图 4-14 中的正弦波模块（Sine Wave）的参数设置如图 4-15 所示（Phase 的设置中可以尝试修改一下初相位，以对比不同初相位电压下的 PMSM 起动效果，可以参见 7.1.2 节），图 4-16 给出了电动机的负载转矩设置对话框。图 4-17 给出了仿真时间 1 秒内的仿真波形图，从上到下分别为电动机的机械角速度（rad/s）、电动机转矩（Nm）、dq 轴电流（A）、三相 abc 电流（A）。对 Scope 窗口中的波形进行设置，可参考附录 I。

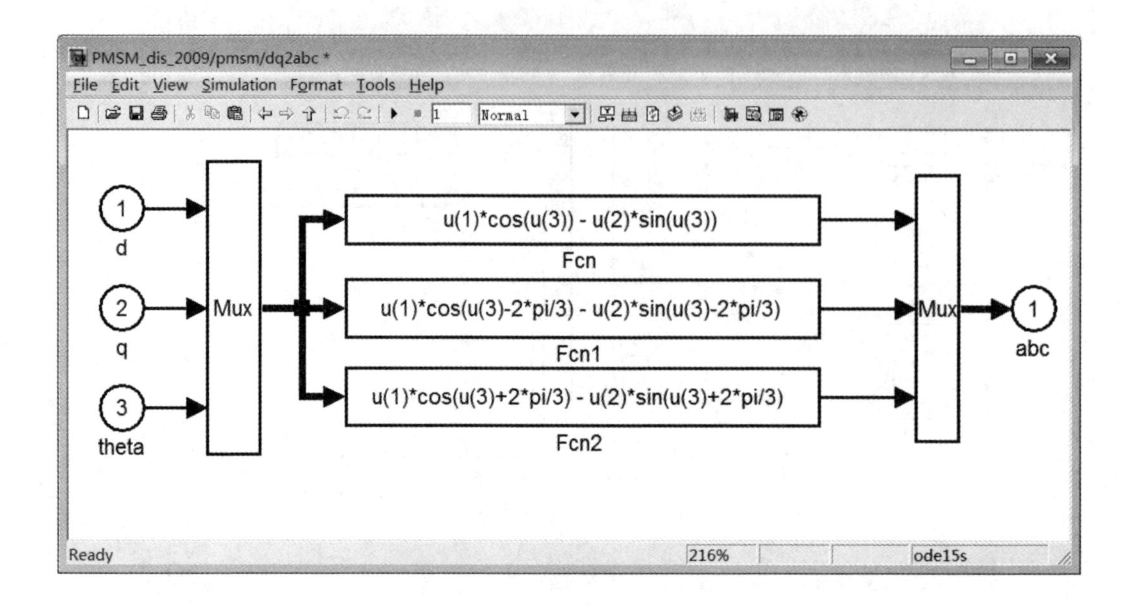

图 4-12　dq2abc 子系统内部结构图

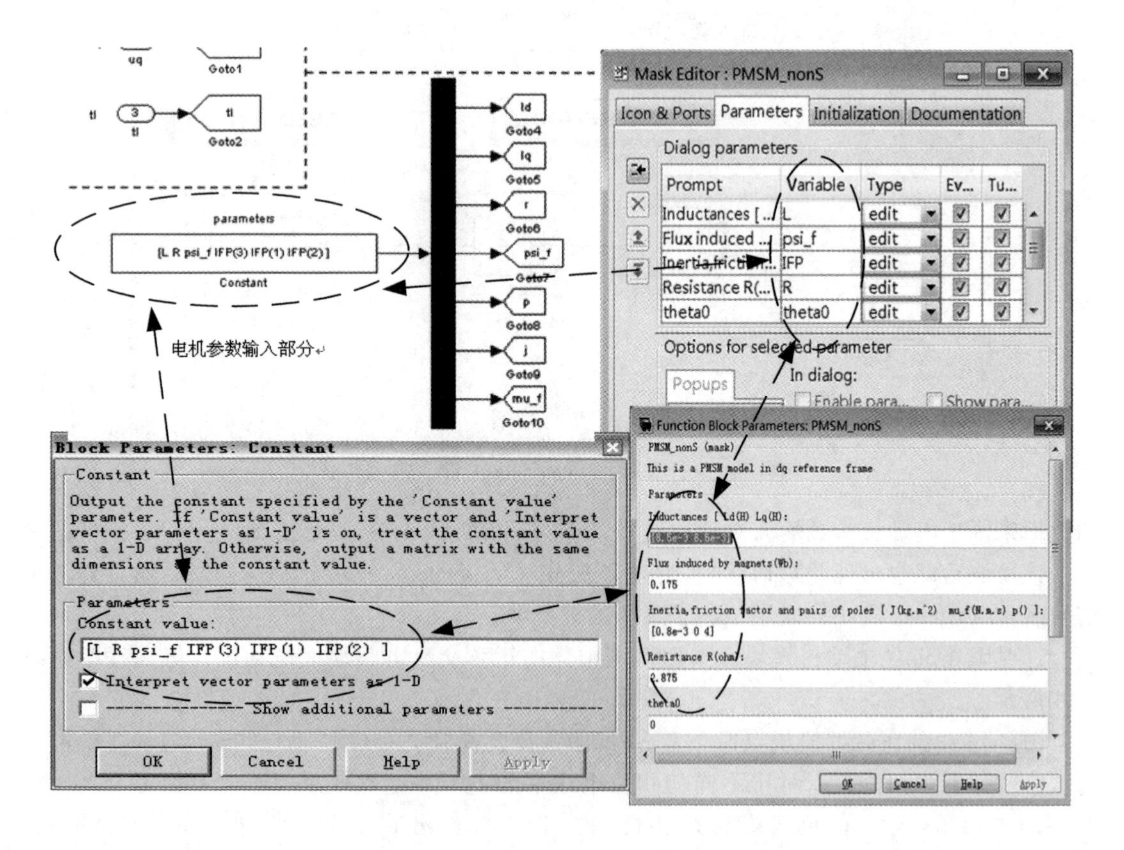

图 4-13　电动机参数对应关系图

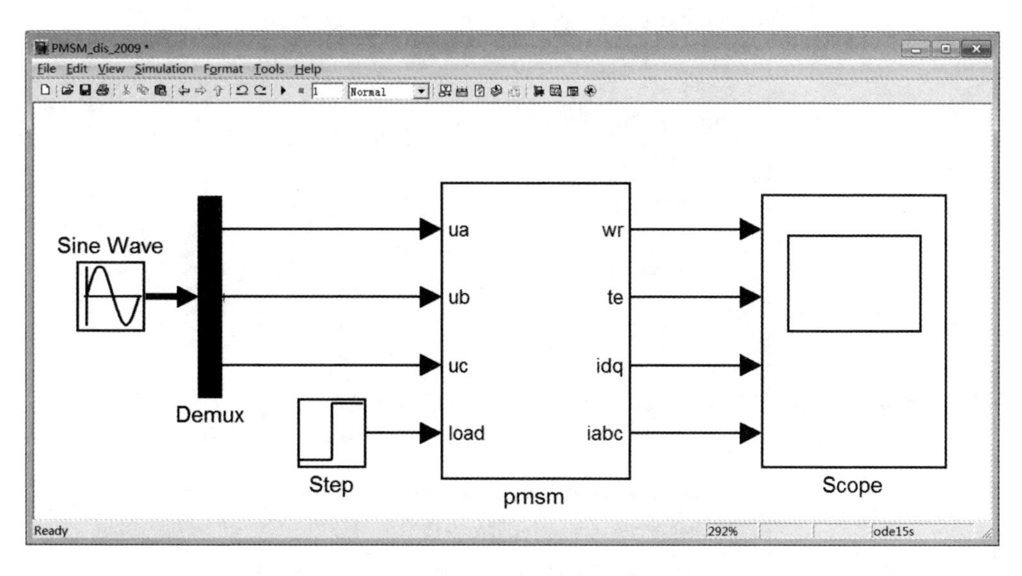

图 4-14　正弦波供电仿真程序界面

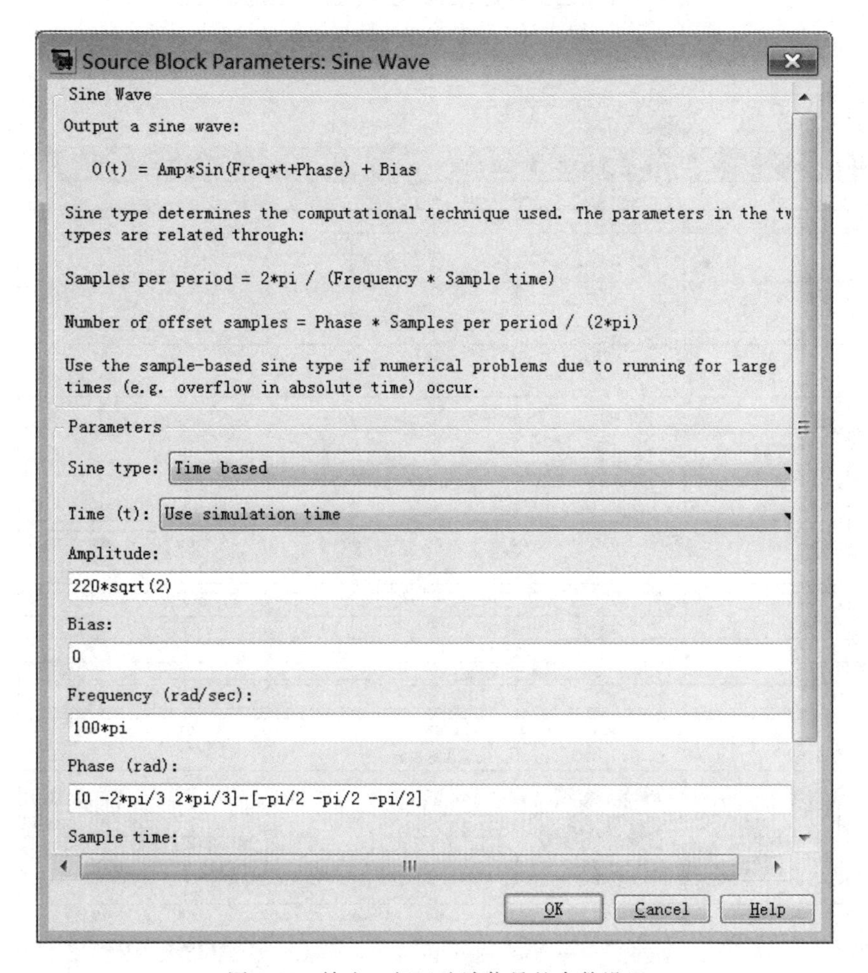

图 4-15　输出三相正弦波信号的参数设置

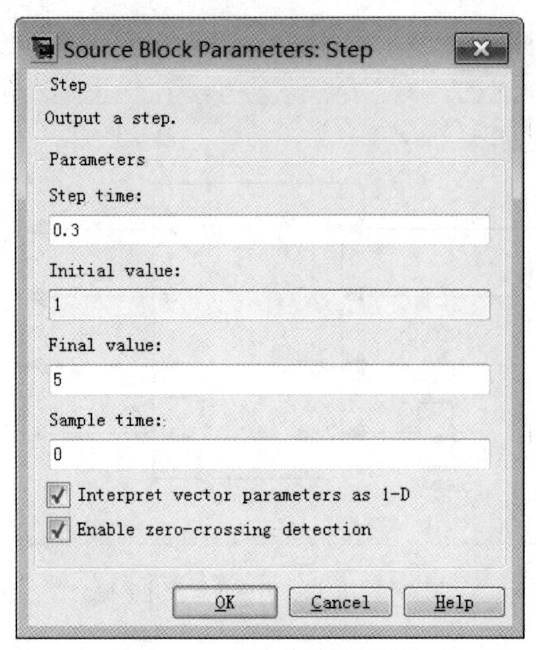

图 4-16　电动机负载转矩设置

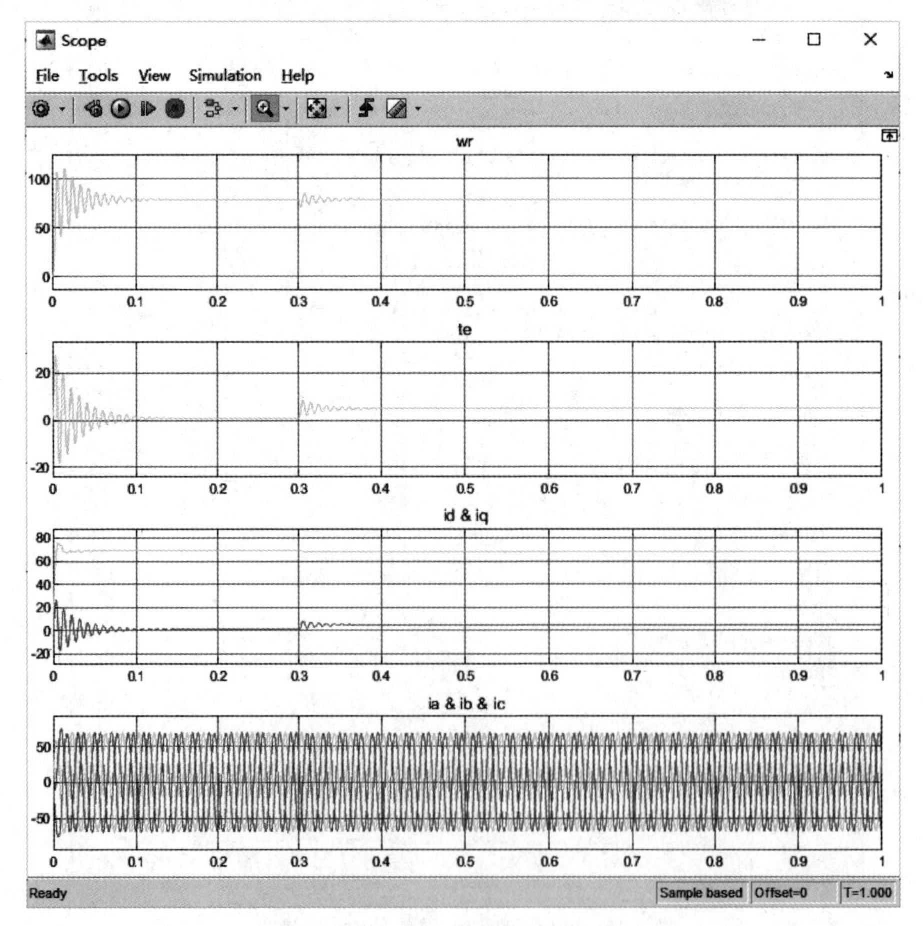

图 4-17　仿真波形图

4.3 基于 S-Function 的 PMSM 仿真建模

S-Function 是 MATLAB 系统函数（System Function）的简称，是指采用非图形化的方式（即计算机语言，区别于 SIMULINK 的系统模块）描述的一个功能块。用户可以采用 MATLAB 代码、C、C++、FORTRAM 或 Ada 等语言编写 S 函数。S 函数由一种特定的语法构成，用来描述并实现连续系统、离散系统以及混合系统等动态系统；S 函数能够接受来自 SIMULINK 求解器的相关信息，并对求解器发出的命令做出适当的响应，这种交互作用非常类似于 SIMULINK 系统模块与求解器的交互作用。

S 函数作为 MATLAB 与其他语言相结合的接口，可以使用各种编程语言提供的强大能力。例如，MATLAB 语言编写的 S 函数可以充分利用 MATLAB 提供的丰富资源，方便地调用各种工具箱函数和图形函数；使用 C 语言编写的 S 函数可以方便地实现对操作系统的访问，如实现与其他进程的通信和同步等。

S 函数模块位于 SIMULINK 模块库的用户自定义函数（User-Defined Functions）子库下，使用 S 函数可以方便地构建 SIMULINK 模型。

采用 S-Function 函数模块来实现 PMSM 的仿真建模，与前一种方法的区别仅仅是在图 4-3b 中的 PMSM_nonS 子系统的内部结构，如图 4-18 所示。其中的 S 函数模块中使用了 PMSMdq. m 的 S 函数，双击图中的 s 函数模块，出现图 4-19 所示的参数设置对话框，里面除了对 S 函数的函数源文件进行设置，还需要以数组形式设置 S 函数使用的参数：[L R psi_f IFP(3) IFP(1) IFP(2)]，[id0，iq0，wr0，theta0]。

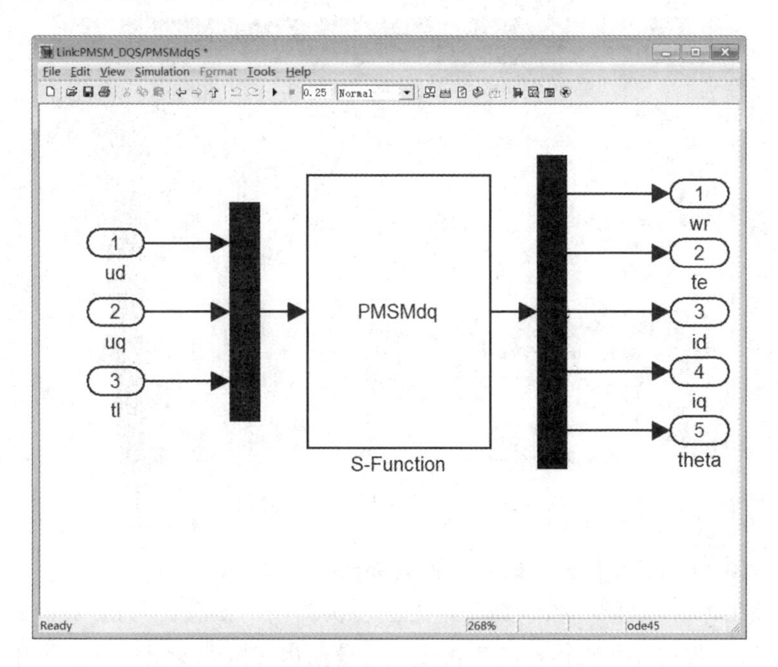

图 4-18 S 函数对 PMSM 建模的内部结构图

为使用方便，把图 4-18 的模型建成子系统，同时为方便输入电动机的各项参数，使用封装子系统（Mask Subsystem）功能建立接口变量，如图 4-20 所示。封装后的子系统被鼠标

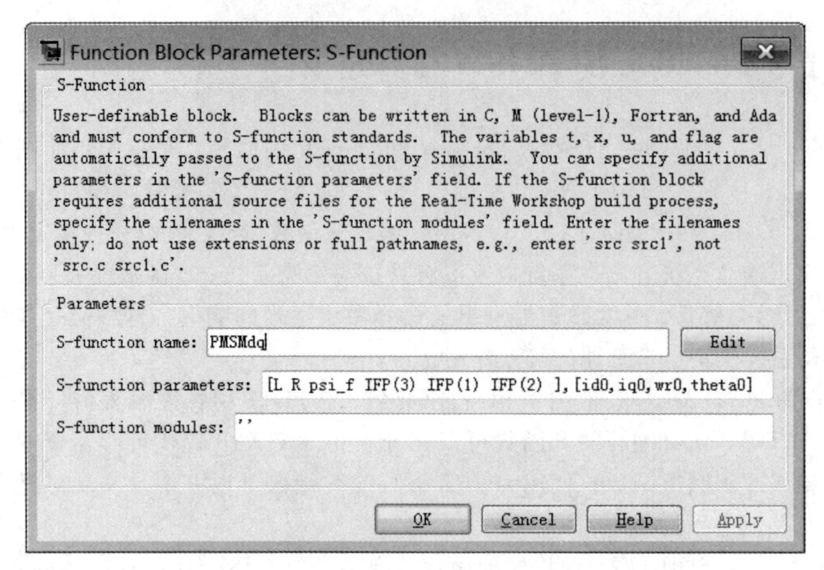

图 4-19　S 函数参数设置对话框

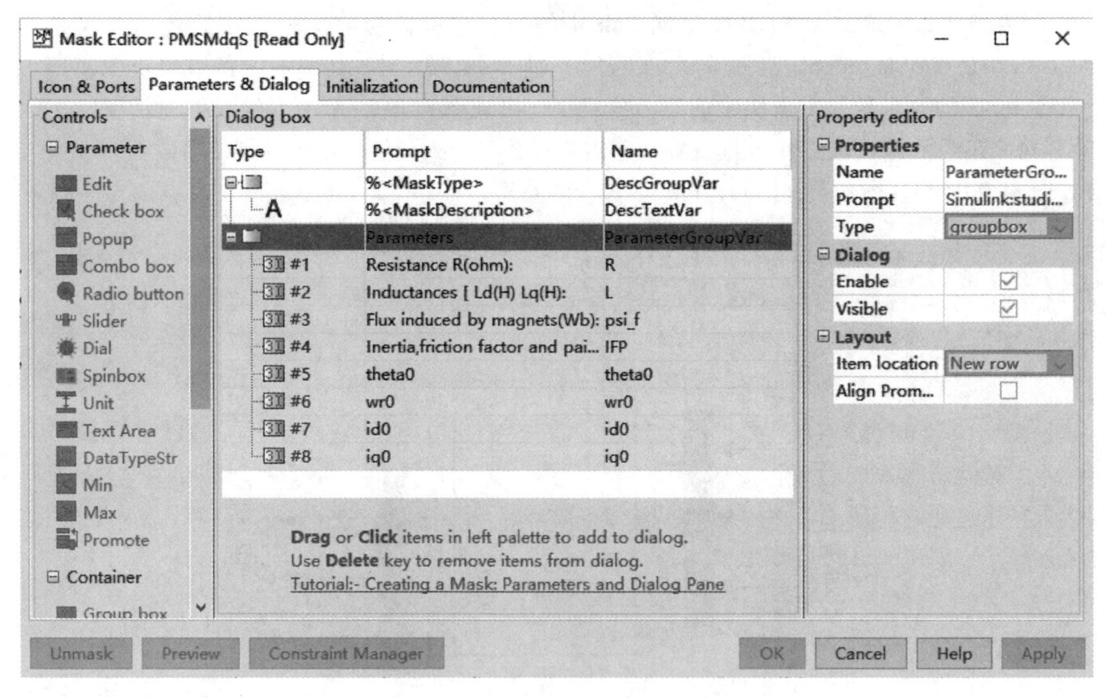

图 4-20　封装图 4-18 的参数对话框

左键双击后会提供电动机参数输入的对话框，如图 4-21 所示。

SIMULINK 在每个时间步（time step）内会多次调用 S 函数，每次调用时通过传入标志（flag）参数通知 S 函数分别进行模块初始化、变量输出和状态变量的更新等任务。从附录 C 的程序中可以看出模型主要使用了标志（flag）：0、1、3。当 flag 为 0 时，S 函数执行初始化部分；当 flag 为 1 时，S 函数计算连续状态变量的微分值；flag 为 2 时，S 函数对离散状态变量的值进行更新；当 flag 为 3 时，S 函数执行程序的输出部分。

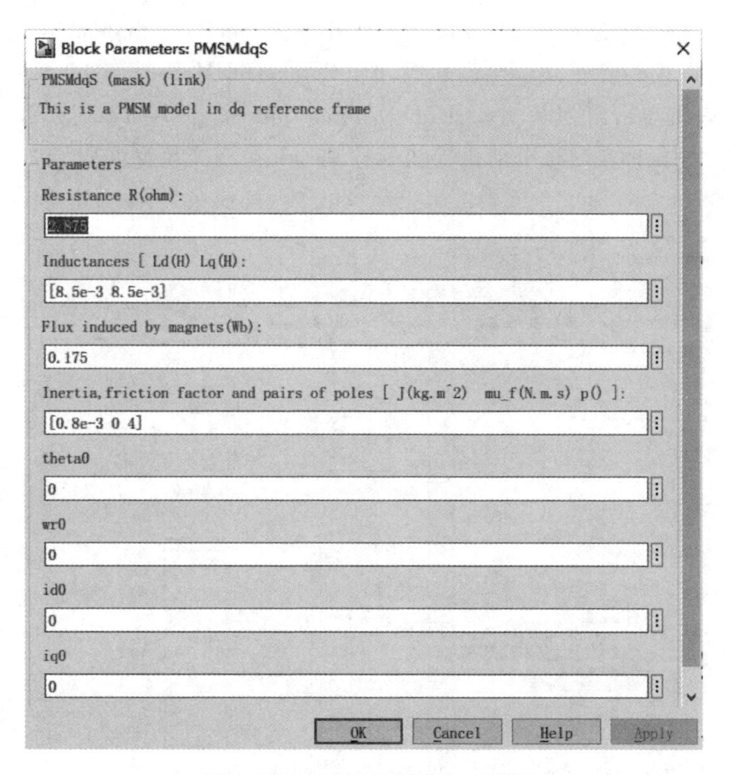

图 4-21　电动机参数输入对话框

由于 PMSM 模型包含 4 个一阶微分方程，可以选择 i_d、i_q、ω、θ 这 4 个变量为状态变量，S 函数内容详见附录 C。该函数的输入依次为：

t：时间；

x：状态变量；

u：输入变量；

flag：标志变量；

parameters：电动机的参数，与图 4-19 中的参数设置对话框相对应；

x0_in：状态变量初始设定值，如图 4-19 所示。

函数的输出依次为：

sys：系统变量，同一时间步中，在不同标志（flag）下的 sys 含义不同；

x0：状态变量初始值；

str：SIMULINK 保留位置，默认设置为空；

ts：S 函数的采样时间（Sample Time），用于离散系统。

上述 S 函数的 PMSM 数学模型是建立在 *dq* 旋转坐标系中的，因此输入的电压也必须是旋转坐标系的变量，使用到的变换矩阵同图 4-4。

4.4　基于 Specialized Power Systems 的 PMSM 仿真建模

在 MATLAB 环境下，打开 SIMULINK 后，可以找到专业电力系统库（Specialized Power

Systems）工具箱（在较老版本 Simulink 中的名字为 SimPowerSystems），在电动机（Machines）子库下可以找到永磁同步电动机模块（Permanent Magnet Synchronous Motor），如图 4-22 所示。鼠标左键单击浏览库（SIMULINK library browser）上的新建文件后，出现一个新的 mdl 文档界面，用鼠标左键将电动机模块拖放到 mdl 空白文档界面中，如图 4-23 所示。图中还从 Simulink/Signal Routing 子库中拖出了总线信号选择模块（Bus Selector）到 mdl 文档中。

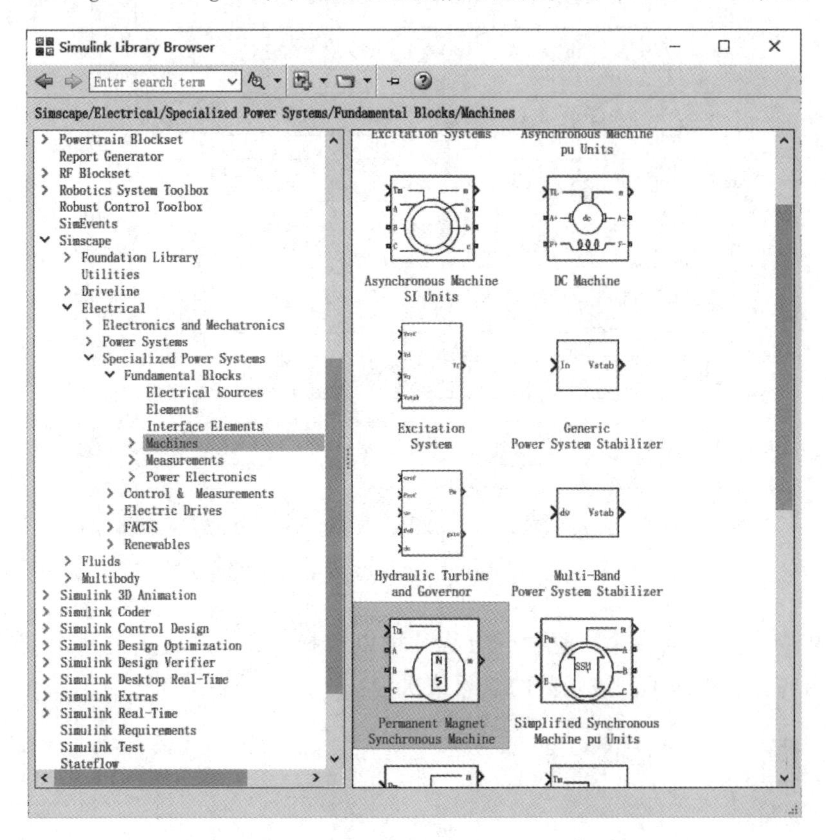

图 4-22　Specialized Power Systems 在 SIMULINK 位置

图 4-24a 给出了双击图 4-23 中电动机模块后出现的界面，在 configuration 中对电动机的总体概况进行设置，例如图中显示的是电机相数（3 或 5 相）；正弦波反电动势的永磁电动机（sinusoidal）；机械端口的输入为转矩（Torque Tm）。在图 4-24b 的 parameters 中可以设置电动机的一相定子电阻（stator phase resistance Rs）、*dq* 轴电动机电感（inductance）、电动机的磁场参数（永磁磁链、电动机电压常数或者转矩常数三种方式可以选择其一）、电动机的转动惯量 *J*（inertia）、摩擦系数 *F*（friction factor）和极对数 *p*（pole pairs）、静摩擦力 *TF*、电动机旋转机械角速度（wm [rad/s]）、机械角位置（thetam [deg]）和电流（ia，ib）的初始条件。

有关电动机磁场参数的设置解释如下：第一种方式是永磁体在定子相绕组中产生的磁链幅值 K_1（V·s），第二种方式是电动机被原动机拖动在 1000r/min 速度下时的开路线电压的幅值 K_2（V/krpm），第三种方式是幅值为 1A 的定子电流产生的电动机转矩 K_3（Nm/A），它们之间的关系是：$K_2=K_1\times n_p\times\sqrt{3}\times1000/9.55$，$K_3=K_1\times n_p\times3/2$，其中的 n_p 是电动机的极对数。

研究 SIMULINK 提供的模型帮助文档可知，定子三相绕组在内部连接至中性点（即星形

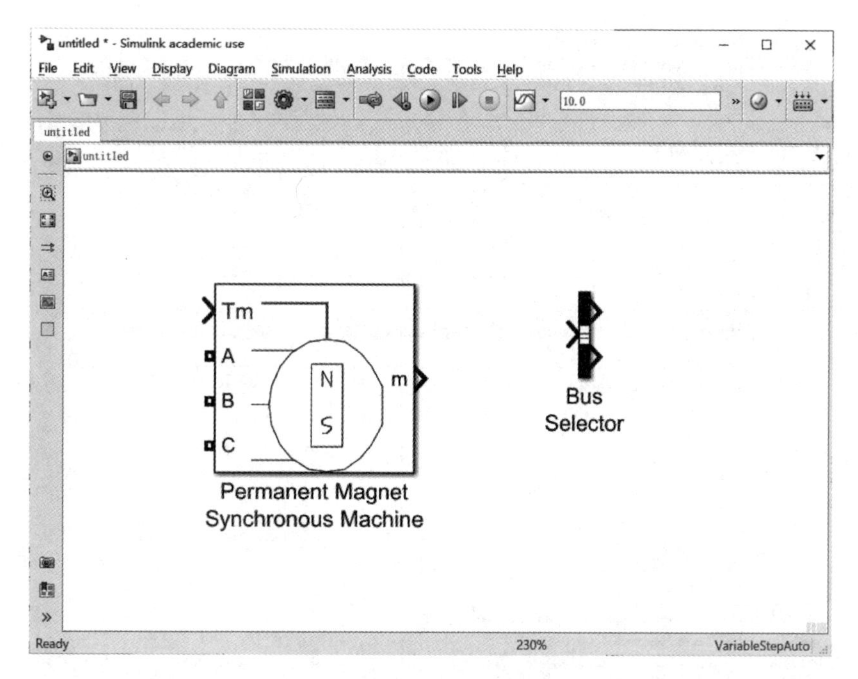

图 4-23　在一个 mdl 图形文档界面中放置 PMSM 模块

联结)，且中性点没有外接连线。图 4-23 电动机模型的第一个输入 T_{m} 是等效到电动机转轴处的外部负载转矩，后三项（A、B、C）为定子绕组的外部接线端。若输入的负载转矩大于零，则模型为电动机；若输入的负载转矩小于零，则模型为发电机。

图 4-23 电动机模块的输出 m 包含了多个变量（如电动机的电压、电流、转速等变量)，这需要连接一个合适的测量模块——Bus Selector，如图 4-23 右侧模块所示。连好线后，鼠

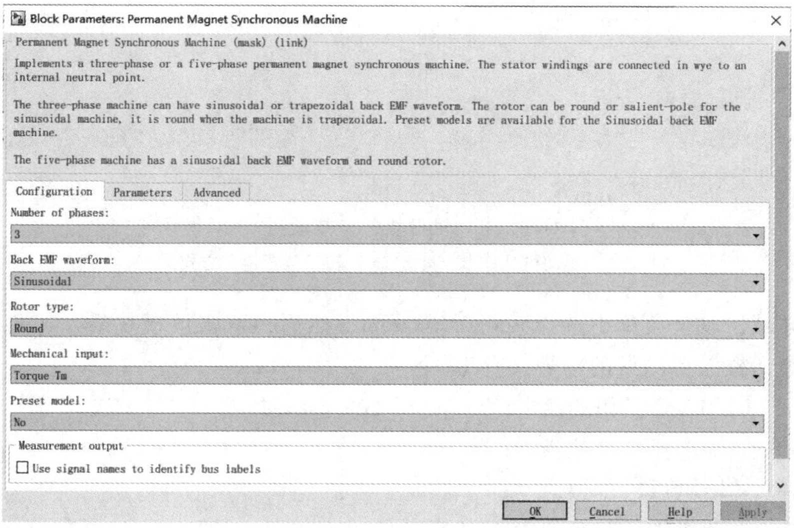

Block Parameters: Permanent Magnet Synchronous Machine

Permanent Magnet Synchronous Machine (mask) (link)

Implements a three-phase or a five-phase permanent magnet synchronous machine. The stator windings are connected in wye to an internal neutral point.

The three-phase machine can have sinusoidal or trapezoidal back EMF waveform. The rotor can be round or salient-pole for the sinusoidal machine, it is round when the machine is trapezoidal. Preset models are available for the Sinusoidal back EMF machine.

The five-phase machine has a sinusoidal back EMF waveform and round rotor.

Configuration　Parameters　Advanced

Number of phases:
3

Back EMF waveform:
Sinusoidal

Rotor type:
Round

Mechanical input:
Torque Tm

Preset model:
No

Measurement output
☐ Use signal names to identify bus labels

OK　Cancel　Help　Apply

a)

图 4-24　电动机模块的参数设置

a）电动机总体概况设置

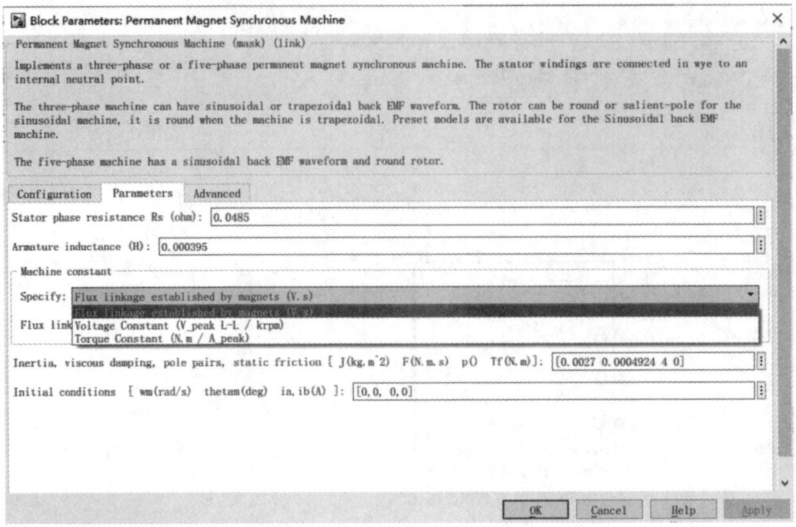

Block Parameters: Permanent Magnet Synchronous Machine

Permanent Magnet Synchronous Machine (mask) (link)

Implements a three-phase or a five-phase permanent magnet synchronous machine. The stator windings are connected in wye to an internal neutral point.

The three-phase machine can have sinusoidal or trapezoidal back EMF waveform. The rotor can be round or salient-pole for the sinusoidal machine, it is round when the machine is trapezoidal. Preset models are available for the Sinusoidal back EMF machine.

The five-phase machine has a sinusoidal back EMF waveform and round rotor.

Configuration　Parameters　Advanced

Stator phase resistance Rs (ohm): 0.0485

Armature inductance (H): 0.000395

Machine constant

Specify: Flux linkage established by magnets (V.s)

Flux link Flux linkage established by magnets (V.s)

Voltage Constant (V_peak L-L / krpm)

Torque Constant (N.m / A_peak)

Inertia, viscous damping, pole pairs, static friction [J(kg.m^2) F(N.m.s) p() Tf(N.m)]: [0.0027 0.0004924 4 0]

Initial conditions [wm(rad/s) thetam(deg) ia,ib(A)]: [0,0, 0,0]

OK　Cancel　Help　Apply

b)

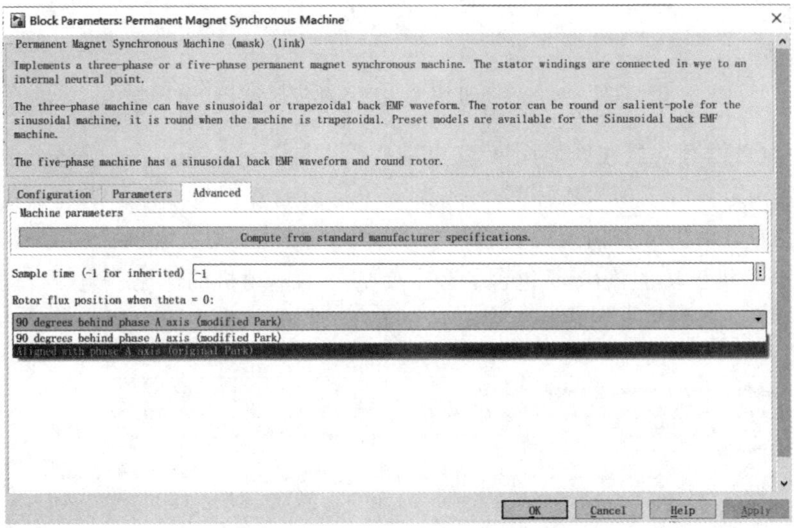

Block Parameters: Permanent Magnet Synchronous Machine

Permanent Magnet Synchronous Machine (mask) (link)

Implements a three-phase or a five-phase permanent magnet synchronous machine. The stator windings are connected in wye to an internal neutral point.

The three-phase machine can have sinusoidal or trapezoidal back EMF waveform. The rotor can be round or salient-pole for the sinusoidal machine, it is round when the machine is trapezoidal. Preset models are available for the Sinusoidal back EMF machine.

The five-phase machine has a sinusoidal back EMF waveform and round rotor.

Configuration　Parameters　Advanced

Machine parameters

Compute from standard manufacturer specifications.

Sample time (-1 for inherited) -1

Rotor flux position when theta = 0:

90 degrees behind phase A axis (modified Park)

90 degrees behind phase A axis (modified Park)

Aligned with phase A axis (original Park)

OK　Cancel　Help　Apply

c)

图 4-24　电动机模块的参数设置（续）

b）电动机具体参数设置　c）转子位置定义方式

标单击空白区域，右链菜单中选择 update diagram，然后，双击该模块后，出现图 4-25 所示的参数设置对话框。待测量的信号共有 13 个：

1-3：定子 A、B、C 三相的相电流，单位为 A；

4-5：q 轴、d 轴电流，单位为 A；

6-7：q 轴、d 轴电压，单位为 V；

8-10：检测电动机转子位置的 Hall 传感器信号（图 4-26 给出了 Hall 传感器信号与电动机三相绕组反电动势波形之间的关系）；

11：转子机械角速度，单位为 rad/s；

12：转子机械角位置，单位为 rad；

13：电磁转矩，单位为 Nm。

图 4-24c 给出了 $\theta=0$ 转子位置的两种不同的定义方式，默认值通常是修改的 Park 方式，而我们一般都按原始（original）Park 方式定义的。图 4-25 所示的是仅仅选择了定子电流 i_a 和 i_d、转子机械角速度和电动机的电磁转矩。

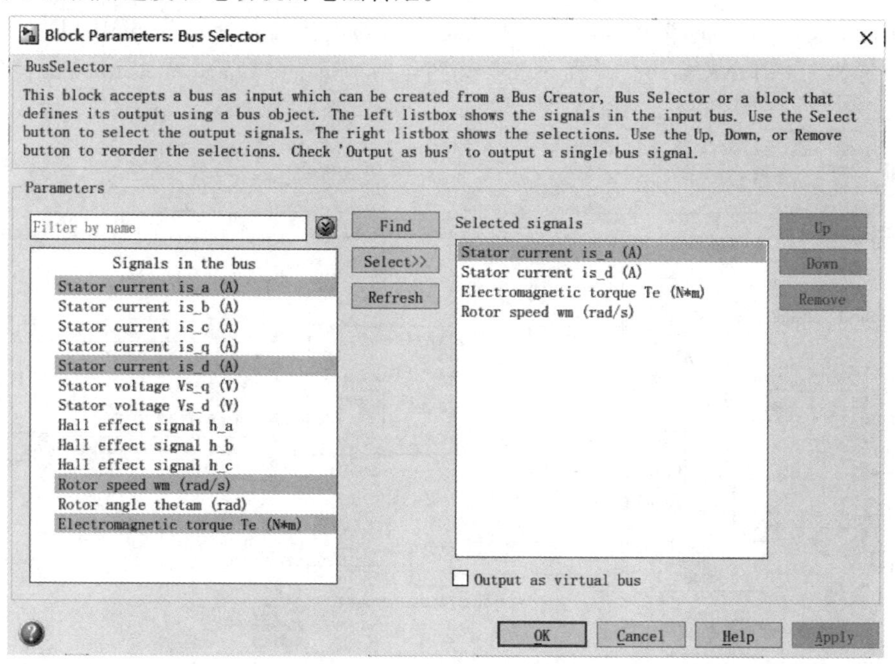

图 4-25　电动机测量模块测量的信号

以正弦波反电动势为例，图 4-26 给出了电动机测量模块提供的 A 相 Hall 信号与电动机 A 相定子绕组的永磁磁链、定子绕组的 A 相反电动势、AB 线反电动势之间的关系曲线。图中的角度（横坐标）是通常方式定义的电角度（0 度表示转子 d 轴与 A 轴线重合）。注意 SimPowerSystems 中电动机测量模块提供的转子电角度（机械角度乘以极对数）需要减去 90°才是通常定义的转子电角度。可以看出 AB 线反电动势与 Hall 信号是同相位的。

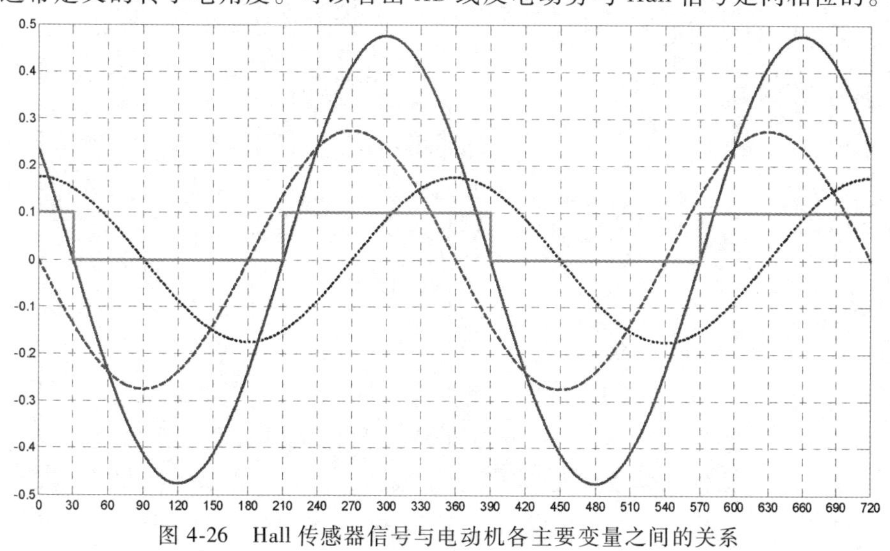

图 4-26　Hall 传感器信号与电动机各主要变量之间的关系

建模仿真时需要注意的是：SIMULINK 模块和 SimPowerSystems 的模块是不能直接连接在一起的，需要有中间转换接口。电力系统库中电源（Electrical Sources）子库下的受控电压源（Controlled Voltage Source）和受控电流源（Controlled Current Source）模块可以用来把 SIMULINK 信号转换为电力系统库中使用的电压和电流信号。电力系统库中测量模块（Measurements）子库下的各个测量模块可以把电压和电流信号转换为 SIMULINK 信号，然后可以与其他 SIMULINK 模块连接在一起，如图 4-27 所示的 Voltage Measurement 模块。

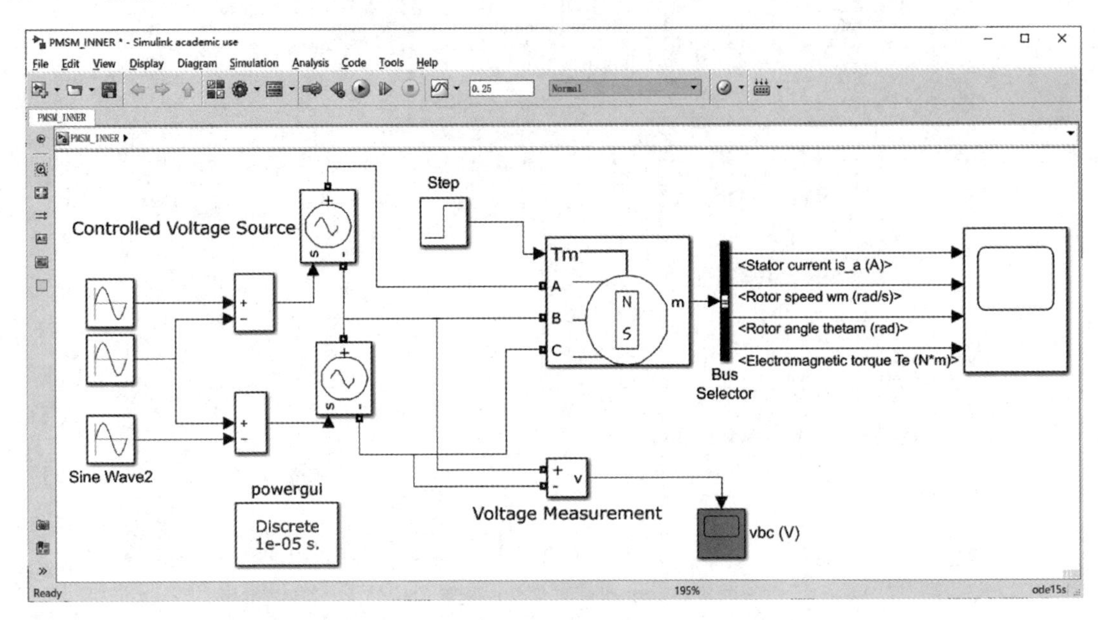

图 4-27　三相正弦电压供电的电力系统库中电动机的起动仿真程序

三相电压设置对话框如图 4-28 所示。

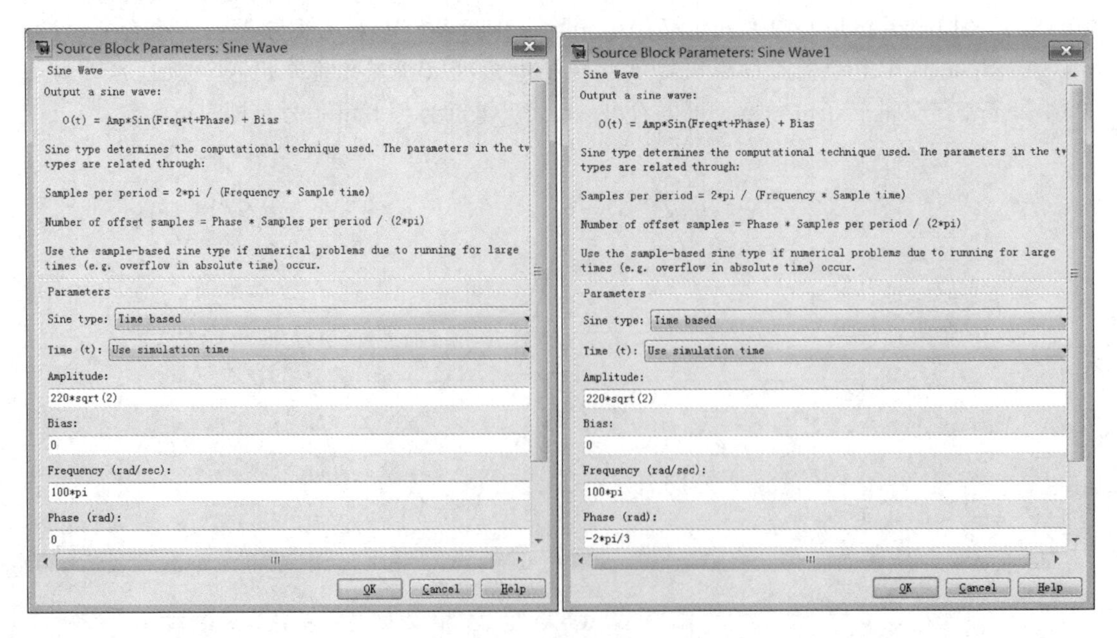

图 4-28　三相电压设置对话框

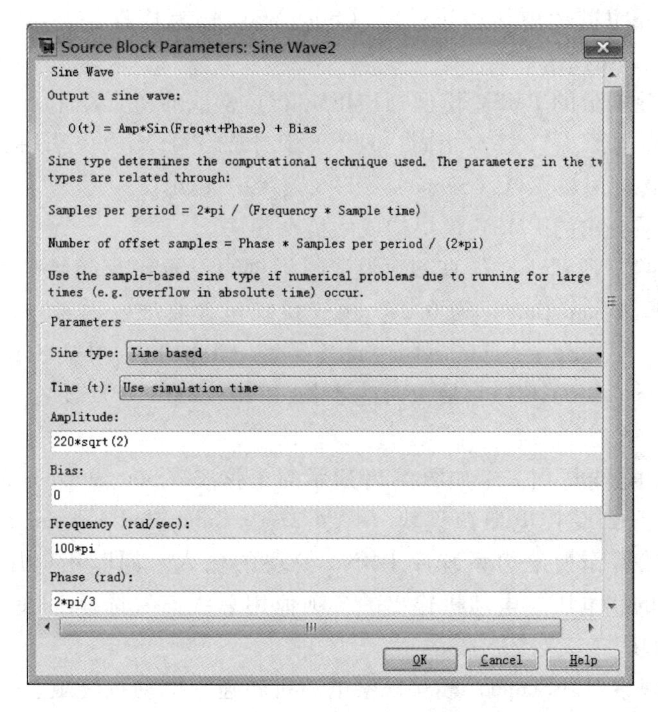

图 4-28　三相电压设置对话框（续）

4.5　仿真对比分析

4.5.1　正弦电压供电 PMSM 直接起动的仿真波形对比

下面对上述三种仿真模型在工频电网供电下 PMSM 直接起动过程进行对比分析和验证。

仿真用的电动机额定参数：额定电压为 220V（相电压有效值）、额定转速为 3000r/min、额定输出转矩为 3N·m，定子绕组电阻 R_1 为 2.875Ω，直轴电感 L_d 为 8.5mH，交轴电感 L_q 为 8.5mH，转子永磁体在定子绕组中产生的磁链 ψ_f 为 0.175Wb，机组转动惯量 J 为 0.0008kg·m^2，转轴处摩擦系数 μ_f 为 0N·m·s，极对数 n_p 为 4。仿真中设置电动机 A、B、C 三相相电压分别为：

$$
\begin{aligned}
u_A &= 220\times\sqrt{2}\times\cos(100\pi t)\\
u_B &= 220\times\sqrt{2}\times\cos(100\pi t-2\pi/3)\\
u_C &= 220\times\sqrt{2}\times\cos(100\pi t+2\pi/3)
\end{aligned}
\tag{4-2}
$$

各仿真程序的设置如下：

（1）使用分立模块构建的 PMSM 模型（PMSM_nonS）构成的仿真程序

系统模型如图 4-14 所示。在仿真参数设置对话框（Simulation 菜单下的 Configuration Parameters）中设置仿真起始时间（Start time）为 0.0s，仿真停止时间（Stop time）为 1.0s。微分方程解算器选项（Solver options）中设置类型（Type）为可变步长（Variable-step），种类为 ode45s（Dormand-Prince），最大时间步长（Max step size）设置为 1e-5s，其他可保留为

默认值。三相定子绕组的相电压由正弦波（Sine Wave）模块提供，运行仿真，用观察器（Scope）模块观察各项输出。

（2）使用S函数构建的PMSM模型（PMSMdqS）构成的仿真程序

仿真系统的模型与图4-14基本相同，只不过其中的PMSM模块采用了图4-18所示的s函数模块。运行仿真，用观察器（Scope）模块观察各项输出。

（3）使用电力系统中的PMSM模块构成的仿真程序

仿真程序如图4-27所示。在仿真参数设置对话框中设置仿真起始时间（Start time）为0.0s，仿真停止时间（Stop time）为0.2s。由于系统包含非线性因素（nonlinear element），所以微分方程解法选项（Solver options）中设置类型（Type）为可变步长（Variable-step），解算器种类为ode15s（stiff/NFD），最大时间步长（Max step size）设置为1e-5s，其他可保留为默认值。

三相定子绕组的端电压由三个如图4-28所示的正弦波（Sine Wave）模块提供，简单处理得到线电压后输入到受控电压源模块（图4-27中Controlled Voltage Source和controlled Voltage Source1），然后作为电力系统库PMSM模块的输入。同时用电压测量模块（图中vbc）测试BC之间的线电压。电动机输出的各项值用总线信号选择（Bus Selector）输出到观察器（Scope）模块。

运行仿真，用观察器（Scope）模块观察电动机转速、电动机转矩、dq轴定子电流的输出波形。

为了更好地对比分析三种不同建模方法的仿真结果，图4-29将三种建模方法放置在同一个mdl文件中。图中Scope3显示的仿真波形绘制在图4-30中。

图4-30中的波形从上到下分别是电动机的转速wr、电动机的电磁转矩te、id与iq，可以看出图4-30中三种不同颜色的曲线基本完全重合，这说明建立的三种仿真模型是正确有效的。

从图4-30中的仿真波形还可以看出，当工频电网供电时，在该电动机起动的前期，电动机转速有很大的振荡，不过最终还是可以稳定在同步机械角速度79rad/s$\approx 50\times 2\pi/4$。这是因为该电动机的转动惯量很小，转子速度可以较快地跟随同步速度，如果是惯量较大的电动机就不能顺利起动了。另外，还可以看出，即便该电动机可以起动，但是起动过程中速度存在很大的振荡，存在着一定程度的失步现象——这是因为定子磁场的频率太高，所以它与转子永磁体作用产生的加速转矩时正时负，但是平均转矩还是正的。为了获得更好的起动性能，可以在转子上加入阻尼绕组，形成异步起动同步电动机；或者采用变频起动，后面章节中结合磁场定向矢量控制技术和直接转矩控制技术深入研究PMSM的变频调速控制技术。

4.5.2　不同仿真模型仿真效率比较

SIMULINK内有性能统计工具（Profiler），可以用来统计模型各个部分的仿真用时，为优化模型计算代码、提高模型仿真效率提供参考。下面利用该工具比较前述三种模型的仿真效率。

选中SIMULINK性能统计工具Profiler（菜单Analysis/Performance Tools/Show Profiler Report选项勾选），然后运行仿真，仿真完成后SIMULINK会生成网页格式的统计报告，并自动在帮助浏览器（Help Browser）窗口中打开。

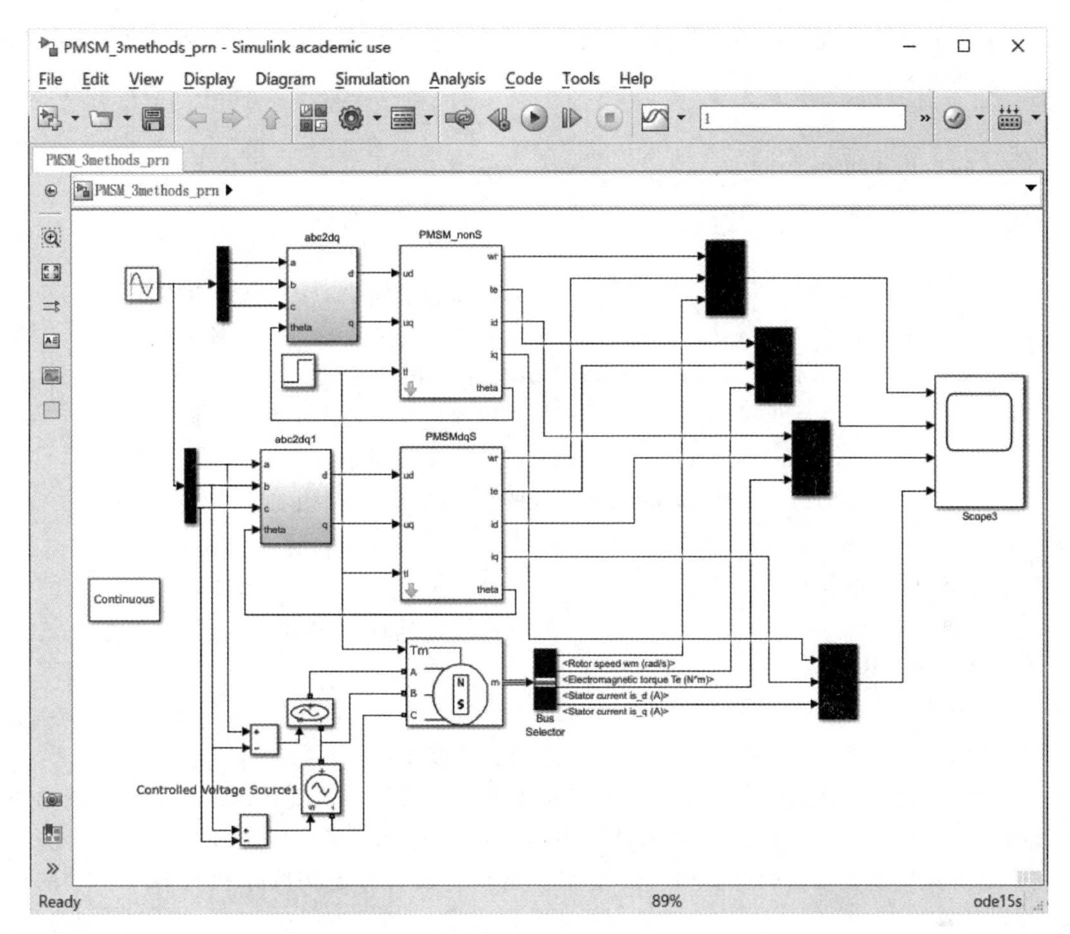

图 4-29　三种建模方法同时仿真对比的模型

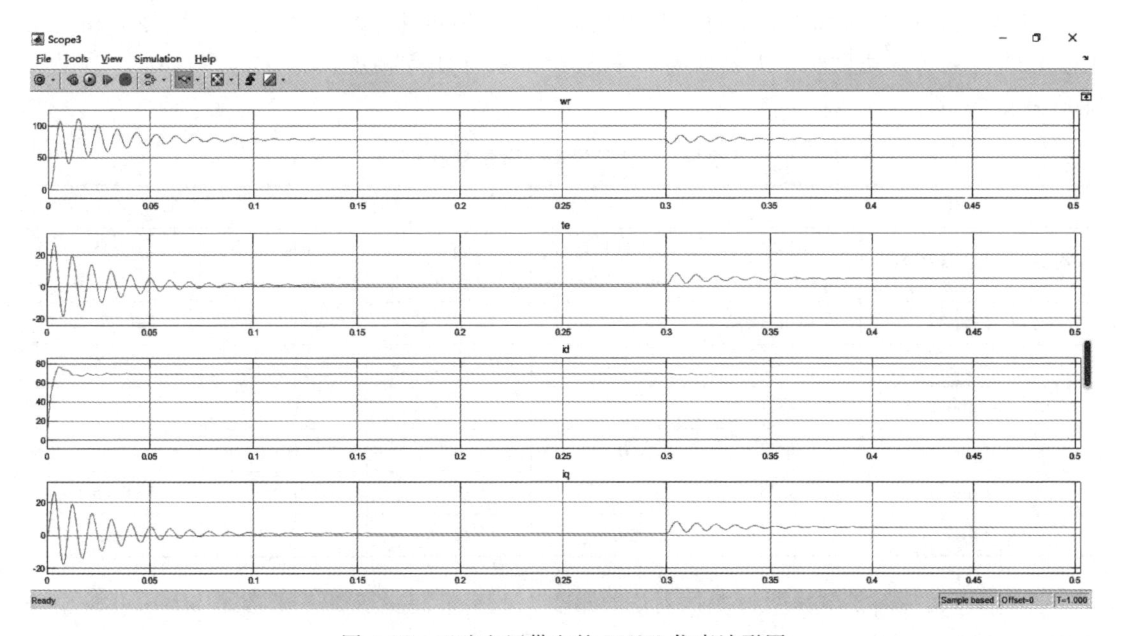

图 4-30　正弦电压供电的 PMSM 仿真波形图

根据性能统计工具（Profiler）帮助文件的说明，系统仿真过程中使用的伪码（pesudo-code）表示如下：

```
Sim()                                        %仿真开始。
    ModelInitialize()                        %模型初始化。
    ModelExecute()                           %执行模型计算代码。
        Output()                             %计算各个模块在t时刻的输出
        Update()                             %更新各个模块的状态变量的微分值
        Integrate                            %根据状态变量的微分值计算积分值
            Compute states from derivs by repeatedly calling:
                    MinorOutput()            %根据微分方程解法种类不同，
            Locate any zero crossings by repeatedly calling:
                    MinorOutput()            %定位仿真过程中出现的“零值穿越”，
                    MinorZeroCrossings()         %即状态快速变化点
        EndIntegrate
        Set time t=tNew.                     %设置新时间,进入下一个时间步。
    EndModelExecute
    ModelTerminate
EndSim                                       %仿真结束。
```

从中可以看到，仿真运行时 SIMULINK 首先要进行模型的初始化，由于模块的输出可能需要其他模块的输入，所以初始化过程中需根据各模块的连接情况和各模块的计算代码，确定仿真模型各模块的计算顺序。模型初始化完成后开始按顺序执行各子模块的计算代码。

仿真的比较结果见表 4-1。需要注意的是，由于仿真时运用了性能统计工具（Profiler），所以仿真总耗时比正常仿真情形下用时更长，但可用来比较不同仿真模型的相对用时。还需注意仿真速度受中央处理器频率和操作系统任务调度的影响，多次统计结果可能略有变化。

表 4-1　各种模型仿真参数设置

建模方法	4.2		4.3		4.4
微分方程解算器种类	ode15s (stiff/NFD)	ode45s (Dormand Prince)	ode15s (stiff/NFD)	ode45s (Dormand Prince)	ode15s (stiff/NFD)
微分方程解法类型	Variable step	Variable step	Variable step	Variable step	Variable step
Max step size	1e-5	1e-5	1e-5	1e-5	1e-5
Relative tolerance	1e-3	1e-3	1e-3	1e-3	1e-3
Start time	0.0	0.0	0.0	0.0	0.0
Stop time	0.25	0.25	0.25	0.25	0.25
仿真总用时/s	13	29.87	5.34	12.62	12.28

从表 4-1 可以看出 S 函数模块仿真用时最少，效率最高。所以 S 函数是 SIMULINK 中一种比较好的建模方法，效率高，使用灵活，方便修改，适用于大型、复杂系统建模。

4.5.3　不同变换矩阵系数的影响

在交流电动机的控制中，经常将电压、电流等物理量在各种常见的坐标系中进行变换。其中两相静止与两相旋转之间的坐标变换不涉及矩阵系数的问题，而三相坐标系与两相坐标系之间的变换需要使用2/3与$\sqrt{2/3}$、$\sqrt{3/2}$等系数，必须清楚它们之间的关系，否则建立的仿真模型就是错误的，“仿真”变成了“仿假”，这就完全失去了仿真分析的意义。

在第3章的3.3节坐标变换以及电动机数学模型的简化中采用的三相坐标系与两相坐标系的变换矩阵［式（3-48）与式（3-49）］重新列写如下：

$$\boldsymbol{C}_{3s\to 2s}=\frac{2}{3}\begin{pmatrix}1 & -1/2 & -1/2\\ 0 & \sqrt{3}/2 & -\sqrt{3}/2\end{pmatrix} \tag{4-3}$$

$$\boldsymbol{C}_{2s\to 3s}=\begin{pmatrix}1 & 0\\ -1/2 & \sqrt{3}/2\\ -1/2 & -\sqrt{3}/2\end{pmatrix} \tag{4-4}$$

在3.3节中曾经分析过，采用式（4-3）与式（4-4）进行变换，得到的两相变量与三相变量的幅值是相同的。所以变换前后的相电流幅值没有什么变化。同理，磁链以及电压的幅值没有变化。所以变换后，两相绕组电动机模型的功率只有三相绕组模型的2/3，故而其功率以及转矩的计算中需要额外添加一个系数3/2。

除此之外，还有一种称为功率守恒变换的变换矩阵在很多参考书中也可以看到，其变换矩阵见式（4-5）与式（4-6）。可以进行验算，在经过$\boldsymbol{C}_{2s\to 3s}\cdot\boldsymbol{C}_{3s\to 2s}$与$\boldsymbol{C}_{3s\to 2s}\cdot\boldsymbol{C}_{2s\to 3s}$的变换后，物理量也能够保持不变，故而也是可行的。但需要注意的是两个矩阵的系数与式（4-3）和式（4-4）均不同。以电动机的相电流为例，采用式（4-5）计算两相电流，幅值会变为三相电流的$\sqrt{3/2}$倍。同理，电压和电流以及磁链均为三相的$\sqrt{3/2}$倍。那么两相绕组电动机模型的功率以及转矩就与三相绕组模型的对应相等，因而转矩和功率的公式中就无需再乘系数3/2。

$$\boldsymbol{C}_{3s\to 2s}=\sqrt{\frac{2}{3}}\begin{pmatrix}1 & -1/2 & -1/2\\ 0 & \sqrt{3}/2 & -\sqrt{3}/2\end{pmatrix} \tag{4-5}$$

$$\boldsymbol{C}_{2s\to 3s}=\sqrt{\frac{2}{3}}\begin{pmatrix}1 & 0\\ -1/2 & \sqrt{3}/2\\ -1/2 & -\sqrt{3}/2\end{pmatrix} \tag{4-6}$$

必须注意上述的分析，否则所谓的PMSM仿真模型就会有误，无法得出正确结果。简单总结一下，如果采用变换矩阵式（4-3）与式（4-4），那么电动机的电流、电压、磁链（包括永磁磁链）都是相变量的幅值，并且转矩公式中出现3/2。如果采用变换矩阵式（4-5）与式（4-6），那么电动机的电流、电压、磁链（包括永磁磁链）都是相变量幅值的$\sqrt{3/2}$倍，并且转矩公式中不会出现3/2。

注意到上述的不同后，两种形式的坐标变换都可以采用，都可以得出正确的结果。

图4-31给出了采用不同变换矩阵对三相电压进行变换的结果，可以发现黄颜色曲线1

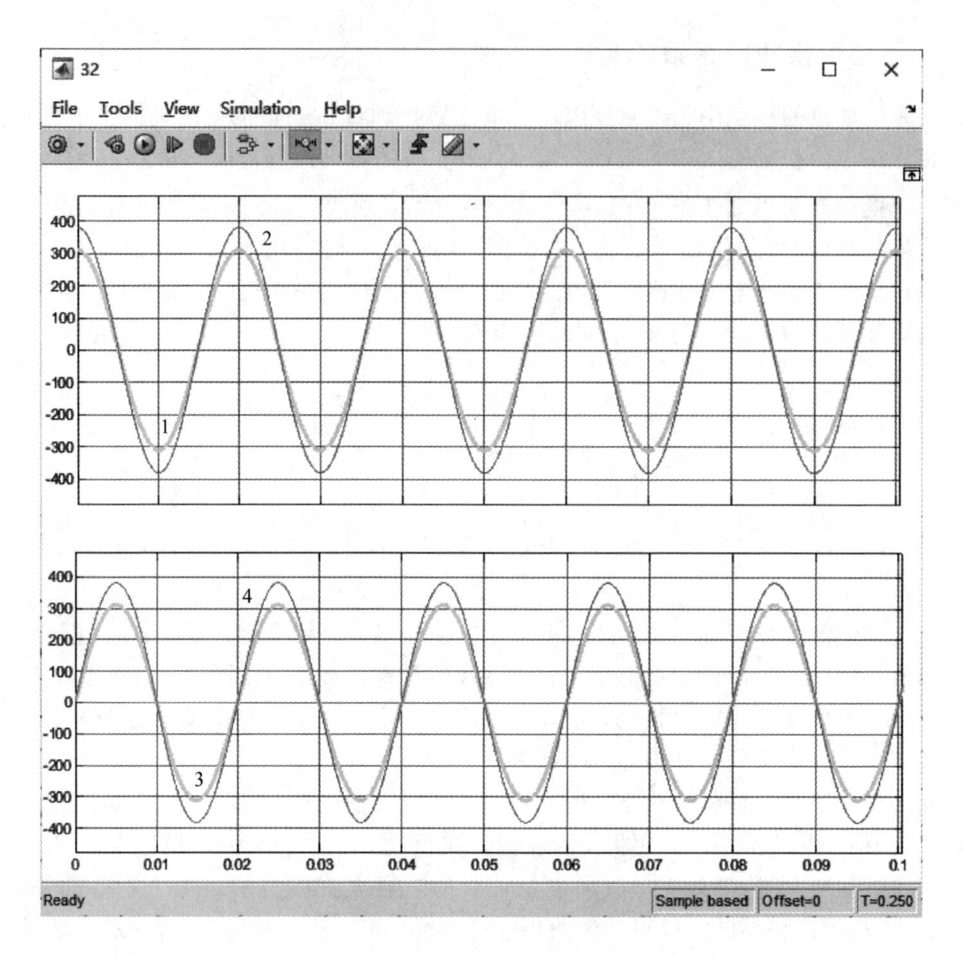

图 4-31　三相到两相过程中两种变换的波形对比

和 3 对应的变换结果较曲线 2 和 4 的幅值更小，曲线 1 和 3 采用的是矩阵式（4-3），曲线 2 和 4 采用的是矩阵式（4-5）。

图 4-32 给出了采用不同变换矩阵对两相电压进行变换的结果，可以发现黄颜色曲线 1、3、5 对应的变换结果较曲线 2、4、6 的幅值更大，曲线 1、3、5 采用的是矩阵式（4-4），曲线 2、4、6 采用的是矩阵式（4-6）。

图 4-33 给出了两种电动机模型的仿真结果，蓝颜色曲线 1、3、5、7 对应的是正确电动机模型；红颜色 2、4、6、8 对应的电动机模型中的电压变换矩阵为式（4-5），转矩公式中系数为 1，但是永磁磁链没有修改，仍为相绕组永磁磁链的幅值。可以发现仿真结果是不同的，这就说明，后者没有正确设置的电动机模型是错误的。图 4-34 则进行了相应的修正，可以发现两种颜色的曲线重叠在一起，这说明两种模型都是正确的。

另外，读者可能会发现——即便是错误的设置，最后系统还是稳定的，这是为何？根据以上的分析，就相当于电动机的永磁磁链减小为正确值的$\sqrt{2/3}$。在一定的条件下，系统还是可以稳定运行的，只不过已经是另外一个电动机了。为了和负载转矩相平衡，电动机的 i_d、i_q 都略大一些（电流工作点已经不正确了）。进一步说明，如果读者采用了错误的模型

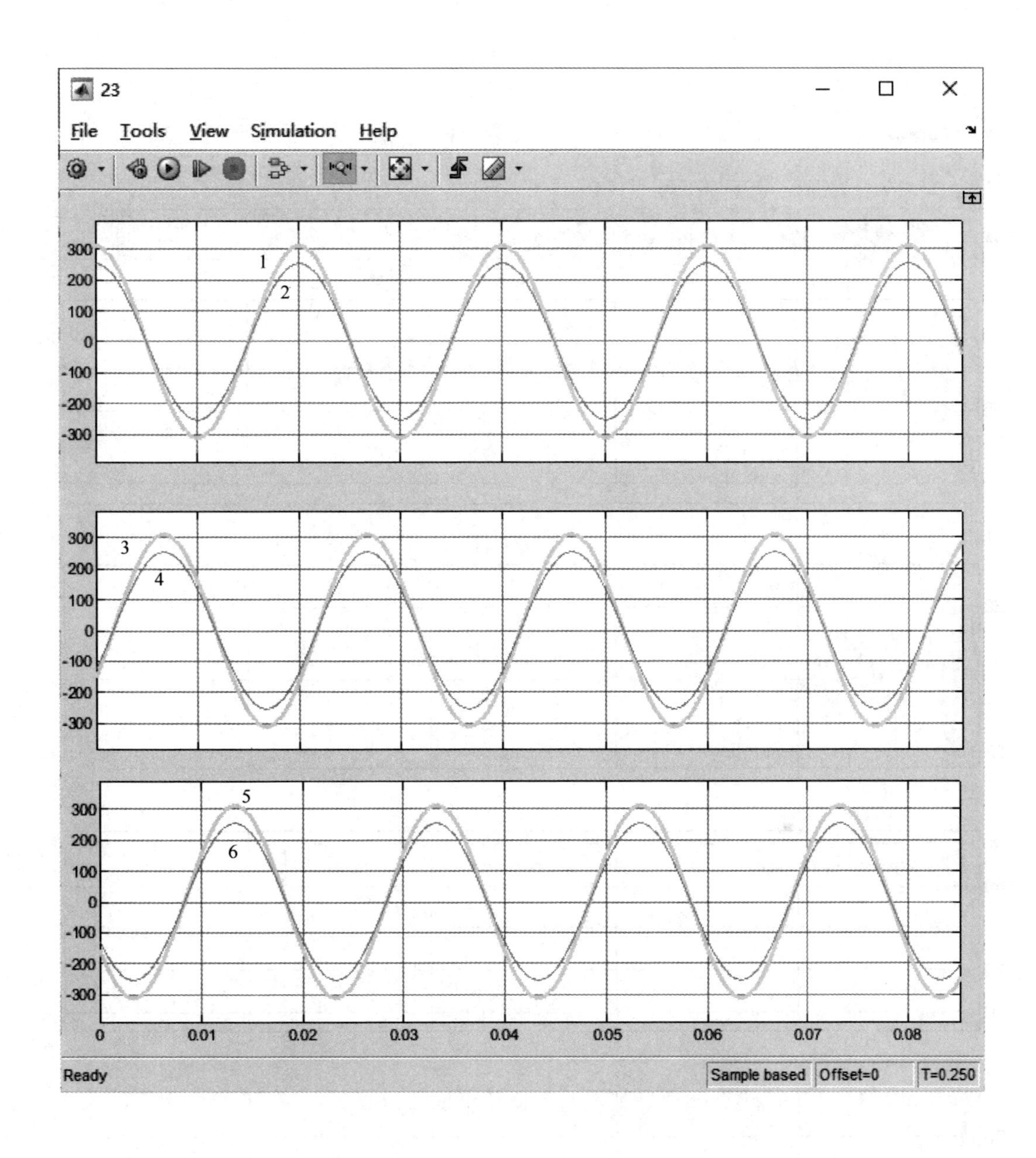

图 4-32　两相到三相的变换过程中两种变换的波形对比

进行电动机调速系统的闭环控制，该系统有可能最后是稳定的，仿真也不会出现问题。但是电动机的实际电流工作点已经偏离了期望工作点。当重新设置永磁磁链后，两种模型的仿真结果又一致了，如图 4-34 所示。

4.5.4　恒幅值变换与恒功率变换的对比

关于交流电机控制中经常使用的恒幅值变换与恒功率变换，表 4-2 给出了一些对比项目。

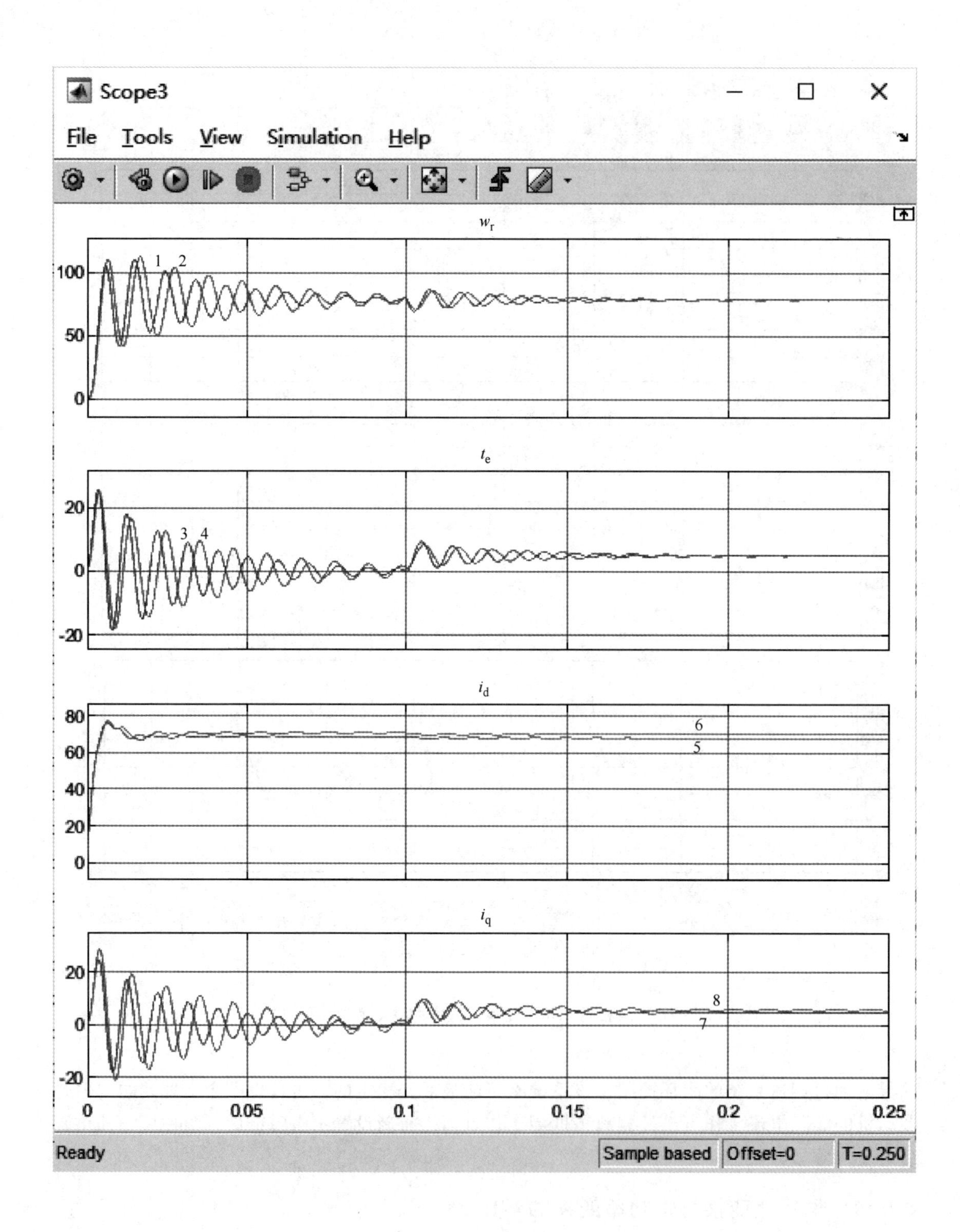

图 4-33　错误的模型导致的仿真问题

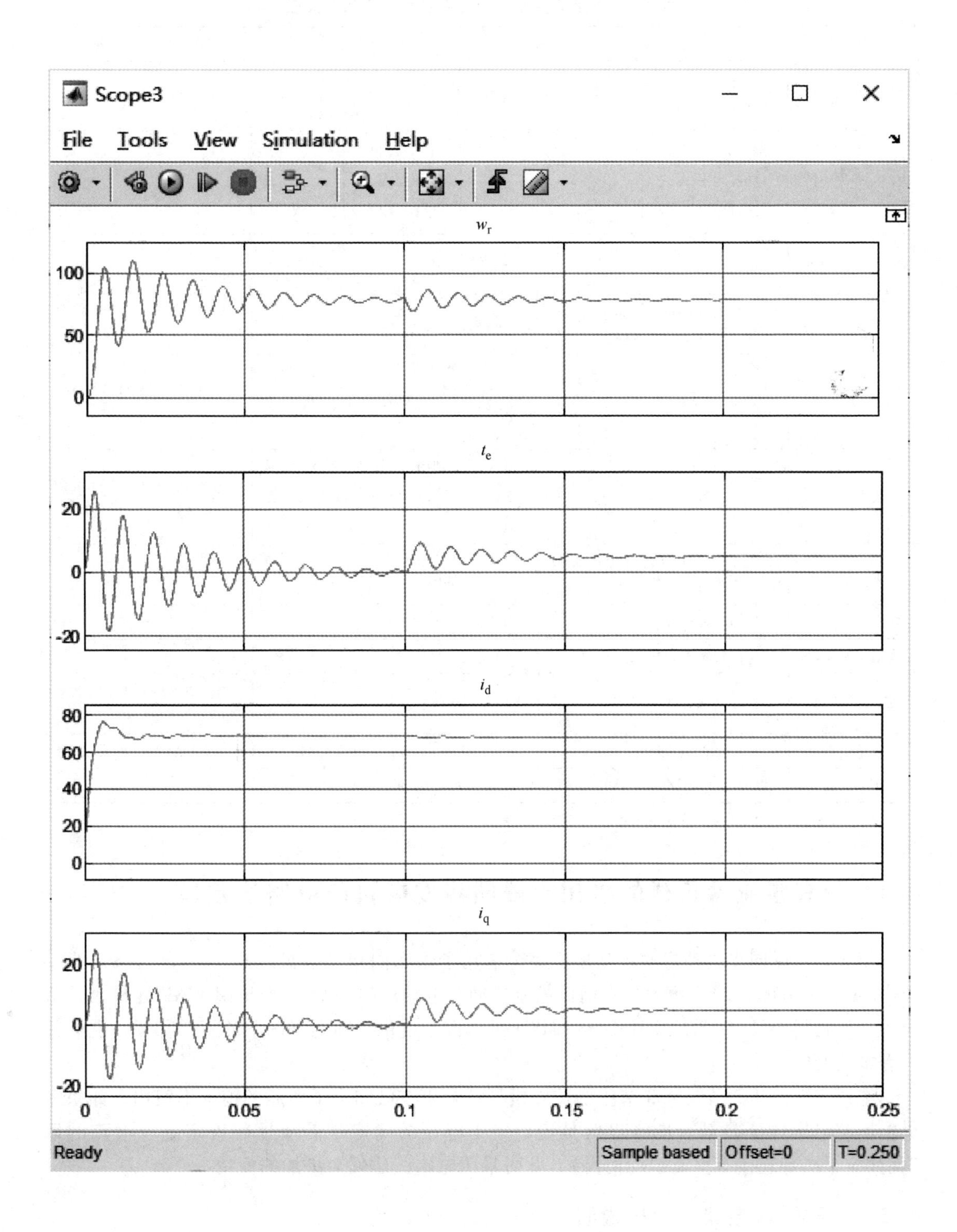

图 4-34　两种正确建模得到的仿真波形

表 4-2　恒幅值变换与恒功率变换中变量的关联

对比项目	恒幅值变换	恒功率变换	三相系统正弦变量举例
3s-2s 变换矩阵	$\frac{2}{3}\begin{bmatrix}1 & -1/2 & -1/2\\ 0 & \sqrt{3}/2 & -\sqrt{3}/2\end{bmatrix}$	$\sqrt{\frac{2}{3}}\begin{bmatrix}1 & -1/2 & -1/2\\ 0 & \sqrt{3}/2 & -\sqrt{3}/2\end{bmatrix}$	
2s-3s 变换矩阵	$\begin{bmatrix}1 & 0\\ -1/2 & \sqrt{3}/2\\ -1/2 & -\sqrt{3}/2\end{bmatrix}$	$\sqrt{\frac{2}{3}}\begin{bmatrix}1 & 0\\ -1/2 & \sqrt{3}/2\\ -1/2 & -\sqrt{3}/2\end{bmatrix}$	
2s-2r 变换矩阵	$C_{2s\to 2r}=\begin{bmatrix}\cos\theta & \sin\theta\\ -\sin\theta & \cos\theta\end{bmatrix}$	同左边一栏	
2r-2s 变换矩阵	$C_{2r\to 2s}=\begin{bmatrix}\cos\theta & -\sin\theta\\ \sin\theta & \cos\theta\end{bmatrix}$	同左边一栏	
电压 u_d、u_q	$u_{1m}=\sqrt{u_d^2+u_q^2}$等于 311V	u_d、u_q 分别等于左边一栏值乘以 $\sqrt{3/2}$。$\sqrt{u_d^2+u_q^2}$ 等于 311 $\sqrt{3/2}\approx$ 380V	相电压幅值 311V（有效值 220V）
电流 i_d、i_q	$i_{1m}=\sqrt{i_d^2+i_q^2}$等于 141A	i_d、i_q 分别等于左边一栏值乘以 $\sqrt{3/2}$。$\sqrt{i_d^2+i_q^2}$ 等于 141 $\sqrt{3/2}\approx$ 173A	相电流幅值 141A（有效值 100A）
永磁磁链	参见 3.4.1 节中对电机参数的解释部分	左边一栏值乘以 $\sqrt{3/2}$	
电磁转矩 T_e*	$1.5n_p(\psi_d i_q-\psi_q i_d)$	$n_p(\psi_d i_q-\psi_q i_d)$	
输出机械功率	输出转矩乘以机械角速度	同左边一栏	
输入电功率	$1.5\cdot(u_d i_d+u_q i_q)$	$(u_d i_d+u_q i_q)$	3×220×100 再乘以功率因数
定子铜耗	$1.5\cdot R_1\cdot(i_d^2+i_q^2)$	$R_1\cdot(i_d^2+i_q^2)$	100^2 乘以 R_1 再乘以 3
功率因数	$(u_d i_d+u_q i_q)/(u_{1m}i_{1m})$	$(u_d i_d+u_q i_q)/(u_{1m}i_{1m})$	

* 注：考虑铁耗后的转矩公式见式 6-52。

4.6　带有整流器负载的多相永磁同步发电机的电路法建模

第 3 章永磁同步电动机的数学模型完全适用于永磁同步发电机（Permanent Magnet Synchronous Generator，PMSG）。本章前面的永磁同步电动机的 MATLAB/SIMULINK 建模也是适合用于永磁同步发电机的，PMSG 与 PMSM 可以说是电机在不同工况下的不同称呼，它们并没有本质的区别。

本章前面的 4.2 节与 4.3 节中的仿真模型适合于在已知定子电压的前提下使用，如果定子电压与定子电流是耦合的，也就是说，定子电压的确定是需要提前确定定子电流的话（例如定子端部连接有整流器的情况），此时采用电路法建模会更加的便捷。

4.6.1　PMSG 电路法建模说明

带有整流器的 PMSG 的具体工作中，存在一相不导通而另外两相同时导通的工况。例如 A 相电流为 0，A 相电压较小，A 相不导通，而 B、C 相导通，则有 B、C 间的线电压与直流侧电压相等（忽略整流二极管压降），即 B、C 间的线电压被钳制到直流侧电压，所以带有整流器的 PMSG 的运行工况明显会复杂很多。

参考 PMSM 数学模型可以知道，定子回路的电压方程中，端电压是等于相绕组的变压器电势（全磁链的导数）与相电阻压降之和的。如图 4-35 所示，以 PMSG 的 A 相电路为例，$p\psi_a$ 表示 A 相绕组的反电势，R 表示相绕组的电阻，A 点为 A 相的接线端子。定子 ABC 三个端子连接到三相整流器的交流侧，直流侧并联了电容器 C 及负载电阻 R_L。

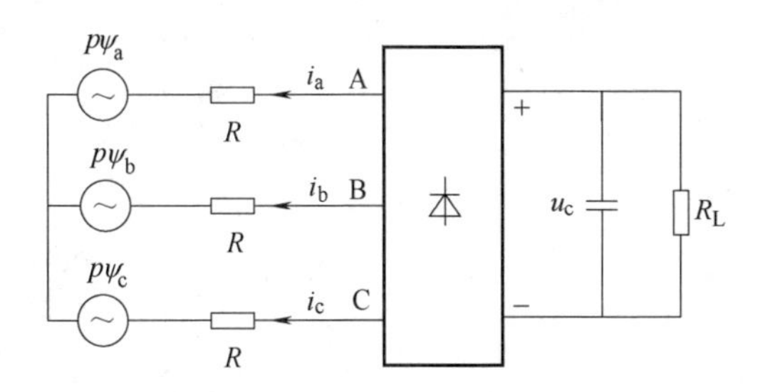

图 4-35　PMSG 整流系统电路图

电路法建模的思路是：使用电阻和受控电压源等元器件来等效定子电路。具体过程是：首先使用电压测量仪表获取 AB 与 BC 间的线电压，利用已有的电机数学模型（例如第 3 章中 PMSM 的数学模型）计算出每一相定子绕组的反电动势，然后在电路中使用受控电压源来模拟该反电动势，再串联好一相的定子电阻，最后就得到了一相电路的接线端子。关键的一步是，利用模型构造出相电流 i_A 后，需要将其通过受控电流源来控制 A 相的相电流。

上述步骤如图 4-36 所示。其中关键步骤是第 6 步，即由磁链的 dq 分量计算得出电流的 dq 分量，这就需要用到电感矩阵的逆阵。例如十二相 PMSG 参考文献［31］，其中的电感矩阵求逆是相当复杂的。还有第 2 步中的相电压必须是去除了共模分量后的相电压。

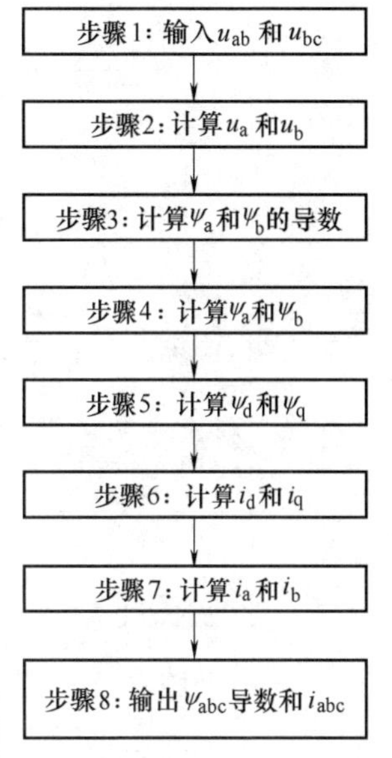

图 4-36　PMSG 电路法建模步骤

4.6.2　PMSG 电路法模型举例

电路法建模针对多相电机都是适用的，这里仍以三相 PMSG 为例对其电路法模型进行解释。图 4-37 上下部分分别是上述电路法模型与 SIMULINK 内部三相 PMSM（这里用作 PMSG）模型，定子端部都连接有相同的三相整流器及其直流 RC 负载（还加入了模拟线路电感 L）。

图 4-37 中电路法模型的外部电路就采用了图 4-35 说明中的三相受控电压源及两相受控电流源，受控电压源用来模拟相绕组磁链的反电动势，受控电流源用来控制相电流（因为是三相电路，所以只需控制其中的两相电流）。为了消除代数环，特意在电压检测模块输出的信号后端串入了 Memory 模块。图中的三相 PMSG 模块的内部模型如图 4-38 所示。

图 4-38 的模型是在图 4-2 模型基础上修改得到的。右下角利用 PMSG 的输入线电压计算两路相电压 u_a 与 u_b（即图 4-36 的第 2 步），在最上面的 calculate ia & ib 子系统中计算出定子磁链的导数及两相定子电流（即图 4-36 中的第 3 到第 7 步），然后通过图中右侧的输出端口 4 和 6 分别将变量输出到模块外部并连接到图 4-37 中的三个受控电压源和两个受控电流源。图 4-39 给出了电机参数对话框（参数与 SIMULINK 自带三相 PMSM 模块参数完全相同）。

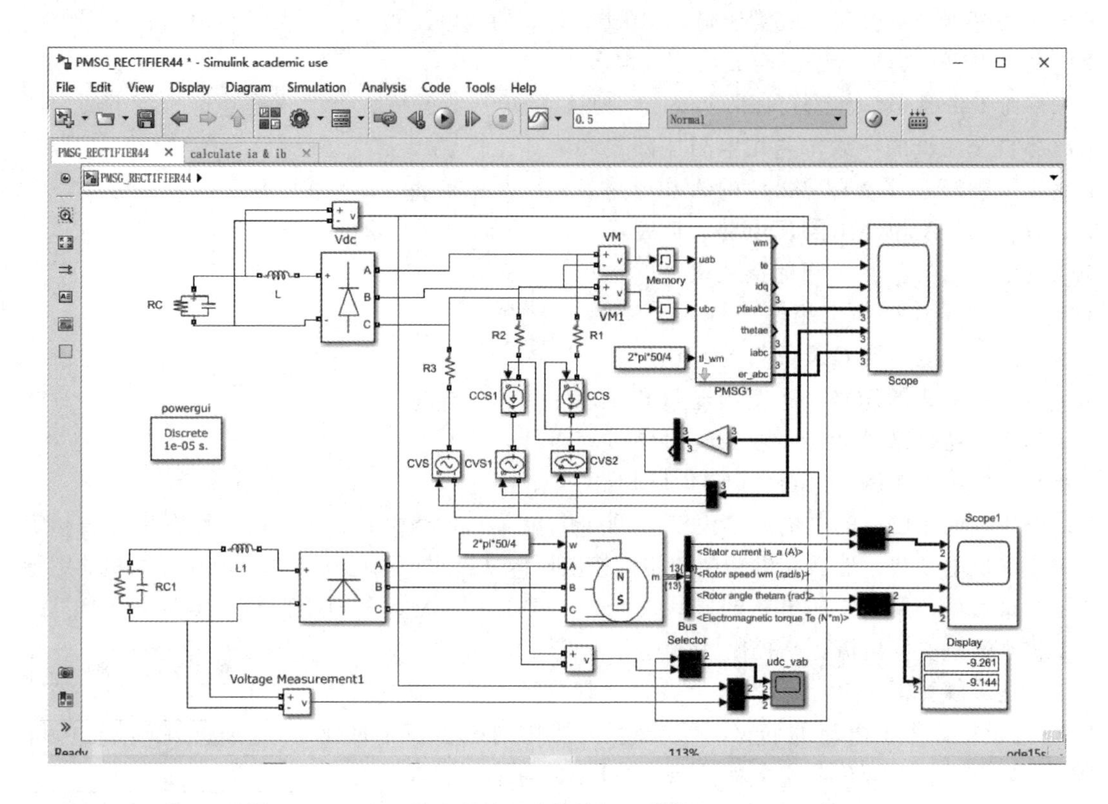

图 4-37　三相 PMSG 电路法建模外部电路模型（实际电路图）

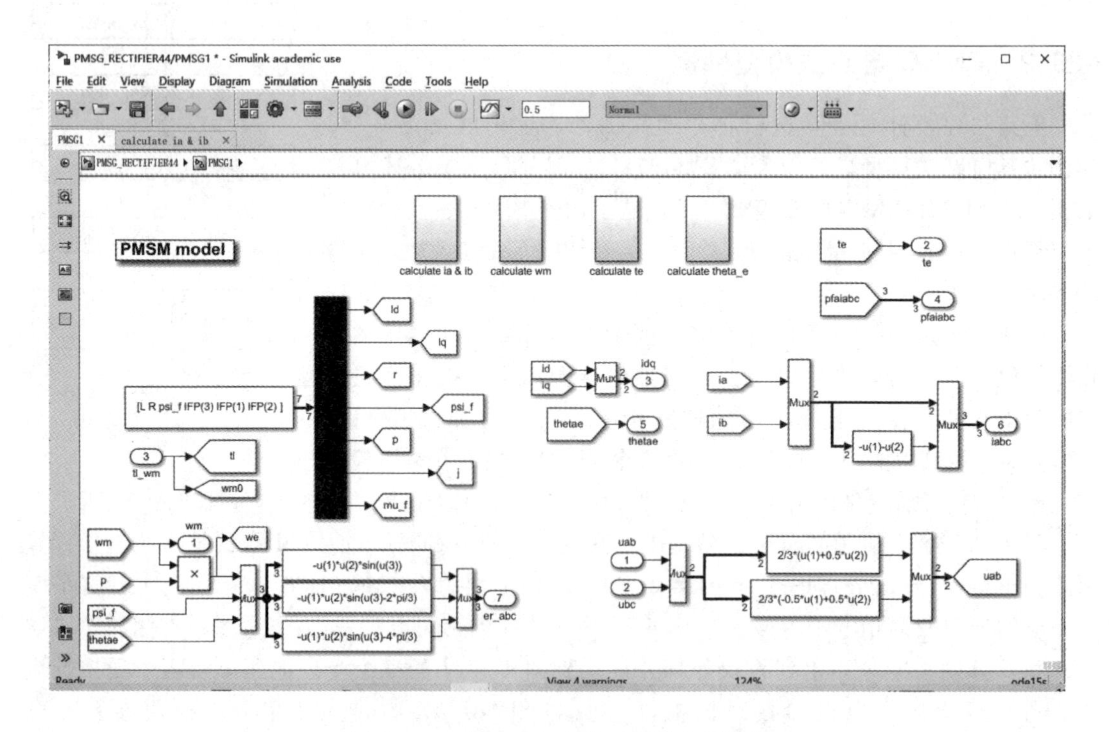

图 4-38　三相 PMSG 电路法模型内部模块

图 4-40 给出了整流器直流侧 *RC* 负载的参数。

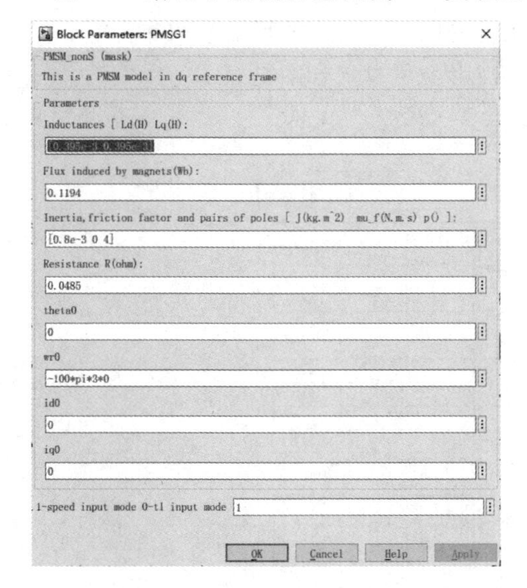

图 4-39 三相 PMSG 参数对话框

Block Parameters: RC

Parallel RLC Branch (mask) (link)

Implements a parallel branch of RLC elements.
Use the 'Branch type' parameter to add or remove elements from the branch.

Parameters

Branch type: RC

Resistance R (Ohms):
5

Capacitance C (F):
10000e-6

☑ Set the initial capacitor voltage

Capacitor initial voltage (V)
65

Measurements None

OK Cancel Help Apply

图 4-40 整流器直流侧 *RC* 负载参数对话框

图 4-41 给出了直流侧电压 U_{dc}、电机的电磁转矩 T_e、线电压 U_{ab}、三相定子磁链导数、三相定子电流、三相永磁体磁链的反电动势等波形。电机工作在恒定速度的模式下，定子频率为 50Hz。

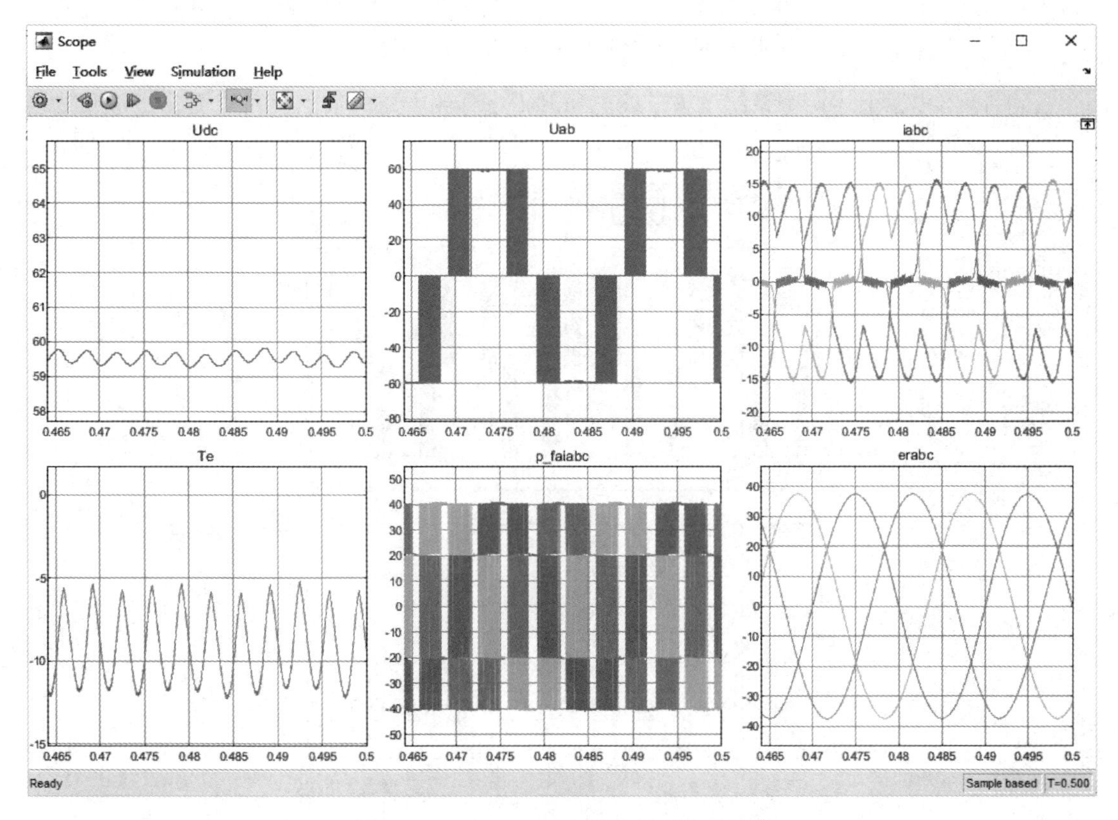

图 4-41 三相 PMSG 电路法模型仿真波形

图 4-42 给出了图 4-37 中两个发电机+整流器系统的波形对比，包括 A 相定子电流、机械角速度和机械角度、电磁转矩。可以看出两个系统的电流与转矩波形吻合的非常好。仅仅在局部存在极少的一点偏差。如果减小仿真步长，波形就可以吻合的更好了。

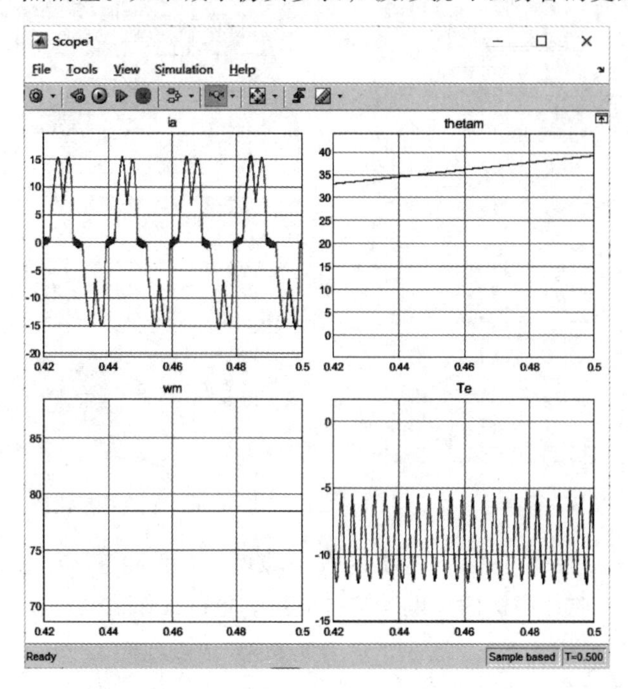

图 4-42　两种 PMSG 模型仿真结果对比

图 4-43 给出了上述两个系统的 U_{ab} 线电压和 U_{dc} 直流电压的波形。可以看出，波形吻合

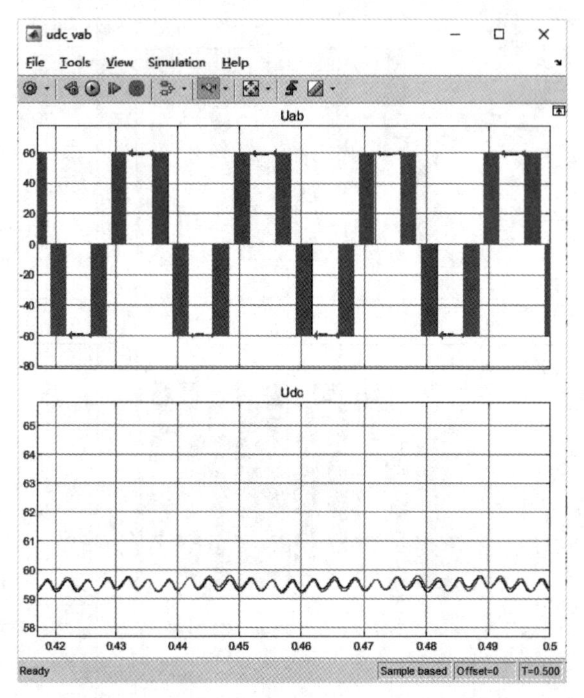

图 4-43　逆变器交流侧线电压与直流侧电压波形

的也是非常好。

从图 4-42 和图 4-43 中均可以看出，PMSG 的输入机械功率和输出电功率都是脉动的。这种系统的典型应用如风力发电系统以及某些舰船内部的柴油机+PMSG+整流器组。如果希望控制好 PMSG 的电磁转矩为恒定值的话（PMSG 相应的输入及输出功率也就是恒定值），可以采用本书第 12 章或 13 章的 PMSM 的高性能控制技术。

图 4-44 给出了图 4-38 中子系统 calculate ia&ib 的内部仿真模型，图中给出了 ia、ib、pfaiabc、id 和 iq 等变量的计算过程。其中 Gain 模块的参数是 3s-2s 恒幅值变换矩阵（即式 3-48），Gain1 模块的参数是 2s-3s 恒幅值变换矩阵的前两行（因为这里只需要 ia 与 ib 两个变量），图中左上角的 uab 变量是去掉了共模电压后的 a 相与 b 相的相电压（参考图 4-38 的右下角模型）。特别需要注意的是，计算 a、b 两相绕组定子磁链的积分器（Integrator、Integrator1）的初始值需要进行正确的设置（ψ_f、$-0.5\psi_f$）。

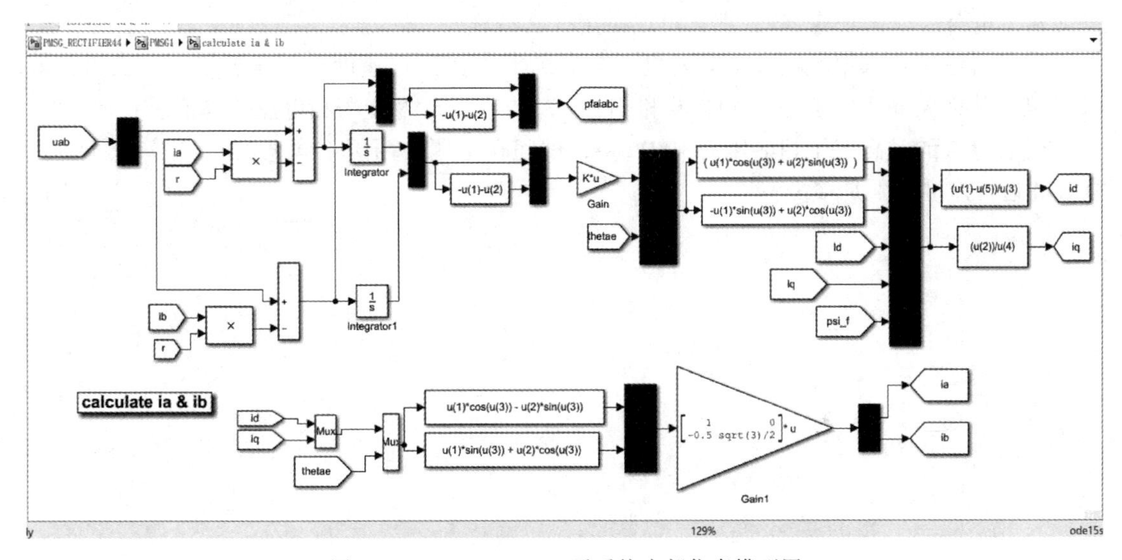

图 4-44 calculate ia&ib 子系统内部仿真模型图

小　结

本章首先介绍了 MATLAB 软件的特点，然后分别详细地阐述了如何采用 SIMULINK 分立模块、S 函数以及 Specialized Power Systems 库对 PMSM 进行仿真建模，最后采用三种方法对 PMSM 的工频电网供电全压起动过程进行了仿真对比。

书中强调了 PMSM 数学公式在使用中容易犯的错误，请读者务必注意。

附录 B、C 中给出了采用 SIMULINK 分立模块以及 S 函数实现 PMSM 仿真建模的程序。

练 习 题

1. 在三相静止坐标系与两相静止坐标系的坐标变换中，采用不同系数变换矩阵的结果有何不同？如何正确使用它们？

2. 从图 4-33 中错误的仿真波形中可以看出，电动机也可以进入稳态运行，如何理解？

3. 采用本章仿真模型尝试对 42kW 的 PMSM 全压起动进行仿真，试分析电动机是否能够正常起动，为什么？如果改变电机的转动惯量或者初始速度，结果又如何？

4. 对于练习题 3 中的情况，设定供电频率为额定频率的 1%，定子电压为额定电压的 2%，请用 MATLAB 仿真分析其是否可以顺利起动。

5. 仿真模型中的电机是可以设置为速度输入模式的，具体可以参考图 4-24 和附录 C，请读者参考图 1-11 和 12.2.1 节中的电流调节器（PI 调节器）针对速度输入模式的 PMSM 模型完成 i_d 与 i_q 闭环控制的 SIMULINK 建模与仿真（注意，电流调节器输出 u_d、u_q 经过坐标变换获得三相定子电压后直接提供给 PMSM 的定子端，学习了后面第 9 章然后再加入 PWM 控制的 VSI 模型）。

6. 从图 4-41 中可以看出三相 PMSG 的转矩脉动比较明显，如果希望其转矩能够比较稳定（功率也会因此比较稳定），那么可以采用什么措施？

7. 针对第三章末尾处的 42kW 电机，若电机工作在额定速度与额定转矩，那么电流 i_d 与 i_q 满足什么关系式？若 i_d 分别为 0 和−100A，试计算 i_q 及定子相电流的幅值。

8. 若电机的最高定子相电压为 100Vrms，试问在上题中两组不同电流（i_d、i_q）下的电机最高运行速度分别是多少？

第5章　PMSM的JMAG有限元分析模型

典型的电动机调速系统包括数字控制电路、电力电子功率变换装置、电动机、机械传动装置、系统控制软件以及各种测量与监控电路等部分。如果搭建实物系统进行试验研究，需要耗费大量的人力、物力以及时间成本，并且电动机中的某些参数难以测量。利用软件对调速系统进行计算机数字仿真，在研究的速度、可重复性、经济性等方面有较大优势，是目前研究电动机调速系统必不可少的重要技术手段之一。

传统的电动机仿真分析软件往往建立在电路模型基础上，较难以准确分析电动机的铁耗、磁场谐波、磁路饱和等性能，针对电磁场的有限元方法（Finite Element Method，FEM）可以对上述问题进行较准确的分析。目前，市场上已有 JMAG、Ansys/Ansoft、FLUX 等商用计算机仿真软件，本章以 JMAG 软件为例简要说明永磁同步电动机在电磁性能分析中的有限元模型。

5.1　JMAG 软件的功能与特点

JMAG 软件是日本 JSOL 公司开发的针对各种机电产品内的电磁场、热场、电场、结构场、多物理场等进行分析，从而考虑产品内部的电磁场分布、损耗分布、温度分布、结构变形、振动噪声等。目前，软件版本 V22，其包含的基础功能模块有前/后处理（PRE/POST）、2D/3D 静态电磁场分析（ST）、2D 瞬态电磁场分析（DP）、2D/3D 频域电磁场分析模块（FQ）、3D 瞬态电磁场分析模块（TR）、铁耗计算工具（LS）、3D 温度场分析（HT）、结构分析模块（DS）、静电场分析模块（EL）等，还包含实时仿真模块（RT）、母线电感计算工具（PI）、并行计算模块（PA2）、与 SPEED 软件接口模块（SPEED LINK）、变压器快速设计分析模块（TS）、电动机效率图计算工具（EFFICIENCY MAP）、电动机快速设计工具（JMAG EXPRESS）等。

JMAG 软件操作方便，能够实现电动机及其控制系统从初始设计到二维和三维有限元仿真、驱动和控制电路、控制算法的一体化仿真设计流程。二维和三维电磁场有限元分析模块具备强大方便的后处理功能，能获取任意点、线、面、体上的场量分布和数据，并可以用矢量图、云图、等位线、曲线图、EXCEL 或 TXT 文本等方式输出数据。瞬态场分析还能输出各种瞬态响应曲线，并可动画显示矢量、幅值、等位线等场量分布随时间或运动状态变化的情况。

如图 5-1 所示，JMAG 软件的操作界面把前/后处理与运算界面结合在一起，用户操作非常方便。JMAG DESIGNER 软件内部自带的电动机快速设计功能模块（JMAG EXPRESS）可以辅助工程人员设计电动机的初步方案。只需要输入简单的电动机性能的基本需求，如额定功率、电动机外径、输入电压、最大电流、最大转矩及转速范围等，EXPRESS 会自动给出较合理的电磁方案、电动机的基本性能曲线及部分参数，如转矩-转速曲线、转速-电流曲线、效率曲线、dq 轴电感参数、转矩系数等。

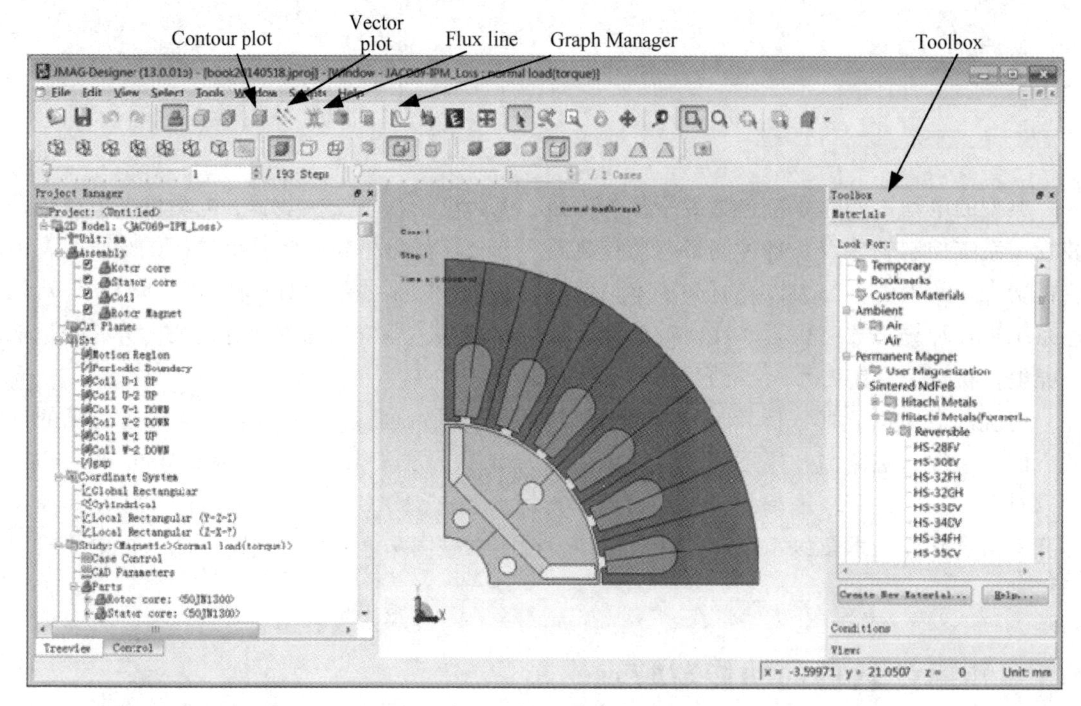

图 5-1　JMAG DESIGNER 软件界面

1. 简单高效的网格剖分

网格质量的好坏直接影响到最后结果的准确性，JMAG 软件提供了多种网格生成方式：手动剖分、自动剖分、自适应剖分、集肤效应剖分、叠片剖分和薄板剖分等，同时提供强大的三维自动拉伸剖分，还可以导入已经剖分好的外部网格文件等。

2. 灵活、多样的材料库

JMAG 软件包含 7 种类型的材料：空气（默认）、绕组、非磁性材料（例如笼型条，可以通过设置电阻率或者电导率考虑涡流效应）、各向同性电工钢材料（实心电磁钢，例如轴）、永磁体（可以考虑不同温度下的退磁影响）、各向同性电工钢叠片（可以设置叠层、叠装方向以及叠片系数）、各向异性电工钢叠片（例如变压器铁心）。

对于材料库中没有提供的材料，如铁粉材料、磁滞材料以及非常规型号等，用户可自行输入曲线数据，JMAG 软件均能据此进行仿真。

3. 强大的耦合计算功能

电动机是一个包含电磁、机械、热、噪声等的多物理场。最大限度模拟电动机实际物理变化过程是现代电动机分析的发展趋势。

JMAG 软件提供了强大的耦合计算功能，JMAG 软件本身包含温度场计算模块（稳态温度分布与瞬态运行时的温度分布和温升）和结构场计算模块（离心力分析、模态分析、振动分析、噪声分析等）。此外也可以与其他专业软件实施联合仿真，例如磁场分析/热分析、磁场分析/结构分析、磁场分析/噪声分析、磁场分析/控制分析等，为电动机仿真构建了一个完善的系统仿真平台。

4. 与绘图软件的接口

JMAG 软件提供多种格式的模型导入功能。常用格式有 DXF、GDF、SAT、IGES、NASTRAN、CATIA 等。特别是对于 SOLIDWORKS，JMAG 软件可以与其并行操作。

5. 与电动机设计软件的接口

（1）JMAG 软件自带的电动机设计模板 JMAG-EXPRESS

为了方便电动机的设计，JMAG 软件提供了很多电动机设计模板。有永磁无刷电动机、直流电动机、感应电动机、磁阻电动机等。只需输入电动机基本尺寸和定义材料参数，便可自动建立 JMAG 软件有限元模型。

（2）与 SPEED 软件的连接

SPEED 软件是由英国格拉斯哥大学（University of GLASGOW）开发的基于磁路法的电动机设计软件。软件拥有多种电动机模板，可以快捷调节各种参数，计算时间迅速。但基于磁路法原理，其计算精度较为粗略。SPEED 软件开发的永磁电动机模型可以直接导入到 JMAG 软件进行进一步的有限元仿真分析。

6. 与驱动电路软件的接口

JMAG 软件自带的电路设置窗口含有绝大部分的电路元器件，如电阻、电感、电容、电源、绕组、整流-逆变器、电刷等，能够满足一般的驱动电路连接。JMAG 软件提供与专业电路仿真软件 PSIM、SIMULINK、PSPICE 的接口，进行实时仿真。

7. RT 模块

JMAG-RT 是 JMAG 软件有限元分析工具套件中的一部分。有限元与控制电路软件进行实时仿真，可以更准确地描述电动机的非线性特性，但是由于每一步都交换数据，仿真过程非常耗时。基于表格计算的原理使得 JMAG-RT 在保证准确度的前提下大大缩短仿真时间。

进行高级电动机驱动仿真时，工程师面临最大的挑战之一就是如何同时保证模型的仿真准确度和仿真步长时间。虽然基于常量参数的简单 dq 模型足以进行部分硬件在环（Hardware In The Loop，HIL）测试，但高仿真准确度的模型在高级电动机驱动设计中很多时候是必需的，特别是在汽车和能源行业中非常常见。高准确度的有限元分析模型可用来对复杂、非理想行为进行仿真（如齿轮扭矩），通过改善控制器的设计来减少转矩脉动；可以对大电流时的电动机电感变化进行仿真，大电流对电动机转矩的影响很大；还能用来测试控制器的性能优劣。

8. 拥有多个专题分析工具

主要的专题分析工具有铁损耗计算工具、电感计算工具等。

损耗是影响电动机效率的主要因素，其中除了导线中的电流发热损耗外，铁磁材料中的铁损耗占主要部分。因此，准确计算铁损耗具有非常重要的意义。JMAG 软件根据磁场计算后的电动机磁通密度分布，提供多种方法计算铁损耗，包括分别计算磁滞损耗与涡流损耗。

电感计算主要包括以下三个内容：

（1）永磁电动机电感（PM INDUCTANCE）

基于有限元磁场交、直轴电感计算，由于考虑了材料的饱和特性及齿槽效应，计算结果具有较高的准确度。

（2）绕组电感（COIL INDUCTANCE）

根据磁链计算结果，JMAG软件可以计算绕组的自电感与互电感。需要指出的是由于绕组端部存在漏磁通，因此如果电动机轴向厚度较短或者电流较大磁通密度饱和时，二维模型的计算误差会增大。

（3）导条电感（BUSBAR INDUCTANCE）

根据磁链计算结果，JMAG软件可以计算导体的电感，包括自电感与互电感，并且考虑导体的趋肤效应。

电感计算工具如图5-2所示。

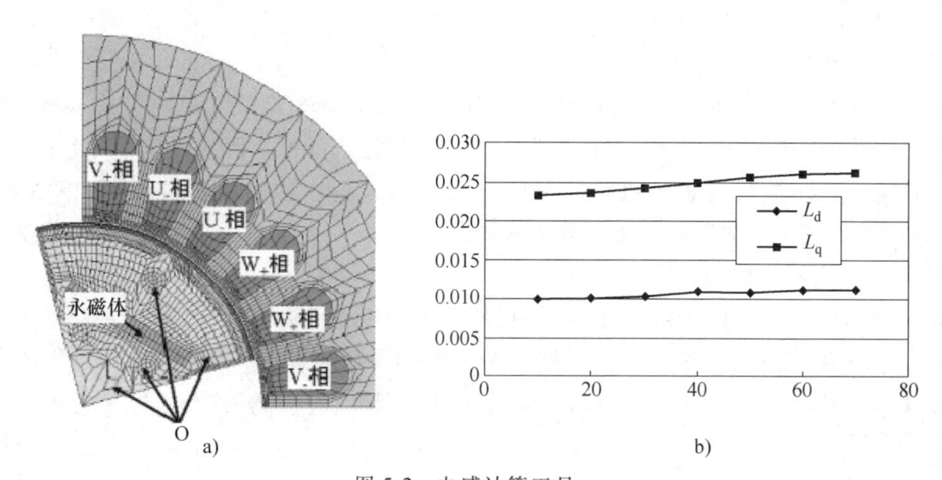

图5-2　电感计算工具

a）IPM电动机结构图　b）交、直轴电感计算结果

9. 参数化工具（PARAMETRIC）

JMAG软件的参数化分析（PARAMETRIC ANALYSIS）工具能够在特定的对话框中，通过定义几何形状或者条件参数，自动进行一系列近似计算，不需要重新设置材料和条件。通过结果的比较就可以发现方案的优劣。这一点对设计者来说尤为重要。

10. 脚本编程（SCRIPT）

使用JMAG软件的SCRIPT编程功能可以进一步提高软件操作的简易性与灵活性，并且可以满足某些特殊的要求，例如磁滞材料（多值磁滞特性）的模拟，特殊磁化方向（非同心圆充磁）的模拟。

1）调用预先编写好的SCRIPT程序，或者从以往操作历史中调用，能极大地提高工作效率。

2）定义变量，使用循环、条件、转移等功能语句。语法格式与BASIC类似。

3）利用SCRIPT编程功能可以依次进行前处理、过程操作、后处理的计算。

4）可以与参数化分析、自动分析、第三方软件进行嵌入式运算。

5）二次开发灵活。使用JMAG软件的SCRIPT编程功能可以进一步提高软件操作的简易性与灵活性，并且可以实现某些特殊的要求，例如磁滞材料（多值磁滞特性）的模拟，特殊磁化方向（非同心圆充磁）的模拟。

5.2 有限元分析的主要步骤与分析功能简介

应用 JMAG 软件建立电动机的有限元分析模型与分析主要包括如下步骤：创建几何模型、定义材料、定义条件、定义电路、网格剖分、求解与结果显示。

（1）模型建立

电动机几何模型的建立可以从外部的其他类型文件导入，可以采用自带的 GEOMETRY EDITOR 进行编辑，也可以通过 GEOMETRY LINK 及 MOTOR TEMPLATE 功能进行设置。

（2）定义材料（materials）

如图 5-3 所示，对定子铁心（叠片结构）硅钢片材料进行设置，右键快捷菜单选择 details 后可以显示右侧图中铁心的磁化特性曲线。

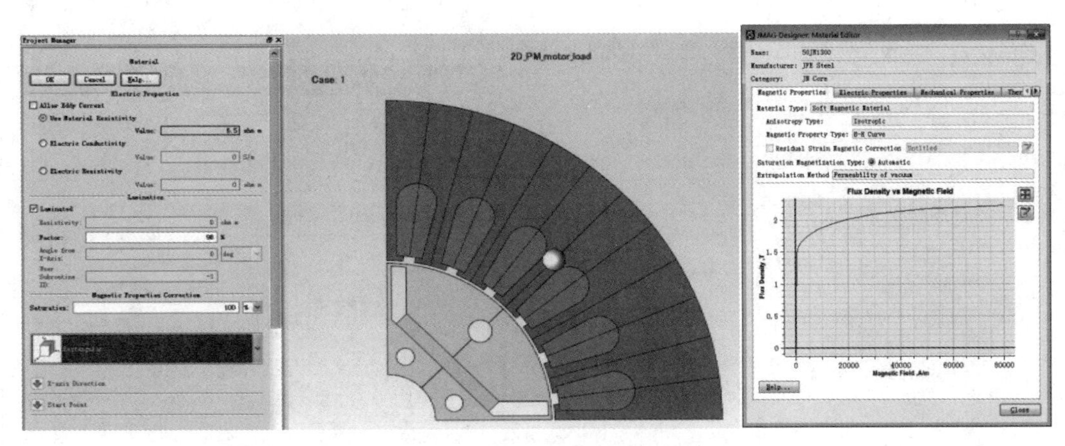

图 5-3 铁心材料设置界面

（3）定义条件（conditions）

这里需要对运动部件、运动边界、绕组等条件进行定义。

（4）定义电路（circuit）

由于电动机的定子绕组需要与外电路进行电气联系，这里通过 circuit 的编辑界面进行设置，如图 5-4a 所示。图中给出了三相星形联结绕组（图中的 star connection 模块）的外接电路，其中采用三相电流源（3-phase power supply）对绕组进行供电，并在三相端子上对相电压进行测试（图中的 voltage probe）。图 5-4b 中给出了软件提供的一些常用电气元器件。

（5）网格剖分（mesh）

针对 mesh 网格进行定义，Standard meshing 常用来对静止磁场进行分析，slide mesh motion 用来对运动/滑移边界进行网格剖分。

（6）求解（run）

鼠标右键单击需要运行的 study，在快捷菜单中选择位于最下方的 properties，出现图 5-5 左侧的步长设置（step control）、电路设置（circuit settings）等对话框。设置完毕后，在同样的右键快捷菜单中选择位于最上方的 Run active case，然后就开始了问题的求解。运行的监控界面如图 5-5 右图所示。

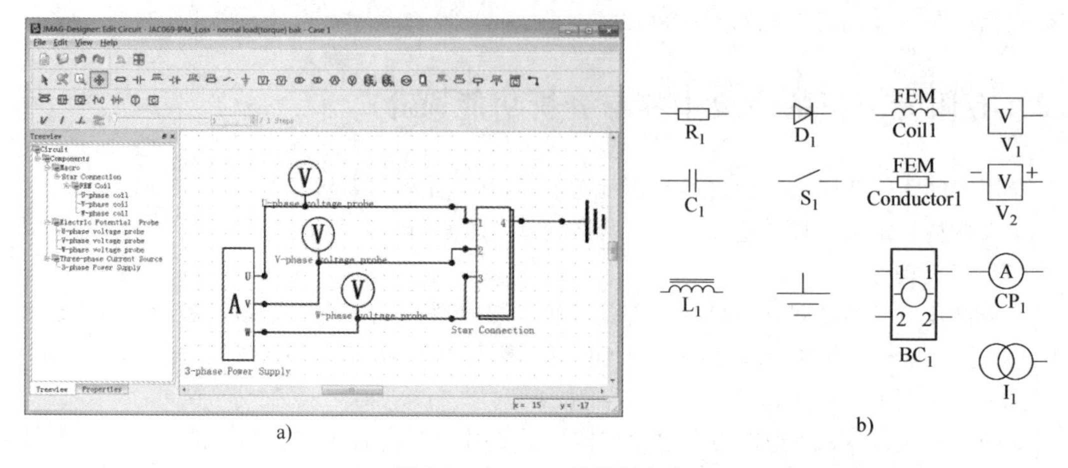

图 5-4　在 circuit 中绘制电路

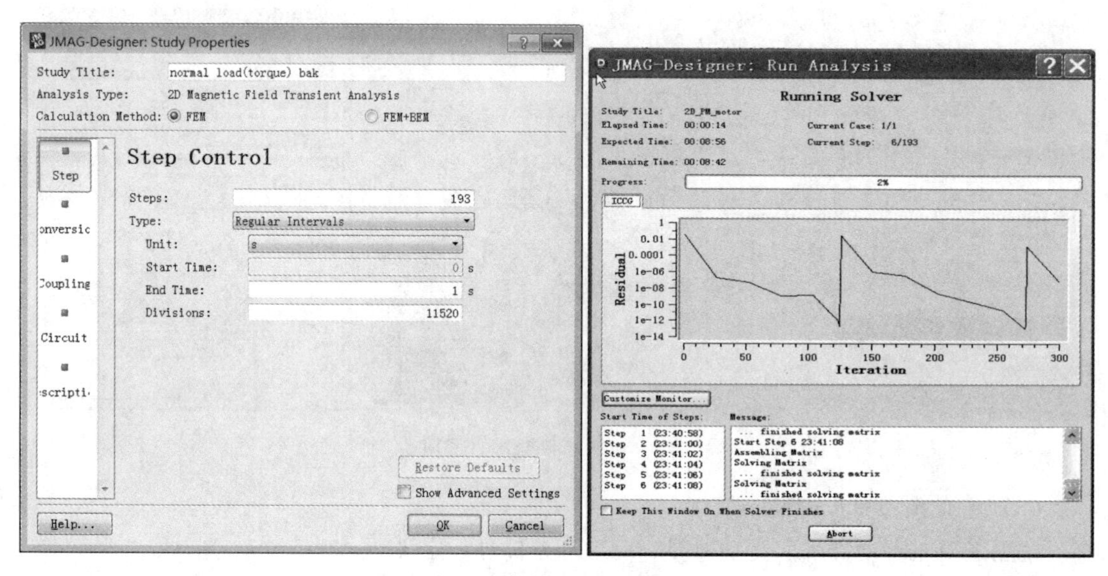

图 5-5　求解 run 运行界面

(7) 结果显示 (results)

在求解对话框设置中，系统默认对很多问题进行求解。在求解完成后，如图 5-6，右键

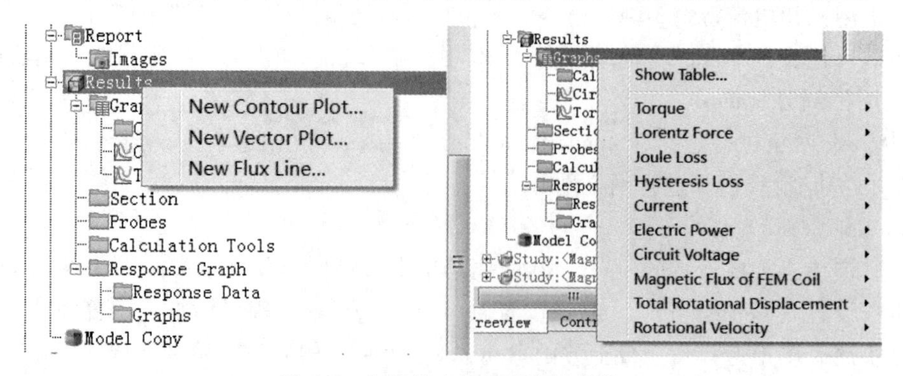

图 5-6　曲线创建与显示快捷菜单

单击图中的 Results，会显示创建新的磁通密度云图（Contour Plot）、磁矢量图（Vector Plot）、磁力线图（Flux Line），右键单击 Graphs，在快捷菜单中会出现转矩（Torque）、洛伦兹力（Lorentz Force）、焦耳损耗（Joule Loss）、磁滞损耗（Hysteresis Loss）、电流（Current）、电气功率（Electric Power）、电路电压（Circuit Voltage）、绕组的磁通（Magnetic Flux of FEM Coil）等可供显示的曲线。

在快捷菜单中选择电路电压，然后出现图 5-7 所示电路端电压，本例中定子绕组开路，绘制的电压波形实际上是相绕组的空载反电动势波形。齿槽效应造成了反电动势峰值处明显的波动。

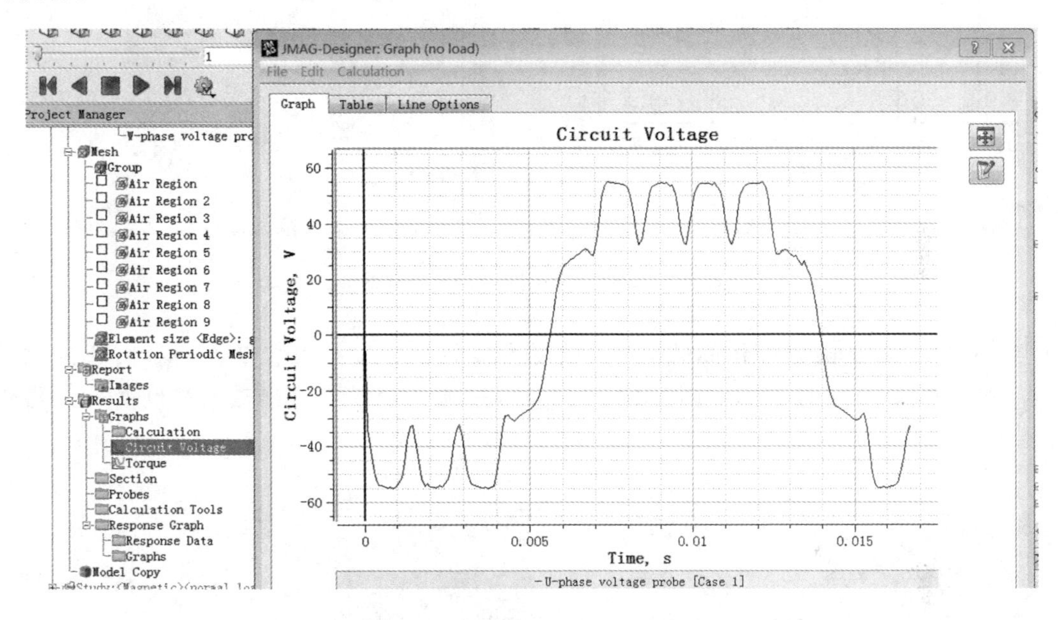

图 5-7　定子绕组空载反电动势波形

为了尝试对反电动势进行 FFT 分析，在 JMAG 软件主菜单中的 Tools 中单击 graph manager，随即出现图 5-8 左侧界面，参见图 5-8 右图的设置，然后单击左侧 Transform 中的 fourier transform 功能，出现了图 5-9 所示的分析结果。

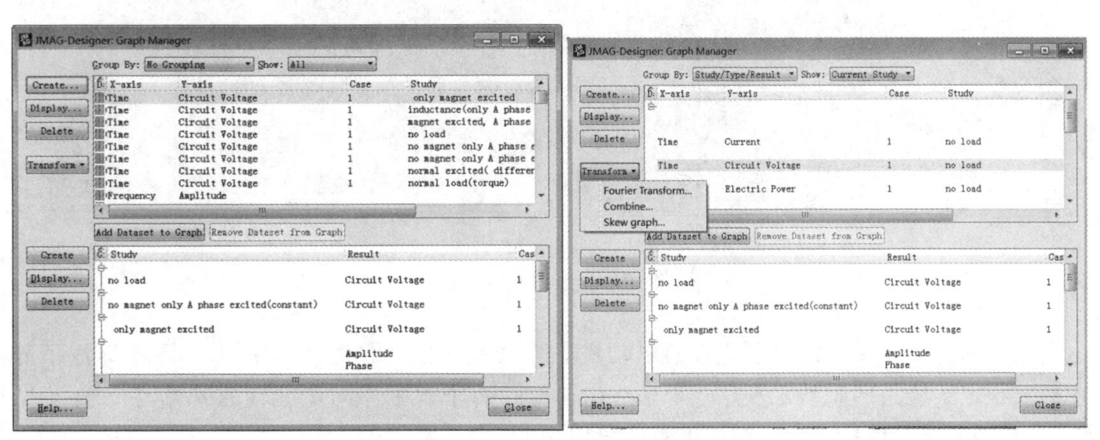

图 5-8　graph manager 参数设置

在与 graph 平行的 table 选项卡中可以看到具体的分析数据，如图 5-9 右图所示。

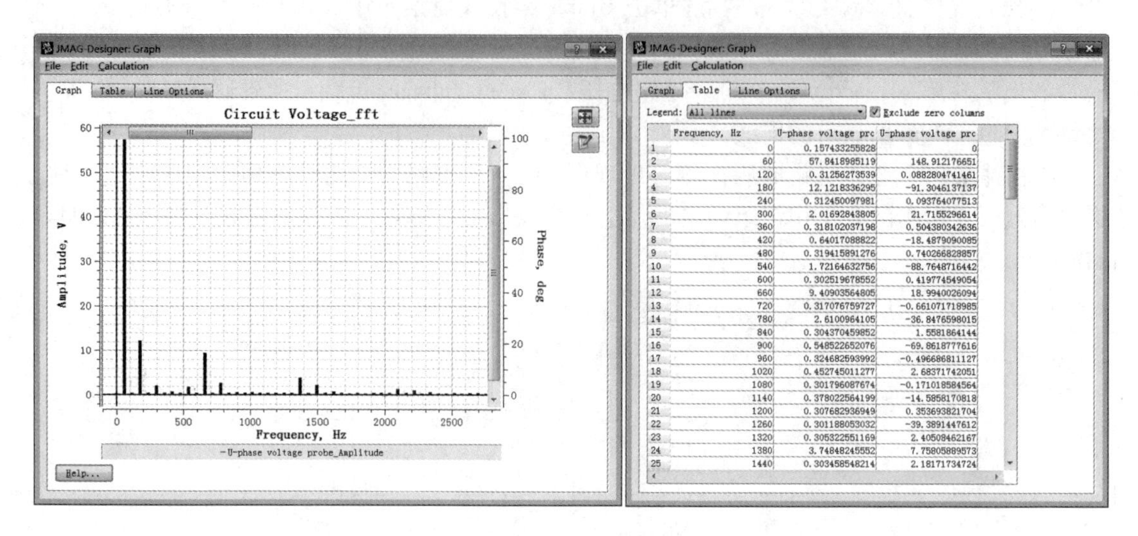

	Frequency, Hz	U-phase voltage prc	U-phase voltage prc
1	0	0.157433255828	0
2	60	57.8418985119	148.912176651
3	120	0.31256273539	0.0882804741461
4	180	12.1218336295	-91.3046137137
5	240	0.312450097981	0.093764077513
6	300	2.01692843805	21.7155296614
7	360	0.318102037198	0.504380342636
8	420	0.64017088822	-18.4879090085
9	480	0.319415891276	0.740266828857
10	540	1.72164632756	-88.7648716442
11	600	0.302519678552	0.419774549054
12	660	9.40903564805	18.9940026094
13	720	0.317076759727	-0.661071718985
14	780	2.6100964105	-36.8476598015
15	840	0.304370459852	1.5581864144
16	900	0.548522652076	-69.8618777616
17	960	0.324682593992	-0.496686811127
18	1020	0.452745011277	2.68371742051
19	1080	0.301796087674	-0.171018584564
20	1140	0.378022564199	-14.5858170818
21	1200	0.307682936949	0.353693821704
22	1260	0.301188053032	-39.3891447612
23	1320	0.305322551169	2.40508462167
24	1380	3.74848245552	7.75805889573
25	1440	0.303458548214	2.18171734724

图 5-9　空载反电动势的 FFT 分析结果

图 5-10 绘制了磁力线分布图，左边的磁力线较少（默认设置 21 条），右边的磁力线增加为 100 条。可以看到，图 5-10 右图中可以非常容易地看出磁通密度的分布稀疏情况。

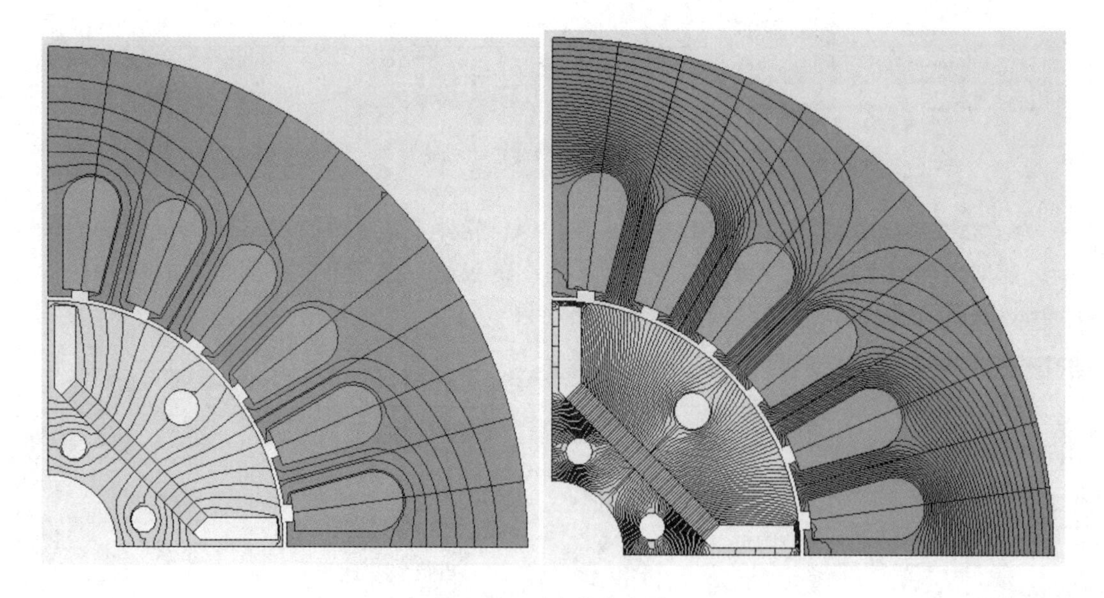

图 5-10　磁力线分布图

采用 model copy 功能显示完整的电动机磁力线截面图，如图 5-11 所示。图中标注了静止的三相定子绕组的轴线：A 轴、B 轴、C 轴与随转子永磁体同步旋转的 d 轴与 q 轴（A、B、C 与本书符号保持一致，软件中对应分别为 U、V、W）。

图 5-12 给出了转子旋转电角度 90°前后的两张磁矢量图。磁矢量图中标注的箭头方向，

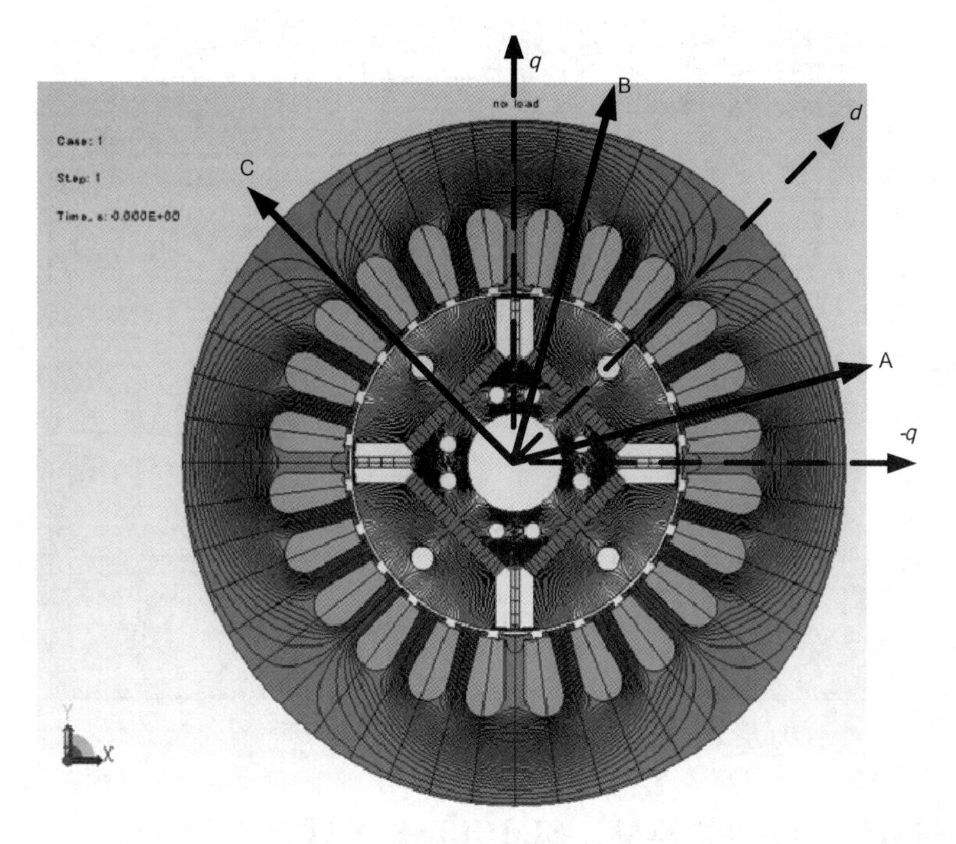

图 5-11　完整的电动机磁力线截面图

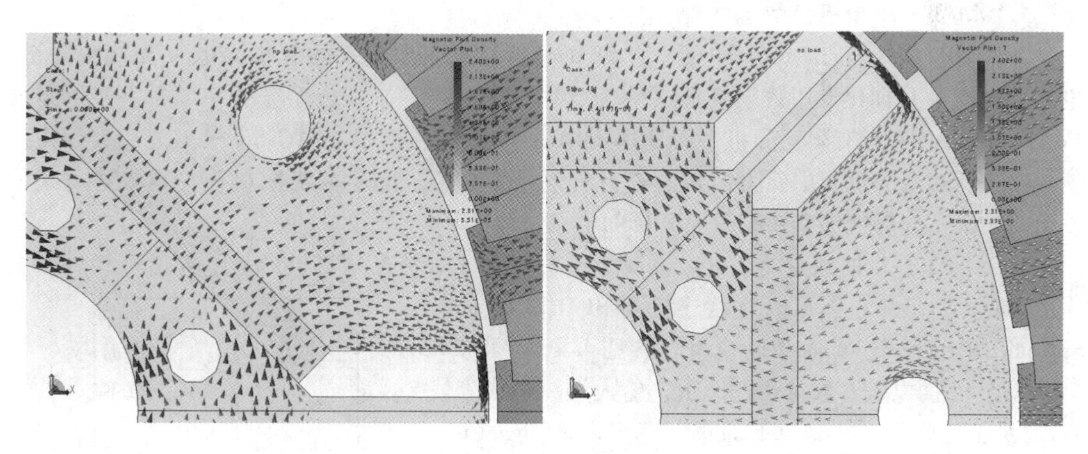

图 5-12　不同转子位置的磁矢量图

可以使我们更清楚地看到磁场的分布与变化情况。

图 5-13 给出了采用上述有限元模型分析的 PMSM 的转矩波形，可以看出，电动机的平均转矩为 1. 84N · m。但是由于定子绕组齿槽的存在，出现了明显的转矩脉动。

有关 JMAG 软件更详细的内容介绍及参考资料，读者可以浏览艾迪捷信息科技有限公司网站 www. idaj. cn 或直接登录 JMAG 公司网站 www. jmag-international. com。

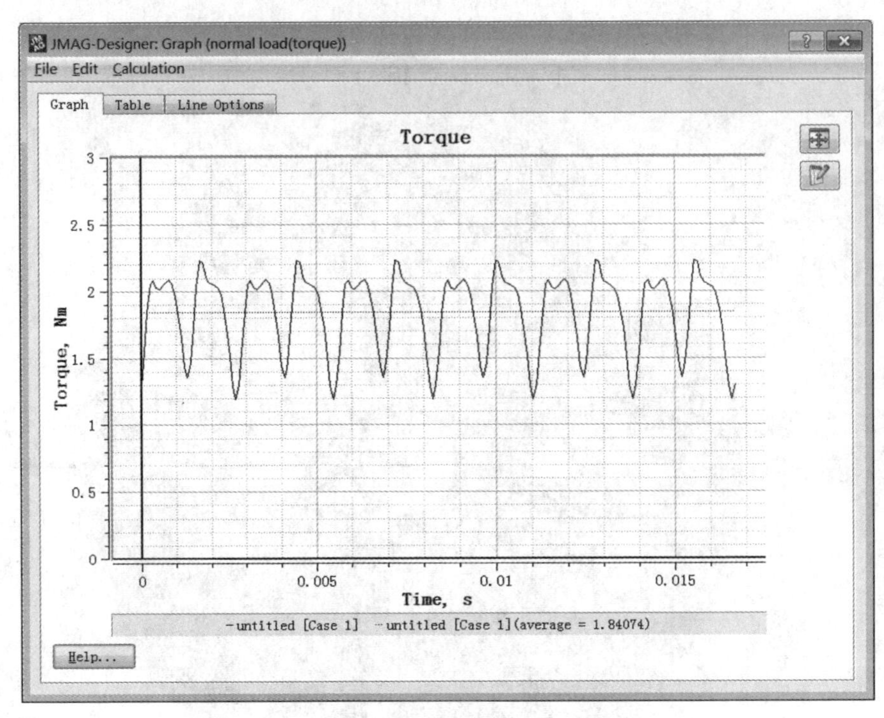

图 5-13　有限元模型分析的电动机转矩

5.3　JMAG-RT 电机模型与 SIMULINK 的联合仿真

1. JMAG-RT 电机模型

JMAG-RT 是基于 JMAG-Desinger 的 FEM 分析结果获取相关的电机参数（如绕组磁链、电感、电阻等）创建专用数据模型（称为 JMAG-RT 模型）。在模型分析中，每一步都需要 JMAG-Desinger 进行有限元分析，而利用 JMAG-RT 工具创建了 JMAG-RT 模型之后，在使用该模型进行仿真的过程中就无需再次进行有限元分析了。JMAG-RT 电机模型可以进行快速的电机仿真，同时能够兼顾有限元分析的电机特性。

JMAG-RT 提供的永磁同步电机模型如图 5-14 所示，该模型提供的是电气信号接口（图中的 A、B、C），它们可以直接连接到 SIMULINK 的 Specialized Power Systems 中的模块（参见 4.4 节）。

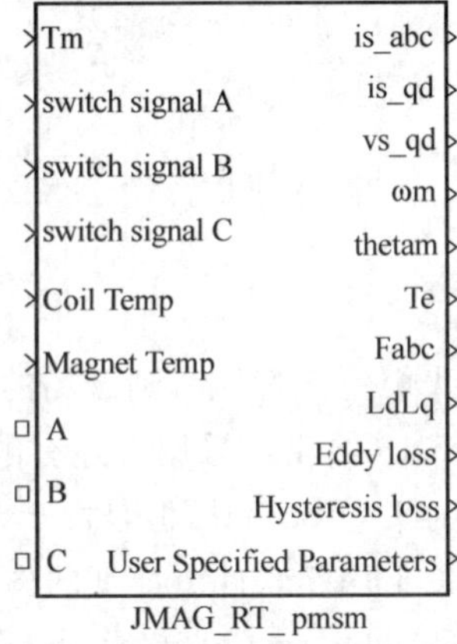

图 5-14　永磁同步电机 JMAG-RT 模型

图 5-15 的电机参数对话框所示，输入端口包含了 Tm（机械负载转矩）、switch signal A 与 switch signal B 以及 switch signal C（ABC 三相电路的状态，1 表示闭合，0 表示开路）、Coil Temp（绕组温度）、Magnet Temp（磁体温度）；输出端口包含了 is_abc（三相定子电流）、is_qd（定子 dq 电流）、vs_qd（定子 dq 电压）、ωm（转子机械角速度）、thetam（转子机械角位置）、Te（电机电磁转矩）、Fabc（线圈磁链）、LdLq（线圈 dq 电感）、Eddy loss（涡流损耗）、Hysterysis

Loss（磁滞损耗）、User Specified Parameters（在 JMAG-RT LibraryManager 中定义的参数）；参数包含了 JMAG-RT 文件名（在 inputd. m 中事先定义好了，文件后缀名为 rtt）、Accuracy-type（包括四种类型，1）考虑到磁路饱和对 LdLq 的影响，2）简单考虑了空间谐波，3）包含了空间谐波与磁路饱和，4）常数的 LdLq）等。

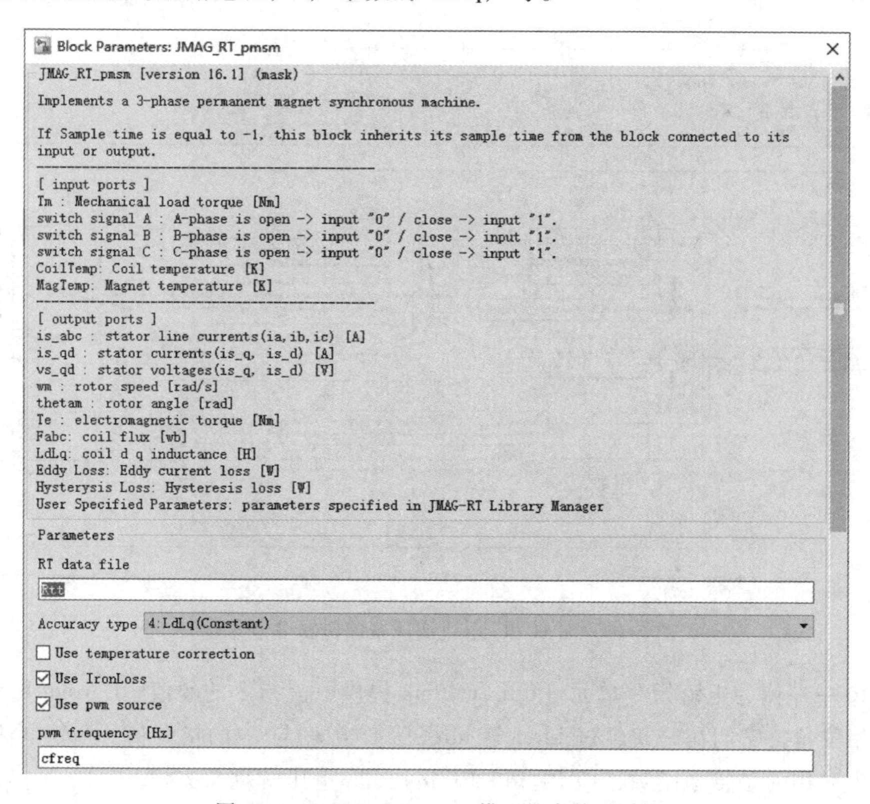

图 5-15　JMAG_RT_pmsm 模型的参数对话框

以某 10kW 永磁同步电动机 JMAG-RT 模型（RTML013，可以从官网下载模型文件）为例，相关文件及电机参数解释如下。

10k_S_D_IV. rtt 文件是 JMAG-RT 模型数据文件，包含了 JMAG 有限元分析的数据，例如电感、转矩等。

inputd. m 文件是电机调速系统的参数文件，在 SIMULINK 中运行模型文件之前需要在 MATLAB 环境下先运行该 m 文件，以便对变量进行初始化。

RT_Simulink. mexw64 是供 MATLAB 使用的二进制 MEX 文件。

RT_Simulink. dll 是供联合仿真使用的动态链接库文件。

RT_VoltageSignal. slx 是供 SIMULINK 进行仿真的模型文件，里面使用了电机的 JMAG_RT_pmsm_Vin 模型。

inputd. m 文件给出的仿真用永磁同步电机调速系统参数如下：磁极数目 numP = 6，工作转速 N = 1200，单位为（r/min）；电感参数 L_d = 6. 62e−004，单位为 H，L_q = 1. 32e−003，单位为 H；永磁磁链 fai = 4. 92e−002，单位为 Wb；逆变器直流电压 vol = 240，单位为 V；电流矢量幅值 I_{amp} = 84. 8，单位为 A，电流矢量相角 Beta = 45，单位为度（°）；电流控制器带宽 wc = 500，单位为 rad/s；相电阻 R = 0. 013，单位为 Ω；转动惯量 8. 42e−004，单位为 N · ms^2，摩擦

系数 D=0.00001，单位为 Nms；逆变器开关频率 cfreq=6e3，单位为 Hz；仿真模型的步长 samp=1e-6，单位为 s。

2. 仿真模型介绍

针对 RTML013 电机的 RT_VoltageSignal.slx 文件进行仿真，打开后如图 5-16 所示。

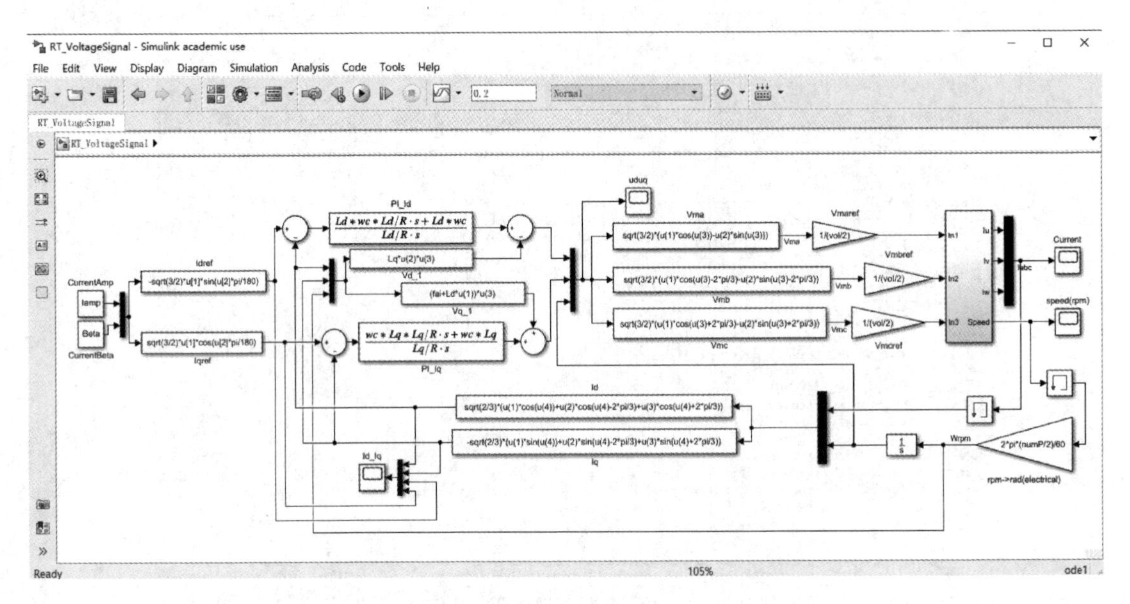

图 5-16　JMAG-RT 电机调速系统仿真模型界面

图 5-16 中左侧为电流指令单元（Current Amp 提供电流指令的幅值、Current Beta 提供电流矢量的相位角，它们在一起经过 Idref 与 Iqref 后产生 i_d 与 i_q 的指令值）、dq 电流的 pi 调节器（图中采用的是传递函数，即 PI_Id、PI_Iq）、dq 电压解耦单元（Vd_1、Vq_1）、三相电压指令生成单元（Vma、Vmb、Vmc 三个 SIMULINK Fcn 函数模块）、Subsystem1（逆变器的 PWM 控制、功率电路、永磁同步电机封装在其中的子系统）、rpm->rad 将转速转换成电角速度并且经过积分器（Integrator）后得到了转子的电角位置、Id 与 Iq 两个 Fcn 模块计算出 i_d 与 i_q 的反馈值用来完成两路电流的闭环控制。

图 5-16 中 Subsystem1 子系统的内部结构如图 5-17 所示。图中的 JMAG_RT_pmsm_Vin1 是前述的 JMAG-RT 电机模型（电压信号输入类型），图中的两个 scope 模块（名称分别为 Torque 与 Iron Loss）用来观看转矩与铁耗波形。图 5-17 中的 Triangular wave 子系统用来产生三角波，其内部结构图如图 5-19 所示。图 5-17 中的 PWMgenerator 子系统用来产生三相 PWM 信号。

图 5-17 中电机模块双击后出现的参数设置对话框如图 5-18 所示。里面的变量（Rtt 为 JMAG-RT 电机模型文件名、cfreq 为 pwm 开关频率、J 为转动惯量、D 为摩擦系数、R 为定子一相电阻、N 为参考转速）均在前述的 inputd.m 文件中进行了赋值，所以该文件必须在仿真文件运行前进行初始化。

图 5-19 中利用两个 Fcn 函数模块来计算出三角波信号，图中的 Clock 模块提供了当前的时间。

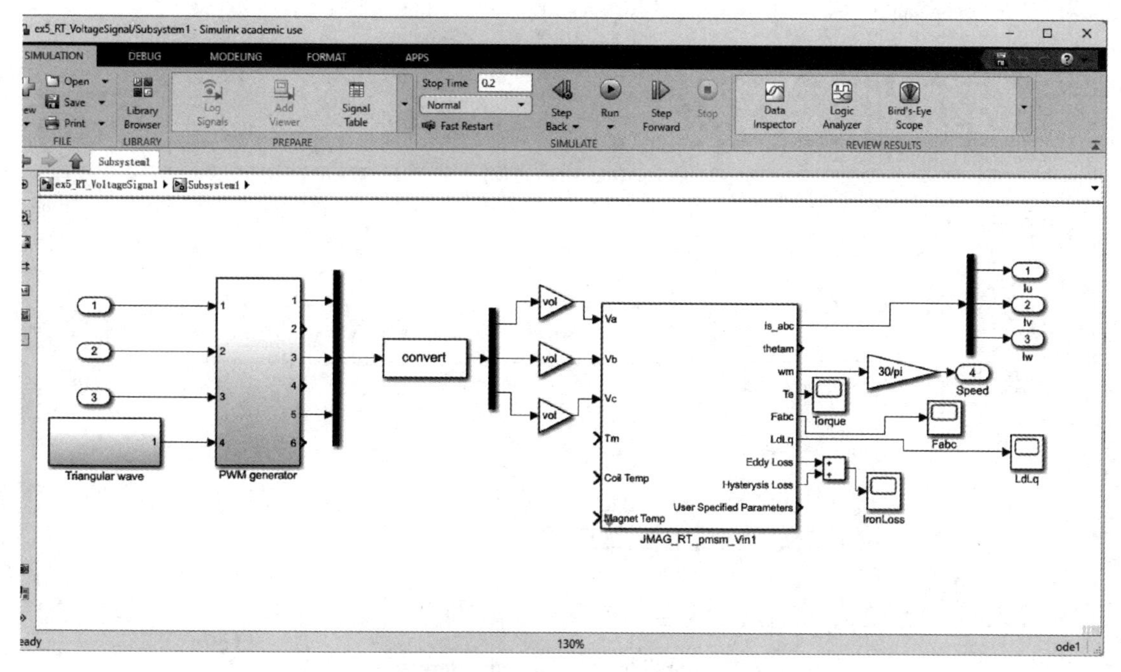

图 5-17　Subsystem1 子系统内部结构

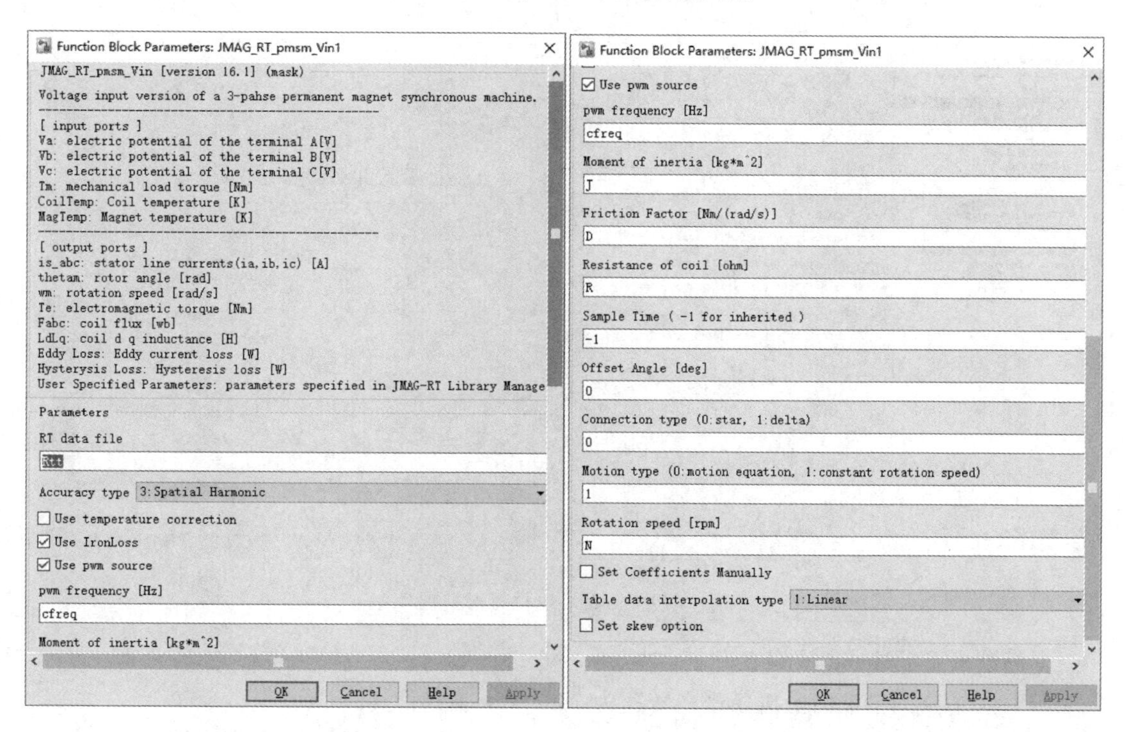

图 5-18　JMAG_RT_pmsm_Vin 电机参数对话框

图 5-20 给出了本仿真文件的仿真环境，仿真时间从 0.0（Start time）到 0.1（Stop time），单位为秒 [s]。在求解器计算中，采用了恒定步长（Fixed-step）的欧拉方法 [ode1 (Euler)]，步长 samp 也是在 inputd. m 数据文件中进行了定义，所以需要在运行仿真文件之前，先在 MATLAB 的 command windows 窗口中运行 m 数据文件。

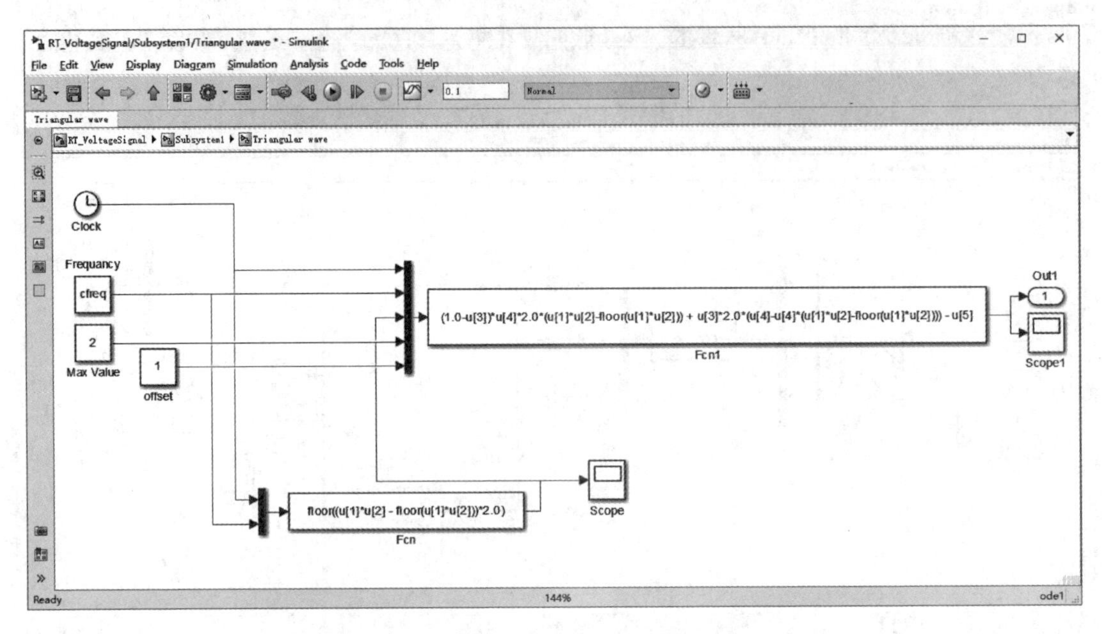

图 5-19　三角波发生器（Triangular wave）内部结构

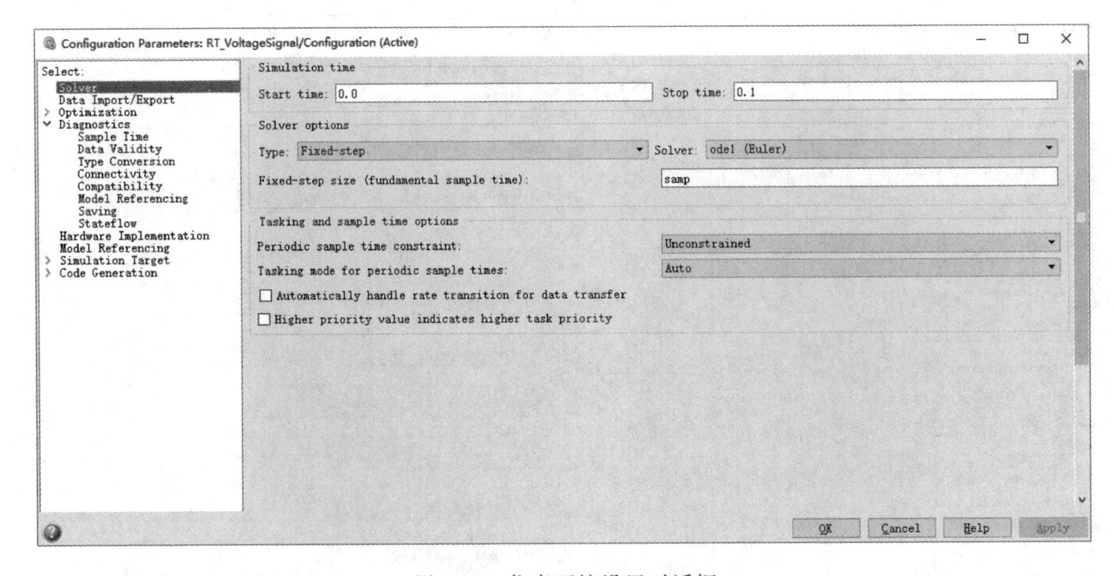

图 5-20　仿真环境设置对话框

下面给出了上述 mdl 文件的仿真结果。

（1）考虑空间谐波的电机模型在转速为 120r/min 下的仿真波形

图 5-21 分别给出 dq 轴定子电压和电流波形，可以看出 dq 轴电压在稳态情况下也是有一些明显波动的。

图 5-22 给出了三相定子电流波形，可以看出稳态下的电流还不是理想的正弦波。

图 5-23 给出了电机转矩的波形与铁耗的波形。可以看出转矩中存在非常明显的谐波转矩脉动。铁耗波形中也存在着对应的脉动成分。

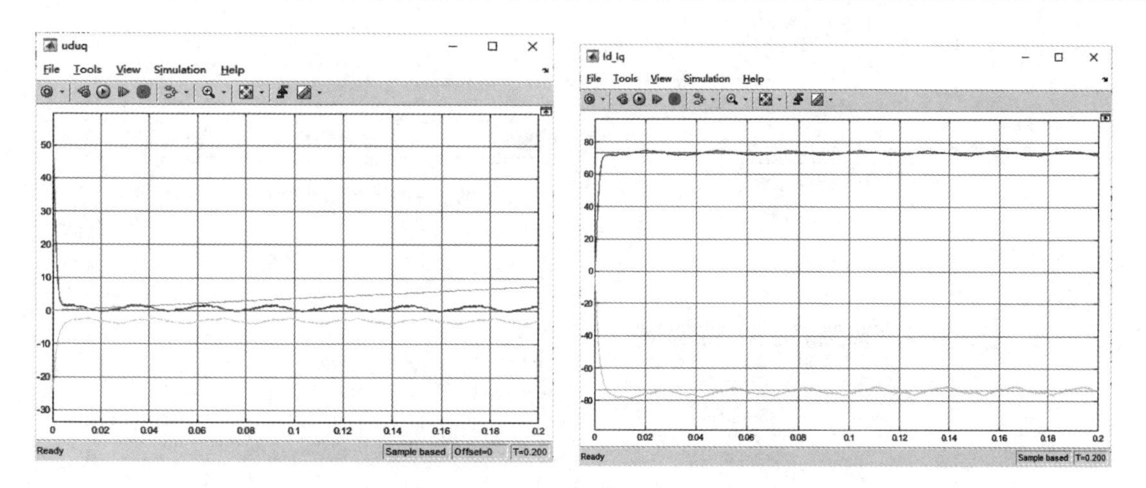

图 5-21　u_{d}、u_{q} 波形与 i_{d}、i_{q} 波形

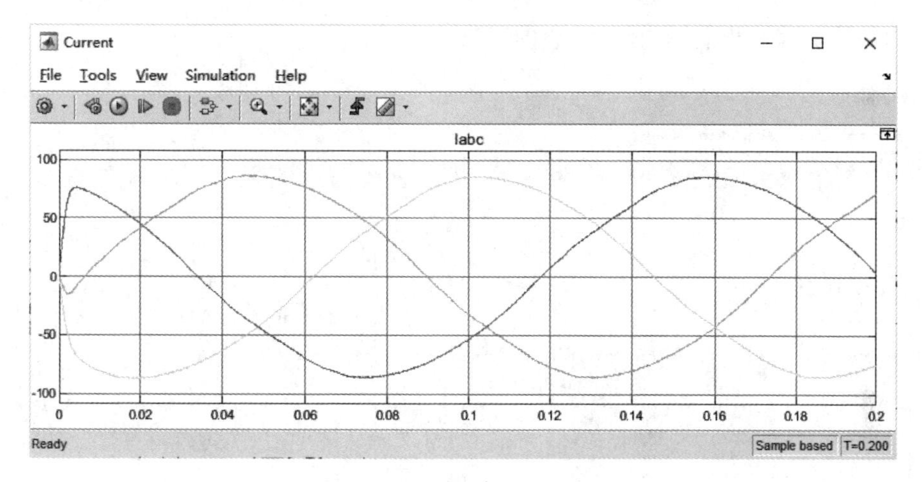

图 5-22　三相定子电流波形

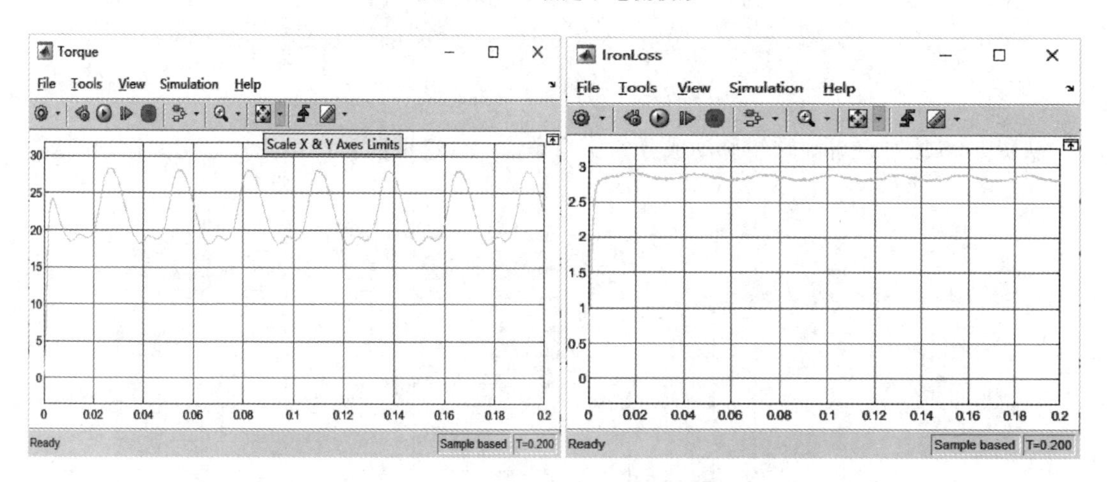

图 5-23　电机转矩波形与铁耗波形

（2）考虑空间谐波的电机模型在转速为 1200r/min 下的仿真波形

在较高的速度下，电机运行中的 dq 坐标系下各变量都存在着非常明显的脉动成分。从

图 5-24 中可以看到 i_d、i_q 中的脉动成分比较大。

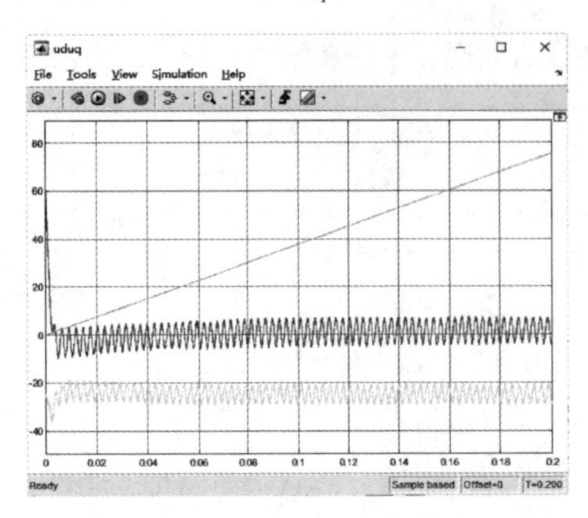

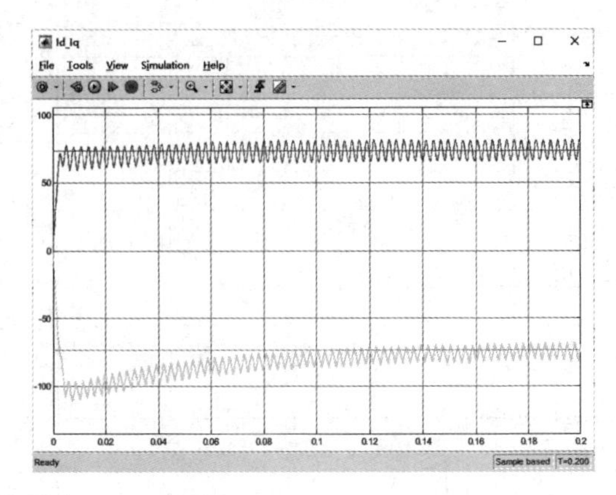

图 5-24　u_d、u_q 波形与 i_d、i_q 波形

图 5-25 中的电流已经不是比较理想的正弦波形了。

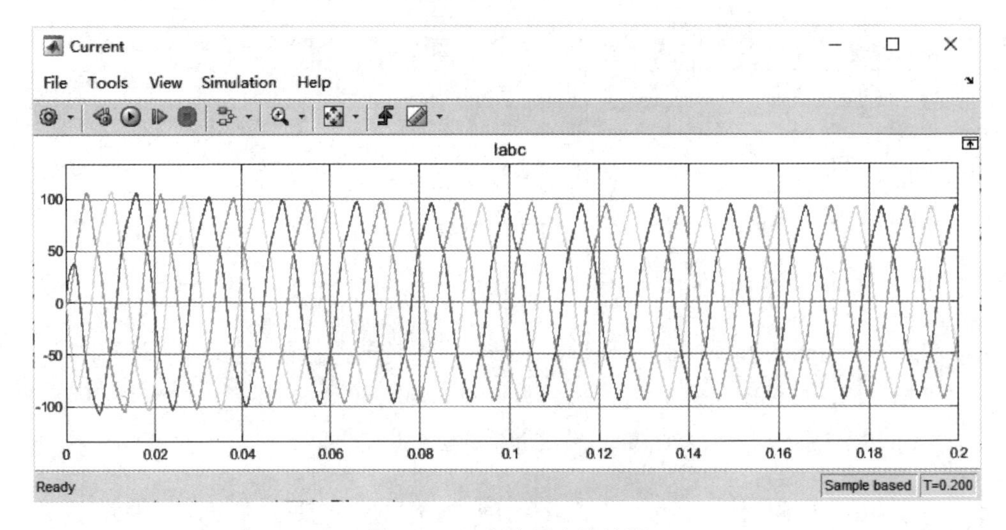

图 5-25　三相定子电流波形

从图 5-26 中可以看到转矩脉动成分的比重非常大，这可能会产生比较严重的振动问题。

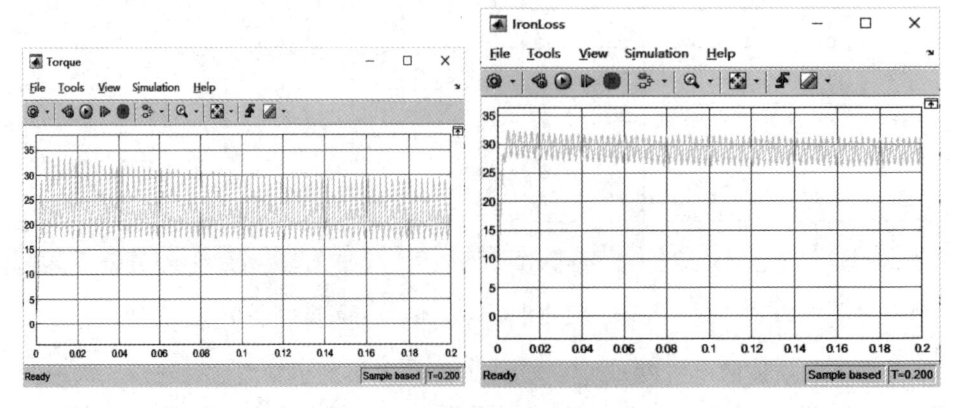

图 5-26　电机转矩波形与铁耗波形

考虑到空间谐波和磁场的饱和情况后，电机的 L_d、L_q 会发生周期性的变化，dq 轴电流以及相应的 dq 轴电压均存在对应的周期变化的分量，除了在电机设计中需要考虑以外，还需要改进电机的控制策略，对这些明显的脉动成分进行抑制。图 5-27 给出了考虑空间内谐波的电机模型输出的 L_d、L_q 变化波形。

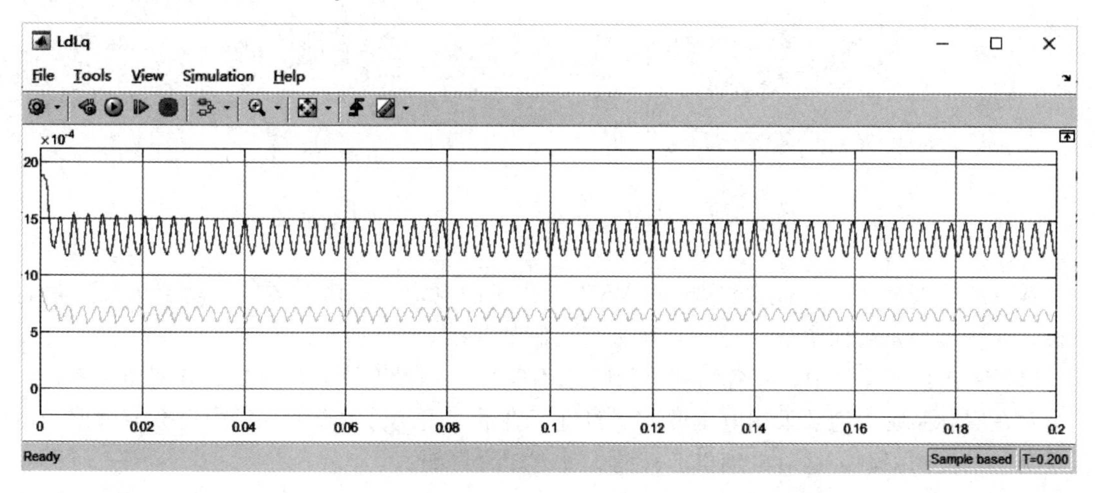

图 5-27　L_d、L_q 仿真波形图

小　　结

传统的基于电路模型的电动机仿真软件往往难以准确分析电动机的铁耗、磁场谐波、磁路饱和等性能，目前市场上已有 JMAG 等多种功能强大的有限元分析商业软件。本章以 JMAG 软件为例简要介绍了 PMSM 有限元分析模型的基本概念与主要步骤，借助软件绘制反电动势波形、齿槽转矩、磁力线图、磁通密度云图、磁矢量图以及软件内嵌的 FFT 工具可以帮助我们更好地分析与理解 PMSM 的工作状况。本章后半部分以某 10kW 电机的 JMAG-RT 模型为例，介绍了它与 SIMULINK 的联合仿真，给出了相关的仿真波形及分析。

【每一次尝试，无论成功或失败，都是迈向成长的阶梯】

【选择带来责任；自己选择的人生才会真正活得踏实】

【如何包容自己，也要如何宽容他人】

练　习　题

1. 什么是有限元分析？常用的电动机有限元分析软件有哪些？

2. JMAG 软件有何特点，磁矢量图的作用是什么？

3. 使用 JMAG 进行电动机有限元分析的步骤是什么？

4. 如何使用 JMAG 得出电动机磁场饱和下电感的变化规律？

5. 请进行 JMAG-RT 与 SIMULINK 的联合仿真，并尝试从功率守恒的角度分析电机的输入有功功率、铜耗、铁耗、铁耗电阻、功率因数和输出机械功率等（可参考公式 6-53）。

第6章　PMSM稳态工作特性

本章的 PMSM 工作特性中将要对 PMSM 工作时的电流、电压、转矩、功率因数等进行分析，这一部分是后面章节中对 PMSM 进行控制的基础。

PMSM 在具体工作中，其各物理量的特性不仅与 PMSM 等效电路的参数有密切关系，另外由于在实际系统中通常采用电压型逆变器进行供电。因此，本章的分析中还会兼顾定子电压及定子电流的限制，这对电动机运行的工况有较大影响。

6.1　电流极限圆

交流永磁电动机运行时的定子电流应该限制在允许的范围（考虑到电动机发热等因素的限制），有式（6-1）成立。另外，当电动机调速系统需要降额运行时，逆变器输出电流可能受到限制，电动机的相电流幅值会减小，从而会影响式 6-1 中的 $I_{\lim}$。

$$i_{1m}=\sqrt{(i_d)^2+(i_q)^2}\leqslant I_{\lim} \tag{6-1}$$

可以比较容易地得出：在定子电流的相平面内，定子电流矢量的允许轨迹应该落在图 6-1 的电流极限圆内部或边界上。

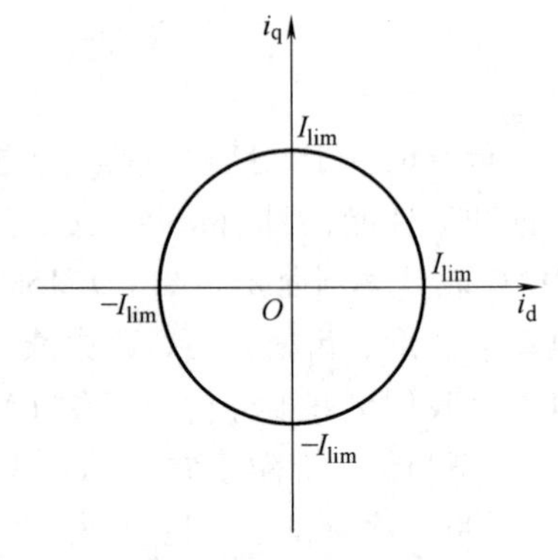

图 6-1　定子电流极限圆

6.2　电压特性

6.2.1　电压极限椭圆

稳态工况下，PMSM 定子电压为

$$\begin{aligned}u_{1m}&=\sqrt{u_d^2+u_q^2}=\sqrt{(R_1i_d-\omega\Psi_q)^2+(R_1i_q+\omega\Psi_d)^2}\\&=\sqrt{(R_1i_d-\omega L_qi_q)^2+(R_1i_q+\omega\Psi_f+\omega L_di_d)^2}\end{aligned} \tag{6-2}$$

讨论电动机在高速运行时，定子电阻压降较小，与感抗上的压降相比可以忽略。所以近似有

$$u_{1m} \approx \omega \Psi_1 = \omega\sqrt{(L_q i_q)^2 + (\Psi_f + L_d i_d)^2} \tag{6-3}$$

这就是电动机运行于较高速度下的定子电压幅值公式，可以看出在保证定子电流分量（i_d，i_q）不变的情况下，随着电动机运行速度的提高，定子电压会随之上升，那么最终将会达到电压极限（逆变器输出能力以及电动机绝缘能力等的限制）。

根据式（6-3）可以推出电动机定子电压一定时，电动机直轴电流与交轴电流所满足的规律如下：

$$\frac{\left(i_d + \dfrac{\Psi_f}{L_d}\right)^2}{\rho^2} + (i_q)^2 = \left(\frac{u_{1m}}{\omega L_q}\right)^2 \tag{6-4}$$

上式中，当方程右边为一个常数时，定子电流的两个分量在相平面上的图形是一个椭圆，如图 6-2 所示。由于凸极率 $\rho = L_q/L_d > 1$，椭圆在 d 轴上两个焦点间的距离比 q 轴上的大。当 ρ 为 1 时，椭圆变成了圆。

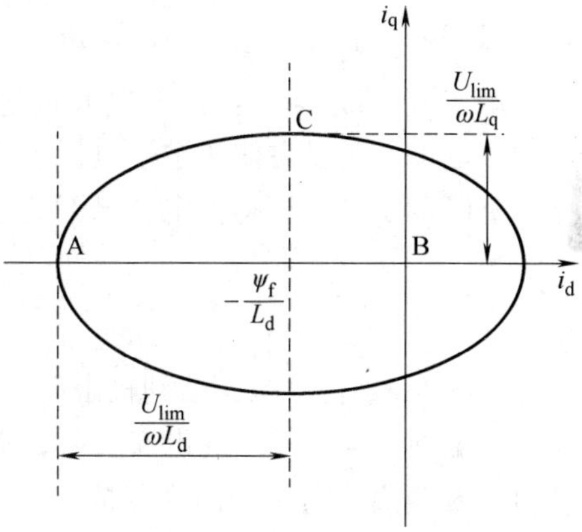

实际 PMSM 调速系统的主电路中采用电压型逆变器向永磁同步电动机供电，所以电动机的运行性能受到逆变器输出能力的限制。在逆变器直流侧电压为 U_d 时，定子线电压基波幅值最大为 U_d，所以逆变器输出给电动机定子相电压幅值可以达到 U_{lim}。

图 6-2 定子电压极限椭圆

$$U_{lim} = U_d/\sqrt{3} \tag{6-5}$$

下面考虑当电动机转速上升到较高（ω_{r1}）时，式（6-4）右边的定子电压 u_{1m} 达到了 U_{lim} 而不能继续增加时的情况。此时定子电压保持为一个常数，所以随着转速的增加，方程右边的值慢慢减小，这样就对应着一系列不同的电压椭圆曲线，如图 6-3 所示。

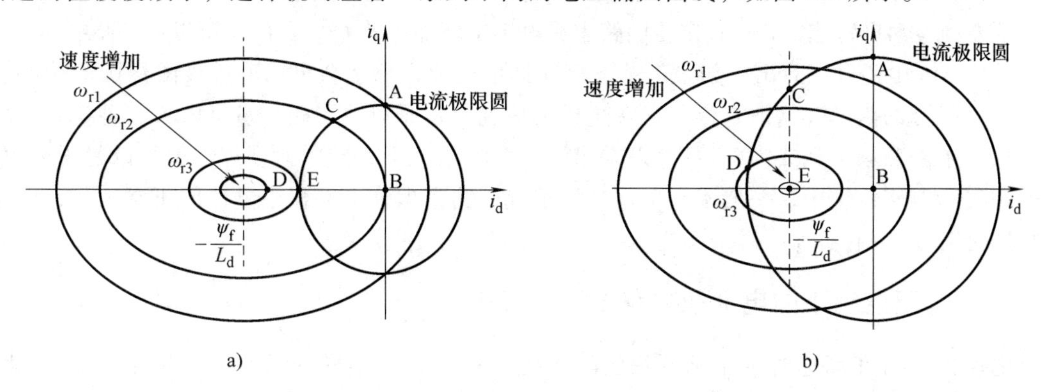

图 6-3 不同速度下的定子电压极限椭圆

a) $I_{lim} < \frac{\psi_f}{L_d}$ b) $I_{lim} > \frac{\psi_f}{L_d}$

受到电压限制的电动机的工作点可以设置在电压极限椭圆的边界和其内部。从图 6-3 中可以看出，如果按照 $i_d = 0$ 进行控制，那么在定子电压极限下，随着转速的增加，图中的工作点只能从 A 到 B，最后工作点在原点，达到此时的最高转速 ω_{r2}。令 $i_d=0$，从式（6-4）可以推出

$$\omega_r=\frac{U_{lim}}{\sqrt{(L_q i_q)^2+(\Psi_f)^2}} \tag{6-6}$$

在原点处的 ω_{r2} 为

$$\omega_{r2}=\frac{U_{lim}}{\Psi_f} \tag{6-7}$$

需要说明的是，式（6-7）给出的是理想空载运行工况下的最高速度，如果带负载运行，那么电流 i_q 不能为 0，所以实际运行最高转速将会比 ω_{r2} 小。

在直流电动机中可以通过削弱磁场进行转速的提升。对于交流永磁电动机，由于励磁采用永久磁体励磁不能像电励磁那样可以方便地调节励磁磁动势，但是可以通过控制定子电流的励磁分量 i_d，使其产生削弱气隙磁场的效果。

根据式（6-4）知道：当 i_d 为负值进行弱磁控制时，在同一个 i_q 与转速情况下，公式左边的数要更小，所以右侧的定子电压需求 u_{1m} 会更小。这即是说，进行弱磁控制时公式右侧更小，所以定子电压维持恒定情况下的电动机转速可以进一步提升。

$$\omega_r=\frac{U_{lim}}{\sqrt{(L_q i_q)^2+(\Psi_f+L_d i_d)^2}} \tag{6-8}$$

对应图 6-3，定子电压达到极限后采用弱磁控制时，工作点将会从 A 到 C 进而到 D。但是如果考虑到逆变器输出的电流极限，那么最终能够达到的速度将根据电流极限与电压极限共同确定为 E 点。对于理想空载情况下 $i_q=0$，那么可以求得最高转速 ω_{r3} 为

$$\omega_{r3}=\frac{U_{lim}}{\sqrt{(\Psi_f+L_d i_d)^2}}=\frac{U_{lim}}{\Psi_f-L_d I_{lim}} \tag{6-9}$$

但是对于电动机负载运行的工况来说，运行的最高转速比 ω_{r3} 要小一些。

从式（6-9）看出：如果逆变器输出电压和电动机定子允许电压可以增加的话，那么极限速度 ω_{r3} 可以增加；另外如果直轴电感增加的话，那么 ω_{r3} 也可以增加。所以在运行中，为了得到更高的电动机转速，有时在定子回路串接电感来增加等效 L_d，目的是可以进一步提速。

从图 6-3 中还可以看出，如果定子电流允许值较大，那么会出现电压极限椭圆的中心会在电流极限圆的内部。这即是说，存在这样的情况，定子电流弱磁分量足够大，理论上可以完全抵消永磁磁场。从式（6-9）可以看出，在空载情况下，转子速度理论值可以是无穷大。当然在实际调速系统中，一般不会出现这种情况，为了保证电动机永磁体的正常工作，弱磁的程度是需要控制的。

6.2.2 电压控制下的电动机电流

电动机运行在高速时定子电压幅值基本达到极限值，不同的只是 $\boldsymbol{u}_1$ 的相位可以变化，此时电动机的定子 d、q 轴电流分别受到 d、q 轴电压的限制。

以电动机运行于电动工况为例（$i_q>0$，$\gamma>90°$），γ 为定子电压矢量 $\boldsymbol{u}_1$ 在 dq 坐标系中的相位角（参见图 3-8），则有

$$\begin{aligned} u_d &= u_{1m}\cos\gamma \\ u_q &= u_{1m}\sin\gamma \end{aligned} \tag{6-10}$$

结合第3章电动机的定子电压方程式（3-63），假定系统处于稳态，微分项为0，忽略定子电阻压降，可以得到式（6-11）与式（6-12）表示的电动机电流 d、q 分量为

$$i_{d}=\frac{u_{q}-\omega\psi_{f}}{\omega L_{d}} \tag{6-11}$$

$$i_{q}=\frac{-u_{d}}{\omega L_{q}} \tag{6-12}$$

式（6-11）与式（6-12）表明，当调速系统中电动机的定子电压幅值 U_{1m} 受到限制时，定子电流将直接受控于定子电压矢量的相角，亦即 u_d 与 u_q 分量。此时可能的电流工作点（i_d，i_q）在图6-2中电压极限椭圆的边界上，有的工作点对应的定子电流幅值较小，有的工作点电流幅值太大，将会超过电流极限圆的范围。

6.3　转矩特性

6.3.1　转矩与电流幅值及相角的关系

PMSM的电磁转矩是我们最为关心的一个物理量，参考式（3-65），可以得到转矩公式如下：

$$T_{e}=\frac{3}{2}n_{p}\left[\psi_{f}i_{1m}\sin\delta-\frac{(L_{q}-L_{d})}{2}i_{1m}^{2}\sin2\delta\right] \tag{6-13}$$

式中的 δ 是定子电流矢量超前 d 轴的角度，该角度称为转矩角，又称负载角。一般情况下，电动机控制中常用的电流矢量是在 q 轴上或第二象限内的。

式（6-13）内的电动机转矩包含了两项，前者为永磁转矩——永磁体与定子电流作用的结果，这一部分定子电流仅仅是指 i_q。后者为磁阻转矩——由于 dq 轴的磁路不对称产生的电磁转矩，它与 i_q 及 i_d 都成正比例。图6-4中给出了典型的PMSM转矩与转矩角关系曲线，称为矩角特性曲线。图6-4中1为永磁转矩，显然其最大值出现在90°。图6-4中曲线2为

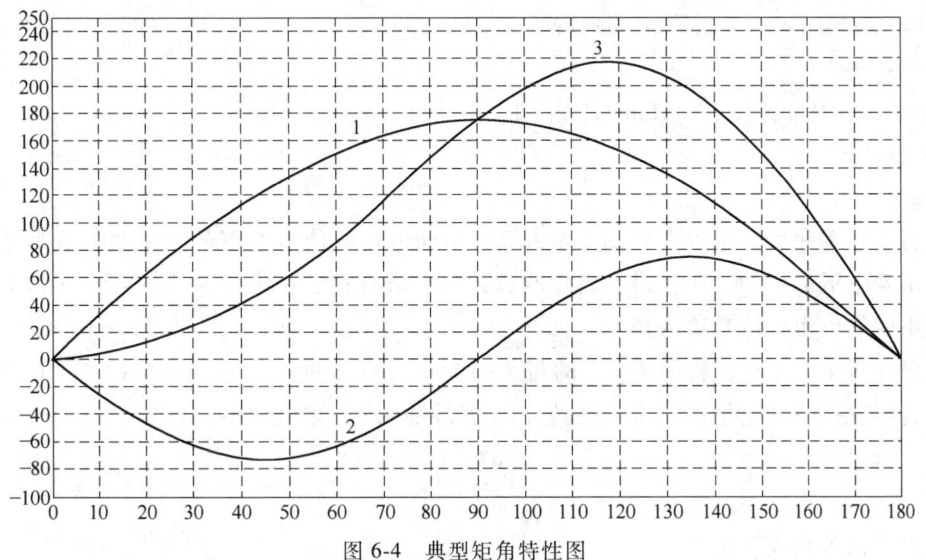

图6-4　典型矩角特性图

磁阻转矩。由于 PMSM 中的 $L_d<L_q$，使得在 $\delta>90°$时，磁阻转矩才出现正值。对于传统的电励磁同步电动机来说，磁阻转矩的情况刚好相反。图 6-4 中曲线 3 给出了总的转矩，其特点是 $\delta>90°$时出现转矩的最大值。为了得到较大的转矩并运行在较高速度下，PMSM 的转矩角一般控制在 $\delta\geqslant90°$的范围内。

从图 6-4 可以看出由于 δ 的不同，PMSM 可以产生不同的转矩。那么可以设想，为了得到相同的转矩，完全可以由不同幅值的定子电流来产生。为此，针对第 3 章 42kW 的 PMSM 进行分析，MATLAB 程序如下：

```
r=0.004
np=4
fai=0.055
ll=20e-6
lad=88e-6
laq=176e-6
ld=ll+lad
lq=ll+laq
rou=lq/ld
beta=rou-1
imam=0:50:550
sita=(0:5:180)'*pi/180
figure
for ii=1:(length(imam))
ima=imam(ii)
k1=1.5*np*ima
k2=ld*ima*beta/fai/2
te1=k1*fai*(sin(sita))
te2=-k1*fai*k2*sin(2*sita)/2
te=te1+te2
plot(sita*180/pi,te,'r','LineWidth',2)
hold on
end
```

运行上述程序后，可以得到图 6-5 所示的不同电流幅值对应下的 PMSM 矩角特性曲线。显然，随着电流的增加，产生最大转矩的负载角也略微发生变化。为了产生同一个转矩，确实存在不同的电流幅值及负载角。

下面针对某定子电流幅值 i_{1m} 下的最大转矩值进行分析。此时式（6-13）中的电流 i_{1m} 不变，转矩仅仅随 δ 变化，为求 T_e 极值，令其导数为 0，如式（6-14）

$$\frac{dT_e}{d\delta}=0 \tag{6-14}$$

从而可以得到式（6-15）

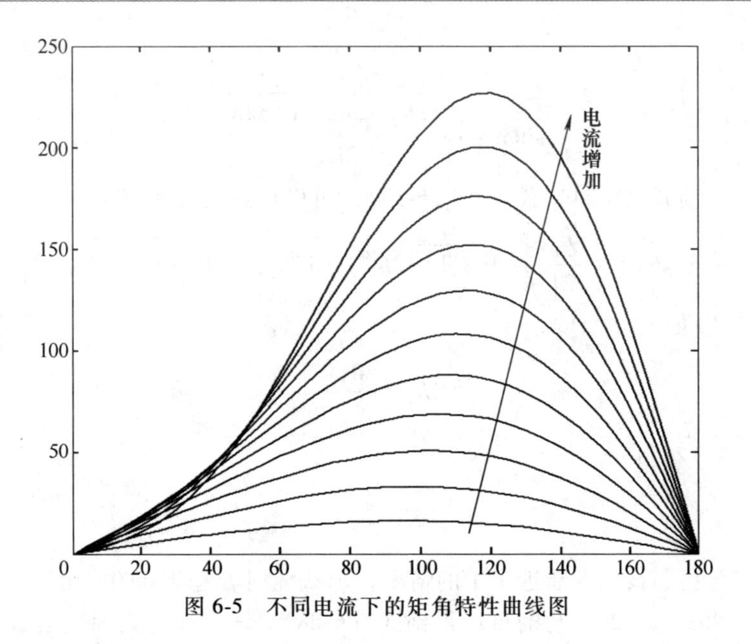

图 6-5　不同电流下的矩角特性曲线图

$$\frac{\mathrm{d}T_{\mathrm{e}}}{K_1\mathrm{d}\delta}=\cos\delta-2K_2(2\cos^2\delta-1) \tag{6-15}$$

上式中的相关系数分别见式（6-16）和式（6-17）。

$$K_1=\frac{3}{2}n_{\mathrm{p}}i_{1\mathrm{m}}\psi_{\mathrm{f}} \tag{6-16}$$

$$K_2=\frac{(\rho-1)L_{\mathrm{d}}i_{1\mathrm{m}}}{2\psi_{\mathrm{f}}} \tag{6-17}$$

式（6-17）中的变量ρ为电动机的凸极率，见式（6-18）所示，对于 PMSM，存在$\rho\geqslant1$。

$$\rho=\frac{L_{\mathrm{q}}}{L_{\mathrm{d}}} \tag{6-18}$$

设置新变量β见式（6-19），

$$\beta=\rho-1 \tag{6-19}$$

这样，式（6-17）可以改写为式（6-20）。

$$K_2=\frac{\beta L_{\mathrm{d}}i_{1\mathrm{m}}}{2\psi_{\mathrm{f}}} \tag{6-20}$$

令式（6-15）为 0，那么可以得到式（6-21），

$$4K_2\cos^2\delta-\cos\delta-2K_2=0 \tag{6-21}$$

进而，可以求得

$$\cos\delta=\frac{1\pm\sqrt{1+32K_2^2}}{8K_2} \tag{6-22}$$

根据前述的分析，式（6-22）所示的余弦值应该为非正，因此最终得到式（6-23）。

$$\cos\delta_1=\frac{1-\sqrt{1+32K_2^2}}{8K_2} \tag{6-23}$$

相应地，有

$$\sin\delta_1=\frac{\sqrt{32K_2^2-2+2\sqrt{1+32K_2^2}}}{8K_2} \tag{6-24}$$

将式（6-23）与式（6-24）代入式（6-13），可以得到最大转矩为

$$T_{\text{emax}}=\frac{3n_p\psi_f^2}{32L_d\beta}(3+\sqrt{1+32K_2^2})\sqrt{32K_2^2-2+2\sqrt{1+32K_2^2}} \tag{6-25}$$

设置新变量 K_f 如下

$$K_f=\frac{L_d i_{1m}}{\psi_f} \tag{6-26}$$

那么 K_2 可以表示为

$$K_2=\frac{\beta K_f}{2} \tag{6-27}$$

首先，可以分析凸极率 ρ 趋近于 1 的情况，那么此时 β 趋近于 0。由式（6-23）可以得出 δ_1 趋于 90°，由式（6-25）化简可以得到式（6-28）。该式即为表面贴装式 PMSM 的转矩公式，因为该电动机中，i_d 不产生转矩，所以式（6-28）的结论是显而易见的。

$$T_{\text{emax}}=\frac{3n_p\psi_f i_{1m}}{2} \tag{6-28}$$

针对凸极 PMSM（$\rho>1$，亦即 $\beta>0$），下面进一步分析最大转矩的特征。对 PMSM 而言，永磁磁链与 L_d 一般不会明显变化，因而从式（6-25）中可以看出，最大转矩与 β 以及 K_f 关系密切。

图 6-6 给出了最大转矩与 K_f 关系，其中 β 为参变量。图 6-6 中四条曲线从下到上分别对应了 $\beta=0$、$\beta=1$、$\beta=2$ 和 $\beta=3$ 的情况。当 $\beta=0$ 时，转矩与 K_f 是一种线性关系。

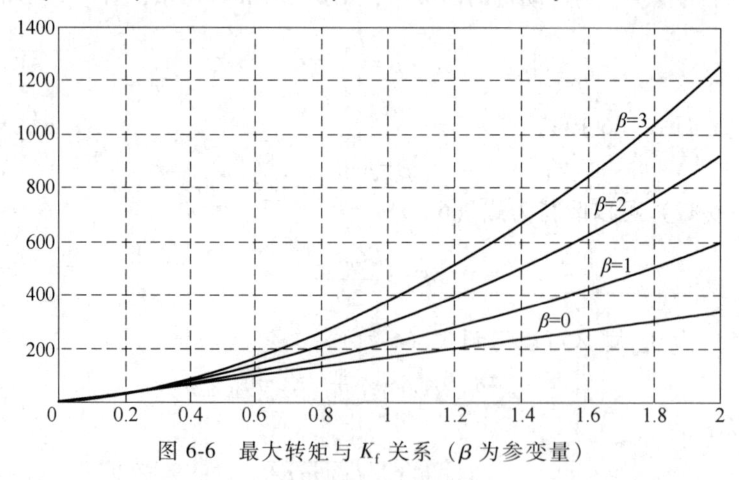

图 6-6　最大转矩与 K_f 关系（β 为参变量）

图 6-7 给出了最大转矩与 β 关系，其中 K_f 为参变量。图中 7 条曲线从下到上分别对应了 $K_f=0$、$K_f=0.2$、$K_f=0.4$、$K_f=0.6$、$K_f=0.8$、$K_f=1.0$、$K_f=1.2$ 的情况。可以看出，在电动机相电流幅值不变的情况下（即 K_f 恒定），最大转矩会随着 β 的增加而增大。这就是说，如果电动机的相电流有限制的话，那么增加电动机的凸极率，可以提高电动机的最大转矩输出能力。另外，图 6-7 便于对比分析一定幅值、不同相角时的定子电流矢量产生的电动

机转矩。由于电流相角不同，那么 i_d、i_q 均不同，此时电动机的相电感也会随着电流发生变化。利用图 6-7 则可以非常方便地分析转矩输出能力与 β 的关系，因为此时的参变量 K_f 不变。

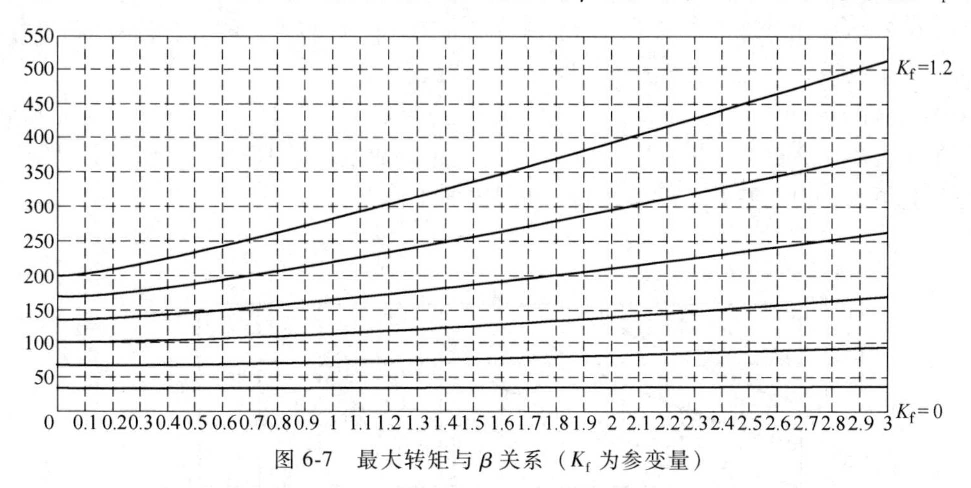

图 6-7　最大转矩与 β 关系（K_f 为参变量）

上述分析中的 MATLAB 部分程序如下：

```
aa=3*np*fai*fai/32/ld
kfm=[1e-6 0.2 0.4 0.6 0.8 1.0 1.2]
nn=length(kfm)
for ii=1:nn
kf=kfm(ii)
beta=1e-6:0.01:3
k22=(beta*kf+eps)
tem=(3+sqrt(1+8*k22.*k22)).*sqrt(8*k22.*k22-2+2*sqrt(1+8*k22.*
k22))./beta
plot(beta,tem*aa)
hold on
end
```

6.3.2　转矩与 i_d 和 i_q 的关系

定子电流的 i_d 与 i_q 分量可以通过下式计算：

$$\begin{aligned} i_d &= i_{1m}\cos\delta \\ i_q &= i_{1m}\sin\delta \end{aligned} \tag{6-29}$$

电动机转矩可以表示为

$$T_e = \frac{3}{2}n_p i_q(\psi_f - \beta L_d i_d) \tag{6-30}$$

以 i_d、i_q 为变量，在 MATLAB 中针对前述电动机参数计算出电动机转矩后，采用等高线命令绘图（contour），可以得出图 6-8。该图利用的是电动机电感饱和参数，尚不能看出全貌，在本章后面的恒转矩曲线中会进一步分析。不过仍可以看出，在每一条恒转矩曲线中都存在某一个电流幅值最小的工作点（i_d，i_q）——即曲线到原点的距离最小。为了能够更好地看出最小电流与转矩的关系，特意在图中用虚线辅助绘制了 5 条电流圆曲线。可以看出：在转矩较小时，最小电流的工作点靠近 q 轴，随着转矩的增加，i_d 分量有明显增大以充分利用磁阻转矩，此时最小电流工作点逐渐偏离 q 轴。图 6-8 中除了最左侧与底部的数值为电流值，其余的数字都是恒转矩曲线上标注的转矩数值。

另外，从图 6-8 中可以看出，在第一象限内也可以产生期望的电磁转矩。但是很显然，一方面电动机电流会更大，另一方面由于正值 i_d 起到加强磁场的作用，所以对应的电动机定子电压会更大，因此基本不会考虑第一象限内的工作点。

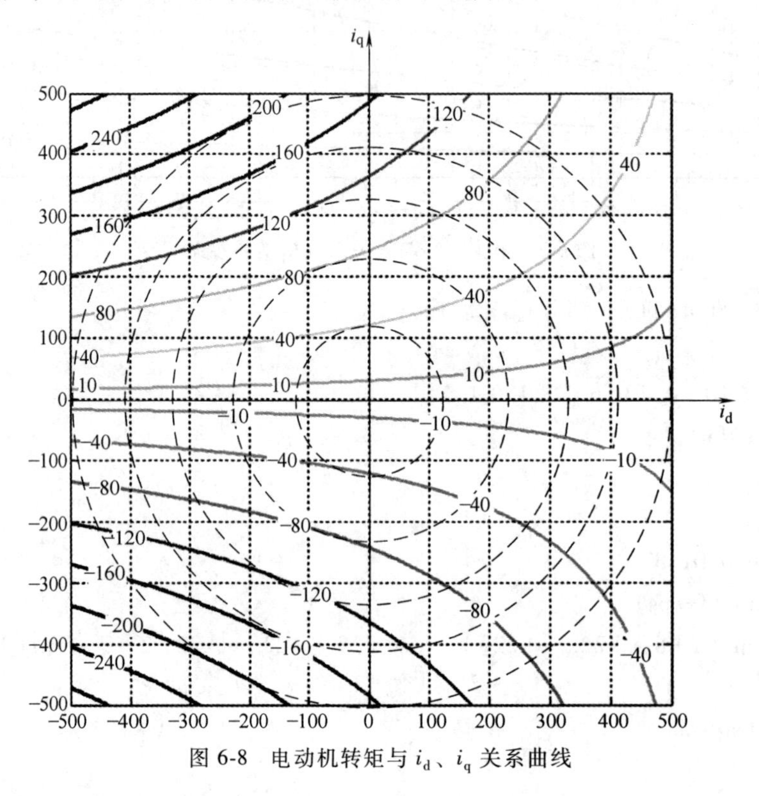

图 6-8　电动机转矩与 i_d、i_q 关系曲线

下面是上述分析中的一些指令。

```
id=500*(-1:0.01:1)'
iq=500*(-1:0.01:1)'
n2=length(id)
te=zeros(n2,n2);
for ii=1:(n2)
te(:,ii)=1.5*np*iq.*(fai+(ld-lq)*id(ii));
end
telist=[-280-240-200-160-120-80-40-10 10 40 80 120 160 200 240 280];
contour(id,iq,te,telist)    %等高线绘图命令
```

6.3.3　恒转矩曲线

将式（6-30）改写成式（6-31），在某一个恒定的非零 T_e 下，在 i_d、i_q 相平面内绘制式

(6-31)，如图 6-9 所示，i_d 与 i_q 关系曲线为双曲线（$\rho>1$）。

$$i_q=\frac{2T_e}{3n_p(\psi_f-\beta L_d i_d)} \tag{6-31}$$

图中为电动工况下的恒转矩曲线（$T_e>0$），电动机的实际工作点通常选择在第二象限内的曲线上。

对比图 6-9 与图 6-8 可以知道，图 6-8 中用等高线命令 contour 描绘的曲线实际上就是恒转矩曲线。

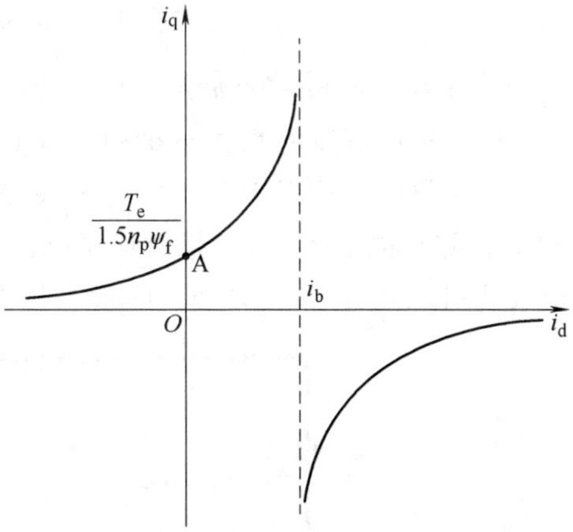

图 6-9　恒转矩特性曲线（$\rho>1$）

6.3.4　最大转矩/电流曲线

最大转矩/电流（Maximum Torque Per Ampere，MTPA）曲线描述的是前述指出的转矩与最小电流之间的关系。反言之，对于某一个恒定幅值的定子电流，它可以对应一个最大的转矩值，在 6.3.1 中已经推导出该电流矢量的相角余弦值满足式（6-23）。

另外，对于某一电流值下的最大电磁转矩，还有下式成立。

$$\left(i_{d1}-\frac{i_b}{2}\right)^2-(i_{q1})^2=\left(\frac{i_b}{2}\right)^2 \tag{6-32}$$

式中

$$i_b=\frac{\psi_f}{\beta L_d} \tag{6-33}$$

以 i_b 为基值的 i_d 电流标幺值有特殊的物理含义——它代表 PMSM 的磁阻转矩与永磁转矩的比例。

式（6-32）对应了图 6-10 双曲线，左边一只曲线描述了最大转矩/电流（MTPA）关系下的（i_{d1}、i_{q1}）电流工作点。可以求得 i_{d1}、i_{q1} 满足下式：

$$i_{d1}=\frac{-\psi_f+\sqrt{\psi_f^2+4(L_d-L_q)^2 i_{q1}^2}}{2(L_d-L_q)}=\frac{\psi_f-\sqrt{\psi_f^2+4\beta^2 L_d^2 i_{q1}^2}}{2\beta L_d}=\frac{i_b-\sqrt{i_b^2+4i_{q1}^2}}{2} \tag{6-34}$$

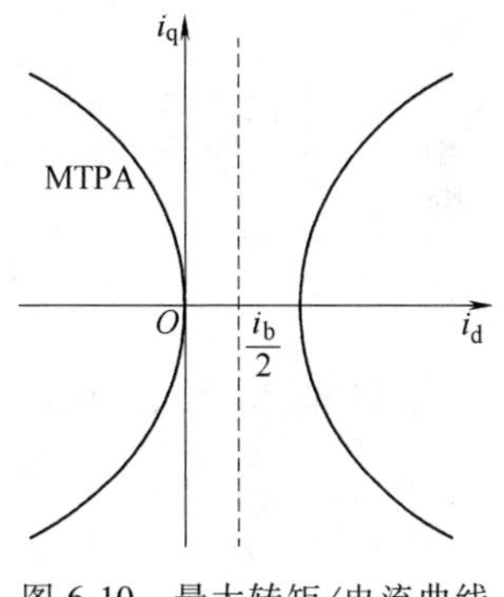

图 6-10　最大转矩/电流曲线

记转矩基值为 $T_{eb}=1.5n_p\psi_f i_b$，电流基值为 i_b，那么采用标幺值表示的 MTPA 关系式为（注意 $i_d<0$）：

$$T_e^*=\sqrt{i_d^*(i_d^*-1)^3} \tag{6-35}$$

可以将上式改写为式（6-36）

$$i_d^*=f_1(T_e^*) \tag{6-36}$$

$$i_q^*=f_2(T_e^*) \tag{6-37}$$

所以对于给定的转矩，按照上面的公式求出最小电流的 d、q 分量作为电流的控制指令值，即可以实现 PMSM 电动机的最大转矩/电流控制。

另外，可以求出式 6-36 的解析解为

$$i_{\mathrm{d}}^{*}=3/4-f/12-\sqrt{3-d+48h/d+9/f}\times\sqrt{6}/12 \tag{6-38}$$

上式有 $f=\sqrt{9+6d-288h/d}$，$d=\sqrt[3]{12\sqrt{768h^{3}+81h^{2}}-108h}$，$h=T_{\mathrm{e}}^{*\,2}$。

i_{q} 的标幺值可以根据式（6-39）计算得到。i_{d} 与 i_{q} 的标幺值以及相电流幅值标幺值、电流矢量相位角（除以 135 度）与 T_{e} 标幺值的关系绘制成曲线，如图 6-11 所示。由于上述解析关系式非常复杂，电动机调速系统的控制软件中可以预先将其做成表格，以备实时控制中查表使用，见表 6-1。另外，附录 F 提供了与 MTPA 相关的公式汇总。

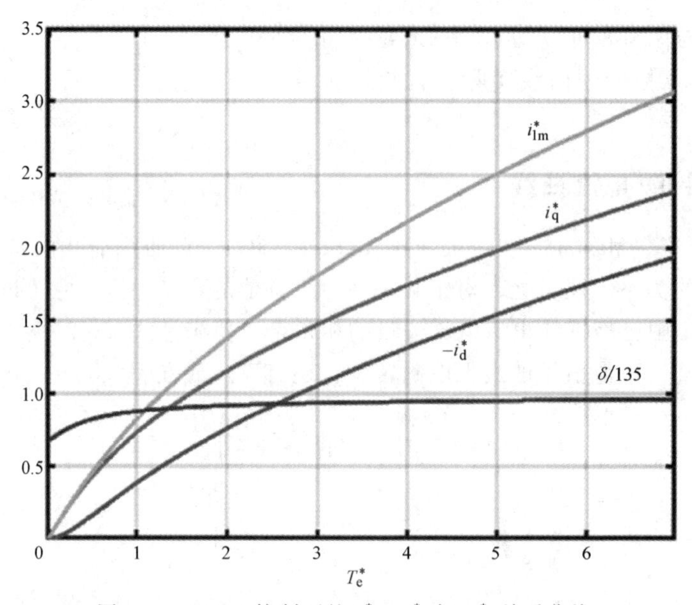

图 6-11　MTPA 控制下的 i_{d}^{*}、i_{q}^{*} 与 T_{e}^{*} 关系曲线

$$i_{\mathrm{q}}^{*}=\frac{T_{\mathrm{e}}^{*}}{1-i_{\mathrm{d}}^{*}}=\sqrt{i_{\mathrm{d}}^{*}\left(i_{\mathrm{d}}^{*}-1\right)} \tag{6-39}$$

式（6-23）与式（6-24）中的角度 δ_{1} 满足式（6-40）为

$$\tan\delta_{1}=\frac{i_{\mathrm{q}}^{*}}{i_{\mathrm{d}}^{*}}=-\sqrt{1-\frac{1}{i_{\mathrm{d}}^{*}}} \tag{6-40}$$

```
teN = 1e-8:0.01:7;
%teN = 1e-8:0.01:1
h = teN. * teN;
d = (12 * h. * (768 * h+81).^0.5-108 * h).^(1/3);
f = sqrt(9+6 * d-288 * h./d);
idN = 0.75-f/12-sqrt(3-d+48 * h./d+9./f) * sqrt(6)/12;
iqN = teN./(1-idN);
plot(teN,-idN,teN,iqN)
hold on
iN = sqrt(idN.^2+iqN.^2);
delta = atan(iqN./idN) * 180/pi+180;
```

```
plot(teN,iN,teN,delta/135)
[teN'idN'iqN'iN'delta']
```

表 6-1　电流标幺值与转矩标幺值关系

T_e^*	i_d^*	i_q^*	i_{1m}^*	定子电流相角/(°)
0.0000	-0.0000	0.0000	0.0000	90.00
0.1000	-0.0097	0.0990	0.0995	95.60
0.2000	-0.0360	0.1931	0.1964	100.56
0.3000	-0.0729	0.2796	0.2890	104.61
0.4000	-0.1153	0.3586	0.3767	107.83
0.5000	-0.1601	0.4310	0.4598	110.38
0.6000	-0.2055	0.4977	0.5385	112.43
0.7000	-0.2505	0.5598	0.6133	114.11
0.8000	-0.2948	0.6178	0.6846	115.51
0.9000	-0.3381	0.6726	0.7528	116.69
1.0000	-0.3803	0.7245	0.8182	117.69
1.5000	-0.5754	0.9521	1.1125	121.15
2.0000	-0.7484	1.1439	1.3670	123.19
3.0000	-1.0479	1.4649	1.8011	125.58
4.0000	-1.3056	1.7349	2.1713	126.96
5.0000	-1.5349	1.9725	2.4993	127.89
6.0000	-1.7435	2.1870	2.7969	128.56

6.3.5　电压限制下的电动机转矩

当电动机运行在高速情况下，定子电压达到其极限值时，随着转速的进一步上升，电流的控制将变得困难，因为此时电流的指令受到定子电压的限制。如果电流指令值设置的不合理，那么其闭环控制将失效，将会出现因为电压的饱和而导致的电流失控。显然当电压达到极限值时，电动机的电磁转矩受到其直接影响，本节将对此展开分析。

利用式（6-10）、式（6-11）、式（6-12）和式（6-30）的转矩公式，可以求得用电动机电压描述的电动机转矩公式，见式（6-41）。从中也可以看出，转矩分为两部分，前者是永磁转矩，后者是磁阻转矩。

$$T_e=1.5n_p\frac{-u_{1m}}{\omega L_q}\cos\gamma\left[\rho\Psi_f+(1-\rho)\frac{u_{1m}}{\omega}\sin\gamma\right] \tag{6-41}$$

对于定子电压幅值 136V，转子速度 4000r/min，针对前述的 42kW 电动机，当定子电压矢量相角从 90°增加到 270°的过程中，电动机转矩变化过程如图 6-12 所示。其中曲线 1 是式 6-41 中的永磁转矩，曲线 2 是式中的磁阻转矩，曲线 3 是合成的总电磁转矩。

从图中可以看出，随着电压的相位角从 90°开始增加，转矩的趋势是先增加，然后在 180°以后，转矩还是增加。但是当定子电压矢量位于第三象限内会出现转矩的最大值，最后在 270°时，转矩回到 0。

分析中的 MATLAB 程序如下：

```
u1=136
n=4000
w=2 * pi * n/60 * np
k3=1.5 * np * u1/w/lq
sita1=(90:1:270)
sita=sita1/180 * pi
te1=-k3 * rou * fai * cos(sita)
te2=k3 * beta * u1/w * cos(sita). * sin(sita)
te=te1+te2
figure
plot(sita1,te1,sita1,te2,sita1,te)
```

下面的程序用于计算最大转矩对应的电压矢量角度计算。

```
a=-k3 * rou * fai
b=k3 * beta * u1/w/2
gm1=(-a-sqrt(a * a+32 * b * b))/8/b
gm=asin(gm1) * 180/pi
```

在本例中，最大转矩出现时电压的相位角在 205°。

既然式（6-11）和式（6-12）表明了电动机的 i_d 与 i_q 和电压的直接关系，那么在电压受到限制的区域内是否可以通过图 6-12 直接进行转矩的有效控制呢？这并不合适。一方面电动机的电感参数明显受到电动机电流的影响，所以图 6-12 的曲线仅仅是根据给定的电感参数绘制的，在运行中会发生很大变化；另一方面图 6-13 给出了本例中当电压处于极限值时，i_d 与 i_q 随电压相位角的变化情况。其中曲线 1 是 i_d，曲线 2 是 i_q，曲线 3 是相电流幅值。显而易见，在电压相位角大于 180°以后，定子电流幅值发生明显增加，无论对电动机本身，还是对实际调速系统都是难以接受的。

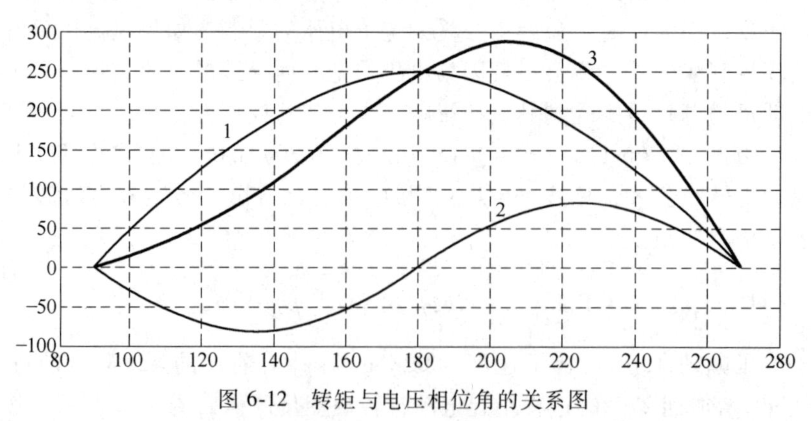

图 6-12　转矩与电压相位角的关系图

在图 6-12 中，假定期望输出的电动机转矩是 210Nm，从中可以得出电压矢量的相位角为 167°和 237°两个解。当电压相位角为 167°时，根据式（6-11）和式（6-12）可以求得 $i_d=-340$ 和 $i_q=403$，此时的电动机矢量图如图 6-14 所示。

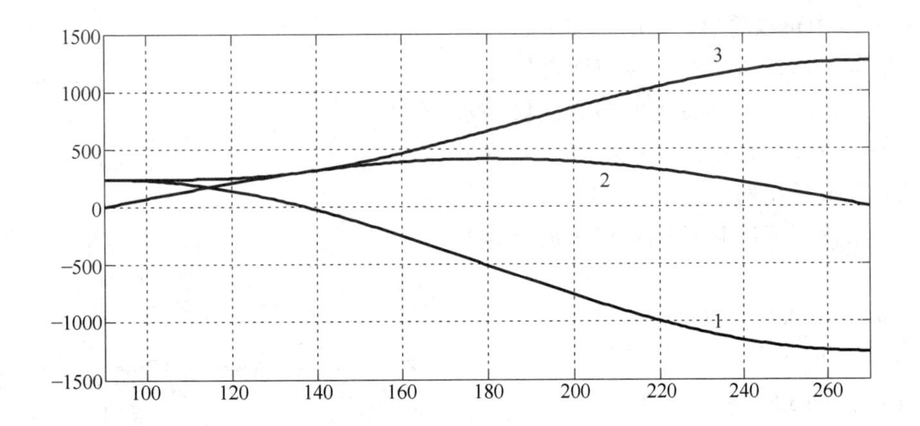

图 6-13 在电压受限情况下 i_d、i_q 曲线图

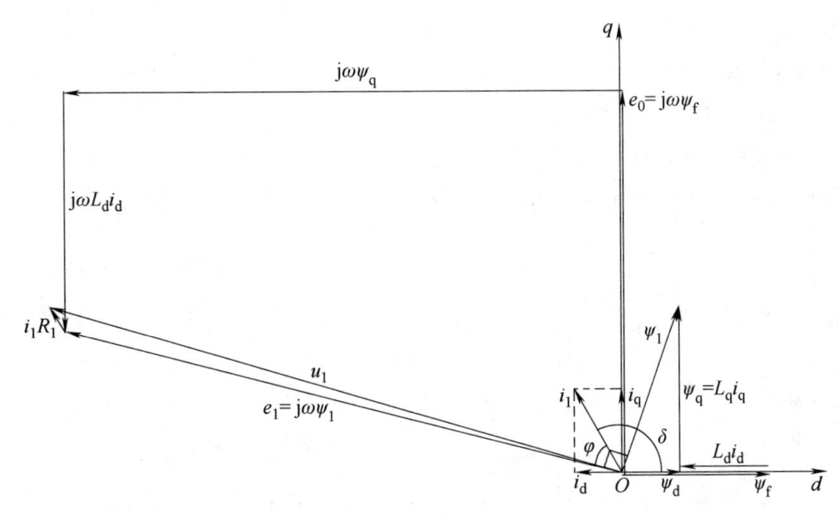

图 6-14 电压相位角为 167°时的矢量图

永磁磁链产生的反电动势（e_0）大约为 92V，它与 i_q 对应的旋转电压（$\omega\psi_q$）合成后大约为 161V，这个量明显大于前面给定的 136V。正是由于图中弱磁电流 i_d 的弱磁效果（$\omega L_d i_d$）——减少了定子绕组的反电动势，使其略小于定子端电压。所以，弱磁的效果从图中可以非常明显地看出。

上述的第二个解对应的电动机矢量图如图 6-15 所示。可以看出图中的 i_d 明显增加许多倍，从而使得 d 轴的合成磁场从 d 轴的正方向变为了负方向，这即是说，i_d 不仅完全抵消了原有的永磁磁场，并且自己又重新建立了 d 轴的反向磁场——从原理上来说，这大可不必。另外电流增加也过于明显，实际控制中并不允许。

鉴于前面分析指出，电压相位角不适于在第 3 象限内，那么假定其相位角最大为 180°。可以看出，在 90°到 180°范围内，转矩的最大值就出现在 180°，下面进行分析与比较的最大转矩就是指 180°相位角时的电动机转矩。

本例中的 PMSM 在实际调速系统中的定子电压限值为 216V，为此分析电动机运行在该限值下，当电动机运行转速从 4000r/min 上升至 12000r/min 时，电动机的转矩与电压相位角的关系如图 6-16 所示。

从图 6-16 中可以看出，不同转速下，在电压受到限制时，电动机的最大转矩随着转速的增加而减小。因为 180°相位角的转矩仅仅是永磁转矩，即式（6-41）中的第一部分，显然最大转矩与转速成反比例。

本书中采用了下述 MATLAB 程序进行的上述分析。

```
nm = 4000 : 1000 : 12000
figure
for ii = 1:(length(nm))
n = nm(ii)
w = 2 * pi * n/60 * np
k3 = 1.5 * np * u1/w/lq
sita1 = (90:1:270)
sita = sita1/180 * pi
te1 = -k3 * rou * fai * cos(sita)
te2 = k3 * beta * u1/w * cos(sita). * sin(sita)
te = te1+te2
plot(sita1,te)
hold on
end
```

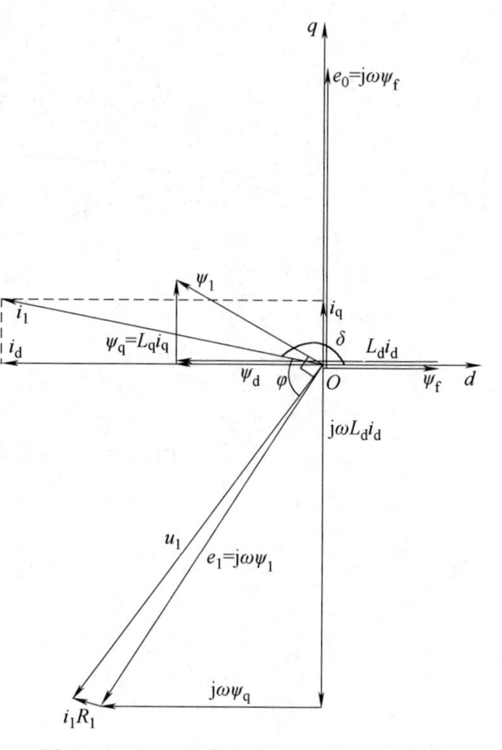

图 6-15　电压相位角为 237°时的矢量图

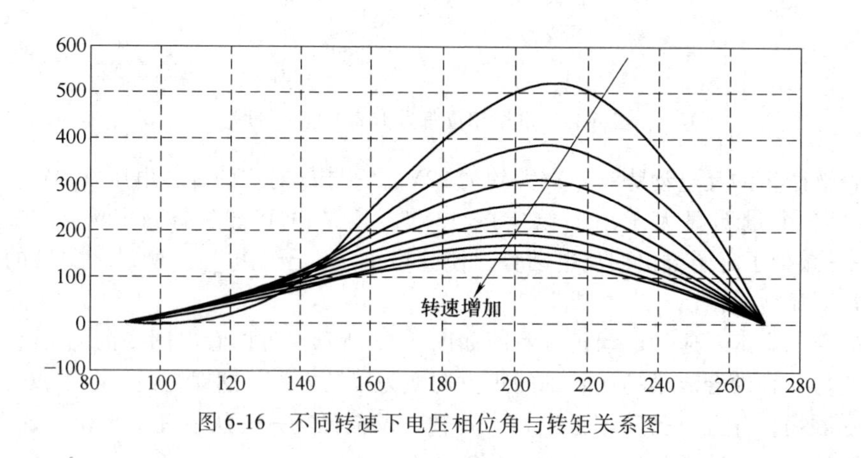

图 6-16　不同转速下电压相位角与转矩关系图

6.4　机械特性

电动机的机械特性指的是电动机的转矩与其转速的关系。电动机的转矩已经在 6.3 节中进行了详细的分析，可以看出它与电动机的电流、电压以及它们的相位角等多个因素有关，并且受到电动机参数的影响。

通常情况下，实际的调速系统并不会充分利用电动机的设计能力，一般会设置合适的过载倍数。下面对实际调速系统通常考虑的几个因素进行分析，以得出实际应用中的电动机机械特性。

首先，当电动机运行在较低速度时，因为要受到定子电流的限制（一方面考虑发热，另一方面考虑永磁体的去磁程度），所以电动机的转矩也会受到限制。另外机械转矩在动力系统传递中还可能受到齿轮箱等其他机械装置的限制。在一些应用场合的动态过程中，电动机转矩的变化率可能会受到限制。同样以前面的42kW电动机为例（假定电动机参数不会发生变化），定子电流幅值需限制在530A以内。

如图6-17所示，电动机的工作点设置在图中电流极限圆上的C点。当电动机转速较低时（$\omega<\omega_o$），图中的最外边的电压极限椭圆包含了电流极限圆内的所有工作点，即只要不超出电流极限圆，那么电压就不会超出限制。随着电动机转速的增加，电压极限椭圆逐渐缩小，在4192r/min时（针对前例42kW电动机，下同），出现了图中的A_1与A_2点。当电动机转速达到4386r/min时，出现了图中的B工作点。

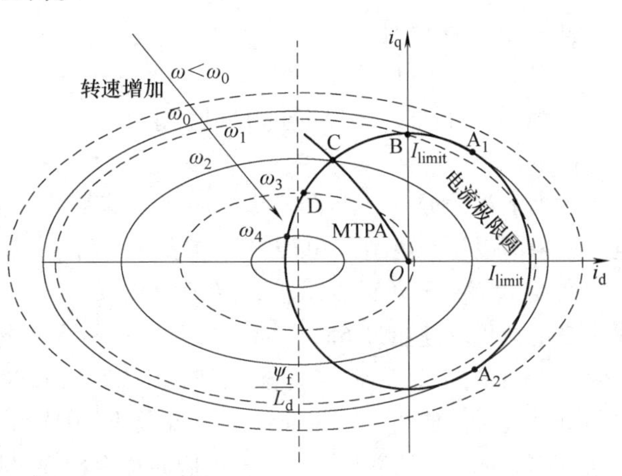

图6-17　受到电压电流限制的dq相平面内的电动机工作点

随着转速的继续增加，C点成为电流极限圆与电压极限椭圆的交点，此时对应的电动机转速为6317r/min。这表明，当转速低于该值时，电动机可以以最大电流工作在MTPA下高效率运行。

上面的结论可以通过前述公式得出。联立电压式（6-8）与电流式（6-29），可以得到式（6-42）。该式中的电流工作点一方面对应受限的电流极限，另一方面又对应受限的电压极限。

$$(\psi_f+L_d i_{1m}\cos\delta)^2+(L_q i_{1m}\sin\delta)^2=\left(\frac{U_{lim}}{\omega}\right)^2 \tag{6-42}$$

式（6-42）可以变换为

$$(L_q^2-L_d^2)i_{1m}^2(\cos\delta)^2-2\psi_f L_d i_{1m}\cos\delta+\left(\left(\frac{U_{lim}}{\omega}\right)^2-\psi_f^2-L_q^2 i_{1m}^2\right)=0 \tag{6-43}$$

对于式（6-43），当关于$\cos\delta$二次方程的根的判别式为0时，可以计算出A点转速。当常数项为0时，可以计算出B点转速。C点转速的计算需要用到前面分析的结论，因为C点对应的电流相位角为130°，所以该点转速为6317r/min（对应ω_2）。

在转速达到ω_2以前，电动机的工作点可以一直保持在C点，这样电流为其极限值，而电压没有达到限制。但是当电动机转速大于ω_2并进一步增加时，随着电压极限椭圆的缩小，电动机的工作点必须从C点移走。如图6-17所示，可以沿着C-D在电流极限圆上逐步左移。

42kW电动机在转速从6317r/min增加到12000r/min的过程中，受到电流与电压双重限制的电动机输出转矩可以用下述 MATLAB 程序进行分析。

```
n=6317:100:12000
w=2*pi*n/60*np
a=(lq*lq-ld*ld)*ima^2
b=2*fai*ld*ima
c=u1^2./w./w-fai*fai-lq*lq*ima*ima
cossita=(b-sqrt(b*b-4*a*c))/2/a
sita=acos(cossita)
id=ima*cos(sita)
iq=ima*sin(sita)
te=1.5*np*iq.*(fai-beta*ld*id)
plot(n,te)
```

根据上述的分析，当 PMSM 电动机转速从 0 上升到 12000r/min 的过程中，先后经历了电流极限的限制与电流、电压的双重限制。不同转速下电动机的输出转矩如图 6-18 所示。图中曲线 1、2、3 分别表示较低转速（0~8000r/min）下的转矩曲线、电压曲线、电流曲线。当电动机转速超过 6317r/min 后，电压需求也超过了 216V；定子电流幅值始终保持为极限值。图中曲线 4、5、6 是较高转速（5000~12000r/min）下采用电流与电压双重极限控制的电动机转矩曲线、电压曲线、电流曲线。4 与 1 的交点对应了 6317r/min；5 与 2 的交点也在 6317r/min；曲线 6 定子电流幅值同样保持在极限值。

针对该例电动机，当电动机转速从 0 上升到 12000r/min 过程中，电动机的转矩输出能力可以按照图 6-18 中的 1 与 4 进行限制，在此过程中电动机的电流与电压均不会超过其极限值。通过分析电动机的功率可以知道，电动机的功率在 6317r/min 处接近 140kW，在更高速度的范围内功率还会略微上升。

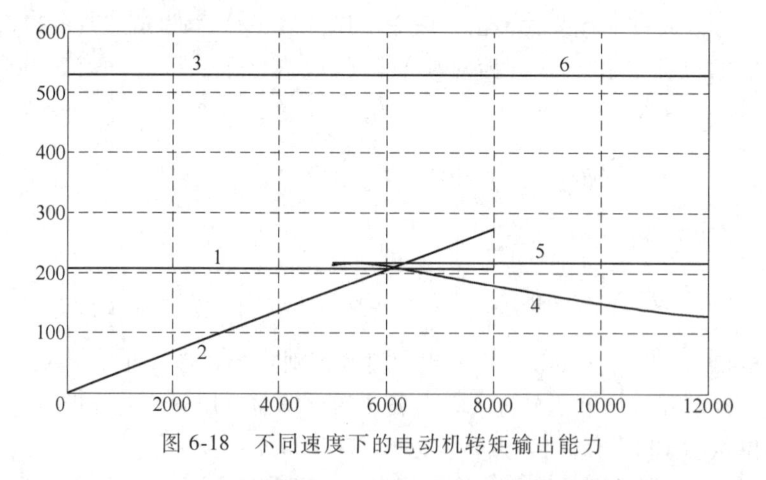

图 6-18　不同速度下的电动机转矩输出能力

前面给出的 42kW 是该例电动机的额定功率，在实际的调速系统中，电动机的峰值功率需求值在 90kW 左右。所以电动机的理论输出能力是超过动力系统的需求，电动机有较大的转矩裕量。另外，由于以电动汽车为例的应用场合中，电动机的实际输出能力还受到车载电源的功率与端电压等多种因素的限制。

6.5　功率因数

以图 6-14 为例，电动机的功率因数可以用下式计算：

$$\cos\varphi=\cos(\gamma-\delta)=\cos\gamma\cos\delta+\sin\gamma\sin\delta=\frac{u_d i_d+u_q i_q}{u_{1m} i_{1m}} \tag{6-44}$$

当忽略定子电阻时，式（6-44）可以描述为式（6-45）。

$$\cos\varphi=\frac{i_q(\psi_f+(L_d-L_q)i_d)}{i_{1m}\sqrt{(\psi_f+L_d i_d)^2+(L_q i_q)^2}} \tag{6-45}$$

从式（6-45）中可以容易看出，电动机的功率因数与电动机控制中的 i_d 及 i_q 密切相关。为了控制电动机的转矩，在采用不同的电流工作点（i_d，i_q）时，对应的电动机功率因数都不相同。

例如，当采用 $i_d=0$ 时，式（6-45）可以改写为

$$\cos\varphi=\frac{\psi_f}{\sqrt{(\psi_f)^2+(L_q i_q)^2}} \tag{6-46}$$

将式（6-46）绘制成图形，如图 6-19 所示，可以看到在 $i_d=0$ 的控制中，随着转矩（或者说 i_q）逐渐增加的过程中，电动机的功率因数会有明显的下降。在一定的功率下，功率因数的下降会提高电动机对定子电压的需求，即要求电源能够提供更高的电压，所以对电源装置提出了更高的要求。

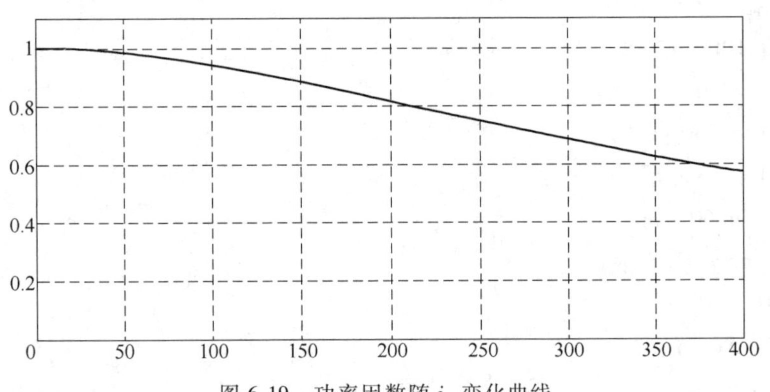

图 6-19　功率因数随 i_q 变化曲线

当电动机运行于电压受限的恒压情况时，根据式（6-11）、式（6-12）来计算式（6-46）中的 i_d、i_q 以及电流幅值 i_{1m}。此时对于电压相位角在 90°~180°范围内变化时的功率因数变化情况绘制成曲线，如图 6-20 所示。图中绘制了不同转子速度下的功率因数曲线，转速范围是 4000~12000r/min。可以看出，在靠近左侧的范围内，电动机弱磁程度较小，此时的功率因数也较小。随着电压相位角的增加，电动机弱磁程度增加，功率因数增大。另外在图中较低速度时，可以进一步加大弱磁程度，此时电动机的电压未必达到限制，故而其功率因数可以大大高于图中的相应曲线。

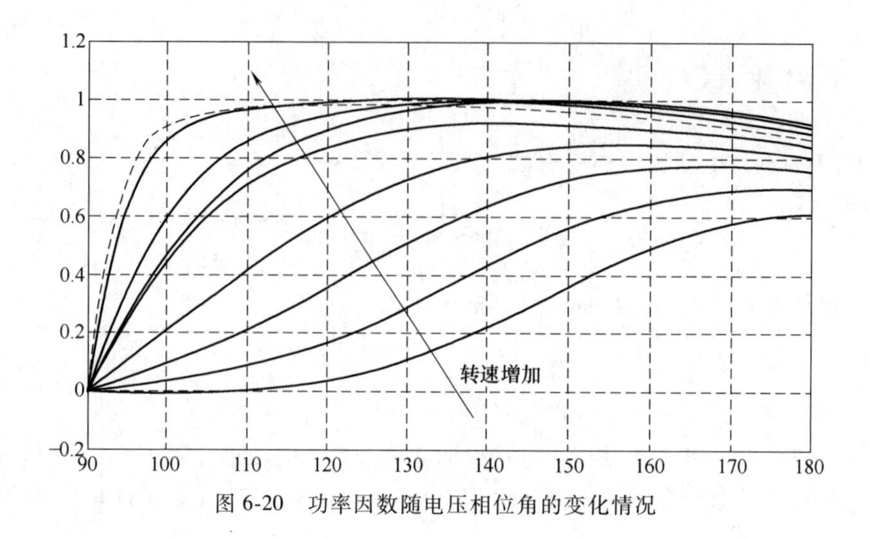

图 6-20　功率因数随电压相位角的变化情况

上述分析中的 MATLAB 程序如下：

```
iq=0:10:400
cossita=fai./sqrt(fai*fai+(lq*iq).^2)
plot(iq,cossita)
laq=176e-6
lq=laq+ll
rou=lq/ld
beta=rou-1
u1=216
nm=4000:1000:12000
figure
for ii=1:(length(nm))
n=nm(ii)
w=2*pi*n/60*np
k3=1.5*np*u1/w/lq
sita1=(90:1:180)
sita=sita1/180*pi
ud=u1*cos(sita)
uq=u1*sin(sita)
id=(uq-w*fai)/w/ld
iq=-ud/w/lq
cossita=(ud.*id+uq.*iq)./sqrt(ud.^2+uq.^2)./sqrt(id.^2+iq.^2)
plot(sita1,cossita)
hold on
end
```

在上述分析中，可以看出电动机的功率因数与控制策略关系甚大。

6.6　电动机参数变化对电动机的影响

交流永磁电动机的性能是否得到充分的发挥，关键取决于电动机定子电流中的 i_d、i_q 是否得到良好的控制。当电动机工作在高速区域的时候，电动机对电压有较高的需求，但是直流侧电压有限，逆变器输出的交流电压因此受到限制。所以必须对电动机的定子电流实施准确的控制，一方面将电动机对电压的需求限制在极限条件以内，对电流可以实施良好的控制；另一方面又可以充分利用电动机的输出能力，工作在较高效率的工况下。

高速区域中电动机的控制或多或少都围绕电动机定子电压展开。电动机运行时的定子电压为

$$u_d = R_1 i_d + p\psi_d - \omega\psi_q$$
$$u_q = R_1 i_q + p\psi_q + \omega\psi_d$$

将磁链方程（3-60）代入到式（3-57），并令微分项为0，可以得到稳态情况下的电压方程为

$$\begin{aligned} u_d &= R_1 i_d - \omega L_q i_q \\ u_q &= R_1 i_q + \omega(\psi_f + L_d i_d) \end{aligned} \tag{6-47}$$

从中可以看出电动机的定子电阻、d 轴电感、q 轴电感等因素都与电动机的电压有密切关系。

（1）R_1 定子电阻的影响

从式6-47中明显可以看出在同一个电流工作点（i_d，i_q）下，如果定子电阻增加，那么 d、q 轴的电压分量都会受到影响。对于较大负载电动工况下（$i_d<0$、$i_q>0$），u_d 为负值，u_q 为正值。R_1 的增加会导致两个电压分量以及相电压幅值需求明显增大。所以导致运行于高速区域时的电流调节器更加容易饱和。大功率电动机定子电阻一般都比较小，但是定子电流一般会很大，并且电动机运行时，由于定子绕组的发热，定子电阻的上升还是比较明显的。另外，当电动机运行的频率较高时，定子电阻中的交流电阻也会有较大的增加。

（2）d 轴电感 L_d 的影响

当电动机定子电流增加时，受到磁路饱和的影响，d 轴电感会减小。

图6-21中电压极限椭圆上A、B的横坐标为式（6-48）。可以看出，如果 L_d 减小，那么这两点都会向左移动，即是说电动机工作在高速区域时的工作点都会左移，从而需要更大的弱磁电流。如果按照原有的电流工作点继续运行的话，则会对电压提出更高的需求，使电流调节器较容易饱和。

$$i_d = \frac{-\Psi_f \pm \dfrac{U_{lim}}{\omega}}{L_d} \tag{6-48}$$

（3）q 轴电感 L_q 的影响

电动机 q 轴电感与前述 d 轴电感相类似，在较大定子电流的情况下也会有所下降。同时由于交流永磁电动机的 q 轴磁路的磁阻较小，受到电动机饱和影响更为严重，所以 q 轴电感

的降低较 d 轴明显得多，如图 6-21 所示。

实际上，磁路的饱和会引起 d 轴与 q 轴分量之间的相互作用（称为交叉耦合效应），结果是 d、q 轴电流都会影响 d、q 轴的磁链，亦可以说 d、q 轴磁通有相互耦合。

电动机在同一个电流工作点（i_d，i_q）下，与 q 轴电感没有变化时相比较，L_q 减小以后使得电动机输出转矩下降，如图 6-22 所示。为了输出相同的转矩，必须增加 i_d 或者 i_q。

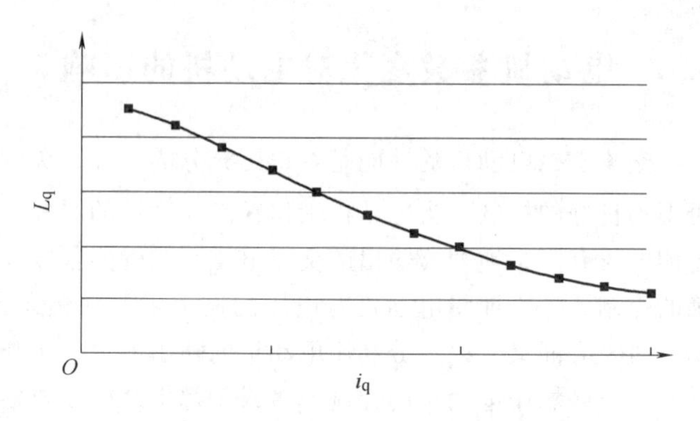

图 6-21　某电机 L_q 与 i_q 电流的关系曲线

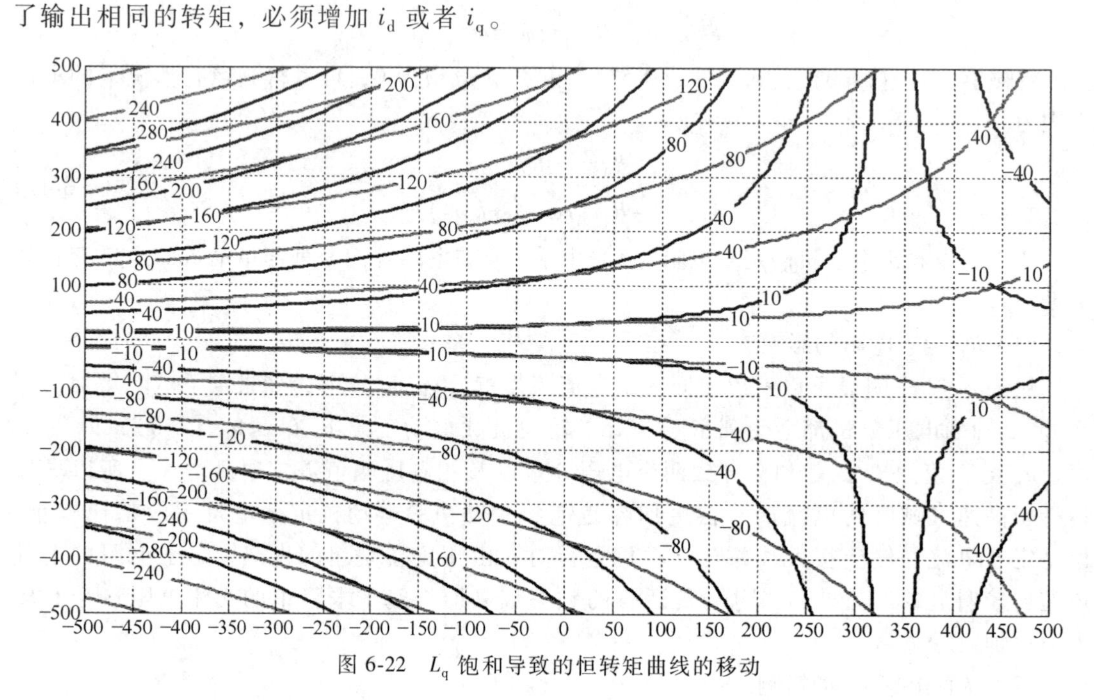

图 6-22　L_q 饱和导致的恒转矩曲线的移动

（4）电动机铁耗 R_{iron} 的影响

交流电动机的运行需要一个以同步速度旋转的磁场，这个磁场在电动机铁心尤其是定子铁心中产生较大的铁耗，并且随着电动机运行速度的增加，损耗会进一步增加。该损耗也是影响电动机工作效率的一个重要因素，因此若要对电动机进行准确分析就需要对此进行研究。

图 6-23 给出了考虑到电机铁耗电阻的一种等效电路图，可以列写出 PMSM 的电压方程、磁链方程和转矩方程（动力学方程没有变化，此处略去），如式（6-49）~式（6-52）所示。

定子电压方程为

$$
\begin{aligned}
u_d &= R_1 i_d + u_{dm} = R_1 i_d + R_{iron} i_{dm} = R_1 i_d + p\psi_d - \omega\psi_q \\
u_q &= R_1 i_q + u_{qm} = R_1 i_q + R_{iron} i_{qm} = R_1 i_q + p\psi_q + \omega\psi_d
\end{aligned}
\tag{6-49}
$$

补充定子电流方程为

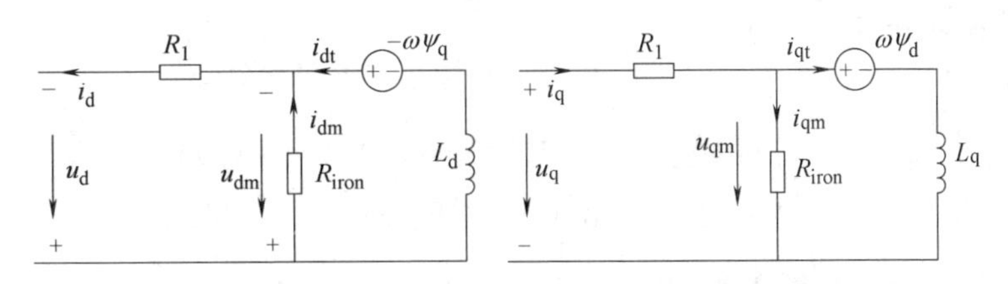

图 6-23 考虑到铁耗电阻的 PMSM 等效电路图

a）d 轴等效电路 b）q 轴等效电路

$$
\begin{aligned}
i_d &= i_{dm} + i_{dt} \\
i_q &= i_{qm} + i_{qt}
\end{aligned} \tag{6-50}
$$

定子磁链方程为

$$
\begin{aligned}
\psi_d &= \psi_f + L_d i_{dt} \\
\psi_q &= L_q i_{qt}
\end{aligned} \tag{6-51}
$$

电磁转矩方程为

$$
T_e = 1.5 n_p(\psi_d i_{qt} - \psi_q i_{dt}) = 1.5 n_p i_{qt}(\psi_f + (L_d - L_q) i_{dt}) \tag{6-52}
$$

图 6-23 中的电机铁耗为

$$
P_{Fe} = \frac{3}{2} R_{iron}(i_{dm}^2 + i_{qm}^2) = \frac{3}{2}\frac{(u_{dm}^2 + u_{qm}^2)}{R_{iron}} \tag{6-53}
$$

图 6-23 给出了考虑到铁耗电阻以后电动机的 d、q 轴等效电路图（$i_{dt}<0$，$i_{qt}>0$，图中标注了电动机工况下的实际电流方向）。如果电动机工作在同一个电流工作点（i_{dt}，i_{qt}）下，考虑到铁耗等效电阻后的电动机定子总电流（i_d，i_q）都会有所增加，铜耗也会增加，所以效率有所下降，同时定子电压的需求也会有所增加。简单地说，电压和电流都增加了，损耗也增加了，效率有所降低（输出功率认为不变）。

反过来考虑，如果不考虑铁耗等效电阻，仍然按照原有的定子端部的电流（i_d，i_q）进行控制，那么实际的弱磁电流分量 i_{dt} 与转矩电流分量 i_{qt} 将会有所减少。这将导致电动机的实际输出转矩下降。

当电动机的弱磁电流相对不足导致电压需求更高但得不到满足时，如果电流调节器此时进入饱和，那么将不能够对电动机电流实施闭环控制。电动机处于电流的开环控制下，这成为系统安全运行的严重隐患——最好能够尽快地脱离这种状态而重新进入电流可控状态。

图 6-23 具有 dq 等效电路的 PMSM 与图 6-24 所示的（包含三个定子绕组电阻 R_1 与三个 $3R_{iron}$ 铁耗电阻的）三相 PMSM 是等效的。按照图 6-24 建模的三相 PMSM，图中的铁耗电阻是 dq 等效电路中铁耗电阻的 3 倍，该模型可以直接在 SIMULINK 等软件提供的不包含铁耗的三相 PMSM 仿真模型中，经过简单的改造即可方便地实现铁耗的建模。

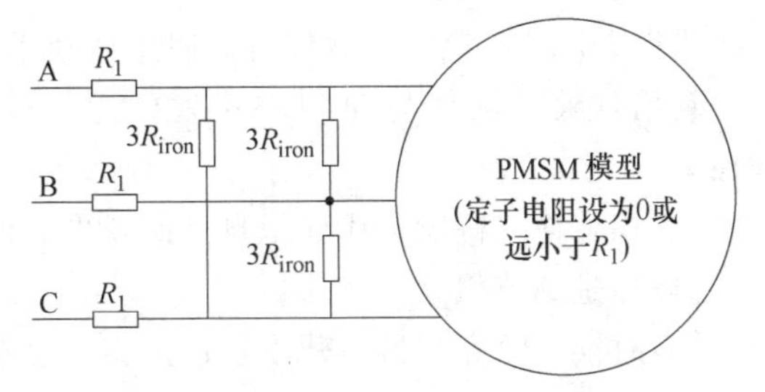

图 6-24 包含铁耗电阻的三相 PMSM 模型

另外，对于图 6-23 所示的包含铁耗的三相 PMSM，在指定的电机速度 ω 与电机转矩 T_e 前提下，可以推导出其损耗（铜耗+铁耗）最小的工作点，此时的 i_{dt} 满足式 6-54，式中的系数 A、B、C 见式 6-55。

$$A \cdot B = T_e^2 \cdot C \tag{6-54}$$

$$\begin{gathered} A = n_p \{ R_1 R_{iron}^2 i_{dt} + \omega^2 L_d (R_1 + R_{iron})(\psi_f + L_d i_{dt}) \} \\ B = \{ \psi_f + (1-\rho) L_d i_{dt} \}^3 \\ C = \{ R_1 R_{iron}^2 + (R_1 + R_{iron})(\omega \rho L_d)^2 \} (1-\rho) L_d) \end{gathered} \tag{6-55}$$

对于 $L_d = L_q$ 的情况，可以得出式 6-56。

$$i_{dt} = -\frac{\omega^2 L_d (R_1 + R_{iron}) \psi_f}{R_1 R_{iron}^2 + \omega^2 L_d^2 (R_1 + R_{iron})} \tag{6-56}$$

得出 i_{dt} 后利用公式 6-52 可以计算出 i_{qt}，再利用稳态关系式 6-57 计算出 i_{dm} 与 i_{qm}，最后通过式 6-50 计算出 i_d 与 i_q。

$$\begin{gathered} i_{dm} = \frac{\omega}{R_{iron}} (-L_q i_{qt}) \\ i_{qm} = \frac{\omega}{R_{iron}} (\psi_f + L_d i_{dt}) \end{gathered} \tag{6-57}$$

小　　结

本章对 PMSM 的工作电流、电压、转矩、功率因数等进行了分析，这些内容是后面章节对 PMSM 进行控制的基础。

在实际工作过程中，PMSM 还受到调速系统的电压、电流等限制，这对电动机的运行工况有较大影响。

电流极限圆、电压极限椭圆、转矩与电流及电压的关系是控制 PMSM 时必须慎重考虑的。由于不同工作电流下，电动机磁路的饱和程度不同，电动机的 d、q 轴电感都会受到影响，所以精确地控制电动机的转矩是非常困难的。同时变频调速系统的供电电压会直接影响电动机电流的控制效果，特别是工作在高速情况下的 PMSM。电动机的铁耗会导致电动机的输出能力下降，需要以适当的方式进行补偿。试图对 PMSM 进行高性能的控制必须建立在对 PMSM 深入理解的基础上。

借助 JMAG 等有限元软件可以对电动机的铁耗、PWM 谐波带来的损耗进行更准确的分析；利用有限元软件与 MATLAB 软件进行联合仿真（参考 5.3 节），可以提高仿真的准确性。

【幸福就像三棱镜，找准了自己的角度，便会释放出七彩光芒】

【辉煌是细节积累而成的】

【有时候，放弃是另一种收获；远离了夏花绚烂，你才会走进秋叶静美】

练 习 题

1. PMSM 的电流极限圆指的是什么？应如何设置电流极限？
2. PMSM 的电压极限椭圆是什么，与哪些因素有关？

3. 在电压限制的作用下，PMSM 的电流变化规律是怎样的?

4. 什么是 PMSM 的恒转矩曲线? 选取恒转矩曲线上的工作点有何讲究?

5. 什么是最大转矩-电流曲线? 当电机运行在高速情况下，可以选取 MTPA 的电流工作点吗?

6. 针对 JMAG-RT 与 simulink 联合仿真模型的某一稳定工作点，试计算此时的铁耗等效电阻的阻值（可参考公式 6-53）。

第7章　理想正弦交流电压源供电环境下PMSM的工作特性

除了改变极对数，永磁同步电动机的转速调节只能通过电动机定子侧交流电源的频率调节实现。本章重点分析理想的正弦交流电压源供电环境下 PMSM 的工作特性，具体包括不同频率与不同电压组合下的工作特性。

7.1　恒定电压、恒定频率的正弦交流电压源供电环境下 PMSM 的工作特性

7.1.1　PMSM 稳态工作特性分析

为简化公式的推导，分析中假设 $L_d = L_q = L$，即暂不考虑电动机的凸极效应。首先分析当恒定电压与恒定频率的正弦交流电压源供电下 PMSM 的稳态工作特性，MATLAB 程序如下：

```
ten=0:2:220
u1=136
w=2*pi*266
fai=0.055
ld=110e-6
lq=110e-6
rou=lq/ld
np=4
k3=1.5*np*u1/lq/w
cosgm=-ten/(k3*rou*fai);
gm=acos(cosgm)*180/pi;
ud=u1*cosgm;
uq=u1*sqrt(1-cosgm.^2);
iq=-ud/w/lq;
id=-(fai-uq/w)/ld;
iman=sqrt(id.^2+iq.^2)
```

```
cosdelta=id./iman;
delta=acos(cosdelta)*180/pi;
cosfai=cos((gm-delta)*pi/180);
plot(ten,delta,'r',ten,iman,'b')
hold on
plotyy(ten,gm,ten,cosfai*1)   %绘制双纵坐标曲线
```

MATLAB 程序运行后得到如图 7-1 所示的图形。其中横坐标是电动机的输出转矩，其范围从 0 到 220N・m。红色曲线 1 是定子电流的相位角 δ，蓝色曲线 2 是定子电流幅值，蓝色曲线 3 是电压矢量的相位角，绿色曲线 4 是功率因数波形，其纵坐标见图形右侧。

由于电动机的定子电阻非常小，这里忽略，所以电压的公式会简化一些。另外，由于不考虑凸极效应，电动机的转矩仅包含了永磁转矩，转矩公式也大为化简。

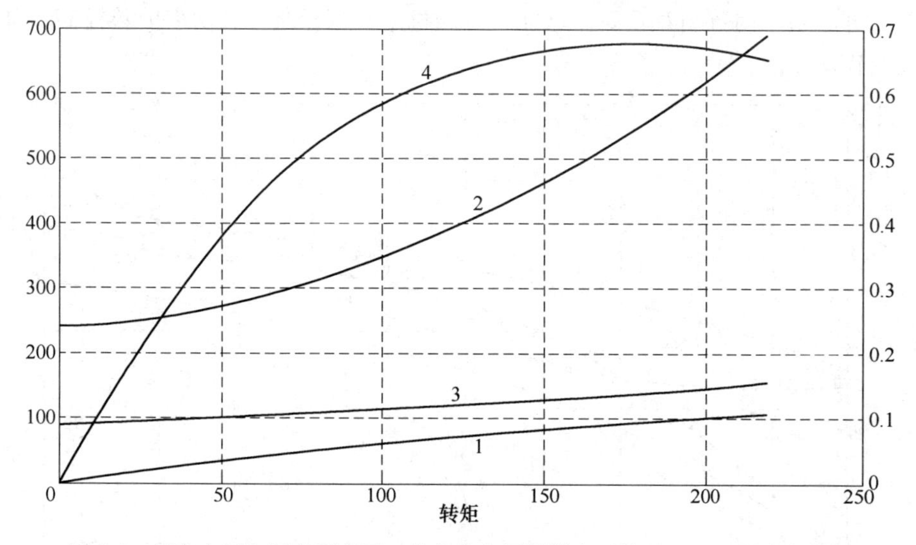

图 7-1　恒定电压与恒定频率下正弦交流电压源供电环境下 PMSM 的稳态特性

从图 7-1 中可以看出，在较小的转矩输出下，电动机电流工作在第一象限，即定子电流励磁分量产生了增磁的效果，实际上这是不需要的。另外，电动机的功率因数很低。所以图 7-1 表明当输出转矩较小时，采用恒定电压模式并不适合。换句话说，电动机并不需要如此高的电压，否则电动机的工作特性并不理想。

从图 7-1 中可以看出，在较大的输出转矩下，例如接近 180N・m 时，电动机的电流矢量逐步进入第二象限（$\delta>90°$），电动机的功率因数普遍较高，但是电动机的电流幅值增加非常明显。因为转矩的输出需要有相应大小的 i_q，从而要求了较大的定子电流幅值。

图 7-2 给出了上述分析中电动机在电流相平面中的工作点。恒定电压和恒定频率下，图中的电压圆是固定不变的。电动机的恒转矩曲线是与

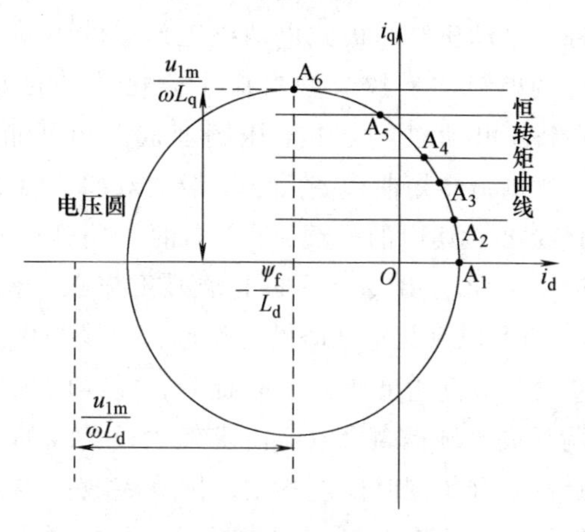

图 7-2　电流相平面中的电动机工作点

横轴平行的，所以当电动机转矩逐步增加时，电动机的工作点从图中的 A_1 逐步移动到 A_2、A_3 等等，最大转矩对应了工作点 A_6。电动机的工作点从第一象限逐步移动到第二象限。

上述分析的 PMSM 与传统的隐极式电励磁同步电动机特性是相同的，它们的唯一区别就在于磁场是永磁体产生的还是直流励磁绕组产生的。

如果考虑到 PMSM 的凸极效应，电动机参数同 42kW 电动机，此时电动机的磁阻转矩明显较大，因而与上述的隐极式电动机的特性大不相同。由于转矩公式比较复杂，可以借助半角正切公式进行 MATLAB 分析，得到图 7-3 的曲线。图 7-3 中的虚线与实线分别对应了隐极式与凸极式 PMSM 的特性曲线。蓝色曲线 1、2 对应了电流幅值（取 530A 为基值进行了标幺化处理），黑色曲线 3、4 对应了电压矢量的相位角（按照 180°进行标幺化处理），紫色曲线 5、6 对应了功率因数，红色曲线 7、8 对应了电流矢量的相位角（按照 180°进行标幺化处理）。可以看出，对于输出相同的转矩，凸极式电动机由于多了磁阻转矩分量，定子电流需求较少，并且功率因数相对较高。这样，电动机定子铜耗减少，功率因数提高，降低了对电源容量的需求。

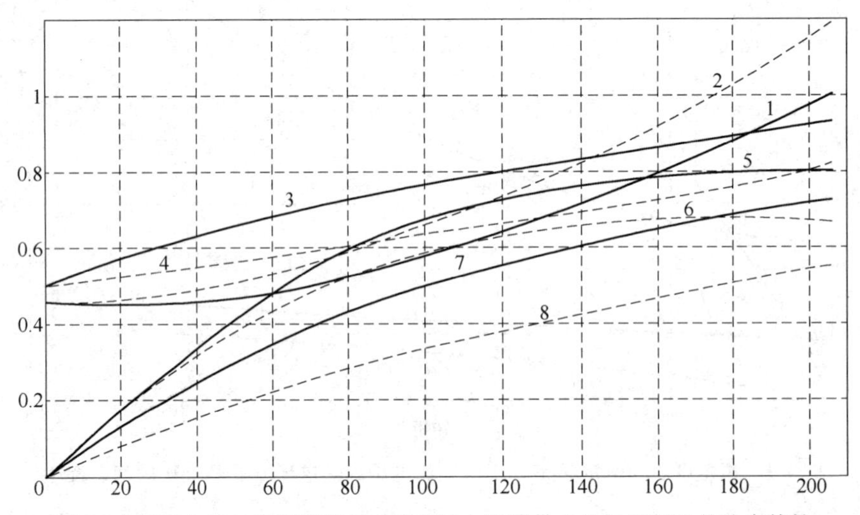

图 7-3　恒定电压与恒定频率下正弦交流电压源供电凸极 PMSM 的稳态特性

从图 7-4 的电动机电流工作点可以看出隐极式电动机与凸极式电动机工作点的不同，图中的虚线与实线分别对应了隐极式与凸极式 PMSM 电动机。图中电压圆变成了电压椭圆，水平的恒转矩曲线变成了实线的双曲线（这里只绘出了其中的一簇），它们的一些列交点对应了不同输出转矩下的电动机工作点。例如，A_1 点是电动机空载时的工作点，实线与虚线是重合的。随着转矩的不断提升，虚线的工作点明显成比例提高，电流需求较大；实线的工作点在上升的同时向左移动，因为有较高的磁阻转矩，故而对 i_q 的需求降低了。总的说来，在

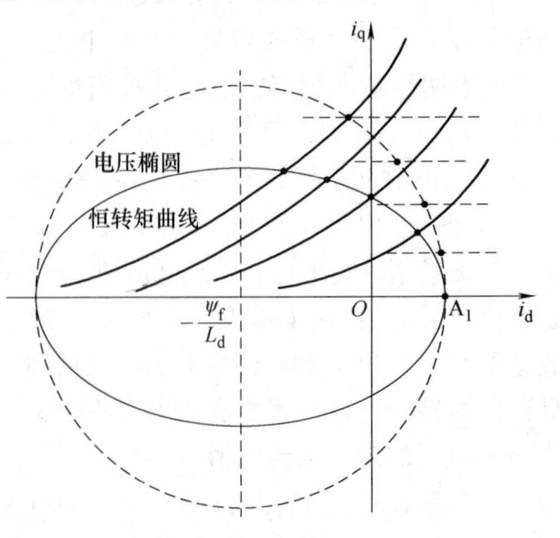

图 7-4　电流相平面中的隐极式与凸极式电动机工作点对比

同一个转矩输出下，凸极电动机的定子电流幅值降低了。

此外，图 7-2 中工作点 A_6 移动到电压圆的最高点，这对应了 i_q 的最大点，即最大输出转矩点。但是在图 7-4 中，电压椭圆的最高点同样是 i_q 最大点，但并不是最大转矩输出点。

7.1.2　PMSM 起动过程分析

在第 4 章中对 PMSM 进行 MATLAB 仿真建模中已经对正弦电压供电的小功率 PMSM 直接起动进行了仿真，其波形如图 4-17 所示。可以发现，电动机的转矩 T_e 以及 i_q 呈现振荡，电动机的转速也呈现振荡，这种起动过程并不理想。

如果针对 7.1.1 节中的大功率隐极式 PMSM 进行仿真，当负载折算到电动机轴的总转动惯量分别为 0.000001、0.0001、0.1 三种情况下，前述恒定频率、恒定电压（136V、266Hz）的正弦波供电时，电动机的仿真波形分别如图 7-5、图 7-6 和图 7-7 所示。三个图中的波形自上而下分别为：电动机转速、电动机转矩、i_d 与 i_q。

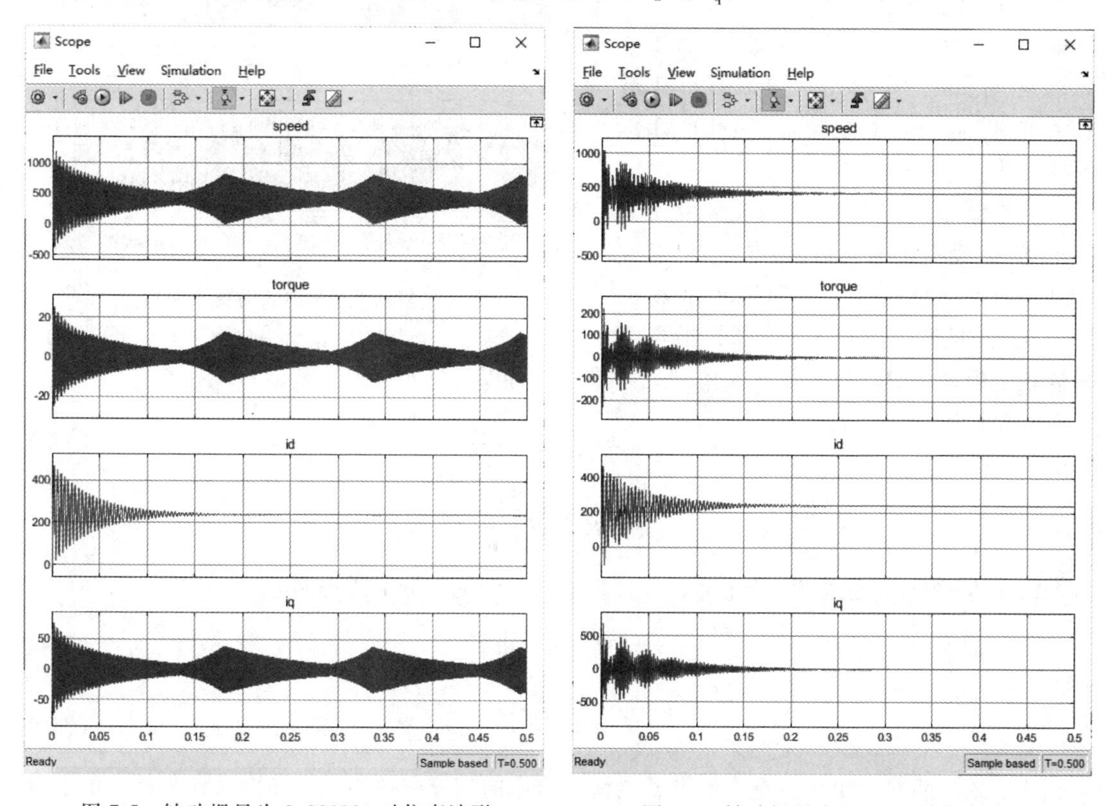

图 7-5　转动惯量为 0.000001 时仿真波形　　　　图 7-6　转动惯量为 0.0001 时仿真波形

当电动机转动惯量太小时，电动机转速可以增大到同步速度，但是电动机振荡异常明显，电动机呈现不稳定的振荡，无法稳定运行，如图 7-5 所示。当电动机转动惯量太大时，电动机速度根本无法加速到同步速度，一直保持在低速振荡，也无法稳定运行，如图 7-7 所示。只有当电动机转动惯量比较合适时，电动机既能够较快地进入同步状态，又能够稳定地运行，如图 7-6 所示。

上述分析只是简单的定性分析，下面将定量分析较大转动惯量下电动机的起动电流与转矩。

在较大转动惯量下，电动机的速度来不及在短时间内迅速增加，基本维持在0附近。电动机的起动电流可以按照下式近似计算（这里仍对隐极式电动机进行分析）。

$$i_{1m}=\frac{u_{1m}}{\sqrt{(R_1)^2+(\omega_1 L)^2}} \tag{7-1}$$

式（7-1）中的 ω_1 为电源的电角频率。根据前面的参数可以计算出电动机起动电流大约为740A。这与图7-7中的结果近似。另外，进一步增大转动惯量以保证电动机的转速接近0，得到的仿真波形如图7-8所示。从上到下的4个波形分别是 u_d、u_q、i_d 和 i_q。可以看出在最右侧的 i_d 与 i_q 基本上与式（7-1）计算值接近。

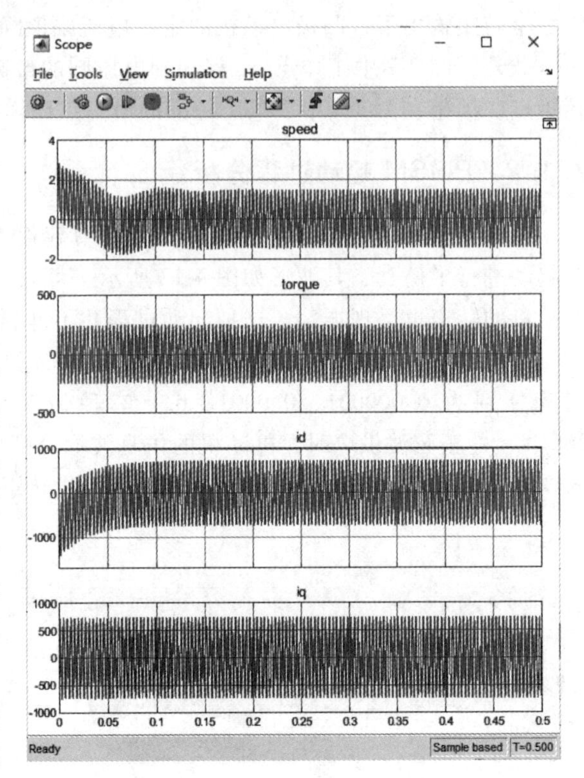

图7-7　转动惯量为0.1时仿真波形

但是在图7-8中还可以看出实际的 i_d 与 i_q 的起动过程中的过渡值会大于式（7-1）的计算值。假定电动机转速 ω 恒定为0，并且转子位置为0，那么根据两相静止坐标系中电动机的数学模型（见附录A）可以由下式分别计算出 i_d 与 i_q。

$$u_d=R_1 i_d+L_d\frac{di_d}{dt} \tag{7-2}$$

$$u_q=R_1 i_q+L_q\frac{di_q}{dt} \tag{7-3}$$

由于 R_1 很小，忽略 R_1 的压降，并且将上式改变为积分形式得到

$$i_d=\frac{1}{L_d}\int u_d dt \tag{7-4}$$

$$i_q=\frac{1}{L_q}\int u_q dt \tag{7-5}$$

从上式中明显看出，暂态中的定子电流与电压的积分密切相关。如图7-8所示，由于电压矢量的初始相位角是90°，因而 $t=0$ 时，$u_d=0$，$u_q=u_{1m}$ 为最大值。根据式（7-5）分析，可以知道 i_q 基本上从起动时就进入稳态，这与仿真结果对应。从式（7-4）和 u_d 波形可以知道，i_d 会经历一个达到最大暂态电流的过渡过程。在0到1/2供电周期内进行式（7-4）的积分，可以估算出最大暂态电流大约为稳态值的2倍，即接近1480A。图7-8中的仿真数据约为1430A，它们是比较接近的，其差距是由于忽略定子电阻产生的。这里的过渡过程与变压器空载合闸的过渡过程是类似的。

如果需要快速起动隐极式同步电动机，那么需要尽可能快速地增加 i_q。从图7-8的图形以及式（7-5）中可以看出，这就需要对 u_q 进行适当的控制。如果是电网供电，那么就需要提供

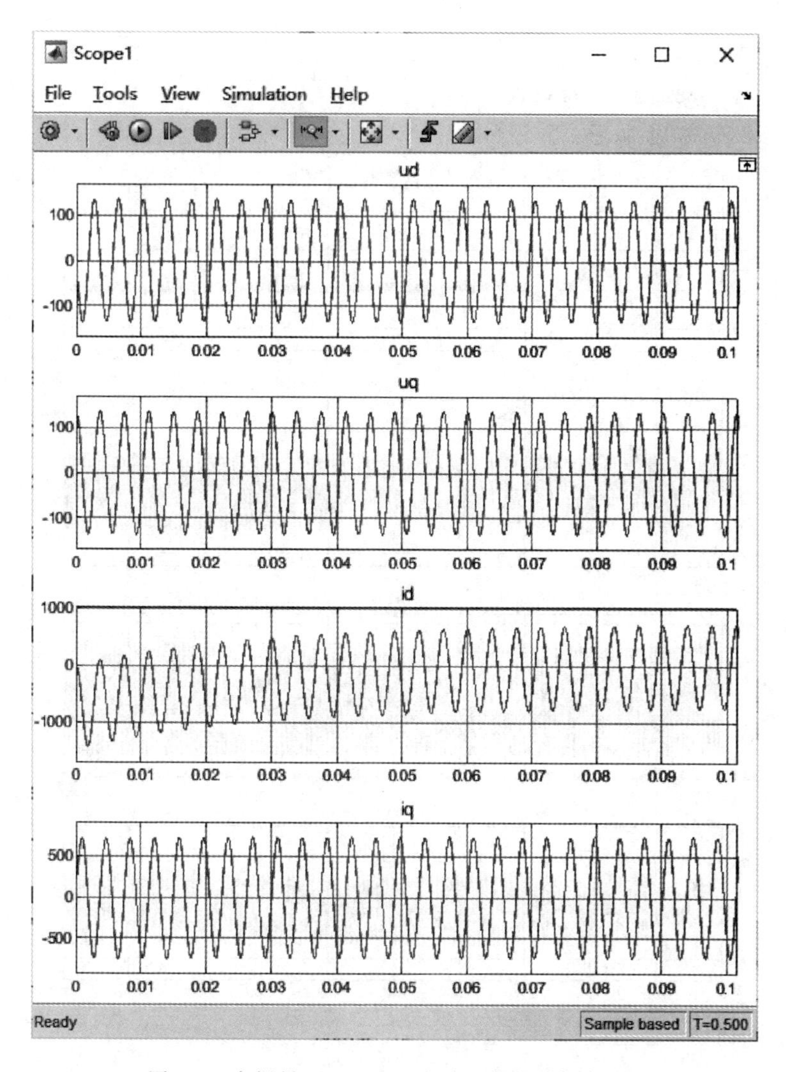

图 7-8　大惯量（$J=100$）电动机的起动仿真波形

一个合适的电压初始相位角。否则，有可能会有负的 i_q 出现，可能会出现电动机的反转。

下面将定量分析电动机的起动转矩。在第 6 章推导过电动机的转矩公式（6-41），对于隐极式电动机，忽略定子电阻 R_1，电动机电流进入了稳态［即不考虑式（7-4）、式（7-5）的电流暂态］，那么可以知道当电动机的转速为 ω 时，电动机的转矩公式为式（7-6），式中的相角 γ 为电压矢量超前转子 d 轴的电角度。

$$T_e = 1.5 n_p \frac{-u_{1m}\Psi_f}{\omega L_q}\cos\gamma \tag{7-6}$$

注意：由于惯量大的电动机转速来不及增加很多，所以在 dq 坐标系中，电压矢量是一个高速旋转的电压矢量。所以 γ 也在快速、周期性变化而不能稳定下来，这就表明电动机的转矩也是一个高速振荡的变量，其频率主要由电压频率决定，另外还包含了电动机转速的低频振荡。从图 7-9 中容易看出振荡情况，图中自上而下 4 个波形分别是电动机转速、电动机转矩、i_d 和 i_q。

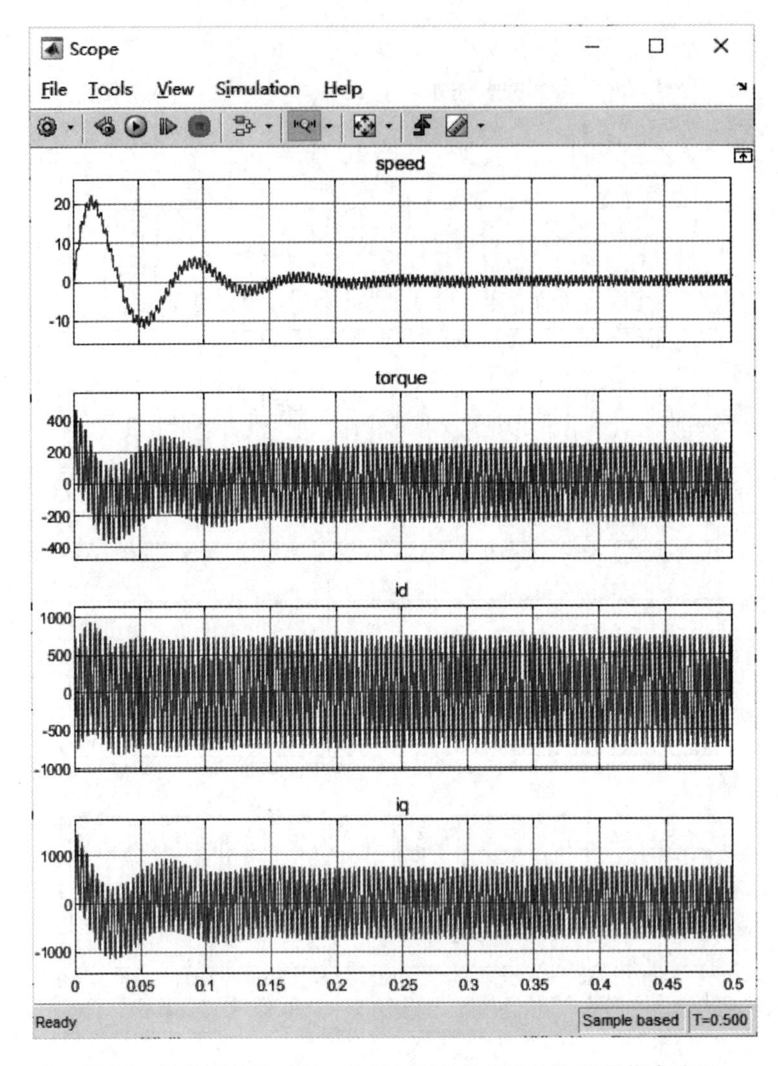

图 7-9　转动惯量 $J=0.1$、电压矢量初始相角为 0 时的仿真波形

从式（7-6）中可以看出，电动机的起动转矩近似按照电压角频率高速振荡。如果在转矩为正值的半个周期内电动机的转速有明显的增加，那么经过几个周期，电动机就有可能进入同步转速运行，这类似于图 7-6 的起动过程。

在实际系统中，与大功率电动机相对应的机械系统的转动惯量也是比较大的，所以实际系统是难以直接起动的，这就是同步电动机调速系统的起动难题。传统的解决方法是在转子中加入阻尼绕组，电动机可以按照等效异步电动机起动，最后转入同步电动机方式运行于同步转速；另一种解决方法是采用一台原动机拖动同步电动机，将其转速提高至接近同步转速，然后投入工频交流电再进行起动。此时根据式（7-6）可知，只要两个转速较为接近，以及电压相位角控制比较合适，那么电动机可以达到同步转速。

顺便说说转子阻尼绕组的作用，它除了在起动中发挥作用外，还可以提高同步电动机在同步转速下的运行稳定性，力图使电动机保持在同步转速而不偏离。而一旦进入同步转速运行后，阻尼绕组就没有基波感应电流和相应的转矩了。

7.1.3 PMSM运行稳定性分析

1. 小信号模型推导

假定电动机已经运行在同步转速，那么在电动机受到一个微小的扰动，使其转子位置发生了变化时，对于前述的正弦交流电压供电的PMSM是否能够重新进入稳态运行？这是有关电动机运行稳定性的一个问题，下面采用传统的根轨迹方法进行分析。

为了分析电动机在工作点的稳定性问题，首先需要推导电动机在工作点的小信号模型。在转子 dq 坐标系中，PMSM的数学模型可以用式（7-7）~式（7-11）表示（以隐极式电动机为例）。

$$\begin{aligned} u_{\mathrm{d}} &= u_{1\mathrm{m}}\cos\gamma \\ u_{\mathrm{q}} &= u_{1\mathrm{m}}\sin\gamma \end{aligned} \tag{7-7}$$

$$\begin{aligned} u_{\mathrm{d}} &= R_1 i_{\mathrm{d}} + L_{\mathrm{d}}\frac{\mathrm{d}i_{\mathrm{d}}}{\mathrm{d}t} - \omega L_{\mathrm{q}} i_{\mathrm{q}} \\ u_{\mathrm{q}} &= R_1 i_{\mathrm{q}} + L_{\mathrm{q}}\frac{\mathrm{d}i_{\mathrm{q}}}{\mathrm{d}t} + \omega(\psi_{\mathrm{f}} + L_{\mathrm{d}} i_{\mathrm{d}}) \end{aligned} \tag{7-8}$$

$$T_{\mathrm{e}} = \frac{3}{2} n_{\mathrm{p}} \psi_{\mathrm{f}} i_{\mathrm{q}} \tag{7-9}$$

$$\frac{\mathrm{d}\omega}{\mathrm{d}t} = \frac{n_{\mathrm{p}}}{J}(T_{\mathrm{e}} - T_1) \tag{7-10}$$

$$\frac{\mathrm{d}\theta}{\mathrm{d}t} = \omega \tag{7-11}$$

对于稳态的工作点，式（7-8）电压方程中的微分项为0，因此可以简化为式（7-12）。下标加0表示变量的稳态值

$$\begin{aligned} u_{\mathrm{d0}} &= R_1 i_{\mathrm{d0}} - \omega_0 L_{\mathrm{q}} i_{\mathrm{q0}} \\ u_{\mathrm{q0}} &= R_1 i_{\mathrm{q0}} + \omega_0 \psi_{\mathrm{f}} + \omega_0 L_{\mathrm{d}} i_{\mathrm{d0}} \end{aligned} \tag{7-12}$$

对于理想正弦交流电压源供电的PMSM来说，电动机稳态工作点的各个物理量在下角标中加入0作为标记，如式（7-12）和式（7-13）、式（7-14）。

$$\begin{aligned} u_{\mathrm{d0}} &= u_{1\mathrm{m}}\cos\gamma_0 \\ u_{\mathrm{q0}} &= u_{1\mathrm{m}}\sin\gamma_0 \end{aligned} \tag{7-13}$$

$$T_{\mathrm{e0}} = \frac{3}{2} n_{\mathrm{p}} \psi_{\mathrm{f}} i_{\mathrm{q0}} \tag{7-14}$$

当受到某种扰动，电动机转子的位置在很短的时间内突然产生了一个小的增量 $\Delta\theta$ 后，受其影响，多个变量产生增量，并且电压稳态方程式（7-12）不再成立，需要改用动态方程式（7-8）。由于供电电源的频率未有改变，在转子 dq 坐标系中的电压矢量相位角发生变化，由于增量较小，近似有下式成立。

$$\begin{aligned} u_{\mathrm{d}} &= u_{1\mathrm{m}}\cos(\gamma_0+\Delta\gamma) = u_{1\mathrm{m}}\cos\gamma_0\cos\Delta\gamma - u_{1\mathrm{m}}\sin\gamma_0\sin\Delta\gamma \approx u_{\mathrm{d0}} - u_{\mathrm{q0}}\Delta\gamma \\ u_{\mathrm{q}} &= u_{1\mathrm{m}}\sin(\gamma_0+\Delta\gamma) = u_{1\mathrm{m}}\sin\gamma_0\cos\Delta\gamma + u_{1\mathrm{m}}\cos\gamma_0\sin\Delta\gamma \approx u_{\mathrm{q0}} + u_{\mathrm{d0}}\Delta\gamma \end{aligned} \tag{7-15}$$

进而，可以求得 dq 轴电压的增量为

$$\begin{aligned}\Delta u_{\mathrm{d}}&=-u_{\mathrm{q}0}\Delta\gamma\\ \Delta u_{\mathrm{q}}&=u_{\mathrm{d}0}\Delta\gamma\end{aligned}\tag{7-16}$$

需要注意的是，式中的电压相位角是定子电压矢量相对于 d 轴的夹角，因而存在下式：

$$\Delta\gamma=-\Delta\theta\tag{7-17}$$

这里将动态电压方程式改写为下式（注意 $L_{\mathrm{d}}=L_{\mathrm{q}}=L$）：

$$\begin{aligned}u_{\mathrm{d}0}+\Delta u_{\mathrm{d}}&=R_1(i_{\mathrm{d}0}+\Delta i_{\mathrm{d}})+L\frac{\mathrm{d}(i_{\mathrm{d}0}+\Delta i_{\mathrm{d}})}{\mathrm{d}t}-(\omega_0+\Delta\omega)L(i_{\mathrm{q}0}+\Delta i_{\mathrm{q}})\\ u_{\mathrm{q}0}+\Delta u_{\mathrm{q}}&=R_1(i_{\mathrm{q}0}+\Delta i_{\mathrm{q}})+L\frac{\mathrm{d}(i_{\mathrm{q}0}+\Delta i_{\mathrm{q}})}{\mathrm{d}t}+(\omega_0+\Delta\omega)[\psi_{\mathrm{f}}+L(i_{\mathrm{d}0}+\Delta i_{\mathrm{d}})]\end{aligned}\tag{7-18}$$

对式（7-18）进行分析，忽略其中的增量乘积，可以得到下式的增量方程式为

$$\begin{aligned}\Delta u_{\mathrm{d}}&\approx R_1\Delta i_{\mathrm{d}}+L\frac{\mathrm{d}\Delta i_{\mathrm{d}}}{\mathrm{d}t}-\omega_0L\Delta i_{\mathrm{q}}-\Delta\omega Li_{\mathrm{q}0}\\ \Delta u_{\mathrm{q}}&\approx R_1\Delta i_{\mathrm{q}}+L\frac{\mathrm{d}\Delta i_{\mathrm{q}}}{\mathrm{d}t}+\Delta\omega\psi_{\mathrm{f}}+\omega_0L\Delta i_{\mathrm{d}}+\Delta\omega Li_{\mathrm{d}0}\end{aligned}\tag{7-19}$$

将式（7-19）进行拉普拉斯变换，改写为频域表达式，并且采用矩阵描述，得到

$$\begin{pmatrix}\Delta i_{\mathrm{d}}\\ \Delta i_{\mathrm{q}}\end{pmatrix}=\frac{1}{(R_1+Ls)^2+(\omega_0L)^2}\begin{pmatrix}R_1+Ls & \omega_0L\\ -\omega_0L & R_1+Ls\end{pmatrix}\begin{pmatrix}\Delta u_{\mathrm{d}}+\Delta\omega Li_{\mathrm{q}0}\\ \Delta u_{\mathrm{q}}-\Delta\omega\psi_{\mathrm{f}}-\Delta\omega Li_{\mathrm{d}0}\end{pmatrix}\tag{7-20}$$

从式（7-20）中可以计算出 q 轴电流的增量。根据式（7-14），转矩的增量可以表示为

$$\Delta T_{\mathrm{e}}=\frac{3}{2}n_{\mathrm{p}}\psi_{\mathrm{f}}\Delta i_{\mathrm{q}}\tag{7-21}$$

上面各方程式构成了 PMSM 速度增量系统，绘制成图 7-10 框图。

利用上述公式进行推导，可以得出图 7-11 中变形后的 PMSM 速度增量系统框图。

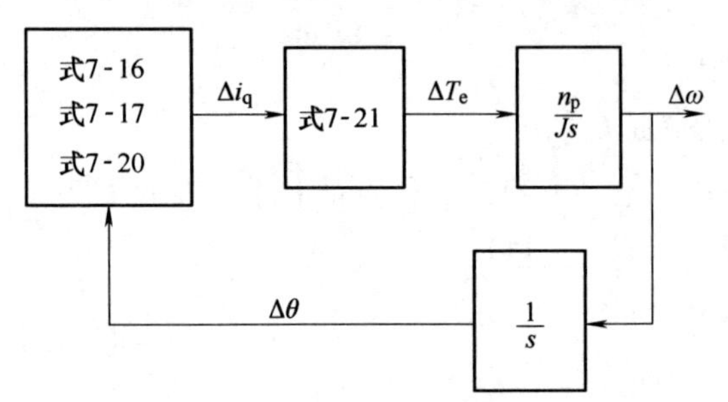

图 7-10　PMSM 速度增量系统的框图

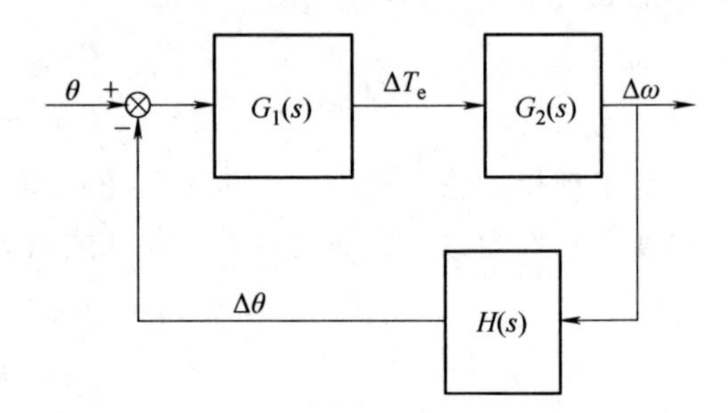

图 7-11　变形后的 PMSM 速度增量系统框图

2. 系统传递函数分析

图 7-11 中的各环节传递函数分别为

$$G_1(s)=\frac{1.5n_{\mathrm{p}}\psi_{\mathrm{f}}[(L\psi_{\mathrm{f}}+L^2i_{\mathrm{d}0})s^2+(\omega_0L^2i_{\mathrm{q}0}+Lu_{\mathrm{d}0}+R_1\psi_{\mathrm{f}}+R_1Li_{\mathrm{d}0})s+(\omega_0Lu_{\mathrm{q}0}+R_1u_{\mathrm{d}0})]}{(R_1+Ls)^2+(\omega_0L)^2}\tag{7-22}$$

$$G_2(s)=\frac{n_{\mathrm{p}}}{Js}\tag{7-23}$$

$$H(s)=\frac{1}{s} \tag{7-24}$$

针对上述电动机系统，可以求出电动机转速增量 $\Delta\omega$ 对位置增量 $\Delta\theta$ 的闭环传递函数。

$$\begin{aligned} M(s) &= \frac{-G_1G_2}{1+G_1G_2H} \\ &= \frac{-1.5n_p\psi_f[(L\psi_f+L^2i_{d0})s^3+(\omega_0L^2i_{q0}+Lu_{d0}+R_1\psi_f+R_1Li_{d0})s^2+(\omega_0Lu_{q0}+R_1u_{d0})s]}{\frac{J}{n_p}s^2[(R_1+Ls)^2+(\omega_0L)^2]+1.5n_p\psi_f[(L\psi_f+L^2i_{d0})s^2+(\omega_0L^2i_{q0}+Lu_{d0}+R_1\psi_f+R_1Li_{d0})s+(\omega_0Lu_{q0}+R_1u_{d0})]} \end{aligned} \tag{7-25}$$

采用 MATLAB 程序进行分析为

```
tl=0;         %设定负载为0
r=0.004;
u1=136;
w=2*pi*266;
fai=0.055;
ld=110e-6; lq=110e-6; l=ld; rou=lq/ld; %设定隐极式同步电动机参数
np=4;
k0=1.5*np*fai;
iq=tl/(1.5*np*fai); %根据电动机转矩计算iq
aa=(w*w*ld*ld+r*r);
bb=(2*w*w*fai*ld);
cc=((r*iq+w*fai)^2+(w*lq*iq)^2-u1^2);
id=(-bb+sqrt(bb*bb-4*aa*cc))/(2*aa);%根据电动机稳态方程精确计算id
ud=r*id-w*lq*iq;
uq=r*iq+w*(fai+ld*id);
cosgm=ud/u1;
gm=acos(cosgm);
sita0=pi/180/1000*(1000); %设定电动机位置角的扰动增量
id0=id;
iq0=iq;
w0=w/np;       %初始机械角速度
gm0=gm;        %设定电动机仿真时的初始变量
JJ=1.2;        %电动机的转动惯量
```

经过上述的初始化以后，可以建立如图 7-12 所示的传函模型进行仿真分析。图中的 step 模块用于设置电动机转子位置角的扰动量，这里在 0.001s 的时候加入 0.01 弧度的扰动。

前面的仿真已经表明，不同机械惯量同步电动机的恒压恒频电压源供电下的起动过程有很大区别。这同样也适用于电动机工作的稳定性分析。对于图 7-12 中的仿真模型，设置不同的转动惯量，可以发现电动机工作点的稳定性有很大差异。

图 7-13 给出的是电动机转动惯量为 1.2 时，电动机转子位置受到扰动后的转速波形，发现短时间内电动机的转速呈现近似等幅振荡，这表明电动机的阻尼非常小，近似为 0，电动机的稳定性较差。通过对传递函数的极点——特征方程的根进行分析，可以得到当电动机

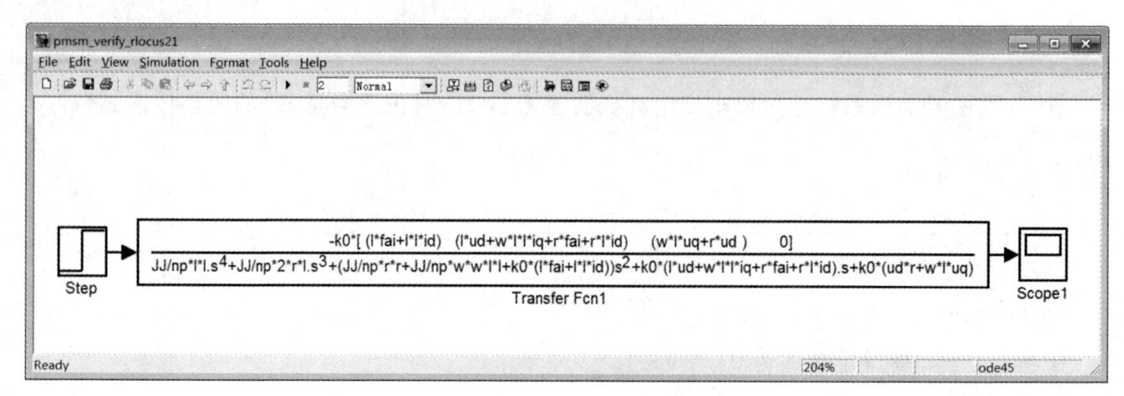

图 7-12　检验电动机工作点稳定性的仿真模型

转动惯量约为 2. 315e-4 时，电动机处于临界阻尼（即阻尼为 0）。小于该转动惯量，电动机的阻尼为正；大于该转动惯量，电动机的阻尼为负，系统将会不稳定。

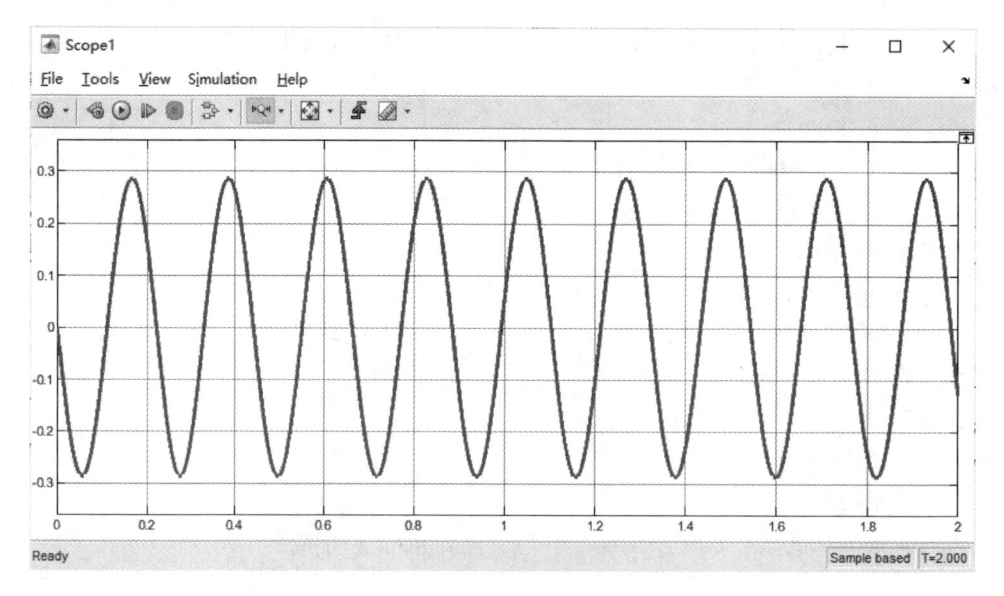

图 7-13　转动惯量为 1. 2 时的转速增量波形

当转动惯量为 1. 2e-2 时，图 7-12 仿真的结果如图 7-14 所示，可以看出，系统呈现较为

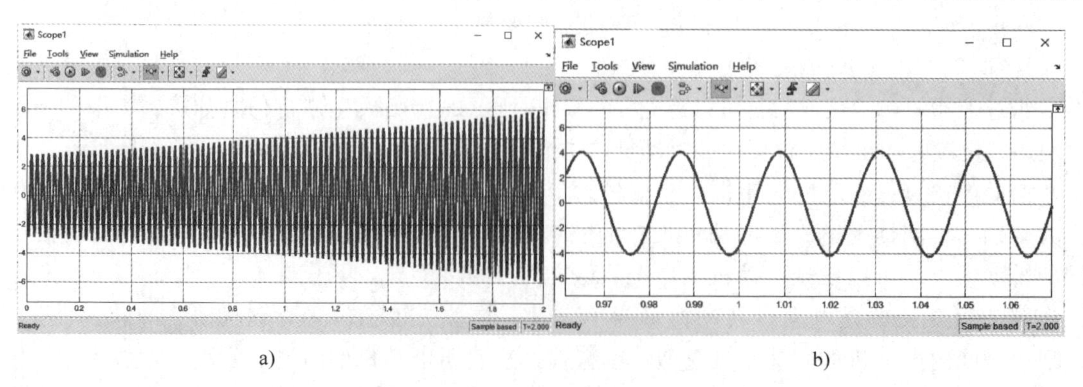

图 7-14　转动惯量为 1. 2e-2 时的转速增量仿真波形

明显的发散现象。其中转速的波动周期略大于 0.02s，这个数值与后面给出的转动惯量为 1.2e-2 时系统极点的振荡频率相吻合。

图 7-15 给出了转动惯量为 1.2e-1 时的仿真波形图，转速同样也在发散，并且其振荡周期接近 0.07s。

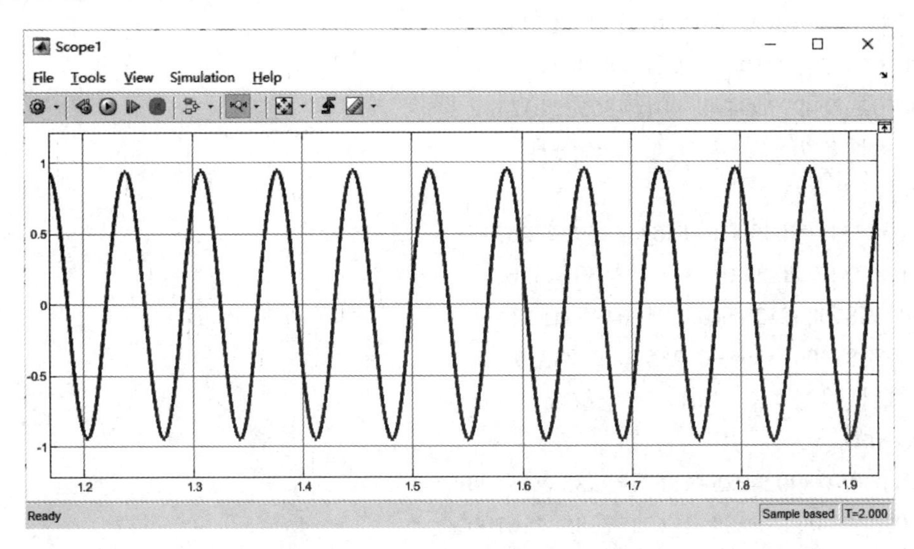

图 7-15 转动惯量为 1.2e-1 时的转速增量仿真波形（放大后）

当已知电动机的转动惯量，计算特征方程的根可以利用下面的 MATLAB 程序。

```
a=JJ * l^2;
b=2 * r * l * JJ;
c=JJ * w^2 * l^2+JJ * r^2+k0 * np * (ld * fai+ld * ld * id);
d=k0 * np * (w * l * l * iq+l * ud+r * fai+r * l * id);
f=k0 * np * w * l * uq+k0 * np * r * ud;
syms s    %定义符号变量
mm=solve(a * s^4+b * s^3+c * s^2+d * s+f==0,s)
```

再利用下述语句将方程的解转换成高精度的浮点数值解。

```
aa=vpa(mm)
```

当转动惯量为 1.2e-4 时的 4 个解为：

```
1.0e+003 *
-0.018713730852932+2.852374770627512i
-0.018713730852932-2.852374770627512i
-0.017649905510705+1.671429157223637i
-0.017649905510705-1.671429157223637i
```

当转动惯量为 2.315e-4 时的 4 个解为：

```
1.0e+003 *
-0.036201896597670+2.056280273967196i
-0.036201896597670-2.056280273967196i
-0.000161739765968+1.670948811657810i
```

-0.000161739765968-1.670948811657810i
当转动惯量为1.2e-3时的4个解为:
1.0e+003 *
-0.041392991361230+1.671671380219274i
-0.041392991361230-1.671671380219274i
0.005029354997594+0.901648693313243i
0.005029354997594-0.901648693313243i
当转动惯量为1.2e-2时的4个解为:
1.0e+003 *
-0.036731797039001+1.671343927336217i
-0.036731797039001-1.671343927336217i
0.000368160675365+0.285204958451744i
0.000368160675365-0.285204958451744i
当转动惯量为1.2e-1时的4个解为:
1.0e+003 *
-0.036399489024285+1.671328858286100i
-0.036399489024285-1.671328858286100i
0.000035852660648+0.090190999805582i
0.000035852660648-0.090190999805582i
当转动惯量为1.2时得到的4个解为:
1.0e+003 *
-0.036367212270721+1.671327447444783i
-0.036367212270721-1.671327447444783i
0.000003575907085+0.028520936461676i
0.000003575907085-0.028520936461676i

从转动惯量为1.2e-2的特征根可以看出，不稳定的特征根的振荡角频率约为285rad/s，对应的振荡频率约为45Hz，其振荡周期约为0.022s，略大于0.02s，结果与图7-14的仿真结果相吻合。

3. 根轨迹分析

下面采用MATLAB根轨迹工具对转动惯量J与闭环系统极点的关系进行分析。首先将闭环系统特征方程改写为下式:

$$1+\frac{Js^2[(R_1+Ls)^2+(\omega_0L)^2]}{1.5n_p^2\psi_f[(L\psi_f+L^2i_{d0})s^2+(\omega_0L^2i_{q0}+Lu_{d0}+R_1\psi_f+R_1Li_{d0})s+(\omega_0Lu_{q0}+R_1u_{d0})]}=0 \tag{7-26}$$

然后采用下述的MATLAB程序就可以针对变量J进行系统根轨迹的分析。

```
h=tf([1  2*r/l (w*w+r*r/l/l)  0 0],[k0*np*(ld*fai+ld*ld*i_d)/l/l
k0*np*(w*l*l*i_q+l*u_d+r*fai+r*l*i_d)/l/l  k0*np*(w*l*u_q+r*u_d)/l/l])
%设置待分析的传递函数
rlocus(h)  %进行根轨迹分析
[rr,kk]=rlocus(h)  %计算出增益kk(这里即是惯量J)与根rr(相应极点)。
```

```
rr=rlocus(h,2.31e-4) %计算出增益为2.31e-4时的根kk
k=(0:10:100000)*1e-6;
figure
rlocus(h,k) %利用给定的一系列增益k来绘制根轨迹图
```

采用上述程序得到的根轨迹如图7-16所示，放大后如图7-17所示。可以看出系统有两个有限的复数极点（在左半平面靠近虚轴处）和两个无穷远处的极点，系统有4个零点——两个同在原点处，另外两个复数零点在两个复数极点的左侧。当转动惯量分别为2.315e-4、1.2e-4、1.2e-3、1.2e-2、1.2e-1和1.2的时候，右下角根轨迹的对应点分别为A、B、C、D、E、F。可以看出，D、E、F几个点非常靠近原点，系统呈现近似等幅振荡的现象，前面图7-13正是对F点的仿真波形。

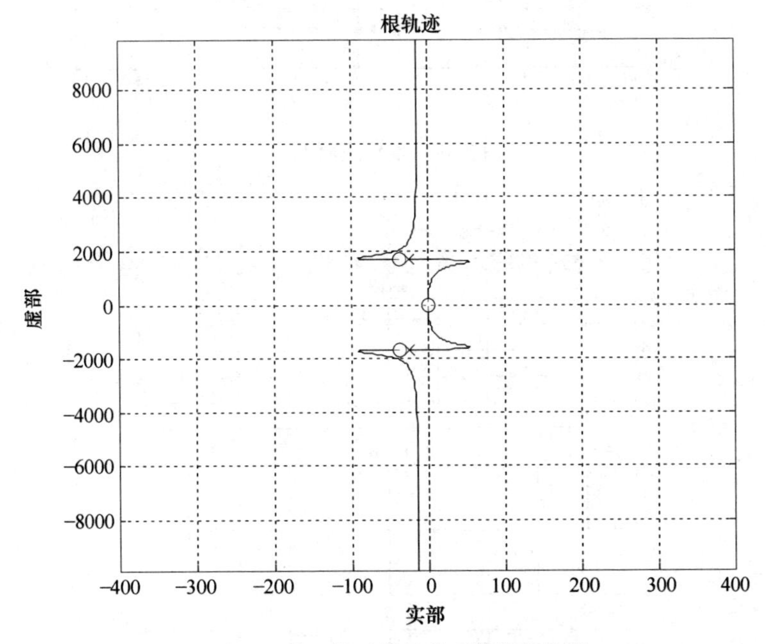

图7-16 关于转动惯量的系统根轨迹图

4. 仿真验证

另外，为了进一步验证上述分析结果，针对第4章建立的电动机动态仿真模型（见4.2内容）进行SIMULINK动态仿真。首先根据前述命令计算出系统在不同输出转矩下的初始状态，包括电动机机械角转速（同步速度）、i_d、i_q、电压相位角的初始值以及转子位置角扰动量，然后分别在不同转动惯量下进行仿真。

空载下的各变量初始值分别为417.8rad/s、240A、0A、1.56rad，负载为180Nm下的各变量初始值分别为417.8rad/s、−12.5A、545.5A、2.4rad。100Nm负载转矩下的初始值为417.8rad/s、170A、303A、1.987rad。

图7-18给出了空载下，设置初始值后未加扰动量的仿真波形。很容易看出，系统直接进入稳态运行，这就避免了仿真中因为初始值的设置偏差造成暂态振荡的发生。

图7-19给出了转动惯量为1.2时的转速波形图，仿真200s后，可以看出它呈现出极其微小的发散状态，这也表明系统极点位于右半平面非常靠近虚轴的地方。

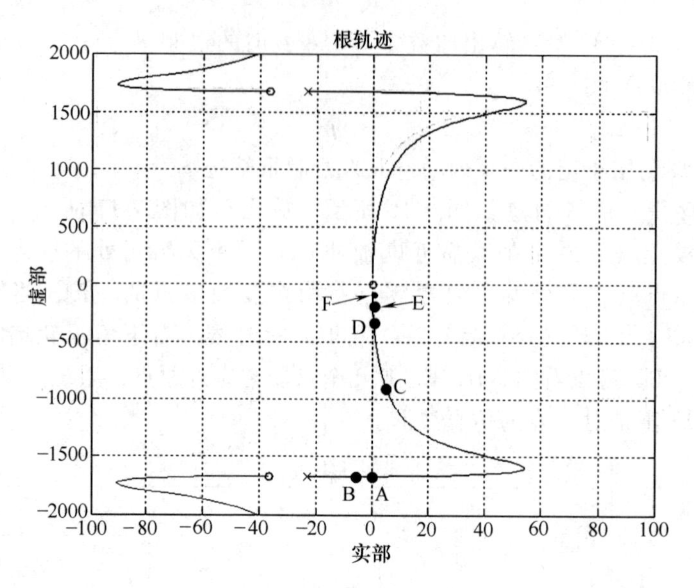

图 7-17　根轨迹放大图

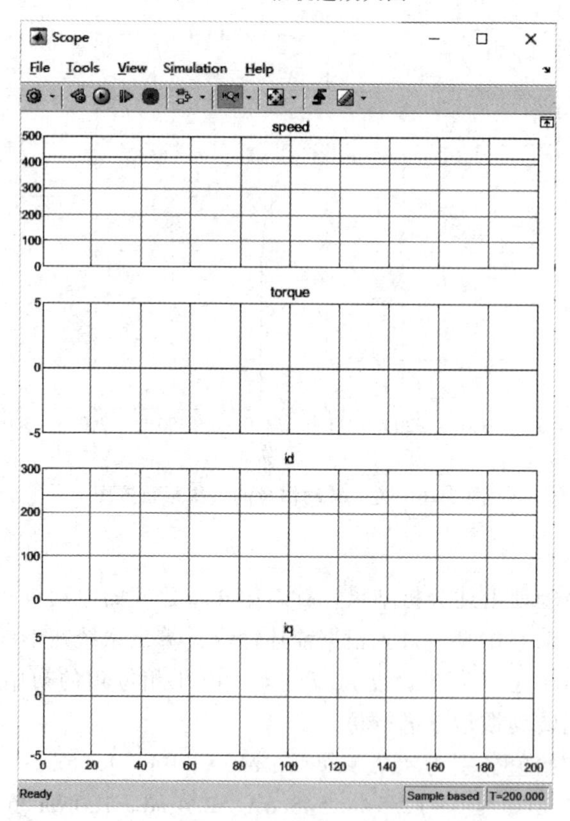

图 7-18　正确设置初始值后无扰动时的仿真波形图

图 7-20 给出了转动惯量为 1.2e-1 时的转速波形图，仿真到 120s 后，可以看出它呈现出较为明显的发散状态。这说明转动惯量的减小，系统极点远离了虚轴。

图 7-21 将图 7-20 的波形在 14s 附近进行放大，可以从局部看出，系统似乎处于等幅振荡中。另外，可以估算出振荡周期大约为 0.07s，这与图 7-15 以及根轨迹计算的系统右半平

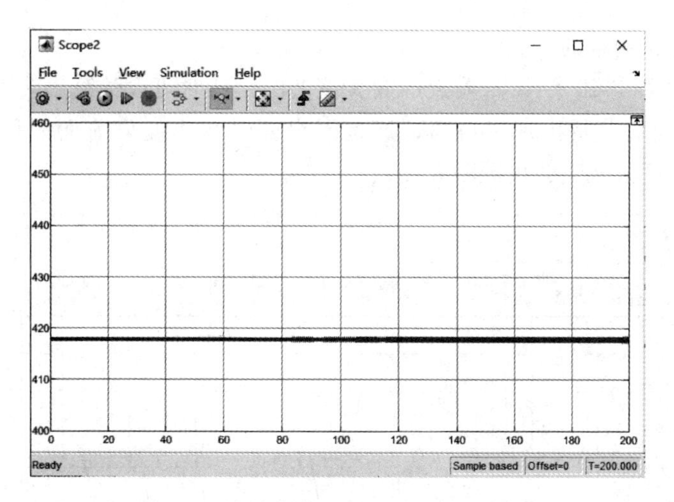

图 7-19　转动惯量为 1.2 时的转速波形图

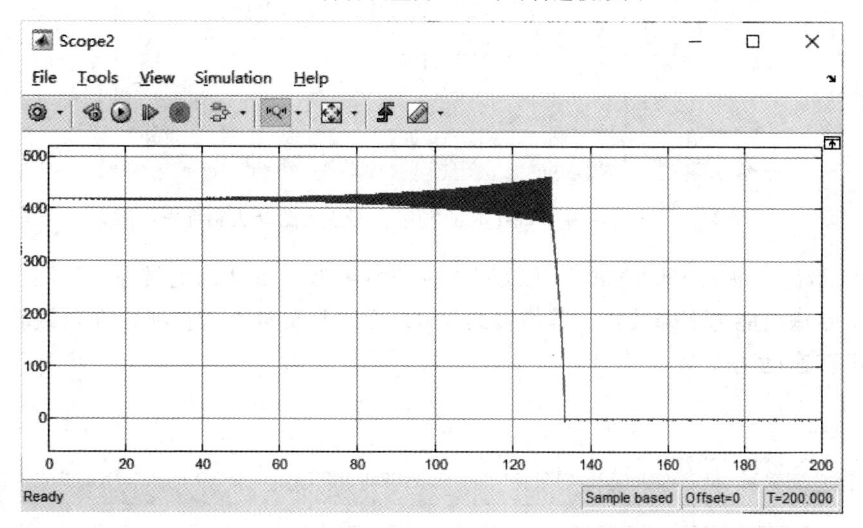

图 7-20　空载下转动惯量为 1.2e-1 时的转速波形图

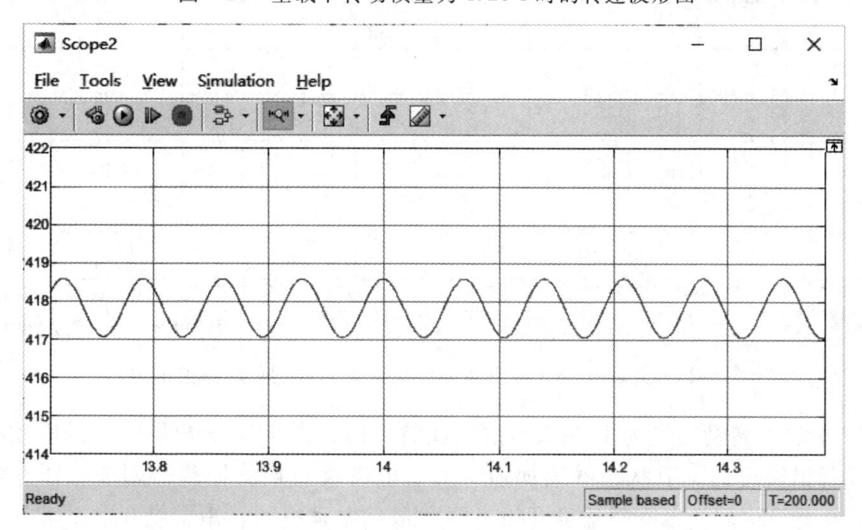

图 7-21　转动惯量为 1.2e-1 时的转速波形放大图（小幅度振荡时）

面极点的虚部都是相吻合的。

图 7-22 给出了图 7-20 在 120s 附近的放大波形图，此时可以估算出转速波形的振荡周期约为 0.08s，与前面的分析出现了偏离，这是因为此时转速偏离前面的稳态工作点已经较大，所以前面的计算公式就会出现较大偏差。

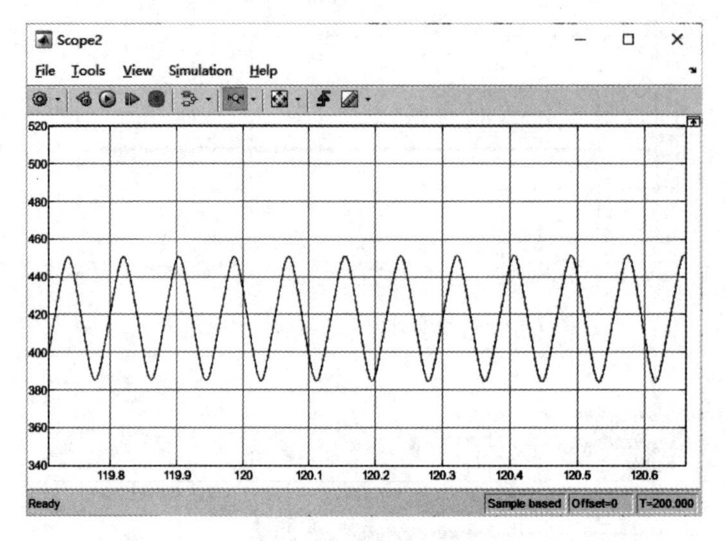

图 7-22　转动惯量为 1.2e-1 时的转速波形放大图（大幅度振荡时）

图 7-23 给出了加入 100N · m 负载以后、转动惯量为 1.2e-1 时的转速波形图。由于电动机转矩的实际输出能力下降较快，其均值约为 0，无法与负载平衡。所以在负载转矩的作用下，电动机转速迅速减少。

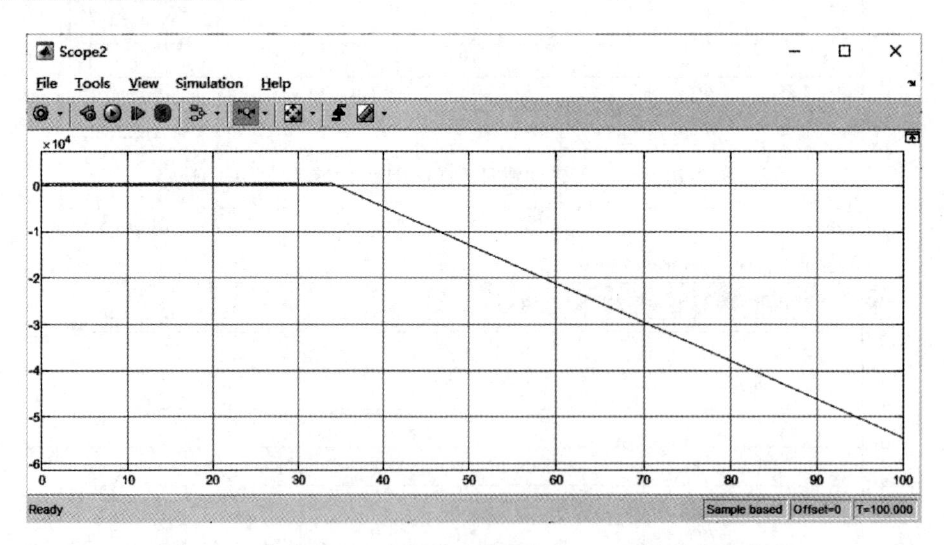

图 7-23　负载 100N · m 下转动惯量为 1.2e-1 时的转速波形图

图 7-24 给出了转动惯量为 1.2e-2 时的转速波形图，图 7-25 给出了对应的电动机转矩波形图。可以看出转速的发散状态继续加强。由于电动机转矩的振荡，无法保证 0 转矩的输出，所以仿真到 25s 后，电动机速度开始下降。最后电动机的转矩围绕 0 上下波动，电动机的转速也就在 0 附近。

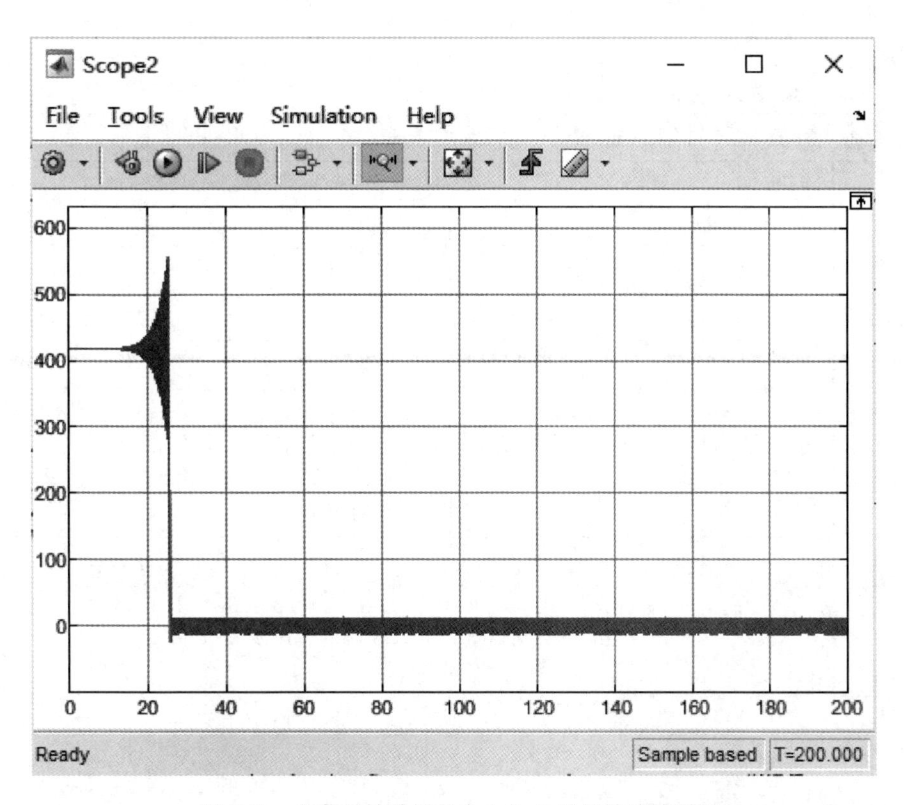

图 7-24　空载下转动惯量为 1.2e-2 时的转速波形图

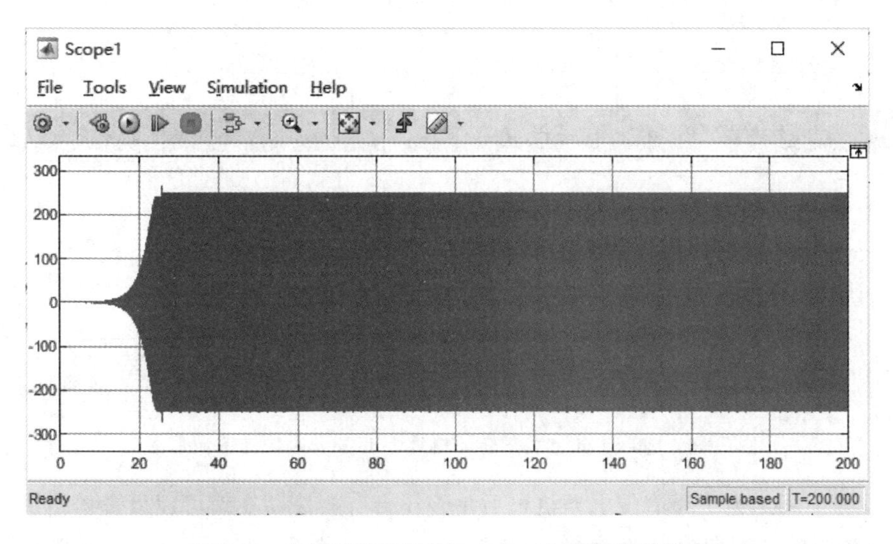

图 7-25　空载下转动惯量为 1.2e-2 时的转矩波形图

图 7-26 给出了转动惯量为 1.2e-4 时的转速波形图，图 7-27 是加入负载 100N · m 的转速仿真波形。可以看出，加入扰动以后，电动机转速出现振荡，但随即开始明显衰减。这是由于系统的极点位于左半平面，并且距离虚轴较远——从前面计算的系统极点可以知道。

细心的读者可能会发现一个问题，系统进入稳态后为何转速以及转矩还是在振荡，怎么没有衰减了？这与仿真环境有关系。因为前面是需要仿真 200s，时间较长，所以系统的最

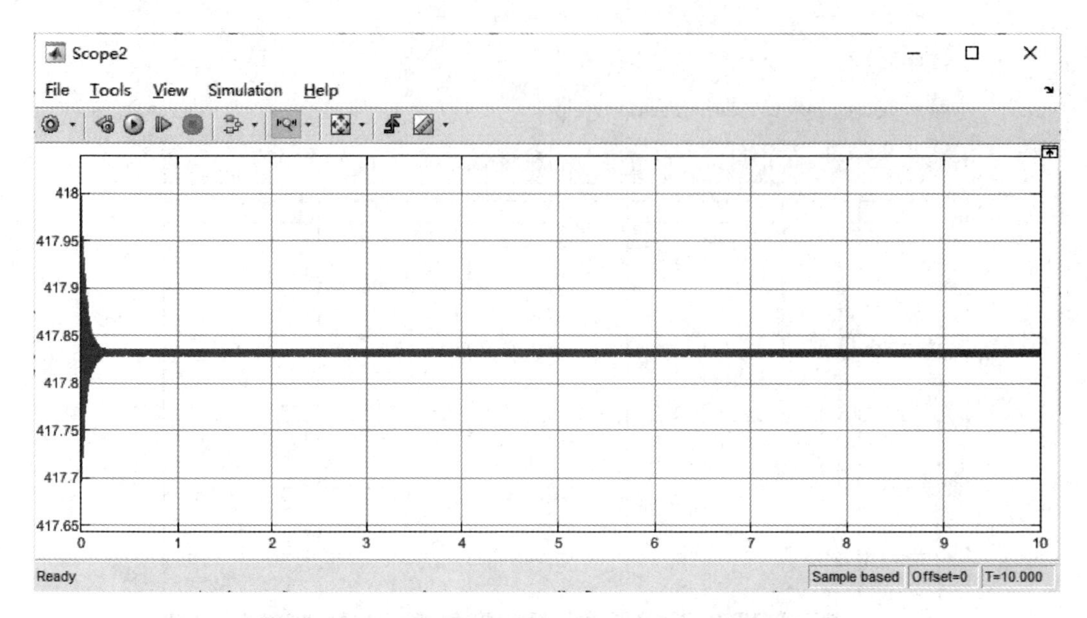

图 7-26 空载下转动惯量为 1.2e-4 时的转速波形图

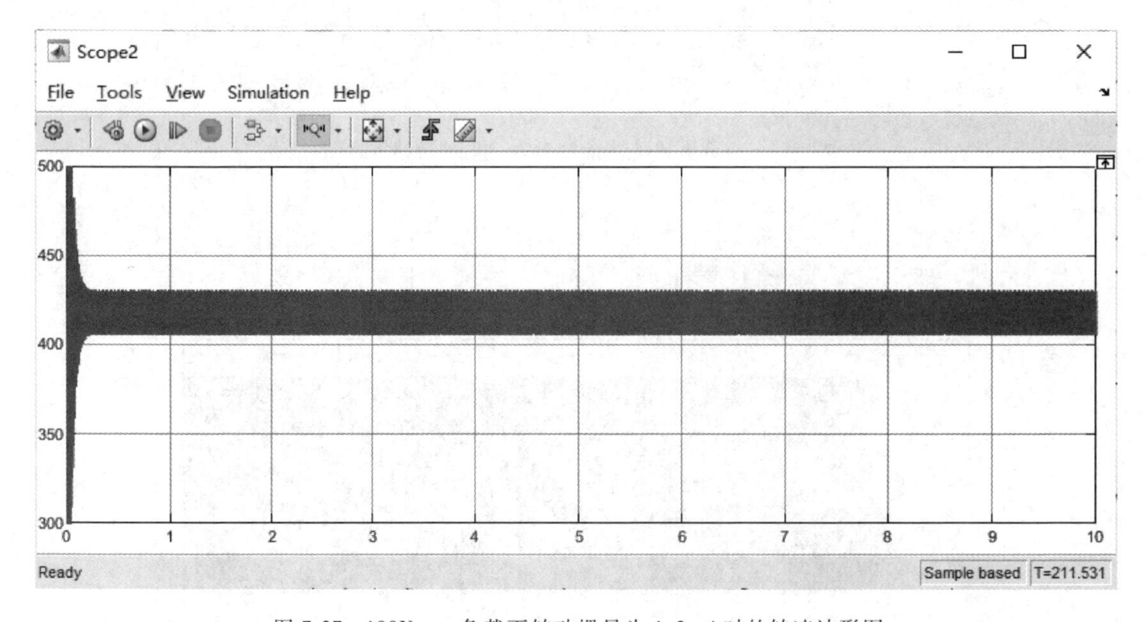

图 7-27 100N · m 负载下转动惯量为 1.2e-4 时的转速波形图

大步长设置为 1e-3。为了弄清楚电动机最后是否还会有振荡存在，可以设置仿真最大步长为 1e-5，重新仿真的结果如图 7-28 所示，仿真步长设置如图 7-29 所示。结果很明显地表明系统是稳定的。

这里再对转速波形的衰减过程进行定量分析。根据前面提供的转动惯量为 1.2e-4 时的系统极点可以看到，此时系统的极点全部在左半平面，其中一对为（-18.7+j2852）和（-18.7-j2852），另一对为（-17.6+j1671）和（-17.6-j1671）。

放大仿真波形后，从中可以估算出，振荡开始时的最高转速约为 427.2rad/s，在 0.2s

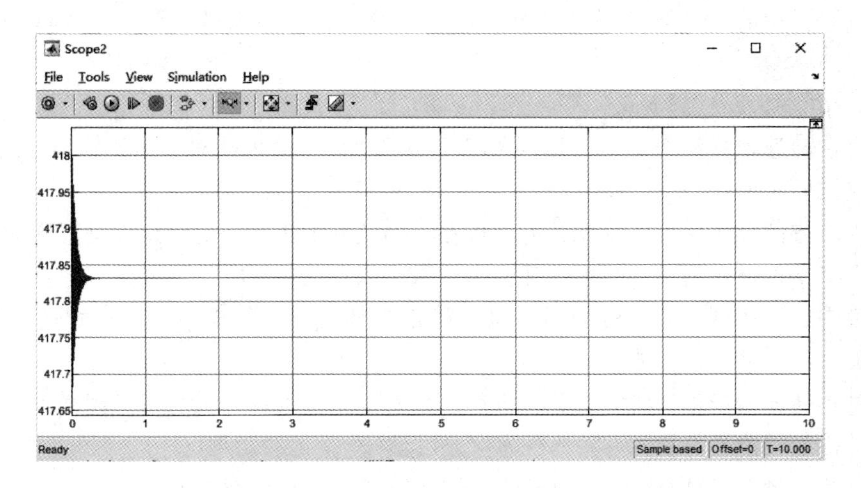

图 7-28 空载下转动惯量为 1.2e-4 时的转速波形图（减小最大步长后的仿真）

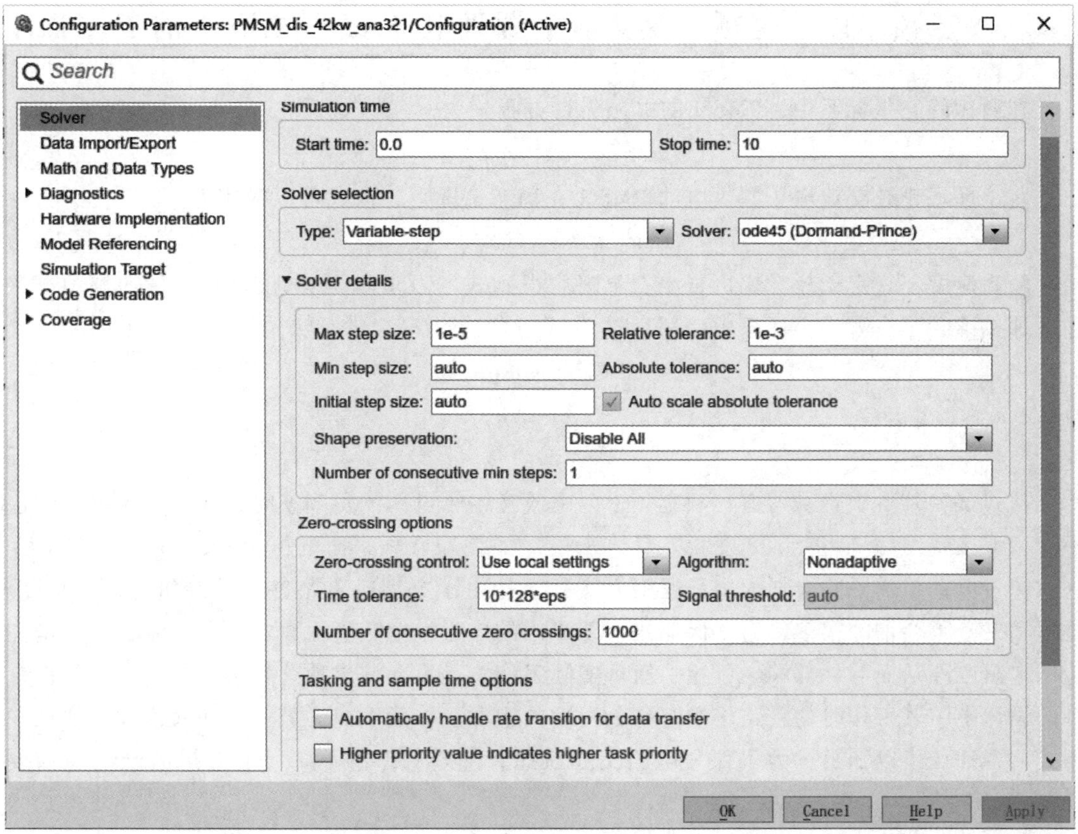

图 7-29 修改仿真步长参数设置的对话框

时的转速约为 417.5rad/s，稳态转速为 417.8rad/s。假定系统只有第一对极点，按照指数规律进行衰减，那么时间为 t 时的转速增量应为

$$\Delta\omega = ke^{\sigma t} \tag{7-27}$$

式（7-27）中的 $k=427.2-417.8=9.4$，$\sigma=-18.7$。令 $t=0.2$，那么在 MATLAB 命令窗口中键入下述指令为

```
9.4 * exp(-18.7 * 0.2)
```

可以得到转速增量约为 0.22。这与 417.5-417.8=-0.3 的绝对值是比较接近的。

有几点需要说明：

从对根轨迹的分析中可以发现，电动机在不同负载下工作点的稳定性是不同的。当负载加大时，右半平面极点的实部与虚部都会略微减小。

总的说来，电压型电源供电的同步电动机稳定性较差。如果采用自控式的电流闭环控制，则会大大提高其稳定性能。

本节是将转动惯量作为研究对象，进行了稳态工作点的稳定性分析。同样也可以针对其他的变量，进行稳定性分析。

本节中分析的情况是恒压恒频（Constant Voltage Constant Frequency，CVCF）的电压源，下面两节将分别对变压变频与恒压变频电压源供电下的电动机工作特性逐一分析。

7.2　额定频率以下变频正弦交流电源供电环境下 PMSM 的工作特性

在两相静止坐标系中，PMSM 的电压矢量方程式为

$$\boldsymbol{u}_1^{2s}=R_1\boldsymbol{i}_1^{2s}+p\boldsymbol{\psi}_1^{2s} \tag{7-28}$$

对于理想正弦交流电压源供电的 PMSM 在稳态情况下，该式可以描述为

$$\boldsymbol{u}_1^{2s}=R_1\boldsymbol{i}_1^{2s}+\mathrm{j}\omega\boldsymbol{\psi}_1^{2s} \tag{7-29}$$

较高速度下，定子压降比例很小，忽略后得到式（7-30）。如果仅仅对矢量的幅值感兴趣，那么不管是在哪个坐标系中，都有式 7-31 近似成立。

$$\boldsymbol{u}_1^{2s}\approx\mathrm{j}\omega\boldsymbol{\psi}_1^{2s} \tag{7-30}$$

$$|\boldsymbol{\psi}_1|\approx\frac{|\boldsymbol{u}_1|}{\omega} \tag{7-31}$$

从式（7-31）中容易知道，额定频率以下改变定子电压的角频率时，如果定子电压幅值不变，那么绕组磁链将会随之变化。具体来说，如果降低频率而电压不变，那么磁链加大，这意味着电动机的磁路会加大饱和程度。实际上，由于电动机磁路进入了饱和，磁通密度、磁通和磁链不会增加很多，为了保证式（7-29）的成立，会产生很大的定子电流，大大增加定子电阻压降从而与外部端电压相平衡。实际工作中是不允许出现这种情况的。电动机在合理的设计中，其工作时的磁路已经有部分程度的饱和，一般不允许进一步加大饱和。那么根据式（7-31）可以知道，为了保证磁路工作状态，随着频率的下降，电动机的端电压需要降低。

如果端电压的下降速度比定子频率的下降速度快很多的话，那么根据式（7-31）知道，电动机绕组的磁链会有很大程度的下降。这将导致在相同的定子电流下，电动机的输出转矩会下降很多，所以一般情况下也不会将端电压下降过多。

为了充分利用电动机内部的导磁材料，那么磁场一般是保持在额定状态下——这就意味着电动机的定子端电压与定子供电频率的比值近似保持不变。

7.2.1　恒定频率下的 PMSM 工作特性

在某个恒定频率下（低于额定频率），根据式（7-31）获得电动机的定子端电压，下面分析具有该频率和电压幅值的理想正弦电压源供电下，电动机在不同负载下运行的工作特性。首先给出 10%额定频率下 PMSM 工作特性分析的 MATLAB/SIMULINK 程序，然后详细分析 1%额定频率下的 PMSM 起动情况。

在 10%额定频率下，设定负载从空载逐渐增加到 100Nm（额定负载），根据电动机稳态运行公式估算出电动机的各状态变量，然后运行 mdl 模型仿真程序，并将结果记录下来，最后进行绘图。运行 mdl 仿真程序的目的是：如果电动机稳态工作变量计算不准确，那么进行 mdl 动态仿真一段时间后的运行结果（在 mdl 文件中设置好合适的仿真时间，以便系统可以进入稳态）确保是其真正的稳态工作点，进而得出的结论才是正确的。MATLAB 中的程序如下：

```
ten=0:5:101;nn=length(ten); u1=136*0.1
w=2*pi*266*0.1;r=0.004;
fai=0.055; ld=110e-6; lq=110e-6
rou=lq/ld; np=4; k0=1.5*np*fai;
for ii=1:nn
tl=ten(ii);
iq=tl/k0;
aa=(w*w*ld*ld+r*r);
bb=(2*w*w*fai*ld);
cc=((r*iq+w*fai)^2+(w*lq*iq)^2-u1^2);
id=(-bb+sqrt(bb*bb-4*aa*cc))/(2*aa);
ud=r*id-w*lq*iq;
uq=r*iq+w*(fai+ld*id);
cosgm=ud/u1;
gm0=acos(cosgm);
ud=u1*cosgm;
uq=u1*sqrt(1-cosgm^2);
iq0=iq;
id0=id;
w0=w/np;
sim('PMSM_dis_42kw_ana322.mdl')
delta(ii)=simout(1);
cosfai(ii)=simout(2);
ima(ii)=simout(3);
gm(ii)=simout(4);
te(ii)=simout(5);
    end
```

```
plot(ten,delta/180,'b',ten,cosfai,'r',ten,ima/350,'k',ten,gm/180,'g',ten,te/100,'m')
grid on
axis([0 100 0 1.2])
```

在上述分析中调用的 mdl 仿真程序如图 7-30 所示。与上述 MATLAB 程序相对应的是，图 7-30 中的 Sine Wave 的参数设置如图 7-31a 所示，图 7-30 中的 PMSM_ nonS 模块的参数设置如图 7-31b 所示，图 7-30 中的 To Workspace 模块的参数设置如图 7-32 所示。

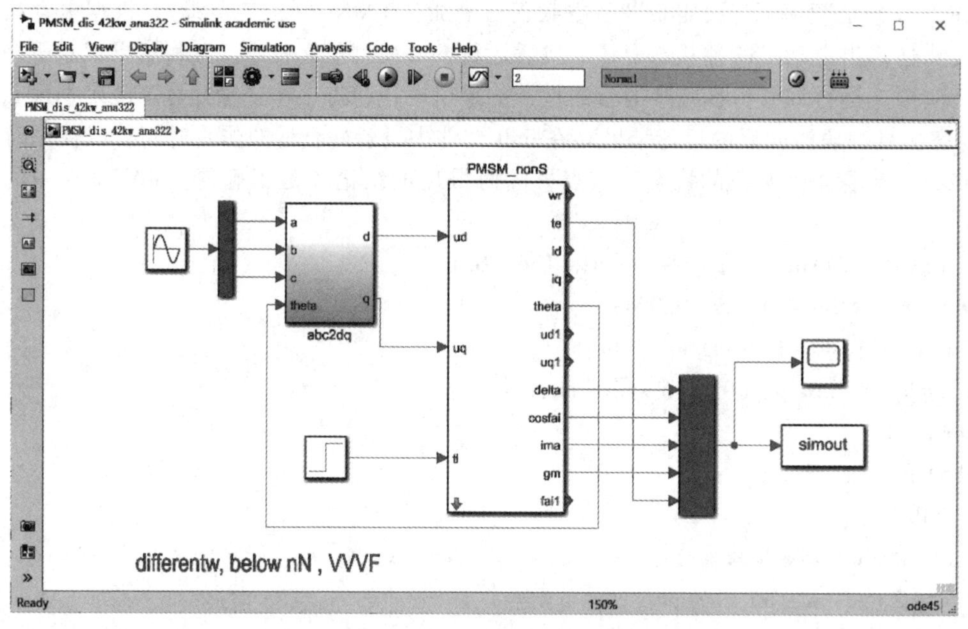

图 7-30　进行稳态分析的动态仿真程序

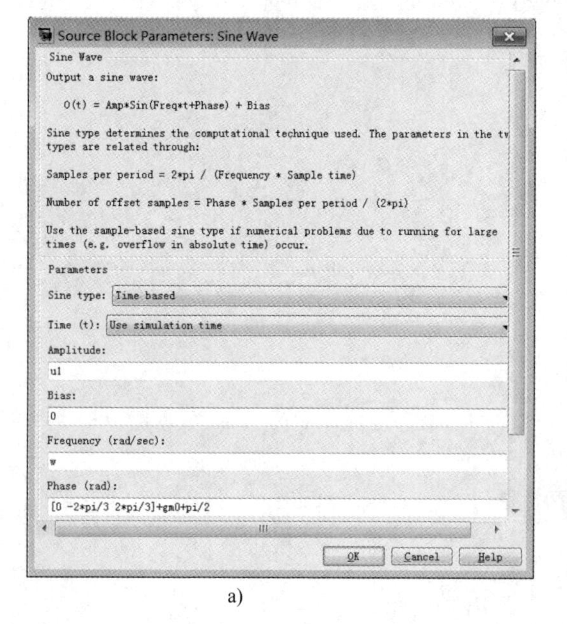

a)

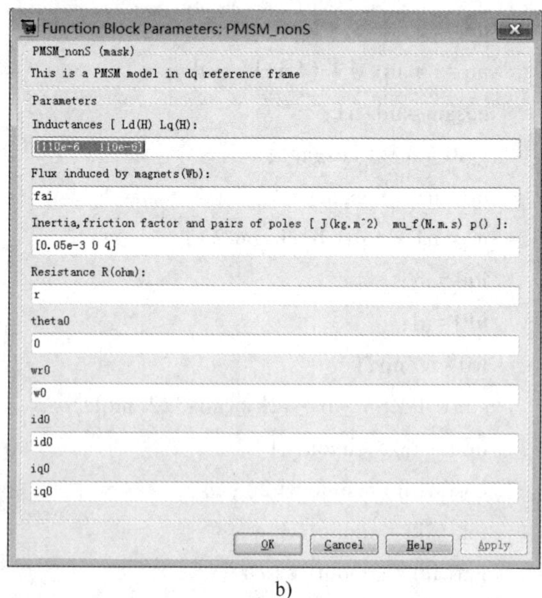

b)

图 7-31　正弦波模块与电动机模块的参数设置对话框

图 7-33 给出了上述的 10%额定频率下的仿真结果。图中的紫色曲线 1 是输出转矩标幺值曲线，黑色曲线 2 是定子电流幅值标幺值曲线，蓝色曲线 3 是定子电流矢量相位角的标幺值曲线，绿色曲线 4 是定子电压矢量相位角的标幺值曲线，红色曲线 5 是电动机定子功率因数曲线。

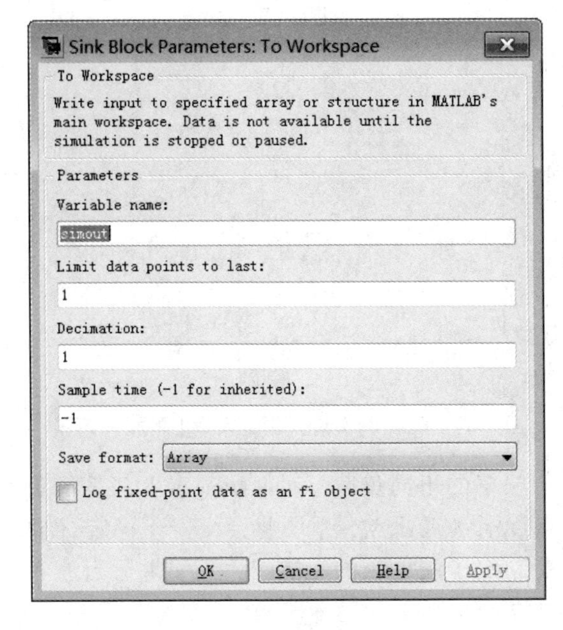

图 7-32　仿真结果保存（To Workspace）的参数设置对话框

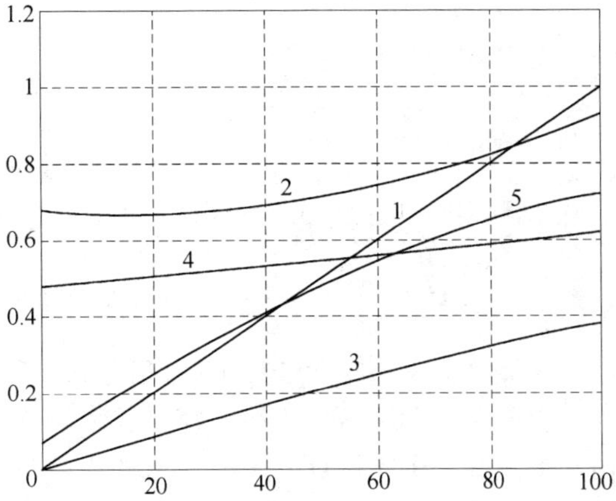

图 7-33　10%额定频率下的仿真结果

下面分析说明低频电源（以 1%额定频率电源为例）更适于同步电动机的起动。采用 7.1 节的关于转动惯量 J 的根轨迹分析可以知道，在 1%额定频率下，当负载为空载的情况下，系统根轨迹如图 7-34 所示。当负载加大到 10Nm 时，根轨迹如图 7-35 所示。

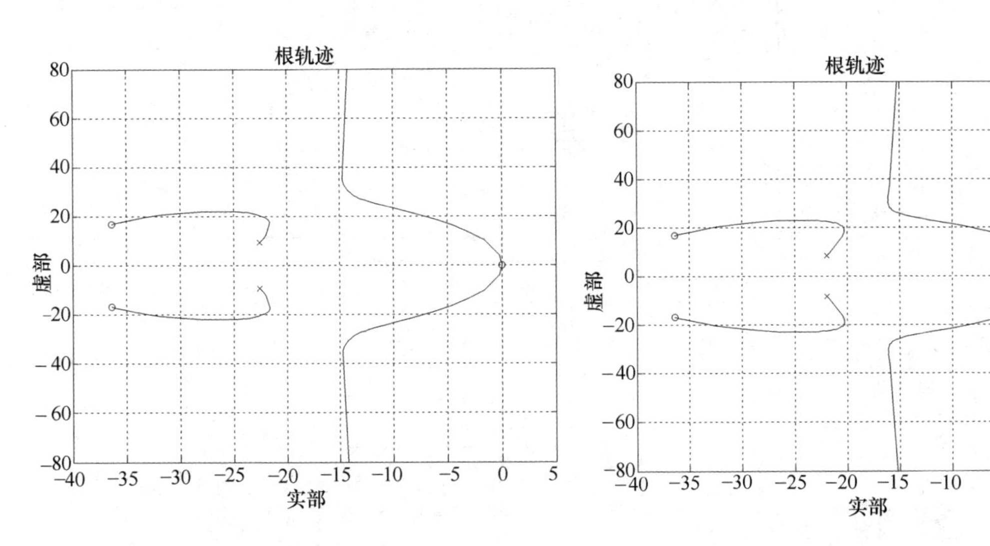

图 7-34　空载时 1%额定频率下的根轨迹图

图 7-35　负载 10Nm 1%额定频率下的根轨迹图

负载继续增加到30Nm时的根轨迹如图7-36所示。当负载增加到35Nm以后，根轨迹波形图基本上与图7-37差不多，基本上不再变化。

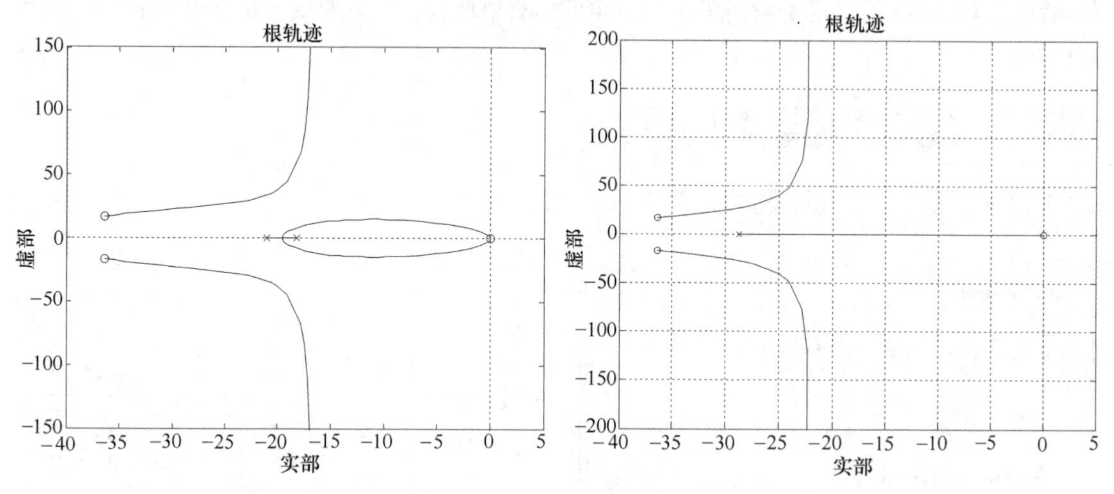

图7-36 负载30Nm 1%额定频率下的根轨迹图

图7-37 负载35Nm 1%额定频率下的根轨迹图

从图7-34~图7-36中可以看出，在1%额定频率的不同负载下，系统基本上都是稳定的。但是对于图7-37，当转动惯量较大时，极点逐渐接近原点，系统将会变得不稳定（此时在原点有多个零极点）——此时的根轨迹图受到定子端电压的影响较大，如果适当放大定子电压值，那么图7-37将会重新变回图7-36的样子。

针对上述结果进行时域分析，也可以得出上述类似结论。图7-38给出了定子频率与定

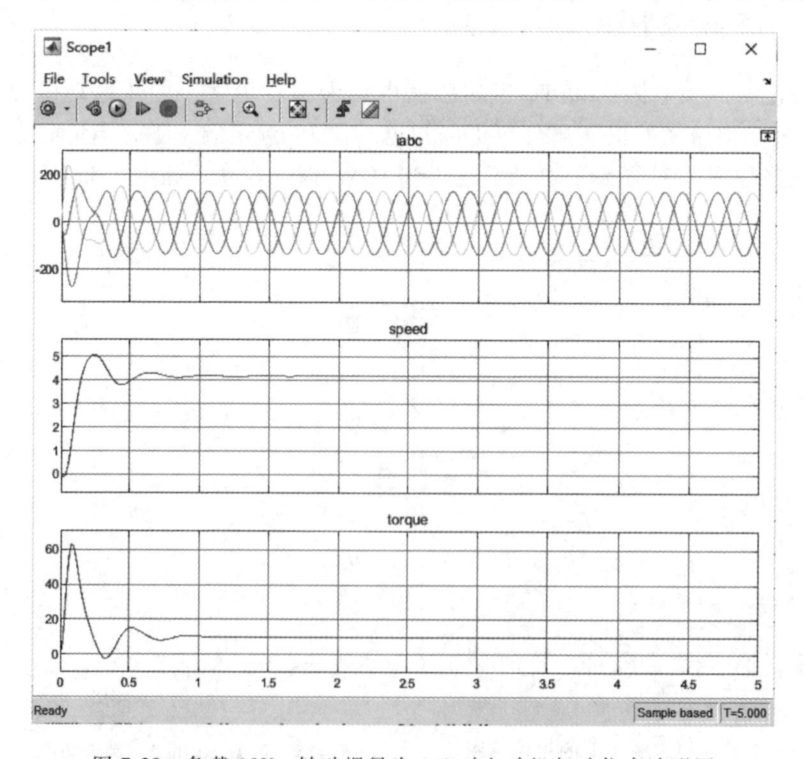

图7-38 负载10Nm转动惯量为1.2时电动机起动仿真波形图

子电压均为额定值1%的电动机起动仿真波形图。电动机的转动惯量为1.2，负载转矩始终为10Nm，图中最上面的三条曲线是三相定子电流波形，中间是电动机转速波形，最下面是电动机的转矩波形。可以看出，电动机可以顺利起动。

仅仅减小电动机的转动惯量，其他不变，电动机的起动仿真波形如图7-39所示，电动机也可以顺利起动。不过由于转动惯量较小，所以振荡频率明显高很多。

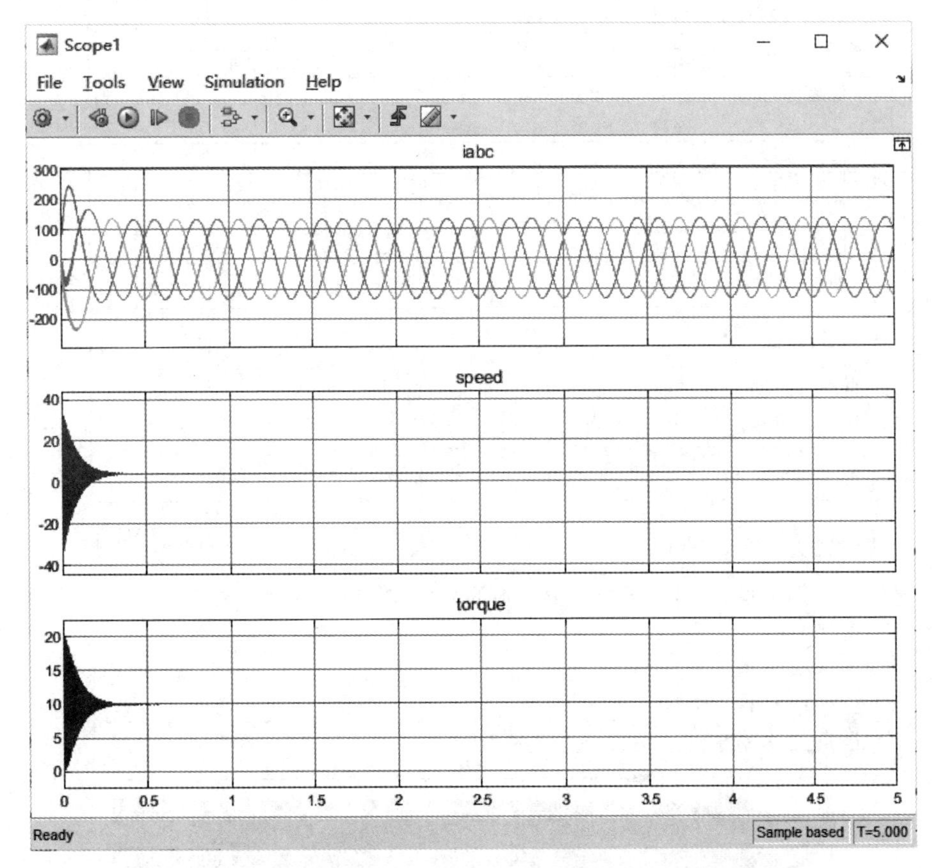

图7-39　负载10Nm转动惯量为1.2e-4时电动机起动仿真波形图

图7-40给出了当电动机转动惯量为1.2、负载为35Nm时的起动仿真波形。明显看出，电动机不能够顺利起动，而是一直处于振荡中。这一点与根轨迹分析结论相似。

图7-41给出了当电动机转动惯量为1.2e-4、负载为50Nm时的起动仿真波形。明显看出，电动机不能够顺利起动。

对于1%额定频率下，补偿定子电压使其达到2%的额定电压。那么对于100Nm的负载，电动机都可以较为顺利地起动。图7-42中的转动惯量为1.2，图7-43中的转动惯量为1.2e-4。

图7-44给出了10%额定频率下的电动机根轨迹图。可以发现，该根轨迹图与7.1节中的额定频率下的根轨迹图非常相似。从中知道，对于较大的转动惯量，系统的极点很容易进入到右半平面从而使系统不稳定。换句话说，如果直接用10%额定频率的电源起动PMSM，电动机很可能无法正常起动。如果降低了电源的频率，如图7-42和图7-43所示，系统则可以顺利起动。这一点说明了变频电源较恒压恒频电源更适于同步电动机的起动。

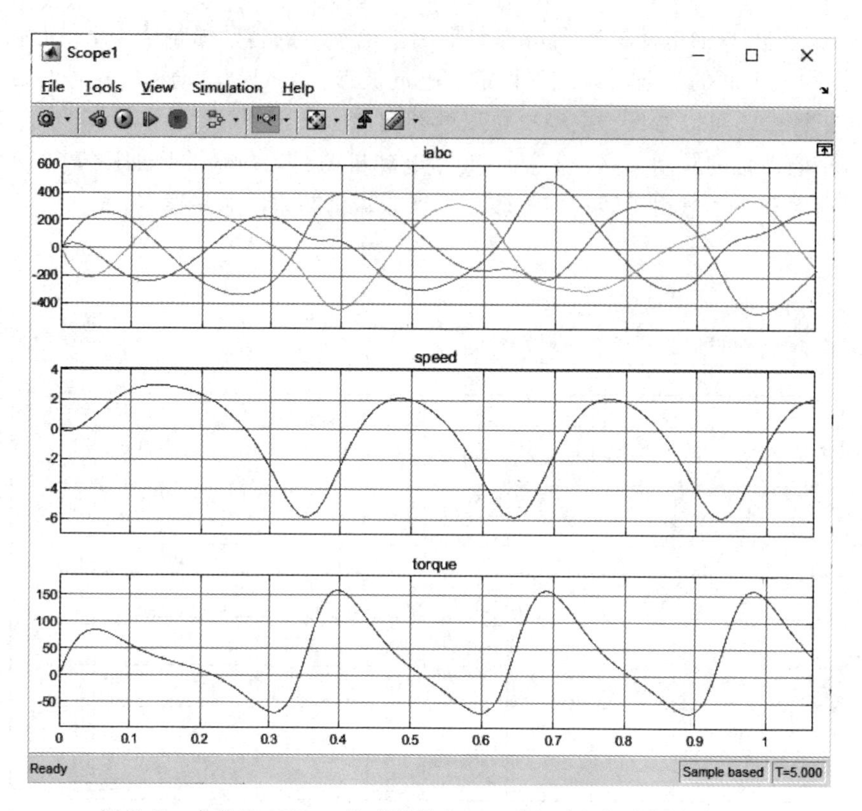

图 7-40　负载为 35Nm、转动惯量为 1.2 时电动机起动仿真波形图

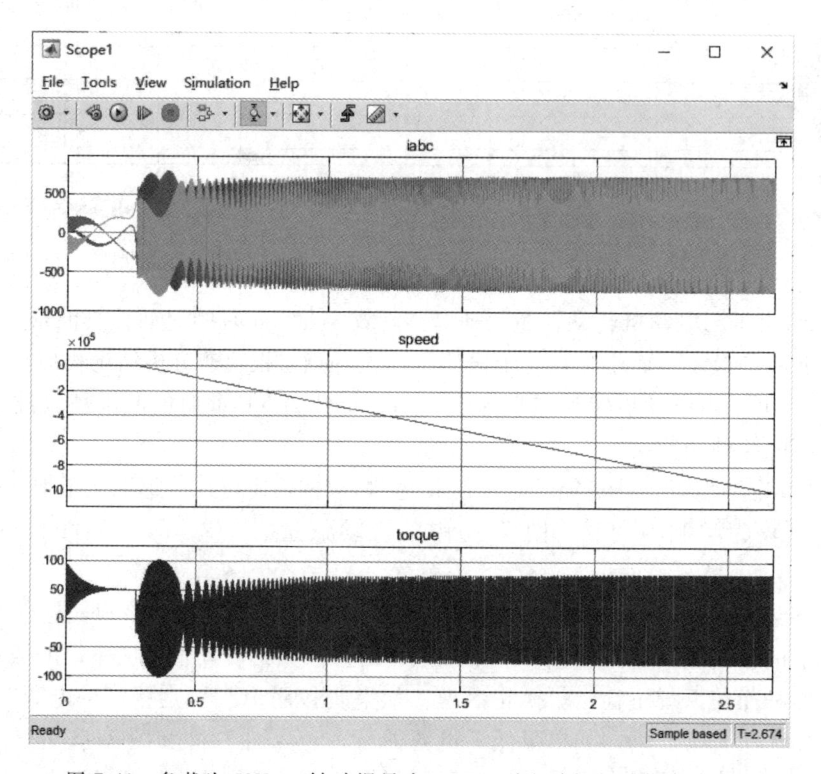

图 7-41　负载为 50Nm、转动惯量为 1.2e-4 时电动机起动仿真波形图

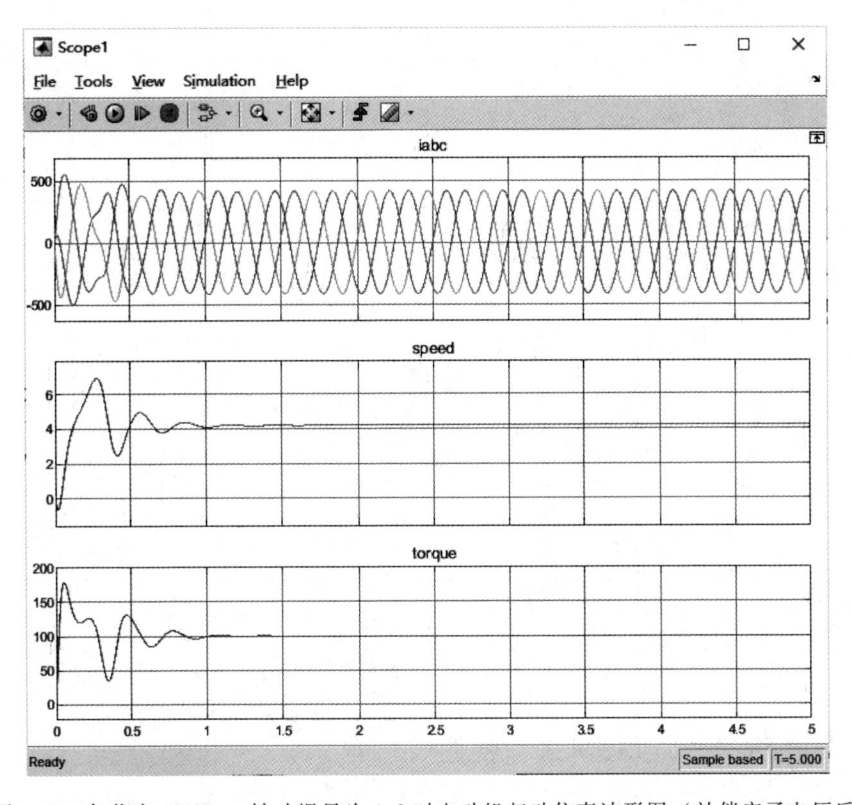

图 7-42　负载为 100Nm、转动惯量为 1.2 时电动机起动仿真波形图（补偿定子电压后）

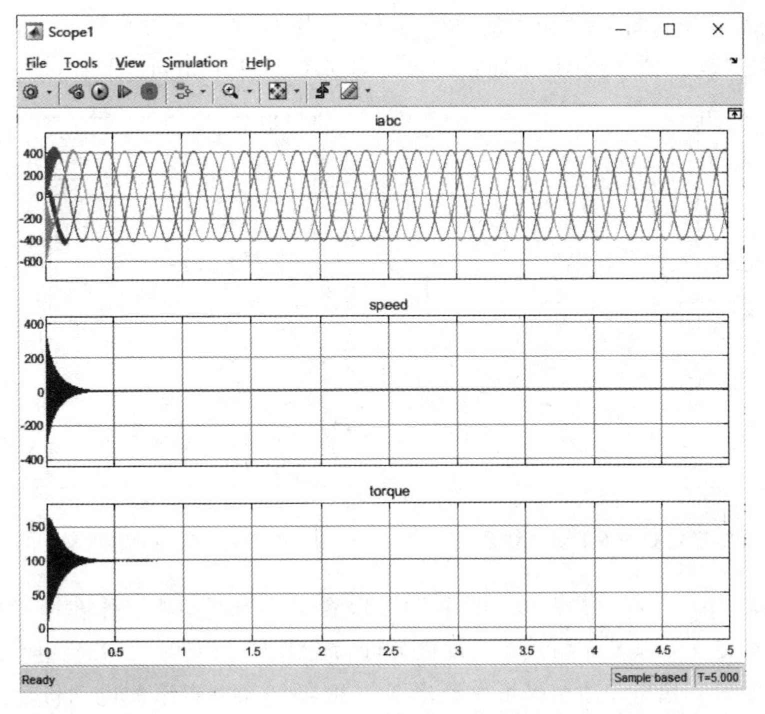

图 7-43　负载为 100Nm、转动惯量为 1.2 e-4 时电动机起动仿真波形图（补偿定子电压后）

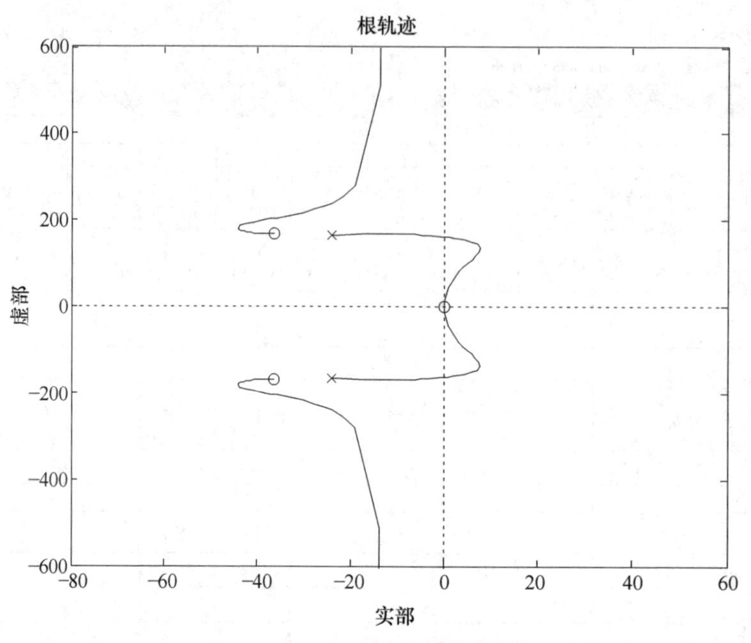

图 7-44　10%额定频率下的根轨迹图

7.2.2　不同频率下的 PMSM 工作特性

下面针对不同频率时电动机工作特性进行分析，假定电动机的负载均为额定负载，分析过程与 7.2.1 节类似。

图 7-45、图 7-46、图 7-47 分别是 30%、60%以及 100%额定频率下的不同负载时的电动机变压变频工作特性。各图中 1~5 曲线的含义均与图 7-33 中相同。

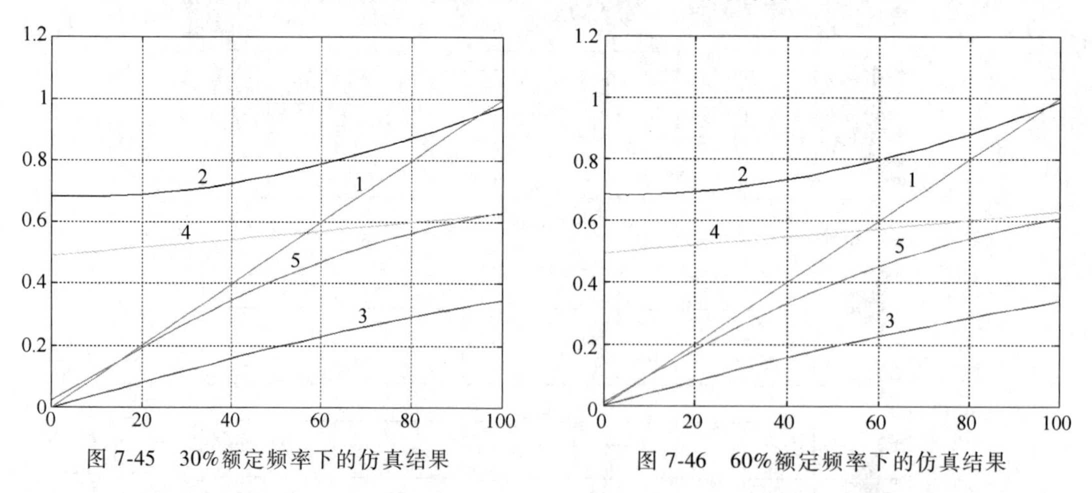

图 7-45　30%额定频率下的仿真结果　　图 7-46　60%额定频率下的仿真结果

根据图 7-33、图 7-45、图 7-46、图 7-47 可以看出，当电动机工作在额定频率及其以下时，按照前述的变压变频工作模式，电动机都可以输出期望的转矩，并且电动机的定子电流也在合适的范围内。根据前述结果可以绘出图 7-48 额定频率以下的电动机变压变频工作特性。可以看出，电动机端电压（曲线 1）近似与频率成正比例，电动机具有恒转矩（曲线

2）输出的特性。因而在额定频率以下的区域又通常被称为恒转矩区域，这与额定频率以上的区域是有很大不同的。

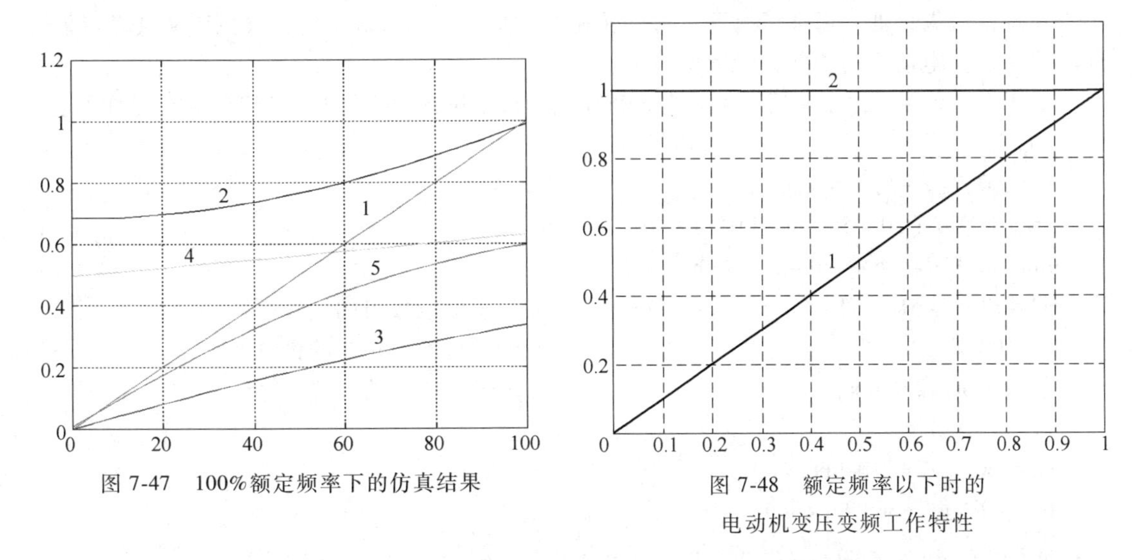

图 7-47 100%额定频率下的仿真结果

图 7-48 额定频率以下时的电动机变压变频工作特性

从上述分析以及式 7-31 中可以看出，**在额定频率以下的调速过程中，电动机的定子端电压与定子频率的调节需要同步，即在调节定子频率的同时调节定子电压，这就是常见的变压变频**（Variable Voltage Variable Frequency，VVVF）**调速**。

在额定频率以下的范围内，当定子端电压与定子频率成正比例时，电动机的定子磁链可以保持基本不变，充分利用了电动机的工作磁场。不过当定子频率非常低时，需要对定子端电压进行适当的补偿以保持磁场恒定，因为此时式（7-29）中的定子电阻压降不可忽略了。

7.3 额定频率以上变频正弦交流电源供电环境下 PMSM 的工作特性

如前所述，电动机在运行中一般都需要保持磁场的恒定，以充分利用电动机的磁材料和充分发挥电动机的转矩输出能力。因而随着定子频率的逐步增加，定子端电压会逐步提高。当电动机运行在额定频率时，电动机的定子电压达到了额定电压，通常情况下，该电压值也是最大值。那么在继续进行升频升速的过程中，定子端电压只能保持最大值不变，由式（7-31）可知，这必然会导致电动机磁场的削弱。换句话说，**电压受到限制，频率继续提高，磁场逐渐削弱，这就是常说的弱磁升速**。

当电动机运行在高速区域时，定子电阻的压降可以略去不计（大功率电动机一般都不会有明显误差）。对于隐极式 PMSM 而言，电动机的转矩公式可以删去磁阻转矩一项，只剩下永磁转矩一项，如式（7-32）所示。

$$T_e = 1.5 n_p \frac{-U_{1m} \Psi_f}{\omega L_q} \cos\gamma \tag{7-32}$$

根据式（7-32）可以知道，当电压矢量相位角领先 d 轴 180°时，电动机的转矩呈现最大值，见式（7-33）。

$$T_{emax} = 1.5 n_p \frac{U_{1m} \Psi_f}{\omega L_q} \tag{7-33}$$

从式（7-33）中可以很容易地看出，在一定的定子端电压下，电动机输出转矩的理论最大值与定子角频率成反比例。在运行中需要考虑电动机的定子电流不能太大，电动机并不能工作在理论最大值处。通常情况下，随着转速的增加，电动机输出转矩被控制从其额定值逐渐下降，这使电动机的功率保持近似不变。

对于恒功率区、恒压变频调速下的PMSM电动机工作特性的分析，MATLAB程序如下：

```
clear
k=1:0.1:3.01;nn=length(k);
r=0.004;fai=0.055; ld=110e-6; lq=110e-6
rou=lq/ld; np=4; k0=1.5*np*fai;
u1=136;   u1n=u1*ones(size(k));          %定子电压数组的设置
tl=100./k;                               %电动机输出转矩的设置
w=2*pi*266*k;                            %定子角频率的设置
iq=tl/k0;
aa=(w.*w*ld*ld+r*r);
bb=(2*w.*w*fai*ld);
cc=((r*iq+w*fai).^2+(w*lq.*iq).^2-u1n.^2);
id=(-bb+sqrt(bb.*bb-4*aa.*cc))./(2*aa);
ud=r*id-w*lq.*iq;
uq=r*iq+w.*(fai+ld*id);
cosgm=ud./u1n;
gm=acos(cosgm);
ima=sqrt((id).^2+(iq).^2)
cosfai=(ud.*id+uq.*iq)./(u1n.*ima)
plot(k,u1n/136,'b',k,cosfai,'r',k,ima/350,'k',k,tl/100,'m')
grid on
axis([0 3 0 1.2])
hold on
```

分析后得到的结果如图7-49所示。图中的蓝色曲线1是电动机的定子电压标幺值，紫色曲线2是电动机的输出转矩标幺值曲线，黑色曲线3是电动机的定子电流曲线，红色曲线4是电动机功率因数曲线，图中横坐标是定子频率的标幺值。

从图7-49中可以看出，**在额定频率以上的变频调速过程中，电动机的定子端电压受到限制从而维持不变，这称为恒压变频**（Constant Voltage Variable Frequency，CVVF）**调速**。

在额定频率以上的范围内，由于电压受到限制，电动机的磁场随着转速的升高而逐步削弱，电动机的转矩输出能力也逐步降低，电动机的输出功率可以近似保持不变，因而该区域通常又被称为恒功率区域。

将7.2与7.3两小节中的结论共同绘制在图7-50中。在基频（额定频率）以下时，电动机实施电压（曲线1）与频率协调的VVVF控制，电动机的磁场保持恒定，电动机的转矩（曲线2）输出能力保持不变；在基频以上时，电动机实现恒压变频的CVVF控制，电动机的磁场逐渐削弱，电动机的功率近似保持不变。

需要指出的是，上述给出的是采用变压、变频调速技术中，电动机定子电压与定子频率

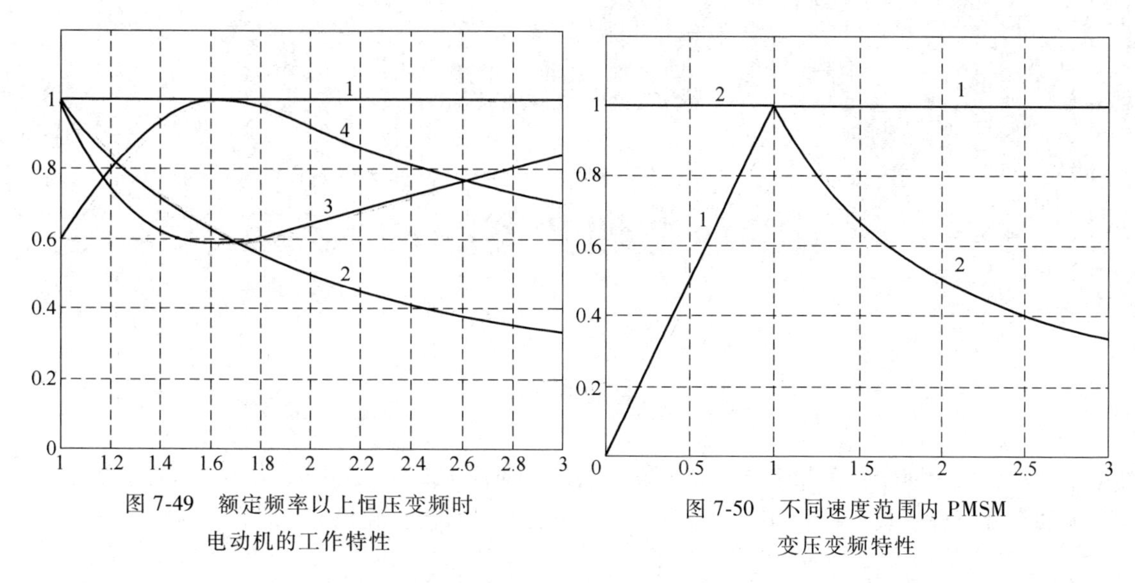

图 7-49 额定频率以上恒压变频时电动机的工作特性

图 7-50 不同速度范围内 PMSM 变压变频特性

之间的大致关系。在具体的电动机控制中，往往有不同的控制策略可以采用，因而呈现出的具体电压、电流、功率因数、磁链与频率之间的关系会有所不同。以目前占据主导地位的交流电动机矢量控制技术为例，电动机的转矩控制是从电流的控制入手的，这些内容在本章中并没有深入分析，在后续章节会对其展开分析。

小 结

在不改变电机磁极的极对数时，永磁同步电动机的转速调节只能通过定子频率的调节来实现。

本章首先分析了在恒定电压与恒定频率下，PMSM 起动过程与稳态工作特性；然后重点分析理想正弦波交流电压源供电下 PMSM 的工作特性，具体包括不同频率与不同电压组合下 PMSM 的工作特性。

在实际调速系统中，PMSM 的供电电源是变压变频的逆变器，后面章节继续对逆变器进行分析。

【我们不能没有自己，也不能只有自己】

【生命中最美丽的收获之一是：帮助他人的同时，也帮助自己】

【很多的时候，我们能给予别人最好的礼物，未必是金钱，而是一份简单的关心和肯定】

练 习 题

1. 在额定电压、额定频率供电电源下，PMSM 是根本不可能起动的，这种描述是否正确，为什么？

2. 为什么在有的 PMSM 中，转子上面会加有阻尼绕组，其作用何在，又有何弊端？

3. PMSM 在稳定运行后，不管机械负载如何变化，电动机都会稳定运行于同步速度，这种说法正确么？

4. 为何当供电电源频率较低时，PMSM 较容易起动？请结合根轨迹图来说明。

5. 在包括基频以下和基频以上的整个调速范围内，PMSM 定子磁场、转矩、功率的控制规律是怎样的？

第8章 三相电压型逆变器的构成与工作原理

本章讨论的问题：三相电压型逆变器是由哪些部件构成的？它的输出电压有何特点？能量流动有哪三种方式？在SIMULINK中如何对逆变器进行仿真建模？

8.1 三相电压型逆变器的构成

采用工频交流电网提供恒压恒频交流电时，永磁同步电动机调速系统无法实现调速，现在已经普遍采用变频技术对其进行调速。这就需要一个能够提供变压变频（Variable Voltage Variable Frequency，VVVF）的交流电源——逆变器。现代的逆变器基本上都是采用固态电力电子器件构成的静止式逆变器。

电力电子技术是电力学、电子学和控制理论三个学科交叉而形成的，它在能量的产生和使用之间建立了一个联系，它可以使不同的负载得到期望的最佳能量供给形式和最佳控制，同时保证了能量传递的高效率。它研究的内容非常广泛，主要包括电力电子器件、电力电子电路、控制集成电路以及由其组成的电力变换装置。电力电子变换装置的功率可以大到几百兆瓦甚至吉瓦，也可以小到几瓦甚至更小。

1904年出现的电子管能在真空中对电子流进行控制，并应用于通信和无线电，从而开启了电子技术用于电力领域的先河。20世纪30年代到50年代，水银整流器广泛用于电化学工业、电气化铁道直流变电所以及轧钢用直流电动机的传动，甚至用于直流输电。这一时期，各种整流电路、逆变电路、周波变流电路的理论已经发展成熟并广为应用。

1947年，贝尔实验室发明的晶体管引发了电子技术的一场革命。1956年，贝尔实验室发明了晶闸管，1957年美国通用电气公司生产出了第一只晶闸管，**1958年晶闸管开始商业化，电能的变换和控制从旋转的变流机组和静止的离子变流器进入由固态电力电子器件构成的半导体变流器时代，这标志着电力电子技术的诞生**。20世纪70年代后期，以门极可关断晶闸管（GTO）、电力晶体管（GTR）、功率场效应晶体管（Power MOSFET）为代表的全控型器件迅速发展。这些器件既可以控制开通，也可以控制关断，并且开关速度高于晶闸管。这种控制方式与数字电子技术和计算机技术相结合，进一步促进了电力电子技术的快速发展。20世纪80年代以后，人们利用复合工艺将各类器件的优势复合在一起，推出了一系列性能更加优越的器件，如绝缘栅双极型晶体管（IGBT）、集成门极换流晶闸管（IGCT）等。IGBT是MOSFET与GTR的复合，兼有MOSFET驱动功率小、开关速度快和GTR通态压降小、载流能力强的优点，性能优越，已成为现代电力电子技术主导器件之一。

电力电子器件品种繁多，通常按开关控制性能分为：

（1）不控型器件

这是无控制端口的两端器件，如功率二极管，不能用控制信号来控制其通断。

（2）半控型器件

这是有控制端口的三端器件，但其控制端在器件导通后即失去控制能力，必须借助辅助电路提供合适的电压和电流等条件才能关断此类器件。晶闸管及其大部分派生器件均属这一类。

（3）全控型器件

这也是有控制端口的三端器件，但其控制端具有控制器件导通和关断的双重功能，故称自关断器件。如 GTO、GTR、MOSFET、IGBT 等器件均属这一类。

各类器件的工作频率、容量的关系如图 8-1 所示。

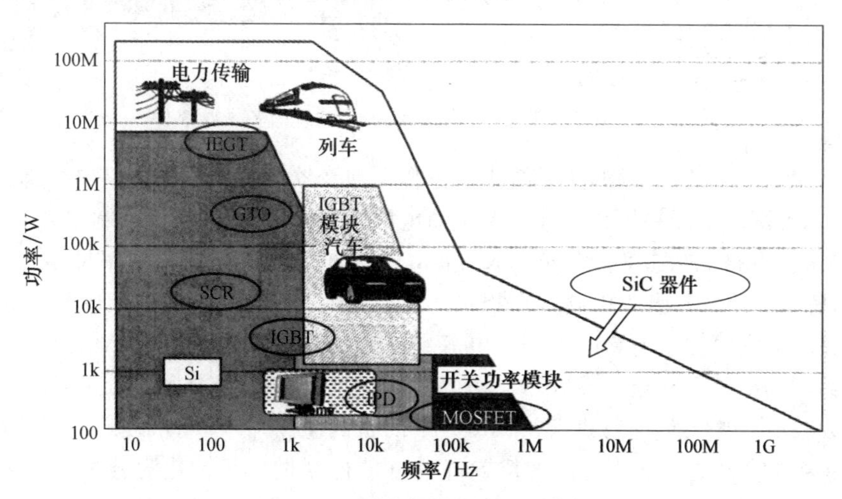

图 8-1　不同类型器件的应用场合

应用在功率变换领域的电力电子器件与模拟电子技术中用于信号处理的半导体器件的工作原理是一致的。它们最大的不同是模拟电子技术中的器件工作在线性放大区域，对信号进行线性处理；而电力电子技术中的器件工作在开关状态，即在截止区和饱和区，这些器件代替了理想的开关，不允许工作在线性放大区内。如若工作在线性区域内，器件承受的电压和电流都很大，损耗会很大，很快就会烧坏。

目前，市场上较为常见的半导体器件厂商有：INFINEON、IXYS、MITSUBISHI、FUJI、ROHM、CREE、SEMIKRON、ABB、VISHAY、STMICROELECTRONICS、FAIRCHILD、嘉兴斯达半导体等等。

逆变器种类繁多，按照主开关器件来分，有晶闸管（Thyristor）、门极可关断晶闸管（Gate Turn-Off Thyristor，GTO）、金属氧化物场效应晶体管（Metal Oxide Semiconductor Field Effect Transistor，MOSFET）、绝缘栅双极型晶体管（Insulated Gate Bipolar Transistor，IGBT）、集成门极换流晶闸管（Integrated Gate Commutation Thyristor，IGCT）等；按照输出电平数目来分，有两电平逆变器和多电平逆变器等；按照输出电压电流特性来分，有电流型逆变器（Current Source Inverter，CSI）、电压型逆变器（Voltage Source Inverter，VSI）以及近年来出现的 Z 源逆变器等。除非特别指出，本书中的电压型逆变器均指采用 IGBT 器件的三相两电平电压型逆变器。

图 8-2 给出了三相逆变器装置的整体结构示意图与构成该装置的各主要部件。它的输入为直流电，输出为三相交流电，装置的正面有与外部控制信号相连接的插座，底部安装有散热器。电动汽车驱动电动机用逆变器通常采用水冷，所以图中给出了进水孔（较低位置）、出水孔（较高位置）及水路示意图，水路需经过优化设计，从而对逆变器各主要发热部件进行有效散热。

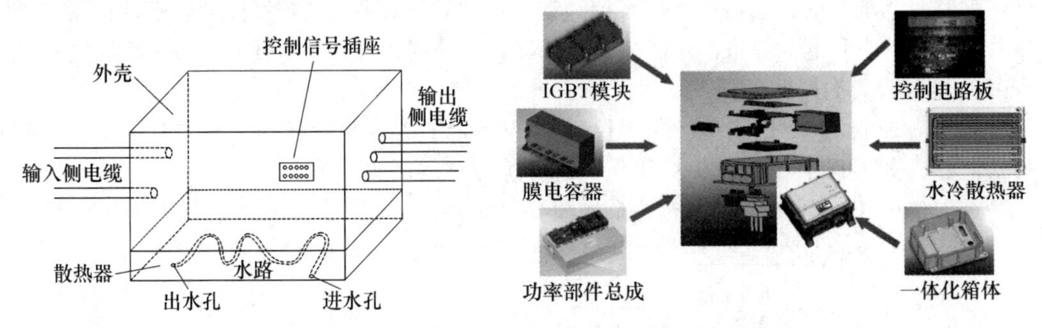

图 8-2　VSI 装置结构示意图与构成装置的各主要部件

图 8-3 给出了 PMSM 变频调速系统中与电压型逆变器装置相关的典型电气部件及各种电气信号连接示意图。从图中可以看出，VSI 的电路主要包括主电路、控制电路、检测电路、驱动电路等。主电路包括图 8-3 中 R_1、K_1 和 K_2 构成的预充电电路、功率母排、直流侧电容器 C、三相桥式电路及其吸收电路、PMSM。图 8-3 中控制电路以高性能的数字信号处理器（DSP）为核心，它根据主电路的电压、电流、温度、电动机转子位置等信息，产生适当的 PWM 信号给驱动电路，并通过 CAN、USB、JTAG 等通信接口与外部进行通信，典型的数字信号处理器将在本书 11 章进行讲解。图 8-3 中的检测电路对 VSI 直流侧电压、交流侧电流（或电压）、装置的温度、电动机转子位置等信息进行测量，并转化为合适的信号输送给数字控制器。图 8-3 中的驱动电路将控制电路提供的 PWM 电压信号进行适当的隔离与放大处理后去控制半导体器件的可靠导通与可靠关断，并将开关器件的工作状态反馈给控制电路。

在电压型逆变器中，应用较多的电力电子器件是功率二极管、MOSFET、IGBT、IPM 等器件，SiC 材料器件也已经开始得到应用。下面将逐一介绍。

8.1.1　功率二极管

功率二极管是不可控器件，结构简单，工作可靠，额定电压与额定电流都较高，目前仍然大量应用于许多电气设备中。

功率二极管是由一个面积较大的 PN 结和两端引线以及封装组成的，图 8-4 给出了功率二极管的结构 a）、电气图形符号 b）以及外形图。从外形看，早期主要有螺栓型 c）和平板型 d）两种封装，现都已采用模块化封装 e）。

1. 功率二极管的基本特性

（1）静态特性

功率二极管的静态特性主要是指其伏安特性，如图 8-5 所示。当功率二极管承受的正向电压达到一定值（门槛电压 U_{TO}），正向电流 I_A 才开始明显增加。与正向电流 I_A 对应的功率二极管两端的电压 U_A 为其正向电压降。当功率二极管承受反向电压 U_B 时，只有少子引起的微小而数量恒定的反向漏电流。

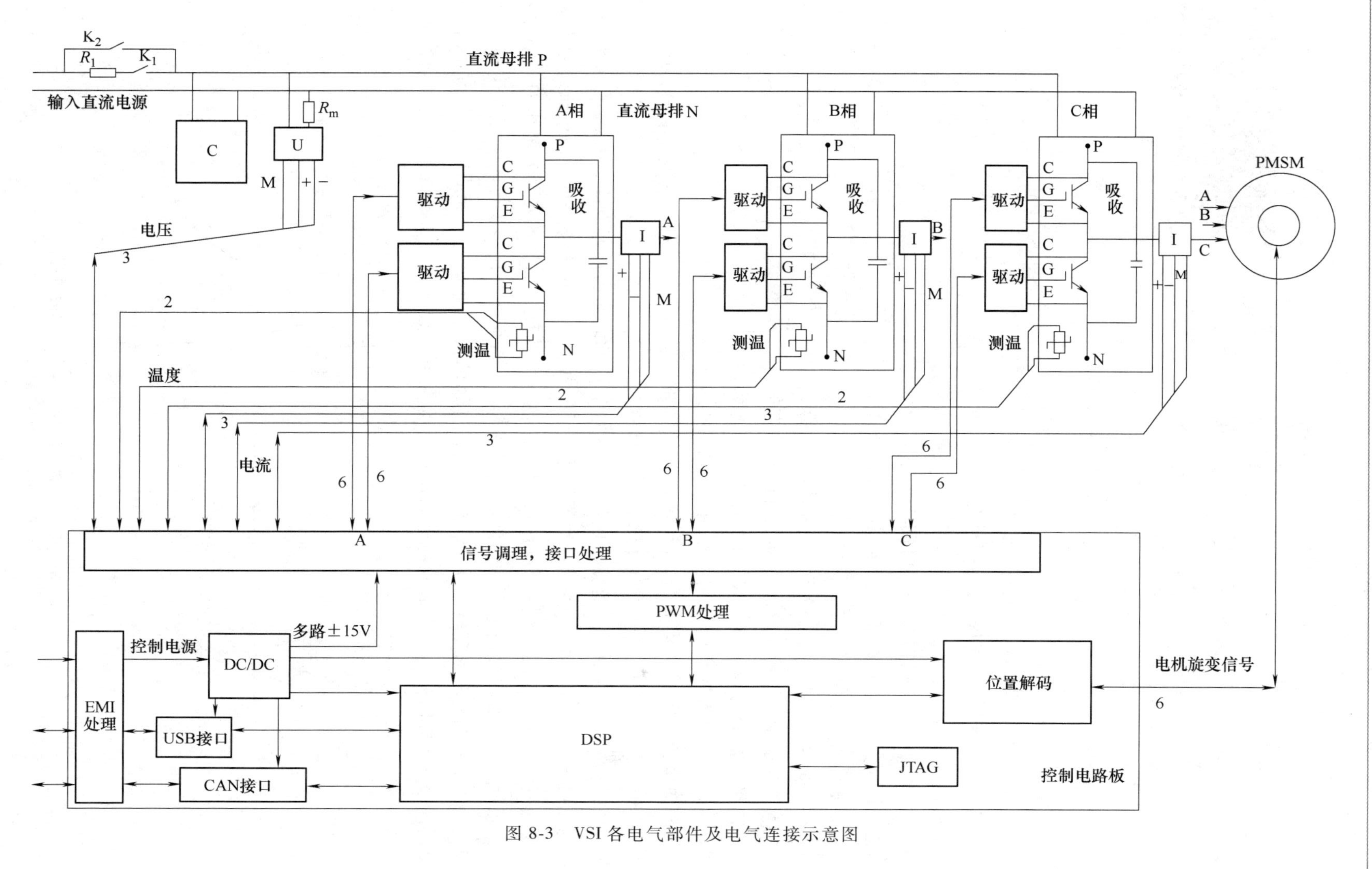

图 8-3　VSI 各电气部件及电气连接示意图

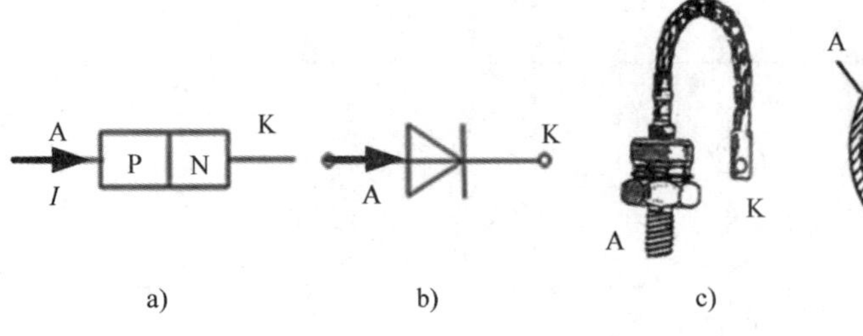

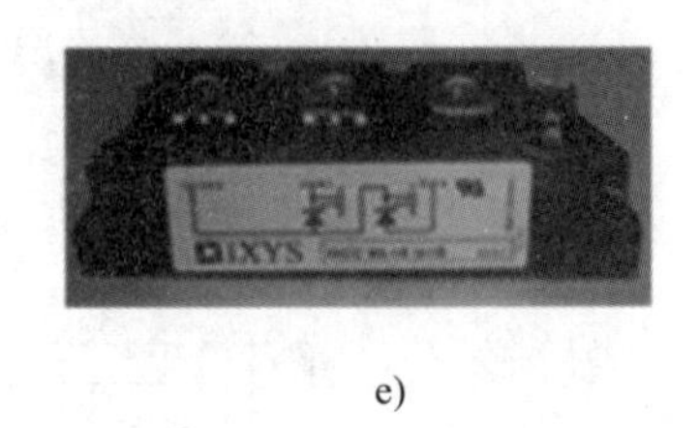

a)　b)　c)　d)　e)

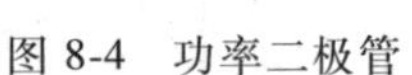

图 8-4　功率二极管

(2) 动态特性

因为 PN 结之间结电容的存在，功率二极管在零偏置、正向偏置和反向偏置这三种状态之间转换的时候，必然经历一个过渡过程。在这些过渡过程中，PN 结的一些区域需要一定时间来调整其带电状态，因而其电压-电流特性不能用前面的静态伏安特性来描述。

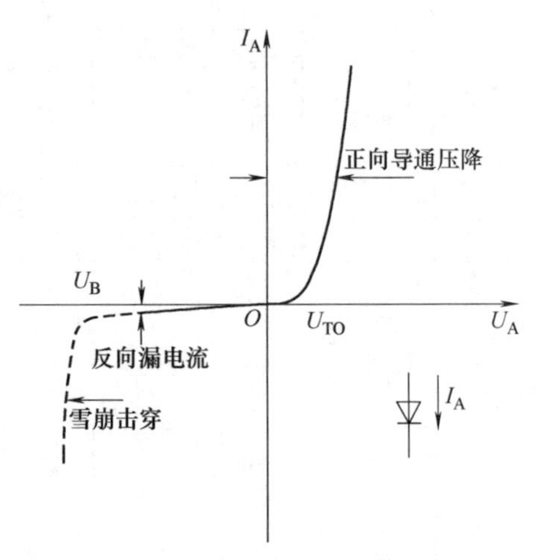

图 8-5　功率二极管的伏安特性

图 8-6a 给出了功率二极管由正向偏置转换为反向偏置时的动态过程波形。处于正向导通状态的功率二极管的外加电压在 t_F 时刻由正向突然变为反向时，正向电流在反向电压的作用下开始下降，直至正向电流为零（时刻 t_0）。此时功率二极管在 PN 结两侧储存的大量少子并没有恢复反向阻断能力，所以仍处于导通中，故而会出现反向电流并在 t_d 的时间内迅速下降为 I_{RP}。在外电路电感的作用下导致功率二极管两端产生了较外加反向电压（U_R）大得多的反向电压过冲 U_{RP}。在电流变化率接近零的 t_2 时刻，功率二极管两端承受的反向电压才降至外电压的大小，功率二极管完全恢复对反向电压的阻断能力。图 8-6 中阴影部分代表了反向恢复电荷 Q_{rr}，时间 $t_d=t_1-t_0$ 称为延迟时间，$t_f=t_2-t_1$ 称为电流下降时间，$t_{rr}=t_d+t_f$ 称为功率二极管的反向恢复时间。其下降时间与延迟时间的比值 t_f/t_d 称为恢复系数（用 S_r 标记）。S_r 越大则称恢复

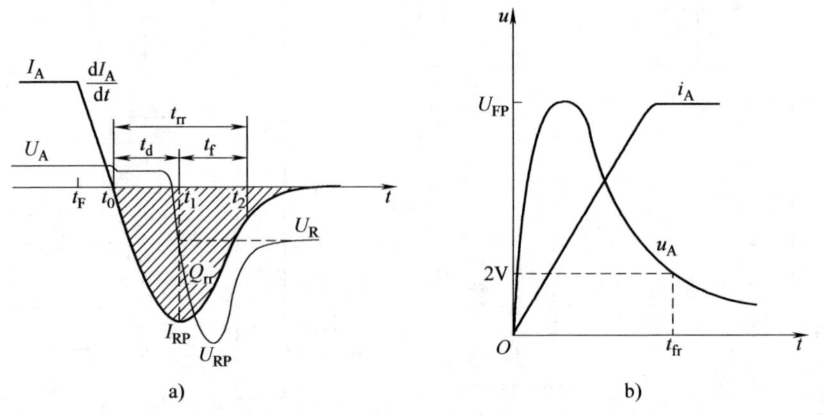

图 8-6　功率二极管的关断过程与导通过程

a）关断过程　b）导通过程

特性越软，实际上就是反向电流下降时间相对较长，因而在同样的外电路条件下造成的反向电压过冲 U_{RP} 较小。

图 8-6b 给出了功率二极管由零偏置转换为正向偏置的 u、i 动态波形。可以看出，在这一动态过程中，功率二极管的正向压降也会先出现一个过冲 U_{FP}，经过一段时间后才趋于接近稳态压降（如 2V），这一动态过程时间被称为正向恢复时间 t_{fr}。

功率二极管的主要参数有：正向平均电流、正向压降、反向重复峰值电压、最高工作结温、浪涌电流等。普通的功率二极管多用于开关频率不高（1kHz 以下）的整流电路中，其反向恢复时间较长，一般在 5μs 以上，其正向电流定额和反向电压定额均可以达到很高。例如 DD89N 反向重复峰值电压 1800V、正向平均电流 89A、正向压降 1.5V、浪涌电流 2400A、最高工作结温 150℃、反向漏电流 20mA。

2. 快恢复二极管

快恢复二极管（Fast Recovery Diode，FRD）的内部结构与普通二极管不同，它是在 P 型、N 型硅材料中间增加了基区 I，构成 P-I-N 硅片。由于基区很薄，反向恢复电荷很少，不仅大大减小了 t_{rr} 值，还降低了瞬态正向压降，使器件能承受很高的反向工作电压。

FRD 一般有 0.8~1.1V 的正向导通压降，几百纳秒的反向恢复时间，正向电流是几安培至几千安培，反向峰值电压可达几百到几千伏。在导通和截止之间迅速转换，提高了器件的使用频率并改善了波形。FRD 在制造工艺上采用掺金、单纯的扩散等工艺，可获得较高的开关速度，同时也能得到较高的耐压。目前，FRD 主要作为续流二极管或整流管广泛应用于开关电源、不间断电源（UPS）、交流电动机变频调速（VVVF）、高频加热等装置中。

超快恢复二极管（Ultra Fast Recovery Diode）的反向恢复电荷进一步减小，使其 t_{rr} 可低至几十纳秒。例如 INFINEON 公司的 600V、30A 的快恢复二极管 IDB30E60，正向压降 1.5V，反向恢复时间约 180ns，反向峰值电流约 20A，反向恢复电荷约 2000nC。

3. 肖特基二极管

肖特基二极管（Schottky Barrier Diode，SBD）不是利用 P 型半导体与 N 型半导体接触形成 PN 结原理制作的，而是利用金属与半导体接触形成的金属-半导体结原理制作的。因此，SBD 也称为金属-半导体（接触）二极管或表面势垒二极管，它是一种热载流子二极管。SBD 的反向恢复时间很短（10~40ns），正向恢复过程中也不会有明显的电压过冲；其正向压降比较小，明显低于快恢复二极管；因此，其开关损耗和正向导通损耗都比快速二极管还要小。但 SBD 能承受的反向耐压比较有限，反向漏电流较大且为正温度特性，因此反向稳态损耗不能忽略，而且必须严格限制其工作温度，防止出现热失控。SBD 更适合在低压、大电流输出场合用于高频整流。例如 MOTOROLA 公司的 100V、20A 的 MBR20100CT。

4. 碳化硅肖特基二极管（SiC SBD）

碳化硅（SiC）是一种由硅（Si）和碳（C）的化合物构成的半导体材料，被认为是一种超越 Si 极限的功率器件材料。由于 SiC 的绝缘击穿场强更高（Si 的 10 倍），因此与 Si 器件相比，能够以具有更高的杂质浓度和更薄的漂移层制作出 600V~数 kV 的高耐压功率器件。高耐压功率器件的阻抗主要由漂移层的阻抗组成，因此采用 SiC 可以得到单位面积导通电阻非常低的高耐压器件。理论上，相同耐压的器件，SiC 单位面积的漂移层阻抗可以降低为 Si 的 1/300。为了改善高耐压化引起的导通电阻增大的问题，Si 材料器件主要用来制造少数载流子器件（如 IGBT 等），却存在开关损耗大的问题，较高的发热限制了器件工作频率。

SiC材料能够以高频器件结构的多数载流子器件（肖特基势垒二极管和MOSFET）去实现高耐压，从而同时实现高耐压、低导通电阻、高频这三个特性。另外，由于SiC材料的带隙较宽（Si的3倍），因此即使在高温下也可以稳定工作（目前受到器件封装的耐热可靠性限制，工作温度为150~175℃）。

（1）反向恢复特性

Si材料的FRD从正向切换到反向的瞬间会产生极大的瞬态电流，从而产生很大的损耗。正向电流越大，或者温度越高，恢复时间和恢复电流就越大，从而损耗也就越大。与此相反，SiC材料的SBD是不使用少数载流子进行电传导的多数载流子器件，因此原理上不会发生少数载流子积聚的现象。由于只产生使结电容放电的小电流，所以能明显地减少损耗。而且，该瞬态电流基本上不随温度和正向电流而变化，所以不管何种环境下，都能够稳定地实现快速恢复，如图8-7所示。另外，还可以降低由恢复电流引起的高频噪声，达到降噪的效果。

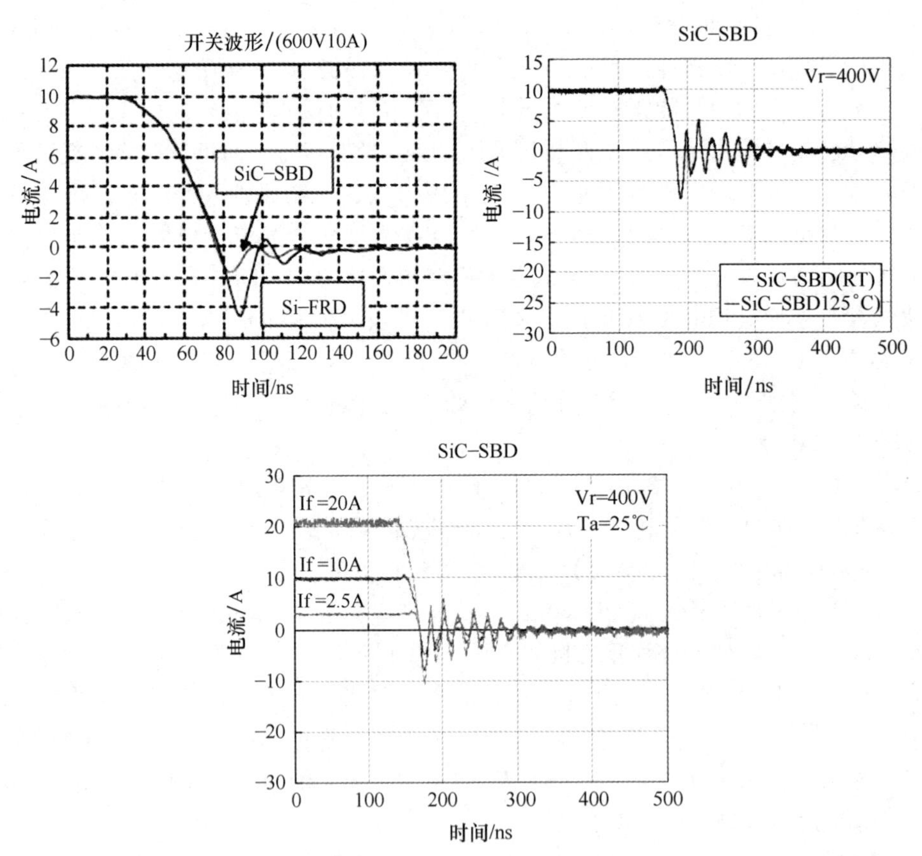

图8-7 SiC二极管的反向恢复特性

（2）温度依赖性

SiC SBD的温度依赖性与Si FRD不同，如图8-8所示。Si FRD呈现负温度系数，不宜并联使用。在较大电流下，SiC SBD呈现正温度系数，温度越高，它的导通阻抗就会增加，U_f值也增加，不易发生热失控，较适宜并联使用。表8-1给出了几种典型的功率二极管的主要参数。

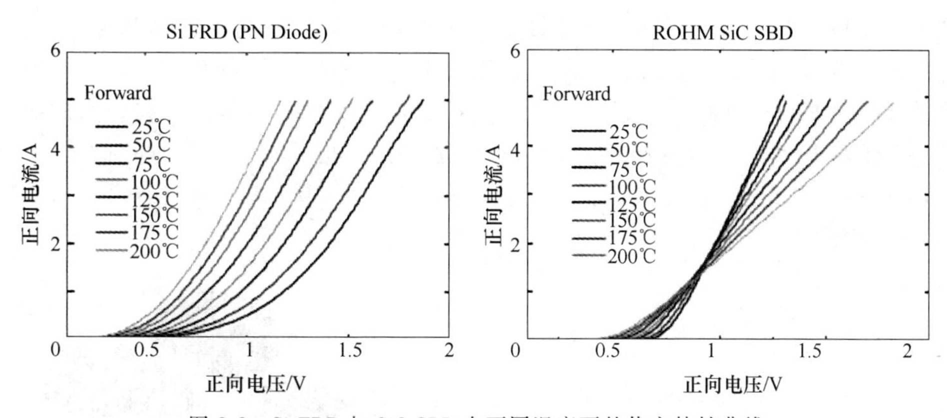

图 8-8　Si FRD 与 SiC SBD 在不同温度下的伏安特性曲线

表 8-1　几种典型功率二极管的主要参数

类型	Si 普通二极管	Si SBD	SiC SBD
型号	D25XB60	IDB23E60	SCS120AG
U_{RM}/V	600	600	600
正向电流/A	25	23	20
U_F/V	1.05	1.5	1.5
t_{rr}/ns	—	164	19

8.1.2　绝缘栅双极型晶体管

绝缘栅双极型晶体管（Insulated Gate Bipolar Transistor，IGBT）是一种发展很快、应用很广的复合型电力电子器件。随着 IGBT 性能的迅速发展，IGBT 模块的电压等级和电流容量在不断提高。1991 年生产出的 1200V/300A 小型 IGBT 模块很快取代了在工业通用变频器中使用的双极型晶体管；1993 年出现了 1700V/300A 的 IGBT，在城市电车上获得了推广应用；2000 年后出现了 1700V/2400A、3300V/1200A 和 6500V/600A 的高压 IGBT，随后在高压大功率场合中迅速得以应用。目前，系列化的产品电流容量为 10～3300A、电压等级为 600～6500V，试制品已达 8000V，工作频率在 10～30kHz 之间。它有如下优点：

1）开关损耗小，允许使用较高的开关频率；

2）吸收电路小型化，甚至无需吸收电路，从而简化了主电路；

3）绝缘式模块结构便于设计与组装，简化了装置结构；

4）开关转换均匀，提高了稳定性和可靠性；

5）并联简单，便于标定变流器功率等级；

6）作为电压驱动型器件，只需简单地控制电路即可实现良好的保护功能。

1. IGBT 的基本特性

（1）伏安特性

图 8-9 分别是 IGBT 的电路符号、简化等效电路和外形图。IGBT 的 3 个电极有的书本称为 D、G、S（类似于 MOSFET），大部分场合还是称为 C、G、E，分别是集电极、栅极和发射极。N-IGBT 的伏安特性如图 8-10a 所示。由图可知，IGBT 的伏安特性分为：截止区Ⅰ、

放大区Ⅱ、饱和区Ⅲ。截止区即正向阻断区，是由于栅极电压没有达到 IGBT 的开启电压 $U_{GE(th)}$（见图 8-10b）。放大区Ⅱ中 IGBT 的输出电流受栅极电压的控制，U_{GE} 越高、I_C 越大，两者有线性关系。在饱和区因 U_{CE} 太小，U_{GE} 失去线性控制作用。在一定的栅极电压 U_{GE} 下，随着 I_C 加大，通态电压 U_{CE} 加大；但加大栅极电压 U_{GE}，在一定的 I_C 下可减小 U_{CE}，即可以减少 IGBT 的通态损耗。目前模块化封装的 IGBT 基本都装有反并联功率二极管，成为逆导型器件。

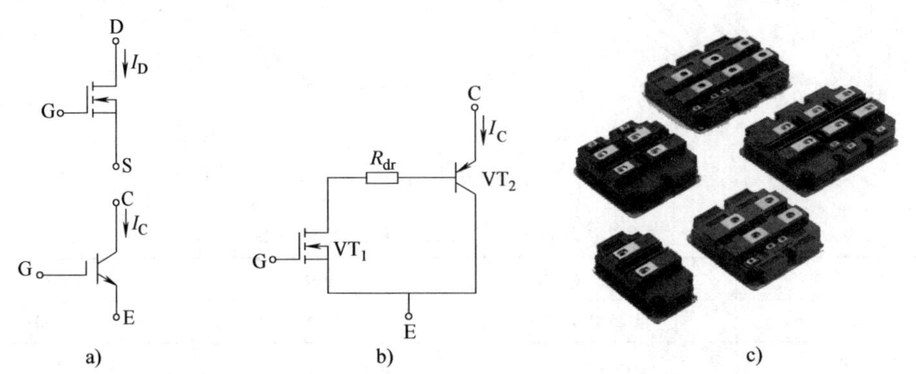

图 8-9 IGBT 的电路符号、简化等效电路及常见模块的外形图

（2）转移特性

在图 8-10a 第一象限内横轴上作一条垂直线与各条伏安特性相交，可获得转移特性，即是集电极电流 I_C 与栅极电压 U_{GE} 之间的关系曲线。当 U_{GE} 小于开通电压 $U_{GE(th)}$ 时，IGBT 处于关断状态。在 IGBT 导通后的大部分集电极电流范围内，I_C 与 U_{GE} 呈线性关系。最高栅极电压受最大集电极电流的限制，其最佳值一般取 15V 左右。在 IGBT 关断时，为了保证可靠关断，实际应用中在栅极加一定的负偏压，通常为 -15～-5V。

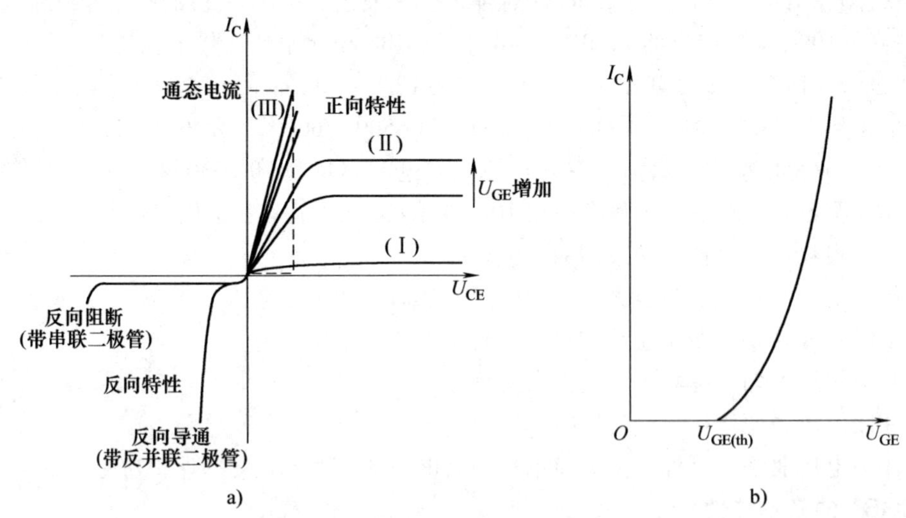

图 8-10 IGBT 的伏安特性和转移特性

a）伏安特性 b）转移特性

（3）动态特性

图 8-11a 给出了 IGBT 开通与关断的动态特性测试电路，图 8-11b 给出了测试波形图。

可以看出，器件的开通与关断过程都需要一定的过渡时间。IGBT 的开通时间由开通延迟时间 t_{don} 和电流上升时间 t_r 组成，通常为 0.2~0.5μs。关断时间包括关断延迟时间 t_{doff} 和电流下降时间 t_f，典型值为 1μs。其中电流下降时间包括 IGBT 内部 MOSFET 的关断时间（较快）和内部 PNP 晶体管的关断过程（较慢）。由于此时集射电压已经建立，因此较长的电流下降时间会产生较大的关断损耗（E_{off}）。IGBT 中双极型 PNP 晶体管（见图 8-9b）的存在，一方面带来了电导调制效应的好处，但同时也引入了少子储存现象，因而 IGBT 的开关速度要低于功率 MOSFET。

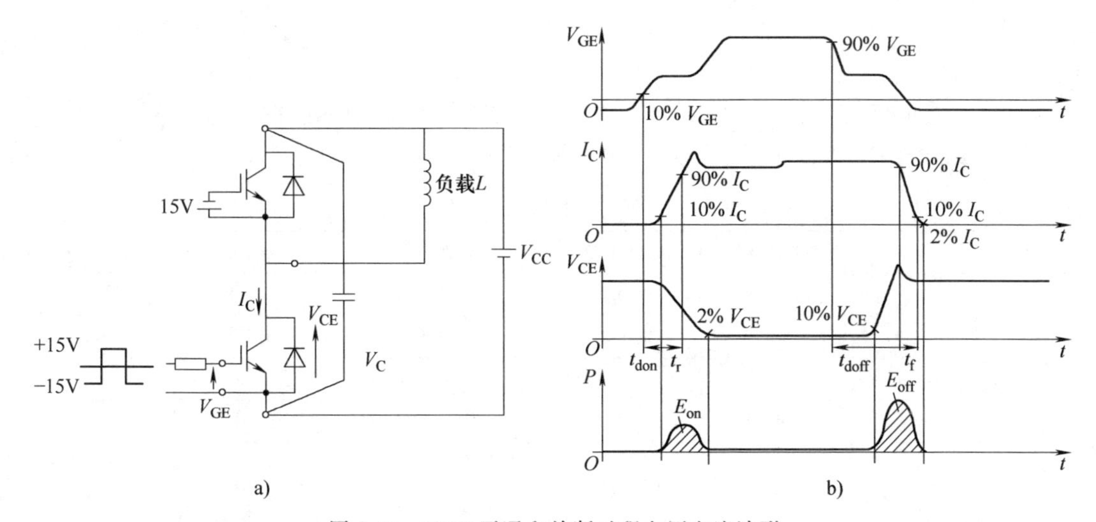

图 8-11　IGBT 开通和关断过程电压电流波形

（4）电容特性

图 8-12a 给出了 IGBT 器件三个极之间的等效电容示意图：门极-发射极间的输入电容 C_{ies}，集电极-发射极间的输出电容 C_{oes}，集电极-门极间的反向传输电容 C_{res}。图 8-12b 给出了三个电容与集电极-发射极间电压 V_{CE} 的关系，在设计 IGBT 驱动电路时需要考虑到器件的电容特性。

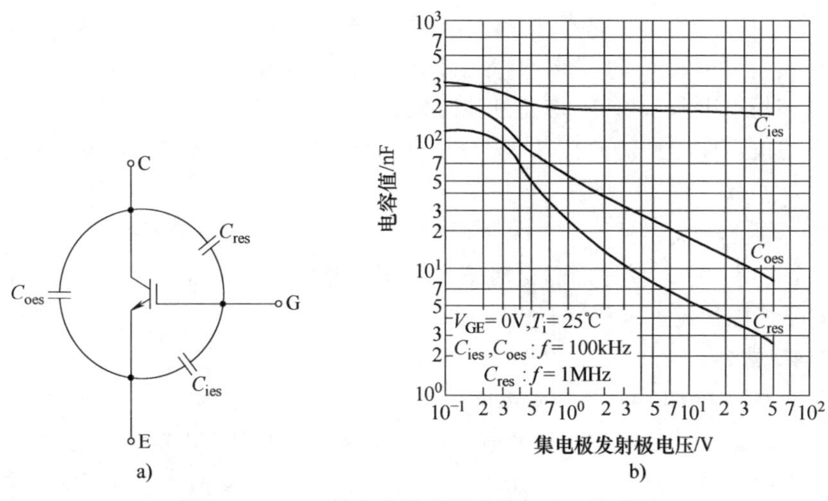

图 8-12　IGBT 结电容示意图及其与 V_{CE} 关系图

除了前面提到的各种参数之外，IGBT 的主要参数还包括以下几个：

1）最大集电极-发射极电压（U_{CES}）　该电压由内部的 PNP 型晶体管的击穿电压确定，为了避免 PN 结击穿，IGBT 两端的电压不能超过这个额定电压值。

2）最高栅极-发射极电压（U_{GES}）　栅极电压受栅极氧化层的厚度和特性限制。虽然栅极的绝缘击穿电压约为 80V，但是，为了保证可靠工作并且限制故障状态下的电流，栅极电压应该限制在 20V 以内。

3）最大集电极电流（I_{Cmax}）　包括直流电流 I_C 和 1ms 脉宽最大电流 I_{CP}，该电流值与结温有关，随结温的升高而下降。不同厂家标称 I_{Cmax} 的结温可能有差异，选择器件时应注意这一点。

4）最大集电极功耗（P_{CM}）　P_{CM} 为 IGBT 正常工作温度下所允许的最大功耗。

表 8-2 给出了 200A、耐压分别为 1200V 和 3300V 的典型 IGBT 参数。

表 8-2　1200V 与 3300V IGBT 参数

型号		FF200R12KE3	FF200R33KF2C	型号	FF200R12KE3	FF200R33KF2C
U_{CES}/V		1200	3300	t_f/μs	0.18	0.2
I_{Cmax}	I_C/A	200	200	导通损耗/mJ	15	365
	I_{CP}/A	400	400	关断损耗/mJ	35	255
P_{CM}/W		1050	2200	门极电荷/nC	1900	4000
正向压降/V		2	4.3	热阻 R_{thjc}/(k/W)	0.12	0.057
输入电容/nF		14	25	杂散电感/nH	20	58
t_{don}/μs		0.3	0.28	引线电阻/mΩ	0.7	0.78
t_r/μs		0.1	0.2	二极管导通压降/V	1.65	2.8
t_{doff}/μs		0.65	1.7	二极管反向恢复能量/mJ	17	255

在应用 IGBT 的时候应注意 IGBT 有较大的极间电容，使 IGBT 的输入端显示出较强的容性特点，在输入脉冲作用下，将出现充放电现象。在器件开关过程中，极间电容是引发高频振荡的重要原因。由于 IGBT 对栅极电荷的积聚很敏感，因此要有一条低阻抗的放电回路（可以考虑在 G、E 间并联 10kΩ 的电阻）；驱动电路与 IGBT 的连线要尽量短。此外，设计适当的吸收电路，以抑制 IGBT 关断时产生的尖峰浪涌电压也很重要。

总之，在使用 IGBT 模块时，应特别注意以下三个方面：

1）IGBT 为电压驱动型器件，C、G、E 三极之间都有输入电容，开关过程中存在充放电电流。

2）IGBT 是高速开关器件，开关时会有较大的 di/dt，会产生浪涌电压。

3）栅极是绝缘构造，要考虑静电对策。当栅极悬空时，不能在 C、E 极间加电压；并且 G、E 极间不能施加超过±20V 的电压。

2. 智能功率器件

智能功率器件（Intelligent Power Module，IPM）是一种在 IGBT 基础上集成了栅极驱动电路、故障检测电路和故障保护电路的电力电子模块。与普通 IGBT 相比，IPM 在系统性能和可靠性上均有进一步提高，而且由于 IPM 的通态损耗和开关损耗都比较低，散热器的尺寸减小，故整个系统的尺寸更小。不过目前其电压、电流等级不如 IGBT 模块高，价格也较后者高出许多。

IPM 的内部结构如图 8-13 所示，COM 为参考地，V1 为供电电源，I 为驱动信号输入端，FO 为故障信号输出端。

IPM 内部常见的保护有：

1）欠电压锁定 UV。IPM 内部控制电路由外接直流电源供电。当电源电压下降到指定的阈值电压以下，IPM 就会关断，同时产生一个故障输出信号。为了恢复到正常运行状态，电源电压必须超过欠电压复位阈值，在电源电压超过欠电压复位阈值后，故障信号也消失。在控制电源上电和掉电期间，欠电压保护电路都会发挥作用。

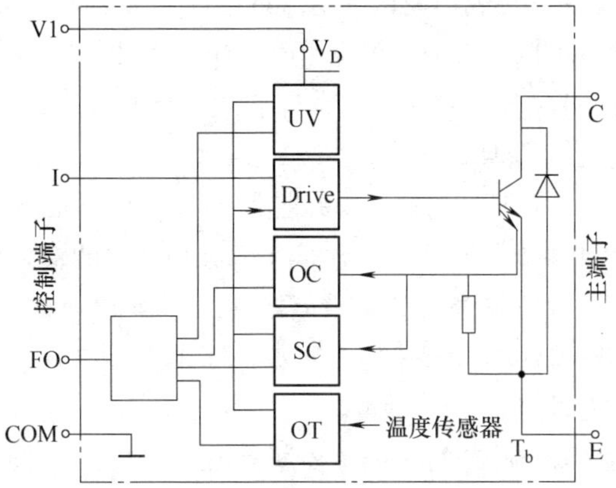

图 8-13　IPM 结构框图

SC—短路保护　OC—过载保护　UV—欠电压保护

OT—过热保护　Drive—IGBT 驱动电路

2）过热保护 OT。在靠近 IGBT 的绝缘基板上安装有温度传感器，如果基板的温度超过设定阈值，IPM 内部的保护电路关断门极驱动信号，不响应控制输入信号。当温度下降到另一设定阈值以下时，IGBT 方可恢复工作。

3）过电流保护 OC。由内置的电流传感器检测集电极电流，若通过 IGBT 的电流超过一定阈值，且持续时间大于一定的延迟时间，IGBT 就会被软关断。假如延迟时间的典型值为 10μs，小于 10μs 的过电流不会引发过电流保护。当过电流保护起作用时，IPM 输出故障信号。

4）短路保护 SC。如果负载发生短路或 PWM 信号存在出错，使半桥电路 IGBT 的上、下桥臂同时导通，短路保护电路便将其关断，同时输出一个固定宽度的故障信号。对于宽度小于一定时间的短路电流（例如 2μs 以下），则不会引发短路保护。

8.1.3　金属氧化物半导体场效应晶体管

金属氧化物半导体场效应晶体管（Metal Oxide Semiconductor Field Effect Transistor，MOSFET）属于单极型晶体管，在导通时只有一种极性的载流子（多数载流子）参与导电，功率 MOSFET 又称电力 MOSFET，是应用在较高电压、较大功率场合中的 MOSFET 器件（目前 Si 材料器件的最高电压等级在 900V 以下，但是高压器件的电流容量相对不大）。

功率 MOSFET 有三个电极：栅极 G、漏极 D、源极 S，电路符号如图 8-14 所示。

1. 伏安特性

由图 8-14 可见 MOSFET 的伏安特性分四个区：Ⅰ是截止区，$U_{GS}<U_{GS(th)}$，$I_D\approx0$。Ⅱ是饱和区，$U_{GS}>U_{GS(th)}$。在该区中当 U_{GS} 不变时，I_D 几乎不随 U_{DS} 的增加而加大，I_D 近似为一常数，故称饱和

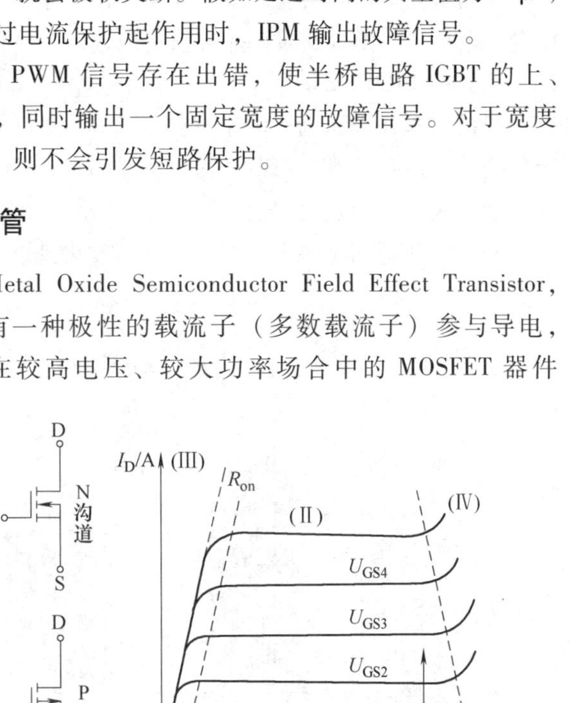

图 8-14　功率 MOSFET 电路符号与伏安特性曲线

区。Ⅲ是可调电阻区。这时漏源电压 U_{DS} 和漏极电流 I_D 之比近似为常数，而几乎与 U_{GS} 无关。当 MOSFET 作为开关应用时，应工作在此区内。Ⅳ是雪崩区，当 U_{DS} 增大超过饱和区时，漏极的 PN 结发生雪崩击穿，I_D 会急剧增长。

2. 器件特点

MOSFET 用栅极电压控制漏极电流，因此门极驱动电流在 100nA 数量级，直流电流增益达 $10^8 \sim 10^9$，栅极几乎不消耗功率，它的输入阻抗是纯电容性的。驱动功率小，驱动电路简单，这是 MOSFET 场控型器件的一个重要优点。功率 MOSFET 的另一显著优点是不存在双极型器件不可避免的少数载流子的存贮效应，因而开关速度很快，工作频率很高，通常它的开关时间为 10～100ns。

MOSFET 的一个主要缺点是通态电阻比较大，因此通态损耗也较大，尤其是随着器件耐压的提高通态电阻也会随之加大，因而单管容量难以提高，一般只用于电压较低的高频电力电子装置。如果把 MOSFET 作为驱动级器件和其他电流容量大的电力电子器件复合起来，就可创造出性能卓越的新型场控器件，如 IGBT、MCT、IGCT 等。

由于 MOSFET 的输入端具有高阻抗，因此在静电较强的场合，栅极受到感应而积累的电荷难于泄放，从而引起器件的静电击穿，使栅极的薄氧化层击穿，造成栅极与源极短路；或者引起器件内部的金属化薄膜铝条被熔断，造成栅极开路或源极开路。所以应用或储存功率 MOSFET 时，要防止静电击穿，通常需要注意以下几点：栅极电压 U_{GS} 的极限值应限制在 15～20V 内；在测试和接入电路前，器件应存放在抗静电包装袋或金属容器中；当器件接入电路时，工作台、电烙铁、测量仪器等都必须接地；三个电极未全部接好前，电路不应加上电压。

3. SiC MOSFET

目前，采用 SiC 制作的半导体器件除了前面提到的功率二极管，还有 Si IGBT 或者功率 MOSFET 反并联的 SiC SBD，另外就是全 SiC 开关器件——SiC 的 MOSFET 加上 SiC 的 SBD 反并联二极管，目前已经有 ROHM 与 CREE 等公司提供相关商用产品。

SiC MOSFET 器件的特点除了工作温度更高以外，其开关损耗明显下降很多，如图 8-15 所示。

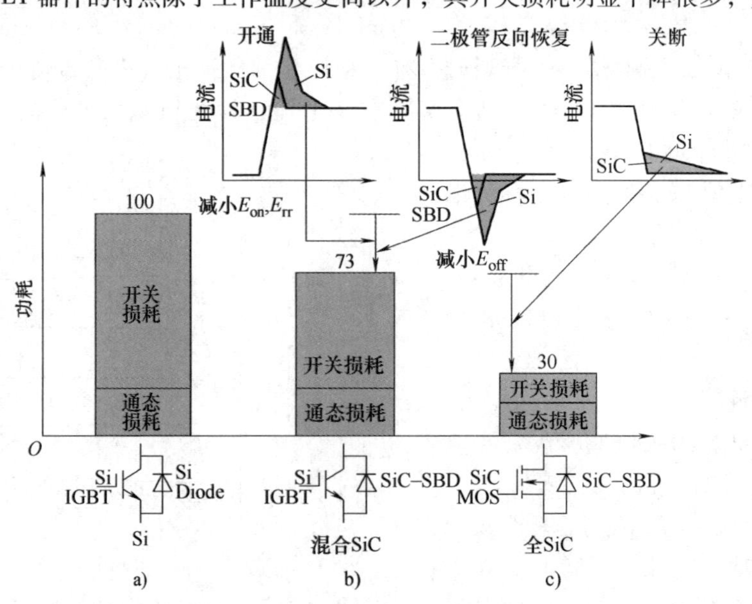

图 8-15　目前几种典型开关器件损耗示意图

图 8-16 给出了直流电压 600V，环境温度 40°C，结温 125°C，散热器热阻 0.19，采用强迫风冷情况下，Si IGBT 与 SiC MOSFET 器件的典型工作电流与开关频率关系图。因为随着频率的提高，器件的损耗会增加，所以工作电流呈减少趋势。但是从图中可以看出：与传统的 Si IGBT 器件相比，100A 的 SiC 器件可以工作在较高频率下，并且较额定电流 200A 的 IGBT 器件更有优势；另外，可以看出，随着频率的提高，IGBT 的损耗明显增加。

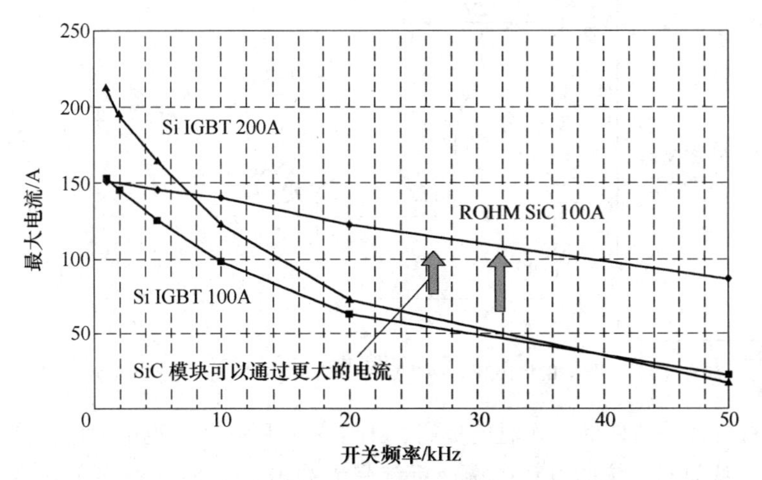

图 8-16 工作电流与开关频率关系图

表 8-3 给出了市场上两种比较常见的大功率开关器件的参数对比。

表 8-3 两种典型功率器件对比

型号		FF200R12KE3	BSM180D12P2C101	型号	FF200R12KE3	BSM180D12P2C101
类型		Si IGBT	SiC MOSFET	类型	Si IGBT	SiC MOSFET
U_{CES}/V		1200	1200	t_{doff}/ns	650	300
I_{Cmax}	I_C/A	200	180	t_f/ns	180	90
	I_{CP}/A	400	360	开通损耗/mJ	15	9.3
P_{CM}/W		1050	1130	关断损耗/mJ	35	7.6
正向压降/V		2	3.3	门极电荷/nC	1900	900
输入电容/nF		14	23	热阻 R_{thjc}/(K/W)	0.12	0.11
最大门极驱动电压/V		-20~20	-6~22	二极管导通压降/V	1.65(Si)	3.3~5.1*(SiC)
t_{don}/ns		300	80	二极管反向恢复能量/mJ	17(Si)	0.3(SiC)
t_r/ns		100	90			

注：* 该电压值与门极电压密切相关。

与 SiC MOSFET 可靠性密切相关的几个主要因素是：门极氧化膜、门极正偏压和负偏压的阈值稳定性、体内二极管工作状态、短路耐量、电压变化率冲击、静电破坏耐量以及宇宙射线引起的中子耐量等。在实际应用中需要注意以下事项：

1）目前，SiC MOSFET 门极阈值电压随温度的变化有明显偏移，为了保证较低的导通电阻特性，正向门极驱动电压推荐在 18V，不能太低，否则可能发生热失控。

2）合理设计功率母排、吸收电路、电容器的布置、门极电阻，以减少尖峰电压的冲击。

3）合理设置门极负偏压，适当增加门极电阻，在门极与源极之间增加有源米勒钳位电路，防止开关器件误动作。

4）建议采用合适的驱动芯片并设计合理的驱动电路，图 8-17 给出了具有电气隔离驱动芯片 BM6103FV-C 的驱动电路，电路中提供了+18V 与-4V 的门极偏压，以满足高抗干扰性和快速开关的要求。

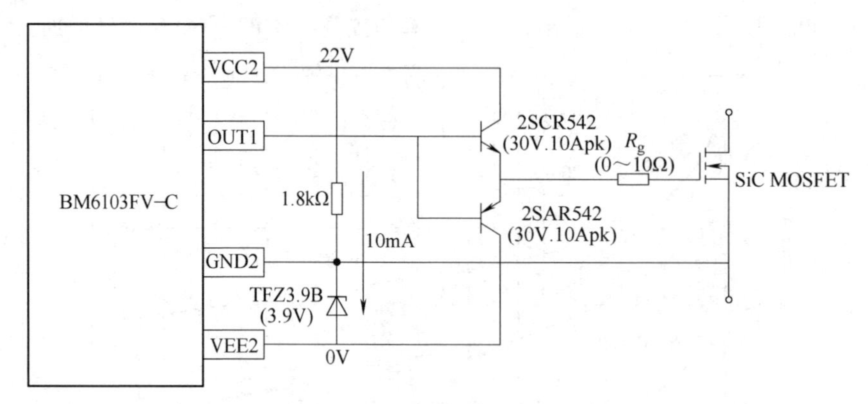

图 8-17　采用 BM6103FV-C 芯片的 SiC MOSFET 驱动电路示意图

由于 SiC 材料开关器件的工作温度更高，工作频率更高，使得电力电子能量变换装置的体积明显减少，从而对传统的电动机调速系统带来冲击。图 8-18 给出了新型结构的电动机调速系统主电路图片，左侧是传统的分离的电动机与电动机驱动控制器（逆变器）及其连接电缆图片。采用了新型的半导体器件后，就可以把逆变器完全置入到电动机里面去。2008 年，日本 NISSAN 电机有限公司已经研制了世界首台 SiC 逆变器并应用于电动汽车。

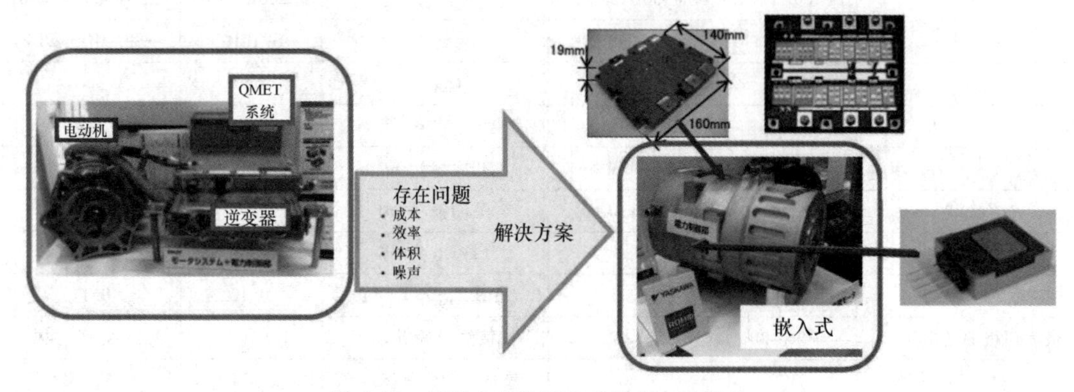

图 8-18　新型电动机调速系统主电路图片

8.1.4　功率母排

高频电力电子装置中主电路的寄生电感会引起较大的电压尖峰，不利于开关器件的可靠工作，其中功率母线的寄生电感是主要部分。功率母线可以采用铜排和极板两种形式：铜排具有较大的漏电感和较强的内应力；传统的极板直接通过螺栓与功率模块相互连接，这种连接方式在小功率变频系统中得到了很好的应用，但在中大功率场合，传统的极板容易出现相反极性的模块端相互碰撞的电气安全问题、因螺栓与功率模块的连接间隙导致的电流分配不均和连接处局部过热等问题。

针对传统功率母线的种种缺陷，结合功率部件的优化布置，可采用复合母排技术，如图 8-19 所示。这种功率母线具有电气安全性高、电磁辐射小、传导发热小、集成度高等特点。

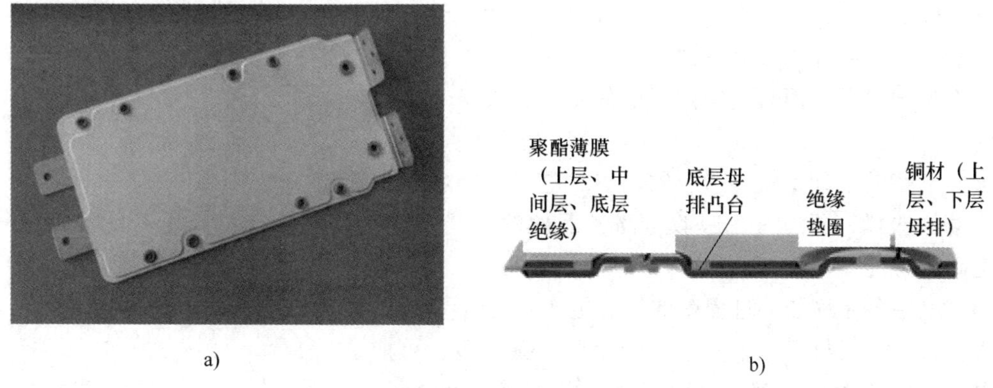

a)　　b)

图 8-19　复合母排及其组成

当复合母排的两块极板无限靠近时，同时假定极板厚度与宽度相比可忽略时，母排电感趋于零。

8.1.5　吸收电路

IGBT 的吸收电路主要用以控制关断浪涌电压和续流二极管的恢复浪涌电压，并减少开关损耗。选择合适的吸收电路类型，合理布局主电路部件是非常重要的。常见的吸收电路如图 8-20 所示。

图 8-20a 是最简单的单电容电路，适用于小容量的 IGBT 模块（10~50A）或其他容量较小的器件，但由于电路中无阻尼元器件，容易产生振荡，为此 C_s 中可串入 R_s 进行抑制，这种 RC 缓冲电路在晶闸管的保护中已用得很普遍。图 8-20b 是把 RCD 缓冲电路用于由两只 IGBT 组成的桥臂模块上，此电路比较简单，但吸收功能较单独使用 RCD 时略差，多用于小容量器件的逆变器桥臂上。有时还可以把图 8-20a、图 8-20b 两种缓冲电路并联使用，以增强缓冲吸收的能力。图 8-20c 是 R_s 交叉连接的吸收电路，当器件关断时，C_s 经 D_s 充电，抑制 du/dt；当器件开通前，C_s 经电源和 R_s 释放电荷，同时有部分能量得到反馈，这种电路对大容量的器件比较适合（例如 400A 以上的 IGBT 模块）。

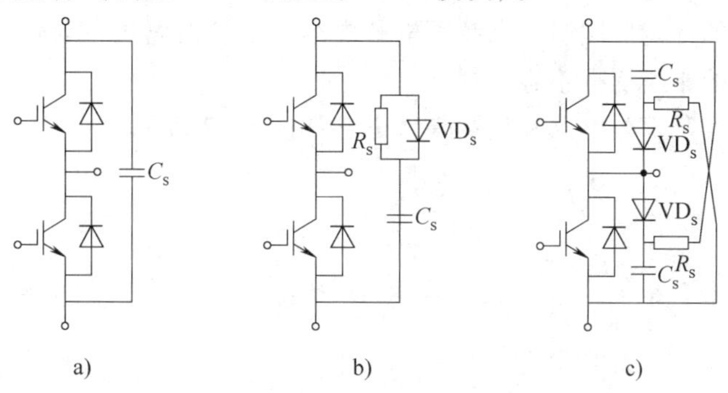

a)　　b)　　c)

图 8-20　电力电子器件的常用吸收电路

a）桥臂公用的单电容电路　b）桥臂公用的 RCD 电路　c）有反馈功能的 RCD 电路

吸收电阻阻值过大时，吸收电容放电时间过慢，下一次开关过程中就不能充分发挥吸收能量的作用；但 R_s 取值过小，在主管导通时，放电电流过大、过快，可能引起振荡，危及开关管的安全，一般取阻容放电时间常数为主管开关周期的1/6～1/3。吸收二极管应选取快恢复元件以加快吸收电路的动态响应过程，而且反向恢复电荷要少，要求具有软恢复特性。

吸收电路的设计不仅要对吸收电容、电阻、吸收二极管进行参数的选择，还应考虑吸收电路各器件的布局和连线，吸收电路尽可能短地连接到IGBT模块上。

杂散电感会导致开关过程中的暂态电压，也是EMI的主要源头。并且它们与寄生电容一起会导致谐振产生，可能会导致电压和电流的振铃现象，所以杂散电感应设计成最小。图8-21给出了杂散电感的简化等效电路，实际电路中的杂散电感分布并不对称，其最大值可以在模块使用手册中查找。

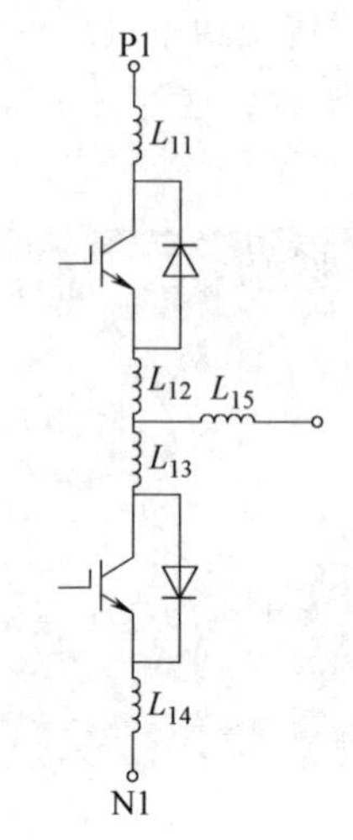

图8-21　逆变器一相桥臂杂散电感简化等效电路图

8.1.6　电容器

电容器的种类有很多，从材料上可分为CBB电容器、涤纶电容器、瓷片电容器、云母电容器、独石电容器、电解电容器、钽电容器等。一般情况下，前面几种材料电容器的容值较小，多在1μF以下；电解电容器的容值一般都很大，从1μF～10000μF不等；钽电容器的容值也较大，并有较好的高频特性。

用于功率主电路中的电容器主要有：电解电容器、膜电容器和超级电容器。常见的厂商有南通江海电容器股份有限公司、厦门法拉电子股份有限公司、上海鹰峰电子科技股份有限公司、上海奥威科技开发有限公司、美国MAXWELL公司等。

1. 电解电容器

电解电容器的容值较大，耐压较高（较为常见的达到450V），在主电路中多数场合下作为储能与低频滤波元件。滤波电容器的选取需综合考虑电容器的纹波电流、电容器容量、寿命、工作温度范围以及布置安装空间等因素。由于电解电容器的等效电感（ESL）和等效电阻（ESR）的存在，使得电解电容器在高频状态下的等效电容量迅速下降，严重时会明显影响电力电子装置的性能。同时，高频下电解电容器的纹波电流在等效电阻作用下的发热和对电解电容器寿命的影响变得不容忽视。

电解电容器的实际等效电路和计算等效电路如图8-22所示。

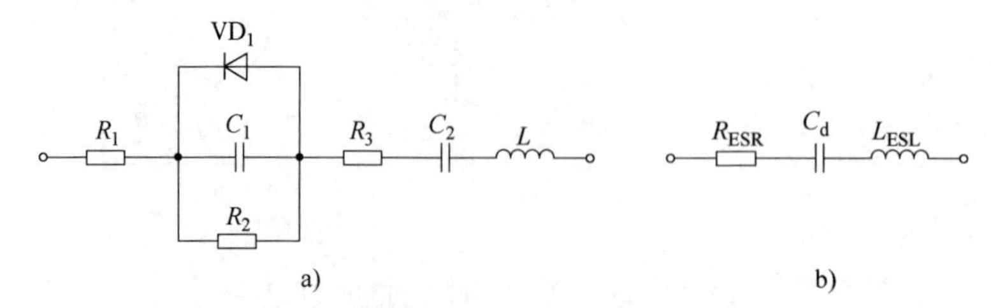

图8-22　电解电容器实际等效电路和计算等效电路

电解电容器的等效阻抗为

$$Z = R_{\mathrm{ESR}} + \mathrm{j}2\pi f L_{\mathrm{ESL}} + \frac{1}{\mathrm{j}2\pi f C_{\mathrm{d}}} \tag{8-1}$$

式中，Z 为电解电容器阻抗，由于 R_{ESR} 和 L_{ESL} 的存在，使得频率 f 达到一定值时，电解电容器阻抗的模值会出现最小值。

电解电容器的标称容量一般在频率 120Hz 时测量得到，其实际容量与标称容量存在一定的误差，通常允许误差为±5%～±20%。典型铝电解电容器的典型阻抗曲线如图 8-23 所示。

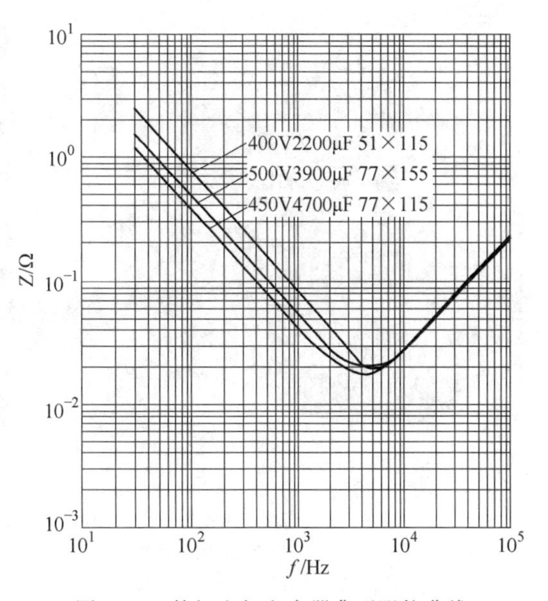

图 8-23　某铝电解电容器典型阻抗曲线

用等效阻抗表示的电解电容器的等效容量为

$$C = 1/(2\pi f |Z|) \tag{8-2}$$

由表 8-4 可知，随着工作频率的逐渐增加，电解电容器的等效容量迅速下降；当工作频率超过 1kHz 时，电容器等效容量下降到标称值的 28%以下；从图 8-23 中可以看出，当频率达到 5kHz 时，电容器等效电路中的电感与电容发生串联谐振，使其阻抗出现最小值；当频率超过 5kHz 以后，电容器的总阻抗随着频率的增加而增加——它已经不是电容器了。所以，选择合适的电容器是电力电子装置设计中的一个必要环节。附录 K 给出了逆变器直流侧电流的分析。

表 8-4　不同工作频率下电解电容器的等效容量

工作频率/Hz	100	1k	2k	5k
等效阻抗/Ω	0.75	0.08	0.04	0.02
等效容量/μF	2122	1989	1989	1592

电力电子装置中滤波电容器的选择主要考虑以下三方面的因素：①能满足期望的纹波电压的电容值；②电容器的额定电压；③电容器的额定纹波电流。

2. 膜电容器

为进一步降低变流器的体积和重量，适应宽电压范围、大功率应用需求，通常需要一个紧凑、低损耗、高性价比的大容量电容器，例如工作直流电压可达 DC 1000V，容量值可达 3000μF。电解电容器额定电压低于 500V，且在一定的布置空间内，交流容量比较有限，难以满足上述需求。膜电容器的电压标准可达到 DC 1000V 以上，使用温度达到 125°C，并最大化了体积填充系数，比较适合上述工况的应用。薄膜电容器替代电解电容器的典型应用是丰田普锐斯混合动力系统。普锐斯 Ⅰ 使用的滤波电容器是电解电容器，普锐斯 Ⅱ 开始使用薄膜滤波电容器组，如图 8-24 所示。

膜电容器生产工艺（超薄金属化薄膜蒸馏技术、安全膜技术、波浪边分切技术等）不仅使电容器的额定电压提高到 150V/μm 以上，额定温度提高到 105℃，还可改善电容器本身的防潮性、抗温度冲击能力。与电解电容器比较，薄膜电容器具有以下优点：

1）良好的温度特性。

2）可承受反向电压。

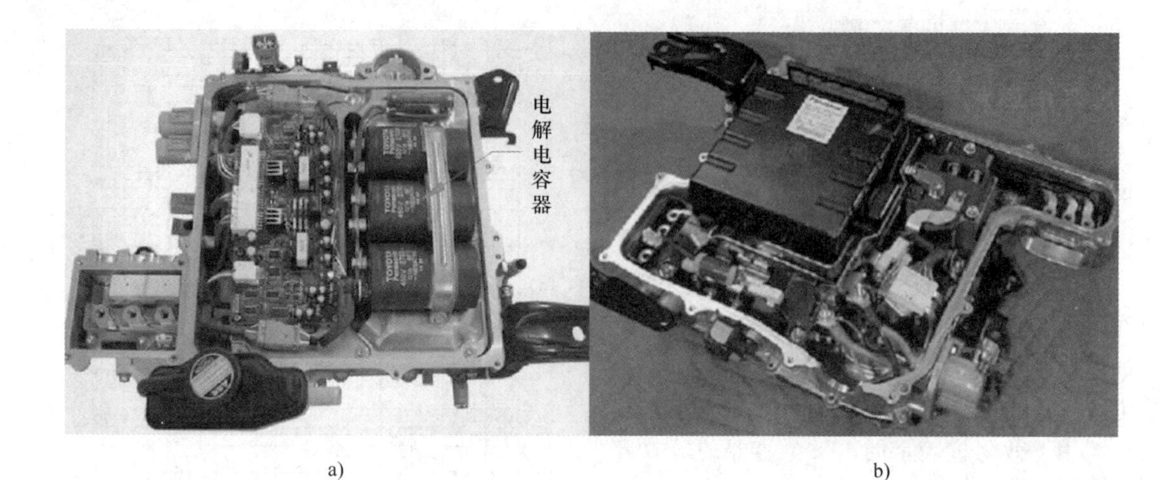

图 8-24　丰田普锐斯混合动力系统变流器

a）普锐斯Ⅰ电解电容器　b）普锐斯Ⅱ薄膜电容器

3）抗脉冲电压能力强。膜电容器的耐冲击电压大于 $1.5U_n$，而电解电容器的抗脉冲电压 $<1.2U_n$。

4）干式设计。没有电解液泄露的问题，没有酸污染。

5）ESR 低，耐纹波电流能力强。

6）低 ESL。

7）使用寿命长。在额定电压和额定使用温度下，膜电容器使用寿命大于 10 万小时。

膜电容器在选择时，如果已知变流器的最大允许纹波电压和纹波电流的有效值，系统需要的电容器最小电容值可以通过下面的公式计算：

$$C_d \geqslant \frac{1}{2\pi f} \cdot \frac{\Delta I_c}{\Delta U_d} \tag{8-3}$$

薄膜电容器采用新的制作工艺和金属化薄膜技术，增加了传统薄膜电容器的能量密度，使电容器的体积大大缩小。同时，通过将电容器芯子和母排整合的方式来满足灵活的布置尺寸要求，使得整个逆变器模块更加紧凑，如图 8-25 所示，大大降低了主电路的杂散电感，使电路的性能更好。在高电压、高有效值电流、有过压、有反向电压、有高峰值电流、长寿

图 8-25　不同结构的膜电容器[49]（鹰峰电子，700μF/500VDC）

命要求的电路设计中，薄膜电容器的应用已成为趋势。

3. 超级电容器

超级电容器（Supercapacitor），又称双电层电容器、黄金电容、法拉电容，通过极化电解质来储能，其电容值可以轻易达到1000F。它是一种电化学元件，但是其储能的过程并不发生化学反应，这种储能过程是可逆的，因此超级电容器可以反复充放电约10万次。

超级电容器在分离出的电荷中储存能量，用于存储电荷的面积越大、分离出的电荷越密集，其电容量越大；传统电容器是用绝缘材料分离它的两极板，一般为塑料薄膜、纸等，这些材料通常要求尽可能薄。超级电容器的面积是基于多孔炭材料，该材料的多孔结构允许其面积达到$2000m^2/g$，通过一些措施可实现更大的表面积。超级电容器电荷分离开的距离是由被吸引到带电电极的电解质离子尺寸决定的。该距离和传统电容器薄膜材料所能实现的距离相比更小。这种庞大的表面积再加上非常小的电荷分离距离使得超级电容器较传统电容器有大得多的静电容量。

以新能源电动汽车为例，超级电容器应用主要在以下几个方向：

（1）新能源汽车的辅助动力

汽车频繁地起步、爬坡和制动造成其功率需求曲线的变化很大，在城市工况下更是如此。一辆高性能的新能源汽车的峰值功率与平均功率之比可达16∶1。但是这些峰值功率的特点是持续时间一般都比较短，需求的能量并不高。对于纯电动、燃料电池和串联混合动力汽车而言，这就意味着：要么汽车动力性不足，要么电压母线上要经常承受大的尖峰电流，这无疑会大大损害电池、燃料电池或其他APU（Auxiliary Power Unit）的寿命。如果使用功率较大的超级电容器，当瞬时功率需求较大时，由超级电容器提供尖峰功率，并且在制动回馈时吸收尖峰功率，那么就可以减轻对辅助电池或其他APU的压力。从而可以大大增加起步、加速时电源系统的功率输出，而且可以高效地回收大功率的制动能量。这样做还可以提高蓄电池（燃料电池）的使用寿命，改善其放电性能。

除此之外，采用超级电容器还能在选择蓄电池等动力部件时，着重考虑车载能源的比能量和成本等问题，而不用再过多考虑其比功率问题。通过扬长避短，可以实现动力源匹配的最优化。

（2）动力驱动能源

超级电容器作为唯一动力源的电动汽车驱动结构较简单，但目前技术还不成熟，所以一般都是把超级电容器作为辅助动力源，与电池、燃料电池或其他APU系统组成多能源的动力总成来驱动车辆。常见的结构组合形式有：B+C，FC+C，FC+B+C，ICE/G+C等（其中B代表电池、C代表超级电容、FC代表燃料电池、ICE代表内燃机、G代表发电机）。由于超级电容器存储的能量与电压的平方成正比，所以超级电容器荷电状态（SOC）的较大变化将直接导致电容器的端电压会在很宽的范围内变化。例如，如果超级电容器被放电75%，那么电容器的端电压将减少到初始电压的50%。为了控制电容器的输入、输出能量，协调超级电容器电压和电池电压，必须使用DC/DC变换器。

（3）汽车零部件的辅助能源

除了用于动力驱动系统外，超级电容器在汽车零部件领域也有广泛的应用。例如，未来汽车设计使用的42V电系统（转向、制动、空调、高保真音响、电动座椅等），如果使用长寿命的超级电容器，可以使得需求功率经常变化的子系统性能大大提高。另外，还可以减少车内用于电制动、电转向等子系统的布线。而且，如果使用超级电容器来提供发动机起动时所需要的大电流，那么不仅能保护电池，而且即使是在低温环境和电池性能不足的条件下也能顺利实现起动。

8.1.7　电压电流检测电路

电机控制需要对逆变器输入侧直流电压、电流和输出侧交流电压、交流电流进行检测。主电路的电压与电流经过传感器后转变为弱电信号，再经过信号调理电路转变为适合数字控制器接收的电压信号。下面介绍几种典型的检测方案。

1. 互感器

互感器本质上就是变压器，输出信号与检测信号之间实现了电气隔离，但只能用来检测交流量。下面将简单介绍电流互感器。

电流互感器的结构较为简单，由相互绝缘的一次绕组、二次绕组、铁心以及构架、壳体、接线端子等组成。一次绕组匝数（N_1）较少，直接串联于电源线路中。当一次绕组流过待测电流时，产生的交变磁通在二次绕组上感应出相应电压。二次绕组匝数（N_2）较多，经由负载 Z 形成闭合回路，如图 8-26 所示。

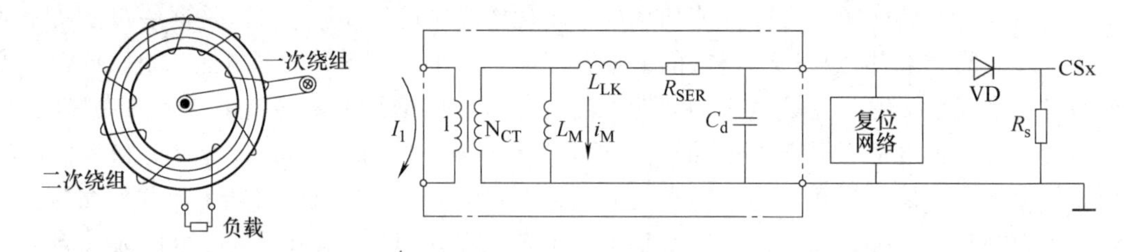

图 8-26　穿心式电流互感器结构原理图

由于电流互感器二次绕组匝数较多，所以二次绕组绝对不允许开路，否则可能出现高电压，危及人身和仪表安全；分析等效电路可知，在待测电路中接入电流互感器后，相当于串联了$\left(\dfrac{N_1}{N_2}\right)^2 Z$的阻抗。因而在电流互感器中，二次绕组的负载阻抗不能很高，这样才不会明显影响到待测电流；为安全起见，二次绕组回路应设保护性接地点，并可靠连接。

电流互感器也可以用来测量含有直流分量的脉冲电流，图 8-26 中给出了一种常用于测量 DC/DC 变换器中高频脉冲电流的电路。

2. 霍尔传感器

在磁场 B 的作用下，载流导体中的电荷受到洛伦兹力偏向一侧，从而产生了电压 V_H，这就是霍尔效应。根据霍尔效应，可以设计开环或闭环的电流测量电路，如图 8-27 所示。图中采用补偿电路，利用霍尔电压产生一个补偿电流 I_S，该电流与待测电流 I_P 在铁心中产生的合成磁通保持为零，故而称为零磁通传感器，这种方式可以提高传感器的性能。

霍尔传感器的输出信号有电压与电流两种方式，图 8-27 给出的是后者，所以在检测电路中需要外部串联测量电阻 R_m（一般在百欧姆以下，根据使用手册选取）。图 8-28 给出了电流霍尔传感器的外部电气连接。图中还给出了电流霍尔传感器实物图（型号为 LA100-P），它是采用闭环方式测量电流的，待测电流范围为 100A，准确度为 0.45%，供电电压为双极性±15V，二次额定输出电流为 50mA。

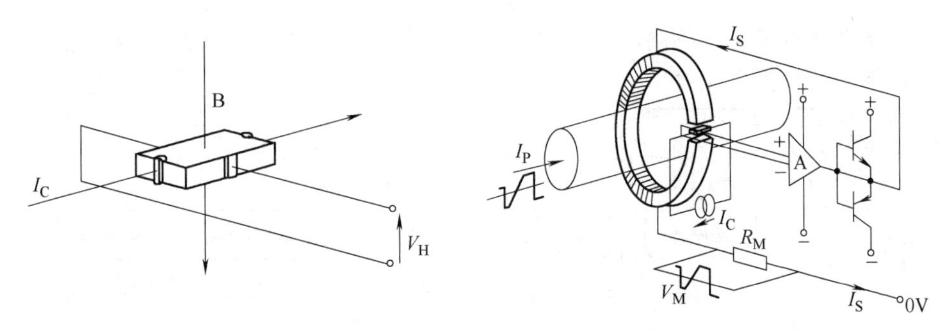

图 8-27　霍尔效应示意图及闭环方式测量电路

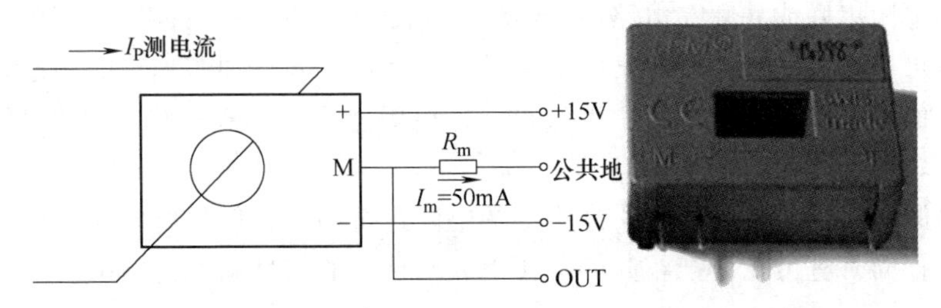

图 8-28　电流霍尔传感器电路连接示意图及其实物外形图

测量电压的霍尔传感器通常是与高阻值的电阻串联后再并联到待测电路中，将电压信号转换为一个小电流，然后在电流测量的基础上间接获得待测电压。一次侧的串联电阻通常需要从外部接入（如 LV100、LV200 系列），如图 8-29 所示，也有内置一次侧电阻的电压霍尔传感器（如图中的 AV100）。

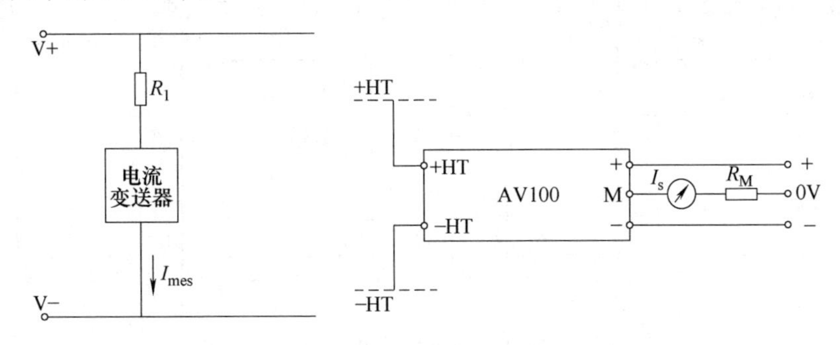

图 8-29　电压霍尔传感器

3. 隔离运放

图 8-30 给出了 HCPL7800 系列隔离运放芯片的引脚及电路示意图，可以看出待测电路与输出电路分别由两路隔离电源供电，从而可以实现隔离测量。从图 8-31 的工作原理图中可以看出，经过了 Σ-Δ ADC 后，待测电压转换为数字信息，经过合适的编码后以光的方式传输给后端

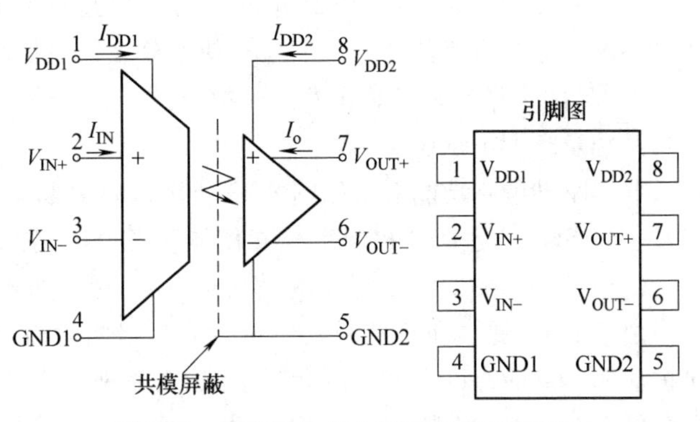

图 8-30　隔离运放芯片引脚与电路示意图

检测电路，从而实现了电气隔离。后端检测得到一次侧电压的数字编码后，再经过解码和滤波后转换为精确的模拟电压输出。

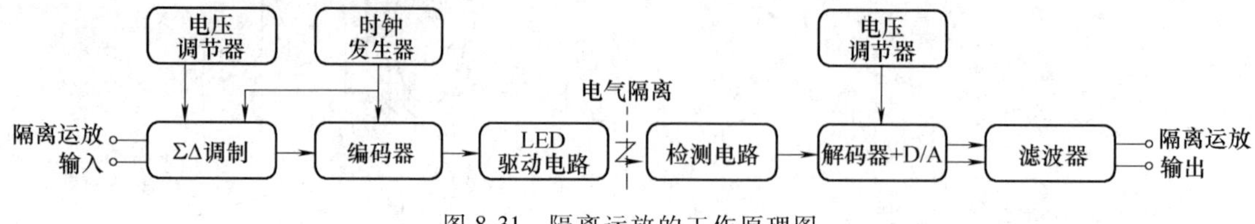

图 8-31　隔离运放的工作原理图

4. 检测电阻

直接采用电阻串联或并联在电路中对电流、电压进行检测是一种比较简单、成本较低的测量方法，也可以认为是真实度非常高的一种方法，但它是一种非隔离的测量方式。

串入小阻值的电阻到待测电路中测量电流，电阻上会有损耗；如果期望电压信号较大，那么损耗会比较明显。

并入电路测量电压时，需要采用高阻值的电阻进行测量，但阻值较高的电阻容易带来较多的噪声电压；同时有可能会把较高的电压引入到后端的信号调理电路中。

8.1.8　典型的驱动模块

三相 VSI 中，一相桥臂上下开关管的典型开关信号如图 8-32 所示。图 8-32a 给出了理想情况下的波形，实际的开关信号应如图 8-32b 所示，由关断向导通过的开关信号中需要加入死区时间（deadtime），以避免出现上下开关同时导通的“直通”现象。死区时间的设置可以在软件中由 PWM 信号发生单元设置，也可以通过硬件电路来实现。

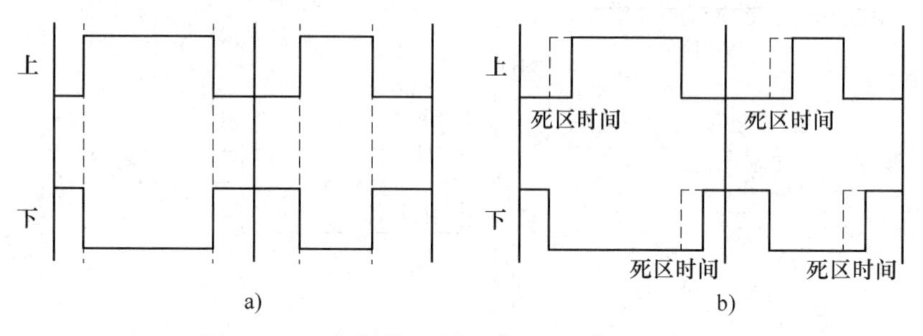

图 8-32　一相桥臂上下两路 PWM 信号示意图

系统的控制电路输出 PWM 电平信号，但是它不能直接驱动大功率 IGBT，图 8-33 中驱动电路的功能是将此信号进行电压与功率放大，对控制电路和主电路实现电气上隔离，同时检测 IGBT 的工作状态以对其进行保护，检测到故障时提供一个故障信号（FO）给 DSP，使控制系统及时做出响应。

典型驱动电路功能框图如图 8-33 所示，VCC 与 GND 向驱动电路板提供工作电源，复位信号（RESET）是 DSP 控制系统“使能”驱动电路的控制信号，G、E 用来对 IGBT 进行驱动；C、E 用来对 IGBT 进行监测，判断 IGBT 是否过电流和短路。

由于 IGBT 是电压型控制元件，驱动电路相对简单，这就更强调了驱动电路对 IGBT 的保护功能。目前，许多公司将大功率 IGBT 的驱动电路做成模块，大大方便了 IGBT 的应用。主要的 IGBT 驱动模块有日本富士公司的 EXB 系列、英达公司的 HR 系列、三菱公司的

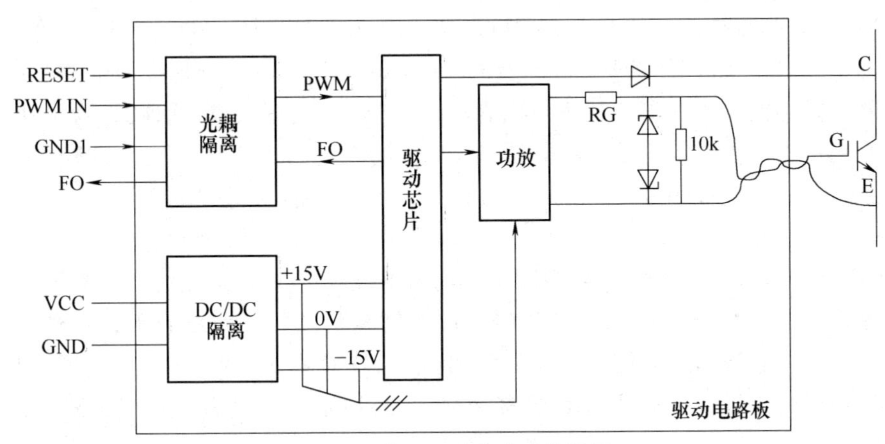

图 8-33　典型驱动电路功能框图

M57962、CONCEPT 公司的 SCALE 系列、德国 SEMIKRON 公司的 SKHI 系列、深圳青铜剑公司的 IGBT 驱动器等产品。

1. M57962 驱动芯片

M57962 是三菱公司生产的厚膜集成电路，主要特点有：输入、输出电平与 TTL 电平兼容，适于单片机控制；内部有定时逻辑短路保护电路，同时具有延时保护特性；具有可靠通断措施（采用外部双电源供电）；驱动功率大，可以驱动 600A/600V 或 400A/1200V 的 IGBT 模块。图 8-34 给出了该驱动芯片的内部功能原理框图。

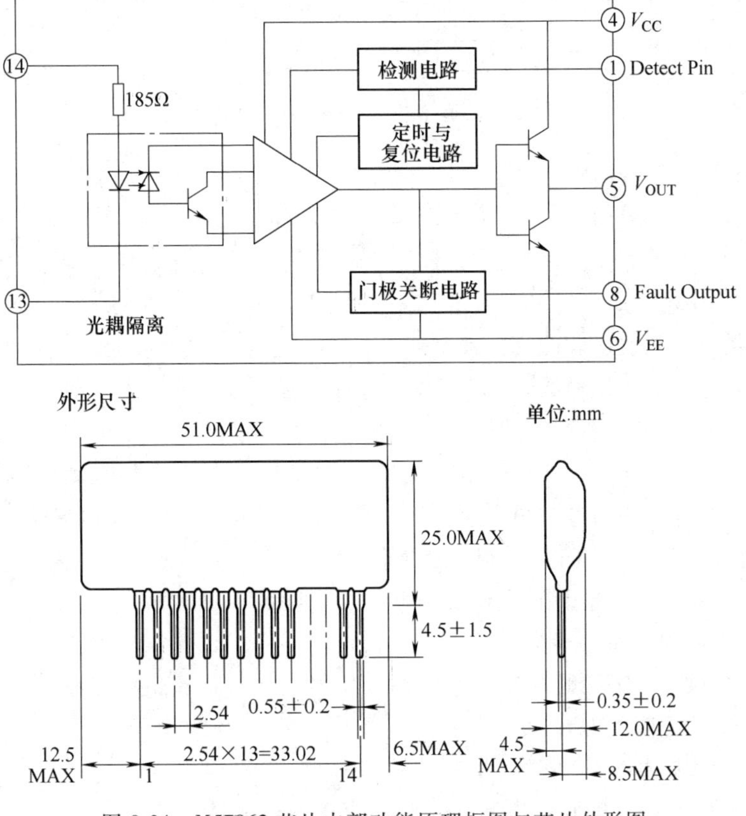

图 8-34　M57962 芯片内部功能原理框图与芯片外形图

M57962为单列直插式封装，共14引脚（9~12为空端引脚，如图8-34所示），其典型应用电路如图8-35所示。引脚1为故障检测输入端，引脚2的外部连接一个小电容到引脚4可用来延长故障检测的时间（不用时可以悬空），引脚4接正电源，引脚5为驱动信号输出端，引脚6接负电源，引脚7用来对检测到故障后的软关断驱动波形进行设置（需要时，在引脚7与引脚6之间连接小电容），引脚8提供故障信号输出，引脚13和引脚14为驱动信号输入端。

在IGBT导通状态下，当检测到引脚1的输入电压为15V时，模块判定主电路出现过电流，立即输出关断信号，将IGBT的GE两端置于负偏压（$-V_{EE}$）状态下；同时引脚8输出低电平，从而向外界输出故障信号。延时2~3s后，若检测到引脚13为高电平，则M57962恢复工作。稳压管DZ_1用于防止VD_1击穿而损坏M57962，R_G为门极限流电阻。

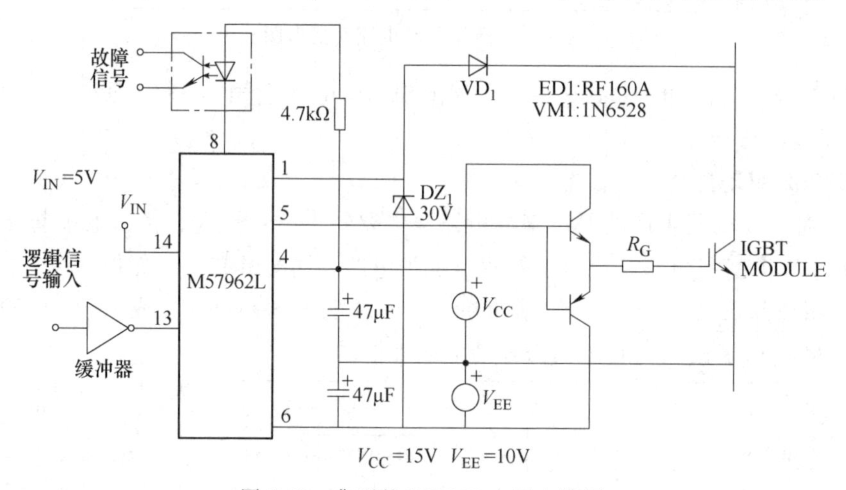

图8-35　典型的M57962应用电路图

2. SCALE系列驱动模块

瑞士CONCEPT公司的SCALE（Scaleable，Compact，All purpose，Low cost and Easy to use的首字母缩写）驱动模块是功能完善、应用成熟的系列驱动模块。以2SD315AI为例，它可以驱动两路IGBT，如图8-36所示，它有两种工作方式：直接方式和半桥方式。在直接方式下，驱动器的驱动通道彼此之间没有联系，两个通道可同时被驱动。在半桥方式下，驱动器通过外接RC电路产生一个从100ns到几个μs的死区时间，两个通道不可同时输出高电平。

SCALE驱动器由三个功能单元组成。第一个功能单元是逻辑与驱动电路接口（Logic & Driver Interface，LDI），用于驱动两个通道。加在输入端INA和INB的PWM信号经过处理后，其驱动信息被分别送到每个驱动通道的脉冲变压器。由于变压器不宜传输频率范围和占空比都比较宽的PWM信号，LDI主要用来解决这个问题。

LDI的主要功能如下：

1）为用户提供一个简单的接口，它的两个信号输入端都有施密特触发电路；

2）提供简单的逻辑电源接口；

3）在半桥方式中产生死区时间；

4）对PWM信号进行编码，以便通过脉冲变压器传输；

5）评估脉码状态识别信号及随后的缓冲，以便为用户提供一个准静态的识别信号。

SCALE 驱动器可与任何逻辑接口和电平兼容，无须附加其他电路。脉冲变压器负责驱动信号的隔离，同时可将来自每个通道的信息反馈给 LDI。

SCALE 模块的第二个功能单元是智能门极驱动器（Intelligent Gate Driver，IGD）。每个驱动通道都有一个 IGD，其主要功能如下：

1）接受来自脉冲变压器的脉码信号，并将其复原成 PWM 信号；

2）对 PWM 信号进行放大，并驱动功率管；

3）对功率器件进行短路及过电流保护；

4）欠电压监测；

5）产生响应和关断时间；

6）把状态识别信号传输给 LDI。

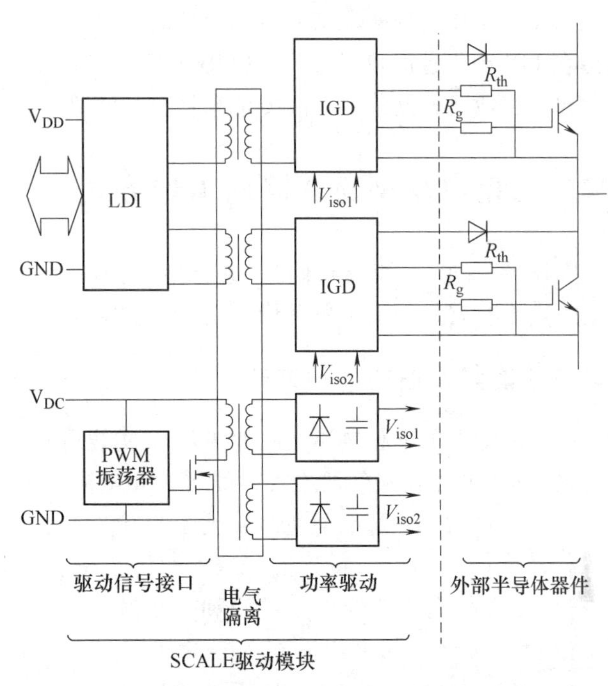

图 8-36　SCALE 系列驱动模块内部单元功能原理图

第三个功能单元是集成 DC/DC 电源。所有标准的 SCALE 驱动器都有一个 DC/DC 变换器，以便为各个驱动通道提供工作电源及相应的电气隔离，该驱动器只需一个稳定的外部 15V 直流电源。

SCALE 的每个通道都有 V_{CE} 监测电路，电阻 R_{th} 用来定义关断电压阈值，原理如图 8-37 所示。一旦检测出 IGBT 的 V_{CE} 电压被超出或欠电压故障，IGD 立即产生关断信号，驱动电路立即关闭功率管，同时不再接受驱动信号，将故障信息反馈给 LDI，并输出到 SOX 端口。

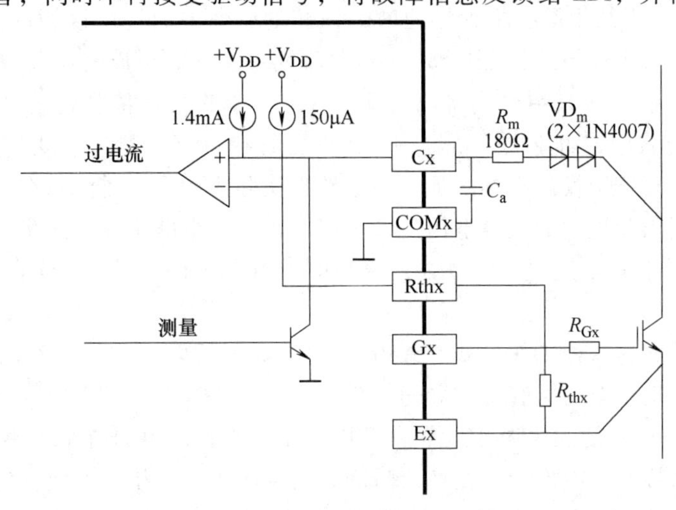

图 8-37　2SD315A 与 IGBT 模块连接示意图

驱动器不再接受任何驱动信号直到封锁时间过去，如果没有外加驱动信号，故障信息会一直保持在 LDI 中，这时可通过将 VL/RESET 端子的电平拉低清除故障信号，如果在封锁时间过后再次接收到驱动信号，故障信息将自动清除。

8.2　三相电压型逆变器的工作方式

在图 8-38 给出的三相两电平电压型逆变器（Voltage Source Inverter，VSI）中，每一相有上下两个桥臂，每一个桥臂均采用一只主管 V 和一只续流二极管 VD 反并联构成。

8.2.1　能量传递的三种方式

假定逆变器的三相电流方向如图 8-38 实线所示，则

1）若 A 相电流流经两主管，例如 A 相电流从电源正端流经 V_1、A 相负载、N′、B 相负载、V_6、电源负端，那么能量从直流电源流向负载；

2）若 A 相电流流经一个主管和一个续流二极管，例如 A 相电流流经 V_1、A 相负载、N′、B 相负载、VD_3，此时能量通过续流二极管进行续流；

3）若 A 相电流流经两续流二极管，例如 A 相电流从电源负端 N 流经 VD_4、A 相负载、N′、B 相负载、VD_3、电源正端，那么能量从负载反馈到直流电源。

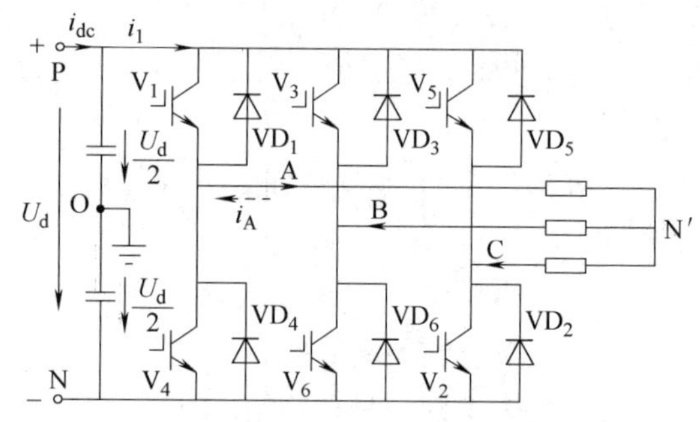

图 8-38　三相两电平电压型逆变器

8.2.2　三相电压型逆变器的两种导通方式

图 8-38 的电压型逆变器有两种工作方式。一种是 120°导通方式，在任何时刻都只有不同相的两只主管导通。同一相的两只主管在一个周期内各导通 120°，它们之间切换时分别有 60°的间隙时间。当某相没有主管导通时，该相的感性电流经由该相的续流二极管流通。一个周期内的各主管工作模式按照图 8-39 的顺序循环工作。可以看出每次的换相都是在上面三只开关管内或下面三只主管内部（按照 A→B→C 顺序）依次进行，因此称为横向换相。在 120°导通方式中，由于同一桥臂中上下两主管有 60°的间隙，所以不存在同一相上下直通短路的问题，对安全换流有利。但是该电路在实际应用中，需注意在换流瞬间要防止电感性负载电流中断引起过大的尖峰电压危及主管。由于该电路主管利用率较低，因此一般情况下电压型逆变器不采用这种工作方式（BLDCM 的变频调速中，VSI 通常工作在这种方式下）。

电压型逆变器的另一种工作方式是 180°导通方式，任何时刻都有不同相的三只主管导通。同一相上下两个桥臂的主管交替导通，各自导通半个周期（即 180°）。一个周期内各主管工作模式按照图 8-40 的顺序循环工作。可以看出每次换相都是在同一相上下两个桥臂之间进行的，因此又称为纵向换相。在换流瞬间，为了防止同一相上下两臂的主管同时导通而引起直流电源的短路，通常采用“先断后通”的方法，即先给应关断的主管关断信号，待

其关断后留有一定的时间裕量，然后再给应导通的主管开通信号，两者之间留有一个短暂的死区时间（死区时间与器件关断速度有关，大功率器件的死区一般设置为微秒级）。

$V_1V_2 \rightarrow V_2V_3 \rightarrow V_3V_4 \rightarrow V_4V_5 \rightarrow V_5V_6 \rightarrow V_6V_1$

图 8-39　120°导通运行方式

$V_1V_2V_3 \rightarrow V_2V_3V_4 \rightarrow V_3V_4V_5 \rightarrow V_4V_5V_6 \rightarrow V_5V_6V_1 \rightarrow V_6V_1V_2$

图 8-40　180°导通运行方式

8.2.3　输出相电压特点

由于电压型逆变器的直流侧采用大容量的电容器进行储能、滤波与稳压，所以直流侧电压可以近似认为恒定（有时在电容器前端串联一只电感器加强滤波并限制直流侧电流的变化率）。从交流侧负载看，逆变器的内阻很小，相当于电压源。

以 A 相为例分析 180°导通模式下逆变器的输出电压特性。当 V_1 接收到门极开通信号后，如果 A 相电流如图 8-38 实线所示，那么 V_1 导通，VD_1 关断，因而 A 相输出电位为逆变器正端 P 点电位（忽略开关器件的导通压降）；如果 A 相电流如图中虚线所示的反向电流时，那么 V_1 关断，VD_1 导通，因而 A 相输出电位仍是逆变器正端 P 点的电位。反之，如果给 V_1 关断信号，给 V_4 导通信号，那么无论 A 相电流的实际方向如何，A 相输出的电位总是逆变器负端 N 的电位。

以 N 点电位为参考电位，那么 A 相输出电压为 U_d 或者 0，即逆变器的输出电压被箝位为矩形波，与负载性质无关。如果以图中的 O 点为参考点，那么 A 相输出电压为 $-U_d/2$ 或者 $+U_d/2$。

正因为图 8-38 所示的电压型逆变器的一相输出电压只有两个选择，所以称之为两电平（Two Level）电压型逆变器，如果逆变器输出的一相电压可以有更多选择，则称为多电平（Multi Level）电压型逆变器，当然其结构会更加复杂，但是它们在输出波形正弦度、电磁兼容性能、逆变器的适用电压等级等方面有更大的优势。

针对工作在 180°导通方式（电压型逆变器通常的工作模式）下的两电平电压型逆变器来说，一相电路的输出电压只有两种情况（忽略死区影响），即 U_d 和 0。可以定义式 8-4 所示的开关信号 S_x（x 表示 A、B、C 中一个），它的取值只有 1 和 0 两种可能，它与对应的 X 相电路的具体工作状态见表 8-5。

$$S_x = \begin{cases} 1 \\ 0 \end{cases} \tag{8-4}$$

表 8-5　开关信号与 X 相电路工作状态

S_x	上桥臂开关信号	下桥臂开关信号	该相输出电压
1	1	0	U_d
0	0	1	0

8.3　三相电压型逆变器 MATLAB 仿真建模

根据表 8-5，三相两电平电压型逆变器某一相的输出电压用下式计算为

$$U_x = S_x \times U_d \tag{8-5}$$

在 MATLAB 中对该逆变器进行仿真建模时，可以将逆变器分为两部分，一部分是控制信号，即 S_x；另一部分是主电路电压部分，即 U_d 和三相输出电压 U_x。这样，电压型逆变器的输出电压可以表示为矩阵形式为

$$\begin{pmatrix} \boldsymbol{U}_{AN} \\ \boldsymbol{U}_{BN} \\ \boldsymbol{U}_{CN} \end{pmatrix} = \begin{pmatrix} 1 & 0 & 0 \\ 0 & 1 & 0 \\ 0 & 0 & 1 \end{pmatrix} \cdot \begin{pmatrix} \boldsymbol{S}_A \\ \boldsymbol{S}_B \\ \boldsymbol{S}_C \end{pmatrix} \cdot U_d \tag{8-6}$$

S_A、S_B、S_C 分别是逆变器 A、B、C 三相的开关信号。

式 8-6 的相电压选择了逆变器负母线 N 点为参考电位，如果相电压选择负载的中性点 N′为参考电位的话，在对称负载情况下，N′的电位为 $U_{N'N}=(U_{AN}+U_{BN}+U_{CN})/3$，那么逆变器输出相电压数学表达式如下：

$$\begin{pmatrix} \boldsymbol{U}_{AN'} \\ \boldsymbol{U}_{BN'} \\ \boldsymbol{U}_{CN'} \end{pmatrix} = \begin{pmatrix} \boldsymbol{U}_{AN} \\ \boldsymbol{U}_{BN} \\ \boldsymbol{U}_{CN} \end{pmatrix} - \begin{pmatrix} \boldsymbol{U}_{N'N} \\ \boldsymbol{U}_{N'N} \\ \boldsymbol{U}_{N'N} \end{pmatrix} = \begin{pmatrix} 2/3 & -1/3 & -1/3 \\ -1/3 & 2/3 & -1/3 \\ -1/3 & -1/3 & 2/3 \end{pmatrix} \cdot \begin{pmatrix} \boldsymbol{S}_A \\ \boldsymbol{S}_B \\ \boldsymbol{S}_C \end{pmatrix} \cdot \boldsymbol{U}_d \tag{8-7}$$

式(8-7)中的负载相电压与三相开关信号之间的关系列写在表 8-6 中。

表 8-6 电压型逆变器的控制信号与输出电压的关系

编号	$S_AS_BS_C$	三相输出电压（$*U_d$）			三相负载的等效电路
		$U_{AN'}$	$U_{BN'}$	$U_{CN'}$	
0	000	0	0	0	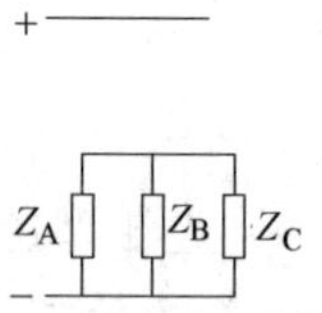 + − Z_A Z_B Z_C
1	001	−1/3	−1/3	+2/3	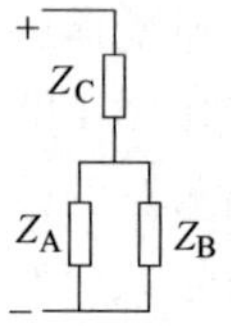 + Z_C Z_A Z_B −
2	010	−1/3	+2/3	−1/3	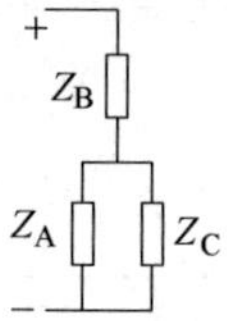 + Z_B Z_A Z_C −
3	011	−2/3	+1/3	+1/3	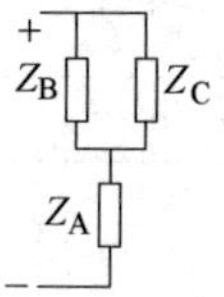 + Z_B Z_C Z_A −
4	100	+2/3	−1/3	−1/3	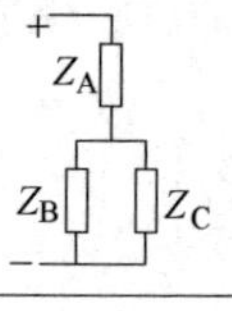 + Z_A Z_B Z_C −

（续）

编号	$S_A S_B S_C$	三相输出电压（$*U_d$）			三相负载的等效电路
		$U_{AN'}$	$U_{BN'}$	$U_{CN'}$	
5	101	+1/3	−2/3	+1/3	+ Z_A Z_C Z_B −
6	110	+1/3	+1/3	−2/3	+ Z_A Z_B Z_C −
7	111	0	0	0	+ Z_A Z_B Z_C −

8.3.1　基于 SIMULINK 分立模块的逆变器建模

在 SIMULINK 中，利用其提供的分立模块可以很方便地建立一个三相两电平电压型逆变器仿真模型，如图 8-41a 所示。其中的 Constant1 输出的是三相开关信号，Constant 输出的是直流侧电压 U_d，图中的 VSI inverter 子系统是逆变器模型，其输入为三相开关信号和直流侧电压，输出为 A、B、C 三相电压，子系统如图 8-41b 所示。运行仿真程序，很容易得到图 8-42 所示的仿真波形，图 8-42a 是逆变器的三相输出电压波形，图 8-42b 是逆变器的三相开关信号，显然，它们符合式（8-6）。

这种模型适用于不考虑死区效应的逆变器建模，并且也忽略了 IGBT 开关器件及反并联二极管的实际特性，仅把它们作为理想开关器件进行处理。

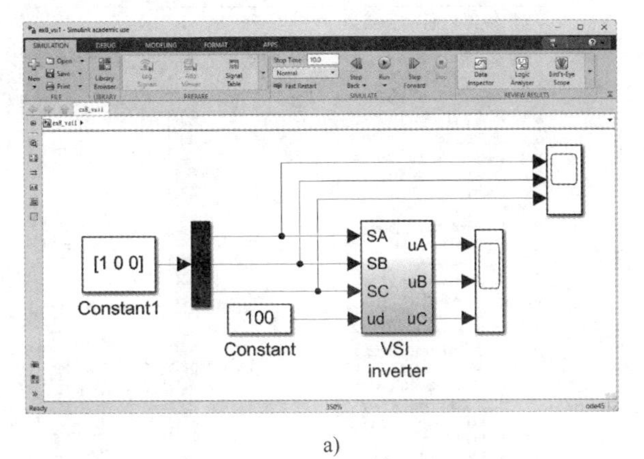

a)

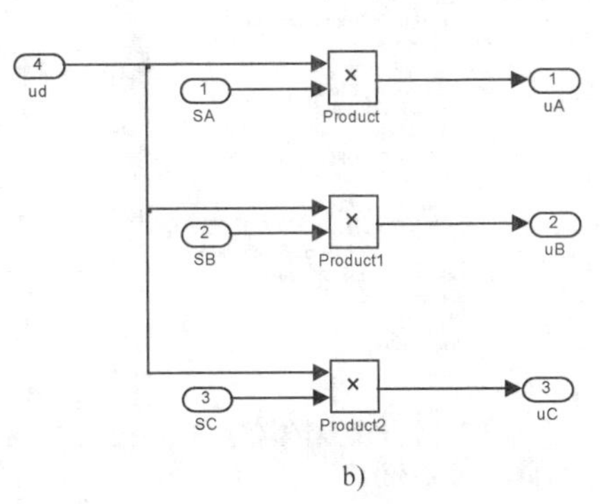

b)

图 8-41　电压型逆变器的仿真模型

8.3.2　基于 Specialized Power Systems 库的逆变器模型

如图 8-43 所示，SIMULINK 库浏览

器中可以方便地找到 SimPowerSystems 电力系统库（新版本 MATLAB/SIMULINK 中称为 Specialized Power Systems），单击左侧的电力电子（Power Electronics）子库，那么在右侧就可以出现常用的各类电力电子器件，在右下侧出现的就是通用桥模块（Universal Bridge）。

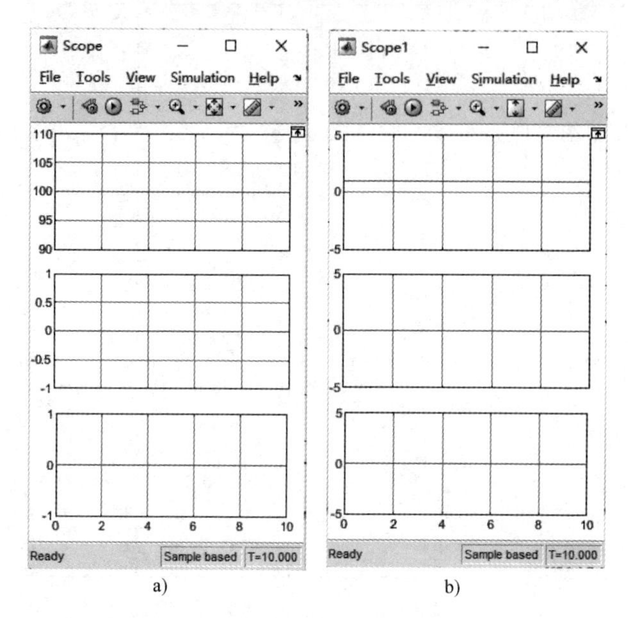

a)　　　　　　　　b)

图 8-42　逆变器输出电压波形与三相开关信号波形

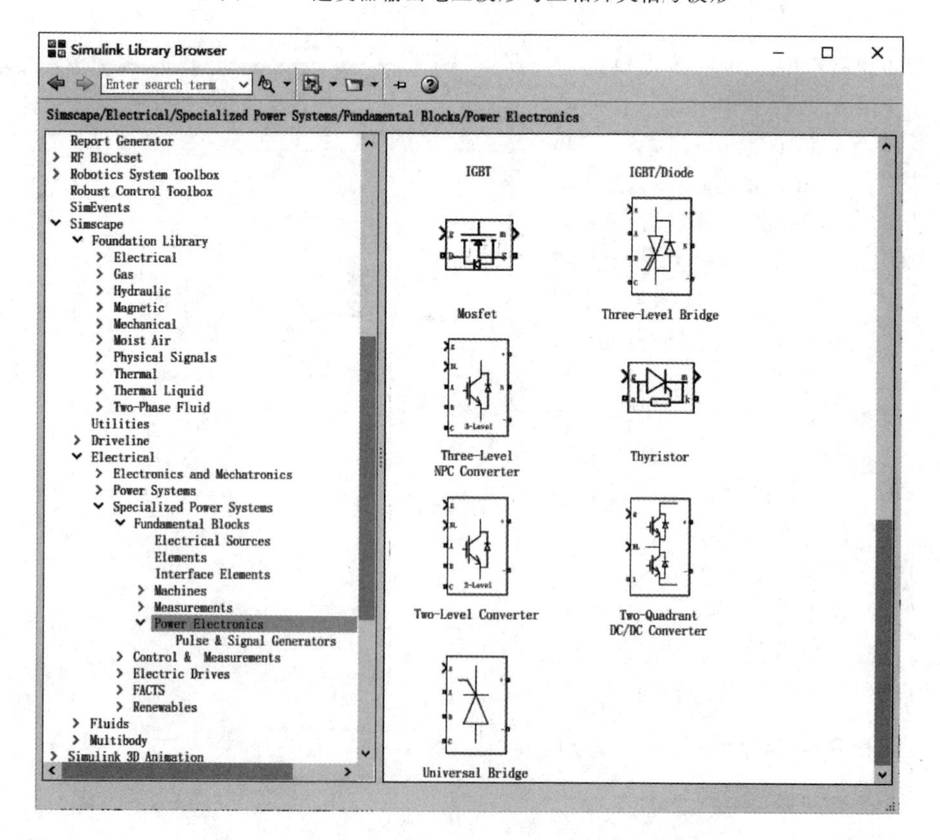

图 8-43　Specialized Power Systems 库中的逆变器模块

通用桥模块包含了直流侧接口（显示为+、-）、交流侧接口（显示为 A、B、C）和控制接口（显示为 g）三个部分。将该模块拖动到一个 mdl 文件界面中，双击以后选择 IGBT/DIODE 反并联的选项，将默认的晶闸管修改为 IGBT 器件。然后，用鼠标右键单击该模块，在下方的 format 的子选项中选择 flip block（180°旋转模块）后，成为图 8-44 中常见的三相逆变器的符号。

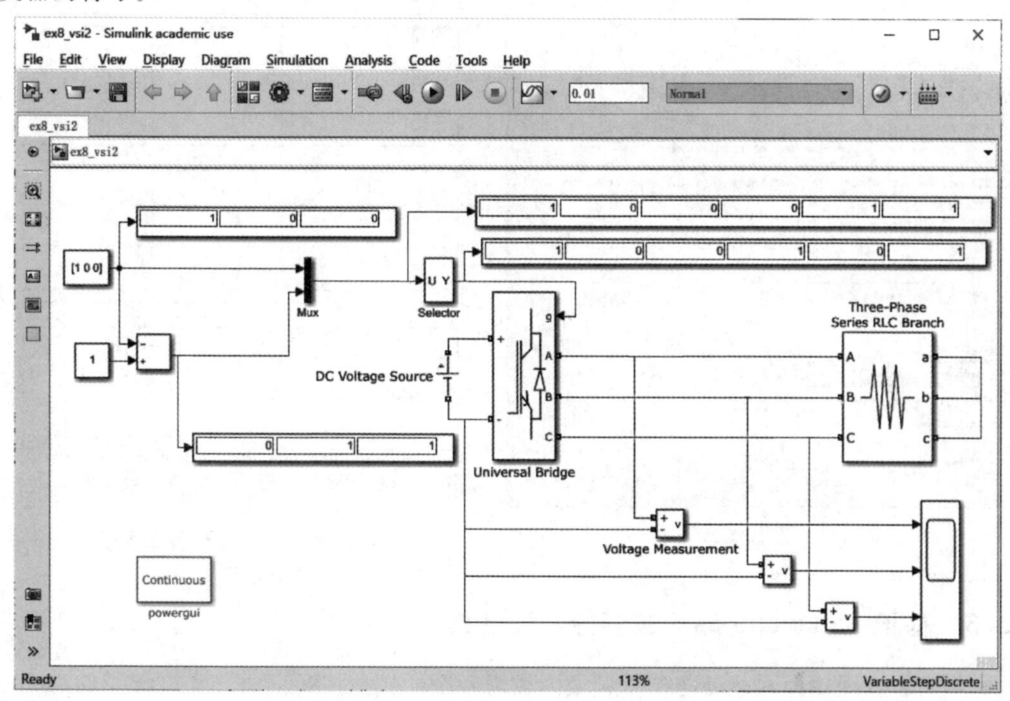

图 8-44　简单的逆变器仿真程序

在应用该逆变器模块之前，需要了解各接口的含义。在 help 中可以找到 IGBT/DIODE 三相桥式电路的接口示意图，如图 8-45 所示，可以看出控制接口的 g 包含的 6 个开关信号与三相桥式电路中 6 个开关器件之间的对应关系，这与常见的电力电子技术相关资料中的定义方式不同。同样采用 8.3.1 中的三相开关信号作为逆变器的控制信号，需要采用图 8-44 中的 Add 模块与常数 1 模块一同计算出其余三个开关信号，然后通过 Mux 单元合成为 6 路信号，最后通过 Selector 模块调整其顺序后才能正确使用。Selector 模块的作用是定义输出端口的信号顺序，图 8-46 给出了参数设置对话框（需要注意的是，该模块的输出信号个数不需要与输入相同，即是说可以非常灵活地定义其输出信号）。

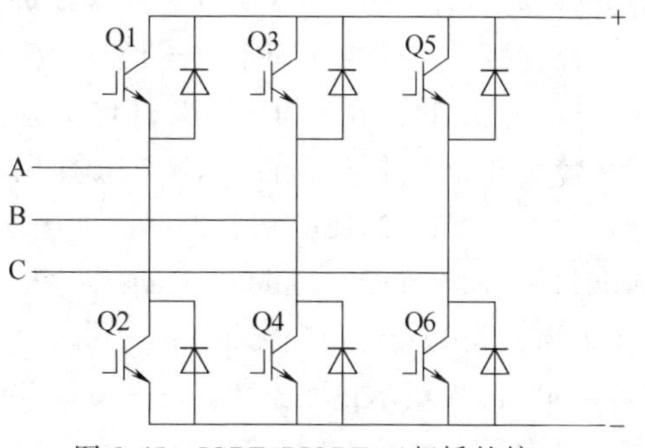

图 8-45　IGBT/DIODE 三相桥的接口

从电力系统库的电源（Electrical Sources）中找到直流电压源（DC Voltage Source）后加入到仿真程序中，并设置电压为 100V。在 Elements 中找到三相串联 RLC 支路（Three Phase Series RLC Branch）设置为纯电阻（R）支路，且电阻为 100Ω。从测量器件子库（Measurements）中找到电压测量模块（Voltage Measurements）加入到程序中。最后加入 Powergui 模块，并且设置仿真程序计算器为 ode15s，即可运行仿真程序。图 8-47 给出了三相电压的仿真波形，与图 8-42 中的仿真波形相一致。

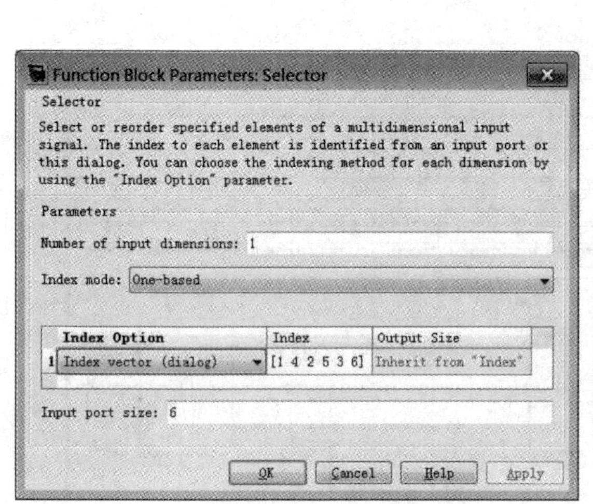

图 8-46　selector 参数设置

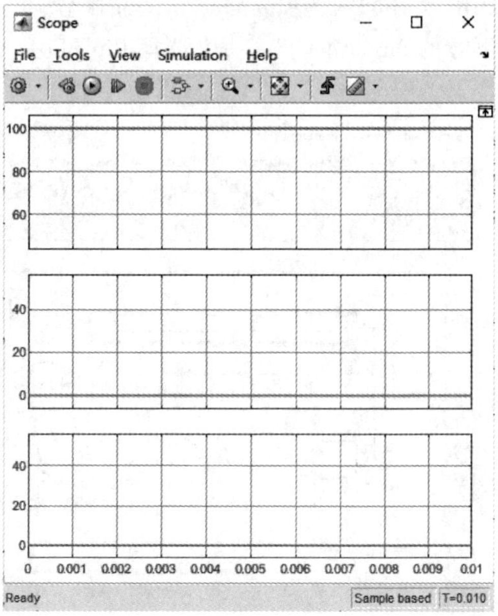

图 8-47　三相电压仿真波形

8.3.3　基于 Simscape 库的逆变器物理建模

近年来，物理建模在建模与仿真领域内成为一个比较热门的词语。MATLAB 的 Simscape 软件包通过对多物理域系统（例如机械、液压、热学、电气等元件）的建模与仿真扩展了 SIMULINK 家族产品。其他 SIMULINK 模块的建模是基于数学符号及其运算上的，而采用物理建模的 Simscape 则直接代表了各物理域器件及其之间的相互关系。例如泵、电机、运放等元件都是通过传递功率的物理连接线进行互连的，这使得我们在了解系统的物理结构后，就可以直接进行建模，而不必弄懂其中复杂的数学规律。

Simscape 软件在 SIMULINK 环境下运行，并且与其他 SIMULINK 家族产品及 MATLAB 计算环境实现无缝连接。在 SIMULINK 库浏览器的下方可以找到与 SIMULINK 平行的 Simscape 库，以 MATLAB 2018b 版本为例，其 Simscape 库包含有基础元件库（Foundation Library）、Driveline、Electrical、Fluids、Multibody 以及 Utilities 等 6 个子库。单击 Simscape 库的 Electrical 子库，可以看到里面有 Electronics and Mechatronics、Power Systems、Specialized Power Systems（即旧版本的 Sim Power Systems）三个并列的子库，这三个子库里面都有 IGBT 器件。本节只介绍最接近 IGBT 物理器件的模块，单击 Electronics and Mechatronics 子库的 Semiconductor Devices，可以在右侧看到常用的几个半导体器件，如图 8-48 所示，在这里可以选用 N-Channel IGBT 器件。另外，在基础元件库中的 Electrical 下面的 Electrical Elements 中可以找到常用的电阻器、电容器以及接地（Electrical Reference）；在 Electrical Sensors 中可以找到电流传感器（Current Sensor）、电压传感器（Voltage Sensor）；在 Electrical Sources 中可以找到常用的电压源及受控电压源等器件。

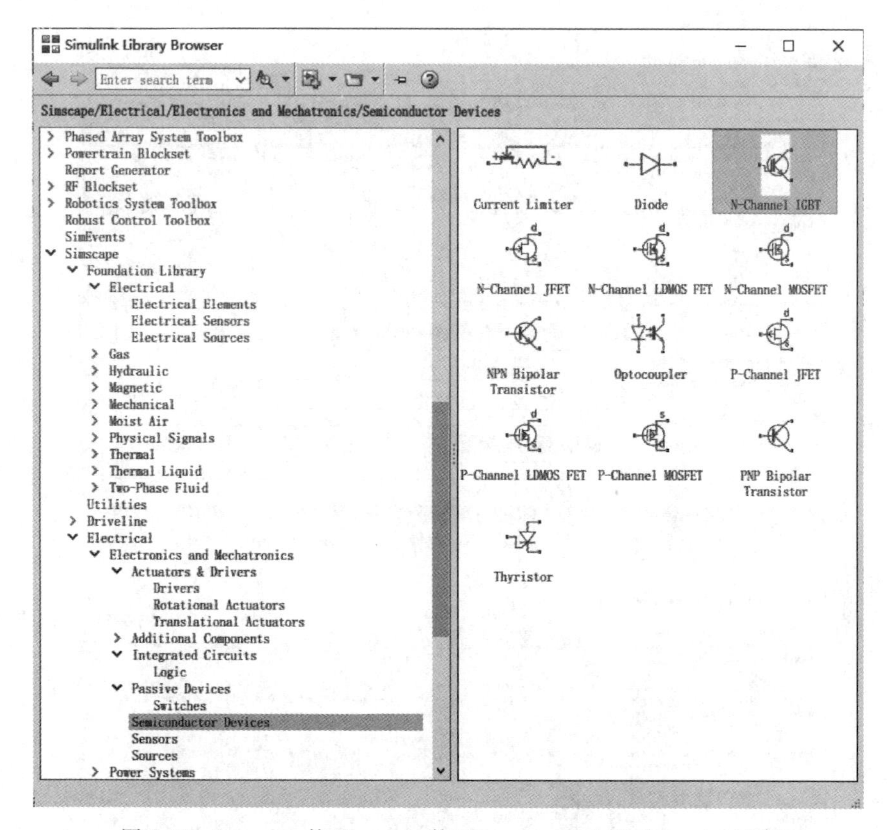

图 8-48　Simscape 的 Electrical 的 Electronics and Mechatronics 子库

图 8-49 给出了图 8-48 中的 N-Channel IGBT 器件的参数设置对话框，图 8-49a 中需要设

Block Parameters: N-Channel IGBT

N-Channel IGBT

This block represents an N-channel IGBT. Right-click on the block and select Simscape(TM) block choices to access variant implementations.

In the default implementation the device characteristics are defined in terms of the I-V curves for different gate voltages, and dynamics are dependent on modeled junction capacitances. The I-V curves are either derived from datasheet parameters or defined directly using tabulated data.

The simplified implementation models only the on-state I-V curve for a single gate voltage, and dynamics are defined by event-based equations with turn-on, rise, turn-off and fall times specified directly. This option gives better simulation speed but with reduced modeling accuracy.

There is no integral reverse diode.

Settings

Main | Junction Capacitance | Advanced | Temperature Dependence

Parameter	Value	Unit
I-V characteristics defined by:	Fundamental nonlinear equations	
Zero gate voltage collector current, Ices:	2	mA
Voltage at which Ices is defined:	600	V
Gate-emitter threshold voltage, Vge(th):	6	V
Collector-emitter saturation voltage, Vce(sat):	2.6	V
Collector current at which Vce(sat) is defined:	400	A
Gate-emitter voltage at which Vce(sat) is defined:	10	V
Measurement temperature:	25	degC

OK　Cancel　Help　Apply

a)

图 8-49　N-Channel IGBT 参数设置

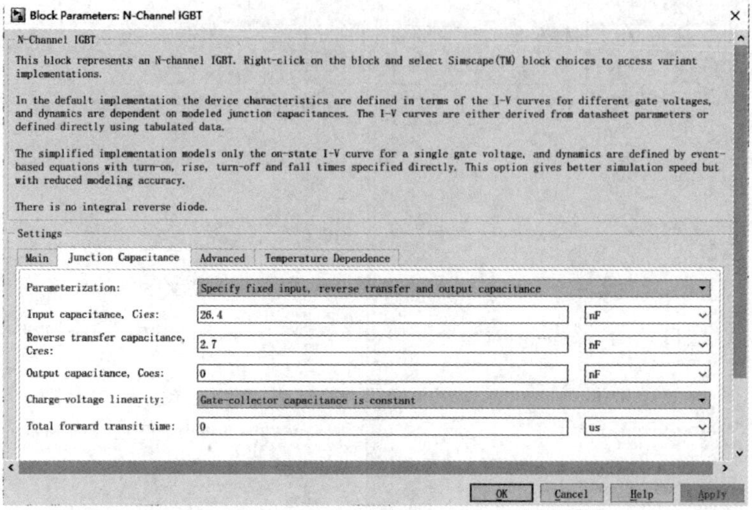

Block Parameters: N-Channel IGBT

N-Channel IGBT

This block represents an N-channel IGBT. Right-click on the block and select Simscape(TM) block choices to access variant implementations.

In the default implementation the device characteristics are defined in terms of the I-V curves for different gate voltages, and dynamics are dependent on modeled junction capacitances. The I-V curves are either derived from datasheet parameters or defined directly using tabulated data.

The simplified implementation models only the on-state I-V curve for a single gate voltage, and dynamics are defined by event-based equations with turn-on, rise, turn-off and fall times specified directly. This option gives better simulation speed but with reduced modeling accuracy.

There is no integral reverse diode.

Settings

Main | Junction Capacitance | Advanced | Temperature Dependence

Parameterization: Specify fixed input, reverse transfer and output capacitance

Input capacitance, Cies: 26.4 nF

Reverse transfer capacitance, Cres: 2.7 nF

Output capacitance, Coes: 0 nF

Charge-voltage linearity: Gate-collector capacitance is constant

Total forward transit time: 0 us

OK Cancel Help Apply

b)

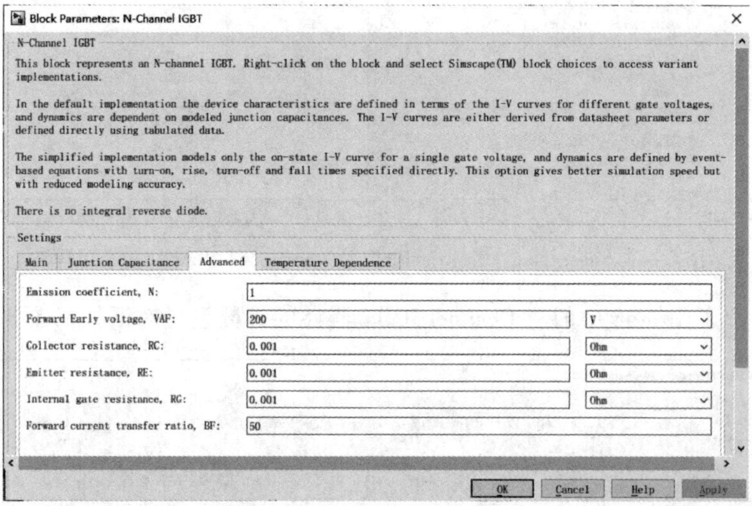

Block Parameters: N-Channel IGBT

N-Channel IGBT

This block represents an N-channel IGBT. Right-click on the block and select Simscape(TM) block choices to access variant implementations.

In the default implementation the device characteristics are defined in terms of the I-V curves for different gate voltages, and dynamics are dependent on modeled junction capacitances. The I-V curves are either derived from datasheet parameters or defined directly using tabulated data.

The simplified implementation models only the on-state I-V curve for a single gate voltage, and dynamics are defined by event-based equations with turn-on, rise, turn-off and fall times specified directly. This option gives better simulation speed but with reduced modeling accuracy.

There is no integral reverse diode.

Settings

Main | Junction Capacitance | Advanced | Temperature Dependence

Emission coefficient, N: 1

Forward Early voltage, VAF: 200 V

Collector resistance, RC: 0.001 Ohm

Emitter resistance, RE: 0.001 Ohm

Internal gate resistance, RG: 0.001 Ohm

Forward current transfer ratio, BF: 50

OK Cancel Help Apply

c)

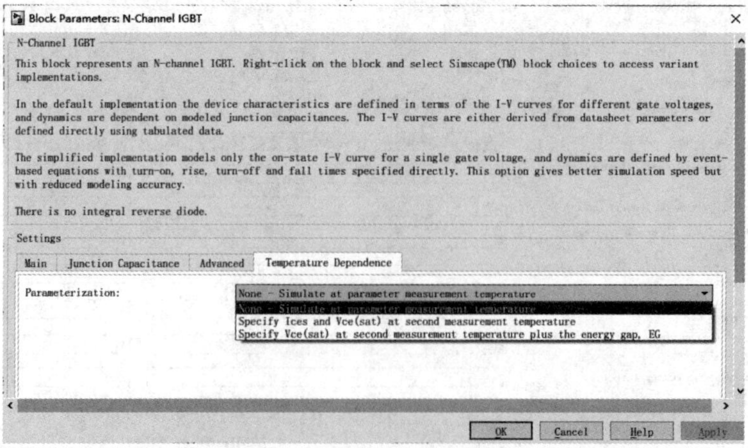

Block Parameters: N-Channel IGBT

N-Channel IGBT

This block represents an N-channel IGBT. Right-click on the block and select Simscape(TM) block choices to access variant implementations.

In the default implementation the device characteristics are defined in terms of the I-V curves for different gate voltages, and dynamics are dependent on modeled junction capacitances. The I-V curves are either derived from datasheet parameters or defined directly using tabulated data.

The simplified implementation models only the on-state I-V curve for a single gate voltage, and dynamics are defined by event-based equations with turn-on, rise, turn-off and fall times specified directly. This option gives better simulation speed but with reduced modeling accuracy.

There is no integral reverse diode.

Settings

Main | Junction Capacitance | Advanced | Temperature Dependence

Parameterization: None - Simulate at parameter measurement temperature

None - Simulate at parameter measurement temperature

Specify Ices and Vce(sat) at second measurement temperature

Specify Vce(sat) at second measurement temperature plus the energy gap, EG

OK Cancel Help Apply

d)

图 8-49　N-Channel IGBT 参数设置（续）

置零门极电压的集电极电流、门极开通阈值电压、集电极-发射极的饱和压降、集电极-发射极饱和电流值、饱和时的门极驱动电压值等参数；在图 8-49b 中可以设置等效结电容：输入电容值与反向传输电容值；图 8-49c 中可以设置相关电阻值；图 8-49d 中可以设置温度相关参数属性。

设置好 IGBT 参数后，找到 DIODE 器件反并联在 IGBT 两侧，可以很顺利地搭建三相桥式逆变器主电路。直流侧电源与电路等效电阻、三相负载电阻可以从基础元件库中找到。从图 8-50 中可以看出，不像 Specialized Power Systems（旧版本为 Sim Power Systems）中的 IGBT 是理想元器件，这里的 IGBT 需要合适的驱动电路，从图 8-50 中可以看出。10 或者 0（SIMULINK 数字信号）经过 Utilities 工具库中的 SIMULINK-PSConverter（两个工具软件之间的接口转换模块）后成为物理信号，将其连接到受控电压源（Controlled Voltage Source）或者 Gate Driver 模块后就可以驱动 IGBT 了（还可以串入一个适当阻值的门极限流电阻）。最后还需要在模型中加入一个参考地和 Utilities 工具库中的解算器设置模块（$f(x)=0$）。解算器的参考设置如图 8-51 所示，仿真的波形如图 8-52 所示。A 相的输出电压略微小于 100V（直流侧母线电压值），这是因为在桥臂 IGBT 上有一部分电压降。为了观察仿真结果波形，如图 8-50 所示，需要使用一个电压检测（Voltage Sensor）模块、一个 PS-SIMULINK Converter 信号转换模块和一个 SIMULINK 中的示波器（Scope）模块。

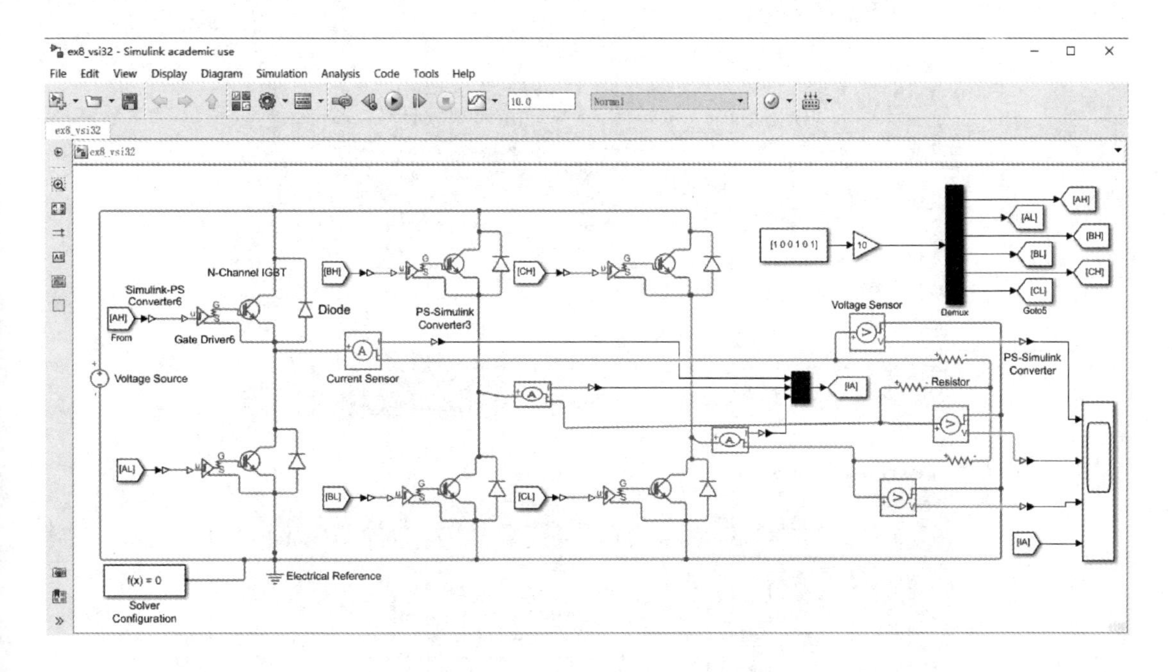

图 8-50　基于 Electrical 子库 IGBT 的逆变器建模

图 8-53 给出了门级驱动器的参数设置举例，其输入逻辑（Input Logic）选项卡中可以设置逻辑 1 与逻辑 0 的对应输入电压范围，输出 Outputs 选项卡中可以设置导通状态与关断状态对应的输出电压值，图中设置为 10V 与 0V，这个参数需要和图 8-49 中的 IGBT 参数相匹配。

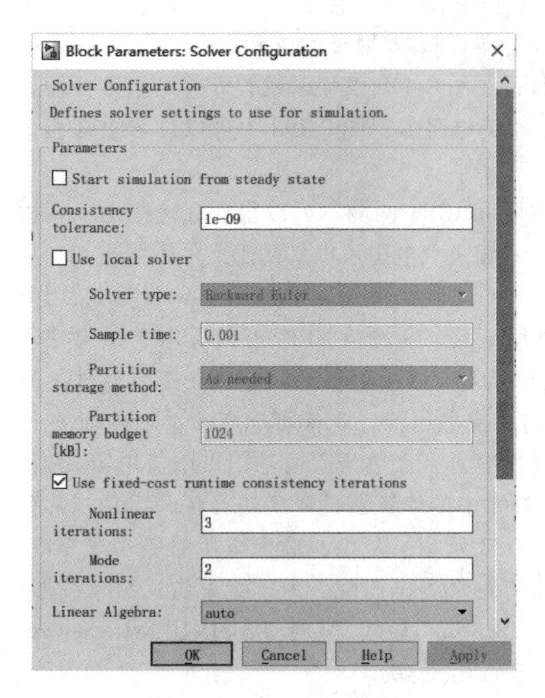

图 8-51　解算器设置举例

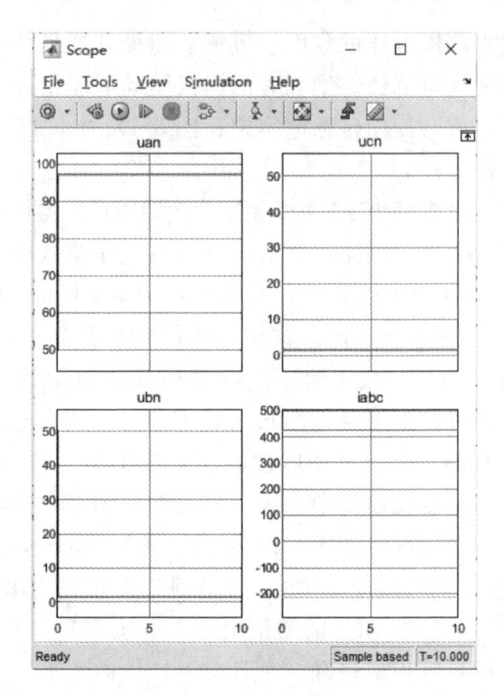

图 8-52　仿真波形

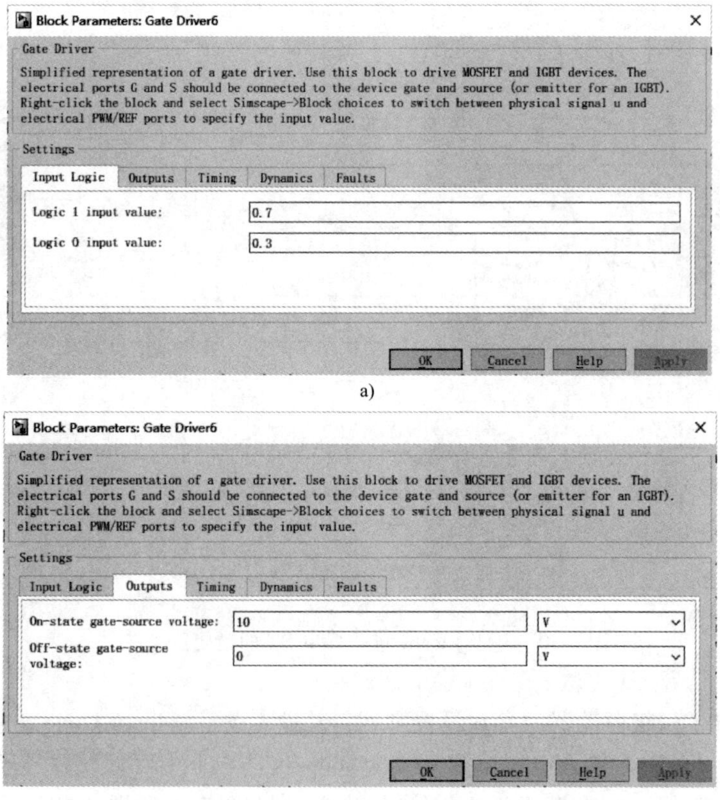

Block Parameters: Gate Driver6

Gate Driver

Simplified representation of a gate driver. Use this block to drive MOSFET and IGBT devices. The electrical ports G and S should be connected to the device gate and source (or emitter for an IGBT). Right-click the block and select Simscape->Block choices to switch between physical signal u and electrical PWM/REF ports to specify the input value.

Settings

Input Logic | Outputs | Timing | Dynamics | Faults

Logic 1 input value: 0.7

Logic 0 input value: 0.3

OK　Cancel　Help　Apply

a)

Block Parameters: Gate Driver6

Gate Driver

Simplified representation of a gate driver. Use this block to drive MOSFET and IGBT devices. The electrical ports G and S should be connected to the device gate and source (or emitter for an IGBT). Right-click the block and select Simscape->Block choices to switch between physical signal u and electrical PWM/REF ports to specify the input value.

Settings

Input Logic | Outputs | Timing | Dynamics | Faults

On-state gate-source voltage: 10　V

Off-state gate-source voltage: 0　V

OK　Cancel　Help　Apply

b)

图 8-53　驱动电路的参数设置

小　　结

本章详细讲解了三相电压型逆变器的构成及其基本工作原理。

首先详细分析了逆变器的基本结构和各组成单元，包括常见的电力半导体器件（二极管、IGBT 与 IPM、功率 MOSFET 等）及 SiC 材料制作的半导体器件，还有功率母排、储能用电容器、开关器件的吸收电路与驱动模块、逆变器电压电流的检测电路等。

在阐述电压型逆变器工作原理时，首先分析了逆变器中能量传递的三种方式及其两种导通模式，然后分析了输出相电压的特点。最后在 MATLAB 中，采用三种不同的方法对 VSI 进行仿真建模，其中包括了较新版本 MATLAB 提供的基于 Simscape 的物理建模方法。

【困难就像一朵云，虽然挡住了阳光，但是也酝酿了雨水滋润你成长】

【生活里的难过和失落，是为了让我们在一场身不由己的努力中进化出更好的自己】

练　习　题

1. 三相电压型逆变器由哪些单元构成？各单元的作用是什么？

2. 与 Si 材料半导体相比，SiC 材料半导体有何特点？

3. 在选用功率二极管时，有哪些需要特别注意的指标？

4. IPM 与 IGBT 的区别是什么？

5. 功率母排与吸收电路的作用是什么？

6. 不同类型的电容器分别有何特点？

7. 逆变器中常见的电压、电流检测方法是什么？

8. 为什么在控制电路与功率半导体器件之间需要加入驱动模块，其作用是什么？

9. 三相 VSI 的能量传递方式有哪几种？它可以实现整流功能么？可以实现能量的双向传递么？

10. 两电平 VSI 输出相电压有何特点，多电平 VSI 呢？

11. 请简要说明，如果需要考虑逆变器的死区效应，本章介绍的哪些建模方法更为合适？

12. 以三相 RL 串联负载为例，试分析 A 相电流是由图 8-38 中的 u_{AO} 还是 $u_{AN'}$ 决定的？并给出采用线电压 u_{AB} 和 u_{BC} 表示 $u_{AN'}$ 的关系式。

第9章　电压型逆变器控制技术

在永磁同步电动机变频调速系统中，当电动机工作在不同速度及负载情况下，电动机定子端电压的需求都是不同的，这就要求向电动机供电的电压型逆变器具有输出电压的调节功能。当三相电压型逆变器工作在方波模式下，其输出的基波电压幅值是不能调节的。为解决该问题，各种脉冲宽度调制（Pulse Width Modulation，PWM）技术被提出。各种 PWM 技术有着各自的特点，所以在实际应用中，应该针对具体系统的特点选择最合适的 PWM 技术。以城轨交通地铁列车牵引用电压型逆变器为例，在列车从零速到最高速度范围内，通常情况下，需要综合采用异步调制技术、分段同步调制技术、特定次谐波消去技术等，最后为了提供最高端电压而工作在方波模式下。本章重点介绍正弦 PWM（Sinusoidal PWM，SPWM）、空间矢量 SVPWM（Space Vector PWM，SVPWM）、电流滞环 PWM（Current Hysteresis Band PWM，CHBPWM）三种 PWM 技术。

9.1　方波运行模式及仿真建模

9.1.1　方波运行模式

晶闸管作为开关器件引入到电压型逆变器后，VSI 就一直工作在方波运行模式下，这是因为晶闸管的半控特性使其难以工作在高频开关下。现在由全控型器件作为主开关构成的电压型逆变器有时也会工作在方波模式下，此时它只用来调节逆变器输出的交流电压基波频率，输出交流电压基波的幅值是不可调节的。

在方波运行模式下如图 9-1 所示的电压型逆变器的每只主管（$V_1 \sim V_6$）分别各自连续导通输出交流基波电压的半个周期（180°电角度），然后以 180°导通方式纵向换流于同一个半桥的另一只主管。这样，一个周期内三相开关信号 S_A、S_B、S_C 波形如图 9-2a、图 9-2b、图 9-2c 所示（这里输出 50Hz，所以一个周期是 0.02s），三相依次相差 120°电角度。

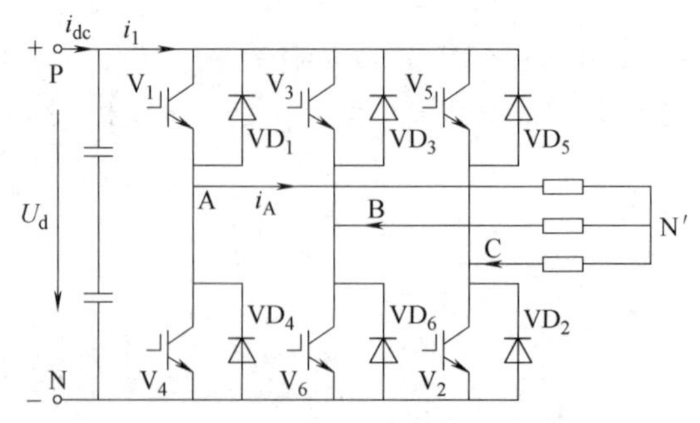

图 9-1　三相两电平电压型逆变器

根据第 8 章的逆变器工作原理可以知道，逆变器的输出电压等于开关信号乘以直流母线电压，所以逆变器输出的相电压也是方波。以图 9-1 中 N 点为参考地，三个相电压以及 AB 的线电压波形如图 9-3a、图 9-3b、图 9-3c、图 9-3d 所示。

当负载为三相对称负载时，可以推出下式：

$$u_{\mathrm{N'N}}=\frac{1}{3}(u_{\mathrm{AN}}+u_{\mathrm{BN}}+u_{\mathrm{CN}}) \tag{9-1}$$

该式描述了负载电压中的共模电压大小，如图 9-3f 所示。图 9-3e 给出了以负载中性点 N′为参考电位的相电压波形，可以看出其波形为六阶梯波，故方波工况又称为六阶梯波工况。此时针对六阶梯波相电压进行傅里叶级数展开，可以得到下式（以图 9-3 中 M 点为 $t=0$ 时刻）：

$$\begin{aligned} u_{\mathrm{AN'}} &= \frac{2U_{\mathrm{d}}}{\pi}\left(\sin\omega t+\frac{1}{5}\sin5\omega t+\frac{1}{7}\sin7\omega t+\frac{1}{11}\sin11\omega t+\frac{1}{13}\sin13\omega t+\cdots\right)\\ &= \frac{2U_{\mathrm{d}}}{\pi}\left(\sin\omega t+\sum_{n}\frac{1}{n}\sin n\omega t\right) \end{aligned} \tag{9-2}$$

从上式中可以看出 VSI 输出的相电压中除基波分量外，含有大量的谐波分量，尤其是低次谐波分量更多（可对照图 9-17b）从而使相电流中含有较多的低次谐波分量，如图 9-3g 所示，与正弦电流波形相差较大。同时从式（9-2）中可以看出，基波相电压的幅值仅仅与直流回路电压 U_{d} 有关，当 U_{d} 不变时，输出交流电压也就不能改变。所以在对交流电动机进行变频调速的早期，为了得到交流电动机所需的变压变频（Variable Voltage Variable Frequency，VVVF）交流电源，需要采用两级变流装置：第一级为晶闸管相控整流以获得可调节的直流电压，第二级为上述的方波逆变器进行变频。当 PWM 技术引入到全控型半导体器件作为主开关器件构成的交流调速系统以后，通过对电压型逆变器实施 PWM 控制，采用一级变流装置就可获得所需的 VVVF 电源，不仅减少了能量变换的环节，提高了效率，而且可以获得更加快速的调节过程，调速性能更好，所以 PWM 控制的电压型逆变器已占据了大多数的应用场合。图 9-3h 中给出了方波运行工况时中间直流环节的电流波形（即图 9-1 电容器的负载侧电流 i_1），从中可以看出直流回路中含有明显的 6 倍基波频率的脉动电流。在 PWM 控制下逆变器直流环节电流为高频脉动的电流（可参考附录 K）中的分析，直流环节的大容量电容可以有效吸收这些脉动电流，从而减小直流电压的脉动。如果开关频率比较高，则需要采用第 8 章中所述的膜电容器才能够有效吸收这些高频电流。

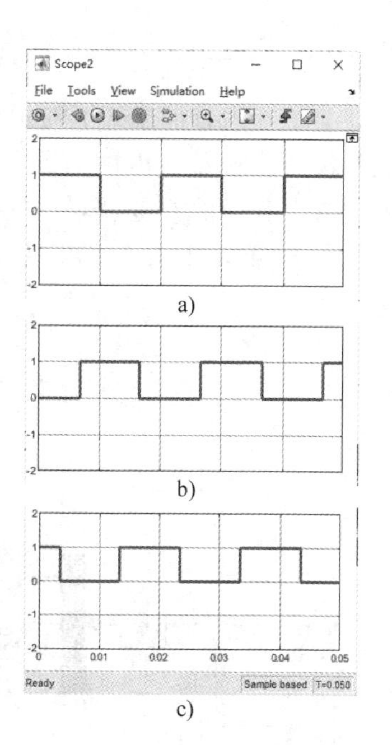

图 9-2　方波模式下输出 50Hz 交流电对应的三相开关信号图形

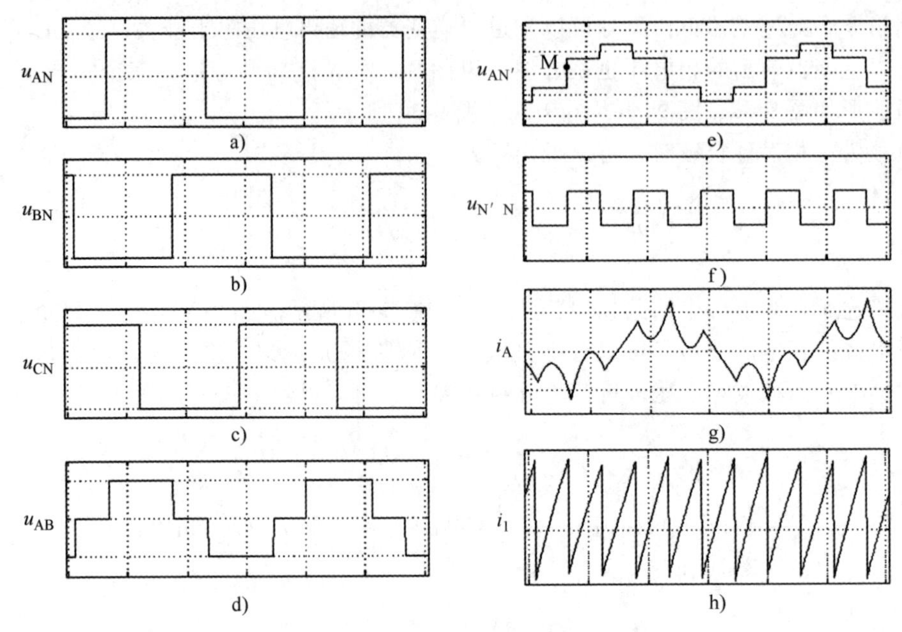

图 9-3　方波运行中各物理量波形

9.1.2　方波运行模式的电压型逆变器仿真建模

为了产生方波模式下的三相开关信号，可以由 SIMULINK 中的正弦波模块（Sine Wave）经过滞环比较器（Relay）模块处理后得到，如图 9-4a 所示，图 9-4b 给出了正弦波模块参数的设置，其中的f_1 是待输出交流电压的频率（Hz），对话框中的 sita 是 A 相电压的延迟角度（度），图 9-4c 中给出了滞环比较器的设置。

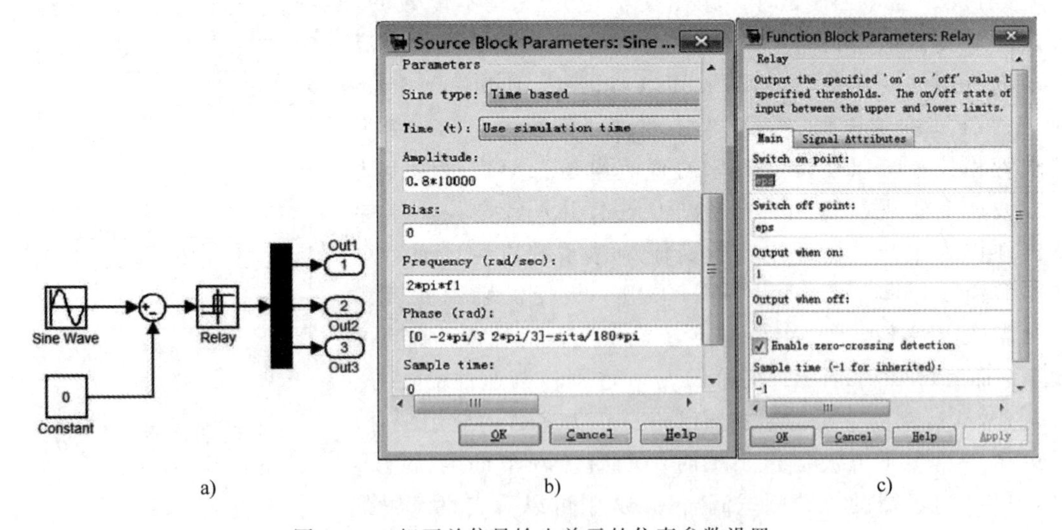

图 9-4　三相开关信号输出单元的仿真参数设置

将图 9-4a 中的模块进行子系统封装（命名为 squarewave signals），squarewave signals 对话框如图 9-5a 所示，其中定义了两个变量，即 f1 与 sita，并且在 Prompt 中设置了相应的文字提示。

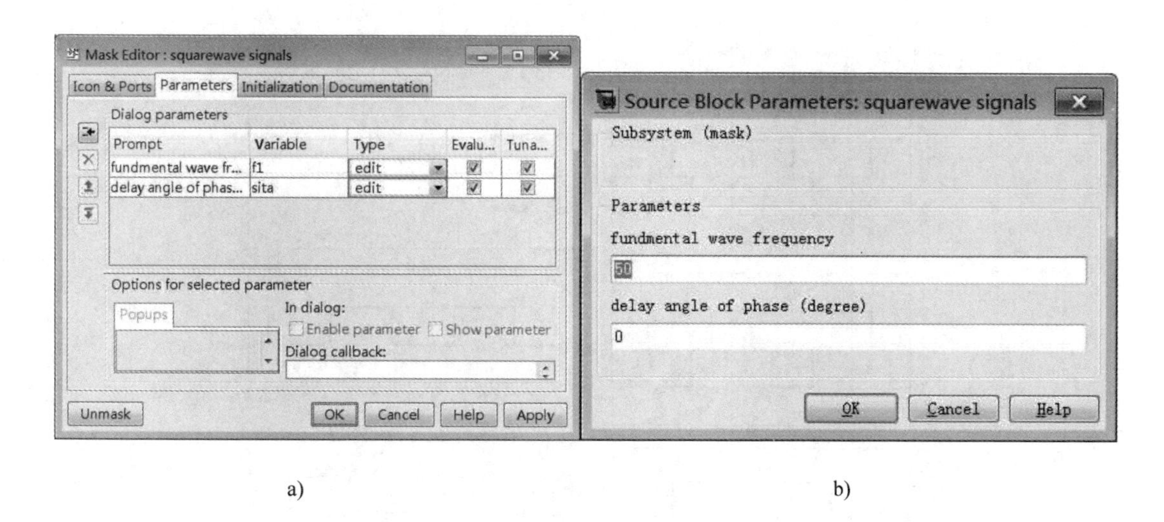

a)　　　　b)

图 9-5　子系统封装对话框及其参数设置

采用封装后的子系统和第 8 章的电压型逆变器 SIMULINK 模型建立联合仿真模型，如图 9-6 所示。双击刚刚封装的 squarewave signals 子系统，在图 9-5b 对话框中作相应的参数设置。另外，在图 9-6 中需要设置直流电压，并且采用了三个 Fcn 模块分别计算三相线电压。仿真运行后双击图 9-6 中的两个 Scope 模块，可观察相电压及线电压波形，如图 9-7 所示。

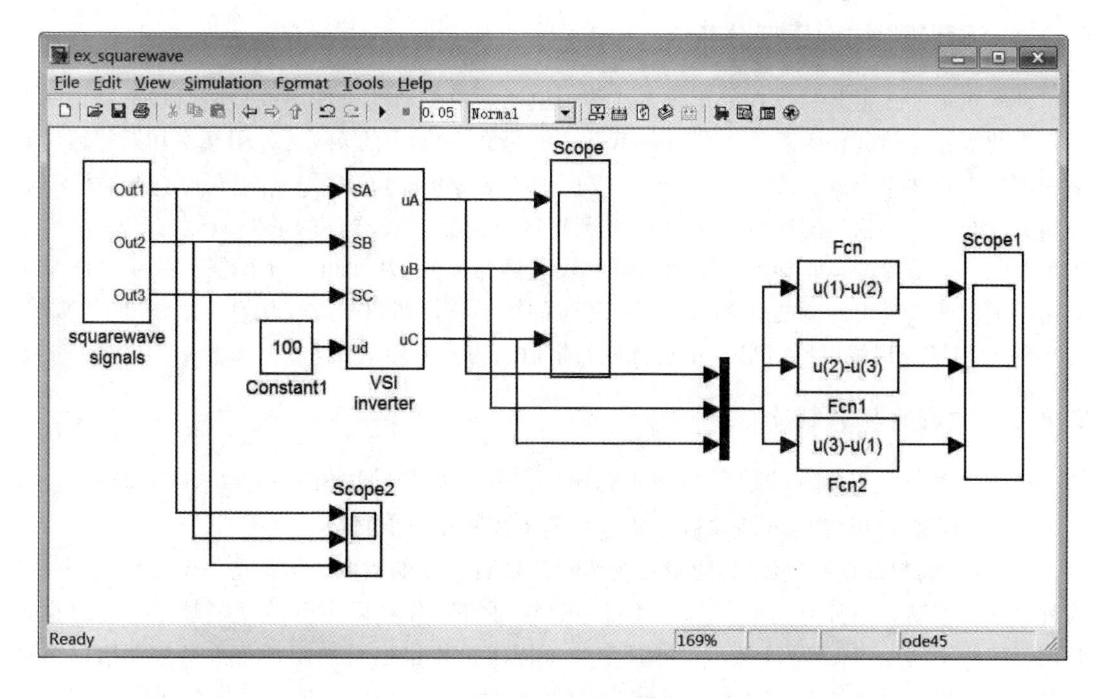

图 9-6　三相电压型逆变器在方波模式下的仿真建模

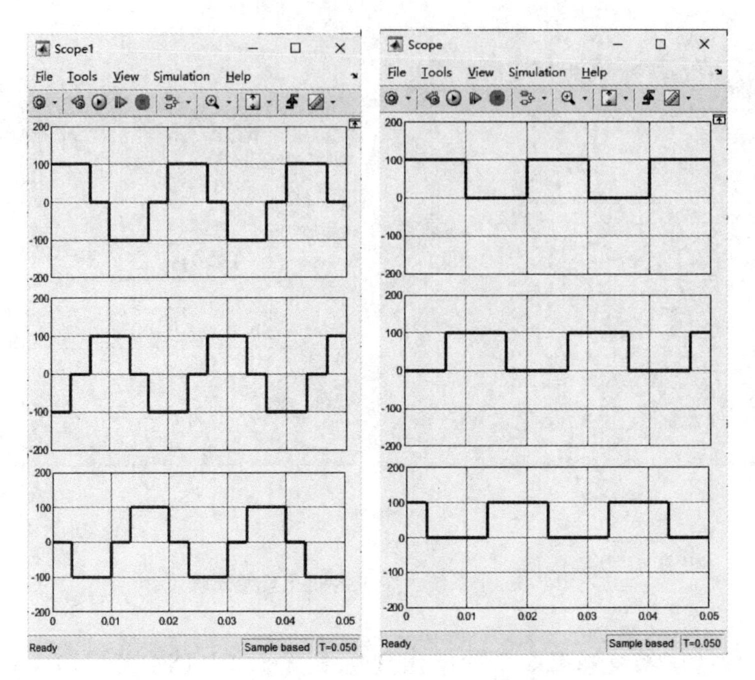

图 9-7　仿真得到的相电压及线电压波形图

9.2　SPWM 技术及仿真建模

9.2.1　SPWM 技术原理分析

SPWM 正弦脉宽调制技术以正弦电压作为电压型逆变器期望输出波形，以频率比正弦波高得多的等腰三角波作为载波（Carrier Wave）（见图 9-8a 中的 u_c），并用频率和期望输出频率相同的正弦波作为调制波（Modulation Wave）（见图 9-8a 中 u_{rA}、u_{rB}、u_{rC}）。调制波与载波相交时会产生一系列的交点，由这些交点确定逆变器开关器件的通断时刻（正弦波大于三角波时，上桥臂的主管导通，下管关断；反之则相反），从而可以获得在正弦调制波半个周期内呈现两边窄中间宽的一系列等幅不等宽的矩形波，如图 9-8b、图 9-8c、图 9-8d 所示。图 9-8e 给出了输出线电压波形，正负脉冲的幅值均为直流侧电压。

9.2.2　载波比与调制比

在 SPWM 中，三角载波频率 f_c 与正弦调制信号频率 f_r 的比值 $N=f_c/f_r$ 称为载波比，根据 N 的变化情况可以将 SPWM 调制方式分为异步调制和同步调制。

1）异步调制（$N \neq$ 常数）。随着正弦调制信号频率 f_r 的改变，N 不是一个常数的调制方式称为异步调制。通常情况是 f_c 保持不变，这样可以充分利用主管的开关频率。此时在正弦调制波的半周期内，PWM 波形的脉冲个数不固定，相位也不固定，正负半周期内的脉冲不对称。输出电压中的谐波分量会多一些，但是如果 N 足够大，那么谐波分量还是比较小的，所以在较低 f_r 时异步调制技术使用较多。

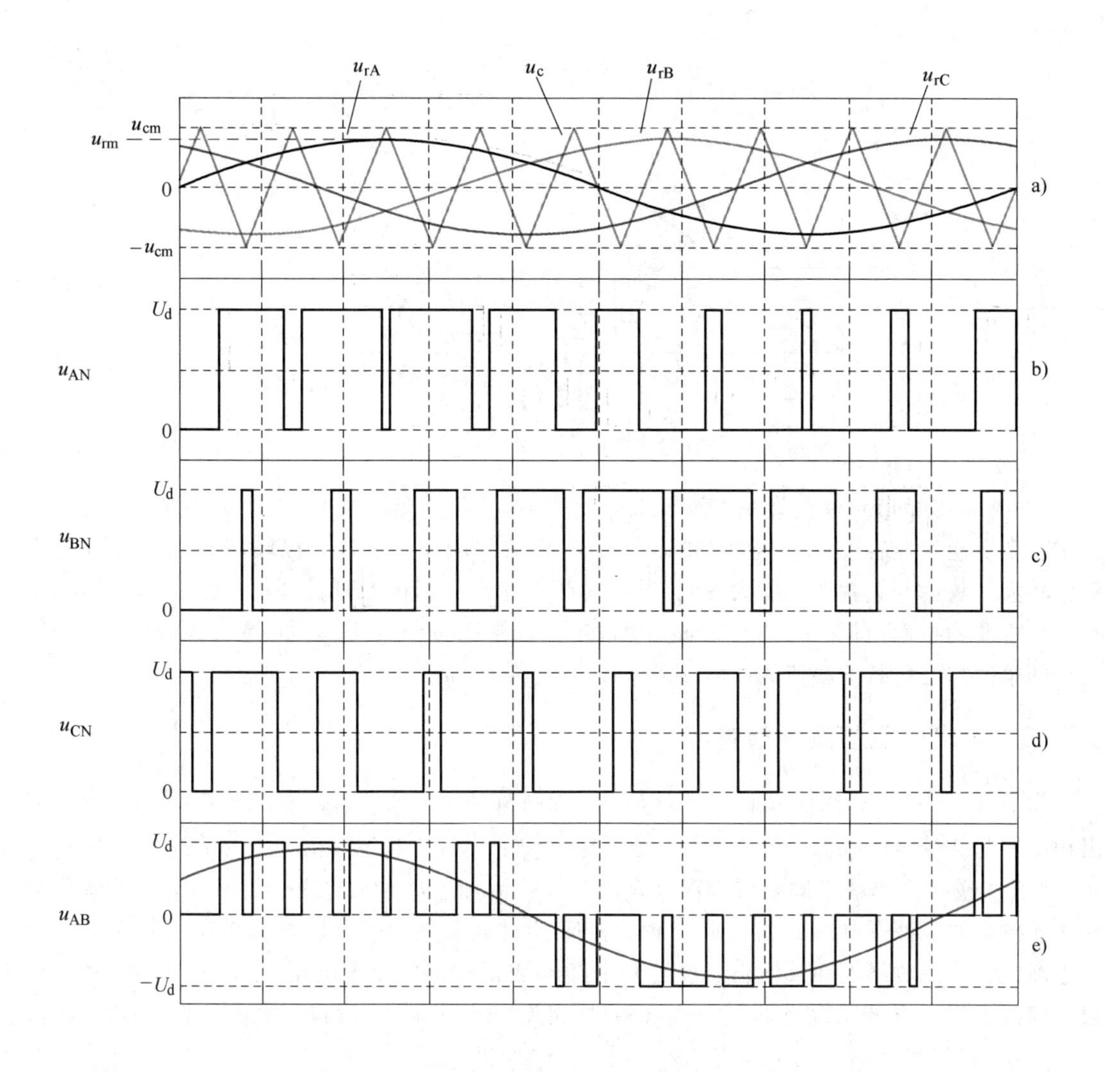

图 9-8　三相 SPWM 正弦脉宽调制原理示意图

2）同步调制（N=常数）。随着调制信号频率 f_r 的改变，N 始终是一个常数，即是说三角载波和正弦参考波信号波始终保持同步（此时三角载波的频率会随着 f_r 的变化而变化）。三相 SPWM 中通常共用一个三角载波，且取 N 为 3 的奇数倍，这样可以使三相输出电压波形对称，且输出电压中无偶次谐波分量。基本的同步调制方式导致逆变器输出正弦波频率变化时，三角载波的频率变化范围很大，对此进行改进的方法是分段同步调制，如图 9-9 所示。从中可以看出，该方法是把 f_r 的变化范围划分成若干个频段，每个频段内保持 N 恒定，不同频段的 N 不同。在 f_r 较高的频段采用较低的 N，使载波频率不致过高；而在 f_r 较低的频段采用较高的 N，使载波频率不致过低。这样可以确保三角载波的频率（即主管开关频率）始终在一个比较稳定的范围内，从而可以获得更好的性能。

在很多应用场合中，基波频率需要从 0 变化到较高值，全速范围内的 SPWM 方式通常是在逆变器输出低频电压时采用异步调制方式——保持三角载波的频率不变，在输出高频时再切换到同步调制方式，这样可以把两者的优点结合起来。如图 9-9 所示的例子实际上是应

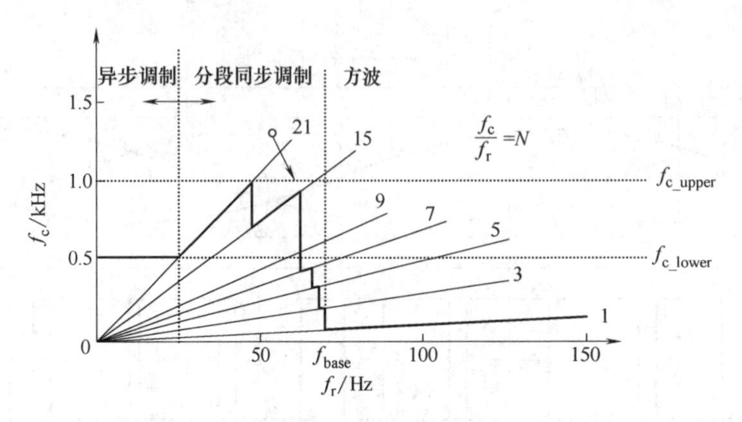

图 9-9　不同频率范围内 SPWM 开关频率示意图

用于 750V 供电城市轨道交通列车交流传动系统主牵引逆变器中的 IGBT 开关频率示意图，由于主牵引逆变器容量可以达到 1MVA，IGBT 模块的电压、电流等级较高（器件的开关损耗比较大，故而开关频率不能太高），其开关频率通常限制在 1kHz 以内。此外在 SPWM 中，有一个重要的技术指标——调制比 m。通常定义调制比 $m=u_{rm}/u_{cm}$，即是图 9-8 中正弦调制波形的幅值与三角载波幅值的比值。通常设置 $u_{cm}=1$，$u_{rm}=m$。

9.2.3　输出电压基波幅值特点

当 $m\leqslant 1$ 时，存在规律 $u_{phm}=mU_d/2$。U_d 为直流环节电压，u_{phm} 为三相电压型逆变器输出相电压基波分量的幅值。这就是说，在控制图 9-8 中三角载波幅值为 1 的前提下，令 $u_{rm}=m$，那么在逆变器的输出侧就可以得到幅值为 $u_{phm}=mU_d/2$ 的相电压，故 $m\leqslant 1$ 的区域称为 SPWM 技术的线性调制区域。当 $m>1$ 时，逆变器进入非线性调制区域，逆变器的输出电压会逐渐饱和，此时不能在其输出侧得到上述与 m 成正比例的交流电压，而是比其要小一些。当逆变器工作在方波工况下时，由式（9-2）可知，交流侧可获得的最大基波电压幅值为：$u_{phm}=2U_d/\pi$。

9.2.4　仿真建模

在 MATLAB/SIMULINK 仿真软件中可以很方便地建立如下模型，对 SPWM 进行仿真。

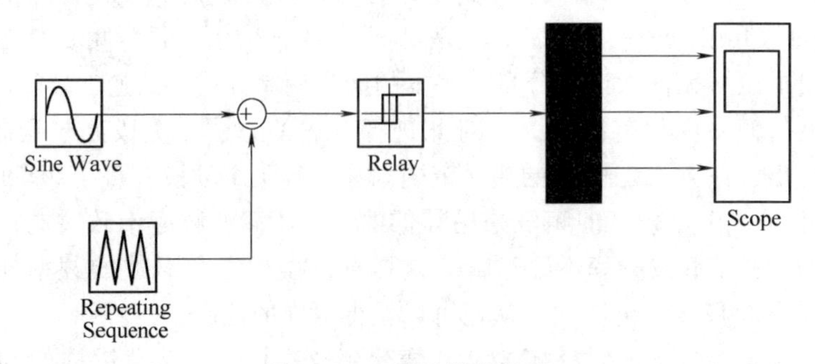

图 9-10　SPWM 仿真模型

图 9-10 巧妙地利用了 SIMULINK 分立模块，方便地实现了三相 SPWM 仿真，只需要简

单地将图 9-4 中的常数 0 修改为三角波即可。Sine Wave 正弦波输出模块的参数对话框如图 9-11 所示，通过相位一栏中的设置可以使其直接输出三个正弦波。Repeating Sequence 周期序列输出模块参数对话框如图 9-12 所示，通过设置三角载波的最大点与最小点的坐标及其时间点就可以直接输出三角波形。有的仿真程序采用了方波积分获得三角波的方法，如果仿真步长较小的话，三角波精度还是可以的；但如果步长较大的话，那么该方法输出的三角波就不如图 9-10 中的方法好。

Block Parameters: Sine Wave
Sine Wave
Output a sine wave where the sine type determines the computational technique used. The parameters in the two types are related through:
Samples per period = 2*pi / (Frequency * Sample time)
Number of offset samples = Phase * Samples per period / (2*pi)
Use the sample-based sine type if numerical problems due to running for large times (e.g. overflow in absolute time) occur.
Parameters
Sine type: Time based
Amplitude: 0.8
Bias: 0
Frequency (rad/sec): 2*pi*50
Phase (rad): [0 -2*pi/3 2*pi/3]
Sample time: 0
Interpret vector parameters as 1-D
OK Cancel Help Apply

图 9-11 正弦波输出模块设置

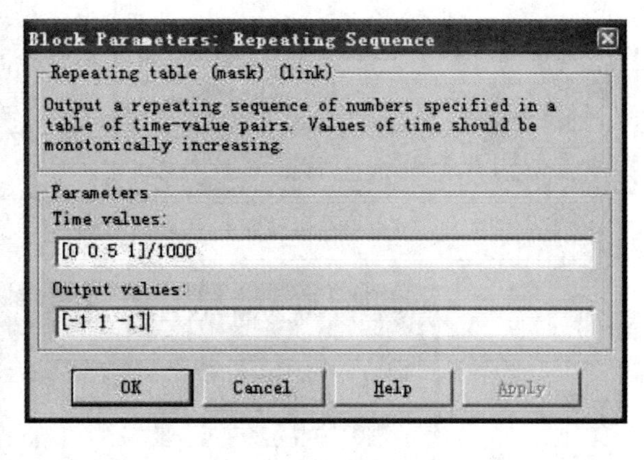

图 9-12 Repeating Sequence（重复序列）输出模块设置

正弦波形与三角波形比较（Sum）后，可以经过 Switch 模块将两个预先设定的常数（0、1）分别输出。但是采用图 9-10 的方法更为简便——采用 Relay 继电器，继电器模块的参数设置如图 9-13 所示。图中的 eps 是一个常数，它是 MATLAB 内定的一个最小的浮点正数，仿真中可以当作 0 看待（但是在分母为一个趋近于 0 的场合中有着独特的作用）。

继电器输出的是三相 PWM 波形，利用 Demux 可以分解为三个独立的信号，然后连接到一个 Scope 输出模块，双击该模块在其 Parameters 中设置属性，如图 9-14 所示（坐标轴个数设置成三个）；如果数据量很大的话，那么还需要在 Data history 中将数据存储空间放大，以便能够在仿真结束时可以观察到完整的仿真波形。

此外，在 SIMULINK 仿真参数对话框中也需要进行适当的设置，如图 9-15 所示。由于系统需要仿真频率为 1000Hz 的三角波，系统仿真的最大步长设置为三角波周期的 1/20，这样才能够得到比较准确的结果；否则如果设置过大的话（有时 auto 也会出问题），根本得不到正确的三角波，最后的 SPWM 波形也就不正确了。图 9-16 给出了图 9-10 程序仿真的结果。

图 9-17 给出了电压型逆变器分别采用 SPWM 控制和方波控制时输出相电压的谐波分量。可以看出图 9-17b 中方波模式下相电压含有大量的低次谐波，高次谐波电压相对较少。

图 9-17a 中 SPWM 模式控制下相电压的低次谐波减小很多，而位于载波频率附近的高次谐波相对较多。不过对于电动机等感性负载，负载的高次谐波电流的幅值远不如高次谐波电压那么高。

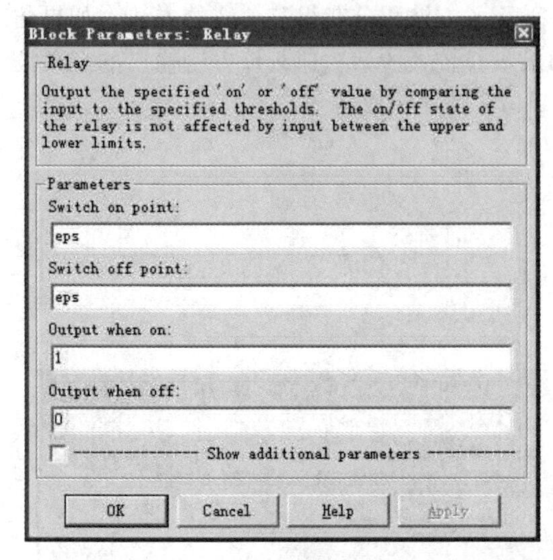

图 9-13　继电器模块设置

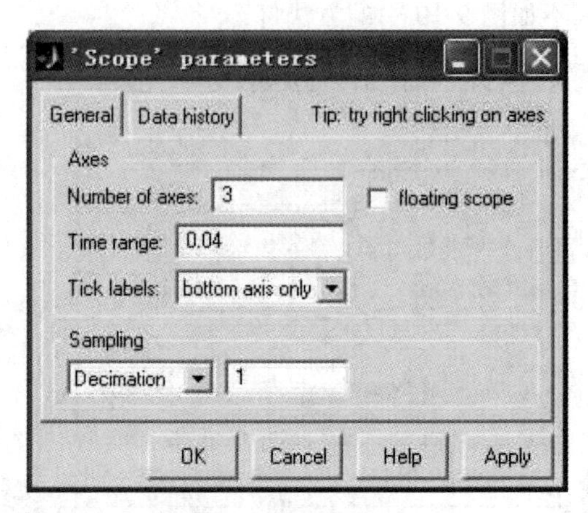

图 9-14　观察器模块设置

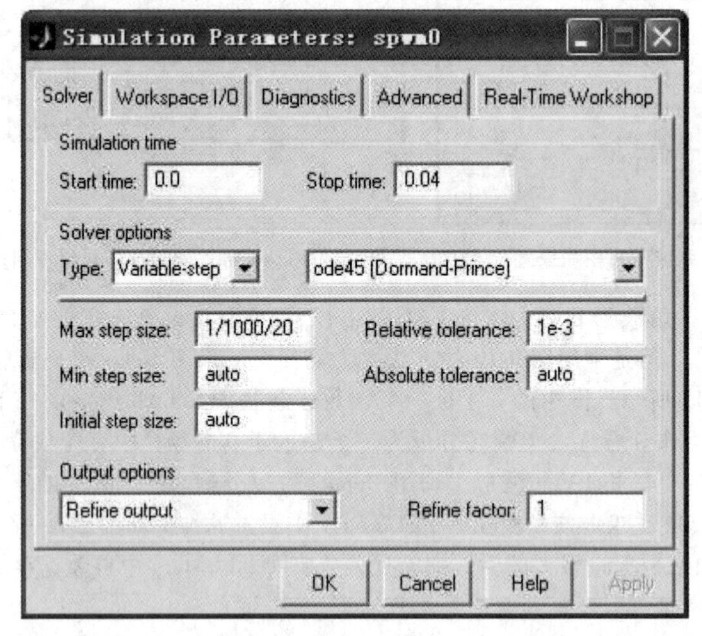

图 9-15　仿真参数——算法器设置对话框

9.2.3 节中已经给出了 SPWM 控制下电压型逆变器输出基波电压幅值特点，下面对其进行仿真分析，为此建立如图 9-18 所示的仿真程序。这里仅对一相电压进行分析，图 9-18 中输出三角波的重复序列（Repeating Sequence）模块的参数设置如图 9-19a 所示，正弦模块的参数设置如图 9-19b 所示，可以看出期望输出正弦波频率为 50Hz，电压调制比为 uam，载波比为 21。为了方便分析，继电器模块模拟了逆变器一相桥臂的功能，其参数设置如图 9-20a 所

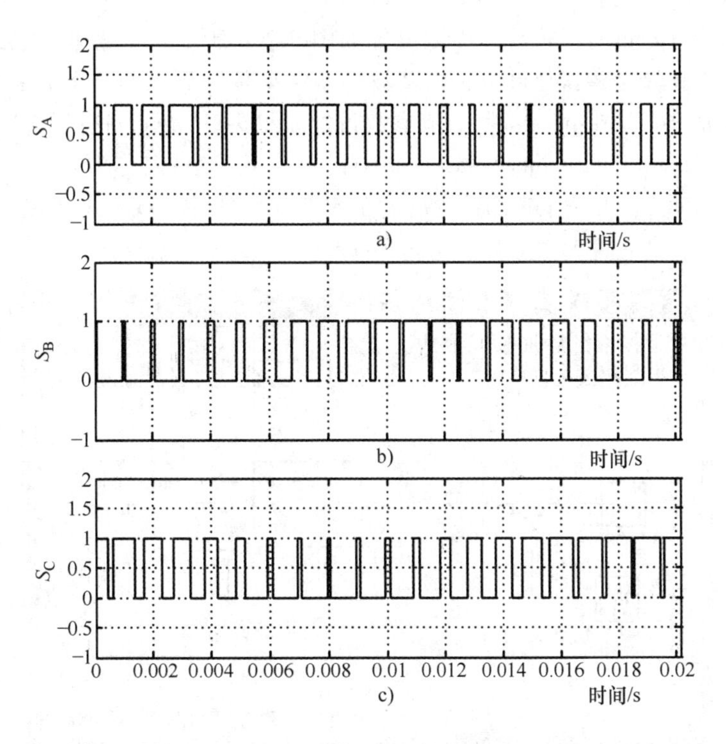

图 9-16　三相 SPWM 仿真结果

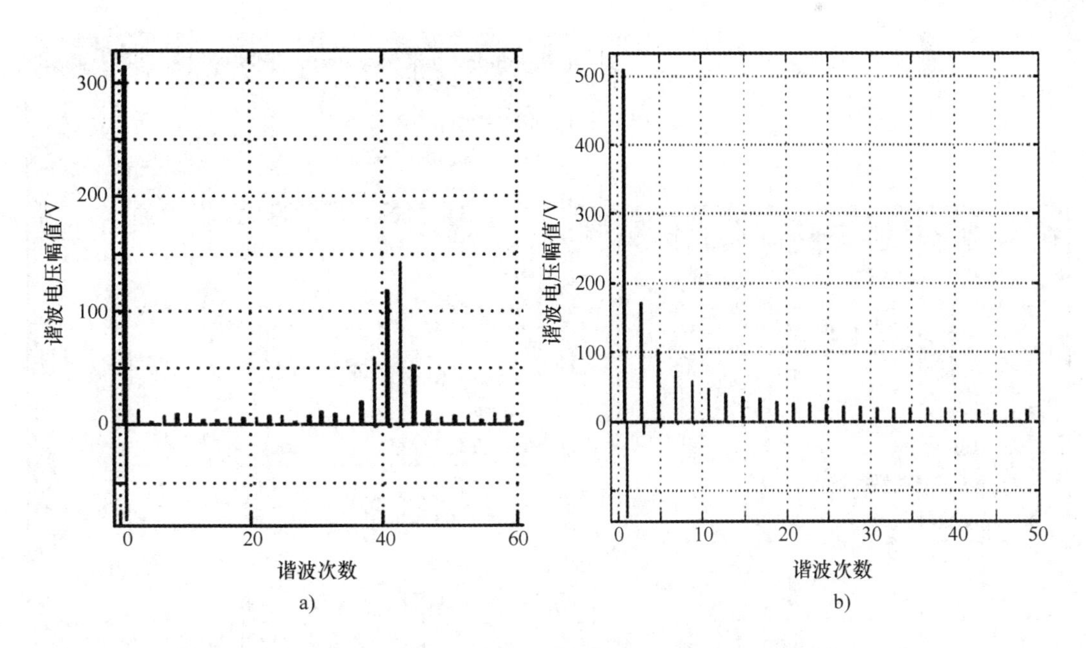

图 9-17　SPWM 与方波模式输出电压谐波对比

a）SPWM 控制模式　b）方波控制模式

示。从 SIMULINK 库浏览器中 Specialized Power Systems 子库中 Extra Library 的 Measurements 中找到傅里叶分析（Fourier）模块，参数设置如图 9-20b 所示，这里采用它来进行 50Hz 基波电压分量的仿真计算。将傅里叶分析的基波分量结果保存到工作空间需要使用 SIMULINK 库中 sink 子库中的 To Workspace 模块，其参数设置如图 9-21 所示，这里仅仅需要保存最后一个稳态值，因此在 Limit data points to last 一栏中设置为 1，变量名称为 uph，数据格式为数组（这里不需要时间信息）。经过上述的设置后，在 SPWM 的线性区域，式（9-3）应该成立。

$$uph = uam \tag{9-3}$$

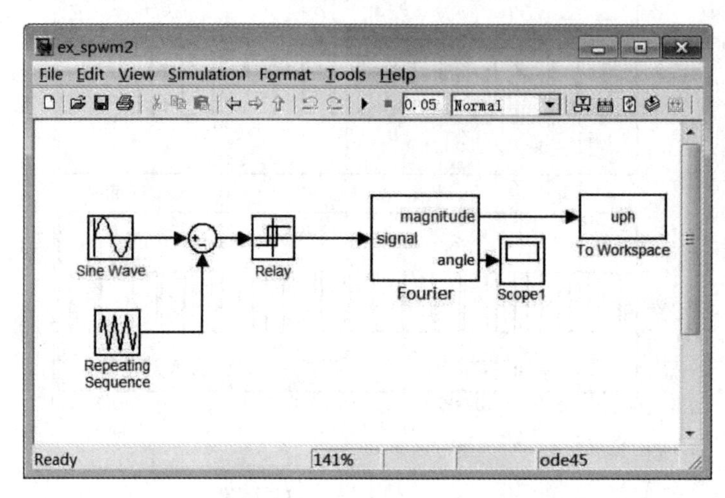

图 9-18　针对逆变器电压相基波进行傅里叶分析的 SIMULINK 程序

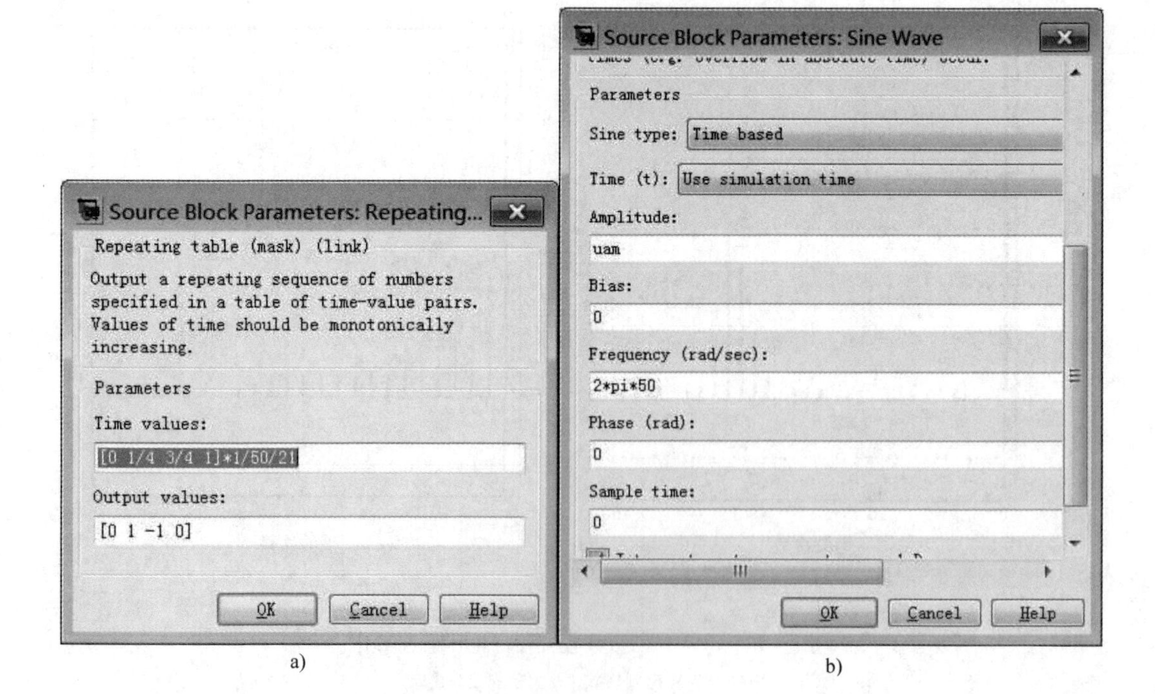

a)　　　　　　　　　　　　　　b)

图 9-19　三角波模块与正弦波模块的参数设置

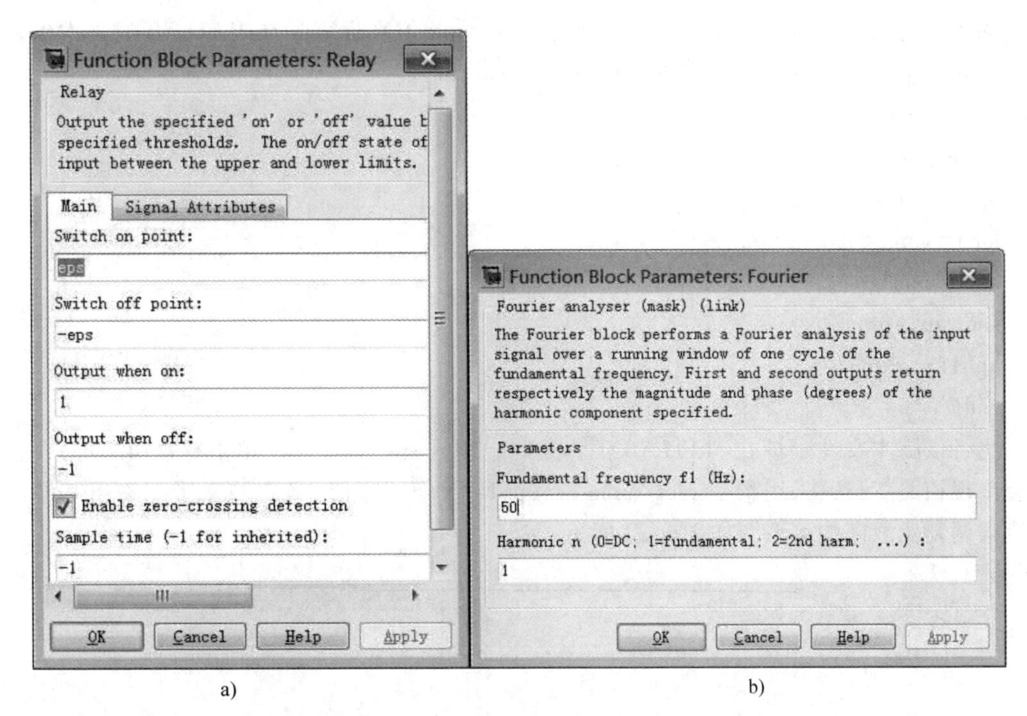

图 9-20　继电器模块与傅里叶分析模块的参数设置

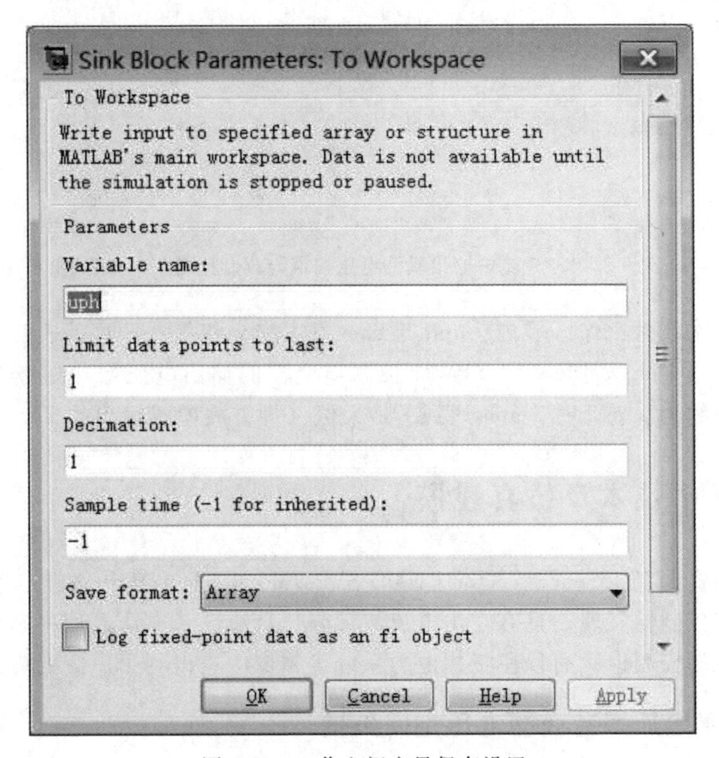

图 9-21　工作空间变量保存设置

而在方波区域（当 uam 值非常大的时候），那么 uph 应该稳定在式（9-4）给出的值。

$$4/\pi \approx 1.2732 \tag{9-4}$$

为了使得程序可以自动完成不同 uam 值下的 uph 仿真计算，在 MATLAB 的文本编辑器中可以输入下述程序并保存为脚本文件（spwmana. m）。

```
uam1 = 0:0.1:20;
n = length(uam1);
uph1 = zeros(1,n);
for i = 1:n
uam = uam1(i);
sim('ex_spwm2')
uph1(i) = uph;
end
```

执行该脚本文件（即在 MATLAB 工作空间中键入 spwmana 后，单击键盘回车键），立即就会出现相关变量，采用指令 plot（uam1，uph1）即可得到 SPWM 技术中，输出基波电压幅值与调制比之间的关系图如图 9-22 所示。

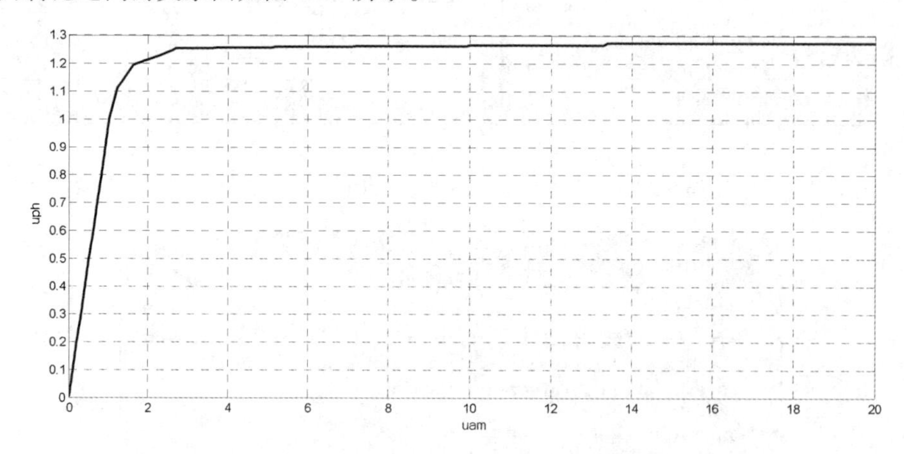

图 9-22　SPWM 中输出基波电压幅值与调制比之间的关系图

可以发现，在线性工作区域内，uph 与 uam 基本完全相等——这就表明了 uam 对 uph 的线性控制作用；当 uam 大于 1 后，SPWM 控制逆变器的输出电压增加逐渐缓慢，进入了饱和区域，当其值约为 2. 622 时，uph 达到了最大值（即方波模式输出的 1. 2732）的 98%。

9. 3　SVPWM 技术及仿真建模

空间矢量脉宽调制（Space Vector PWM，SVPWM）源于交流电动机定子磁链跟踪的思想。它宜于数字控制器实现，且有输出电流波形好、直流环节电压利用率高等优点。现在不仅在交流电动机的控制中，而且在三相电力系统等领域中也得到了广泛的应用。

9. 3. 1　两电平电压型逆变器电压空间矢量

式（9-5）根据定子三相电压定义了定子电压矢量，其中引入的旋转矢量因子表示的是空间电角度，因此称该电压矢量为空间矢量。如果已知电压空间矢量，也可以分别求出相应的三相电压分量（u_A、u_B、u_C），见式（9-6）。

$$\boldsymbol{U}_{\mathrm{s}}=2(u_{\mathrm{A}}(t)+u_{\mathrm{B}}(t)\mathrm{e}^{\mathrm{j}\frac{2\pi}{3}}+u_{\mathrm{C}}(t)\mathrm{e}^{\mathrm{j}\frac{4\pi}{3}})/3 \tag{9-5}$$

$$\begin{aligned} u_{\mathrm{A}}&=\mathrm{Re}\{\boldsymbol{U}_{\mathrm{s}}\} \\ u_{\mathrm{B}}&=\mathrm{Re}\{\boldsymbol{U}_{\mathrm{s}}\mathrm{e}^{-\mathrm{j}\frac{2}{3}\pi}\} \\ u_{\mathrm{C}}&=\mathrm{Re}\{\boldsymbol{U}_{\mathrm{s}}\mathrm{e}^{-\mathrm{j}\frac{4}{3}\pi}\} \end{aligned} \tag{9-6}$$

当定子电压为对称的三相正序正弦电压时，式（9-5）定义的电压矢量是一个幅值与相电压幅值相等的空间矢量。矢量端点的运动轨迹是一个圆，运动的角速度为相电压的电角频率。

第8章中已经给出了两电平电压型逆变器工作在180°导通模式下三相开关信号（S_{A}、S_{B}、S_{C}）与逆变器状态的关系，所以式（9-5）可以改写为式（9-7）为

$$\boldsymbol{U}_{\mathrm{s}}=2U_{\mathrm{d}}(S_{\mathrm{A}}(t)+S_{\mathrm{B}}\mathrm{e}^{\mathrm{j}\frac{2\pi}{3}}+S_{\mathrm{C}}\mathrm{e}^{\mathrm{j}\frac{4\pi}{3}})/3 \tag{9-7}$$

从中可以看出，电压空间矢量会随3个开关信号发生变化。3个开关信号总共有8种组合，那么相应的逆变器输出的电压矢量也只有8个，它们之间的关系见表9-1。

表9-1　两电平电压型逆变器的基本电压矢量

开关状态	$\boldsymbol{U}_{\mathrm{s}}$							
	$\boldsymbol{U}_0$	$\boldsymbol{U}_1$	$\boldsymbol{U}_2$	$\boldsymbol{U}_3$	$\boldsymbol{U}_4$	$\boldsymbol{U}_5$	$\boldsymbol{U}_6$	$\boldsymbol{U}_7$
$S_{\mathrm{A}}S_{\mathrm{B}}S_{\mathrm{C}}$	000	001	010	011	100	101	110	111

这8个电压矢量是两电平电压型逆变器固有的，因而称之为基本电压空间矢量，它们在三相静止坐标系中如图9-23所示。可以看出8个电压矢量中：$\boldsymbol{U}_0$与$\boldsymbol{U}_7$为零电压矢量，其余6个为非零电压矢量，非零电压矢量的幅值均为$2\boldsymbol{U}_{\mathrm{d}}/3$。

根据电机学原理，电压的积分是磁链，而只有幅值不变、相角连续变化的电压空间矢量才能产生理想圆形的定子磁链。这在仅能输出有限个数电压矢量的逆变器供电情况下是不可能实现的，但是通过快速、交替输出各电压矢量，从而引导定子磁链形成准圆形的轨迹是可行的，如图9-24所示，这就是空间矢量PWM的技术思路。

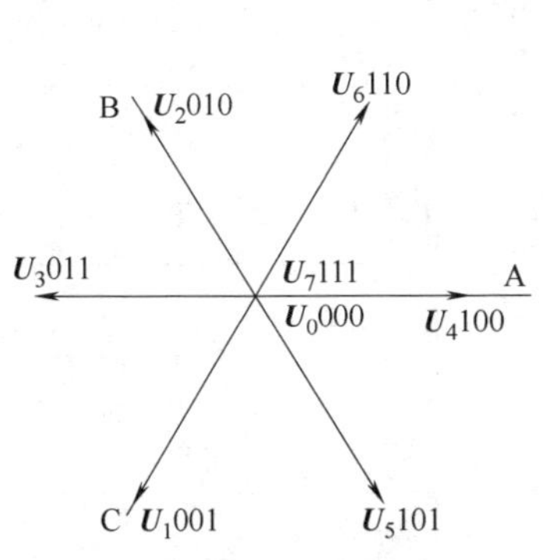

图9-23　两电平电压型逆变器的基本电压矢量

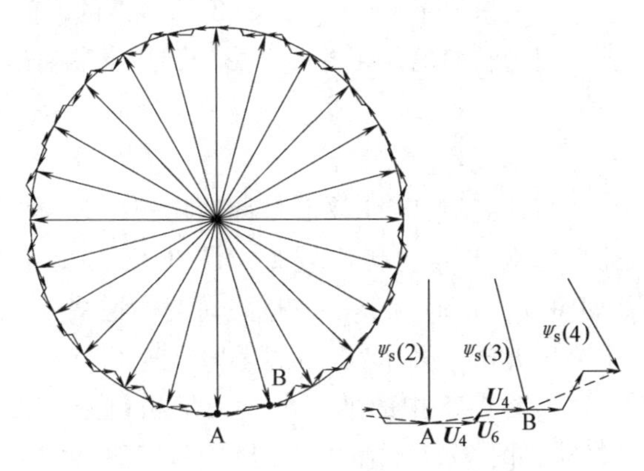

图9-24　准圆形磁链轨迹示意图

9.3.2 SVPWM 线性组合算法

如图 9-24 所示，为了引导电机的定子磁链沿着图中所示的准圆形轨迹移动，电压型逆变器必须在适当的时刻切换到合适的电压空间矢量。由电机控制策略可以得到一个期望的定子电压空间矢量给定值 $\boldsymbol{u}_g$，或者说电机的控制目标是——在 t_g 的时间内，控制电机定子磁链矢量的端点从点 A 移动到点 B，接下来的具体工作就是控制电压型逆变器从 8 个基本电压空间矢量中做出选择，以使其在 t_g 内实际输出的电压空间矢量对时间的积分与 $\boldsymbol{u}_g t_g$ 相等——即定子磁链变化量相等。

最为经典的 SVPWM 算法是，首先根据 $\boldsymbol{u}_g$ 所处的空间扇区位置确定好准备输出的基本电压空间矢量，如图 9-25b 所示选取非零电压矢量 $\boldsymbol{U}_4$ 与 $\boldsymbol{U}_6$。记它们各自的作用时间分别为 t_1 和 t_2，则有

$$\boldsymbol{U}_4 t_1 + \boldsymbol{U}_6 t_2 = \boldsymbol{u}_g t_g \tag{9-8}$$

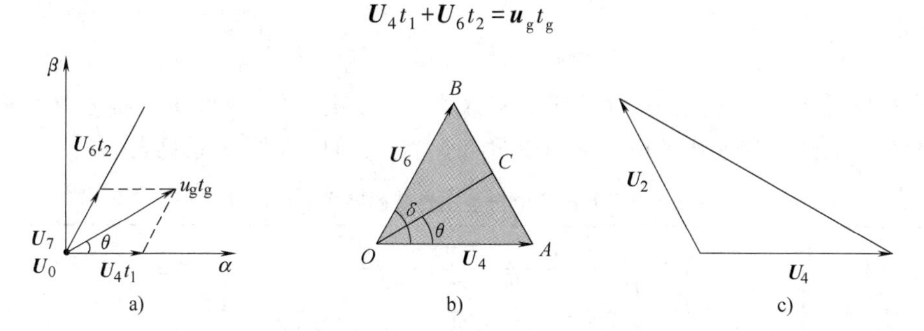

图 9-25 空间矢量脉宽调制技术示意图

a）电压矢量合成方法示意图 b）合成电压矢量范围示意图 c）另一种电压矢量合成方法

然后根据式（9-9）就可以计算出 t_1 和 t_2，式中 u_{gm} 为矢量 $\boldsymbol{u}_g$ 的幅值。

$$\begin{aligned} t_1 &= \frac{3}{2} t_g \left(\frac{u_{gm}\cos\theta}{U_d} - \frac{1}{\sqrt{3}} \frac{u_{gm}\sin\theta}{U_d} \right) = \sqrt{3}\, t_g \frac{u_{gm}}{U_d} \sin(60° - \theta) \\ t_2 &= \sqrt{3}\, t_g \frac{u_{gm}\sin\theta}{U_d} \end{aligned} \tag{9-9}$$

一般情况下，$t_1 + t_2 \leqslant t_g$，那么多余的时间 t_0 就可以平均分配在两个零电压矢量 $\boldsymbol{U}_0$ 和 $\boldsymbol{U}_7$ 上，因为它们的作用并不会影响到逆变器输出电压矢量的积分。

$$t_0 = t_g - (t_1 + t_2) \tag{9-10}$$

$$T_0 = T_7 = t_0 / 2 \tag{9-11}$$

当输出的 PWM 波形对称性比较好时，那么逆变器输出的电压谐波就比较少，图 9-26 给出了最常见的 SVPWM 波形。由于一个开关周期内逆变器先后输出 7 个电压矢量，故称为 7 段式 SVPWM。

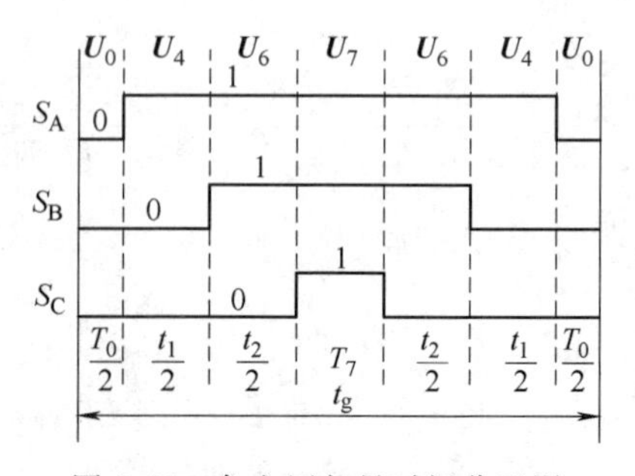

图 9-26 各电压矢量时间分配图

当图 9-25 中的期望电压矢量相角分别为 0°、30°、60°时，图 9-27 给出了采用数字信号处理器实现 SVP-WM 算法输出的 PWM 信号。图中从上到下 3 个波形分别为 A、B、C 三相的开关状态，其中的高电平对应了

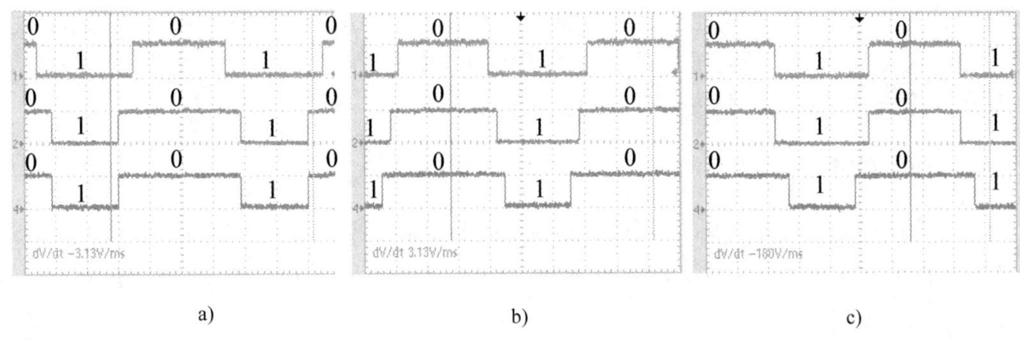

a)　　b)　　c)

图 9-27　DSP 输出的 PWM 信号波形

a) 0°　b) 30°　c) 60°

开关信号为 0，低电平对应了开关信号为 1。从图 9-25 显然可以看出，当相角为 0°时，应该采用 $\boldsymbol{U}_4$ 与零电压矢量，没有 $\boldsymbol{U}_6$ 的作用；当相角为 30°时，需要采用 $\boldsymbol{U}_4$、$\boldsymbol{U}_6$ 和零电压矢量；当相角为 60°时，应该采用 $\boldsymbol{U}_6$ 与零电压矢量，没有 $\boldsymbol{U}_4$ 的作用，这与图 9-27 中标注的开关状态完全吻合。

9.3.3　SVPWM 几何特征

首先，分析由图 9-25 所示的 $\boldsymbol{U}_4$、$\boldsymbol{U}_6$ 两个电压矢量可以合成的电压矢量 $\boldsymbol{u}_g$ 的范围。换句话说，下面是为了分析适合采用 $\boldsymbol{U}_4$ 与 $\boldsymbol{U}_6$ 进行合成的电压矢量的空间位置特点。为不失一般性（多电平电压型逆变器中电压矢量幅值不相同），设

$$|\boldsymbol{U}_6|=k|\boldsymbol{U}_4|=k\lambda \tag{9-12}$$

k 为一个已知的正的常数，且它们之间的夹角为 δ（满足 $0°<\delta<180°$），如图 9-25b 所示，根据图中的三角关系可以推导出下式：

$$\cot\theta=\cot\delta+\frac{t_1}{t_2k\sin\delta}>\cot\delta \tag{9-13}$$

由于余切函数（cot）在该区间是减函数，故 $0\leqslant\theta\leqslant\delta<180°$。这意味着，采用两个电压矢量按上述方法合成 $\boldsymbol{u}_g$ 总是位于两矢量的夹角范围内。

下面对采用两个电压矢量合成 $\boldsymbol{u}_g$ 的幅值特性进行推导与分析。设 θ 是一个定值，由式（9-13）知道 $q=t_2/t_1$ 是一个定值。因为 $t_1+t_2\leqslant t_g$，所以有 $t_1\leqslant\dfrac{t_g}{1+q}$。

由三角形余弦定理可以得到

$$|\boldsymbol{u}_g|=\lambda\frac{t_1}{t_g}\sqrt{1+q^2k^2+2qk\cos\delta}\leqslant\frac{\lambda}{(1+q)}\sqrt{1+q^2k^2+2qk\cos\delta}=U_{\max} \tag{9-14}$$

式（9-14）中，$|\boldsymbol{u}_g|$的最大值 $U_{\max}$ 恰好就是图 9-25b 中线段 OC 的长度。这即是说，由 $\boldsymbol{U}_4$ 和 $\boldsymbol{U}_6$ 可以合成的幅值最大电压矢量的端点恰好就在线段 AB 上。

综上可知，**从几何特征上说，采用两个电压矢量所能合成的等效电压矢量正好在由它们围成的三角形的内部与边界上**（图 9-25b 中的阴影部分）。此外，还有如下结论：若 $\boldsymbol{u}_g$ 的方向固定，那么 $q=t_2/t_1$ 就是一个定值，此时，两个非零电压矢量作用的总时间与期望合成的电压矢量的幅值成正比。当期望合成的电压矢量达到最大时，$t_1+t_2=t_g$ 也为最大。

这里补充一点，图 9-25c 给出了另一种电压矢量合成的方法，即利用 $\boldsymbol{U}_2$ 和 $\boldsymbol{U}_4$ 合成电压矢量。电压矢量合成方法不是唯一的，它们产生的共模电压也是不同的，所以可以采用合适的电压矢量合成法，以最大限度降低共模电压。

9.3.4　SVPWM 技术特点

9.3.3 节的结论是一般性的，下面具体分析图 9-25a 中两电平逆变器的 $\boldsymbol{U}_4$ 与 $\boldsymbol{U}_6$ 合成电压矢量 $\boldsymbol{u}_g$ 的几何特征。此时有 $k=1$、$\delta=60°$、$\lambda=2U_d/3$ 成立，一方面 $\boldsymbol{u}_g$ 的幅角在 0°～60°之间；另一方面，由于有

$$t_1+t_2=(1+q)t_1=\frac{\sin\theta+\sin(\delta-\theta)}{\sin\delta}\frac{|\boldsymbol{u}_g|}{\lambda}t_g\leqslant t_g \tag{9-15}$$

所以有

$$m_1=\frac{|\boldsymbol{u}_g|}{\lambda}\leqslant\frac{\sin60°}{\sin\theta+\sin(60°-\theta)}=f(\theta) \tag{9-16}$$

将式（9-16）所示的关系绘制成曲线，如图 9-28a 所示。

式（9-16）右侧为角度 θ 的三角函数，经过函数运算可以求算出其最小值为

$$\boldsymbol{f}_{\min}(\theta)=\boldsymbol{f}(30°)=\sqrt{3}/2 \tag{9-17}$$

上式从图 9-28b 中也可以很容易得出。若 m_1 超出相应的 $\boldsymbol{f}(\theta)$，那它就是不可实现的（逆变器已经饱和）。对于 θ 在 0°～360°的空间内均可实现的 m_1 必须满足 $m_1\leqslant\sqrt{3}/2$，这对应图 9-28b 中六边形内切圆的内部及圆本身的区域。这个区域即是 SVPWM 的线性调制区域，所以有

$$|\boldsymbol{u}_g|\leqslant\frac{\sqrt{3}}{2}\lambda=\frac{\sqrt{3}}{2}\frac{2}{3}U_d=\frac{\sqrt{3}}{3}U_d \tag{9-18}$$

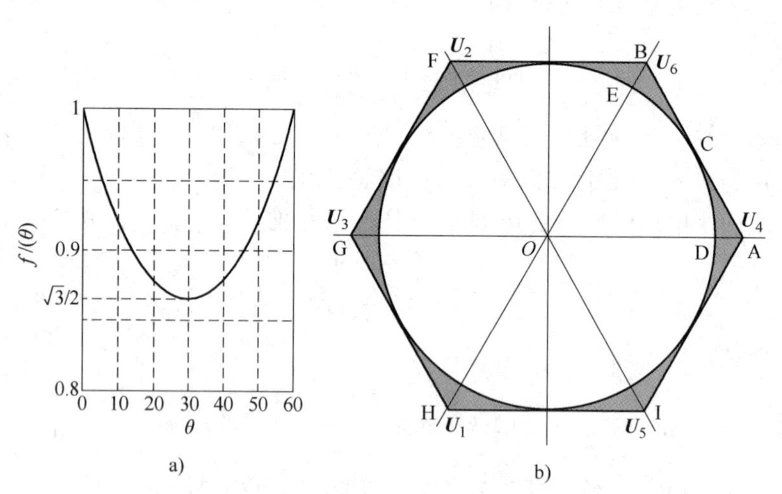

图 9-28　SVPWM 技术的几何特征

a）$\boldsymbol{U}_4$ 与 $\boldsymbol{U}_6$ 合成电压矢量的幅值特点　b）SVPWM 的不同调制区域

变频调速系统中常用的调制比定义为相电压幅值与 $U_d/2$ 的比值，即

$$m=|\boldsymbol{u}_g|/(U_d/2) \tag{9-19}$$

所以在 SVPWM 中，线性区的最大调制比为 $m=2/\sqrt{3}=1.1547$。在 SPWM 中，线性区域

的最大调制比 $m=1$，所以 SVPWM 要比 SPWM 可以更好地利用中间直流电压。

图 9-29 简要分析了为何 SVPWM 具有更高的直流电压利用率。当期望的调制比 $m=1.1$ 时，从图 9-29a 很容易看出，SPWM 下的 A 相电压已进入了非线性调制区。这使得逆变器实际输出电压达不到期望值，并且增加了谐波分量。而图 9-29b 采用了 SVPWM 技术，该技术通过引入零序电压 u_z^*（参考图 9-44），使得三相电压都在线性调制区域内，这样不仅能够控制 VSI 输出期望的电压，而且并未明显增加高次谐波分量（3 的整数倍谐波例外）。

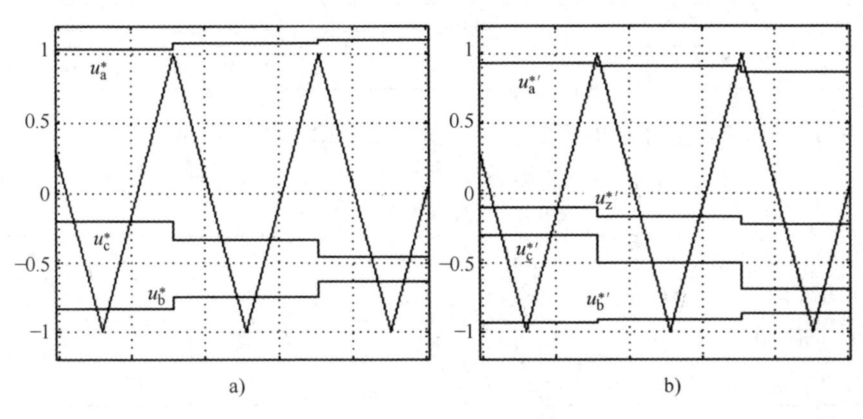

图 9-29 $m=1.1$ 的示意图

a）SPWM b）SVPWM

9.3.5 SVPWM 算法的仿真建模

1. 建模方法 1——时间分配法

第一种建模方法是基于式（9-8）的时间分配法，其思路是：首先根据电压矢量的空间位置确定需要使用的是哪两个基本电压空间矢量；其次根据前述公式计算出每个电压空间矢量的作用时间；然后在仿真模型中将系统仿真时间与各个电压矢量的切换时刻逐一进行对比，按照图 9-26 的七段法进行时间分配，从而实现 SVPWM 算法。

根据前述 SVPWM 原理，仿真中需要确定 u_a、u_b 和 θ。这三个量的确定都离不开扇区的判断。扇区的判断方法如下：首先计算出某时刻电压空间矢量的角度 φ（$-180°$到$+180°$范围内），φ 在 $0°\sim60°$内为第 1 扇区，φ 在 $60°\sim120°$范围内为第 2 扇区，φ 在 $120°\sim180°$内为第 3 扇区，φ 在$-180°\sim-120°$内为第 4 扇区，φ 在$-120°\sim-60°$内为第 5 扇区，φ 在$-60°\sim0°$内为第 6 扇区，如图 9-30 所示。

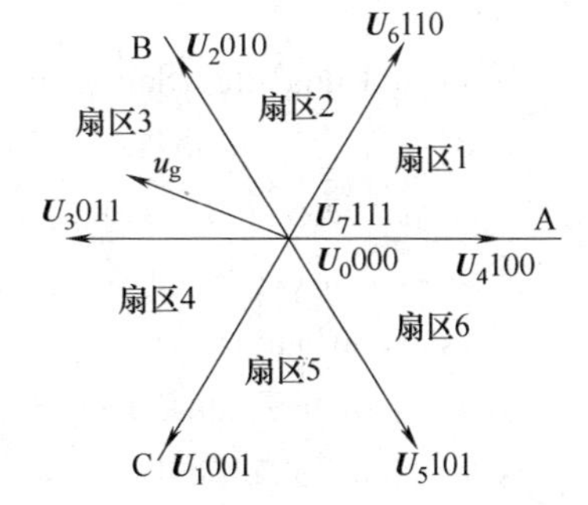

图 9-30 扇区与电压矢量示意图

判断完扇区后，就可以选择相应的两个电压矢量了。设两个电压矢量中，先作用的电压矢量为 $\boldsymbol{u}_a$，后一个为 $\boldsymbol{u}_b$。假定 $\boldsymbol{u}_g$ 在第 3 扇区，那么它可以由 $\boldsymbol{U}_2$、$\boldsymbol{U}_3$ 合成。我们既希望 t_g 时间内电压矢量以零电压矢量开始，又要遵守最低开关次数原则，那么只能把 $\boldsymbol{U}_2$ 作为 $\boldsymbol{u}_a$，$\boldsymbol{U}_3$ 作为 $\boldsymbol{u}_b$，这时开关信号依次为 000、010、011、111、011、010、000，可见逆变器每次状态切换时只有一路开关动作，开关损耗较小。把每个扇区内 $\boldsymbol{u}_a$、$\boldsymbol{u}_b$ 的选择方法总结成表 9-2。

表 9-2　u_a、u_b 选择表

扇区号	u_a	u_b	开关顺序
1	U_4(100)	U_6(110)	000　100　110　111　110　100　000
2	U_2(010)	U_6(110)	000　010　110　111　110　010　000
3	U_2(010)	U_3(011)	000　010　011　111　011　010　000
4	U_1(001)	U_3(011)	000　001　011　111　011　001　000
5	U_1(001)	U_5(101)	000　001　101　111　101　001　000
6	U_4(100)	U_5(101)	000　100　101　111　101　100　000

式（9-8）中的 θ 可以通过电压矢量的当前角度 φ 来获得，但是由于不同扇区内 u_a 的选取不同，所以 θ 与 φ 的关系也不同。把各扇区内的 θ 与 φ 关系整理成表 9-3。

表 9-3　θ 与 φ 的关系对照表

扇区号	u_a	u_b	θ 与 φ 的关系	扇区号	u_a	u_b	θ 与 φ 的关系
1	U_4(100)	U_6(110)	$\theta=\varphi$	4	U_1(001)	U_3(011)	$\theta=-\varphi-120$
2	U_2(010)	U_6(110)	$\theta=120-\varphi$	5	U_1(001)	U_5(101)	$\theta=\varphi+120$
3	U_2(010)	U_3(011)	$\theta=\varphi-120$	6	U_4(100)	U_5(101)	$\theta=-\varphi$

根据前面的分析，编写的 S-Function 程序如下：

```
function  [sys,x0,str,ts]=m040389svpwm004(t,x,u,flag,Udc)
tsam=0.02/20/100;%tsam 设为一个基波周期 0.02 除以 2000。
switch flag,
case 0
[sys,x0,str,ts]=Initialization(tsam,Udc);
case 3
sys=Outputscalcul(t,x,u,Udc);
case  {1,2,4,9}
    sys=[];
otherwise
error(['Unhandled flag=',num2str(flag)]);
end
function  [sys,x0,str,ts]=Initialization(tsam,Udc)
sizes=simsizes;
sizes.NumContStates=0;
sizes.NumDiscStates=0;
sizes.NumOutputs=3;          %3 个输出
sizes.NumInputs=3;           %3 个输入
sizes.DirFeedthrough=1;
sizes.NumSampleTimes=1;   %1 个采样时间
sys=simsizes(sizes);
x0=[];
```

```
str=[ ];
ts=[tsam 0];              %设置 s 函数的运行时间间隔为 tsam。
function sys=Outputscalcul(t,x,u,Udc)
%输入电压矢量的幅值 Ve 和相位 Ph
Ve=u(1);
Ph=u(2);
te=u(3);
du=pi/3;
%定义控制每个矢量的开关信号
u0=[0 0 0];
u4=[1 0 0];
u6=[1 1 0];
u2=[0 1 0];
u3=[0 1 1];
u1=[0 0 1];
u5=[1 0 1];
u7=[1 1 1];
%判断输入矢量位于哪个扇区,从而选择相应的 ua,ub,Phe.(为计算 ta、tb、t0)
if Ph>0&Ph<=du
    Phe=Ph;
    h=1;
    ua=u4;
    ub=u6;
elseif Ph>du&Ph<=2*du
    Phe=2*du-Ph;
    h=2;
    ua=u2;
    ub=u6;
elseif Ph>2*du&Ph<=3*du
    Phe=Ph-2*du;
    h=3;
    ua=u2;
    ub=u3;
elseif Ph>-3*du&Ph<=-2*du
    Phe=-Ph-2*du;
    h=4;
    ua=u1;
    ub=u3;
elseif Ph>-2*du&Ph<=-du
```

```
        Phe=Ph+2*du;
        h=5;
        ua=u1;
        ub=u5;
else
        Phe=-Ph;
        h=6;
        ua=u4;
        ub=u5;
end
%计算 ta、tb、tc(ms)
ta=1.5*(cos(Phe)-1/sqrt(3)*sin(Phe))*Ve*te/Udc;
tb=sqrt(3)*Ve*sin(Phe)*te/Udc;
t0=te-ta-tb;
if t0<0
        ta=ta/(ta+tb)*te;
        tb=te-ta;
end
%判断开关时间
tw=0.02/20;
t1=rem(t,tw);%t 对 tw 取余数。
if t1<t0/4
        y=u0;
elseif t1<(t0/4+ta/2)
        y=ua;
elseif t1<(t0/4+ta/2+tb/2)
        y=ub;
elseif t1<(t0/4+ta/2+tb/2+t0/2)
        y=u7;
elseif t1<(t0/4+ta/2+tb/2+t0/2+tb/2)
        y=ub;
elseif t1<(t0/4+ta/2+tb/2+t0/2+tb/2+ta/2)
        y=ua;
else y=u0;
end
%输出
sys=[y(1,1),y(1,2),y(1,3)];%确定输出的三相开关信号。
```

关于上述程序的说明如下：

1）程序中的一些参数设置如下：逆变器直流侧电压400V，期望逆变器输出一个旋转周期为 0.02s、幅值为 150V 的旋转电压矢量。每一个周期分成 20 个小区间，那么每一小区间内电压矢量的作用时间为（0.02/20）s。

2）本程序是一个 S-Function 函数程序，S-Function 程序有很多功能，本程序中只用了它的时间采样功能，让此仿真程序每隔 tsam = 0.02/20/100 更新一次输出电压矢量。另外，在 S-Function 程序中，直接使用字母 t 就能得到系统当前的仿真时间。

3）程序中判断开关时刻的原理是这样的：把一个电压矢量的保持时间 $t_w = 0.02/20$ 分成 7 段：$t_0/4$、$t_a/2$、$t_b/2$、$t_0/2$、$t_b/2$、$t_a/2$ 和 $t_0/4$，如图 9-26 所示。用当前的仿真时间除以 t_w 后取余数，根据余数的大小就能够判断当前的仿真时间属于 7 个时间段内的哪一个，进而可以确定要输出的电压矢量。

图 9-31 给出的是一个完整的 SVPWM 仿真模型，说明如下：

1）Clock 模块输出一个时间信号，输出值等于当前的 MATLAB 仿真时间。

2）MATLAB Fcn 模块的功能是产生一个旋转矢量。双击模块，弹出图 9-32 所示的对话框，在 MATLAB Fcn 对话框 Parameters 一栏文字编辑区域内填写 “1.0 * 150 * (cos(314 * u) + i * sin(314 * u))”，u 代表输入变量，即前一级的时间信号，在 Output signal type 中选择 complex，表示输出是一个复数，这样就得到了一个用复数表示的电压空间矢量。

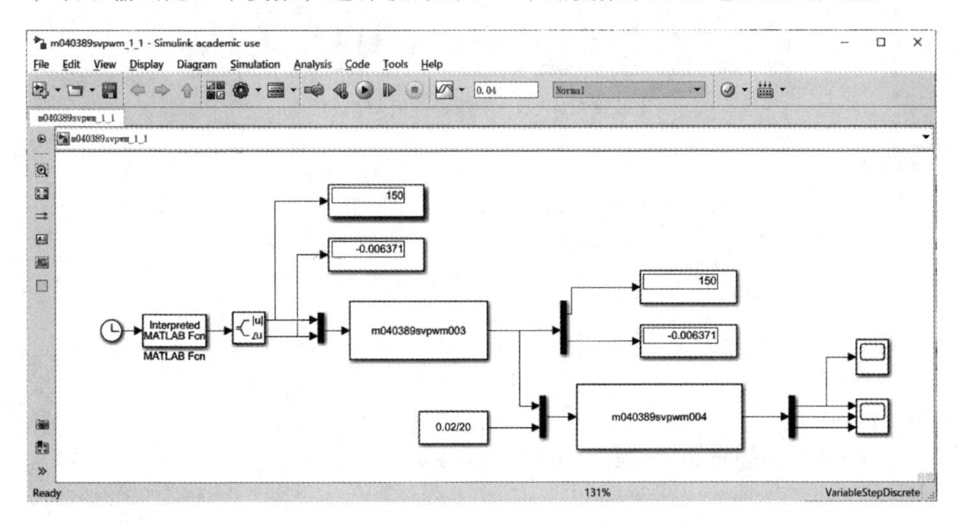

图 9-31　SIMULINK 仿真模型

3）Complex to Magnitude-Angle 模块的功能是将复数转变为幅值与相角。

4）4 个 Display 模块能够显示当前的数值，在仿真时起到辅助观察的作用，删除它们不会影响系统的运行。双击 Display 后在对话框的 Decimation 参数中设置较大的整数可以加快系统的仿真速度。

5）图 9-31 中有两个 S-Function 模块，第一个 S-Function 模块的作用是对随时间连续变化的电压矢量进行采样，采样间隔为（0.02/20）s（相当于设置 PWM 的开关周期为 1ms，于是器件的开关频率为 1kHz）。它的程序如下：

```
function [sys,x0,str,ts] = m040389svpwm003(t,x,u,flag)
tsam = 0.02/20;
switch flag,
```

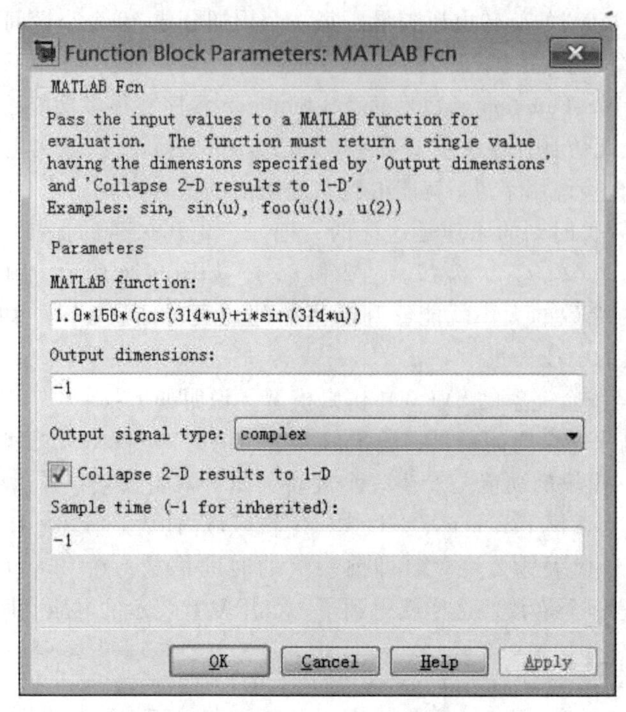

图 9-32　MATLAB-Fcn 参数对话框

```
        case 0
            [sys,x0,str,ts] = Initialization(tsam);
        case 3
            sys = mdlOutputs(t,x,u);
        case {1,2,4,9}
            sys = [];
        otherwise
            error(['Undandled flag=',num2str(flag)]);
end
function   [sys,x0,str,ts] = Initialization(tsam)
sizes = simsizes;
sizes. NumContStates = 0;
sizes. NumDiscStates = 0;
sizes. NumOutputs = 2;
sizes. NumInputs = 2;
sizes. DirFeedthrough = 1;
sizes. NumSampleTimes = 1;   %1 个采样时间
sys = simsizes(sizes);
x0 = [];
str = [];
ts = [tsam 0];
```

function sys=mdlOutputs(t,x,u)

sys=[u(1),u(2)];

双击第一个 S 函数模块 S-Function 可以弹出图 9-33a 所示的对话框，在 S-function name 中填入“m040389svpwm003”，由于没有传递参数，S-function parameters 一栏不必填。双击第二个 S 函数模块 S-Function1，弹出图 9-33b 所示的对话框，在 S-function name 中填入要调用的程序的名字“m040389svpwm004”，在 S-function parameters 中填入需要传递的参数 400（逆变器直流侧电压）。

6）Constant1 模块产生一个常数 0.02/20，表示电压空间矢量的保持时间为（0.02/20）s。

7）两个 Scope 模块的作用相当于示波器，Scope 用以观察三相电压波形，Scope1 单独观察一相的电压波形。

8）为了让仿真顺利进行，还需要对 SIMULINK 的仿真环境参数进行必要的设置，单击 Simulation 菜单中 Configuration Parameters 选项后就打开了仿真参数设置对话框，如图 9-34 所

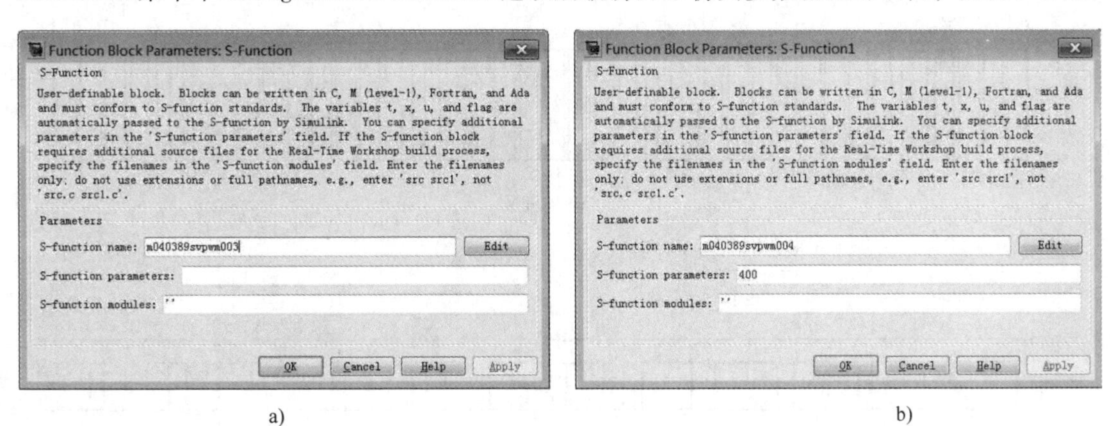

a)　　　　　　　　　　b)

图 9-33　S 函数参数设定对话框

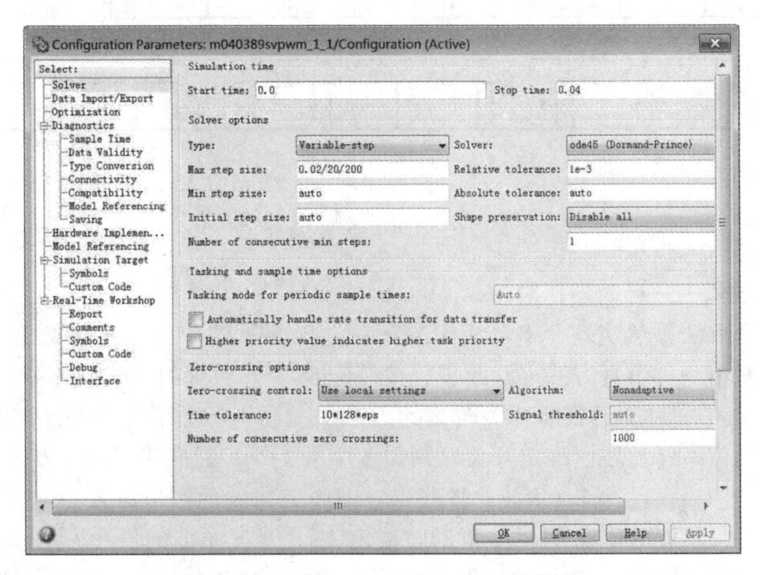

图 9-34　Configuration Parameters 对话框

示。仿真开始时间（Start time）为0，结束时间（Stop time）为0.04s，最大仿真步长（Max step size）为0.02/20/200。设置最大仿真步长很重要，如果仿真步长太大，大于逆变器开关周期，那么仿真结果会出现严重的失真。步长越小，采样频率越高，但仿真速度也越慢。

9）本仿真模型涉及两个采样时间的概念，很有必要分清它们的区别。第一个采样时间是指在S-Function函数中的采样时间tsam，它表示仿真系统每经过tsam时间对函数的输入量进行一次采样，这种采样是必需的。例如在第一个S-Function（m040389svpwm003）中，需要将开关周期作为tsam，这就将每个电压空间矢量的保持时间设置为开关周期，从而保证SVPWM算法的正常执行。第二个采样时间是图9-34中SIMULINK仿真系统的采样时间，它可以通过改写Max step size来设置，以达到平衡仿真精度和仿真速度的目的。当然系统仿真步长要明显小于tsam采样时间。另外，m040389SVPWM004是以开关周期百分之一的精度来计算三相开关信号的。

图9-35给出了逆变器A相的开关信号波形，图9-36为放大后的三相开关信号波形。

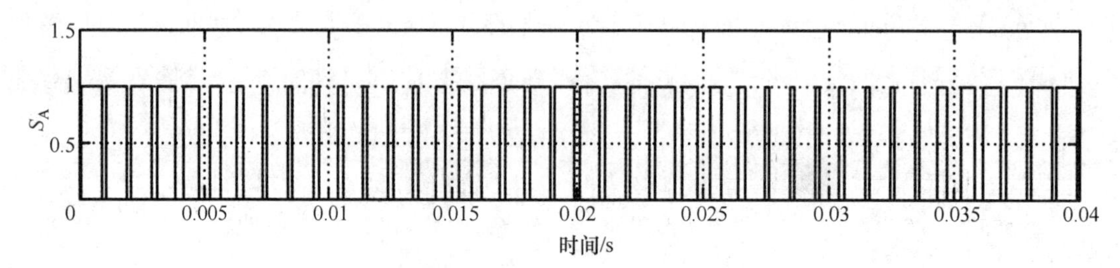

图9-35　A相开关信号波形

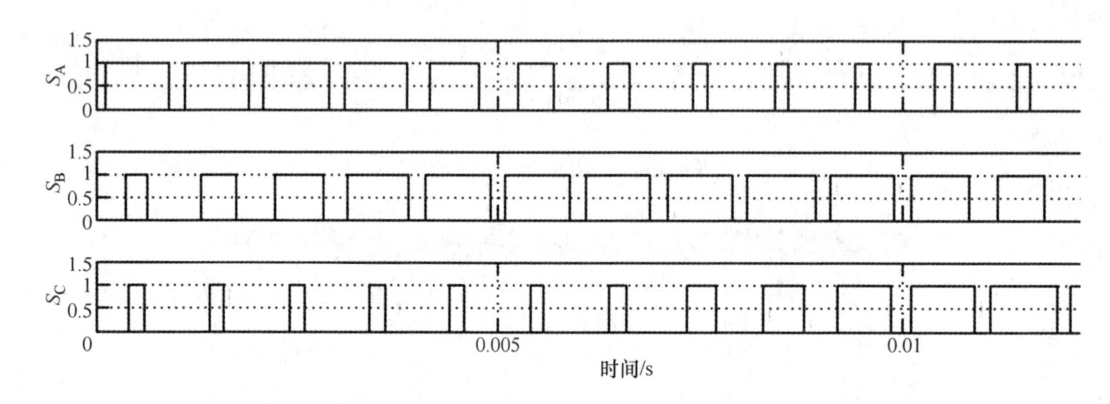

图9-36　放大后的三相开关信号波形

2. 建模方法2——计时器比较法

第一种仿真方法虽然实现了SVPWM的算法，但是算法中的某些函数并不适合在DSP上运行。下面对第一种仿真方法进行改进，按照适合DSP实现的方式设计算法。

图9-37给出了一种新的判断开关时刻的方法——利用计数器产生一个等腰三角形，将其与一个恒定的值进行比较以确定开关时刻。图中的7个小时间段对应了6个开关时刻，它们可以利用t_{sw1}、t_{sw2}、t_{sw3}与三角波比较获得。图中三角波的幅值设置为$t_g/2$，周期设置为开关周期t_g。当三角波的值在$0 \sim t_{sw1}$范围时输出$\boldsymbol{U}_0$；当三角波的值在$t_{sw1} \sim t_{sw2}$范围时时输出$\boldsymbol{U}_a$；当三角波的值在$t_{sw2} \sim t_{sw3}$范围时输出$\boldsymbol{U}_b$；当三角波的值在$t_{sw3} \sim t_g/2$范围时输出$\boldsymbol{U}_7$。

t_{sw1}、t_{sw2} 与 t_{sw3} 的值满足下列关系：

$$t_{sw1}=t_0/4 \tag{9-20}$$

$$t_{sw2}=t_1/2+t_{sw1} \tag{9-21}$$

$$t_{sw3}=t_2/2+t_{sw2} \tag{9-22}$$

因为本仿真算法不需记录时间，所以改进后的算法可用一般的 MATLAB 函数编写程序，程序如下：

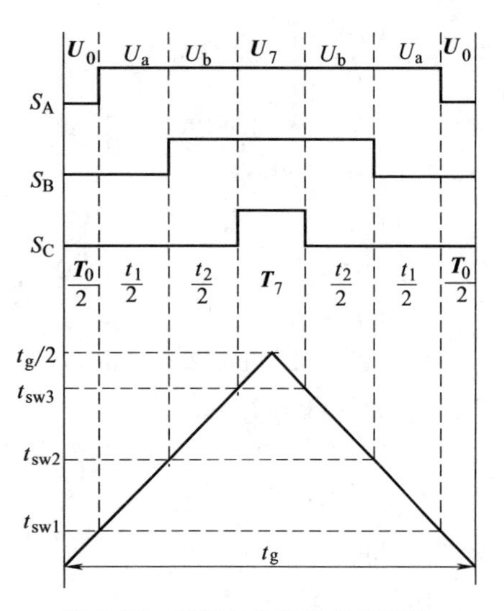

图 9-37　时间与矢量的对应关系

function y=m040389svpwm005(u)

%本函数共有 5 个输入变量，分别是电压矢量的幅值、电压矢量的相位、电压矢量的作用时间，直流电压 U_d、三角载波（注意：三角载波的幅值必须等于 $t_g/2$）。

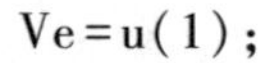

```
Ve=u(1);
Ph=u(2);
te=u(3);
Udc=u(4);
du=pi/3;
%定义控制每个矢量的开关信号
u0=[0 0 0];
u4=[1 0 0];
u6=[1 1 0];
u2=[0 1 0];
u3=[0 1 1];
u1=[0 0 1];
u5=[1 0 1];
u7=[1 1 1];
%判断输入矢量位于哪个扇区,从而选择相应的 ua,ub,Phe.(为计算 ta、tb、t0)
if Ph>0&Ph<=du
    Phe=Ph;
    h=1;
    ua=u4;
    ub=u6;
elseif Ph>du&Ph<=2*du
    Phe=2*du-Ph;
    h=2;
    ua=u2;
    ub=u6;
elseif Ph>2*du&Ph<=3*du
    Phe=Ph-2*du;
    h=3;
```

```
        ua=u2;
        ub=u3;
    elseif Ph>-3*du&Ph<=-2*du
        Phe=-Ph-2*du;
        h=4;
        ua=u1;
        ub=u3;
    elseif Ph>-2*du&Ph<=-du
        Phe=Ph+2*du;
        h=5;
        ua=u1;
        ub=u5;
    else
        Phe=-Ph;
        h=6;
        ua=u4;
        ub=u5;
    end
    %计算 ta、tb、t0(ms)
    A=Udc;
    ta=1.5*(cos(Phe)-1/sqrt(3)*sin(Phe))*Ve*te/A;
    tb=sqrt(3)*Ve*sin(Phe)*te/A;
    t0=te-ta-tb;
    if t0<0
        ta=ta/(ta+tb)*te;
        tb=te-ta;
        t0=0;
    end
    %时间折算成电压值
    tsw1=t0/4;
    tsw2=ta/2+tsw1;
    tsw3=tb/2+tsw2;
    %判断并输出
    if u(5)>=0&u(5)<tsw1
        y=u0;
    elseif u(5)>=tsw1&u(5)<tsw2
        y=ua;
    elseif u(5)>=tsw2&u(5)<tsw3
        y=ub;
```

else y=u7;

end

用 SIMULINK 搭建的仿真模型如图 9-38 所示，说明如下：

1）仿真中仍然用到了 S-Function 模块“m040389svpwm003”（前面已经给出），因为对连续电压空间矢量的离散化必不可少；另外也可利用 SIMULINK 的 Discrete 子库中的零阶保持器（Zero-order hold）模块来实现采样保持。

2）此仿真模型较图 9-31 多了两个输入模块，一个是代表逆变器直流电压的 U_{dc}（设为常数 400）；另一个模块是 Repeating Sequence，作用是产生一个周期为（0.02/20）s 的三角波，变化范围为 0~(0.02/20/2)（即图 9-37 中的三角波）。

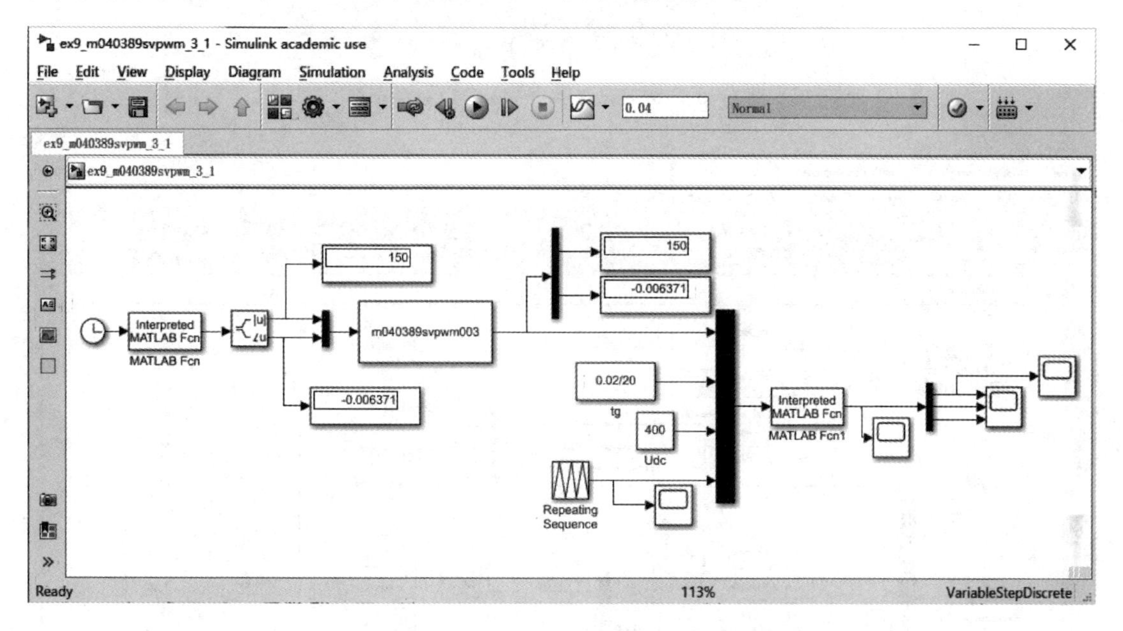

图 9-38　第二种方法的 SIMULINK 仿真模型

图 9-38 的仿真结果如图 9-39 所示。图 9-40 给出了图 9-38 中 Repeating Sequence 模块的参数对话框。

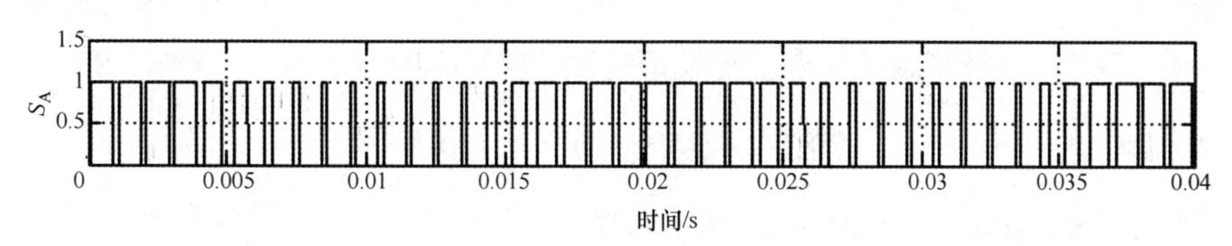

图 9-39　一相开关信号波形

为了对 SVPWM 控制逆变器输出的交流电压进行验证，需要在 SIMULINK 里添加一些辅助模块，如图 9-41 所示。

对图 9-41 作以下说明：

1）Switch 开关是一个理想开关器件，用它来模拟逆变器一相半桥电路的功能，当输入信号为 1 时，输出为 200；输入信号为 0 时，输出为-200，3 个 Switch 组成了逆变器的 3 个

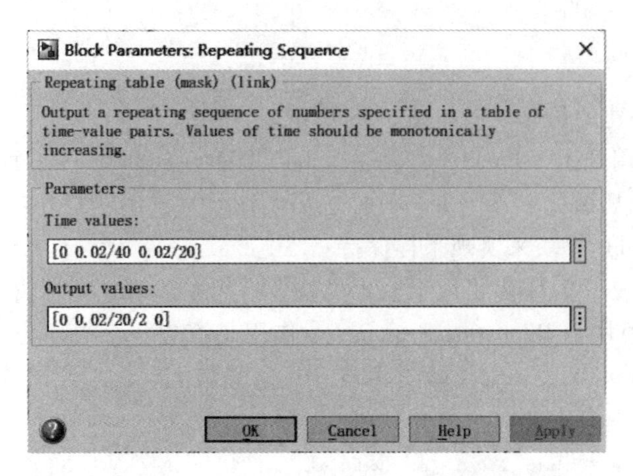

图 9-40　Repeating Sequence 参数对话框

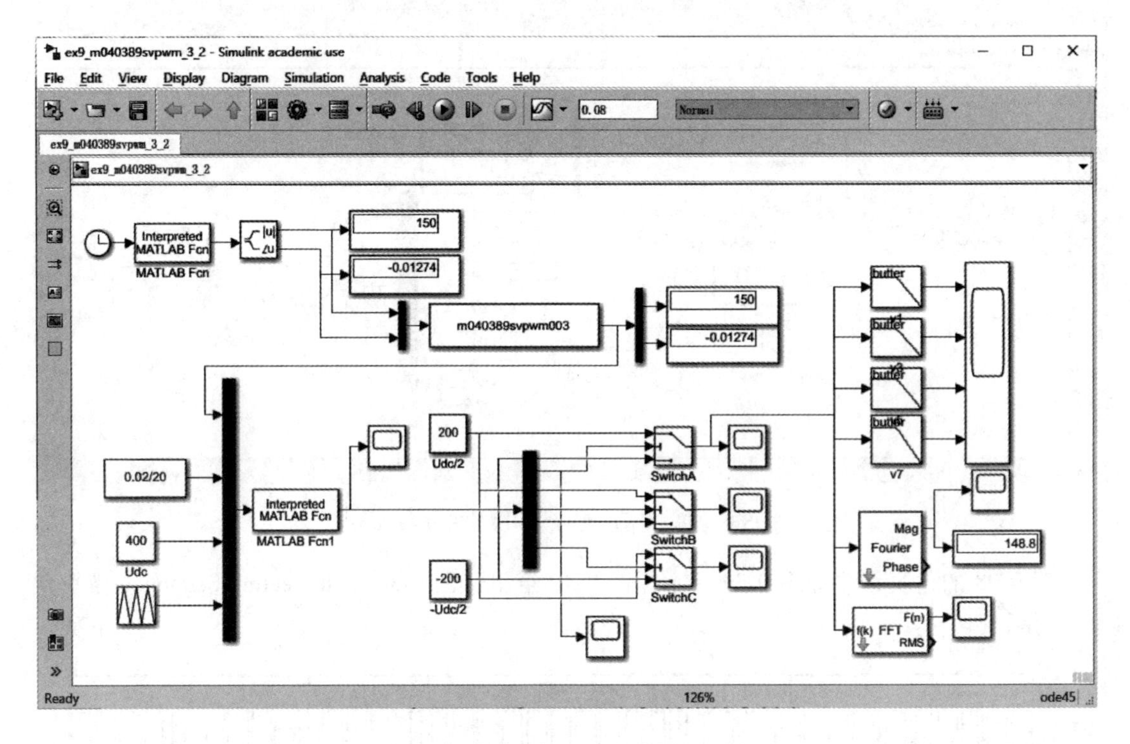

图 9-41　采用 SIMULINK 进行仿真验证

桥臂，这样就搭建成一个理想化的逆变器模型。

2）butter 模块设置成低通滤波器，图中 4 个低通滤波器自上到下的截止频率分别为基波频率（50Hz）、3 次谐波频率、5 次谐波频率和 7 次谐波频率。

3）Fourier 模块可以测量基波或各次谐波的幅值，图中设置成测量基波的幅值。

图 9-42 是逆变器输出相电压经过低通滤波后的结果。由图 9-42a 可知，在经过不到 2 个周期的过渡过程之后，相电压基波波形近似成为正弦波；从图 9-42d 马鞍形波形可以看出，相电压中含有明显的 3 次谐波。

图 9-41 中的 Display4 中显示的 148.8 就是相电压基波的幅值，说明已经非常接近 150V

的三相正弦电压了。这里的开关频率很低（只有 1kHz），存在一些数值仿真的误差，如修改为 10kHz 后，则会显示 150 了。图 9-43 则更直观地显示了基波电压幅值的变化过程。可见，在经过一个周期过渡以后，相电压幅值保持约 150V 不变。

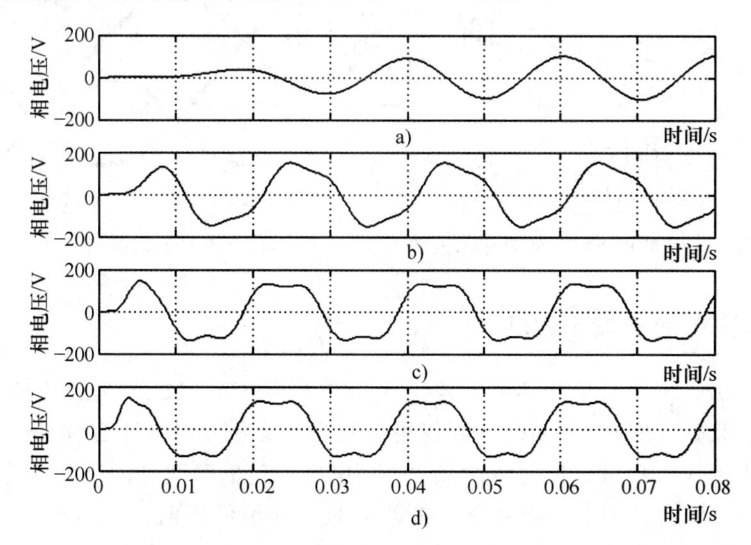

图 9-42　低通滤波后的相电压波形

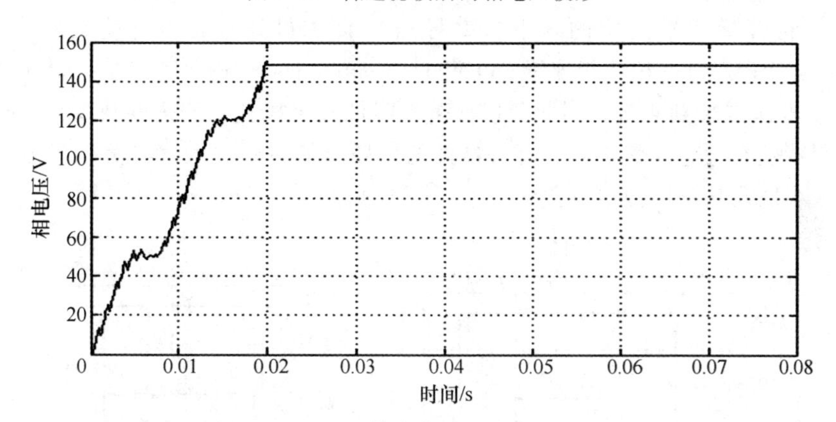

图 9-43　Fourier 模块输出的基波相电压幅值

3. 建模方法 3——三角波调制法（改进的 SPWM 建模）

有文献对 SPWM 和 SVPWM 之间的关系进行研究，指出可以推导出图 9-44 所示的基于 SPWM 的 SVPWM 实现算法，即需要在原有的三相正弦调制波中同时加入一个零序分量 u_z^*。

$$u_z^* = (1-2\lambda) - (1-\lambda) u_{max}^* - \lambda u_{min}^* \tag{9-23}$$

式中的 u_{max}^*、u_{min}^* 分别代表图 9-8 三相正弦调制波中的最大值与最小值；λ 表示零电压矢量作用总时间中 U_0 所占的时间份额（为 0~1 之间的实数）。**注意式（9-23）中的 * 表示 3 个电压均是以 $U_d/2$ 作为基准的标幺值电压。**

通常设置 $\lambda=0.5$，这对应了图 9-26 情况；当设 $\lambda=0$ 或 $\lambda=1$ 时，则会出现下节的五段式 SVPWM。

图 9-44 中的 SVPWM 算法，不需要判断矢量所处的扇区位置（实际上，扇区信息隐含在 u_{max}^* 与 u_{min}^* 中了，如图 9-45 给出了正弦调制电压的最大值、最小值与电压矢量扇区之间

的对应关系。)；另外，u_z^* 本质上是共模电压，故该方法也被称为共模电压注入法。

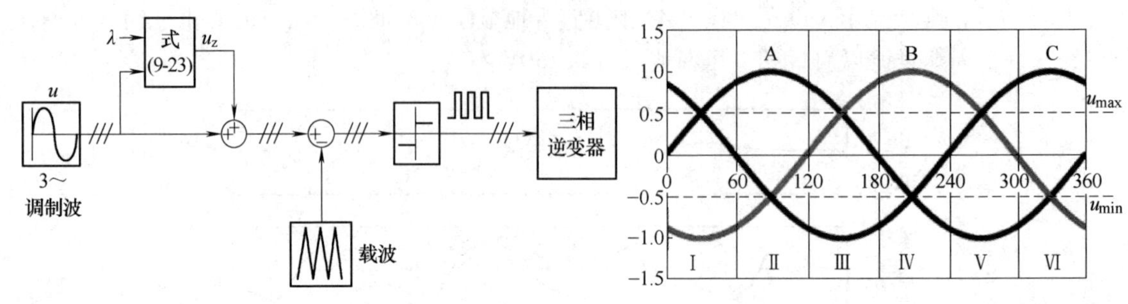

图 9-44　基于 SPWM 的 SVPWM 算法示意图　　　图 9-45　正弦调制波与空间矢量扇区之间的关系

9.3.6　不连续空间矢量 PWM

前面已经指出，采用两个相邻的非零电压矢量和两个零电压矢量合成期望的电压矢量时，U_0（000）和 U_7（111）各自的实际作用时间是不影响 SVPWM 合成的，只要它们总的作用时间能够得到保证即可，换句话说，两个零电压矢量的时间分配是自由的。

在实现 SVPWM 的过程中，当两个零矢量中的一个不使用时，就产生了不连续的 SVPWM，如图 9-46 所示。在整个开关周期期间，逆变器的一相桥臂没有开关动作，保持该相输出与正的（上桥臂导通）或负的（下桥臂导通）直流母线连接，这就是不连续 SVPWM (Discontinuous SVPWM)。相比于连续 SVPWM（Continuous SVPWM），在一个开关周期内的总开关次数从 6 次减少到 4 次，因此可以显著地降低开关损耗。当需要减少开关损耗时，这种 PWM 控制特别有用，当然半导体开关器件的损耗除了与开关频率有关，具体还和调制比 m、相电流大小以及功率因数等有关。

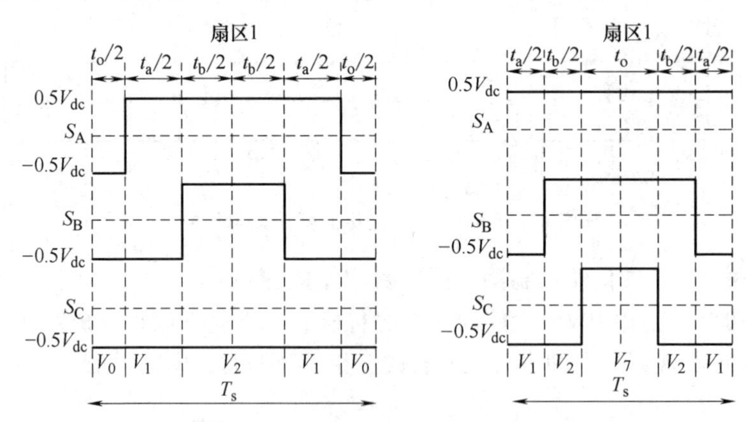

图 9-46　不连续 SVPWM 的桥臂电压（两种开关模式）

有多种方式的不连续 SVPWM，但本质上都仅仅是在每半个载波或一个载波周期内，对零电压矢量作用时间的重新排列。根据零电压矢量的作用位置及其不作用的时间，下面给出几种最常见的：

- 在所有扇区中的 000 零电压矢量的作用时间都为 0，称为 DPWMMAX，如图 9-47 所示。
- 在所有扇区中的 111 零电压矢量的作用时间都为 0，称为 DPWMMIN，如图 9-47 所示。

• 如果在不同的扇区中两个零矢量交替不起作用，如图 9-47、图 9-48 所示，分别称为 DPWM0 和 DPWM1。另外，还可以再对两个零矢量不作用的空间区域进行细分，这里不再赘述。图 9-47、图 9-48 中还给出了变形后的参考波，在前述不同的控制方式中，不同方式的零序电压分量（共模电压分量）被加入到原正弦电压参考波形中。

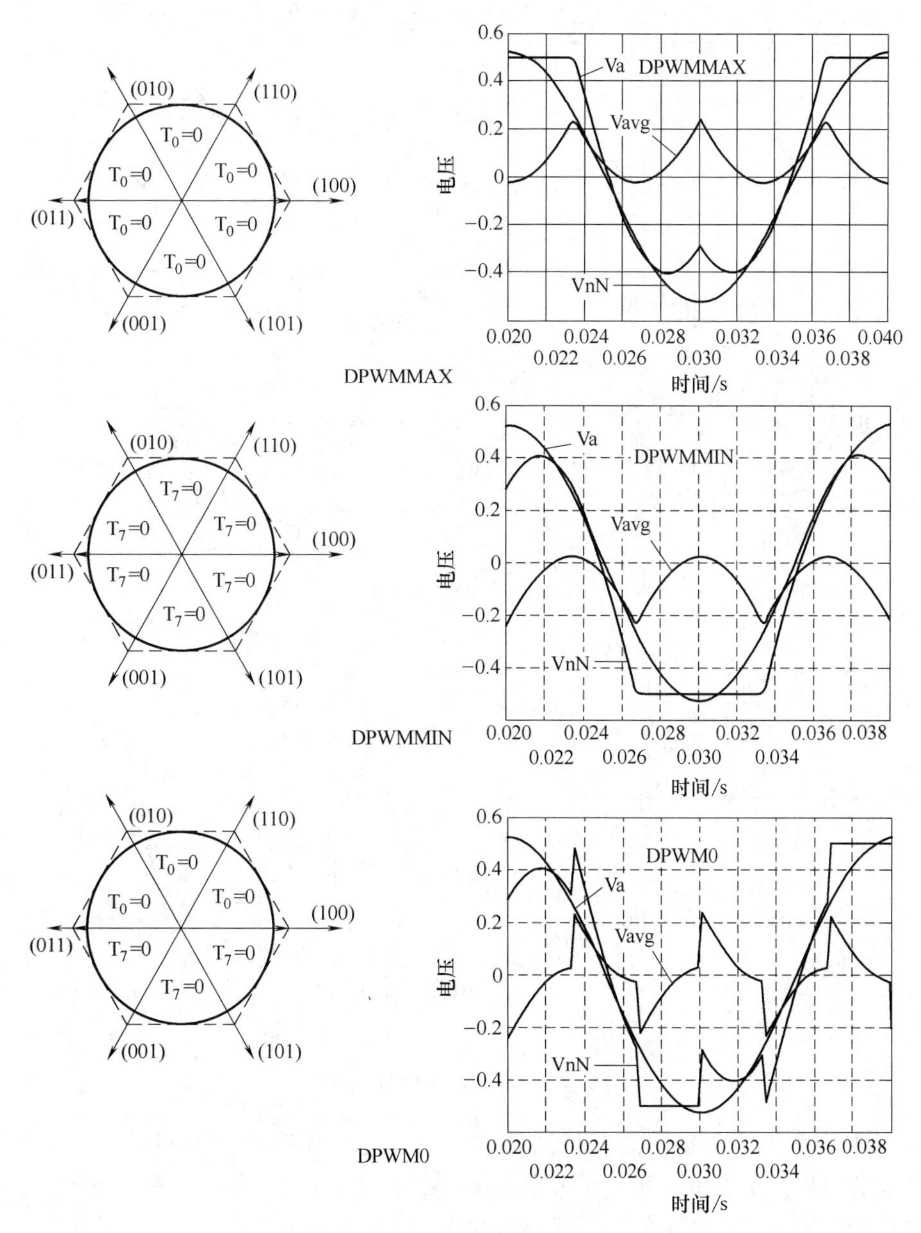

图 9-47　不连续 SVPWM 波形 1

9.3.7　过调制区域的 SVPWM

在 SVPWM 方案中，最大正弦输出电压的获得是当参考电压值为 $|v_s^*|=V_{dc}/\sqrt{3}$，此时的参考电压矢量轨迹是一个内切于六边形的圆，称为线性调制区。如果参考电压幅值继续增加

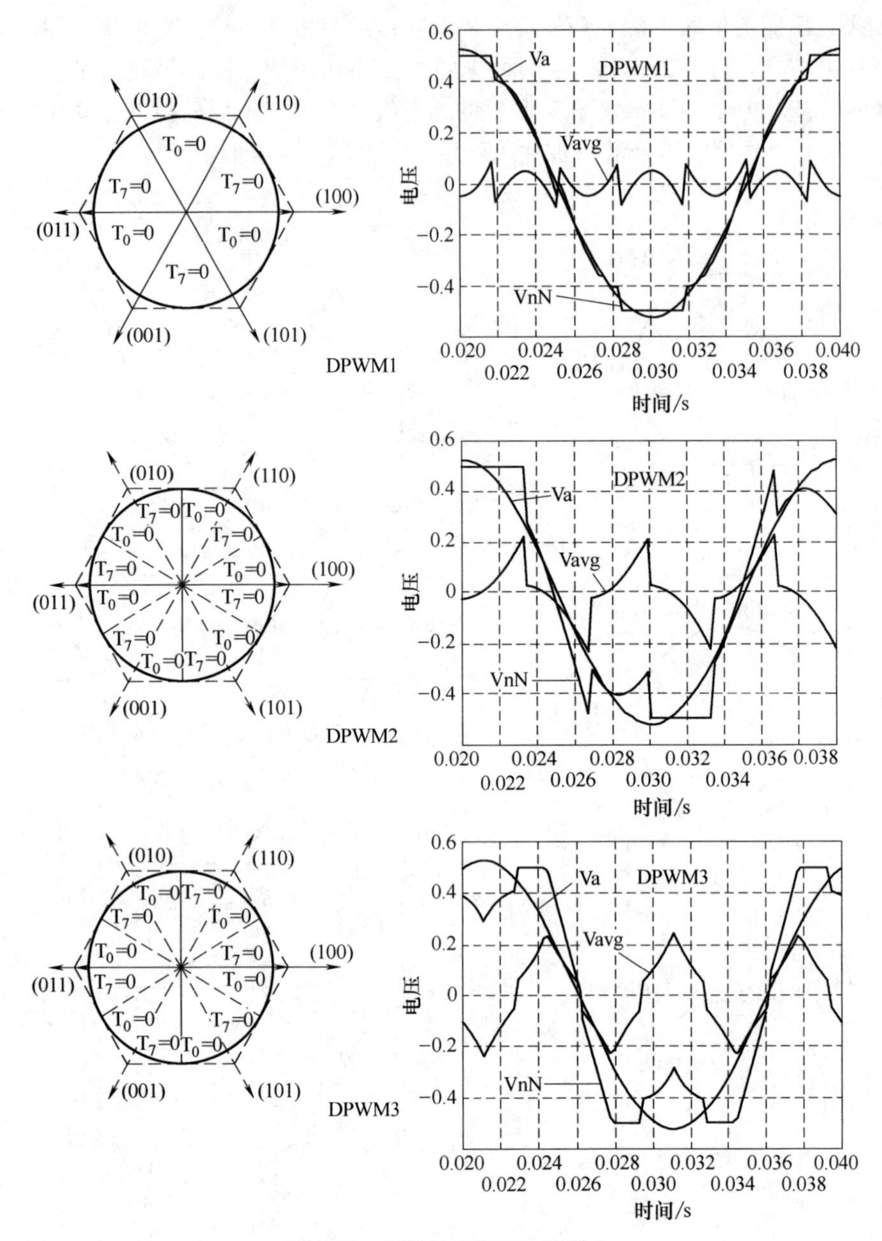

图 9-48　不连续 SVPWM 波形 2

的话，使用线性调制技术就不能获得期望的输出，这个区域称为过调制区。如果按照式(9-9) 计算各电压矢量作用时间，那么零矢量的作用时间会变为负数，这没有物理意义。如果仍期望逆变器输出目标电压矢量，就必须改进 SVPWM 的控制算法。

当参考电压矢量为$|v_s^*|=2V_{dc}/\pi$，逆变器运行在方波模式（即六拍模式）。那么当电压矢量幅值在区域$\dfrac{V_{dc}}{\sqrt{3}}<|v_s^*|<\dfrac{2V_{dc}}{\pi}$，该如何控制过调制区域的 PWM 呢？为描述方便，本节中的调制比 m 以$\dfrac{2V_{dc}}{\pi}$为基值，所以过调制区域的电压调制比 m 的范围是 0.9069~1。过调制区

可进一步分为两个子模式，过调制Ⅰ区（0.9069~0.9517）和过调制Ⅱ区（0.9517~1）。在过调制Ⅰ区，把正弦参考电压空间矢量修改为“失真的连续参考电压矢量”（修改参考电压的幅值而不修改其相角）；而在过调制Ⅱ区，正弦参考电压矢量的幅值和相角都要修改，成为“失真的不连续参考电压矢量”。下面对此作简要的解释。

（1）过调制Ⅰ区（0.9069~0.9517）

如图9-49所示，图中有三个圆，最内侧的是线性调制区的极限圆（即六个非零电压空间矢量首尾相连而成的六边形的内切圆），中间是期望的参考电压矢量圆的轨迹，最外侧是对期望电压矢量修正后的参考电压矢量圆的轨迹。

期望电压矢量圆超出了内切圆范围，它与六边形交点为E和F，在BE及FD内，期望电压矢量的合成是没有问题的，但是在EF一段，电压矢量只能按照六边形的边输出，因而减少了一部分电压输出（对应了图中的面积 A_2）。为此可以将期望电压矢量 v_s^* 的幅值提高到 $v_s^{*\prime}$，从而新的参考电压圆与六边形交点为G、H，BG及HD内按照修正后的电压矢量进行输出，在GH一段按照六边形的边进行输出，从而与期望电压矢量圆相比，多出了图中的面积 A_1 与 A_3，如果多出的面积与 A_2 的面积相等，可以认为修正后的电压矢量的实际输出电压为期望的电压矢量 v_s^*。图中的∠BOG（即 γ）与 $v_s^{*\prime}$ 是相对应的。

具体的算法可以参考下述方法：预先确定期望的调制比 m 与图中 γ 角的对应关系（可以参见文献［36］），然后查表获取角 γ，并按照下面式（9-24）计算出修正后的电压矢量幅值；当期望电压矢量角度 α 在 $0\sim\gamma$ 以及 $60°-\gamma\sim60°$ 之间时，按照式（9-24）进行输出（对应了一段圆弧）；当期望电压矢量角度 α 在 $\gamma\sim60°-\gamma$ 之间时，按照式（9-25）进行输出（对应了六边形的边）。t_a 与 t_b 分别是两个非零电压矢量作用的时间（零电压矢量作用时间为0）。

$$V_s^{*\prime}=\frac{U_{dc}}{\sqrt{3}\sin(60°+\gamma)} \tag{9-24}$$

$$t_a=t_s\frac{\sin(60°-\alpha)}{\sin(60°+\alpha)}$$

$$t_b=t_s\frac{\sin(\alpha)}{\sin(60°+\alpha)}=t_s-t_a \tag{9-25}$$

随着调制比的不断增加，角 γ 不断减小最后角 γ 变为0，修正后的电压矢量圆达到了 $2U_d/3$。此时，修正后的电压矢量完全沿着边BD输出，一个基波周期内的电压矢量端点轨迹就是没有零矢量参与的六边形。这也意味着过调制Ⅰ区的结束，因为继续提高修正后的电压矢量幅值，并不能增加输出电压。

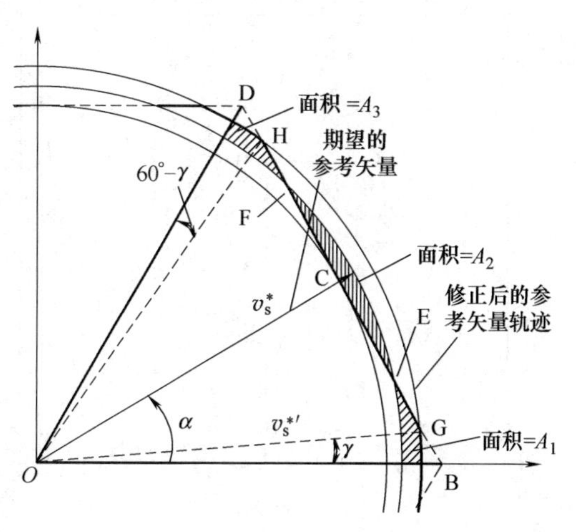

图9-49　SVPWM的过调制Ⅰ区

在过调制Ⅰ区的每个基波周期中，修改后参考电压空间矢量的角速度和期望参考电压空间矢量的角速度是一致的。在过调制Ⅰ

区期间，通过增加 A_1 区和 A_3 区的参考电压矢量长度，补偿了 A_2 区的伏秒损失（由于不能越过六边形区域，所以参考矢量的长度被减小了），保证了参考电压和输出电压相等。期望的参考电压矢量达到 $0.606V_{dc}$，会出现这种情况，A_1 区和 A_3 区将没有更多的空间以补偿 A_2 区的损失。

（2）过调制Ⅱ区（0.9517~1）

在过调制Ⅱ区期间，参考电压空间矢量的长度和角度都需要修正。对于区域 BG 和 HD（见图 9-50），修正后的电压矢量在六边形的顶点（B 和 D）处保持不变。因此，期望的参考电压移动（α 不断增加）而修正后的电压矢量不动。一旦期望电压矢量的相角 α 达到了 γ，修正后的电压矢量开始沿着六边形的边运行（即 GH 一段）。在过调制Ⅱ区，参考电压矢量变为不连续的。

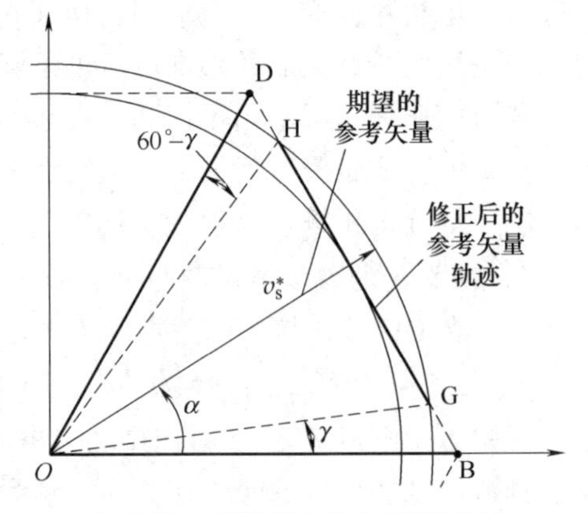

图 9-50　SVPWM 的过调制Ⅱ区

具体的算法可以参考下述方法：预先确定期望的调制比 m 与图中 γ 角的对应关系（可以参见文献［13］），然后查表获取角 γ；当期望电压矢量角度 α 在 $0\sim\gamma$ 以及 $60°-\gamma\sim60°$ 之间时，按照顶点 B 或 D 对应的非零电压矢量进行输出；当期望电压矢量角度 α 在 $\gamma\sim60°-\gamma$ 之间时，按照式（9-25）进行输出（对应了六边形的边）。t_a 与 t_b 分别是两个非零电压矢量作用的时间（零电压矢量作用时间为 0）。

图 9-51~图 9-54 给出了过调制区域内，调制比分别为 0.9359、0.9517、0.9756 和 1 下的调制波和相应的 PWM 波形。

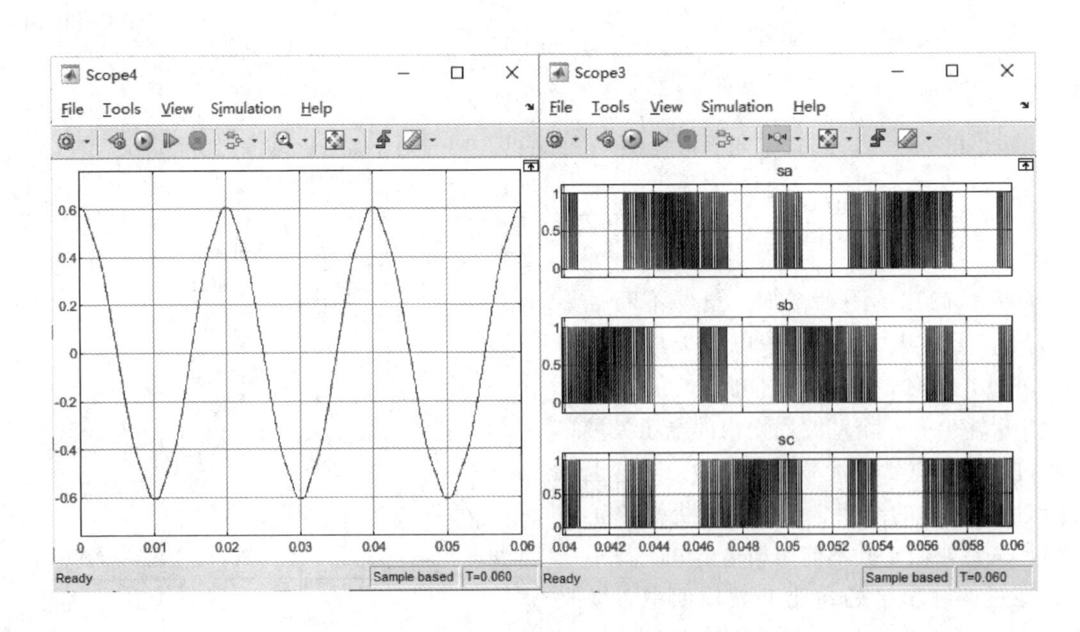

图 9-51　调制比为 0.9359 的调制波与 PWM 波形

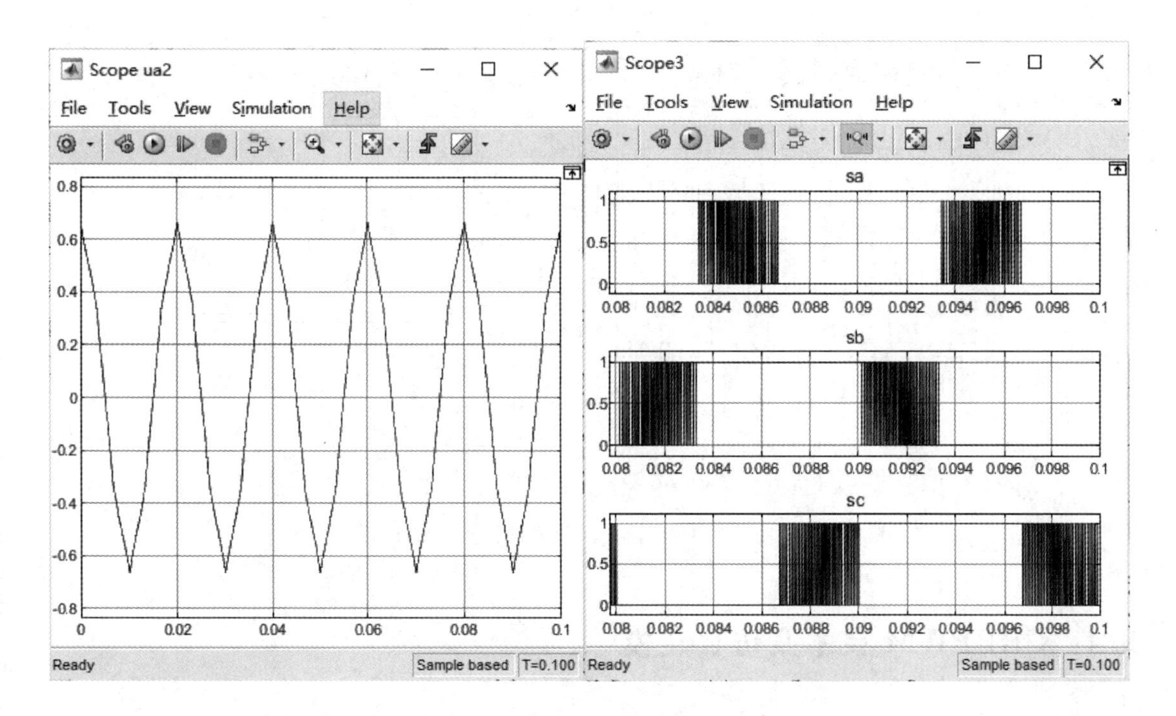

图 9-52　调制比为 0.9517 的调制波与 PWM 波形

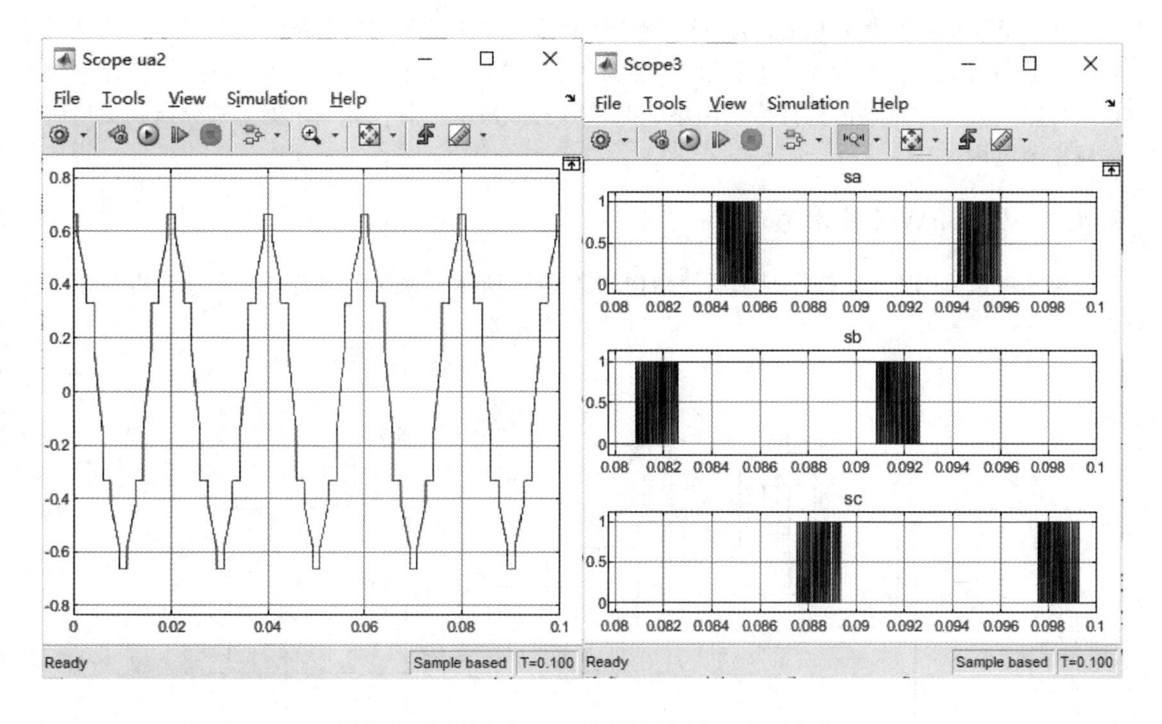

图 9-53　调制比为 0.9756 的调制波与 PWM 波形

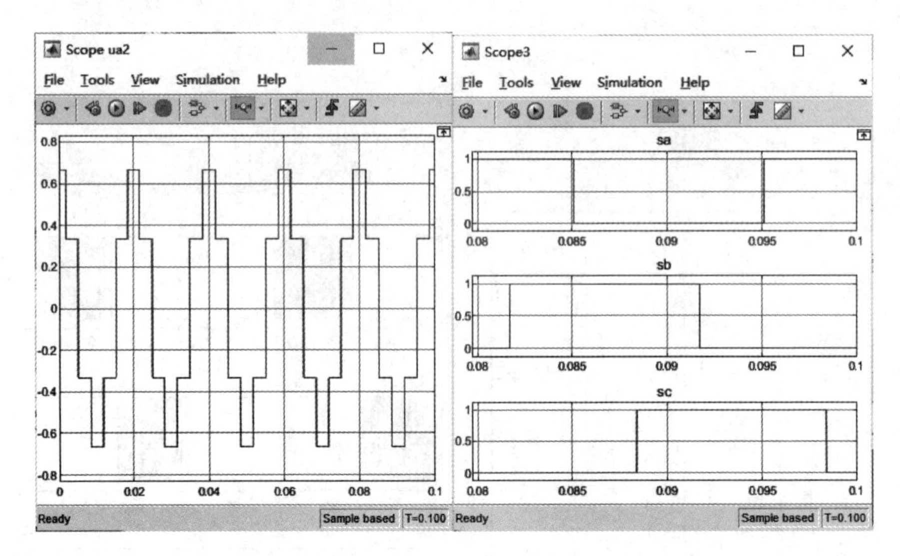

图 9-54　调制比为 1 的调制波与 PWM 波形（此时为方波）

9.4　CHBPWM 技术及仿真建模

PWM 控制技术的目标是控制电压型逆变器的输出电压，如果需要控制逆变器输出交流电流，那么就需要采用电流控制型的 PWM 技术，其中电流滞环 PWM（Current Hysteresis Band PWM，CHBPWM）是最为典型的一种。这种技术具有电流响应速度快的特点，在需要电流快速响应的场合得到很好的应用，例如在交流电动机的矢量控制系统中就可以方便地对励磁电流和转矩电流进行控制。不过 CHBPWM 技术控制的逆变器中功率开关器件的开关频率不稳定，会给滤波器的设计带来困难；但从另一个角度上看，其噪声能量被分摊在更广阔的频率范围内。

9.4.1　CHBPWM 技术原理

单相电流 CHBPWM 技术控制系统结构如图 9-55 所示，系统的给定电流与反馈电流值 i_a

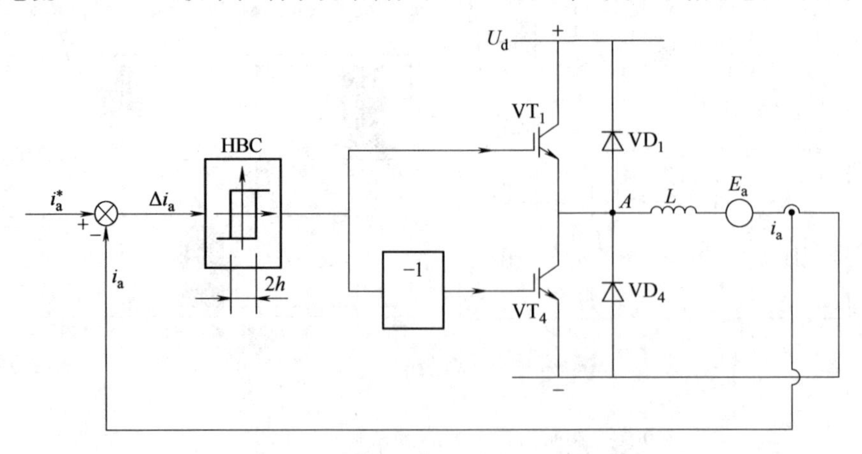

图 9-55　CHBPWM 技术控制系统结构图

经过滞环控制器（Hysteresis Band Controller，HBC）的作用后得到两个相反的开关信号，分别控制单相半桥电路的 VT_1、VT_4 两个开关器件。

HBC（滞环控制器）的环宽为 $2h$，将给定电流与实际电流进行比较后，当电流偏差 Δi_a 超过±h 时，HBC 的控制信号发生变化，否则开关信号将会保持不变。具体来说，如图 9-56 所示，当电流误差 Δi_a 超过 h——即需要增加实际的负载电流时，VT_1 的开关信号变为 1，VT_4 的开关信号变为 0，那么式（9-26）成立（忽略开关器件的压降）。式中的 E_a 为负载侧的反电动势（设置为恒定的 150V），L 为负载电感（1mH），R 为负载侧的等效电阻（包括电路电阻、电感器的电阻等，设置为 0.1Ω），U_d 为逆变器直流侧电压（设置为 300V）。由于 R 很小，所以从式（9-26）可以看出，电感电流（即负载电流）的导数为正，即电流会逐渐增加。当负载电流值增大到与给定电流相等时，HBC 仍保持输出不变，因而会使负载电流继续增大。

$$L\frac{\mathrm{d}i_a}{\mathrm{d}t}=U_d-E_a-R*i_a=150-R*i_a \tag{9-26}$$

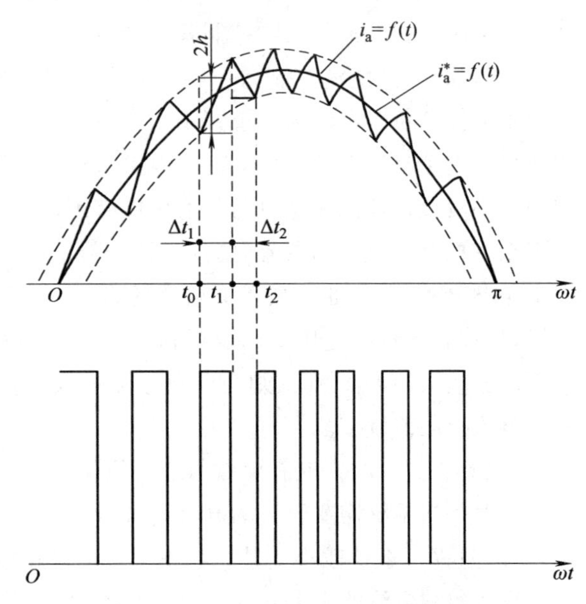

图 9-56　CHBPWM 控制技术中典型的电流波形与电压 PWM 波形图

当电流误差 Δi_a 低于$-h$——即需要减小负载电流时，VT_1 的开关信号变为 0，VT_4 的开关信号变为 1，那么式（9-27）成立。从式中可以看出，电感电流的导数为负值，即电流会逐渐减小。当负载电流值减小到与给定电流相等时，HBC 仍保持输出不变，因而会使负载电流继续减小。

$$L\frac{\mathrm{d}i_a}{\mathrm{d}t}=-E_a-R*i_a=-150-R*i_a \tag{9-27}$$

随后不断重复上述两种工况，HBC 控制逆变器的输出负载电流密切跟随给定电流。图 9-56 中给定电流是正弦电流，如果给定电流值是一个恒定的直流电流，那么 CHBPWM 同样适用。

9.4.2　CHBPWM 技术特点

因为采用了 HBC 非线性控制器，所以 CHBPWM 技术控制的电流响应速度最快，并且该技术易于实现（特别是模拟控制电路），总结其特点如下：

1）电流的上升和下降分别遵循式（9-26）和式（9-27），即指数形式的变化规律，如果开关频率足够高，在短时间内观察的电流近似线性变化。

2）电流跟踪控制的精度与滞环的宽度 h 有直接关系，但是由于实际的控制系统以及开关器件存在响应延迟，使得电流跟踪误差往往会大于 h。

3）在较大功率的应用场合，开关器件的开关频率受到限制，h 不能设置太小。当环宽选得较大时，开关频率低，但电流波形失真较多，电流谐波分量高；如果环宽小，电流跟踪性能好，但开关频率却增大了。

4）虽然实际电流围绕给定电流上下波动，但实际电流的电流值与给定电流并不相等。

此外，从式（9-26）和式（9-27）可以看出，电流的导数受到多个因素的影响，从而导致在不同情况下，电流的实际控制效果会有不同。分析如下：

1）显然，实际电流控制效果与反电动势 E_a 直接相关，如果负载没有反电动势特性，那么就不能控制负载电流为负值；不同的反电动势大小，电流增加与减小的速度不同。可以设想如果是电动机反电动势负载，当电动机运行速度较低时，反电动势较小，那么电流增加较快而减小较慢，控制相电流为负值可能有困难；当电动机工作在较高速度时，反电动势较大，那么在控制正值的相电流时就会有困难。这一点与电压型 PWM 技术原理上是一致的，所以电压型 PWM 技术也会要求有较高的直流电压利用率。

2）提高直流母线电压 U_d 显然可以改善正值负载电流的控制效果，但是如果实际的系统并不需要较大的 U_d，那么则会导致电流增加过快，如果控制系统延迟较大，则实际电流会超过电流上限值较多。

3）电感 L 较大时，电流导数的绝对值就更小，因而电流变化更加缓慢，有利于平滑负载电流。但是当系统需要较快的电流响应时，较大的电感则会成为阻碍。

4）电阻 R 一般比较小，其影响不大。但是在电流控制的极限情况下（例如反电动势非常大，或者负载电流非常大），其压降也会影响到实际控制效果。在小功率负载中，R 相对较大一些，其压降也会影响 i_a 的控制效果。

5）正因为影响电流上升与下降的因素太多，所以 CHBPWM 控制的逆变器开关频率并不固定。如果系统需要加装滤波器进行滤波，那么设计就较为困难——不能针对某特定的频率进行设计，需要综合考虑实际电流的总谐波分量。

6）换一个角度看，电力电子系统采用了高频开关，其谐波含量丰富，可能会在某个频段造成实际的电磁干扰（Electromagnetic Interference，EMI）问题。而 CHBPWM 技术中开关频率不恒定，所以谐波能量会分布在较宽的频段内，有可能会降低某些频率点的电磁发射水平。

9.4.3　CHBPWM 仿真建模分析

图 9-57 给出了 SIMULINK 中对单相 CHBPWM 进行仿真的模型文件，电路参数设置如前所述。系统给定电流为 50Hz 的正弦电流，其幅值是 50A。Fourier 模块用来对负载电流中的基波分量进行计算。快速傅里叶变换（FFT）模块从 SimPowerSystems 库的 Extra Library 子库的 Discrete Measurement 中找到，其参数设置如图 9-58 所示，采样时间（Sampling time Ts）200e-6s 即 200μs，这意味着采样频率为 5kHz，所以有效分析的电流谐波频率为 2.5kHz。由于基波为 50Hz，这就是说，该 FFT 模块有效分析的谐波次数最高为 50 次。

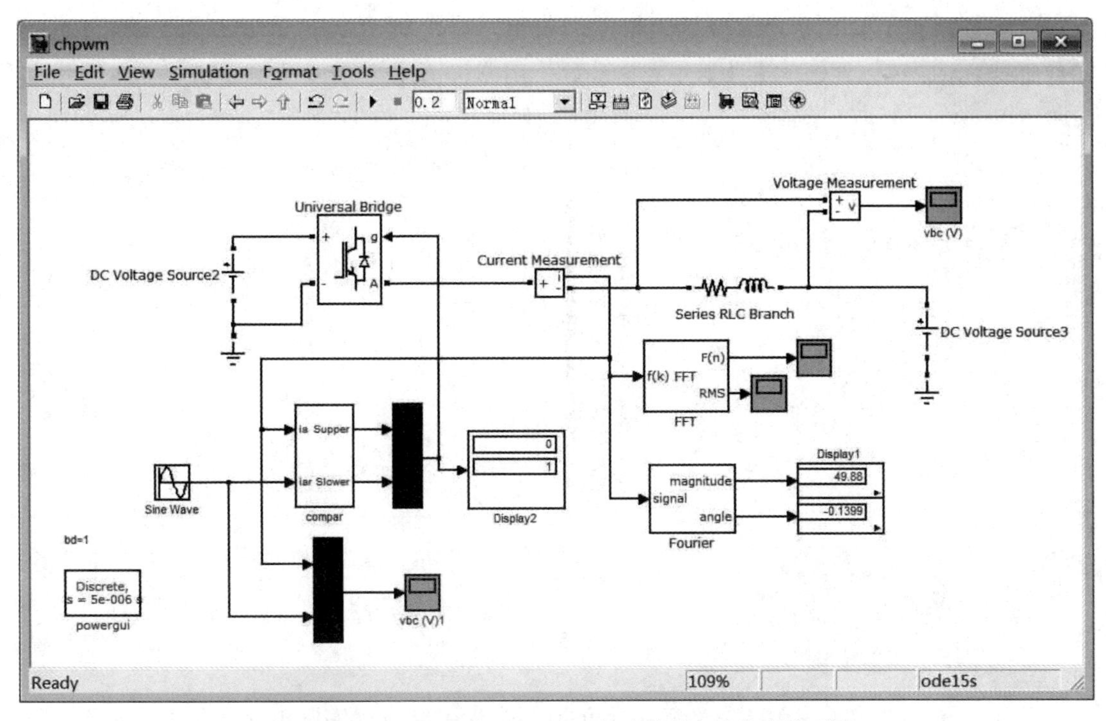

图 9-57　SIMULINK 中 CHBPWM 技术控制电流仿真模型图

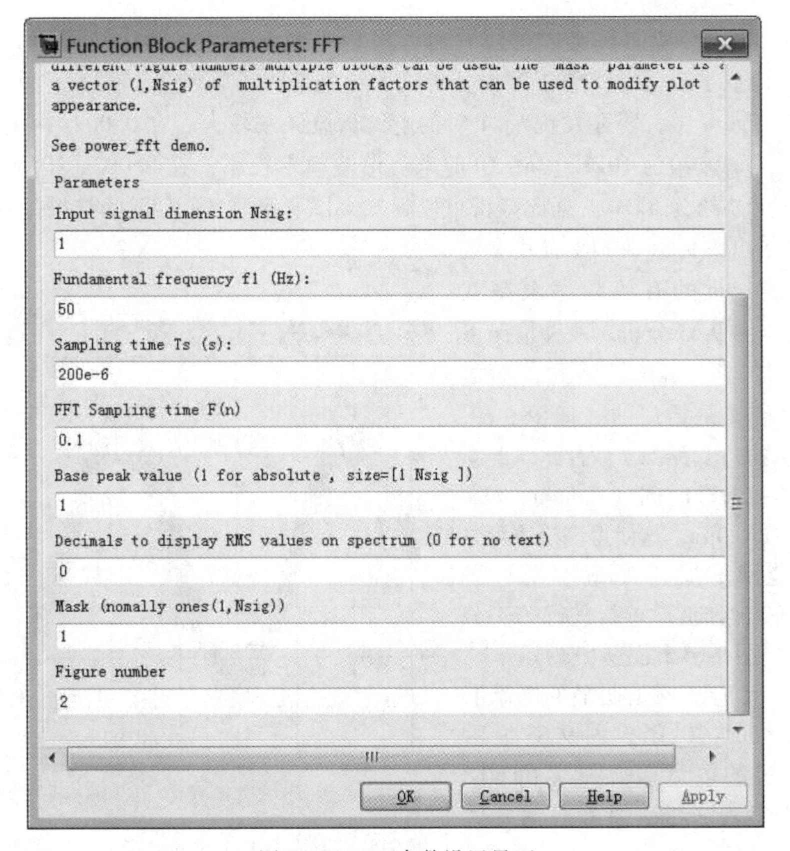

图 9-58　FFT 参数设置界面

图 9-59 给出了 HBC 环宽为 1A 时的实际电流波形图，其中给定电流为黄色波形中间的绿色曲线所示，可以看出电流波形正弦度较好。图 9-60 给出了针对实际电流进行 FFT 分析的频谱图。

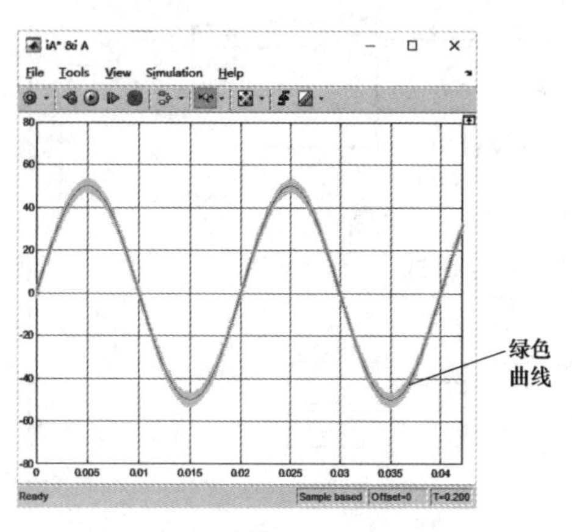

图 9-59　环宽为 1A 时的给定电流与实际电流波形图

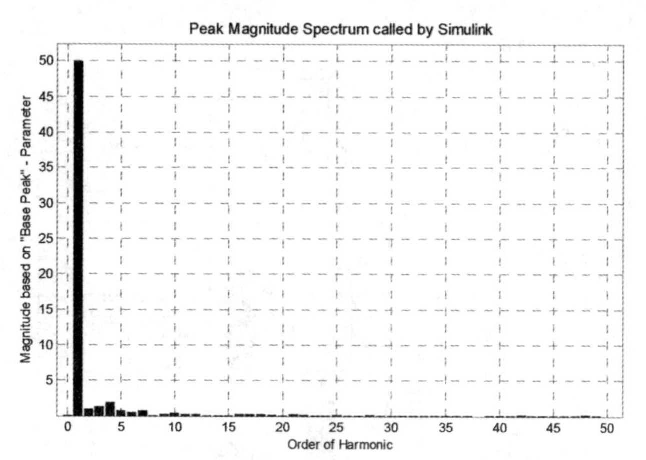

图 9-60　环宽为 1A 时的电流 FFT 分析结果

把 HBC 的环宽设置为 10A，重新进行仿真。图 9-61 给出了实际电流的仿真波形图，图 9-62 给出了其 FFT 频谱图。

从图 9-60 和图 9-62 的对比中可以看出，滞环宽度 h 越大，那么其高频电流分量越明显——这个结论似乎有问题。为了深入分析这个结论是否正确，将不同 h 下的负载电流绘制在 MATLAB 的 figure 中，明显发现 $h=1$ 时的电流谐波频率较大，在 0.002s 内大约有 20 个周期的谐波，因此谐波约为 10kHz；$h=10$ 时电流谐波频率较小，在 0.002s 内大约有 6 个周期的谐波，因此谐波约为 3kHz。据此分析可以得知，图 9-60 与图 9-62 的结果是有问题的。

前面已经指出图 9-58 中 FFT 模块参数设置使得频谱分析的有效频率限制在 2.5kHz。而根据图 9-63 分析，两种情况下的谐波频率都高于 2.5kHz，因此前面的 FFT 分析结果确实是错误的（即图 9-60、图 9-62 为错误的仿真结果）。为此，重新设置图 9-58 中的采样时间（Sampling time Ts）为 20e-6，即 20μs，这使得该模块可以分辨的频率范围增加到 25kHz，对应了 50Hz 信号的 500 次谐波。重新进行 FFT 分析的结果分别如图 9-64 和图 9-65 所示。

图 9-64 显示 $h=1$ 时最明显的电流谐波发生在 $200\times50=10\text{kHz}$，图 9-65 显示 $h=10$ 时最明显的电流谐波发生在 $60\times50=3\text{kHz}$，这个结论与前面的时域分析结果完全吻合。

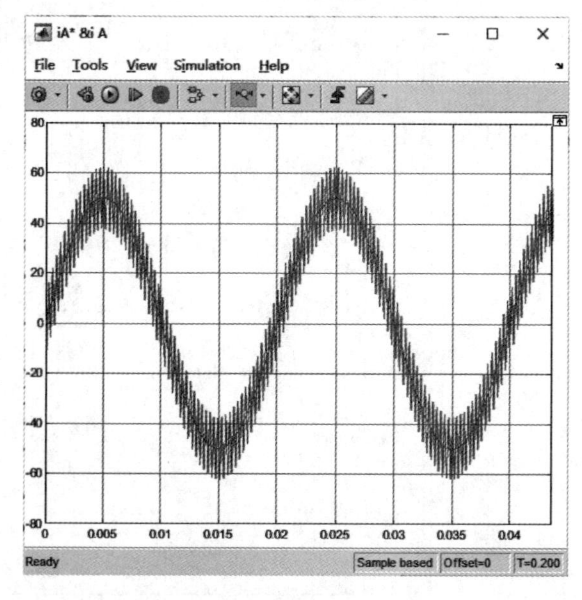

图 9-61　环宽为 10A 时的给定电流与实际电流波形图

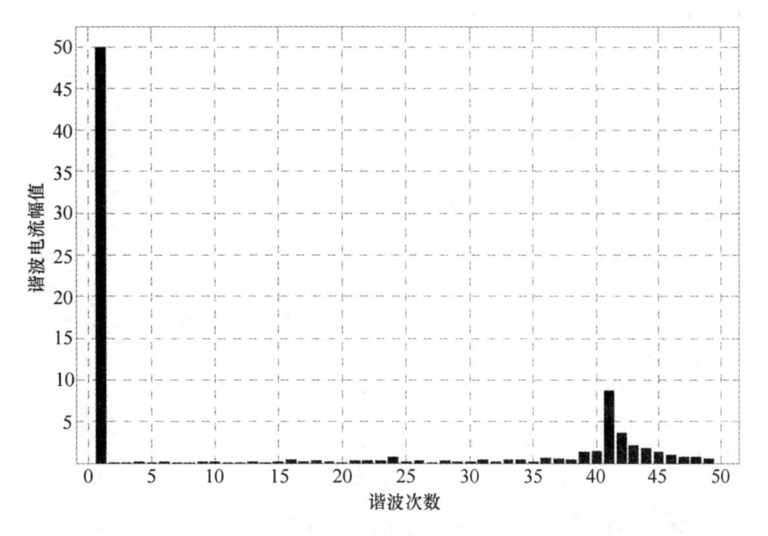

图 9-62 环宽为 10A 时的电流 FFT 分析结果

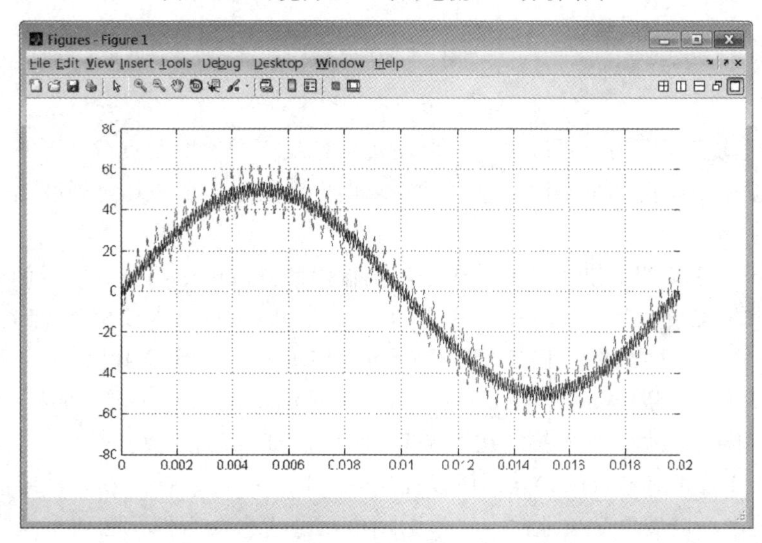

图 9-63 两种滞环宽度下负载电流波形图

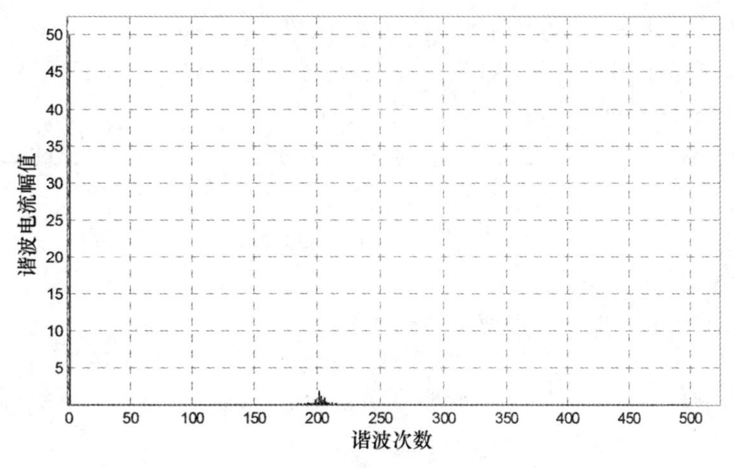

图 9-64 滞环宽度 1A 时负载电流 FFT 频谱图（修正后）

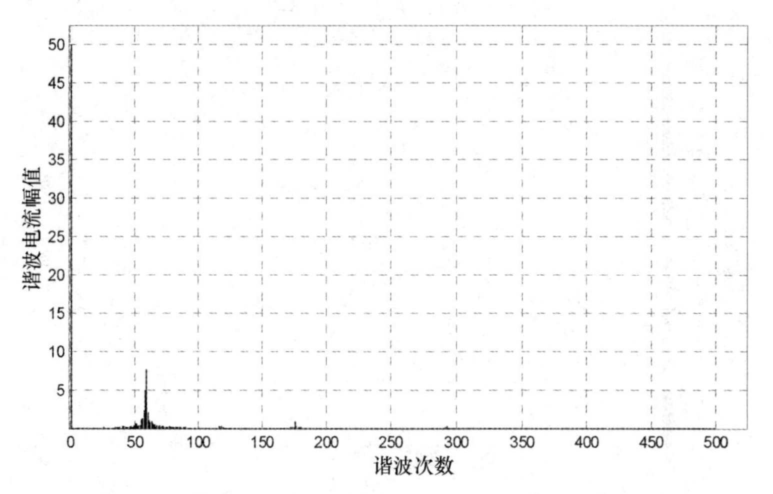

图 9-65 滞环宽度 10A 时负载电流 FFT 频谱图（修正后）

小 结

永磁同步电动机变频调速系统中，当电动机工作在不同速度及负载情况下，电动机定子端所需的电压频率及幅值都是不同的，这就要求向电动机供电的电压型逆变器具有输出电压可调的功能。

当三相电压型逆变器工作在方波模式下，其输出的基波电压幅值是不能调节的。为解决该问题，各种脉冲宽度调制（Pulse Width Modulation，PWM）技术被相继提出。本章重点分析了三种常见的 PWM 技术：正弦 PWM（Sinusoidal PWM，SPWM）、空间矢量 SVPWM（Space Vector PWM，SVPWM）、电流滞环 PWM（Current Hysteresis Band PWM，CHBPWM），并详细阐述了几种 PWM 技术在 MATLAB 环境下的仿真建模。

不同的 PWM 技术有各自的特点，所以在实际应用中，应该针对具体系统的特点选择最合适的 PWM 技术。以城轨交通地铁列车牵引用电压型逆变器为例，在列车从零速到最高速度范围内，通常情况下，需要综合采用异步调制技术、分段同步调制技术、特定次谐波消去技术等，最后为了提供最高端电压而工作在方波模式下。

附录 D 给出了基于 SPWM 与 SVPWM 内在联系的一种 SVPWM 仿真模型。

【别让往昔的悲伤和对未来的恐惧毁了你当下的幸福】

【别和往事过不去，因为它已经过去；别和现实过不去，因为你还要过下去】

练 习 题

1. 工作在方波模式下的电压型逆变器有什么特点？

2. 为何要采用 PWM 控制技术去控制 VSI？常见的 PWM 有哪几种？

3. 什么是调制比、载波比、异步调制、同步调制、线性调制区、过调制区、电压空间矢量？

4. 试对比 SPWM、SVPWM、CHBPWM 的不同。

5. SHEPWM 是什么意思？

6. 交流电动机定子电压空间矢量与定子磁链矢量关系怎样？如何控制定子磁链矢量的轨迹？

7. 为何 SVPWM 较 SPWM 有更高的直流侧电压利用率？它们的电压频谱相同吗？

8. 不同 PWM 技术的开关频率各自有什么特点？为何在高压大功率轨道交通领域中，IGBT 的开关频率往往较低？

9. 两电平 VSI 的基本电压空间矢量有几个？三电平 VSI 呢？

10. 如果已知某参考电压空间矢量，如何计算三相电压的参考值？

11. 采用线性组合方式实现 SVPWM 时，参考电压矢量的实现可以有不同的电压矢量组合方案吗，不同方案的特点分别是什么？

12. 对一台直流侧电压为 800V 的电压型逆变器采用 10kHz 开关频率、SVPWM 控制，使其输出三相正弦电压（50Hz、380V），请给出具体的 SIMULINK 建模过程与仿真波形。

13. 对一台直流侧电压为 800V 的电压型逆变器采用 10kHz 开关频率、SPWM 控制，使其输出三相正弦电压（50Hz、380Vrms），请给出具体的 SIMULINK 建模过程与仿真波形。

14. 三相电压型逆变器的负载为三相电阻（1Ω）与电感（1.6mH）串联电路，采用 CHBPWM 控制其相电流为 219.4Arms、50Hz，请给出具体的 SIMULINK 建模过程与仿真波形。

15. 在 SIMULINK 中借助 powergui 的 FFT 工具（基波频率为 50Hz、最高谐波频率建议不低于 50kHz），针对上述习题 12~14，试分别分析各题中的逆变器输出侧线电压 u_{AB} 和输入侧电流 i_{dc} 的谐波特点，并与书后附录 K 中的相关公式对照。

16. 重新完成对第 4 章练习题 5 中 PMSM 电流闭环控制的建模与仿真，注意 u_d、u_q 经过坐标变换得到三相定子电压后，采用 SPWM 技术控制逆变器输出 PWM 脉冲电压连接到电机的三相定子端。请给出具体的 SIMULINK 建模过程与仿真波形，并将电流与转矩的波形与第 4 章练习题 5 的仿真波形进行对比。

17. 对一台直流侧电压为 30V 的 VSI，采用 10kHz 开关频率、经典七段式 SVPWM 控制，使其输出幅值为 4V、相位为 0 度的电压矢量，请给出具体的 SIMULINK 建模过程与仿真波形（提示，每个 100μs 开关周期内的 PWM 波形都是相同的，与图 9-26 相似且此时的 $t_2=0$）。

18. 试说明上题中 VSI 输出的电压矢量是否可以替代第 3 章习题 12 中的测试电源（提示：从电机 ABC 端子来说，上例 VSI 提供的是含有高次谐波电压的三相直流电压，就像第 3 章该习题一样都可以用来对转子进行 0 度位置的定位实验，但是上题中的直流电流会小很多，因而更适宜在实验测试中使用以避免出现直流电源过流的情况）。

第10章 电压型逆变器供电变压变频调速系统的特殊问题

交流电动机变压变频（VVVF）调速系统中的变频电源是整个调速系统的一个关键部件。它是主电路的一个重要组成部分，是能量流动的重要一环；同时，它又是控制电路对主电路施加控制时的直接控制对象。正是通过这种控制作用，才使得一种形式的电能（电网提供的电源）变成一种负载电机期望的电能以满足电机调速所需。变频电源同时对负载所需交流电源的频率及其电压（或电流）的幅值等进行控制，现在基本上都采用固态电力电子器件构成的静止式电力电子变换装置，通常采用PWM控制技术，它的存在给交流电动机变压变频调速系统也带来了一系列的特殊问题。本章对其中一些问题进行简介与分析。

10.1 主电路结构

图10-1a为交流电动机恒压恒频（Constant Voltage Constant Frequency，CVCF）工频电网供电系统，图中电阻R与电感L是线路及变压器内阻抗；图10-1b为采用VSI供电的VVVF供电系统，采用不可控二极管整流器，R_1、L_1为电路及变压器（或电路平波电抗器）的阻抗，C_1为VSI的直流侧支撑电容器，L_2、C_2为VSI输出侧滤波器。交流异步电动机工作在CVCF供电系统中，其转速直接决定于电网频率，不适用于大范围调速；如果是交流同步电动机，那么电动机始终工作在同步转速，无法调速。但是电网直接供电情况下，网侧的电流为正弦波，也不会有较多的电压、电流谐波。如果图中的交流电动机为异步电动机，则网侧的功率因数变化范围较大；当电动机为同步电动机时，网侧的功率因数可保持在较高数值上，从而使电网的容量可以得到充分的利用。当电动机工作在VVVF供电系统中，由于采用变频技术的缘故，电动机的调速性能大大提高，但该系统的多个环节都会给调速系统带来一

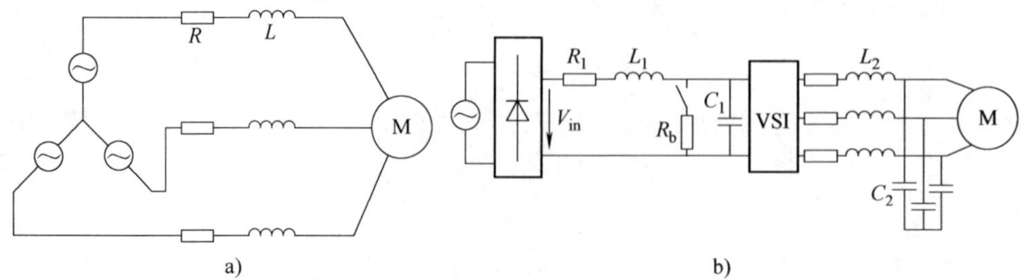

图10-1 三相交流电动机供电系统

些特殊问题。

10.2　整流电路

采用不可控的二极管整流器最为简单与可靠，并且交流侧的基波功率因数也较高，但是它显然限制了功率的反向流动（从右到左侧），即从负载侧到交流电网侧。当负载电动机工作在发电状态，机械能经发电机转换为电能，又经 VSI 变成了直流电能。而电网侧二极管整流器阻挡了能量向电网反馈。所以，较多的能量流进了图 10-1 中的支撑电容器 C_1 后，其电压便会迅速上升，进而危及系统各单元的正常工作。此时，需要一个可控的能量泄放通道，如图中所示的受开关控制的 R_b 支路。该支路可以有效地削弱直流环路中过高的电压。在 1500V 供电的地铁列车中，该电阻通常只有几个欧姆。简单估算一下可知，其瞬时功率值是异常大的（可达上 MW）。使用二极管整流器的另一个不足是，当交流电网电压变化后，整流后的直流电压也随之变化，电压的波动可能会一直传递给负载电动机，影响其正常工作。

对二极管整流器进行改进，于是出现了 PWM 整流器，有的文献中称之为脉冲整流器。PWM 整流器利用全控型开关器件取代二极管和晶闸管器件，以 PWM 斩波控制整流取代不控整流或相控整流，从而获得优良性能：网侧电流为正弦波形；网侧功率因数可控（可以工作在单位功率因数下）；功率双向流动以及动态响应特性好等。

最常用的分类是将 PWM 整流器分为电压型和电流型两大类。电压型 PWM 整流器（Voltage Source Rectifier，VSR）的显著特征是其直流侧采用大容量电容器进行储能，从而使 VSR 的直流侧呈现低阻抗的电压源特性，如图 10-2a 所示，其中 $VD_1 \sim VD_4$ 为续流二极管，$VT_1 \sim VT_4$ 为全控型开关器件。电流型 PWM 整流器（Current Source Rectifier，CSR）与 VSR 正好对偶，采用电感器作为直流侧储能器件，从而使得 CSR 直流侧呈现高阻抗的电流源特性，如图 10-2b 所示。

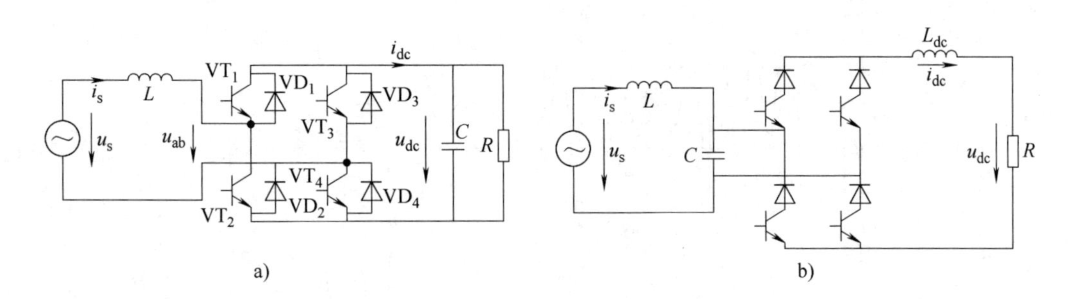

图 10-2　单相 VSR 与 CSR 整流器电路原理图

图 10-3 给出了功率因数分别为+1 与-1 下的 VSR PWM 整流器的交流侧电压、电流波形示意图。由于功率双向流动和功率因数可控的特性，PWM 整流器已不局限于传统意义上的整流变换：当整流器从电网吸取电能时，整流器运行于整流状态；当整流器向电网回馈电能时，整流器运行于有源逆变状态；当整流器的功率因数不等于 1 时，可以给电网提供有源滤波和无功补偿等功能。

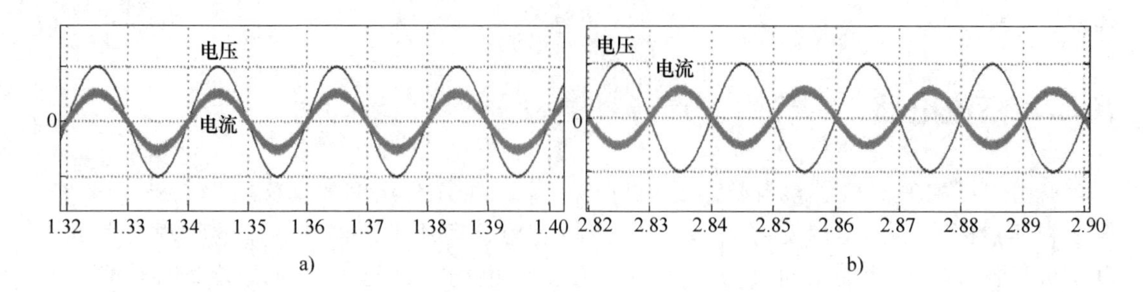

图 10-3　单位功率因数下交流电网电压、电流波形示意图

a）整流　b）逆变

10.3　VSI 输入侧滤波器

电压型逆变器的直流侧电容器是 VSI 中的一个关键部件。它的作用可以概括为稳压、滤波、与负载的无功交换等。图 10-1b 中的 R_1、L_1 为电路等效电阻及等效电感(包含了变压器的电阻与电感)。有的系统会加入平波电抗器，此时的 R 与 L 就会更加明显。图中的 L 与 C 在一起构成了二阶滤波器。与一阶滤波器相比，二阶滤波器对高频振荡分量的抑制作用更加明显，但是也存在着固有振荡频率 ω_0。接近 ω_0 的交流电流会在二阶滤波器上产生明显的脉动电压成分。该脉动电压若幅值比较大，则会严重影响 VSI 及交流电机的控制性能。

在电动汽车等多数应用场合中，图 10-1b 中的 L_1 仅为电路寄生电感，而在地铁列车的车辆电气牵引主电路中，往往会串入 mH 级的电抗器（其直流电阻约为 10mΩ），其主要目的是限制直流供电电流的变化率，减少短路产生的危害；并为过电流检测与保护提供足够的

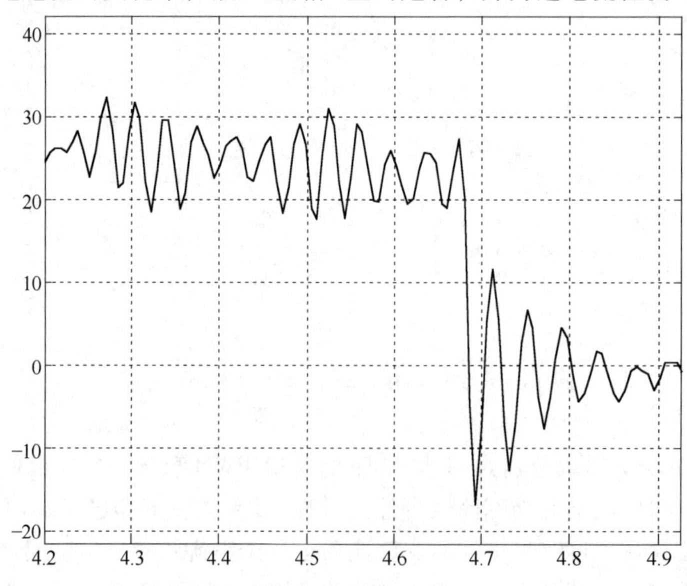

图 10-4　逆变器直流侧电感器电流波形

时间。

图 10-4 给出了在某地铁列车运行过程中，实际测量的电感器电流波形，可以看出确实存在一定的低频（几十赫兹）脉动成分。图 10-1b 中的 R_1 起到阻尼作用，会减少图 10-4 中的脉动电流并加速其衰减。

VSI 通过闭环控制可等效成一种恒功率变换装置，考虑到图 10-1b 中的输入侧 LC 滤波器，为了保证交流电动机调速系统处于稳定状态，需满足下式为

$$\frac{V_{\text{in}}^2}{P_0} > R_1 > \frac{L_1 P_0}{C_1 V_{\text{in}}^2} \tag{10-1}$$

式中，P_0 为逆变器输出有功功率。

10.4　VSI 输出滤波

当负载需要变频电源时，VSI 采用 PWM 控制以产生期望的 VVVF 电源。当负载需要恒压恒频电源时，也可以采用 PWM 控制技术使 VSI 输出 CVCF 电源，而不受输入直流电压小幅度波动的影响。

前面已经指出，PWM 控制的 VSI 输出电压中含有众多的谐波。对于 VVVF 调速系统，负载期望的是变频交流电源，因此在不同的负载期望下，VSI 的输出电压谐波会在很大范围内变化，这种系统一般不会在 VSI 的输出侧加装滤波器。

当负载期望的是恒压恒频交流电源时，例如地铁列车的照明、空调等车载电气设备需要 220V/380V、50Hz 工频交流电源，它们对电源质量（包括电压幅值、电压畸变率等）的要求较高。此时，VSI 输出的脉冲型电压波形是远不能满足其需求的，因此往往会在 VSI 的输出侧加装 LC 滤波器以改善电压质量。图 10-5 给出了一种典型的地铁列车辅助电气系统。

辅助电气系统的输入电源是通过受电弓从接触网得到的标称 DC 1500V 的直流电压（允许的波动范围是 DC 1000~1800V）。高压直流电经过输入滤波器（6.5mH 电感与 900μF 电容构成的 LC 二阶滤波器）后向高压 IPM 逆变器供电，过电压保护支路中采用了 800A/3300V 的高压 IGBT 和约 2Ω 的制动电阻。输出低通滤波器由三相电感器（1.1mH）与三相电容器（310μF）构成，该滤波器将逆变器输出的脉冲电压滤波成近似正弦电压，图 10-6 可以清楚地看到这一点。滤波器后面三相工频变压器的作用是：进行电压变换（一次侧与二次侧电压分别为 715V 与 400V），输出三相 AC 400V 供电给交流负载；将用电设备与高压 DC 1500V 进行隔离；向负载提供了一个中性点 N。在列车的辅助电气系统中，该逆变器通常称为辅助逆变器，区别于用于驱动牵引电动机的牵引逆变器。上海地铁三号线列车的辅助逆变器额定容量为 120kVA，功率因数为 0.85，输出电压总谐波畸变率<10%。从图 10-5 中可以看出，在变压器输出的三相工频交流电中有一路分支，经过不控整流器和带有高频变压器的隔离型 DC/DC 变换器后，提供了标称 110V 的直流电。该电源一方面向车载 110V 蓄电池进行浮充，另一方面对电气系统的各控制电路供电。目前，辅助电气系统也有采用高频直流变换器先对 DC1500V 进行电压变换与隔离，然后再向后端电路供电。该方案系统体积更小，效率更高。[52]

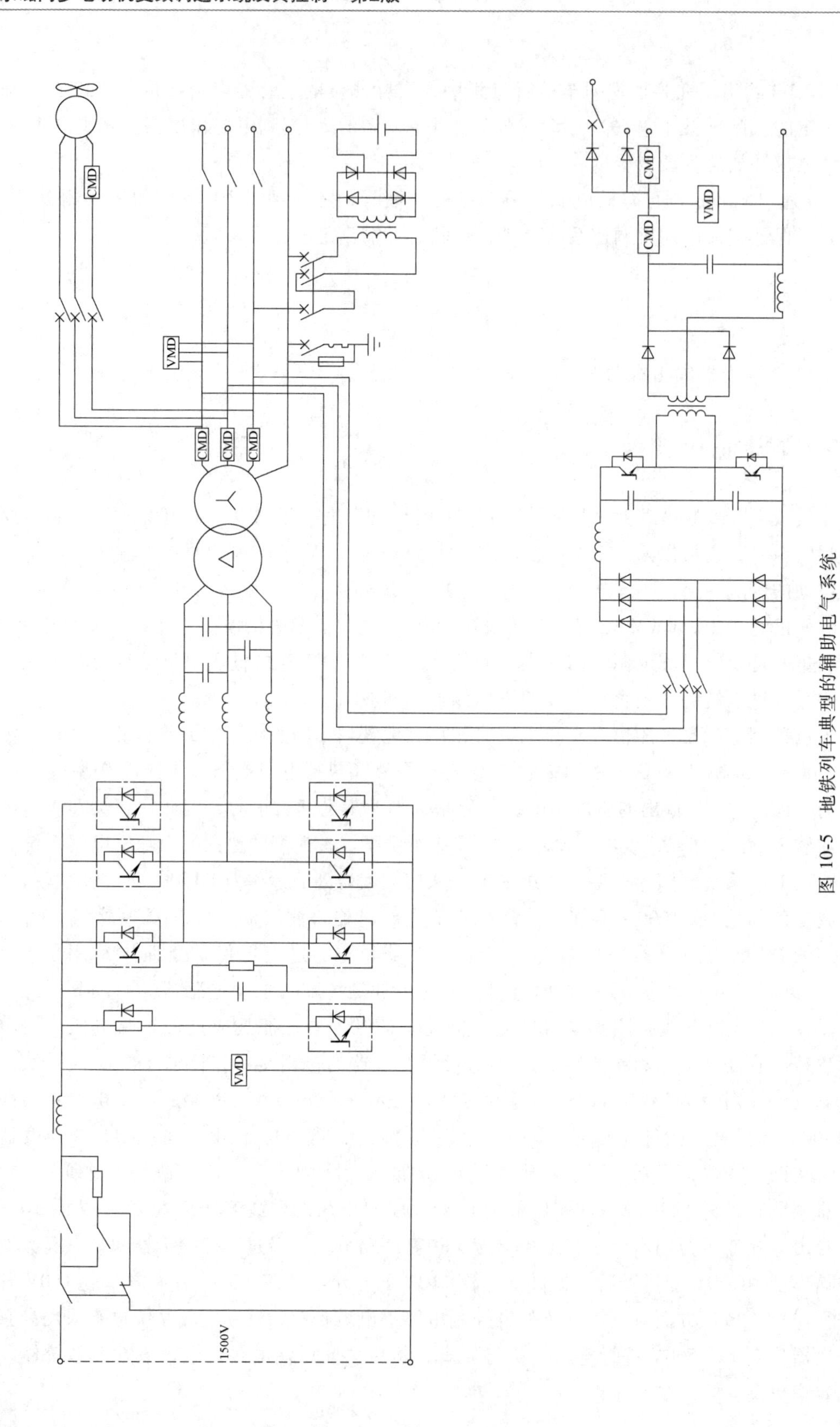

图 10-5　地铁列车典型的辅助电气系统

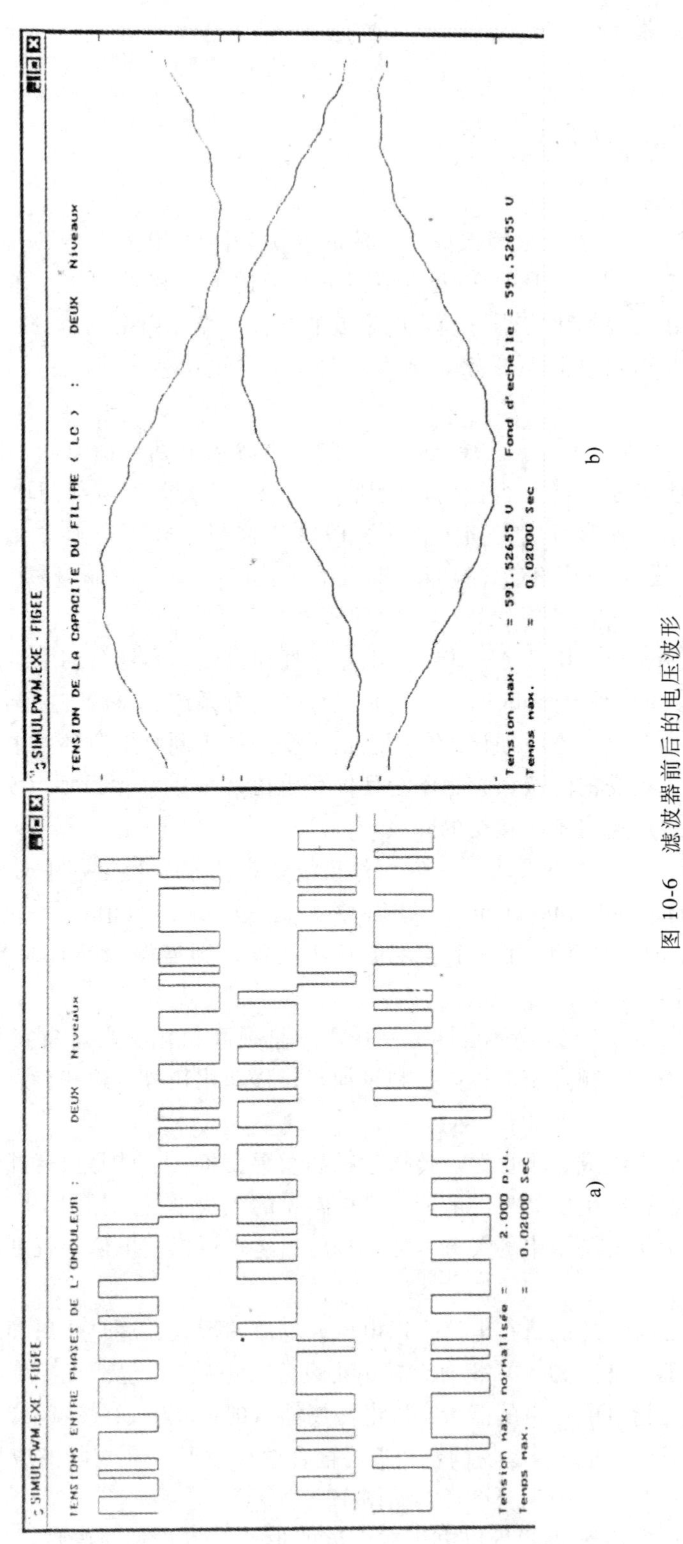

图 10-6　滤波器前后的电压波形

10.5　EMI 滤波器

10.5.1　EMC 与 EMI 简介

EMC 与 EMI 基本概念：

1822 年安培提出了一切磁现象的根源是电流的假说。1831 年法拉第发现变化的磁场在导线中产生感应电动势的规律。1864 年麦克斯韦全面论述了电和磁的相互作用，提出了位移电流的理论，总结出麦克斯韦方程并预言电磁波的存在。麦克斯韦的电磁场理论是研究电磁兼容的理论基础。1881 年英国科学家希维赛德发表了“论干扰”的文章，标志着电磁兼容性技术研究的开端。

1888 年德国科学家赫兹首创了天线，第一次把电磁波辐射到自由空间，同时又成功地接收到电磁波，从此开始了电磁兼容性的试验研究。1889 年英国邮电部门研究了通信中的干扰问题，使电磁兼容性研究开始走向工程化。1944 年德国电气工程师协会制定了世界上第一个电磁兼容性规范 VDE0878，1945 年美国颁布了第一个电磁兼容性军用规范 JAN-I-225。

根据我国国家军用标准 GJB 72A—2002《电磁干扰和电磁兼容性名词术语》的定义，电磁兼容性（Electromagnetic Compatibility，EMC）是设备、分系统、系统在共同的电磁环境中能一起执行各自功能的共存状态。即该设备不会由于受到处于同一电磁环境中其他设备的电磁发射导致或遭受不可接受的降级；它也不会使同一电磁环境中其他设备（分系统、系统）因受其电磁发射而导致或遭受不可接受的降级。

因此，EMC 包括两个方面的要求：一方面是指设备在正常运行过程中对所在环境产生的电磁干扰（Electromagnetic interference，EMI）不能超过一定的限值；另一方面是指设备对所在环境中存在的电磁干扰具有一定程度的抗干扰度，即电磁敏感性（Electromagnetic susceptibility，EMS）。

现代社会中电子与电工产品数量猛增，并且产品呈现高频化、高速数字化、高密度组装、低电压化、高功率化、频点密度提高、频带加宽、移动化趋势，这些特点使得产品的电磁干扰日益加剧。

电磁干扰由三个要素组成：干扰源、传播途径和敏感设备，也就是由意外的源通过意外的传播途径，使敏感设备产生了意外的响应。其中常见的人为干扰源如图 10-7 所示。

传播途径是电磁干扰三要素中的关键一环，按传播途径可以把电磁干扰划分为如图 10-8 所示的几类。

传导耦合是指电磁噪声的能量在电路中以电压或电流的形式，通过金属导线或其他元器件（如电容器、电感器、变压器等）耦合至被干扰设备（电路），包括直接传导耦合和公共阻抗耦合。辐射耦合是指电磁噪声的能量，以电磁场能量的形式，通过空间或介质传播，耦合到被干扰设备（电路），可分为远场耦合和近场耦合两种情况。在实际的应用中，两个设备之间发生干扰时通常存在多种耦合途径，如图 10-9 所示。

直接传导耦合是指电磁干扰能量以电压或电流的形式，直接通过导线、金属体、电阻器、电容器、电感器或变压器等耦合到被干扰设备或电路上。根据耦合元件的不同，直接传

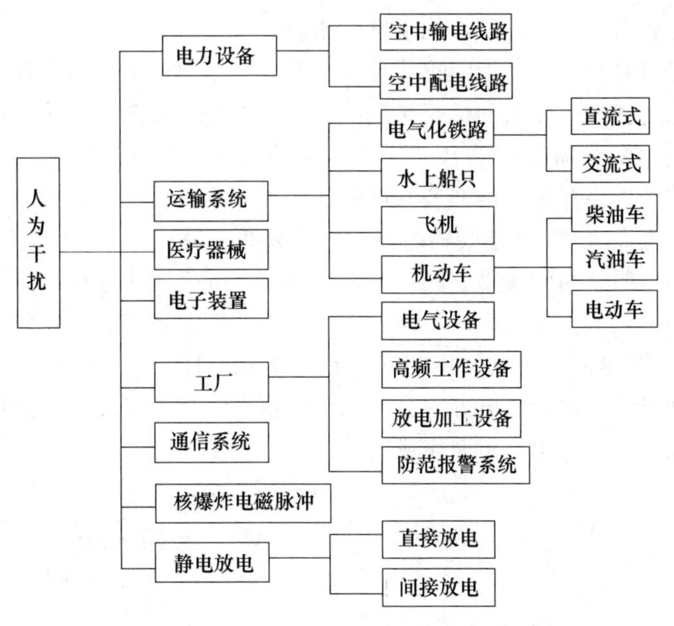

图 10-7 人为干扰源类别

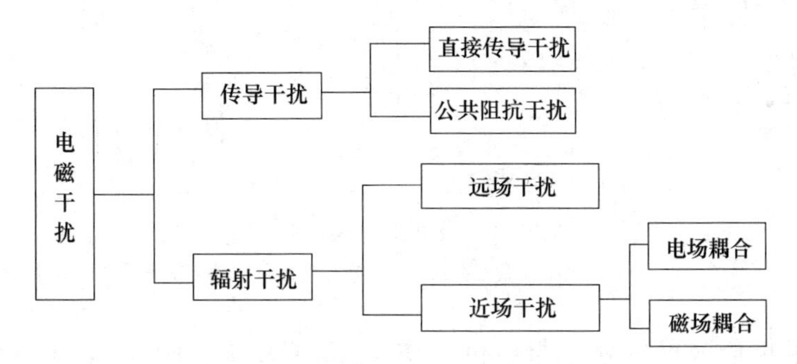

图 10-8 按照干扰传播路径分类

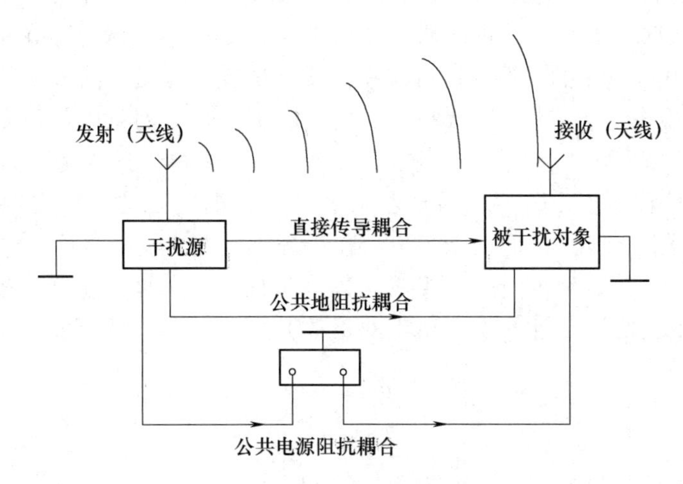

图 10-9 电磁噪声传播示意图

导耦合分为电导性耦合、电感性耦合及电容性耦合。

公共阻抗传导耦合包括公共地阻抗传导耦合和公共电源阻抗传导耦合。公共地阻抗传导耦合，是指噪声通过印制电路板和机壳接地线、设备的公共安全接地线以及接地网络中的公共地阻抗产生公共地阻抗耦合。图 10-10a 所示为公共地线的连线内阻产生的耦合，电路 1 的地电流流过公共地的连线，然后在公共地的连线上产生电压降。这些干扰信号电压降通过公共地阻抗传递给电路 2。公共连线的内阻与电压频率有关，当干扰信号频率较低时，它基本上等于连接线的电阻；当干扰频率较高时，它基本上等于连接导线的等效感抗。因此，干扰信号的耦合效率会随着干扰频率的不同而变化。公共电源阻抗传导耦合，是指噪声通过交/直流供电电源的公共电源时产生公共电源阻抗耦合如图 10-10b。一个公共电源同时向多个负载供电是比较常见的，这种供电方式会造成传导耦合干扰。实质上，公共电源传递干扰能量是通过这些负载的公共电源内阻来完成的。

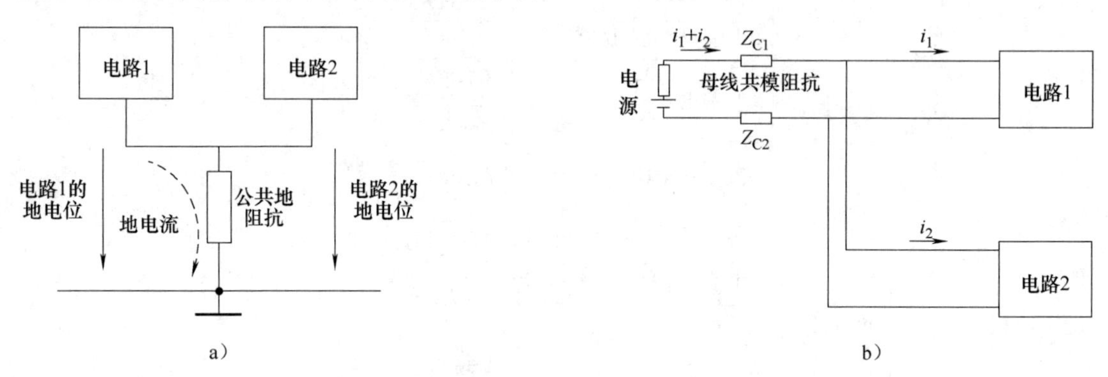

图 10-10　公共阻抗耦合示意图

a）公共地阻抗耦合示意图　b）公共电源阻抗耦合示意图

电路中的干扰信号可以划分为差模（Differential Mode，DM）干扰与共模（Common Mode，CM）干扰，如图 10-11 所示的 EMI 干扰源示意图及其干扰等效路径。针对具体的干扰需要经过仔细分析，认清它是哪一类干扰后再采取对应的有效措施。A 与 B 是待测设备（Equipment Under Test，EUT）的供电端子（相线、中线等）；差模电流在相线之间（包括中线）流动，如图 10-11a 中的 I_d；共模电流在相线或中线与地线之间流动，见图中的 I_c（设备 EUT 的对地寄生电容为它提供回路）。图中，EUT 工作时的供电电压是在 A、B 间提供的。但由于差模干扰电压 U_d 的存在，在 A、B 间会流过差模干扰电流，Z_d 是差模电压源等效内阻。由于共模干扰电压 U_c 的存在，会有共模干扰电流流过，Z_c 是共模电压源等效内阻，C_s 是干扰源电路与地线之间的杂散电容。考虑到上述干扰信号后，EUT 的两个供电端子 A、B 的对地电压 U_1、U_2 就包含了共模与差模干扰，并且两个端子的电流 I_1、I_2 也都包含了共模与差模电流信号（暂不考虑 EUT 的正常工作电流）。如下所示：

$$
\begin{aligned}
I_1 &= \frac{I_c}{2} + I_d \\
I_2 &= \frac{I_c}{2} - I_d
\end{aligned}
\tag{10-2}
$$

如果采用合适的设备测量到两个干扰电流信号后，可以利用式（10-3）分离出共模干扰电流与差模干扰电流。

$$I_{\mathrm{d}}=\frac{I_1-I_2}{2} \tag{10-3}$$

$$I_{\mathrm{c}}=I_1+I_2$$

测量相线之间的电压可以获得差模电压，但是共模电压不易测量。因为共模干扰电流是通过电路与地平面之间的杂散参数形成闭合回路，这些杂散参数主要是一些寄生电容，共模干扰的大小不仅由共模电压源的大小决定，还取决于电网阻抗和系统各种寄生参数。

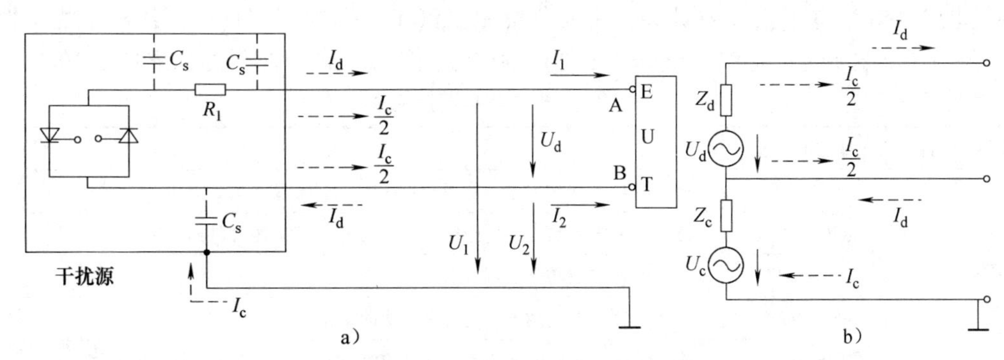

图 10-11　差模与共模干扰示意图

根据电磁噪声的频率、电磁干扰源与被干扰设备（电路）之间的距离，辐射耦合可分为远场（辐射场）耦合和近场（感应场）耦合两种情况，如图 10-12 所示。

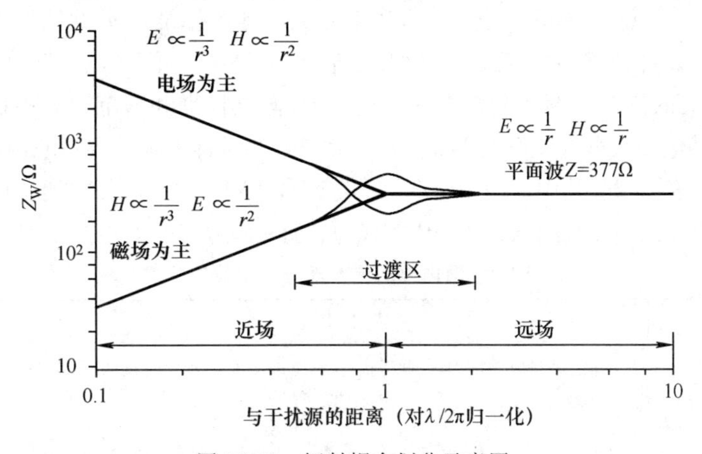

图 10-12　辐射耦合划分示意图

近场辐射耦合也称为感应场耦合，是指干扰源与敏感设备之间的距离小于干扰信号 1/6 波长（$\lambda/2\pi$）时的情况。近场耦合主要包括线与线、机壳与机壳、机壳与导线等之间的耦合问题。一般来说，机架上设备之间以及设备机箱内电路之间的耦合是近场耦合。根据干扰机理的不同，具体包括由分布电感引起的磁场耦合与由分布电容引起的电场耦合。

远场辐射耦合是指干扰源与敏感设备之间的距离大于干扰信号 1/6 波长（$\lambda/2\pi$）下的空间电磁场耦合。其能量是以电磁波的形式从干扰源传输到敏感设备的，干扰源中的能量借助寄生天线将能量辐射到空间形成电磁波。当某些敏感设备中的一些寄生天线接收到干扰信号并传到敏感电路后就形成电磁干扰。由于辐射或接收辐射能量的器件实际上都起着天线的作用，因此这类问题可以用天线理论进行分析。

电磁干扰问题很早就得到业界的重视，并且制定了国际标准、国家标准、行业标准等一系列标准进行 EMI 约束与 EMC 设计指导。

制定电磁兼容国际标准的组织主要是国际电工委员会（International Electrotechnical Commission，IEC）下属的国际无线电干扰特别委员会（International Special Committee on Radio Interference，CISPR）和第 77 技术委员会（TC77）、国际标准化组织（International Standard Organization，ISO）。以汽车为例，CISPR 下设的 D 分会（SCD）是关于车辆和内燃机驱动装置的无线电干扰分委员会，主要负责制定汽车整车和零部件的无线电干扰特性标准；ISO/TC22 主要是制定汽车整车和零部件的电磁抗扰度标准，具体的标准见表 10-1。

表 10-1　电磁兼容国际标准

制定机构	标准号	标准名称
ISO/TC22	ISO 11451	道路车辆 窄带辐射电磁能量产生的电气干扰 整车测试方法
	ISO 11452	道路车辆 窄带辐射的电磁能量产生的电气干扰 零部件测试法
	ISO 7637	道路车辆 来自传导和耦合引起的电气干扰
	ISO 10605	道路车辆 由静电放电引起电气干扰的试验方法
IEC/CISPR	CISPR 25	用于保护用在车辆、船和装置上车载接收机的无线电骚扰特性的限值和测量方法
	CISPR 12	车辆、船和由内燃机驱动的装置无线电骚扰特性限值和测量方法

目前，在汽车及车载电子设备 EMC 测试领域，电磁兼容标准主要有以下几类：汽车电磁兼容国际标准（如 ISO、CISPR 等）、汽车电磁兼容地区标准（如欧洲的 EEC 指令和 ECE 法规）、国家电磁兼容标准（如美国汽车工程学会（SAE）、德国电气工程师协会（VDE）等。另外，一些大的汽车厂商还制定了自己的 EMC 测试标准和规范，如福特等。

目前，我国的电动汽车（整车及零部件）电磁兼容测试标准大部分参照国际标准进行制定，具体的对照关系见表 10-2。其中，关于电动汽车零部件 EMI 发射方面的标准为 GB 18655—2018，因此该标准中关于测试条件及测试方法的内容成为试验实施方案的主要参考。

表 10-2　国内电动汽车部分电磁兼容标准

标准号	标准名称	对照国际标准
GB 14023—2022	车辆、船和内燃机 无线电骚扰特性 用于保护车外接收机的限值和测量方法	CISPR 12
GB/T 18655—2018	车辆、船和内燃机 无线电骚扰特性 用于保护车载接收机的限值和测量方法	CISPR 25
GB/T 18387—2017	电动车辆的电磁场发射强度的限值和测量方法	SAE J551-5
GB/T 19951—2019	道路车辆 电气/电子部件对静电放电产生抗扰性的试验方法	ISO 10605
GB/T 17619—1998	机动车电子电器组件的电磁辐射抗扰性限值和测量方法	95/54/EC-95

国家推荐标准 GB/T 18655—2018 对应于 CISPR 25—2016，规定了车辆和零部件/模块 EMI 发射测量的一般要求（包括供电电源、测量仪器、屏蔽室等）、车载天线接收到的 EMI 发射测量和采用电压法、电流探头法、ALSE 法、TEM 小室法、带状线法对零

部件和模块的测量等内容。例如，针对零部件（如车载逆变器等）的安装情况不同可以采用合适的测量布置，图 10-13 是对电源回线远端接地的 EUT 的 EMI 传导发射进行测量的试验布置图。

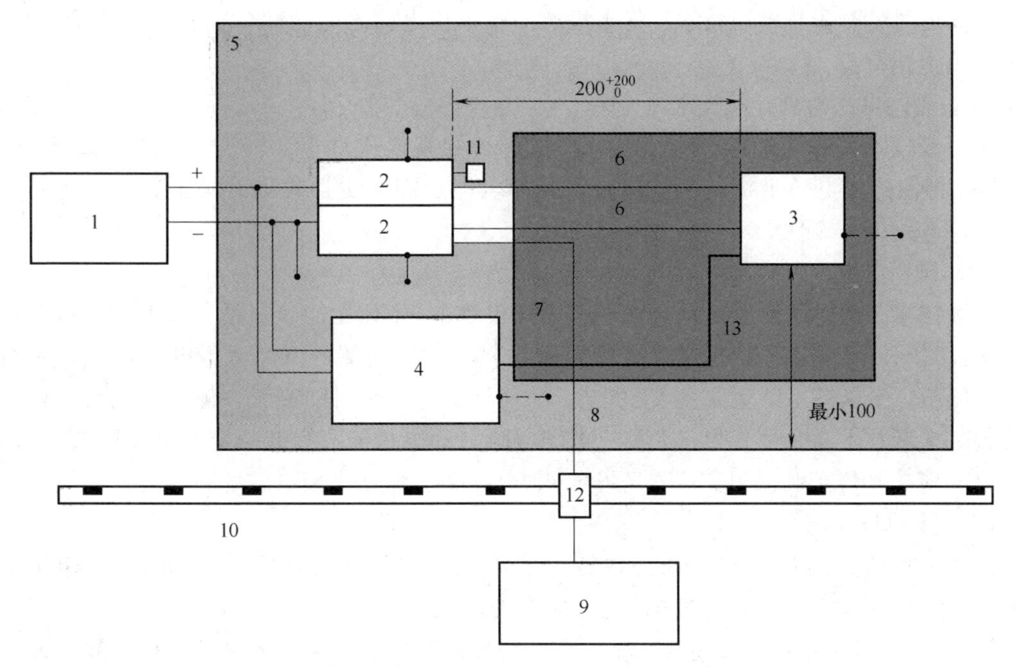

图 10-13 传导发射测量方法（电源回线远端接地的 EUT）

图 10-13 中 1 是供电电源（可以布置在接地平面上），2 是线路阻抗匹配网络（Line Impedance Stabilization Network，LISN，也称人工网络），3 是 EUT（如果试验计划要求则应将壳体接地），4 是模拟负载（如果试验计划要求则应将金属外壳接地），5 是接地平面，6 是电源线，7 是具有低介电常数的支撑物，8 是同轴电缆（50Ω），9 是测量设备，10 是屏蔽室，11 是 50Ω 负载，12 是壁板连接器。

图 10-13 中采用了两个 LISN 用来稳定电路的阻抗，从而可以在同一个标准电路阻抗下测量传导干扰的电压值。表 10-3 给出了采用电压法测量的准峰值或峰值限值要求的一部分内容（较低频段的干扰电压），里面规定了 5 个不同等级的骚扰限值。

表 10-3 传导骚扰限值（电压法）

业务/波段	频率/MHz	电平/dB(μV)														
		等级 5			等级 4			等级 3			等级 2			等级 1		
		峰值	准峰值	平均值	峰值	准峰值	平均值	峰值	准峰值	平均值	峰值	准峰值	平均值	峰值	准峰值	平均值
广播																
LW	0.15~0.30	70	57	50	80	67	60	90	77	70	100	87	80	110	97	90
MW	0.53~1.8	54	41	34	62	49	42	70	57	50	78	65	58	86	73	66
SW	5.9~6.2	53	40	33	59	46	39	65	52	45	71	58	51	77	64	57
FM	76~108	38	25	18	44	31	24	50	37	30	56	43	36	62	49	42
TV Band Ⅰ	48.5~72.5	34	—	24	40	—	30	46	—	36	52	—	42	58	—	48

电磁干扰包括了干扰源、传播途径和敏感设备三个要素。因此，消除或削弱电磁干扰的影响需要针对这三个要素的一个或多个采取相应的对抗措施。目前，电磁兼容性设计的主要思路是：①通过优化电路和结构的设计，将干扰源本身产生的电磁噪声强度降低到能接受的水平；②通过各种干扰抑制技术，将干扰源与被干扰电路之间的耦合减弱到可接受的程度。常见的技术如下：

（1）缓冲电路与软开关技术

采用该技术，降低 IGBT 等电力电子开关器件在高频开关过程中产生的较高 du/dt 和 di/dt，从而抑制过多电磁干扰产生。同时，缓冲电路还能减少器件的开关损耗、避免器件损坏、提高电路的可靠性。

（2）屏蔽技术

屏蔽技术是通过切断辐射耦合路径来提高设备的 EMC 性能，它是实现电磁干扰防护的重要手段之一。其基本原理是用导电或导磁材料将内外两侧的空间进行电磁隔离（可以是薄膜、隔板、金属喷涂、金属盒等形式），从而抑制电磁辐射能量从一侧空间向另一侧空间的传输。屏蔽技术通常可分为三大类：电场屏蔽（静电场屏蔽和低频交变电场屏蔽）、磁场屏蔽（直流磁场屏蔽和低频交流磁场屏蔽）、电磁场屏蔽（高频电磁场的屏蔽）。

（3）接地技术

地线干扰包括地环路干扰和公共地阻抗干扰。以印制电路板（Printed Circuit Board，PCB）为例，可以使用下述方案消除地环路中的干扰电流：

1）减小地线长度或增加地线宽度。在电路板空间允许的情况下尽量加粗地线和使用地线网格。

2）使用光电隔离。

3）使用共模扼流圈。在连接电缆上使用共模扼流圈相当于增加了地环路的阻抗，这样在一定的地线电压作用下，地环路电流会减小。但要注意控制共模扼流圈的寄生电容，否则对高频干扰的隔离效果会很差。

消除公共地阻抗干扰主要有以下两种解决方案：

1）减小公共地线部分的阻抗。

2）通过适当的接地方式避免容易相互干扰的电路共用地线，一般要避免强电电路和弱电电路共用地线、数字电路和模拟电路共用地线。实际中通常将电路按照强电信号、弱电信号、模拟信号、数字信号等进行分类，然后在同类电路内部用串联单点接地，不同类型的电路采用并联单点接地，如图 10-14 所示。

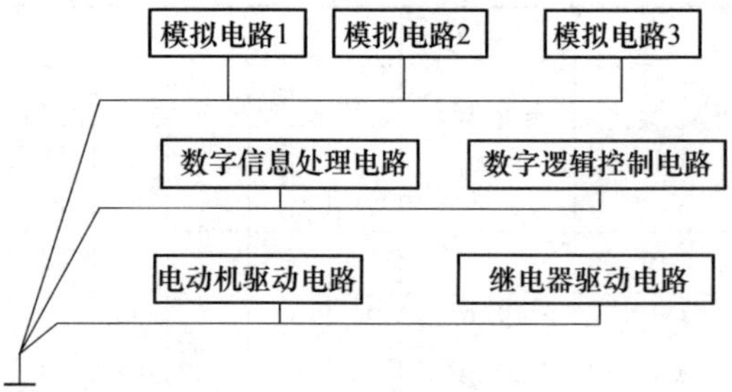

（4）滤波技术

滤波技术是在信号的传输线路或处理过程中采取合适的滤波器，以削弱（反射或吸收）无用或有害成分。滤波技术对直接削弱传导干扰是非常有效的。与信号处理中的信号滤波器相比，EMI 滤波器有一些不同的特点：

1）滤波器中的 L、C 元件，通常需要处理和承受相当大的无功电流和无功电压，所以它们必须具有足够大的无功功率容量。

模拟电路1　模拟电路2　模拟电路3
数字信息处理电路　数字逻辑控制电路
电动机驱动电路　继电器驱动电路

图 10-14　串并联混合单点接地

2）信号处理中用的滤波器，通常是按阻抗完全匹配状态设计的，所以可以得到预想的滤波特性。但在EMI滤波器设计中很难做到这点，因此必须认真考虑滤波器的失配特性，以保证它们在0.15~30MHz范围内都能获得足够好的滤波特性。

3）EMC滤波器主要用来抑制因瞬态噪声或高频噪声造成的EMI。所以EMI滤波器中的L、C元件寄生参数的要求非常苛刻。EMI滤波器的制作与安装都需要经过精心的设计。

4）EMI滤波器是对抗电磁干扰的重要元件，但必须正确使用，否则，可能会产生新的噪声。若滤波器与端阻抗严重失配则可能产生“振铃”；如使用不当，还可能使滤波器对某一频率产生谐振；若滤波器本身缺乏良好的屏蔽或接地不当，还可能给电路引入新的EMI噪声。

（5）电源线干扰及其对策

电源是控制系统可靠工作的重要保证，因此电源系统的设计应充分考虑到它的电磁兼容性。电源模块选型时要考虑其性能指标是否满足需求，在电路板布线时也应充分考虑其电磁兼容性。在电路板上设置电源线网格可以减小电源线的电感，但会占用宝贵的布线空间，因此通常会更多采用并联储能电容、旁路电容、去耦电容的方法。

10.5.2　VSI逆变器中的EMI

电动汽车大功率DC/AC变换器的主电路和控制电路都是EMI噪声源。就电磁噪声的本质而言，主电路产生的EMI与控制电路中的EMI没有本质的区别。然而就其发生的机理和分布特征而言，主电路和控制电路产生的电磁噪声有各自的特点。主电路具有高功率密度、高电压、高电流变化率，因此产生的电磁噪声强度大；主电路中功率器件的开关频率不是很高，通常是十几千赫兹到几百千赫兹；主电路的噪声源，主要是功率半导体开关器件，并且以传导干扰和近场辐射干扰为主。控制电路是低电平系统，但是却能产生很高的瞬时电压，如果处理不当则会产生很大的干扰；控制电路的噪声频率通常很高。

典型电力电子装置产生的干扰频谱如图10-15所示。除了低频谐波外，还会出现大量的开关频率谐波，它们从kHz延伸到MHz范围内。开关器件开通、关断过程中的di/dt、du/dt越来越高，在它们的激励下，系统中的寄生电感、寄生电容容易形成谐振，频率可达数十兆赫兹。

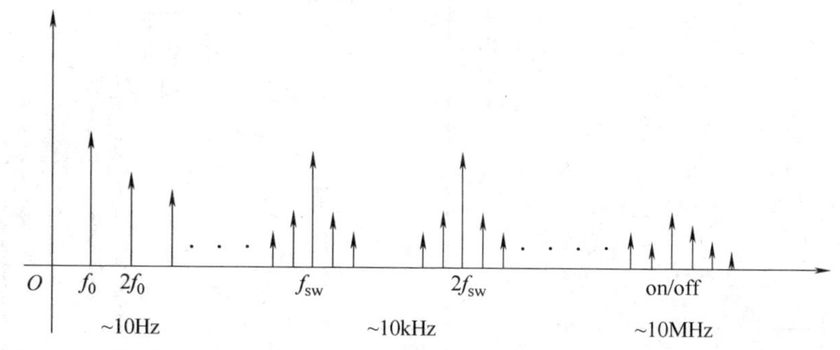

图10-15　典型电力电子装置产生的干扰频谱（f_0为电源基频，f_{sw}为开关频率）

1. 开关器件

常用的大功率可控器件有：IGBT、POWER MOSFET等，它们本质上都是一个开关，因此它们在开通与关断过程中会产生瞬态的电压和电流浪涌，并通过分布参数形成宽带的电磁干扰。

IGBT 的输入控制部分为 MOSFET，输出级为双极型晶体管，因此兼有 MOSFET 和晶体管的优点，具有较高的开关速度。在开关过程中，集电极-发射极之间高变化率的电压、电流（du/dt 与 di/dt）形成的电磁噪声，要比晶体管严重得多。图 10-16 给出了 IGBT 开通和关断的关键波形。

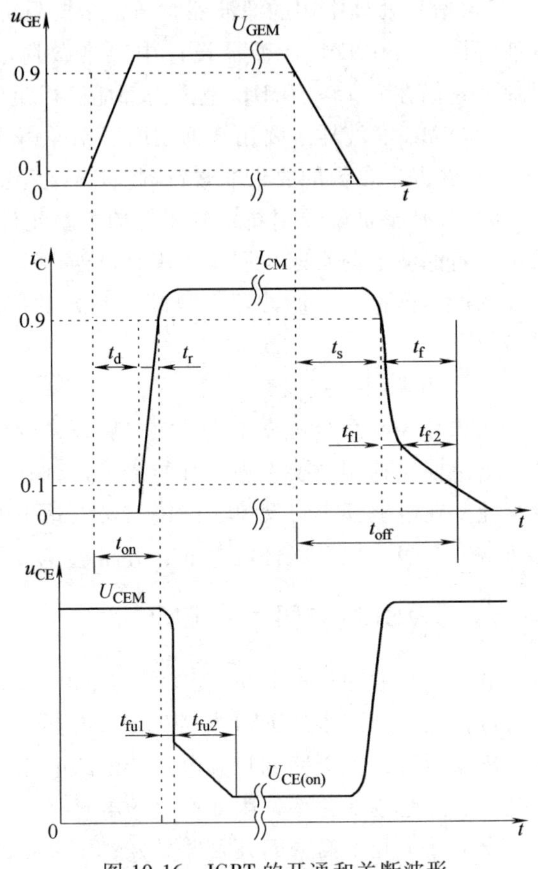

图 10-16　IGBT 的开通和关断波形

图 10-17a 中给出了梯形波的时域波形，波形的上升时间为 t_r，图 10-17b 中给出了该梯形波的频谱特性，可以看出其频谱中含有极丰富的谐波分量。

2. 功率二极管

图 10-18 给出了功率二极管由零偏置转为正向偏置时动态过程的波形。可以看出，在这一动态过程中，功率二极管的正向压降会出现一个电压过冲 U_{FP}，经过 t_{FR} 时间于接近稳态压降值。图 10-18b 给出了功率二极管由正向偏置转为反向偏置时的动态过程波形。当原处于正向导通的功率二极管外加电压突然从正向变为反向时，该二极管并不能立即关断，而是经过一段短暂的时间后才能进入截止状态。让二极管导通时存储的电荷在短时间内消失就产生了反向恢复电流 i_R，当 $i_R \approx 0$ 时二极管才能彻底关断。由于此过程中二极管处于反向导通，此时 di/dt 很大。由于电路中存在分布电感（内部电感和引线电感），电感中将产生一个很高的感应电动势，该感应电动势与输出电压一起加到其他器件（如主开关器件），引起开关器件开通时

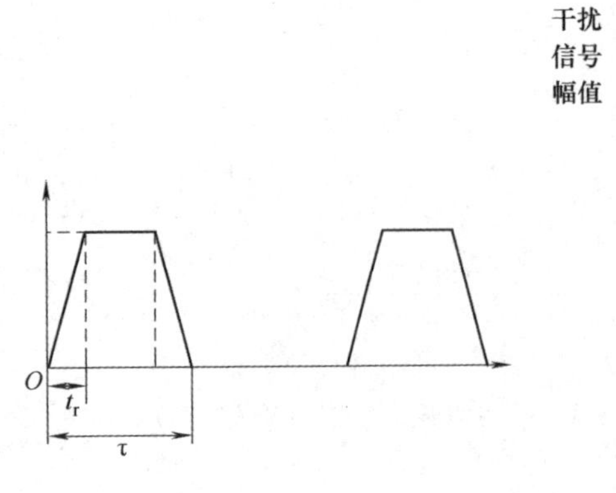

a）

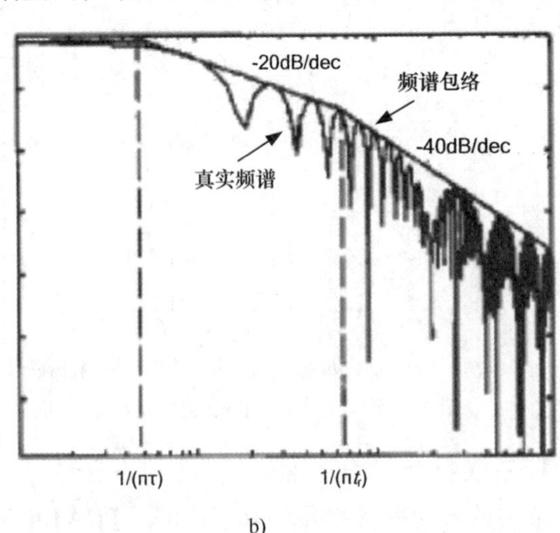

b）

图 10-17　梯形波时域与频谱特性

的电压尖峰。同时，i_R 在寄生电感及器件结电容等组成的谐振电路中产生寄生振荡，在二极管电压的前沿上产生了电压尖峰，该峰值可以达到电源电压的两倍。

在二极管两端并联电容器可以减小它产生的高频干扰，图 10-19 给出了并联不同的电容器时，采用 EMI 接收机测量的二极管高频干扰信号。

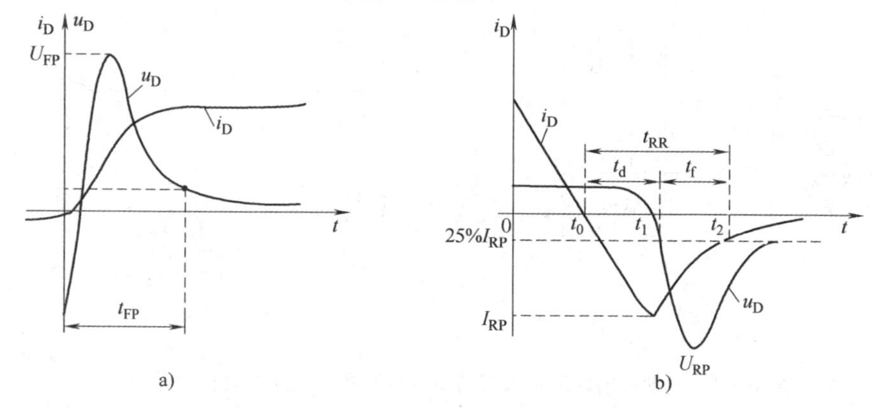

图 10-18 功率二极管的动态过程波形

a）开通过程波形 b）关断过程波形

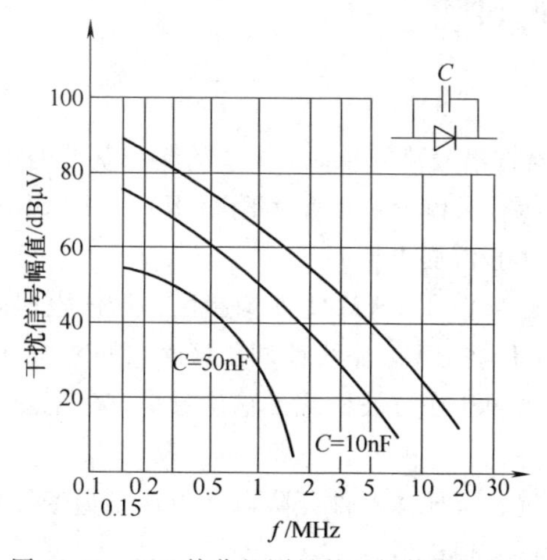

图 10-19 EMI 接收机测量的二极管产生的干扰

3. 逆变器输出侧 EMI 问题

逆变器输出的具有陡峭边沿的电压脉冲中包含有大量高频谐波，逆变器与电动机之间的连接电缆存在杂散电容和电感，这些分布参数受到谐波的激励会产生减幅振荡，在电动机的输入端造成了电压过冲现象，如图 10-20 所示。同时，电动机内部绕组也存在杂散电容，输入端的过冲电压在绕组中产生尖峰电流，使其在绕组绝缘层不均匀处引起过热，甚至烧坏绝

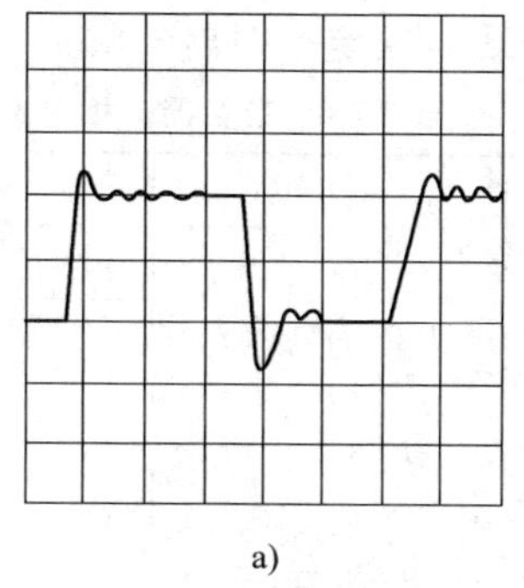
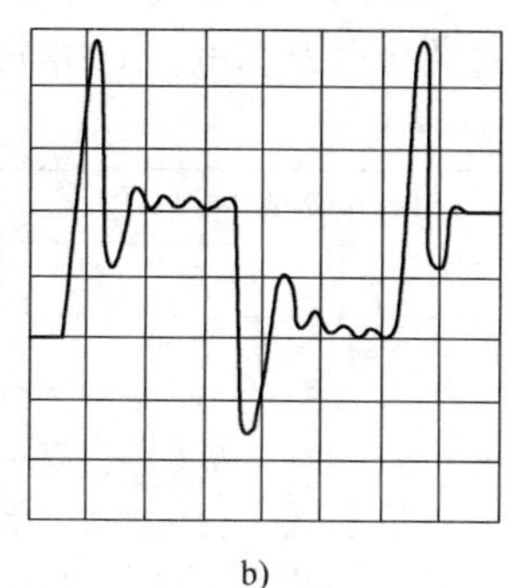

a) b)

图 10-20 100m 长传输电缆、开关频率 7kHz 下测量的电压波形

a）逆变器输出电压波形 b）电动机输入电压波形

缘层，影响到电动机的可靠性，因而大大缩短了电动机的寿命。

解决上述问题的办法是在电动机的输入端安装低通 LC 滤波器，如图 10-21 所示。其中阻尼电阻 R_d 是为了防止可能由逆变器谐波引起的滤波器的谐振。高 du/dt 的影响可以通过低通滤波器旁路到地。

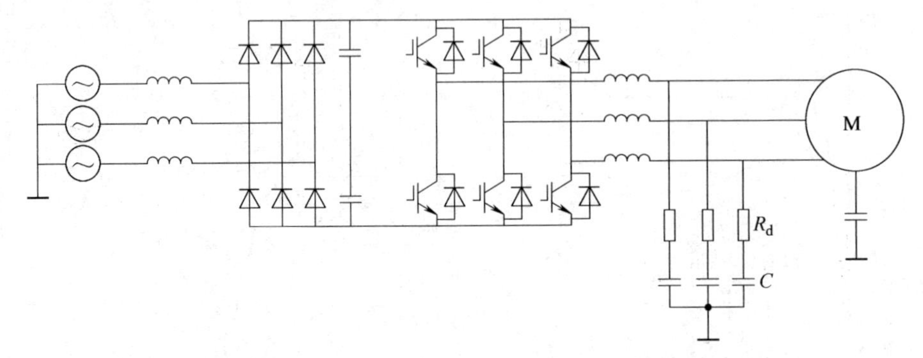

图 10-21　电动机输入端加入低通滤波器解决过电压和共模电流问题

10.6　VSI 主要变量的讨论

（1）输出基波电压幅值

在采用 PWM 控制逆变器输出交流电压时，VSI 的输出基波电压可以降低到 0V（不过此时仍会有大量的高次谐波电压，具体分析可参考附录 K）；当 VSI 工作在方波模式下，其输出电压达到最高（直接决定于直流侧电压）。

当调制比 m 较小时，VSI 工作在 PWM 线性调制区，谐波电压较少，其谐波特点与具体的 PWM 模式有关。当 VSI 工作在 PWM 非线性调制区时（可参考 9.3.7 节），逆变器输出的低次电压谐波有明显增加。当 VSI 在方波模式下输出最高基波电压时，具体的低次谐波电压可根据式（9-2）确定。

但由于 VSI 存在线路阻抗、半导体器件压降以及电压型逆变器控制死区等的影响，逆变器输出基波电压的幅值会略低于理论值。

考虑到逆变器半导体器件的管压降后，以图 10-22 的 A 相半桥为例，A 相桥臂上下管子的开关信号及相电流 i_a 方向共同决定了输出电压 u_{AN}，具体情况见表 10-4。

表 10-4　逆变器一相输出电压数值

上下管子的开关信号	i_a 正负	i_A 实际流经的半导体器件	u_{AN} 的具体值
1、0	+(从桥臂流向负载)	VT_1	$U_{dc}-V_{T1}$
0、1		VD_2	$-V_{D2}$
0、0		VD_2	$-V_{D2}$
1、0	-(从负载流向桥臂)	VD_1	$U_{dc}+V_{D1}$
0、1		VT_2	V_{T2}
0、0		VD_1	$U_{dc}+V_{D1}$

下面就死区对逆变器输出基波电压的影响进行简要分析。如图 10-23 所示，$V_c(t)$ 和

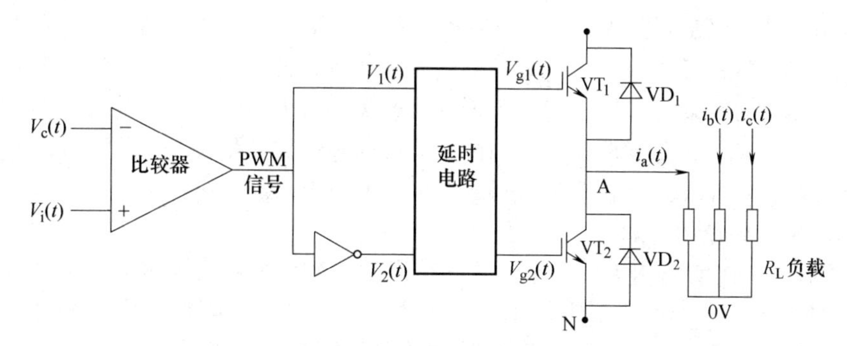

图 10-22　带时延电路的 PWM 逆变器的一相桥臂原理图

$V_i(t)$ 分别是载波和调制波，它们在比较器中进行比较。比较器的输出为 $V_1(t)$。此输出信号及其互补信号（$V_2(t)$）通过时延电路后，供给同一桥臂的上方 IGBT 管子 VT_1 和下方 IGBT 管子 VT_2 的门极。需要上、下 IGBT 开关之间的时延来避免直通运行及其产生的电源短路。图 10-23 中给出了正向相电流 $i_a>0$ 和反向相电流 $i_a<0$ 两种情况。V_{D1}、V_{D2}、V_{T1} 和 V_{T2} 分别为 VD_1、VD_2、VT_1 和 VT_2 上的电压降。这里假定延迟时间 t_d 包含器件的开通时间 t_{on} 和关断时间 t_{off}。从图中可以看出，逆变器死区带来的电压偏差与相电流的方向有直接关系——偏差电压基波分量与相电流的相位呈反相的特点。

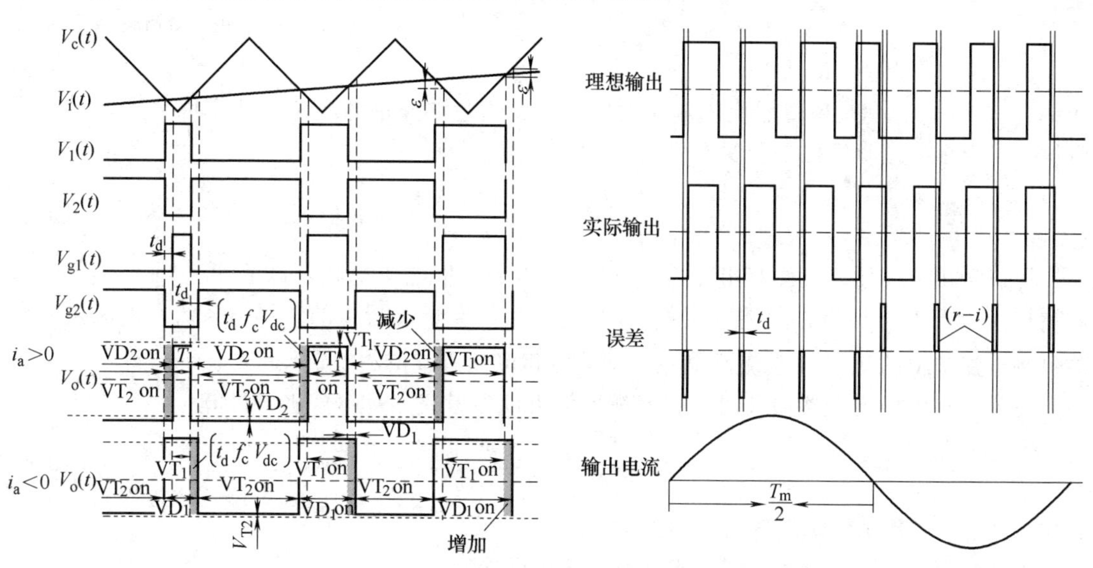

图 10-23　输出相电压的分析

f_c 是载波频率或逆变器的开关频率，对一个基波周期内的偏差电压进行傅里叶分析，可以得出偏差电压中的 n 次谐波分量为

$$V_n=\frac{4h}{\pi n}=\frac{4f_c\times U_{dc}\times t_d}{\pi n} \tag{10-4}$$

例如直流侧电压为 100V，开关频率为 10kHz，1μs 的死区时间带来的基波电压的偏差量为 $V_1=4\times10\times10^3\times100\times10^{-6}/\pi\approx1.27V$。

（2）输出基波电压频率

VSI 输出基波电压的周期与频率比较容易调节，可以输出非常低频的交流信号，但输出基波的最高频率受到限制：若 VSI 工作在 PWM 模式，在逆变器开关频率一定前提下，为了保证输出电压谐波不致过高，则输出电压基波频率要明显低于开关频率；若 VSI 工作在方波模式，其输出频率的上限可以等于主开关器件的开关频率，但此模式下输出电压的低次谐波多；若负载电流越大，那么器件发热越加严重。因而在一定的散热条件下，半导体器件的开关频率f_s受到限制，所以也影响到输出基波电压频率的上限。

（3）输出电压相位的延迟

在 PWM 技术的控制作用下，由于 VSI 的输出是一系列有限数量的电压脉冲（等幅不等宽，并且f_s也有限）。PWM 控制信号往往是按照一定的时间间隔由数字控制器产生，再经过波形放大及开关器件开通、关断的一系列过程后会产生一定的延迟。平均延迟时间通常可以近似为 PWM 周期的一半，即

$$T_d = 1/(2f_s) \tag{10-5}$$

在实际的分析过程中，可以把逆变器单元近似成输入为电压指令值的一阶惯性环节（注意：输出忽略了电压的谐波，同时考虑到了输出电压的限幅值），如图 10-24 所示。

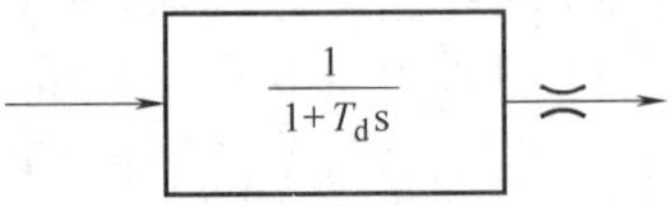

$$\frac{1}{1+T_d s}$$

图 10-24　等效为一阶惯性环节的 VSI 单元（平均值模型）

（4）直流侧输入电流

在稳态情况下，且不考虑逆变器自身的损耗时，逆变器直流侧输入电功率等于交流侧输出电功率，所以有

$$U_{dc}I_{dc} = \frac{3}{2}U_p I_p \cos(\varphi) = P_{VSI\_OUT} \tag{10-6}$$

式中，U_p 与 I_p 分别是逆变器交流侧相电压和相电流基波分量的幅值。功率因数近似为 1 的时候，可以推导出直流侧电流平均值 I_{dc} 近似为

$$I_{dc} = \frac{3U_p I_p \cos(\varphi)}{2U_{dc}} = \frac{3mI_p \cos(\varphi)}{4} \approx \frac{3}{4}mI_p \tag{10-7}$$

可以看出，即便交流侧相电流幅值 I_p 可能很大，但是当电机工作在低速的时候，电压调制比 m 比较小，所以直流侧电流 I_{dc} 并不是很大。当 m 接近 1 的时候，直流侧电流接近交流侧相电流幅值的 75%（直流侧电流与交流侧相电流有效值 $I_p/\sqrt{2}$ 接近）。

另外，在考虑逆变器损耗时的直流侧电流可以参考式（10-8）进行计算：

$$I_{dc} = \frac{P_{VSI\_OUT} + P_{VSI\_loss}}{U_{dc}} \tag{10-8}$$

式中，P_{VSI_loss} 是逆变器自身的功率损耗。

由 PWM 技术带来的直流侧电流谐波的分析可参考附录 K。

10.7　VSI 的功率损耗

VSI 的电能传输路径包含直流侧母线、输入滤波器、各个全控型 IGBT 器件及二极管、输出滤波器和输出交流母线，各单元电路的电阻均会产生一定的压降，于是产生了各自的损耗。VSI 交流侧回路的电感（输出滤波及交流母线）降低了负载所需的基波电压成分，理想的电感并不会产生损耗，而实际的电感存在等效串联电阻（Equivalent Series Resistance，ESR）对应的铜耗以及涡流、磁滞等对应的铁耗。另外，由于基波电压降低了，所以 VSI 的控制系统会自动提高开关器件的导通占空比以确保负载得到期望的电压——这仍会以另一种

方式增加系统的损耗。

实际开关器件在导通与关断的过程中，由于电压与电流的交叠从而产生了损耗。不同电压等级 IGBT 的损耗差异是很大的，这就导致了电动汽车中 IGBT 的工作频率一般为 10~20kHz，而地铁列车用高压 IGBT 的开关频率则通常不超过 1kHz。采用缓冲电路可以在一定程度上减少开关器件的损耗，但很多缓冲电路只是将其转移到其他辅助器件中。需要采用一些特殊的电路结构（如无损缓冲、零电流开关电路等）才可以减少一些损耗。

PWM 控制的 VSI 工作时会产生大量的高次电压谐波，它们作用于负载（如电动机）上，会产生相应的谐波电流。这些电流又会在 VSI 中产生一部分额外的损耗。

下面针对逆变器半导体器件的功率损耗进行简要的分析。三相两电平电压型逆变器的损耗可以分解为六只 IGBT 及六只反并联二极管的损耗，还可以分解为器件的开关损耗与导通损耗。下面先分析单只 IGBT 及二极管的损耗。

（1）IGBT 的导通损耗

$$P_{\mathrm{on\_IGBT}}=\frac{1}{2\pi}\int_0^{\pi}v_{\mathrm{ce}}(t)\times i_{\mathrm{c}}(t)\times\tau(t)\,\mathrm{d}\omega t \tag{10-9}$$

式中，$v_{\mathrm{ce}}(t)$ 为 IGBT 的集电极与发射极电压值；$i_{\mathrm{c}}(t)$ 为 IGBT 的集电极电流表达式；$\tau(t)$ 为 IGBT 的导通占空比。对于 SPWM 调制策略而言：

$$\tau(t)=\frac{1}{2}+\frac{m}{2}\sin(\omega t+\varphi) \tag{10-10}$$

式中，m 为调制比；φ 为相电流滞后电压的角度。

$$v_{\mathrm{ce}}(t)=V_{\mathrm{ce0}}+r_{\mathrm{ce}}\times i_{\mathrm{c}}(t)$$

V_{ce0} 与 r_{ce} 需要查询半导体器件的数据手册求得。

在开关频率足够大时，可假设集电极电流为正弦函数：

$$i_{\mathrm{c}}(t)=I_{\mathrm{cm}}\sin(\omega t)$$

计算可得

$$P_{\mathrm{on\_IGBT}}=V_{\mathrm{ce0}}I_{\mathrm{cm}}\left(\frac{1}{2\pi}+\frac{m\cos\varphi}{8}\right)+I_{\mathrm{cm}}^2r_{\mathrm{ce}}\left(\frac{1}{8}+\frac{m\cos\varphi}{3\pi}\right) \tag{10-11}$$

（2）二极管的导通损耗

$$P_{\mathrm{on\_diode}}=\frac{1}{2\pi}\int_0^{\pi}v_{\mathrm{F}}(t)\times i_{\mathrm{c}}(t)\times(1-\tau(t))\,\mathrm{d}\omega t$$

式中，$v_{\mathrm{F}}(t)$ 为二极管的导通压降；$i_{\mathrm{c}}(t)$ 为二极管的电流。

$$v_{\mathrm{F}}(t)=V_{\mathrm{F0}}+r_{\mathrm{F}}*i_{\mathrm{c}}(t)$$

$$P_{\mathrm{on\_diode}}=V_{\mathrm{F0}}I_{\mathrm{cm}}\left(\frac{1}{2\pi}-\frac{m\cos\varphi}{8}\right)+I_{\mathrm{cm}}^2r_{\mathrm{F}}\left(\frac{1}{8}-\frac{m\cos\varphi}{3\pi}\right) \tag{10-12}$$

（3）IGBT 的开关损耗

IGBT 的开关损耗可以按下式进行计算：

$$P_{sw\_IGBT}=\frac{1}{\pi}\sum_{n=1}^{f_s}(E_{on}+E_{off}) \tag{10-13}$$

式中，E_{on} 为 IGBT 开通时的能量损耗；E_{off} 为 IGBT 关断时的能量损耗。E_{on} 以及 E_{off} 可以通过产品的数据手册查到。在工程应用中，可以近似使用式（10-14）计算开关损耗：

$$P_{sw\_IGBT}=\frac{f_s}{\pi}(E_{on\_P}+E_{off\_P})\frac{I_{cm}U_{dc}}{I_{cn}V_{cen}} \tag{10-14}$$

式中，I_{cn} 与 V_{cen} 分别是开关损耗测试时的集电极电流和直流侧电压；E_{on_P} 与 E_{off_P} 分别是在该测试条件下得到的开通与关断的能量损耗。

（4）二极管反向恢复损耗

与 IGBT 的开关损耗类似，二极管的反向恢复损耗近似为

$$P_{rr}=\frac{f_s}{\pi}E_{rec\_P}\frac{I_{cm}U_{dc}}{I_{cn}V_{cen}} \tag{10-15}$$

式中，E_{rec_P} 为测试条件下的二极管反向恢复能量消耗。

某款 1200V/450A 的 IGBT 各参数分别为，$V_{ce0}=0.7\text{V}$，$r_{ce}=0.00286\Omega$（认为 V_{F0} 与 V_{ce0} 以及 r_F 与 r_{CE} 近似相等），$I_{cn}=450\text{A}$，$V_{cen}=U_{dc}=600\text{V}$，$E_{on\_P}=32\text{mJ}$，$E_{off\_P}=50\text{mJ}$，$E_{rr}=40\text{mJ}$，开关频率 10kHz，最后求得整个逆变器的损耗近似可以用式（10-16）计算：

$$P_{VSI\_loss}\approx 6\left[\frac{V_{ce0}I_{cm}}{\pi}+\frac{I_{cm}^2r_{ce}}{4}+\frac{f_sI_{cm}U_{dc}}{\pi I_{cn}V_{cen}}(E_{on\_P}+E_{off\_P}+E_{rec\_P})\right]\approx 6.514I_{cm}+0.0043I_{cm}{}^2 \tag{10-16}$$

由于管压降带来的相电压基波幅值的损失，可以用式（10-17）近似描述：

$$\Delta v_a=\frac{4}{\pi}V_{ce0}+r_{ce}\times I_{cm} \tag{10-17}$$

小　结

交流电动机变压变频调速系统中的变频电源是整个调速系统的一个重要关键部件。它是主电路的一个重要组成部分，是能量流动的重要一环；同时，它又是控制电路对主电路施加控制作用的直接控制对象。现在基本上都采用静止式电力电子变换装置和 PWM 控制技术，它的存在给交流电动机变压、变频调速系统也带来了一系列的特殊问题。

本章首先简要分析了变频调速系统主电路的结构，然后分别针对系统的整流电路、VSI 输入侧滤波器、VSI 输出滤波、VSI 功率损耗及其输出限制进行了讨论，也针对开关电源中普遍存在的 EMI 问题进行了分析，并给出了常见的一些对抗措施。

【爱心使人健康；善心使人美丽；真心使人快乐】

【你若爱，生活在哪里都爱；你若恨，生活在哪里都可恨；你若感恩，处处可感恩】

练 习 题

1. 何谓静止式电源装置？
2. 何谓 CVCF、VVVF、CVVF？

3. 请绘制三相电压型 PWM 整流器的电路，并把它与三相桥式 VSI 进行对比。

4. PWM 整流器的工作特点是什么？为何在较大功率的场合得到了普遍的应用？

5. VSI 直流侧的电容器有何作用，前端的电感器有何作用？VSI 的谐波源在哪里？

6. 为何在某些场合需要在 VSI 输出侧安装电源滤波器？有时还需要安装 EMI 滤波器？

7. 什么是 EMC、EMI、EMS、CM、DM、LISN、EUT？

8. EMI 三要素是什么？简要说明从三要素入手如何减小 EMI。

9. 常用的 EMC 技术有哪几种，作用分别是什么？

10. 参考图 10-2a)，在 SIMULINK 中搭建单相 VSR 仿真模型，交流侧正弦交流电网为 50Hz、220Vrms（线路串联电感为 0.1mH），直流侧接入 RC 并联电路（10Ω、10000uF），试采用 9.4 节的 CHBPWM 技术对 VSR 进行电流闭环控制，要求网侧的基波功率因数为 1、电流幅值为 100A。

第11章　电机控制用数字微控制器

本章主要介绍TI公司的DSP中软件法与硬件法实现SVPWM的过程，举例说明了在SIMULINK中如何对TI的DSP进行SVPWM编程，最后介绍了几种典型的电机控制用数字微控制器。

11.1　概述

从模拟控制系统过渡到数字控制系统，给交流调速系统性能的提升带来了广阔的空间。数字化控制系统可以通过修改控制软件方便地调整系统的控制规律，便捷地进行系统调试，快速地通过网络实现数据共享与网络化控制，灵活地保存系统运行情况，可针对系统进行较全面的故障分析，更重要的是控制电路的稳定性和抗干扰性能大大提高，易于实现智能化控制。

诸多厂商（如TI、Infineon、Freescale、NXP、Renesas Electronics、Bosch、峰岹科技等）都提供了用于实现PWM以及电机调速控制用的数字微控制器。高度集成的数字微控制器通常在片内集成了模拟电路接口（ADC）、数字电路接口（通用I/O口以及用于PWM控制的高速端口）、脉冲捕获/正交脉冲编码（CAP/QEP）、通用异步串口通信（UART）、同步串行通信SPI、CAN通信、片内数据RAM、片内程序ROM等。

为了更方便地对电机进行控制，很多数字控制器在片内已经集成了PWM发生器，用户只需要合理设置相应的寄存器就可以方便地产生所需的PWM控制信号；有的数字控制器集成了对功率电路驱动进行保护的端子（如PDPINT等）。

数字信号处理器（Digital Signal Processor，DSP）较一般的单片机产品更适于高性能的数字控制系统中，其优势主要有：

1）运行速度比单片机快，主频较高；

2）比单片机更适合于数据处理，而且数据处理的指令效率高；

3）集成度相对于单片机较高，片内资源丰富；

4）具备多任务处理功能，可以降低系统成本；

5）灵活性较大，大多数算法都可以利用软件实现。

图11-1给出了一个典型的基于DSP的数字控制系统的功能结构图。

1. DSP控制系统硬件电路设计要点

（1）布线规则

1）系统通信中（包括CAN、串行通信等）发送和接收的数据线要彼此分开，可以在

PCB 板的不同布线层进行方向垂直的布线。

2）高速电路器件引脚间的引线弯折越少越好。高频电路的布线最好采用全直线，若需要转折，可用45°折线或圆弧转折，这样做可以减少高频信号对外的发射和相互间的耦合。

3）高频电路器件引脚间的引线在 PCB 板层间的交替越少越好，即是说元件在连接过程中所用的过孔（Via）越少越好，一个过孔可带来约 0.5pF 的分布电容，减少过孔数能显著提高信号速度。

4）高频电路布线要注意信号线近距离、平行走线引入的“交叉干扰”。若无法避免平行布线，可在平行信号线的反面布置大面积“地”来减少干扰。同一层内的平行布线几乎无法避免，但是在相邻的两个层内的布线方向务必取为相互垂直。

5）对特别重要的信号线或局部单元实施地线包围的措施。

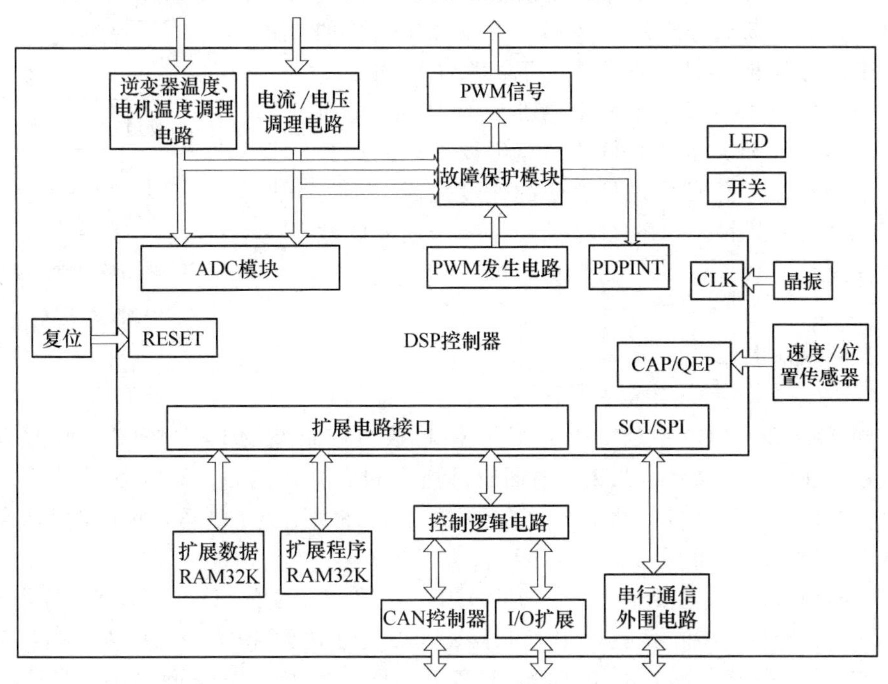

图 11-1　数字微控制器为核心的典型控制系统功能图

（2）地线设计

1）数字地与模拟地分开。若电路板上既有数字逻辑电路又有模拟电路，应使它们尽量分开。低频电路的地应尽量采用单点并联接地，实际布线有困难时可部分串联后再并联接地。高频电路宜采用多点串联接地。

2）接地线应尽量加粗。若接地线用很细的线条，则接地电位随电流的变化而变化，使抗噪性能降低。

（3）退耦电容的配置

1）电源输入端跨接 10~100μF 的电解电容器。如有可能，接 100μF 以上的更好。在 CAN 总线的隔离电源处更要加装尽量大的电解电容器，以防止功率开关器件对电源的串扰影响数据的电平信号。

2）原则上每个集成电路芯片都应布置一个 0.01μF 的瓷片电容，如遇印制电路板空间不够，可每 4~8 个芯片布置一个 1~10uF 的钽电容。

3）对于抗噪能力弱、关断时电平变化大的器件（如RAM、ROM存储器件），应在芯片的电源线和地线之间直接接入退耦电容。

2. 控制系统软件设计简介

交流电机与逆变器的控制软件通常由三大模块组成：初始化模块、运行模块和通信模块。初始化模块仅在控制系统刚开始工作时（上电或复位）执行一次。通信模块包括本控制系统与其他控制系统（例如电动汽车中的整车控制器）通信的CAN总线通信程序、与上位计算机等监控设备所用的串行通信程序。运行模块是控制系统的主体工作部分，通常情况下由特定的中断进行触发并随后执行相关的中断服务程序（ISR）。在系统初始化的后期中，中断往往被开启。通常情况下，系统的内部定时器计时到特定时刻就开始触发不同类型的中断。电机的实时控制算法（如矢量控制算法）就需要在中断服务程序中被定时执行，并必须以足够快的速度完成，不能影响到下一次的中断触发。图11-2给出了一个通用的软件全局流程图示例。

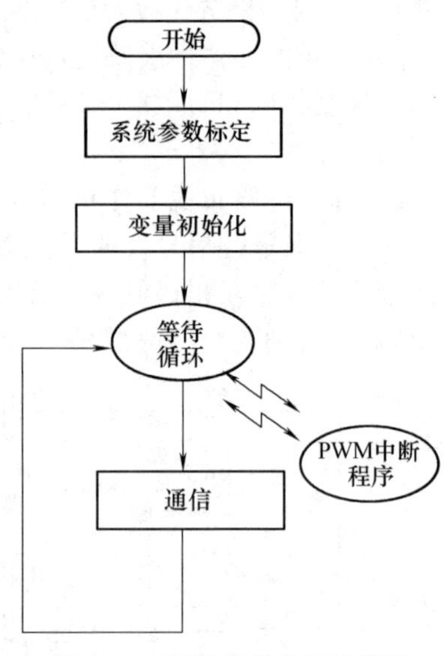

图11-2 通用软件全局流程图

11.2 TMS320F24x

TI公司TMS320C2000系列DSP集成了CPU核与控制外设于一体。C2000的DSP既具有数字信号处理能力，又具有强大的时间管理能力和嵌入式能力，非常适用于工业、汽车、医疗和消费类市场中的电机与功率变换的数字控制，在太阳能逆变器、风力发电等绿色能源应用领域也得到广泛应用。

TMS320C2000目前主要有16位TMS320F24x和32位的TMS320C28x两个子系列。TMS320F24x是较早的16位定点DSP控制器，速度性能达到40MIPS，提供了高度集成的闪存、控制和通信外设，也提供了引脚兼容的ROM版本。代表产品有TMS320F240和TMS320F2407（名字中的F表示程序存储器为Flash memory）。

11.2.1 TMS320F24x性能特点

图11-3给出了TMS320F240的功能框图，其特点如下：

（1）CPU

具有16位定点DSP内核运算能力，处理速度为20MIPS，具有独立的数据总线和地址总线，支持并行的程序和操作数寻址，这种高速运算能力使自适应控制、卡尔曼滤波等技术得以实现。

（2）存储器

片内544×16字位双端口数据/程序RAM、片内16k字×16位的FLASH闪存、224k字×16的最大可寻址存储器空间（64k字的程序空间、64k字的数据空间、64k字的I/O空间和32k字的全局空间）；外部存储器接口模块具有16位地址总线和16位数据总线。

（3）事件管理器EV（Event Manager）

事件管理器（EV）是TI公司C2000系列DSP最具特色的部分，它提供了非常适于电机控制的功能：

1）比较单元与CMP/PWM输出——共有3个16位全比较单元和3个16位简单比较单元。每个全比较单元可输出两路带可编程死区的CMP/PWM的信号。通过设置不同工作方式，可选择输出非对称PWM波、对称PWM波或空间矢量PWM波。

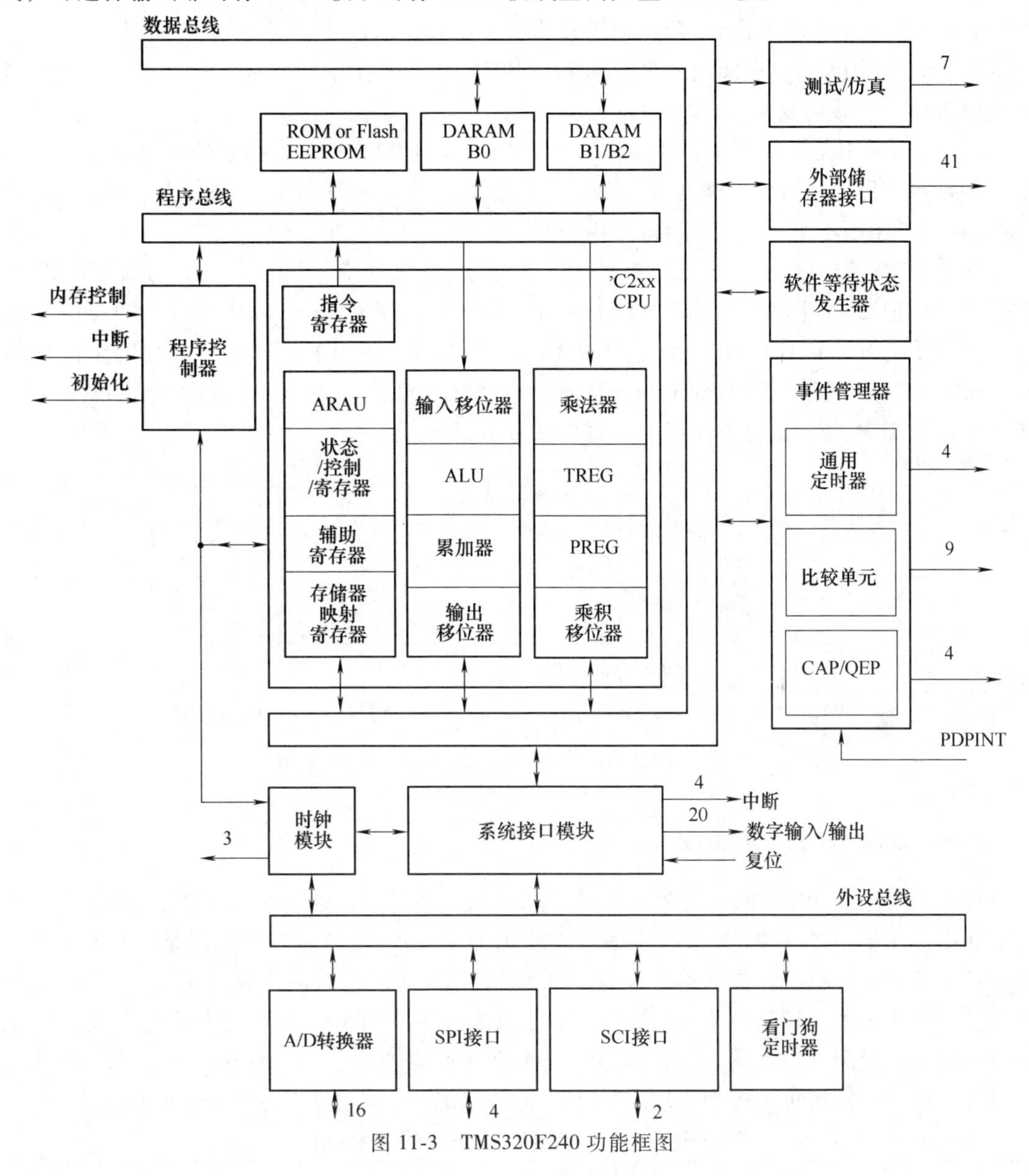

图 11-3 TMS320F240 功能框图

2）通用定时器——共有3个16位通用定时器，可用于产生采样周期，作为比较单元产生PWM输出以及软件定时的时基。

3）1个可编程的死区函数。

4）4个捕获输入中的两个可直接连接来自光学编码器的正交编码脉冲信号（QEP）。

5）PDPINT用于功率驱动保护中断，该中断激活并触发后，可自动禁止PWM引脚有效驱动电平的输出。

（4）方便的I/O

1）双10位模数转换器（ADC）——包含两个有内部采样电路的10位A/D转换器，共有16个A/D通道，每个通道的转换时间仅为6.6μs。

2）SPI和SCI——同步串行外部接口（SPI）可用于同步数据通信，典型应用包括外部I/O扩展，如显示驱动等；SCI口即通用异步收发器（UART），用于与PC等通信。

3）看门狗（WD）和实时中断定时器（RTI）——监控系统软件及硬件工作，在CPU系统混乱时产生系统复位。

TMS320LF2407芯片包含了两个事件管理器（EVA和EVB），两个事件管理器（A和B）的功能基本相同。以事件管理器A（EVA）为例，它控制的PWM端口编号为1~6，这6路PWM端口可用来控制一台三相两电平逆变器。

DSP中EV的完全比较单元用于产生必需的PWM脉冲信号送给逆变器的驱动电路板。编程中可以把EVA中的计数器TIMER1作为时间基准，用来实现10kHz频率（大功率变换器较为常用的开关频率）的对称互补PWM信号。图11-4说明了DSP系统的初始化和PWM中断ISR的时间分配，其中*PWMPRD*是周期寄存器（T1PR）的值（初始化为1000），DSP工作主频为20MIPS，这样就保证了开关频率为10kHz。

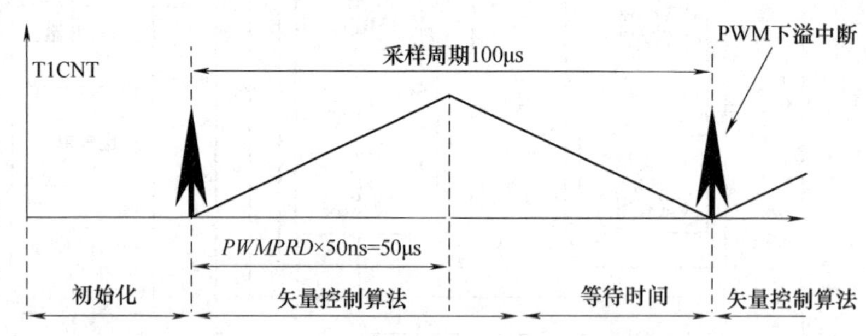

图11-4　软件初始化和PWM中断ISR时间分配图

11.2.2　SVPWM算法实现

前面提到了SVPWM与SPWM方法的关联［式（9-23）］，通过引入一个系数λ，可以在SPWM中方便地实现SVPWM算法。如果λ设定为0或者1，就会发现此时某一相在一个开关周期中将会出现没有开关转换的时刻，原本的七段式波形将会简化成为五段式波形，此时的开关方式称为线电压调制的方式。该方式已经集成在DSP事件管理器内部的硬件空间矢量调制单元，使用该单元实现五段式SVPWM算法称为硬件法。它与软件法（未使用DSP的硬件空间矢量调制单元而是通过程序灵活设置CMPR来控制输出脉冲）的对比见表11-1。

表11-1　DSP内硬件法与软件法SVPWM对比

	硬　件　法	软　件　法
需更新的寄存器变量	CMPR1、CMPR 2	CMPR1、CMPR2、CMPR3
波形特点	五段式、固定	七段式、可灵活修改

注意：两种方式中CMPR1、CMPR2数值的含义是不同的。

1. 硬件法SVPWM

所谓硬件法就是利用DSP片内EV模块内嵌的硬件单元来产生SVPWM波形的方法，这种方法编程相对简单，所以把它放在软件法之前讲述。有些DSP芯片的内部没有支持SVP-

WM 的硬件配置，这时可用后面的软件法实现 SVPWM，软件法的编程相对复杂，但整体思路和硬件法是一致的。

（1）硬件法实现 SVPWM 的原理

由硬件法产生 SVPWM 的波形与图 11-5 中七段式 SVPWM 波形有一个重要的不同，那就是 T_0 和 T_7 的分配方式不同，如图 11-5 所示。在七段式 SVPWM 中，当有零电压矢量作用时，通常按 1∶1 把零电压矢量的作用时间 t_0 平均分配成 T_0 和 T_7，所以整个 PWM 周期的时间被分成七段，这种波形称为七段式波形。而用硬件法时，DSP 的硬件内部已经固定好 T_0 与 T_7 的时间分配关系——根据功率开关器件开关次数最少的原则，有时仅有 $\boldsymbol{U}_0$ 作用，有时只有 $\boldsymbol{U}_7$ 作用。这样一个 PWM 周期的时间就分成了五段：$t_a/2$、$t_b/2$、T_0、$t_b/2$、$t_a/2$ 或 $t_a/2$、$t_b/2$、T_7、$t_b/2$、$t_a/2$，这种波形称为五段式波形（注意：图中 t_a 的含义是第一个电压矢量的作用时间）。

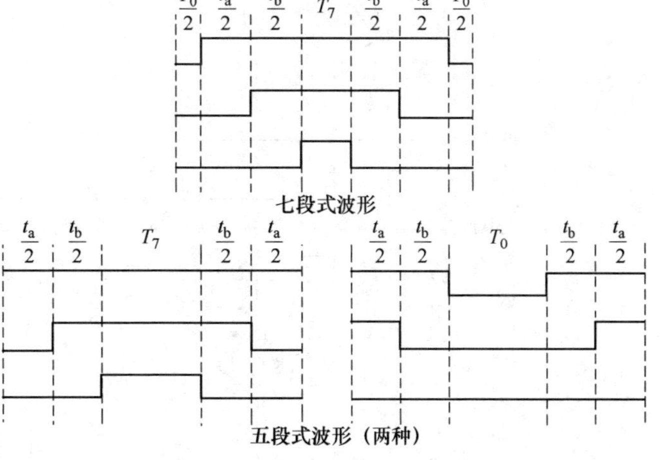

图 11-5　七段式波形与五段式波形

DSP 内部的硬件 SVPWM 单元固化了 T_0 和 T_7 的时间分配，通过设置比较方式控制寄存器 ACTRX（X=A、B）的高四位就可以选择不同的时间分配组合，第 15 位 SVRDIR 置“0”表示电压空间矢量逆时针旋转，置“1”表示顺时针旋转。第 14～12 位的 $D_2D_1D_0$ 分别表示 C、B、A 三相电压信号，如当空间矢量位置为 60°时，对应 A、B、C 三相电压信号应该是“110”，所以 $D_2D_1D_0$ 为“011”。图 11-6 按扇区的不同以及顺/逆时针把各种组合方式一一列出，扇区如图 9-30 所示。

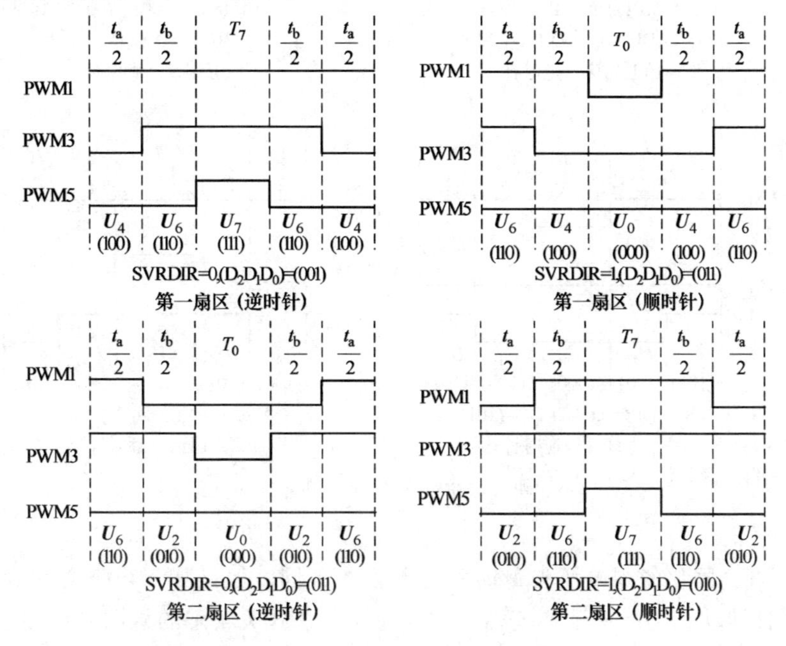

图 11-6　硬件法中开关时刻的组合方式

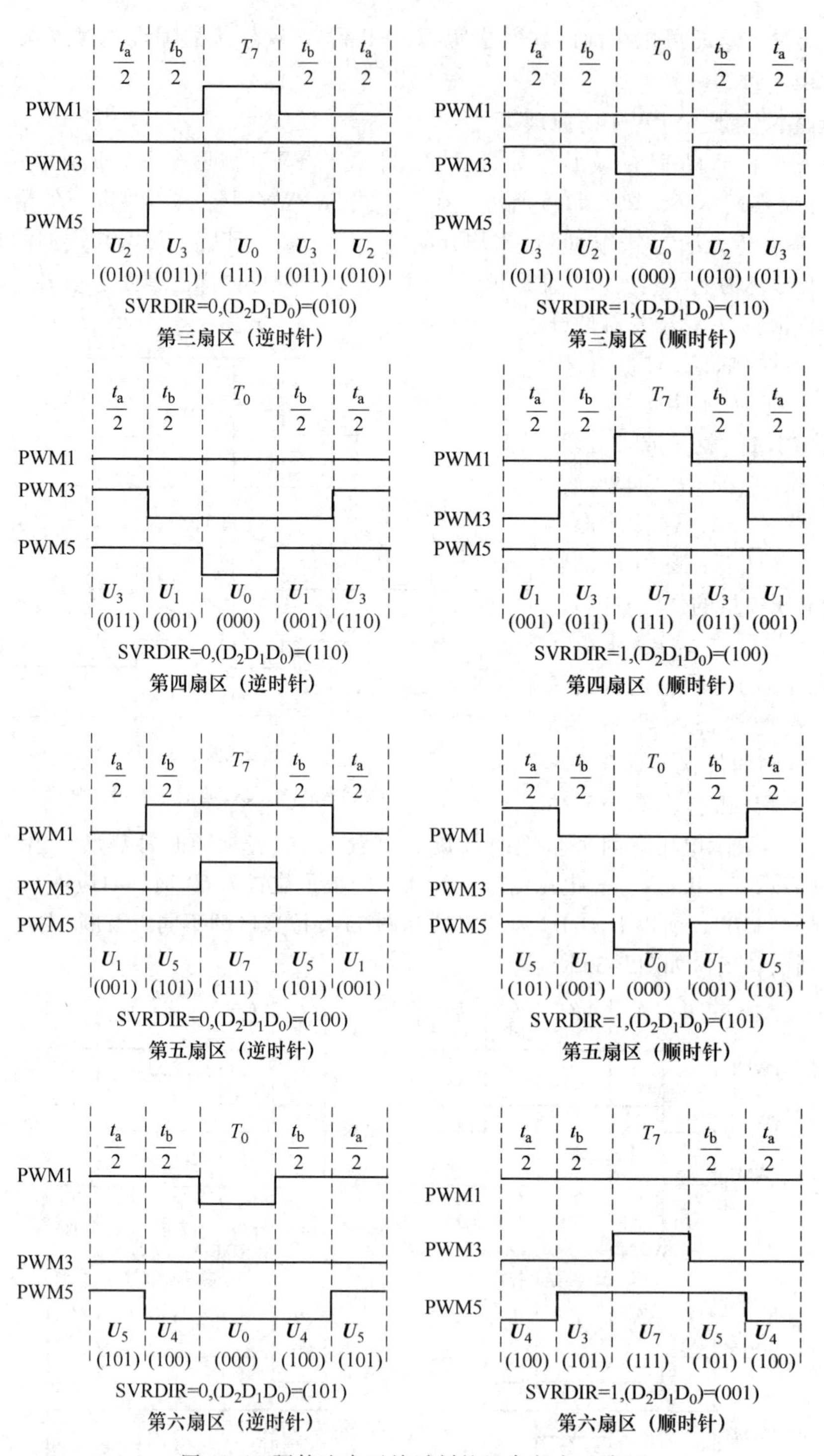

图 11-6　硬件法中开关时刻的组合方式（续）

虽然 DSP 自身固化的零电压矢量时间分配方式不同，但是如果电压矢量始终保持逆时针转动或顺时针转动，仍能保证逆变器一次只切换一个开关状态的原则。例如当电压矢量逆时针方向从第五扇区旋转到第六扇区时，开关状态由“100”变为“101”，逆变器功率开关中只有 A 相发生了变化。

DSP 控制的五段式 SVPWM 波形的产生原理如图 11-7 所示。

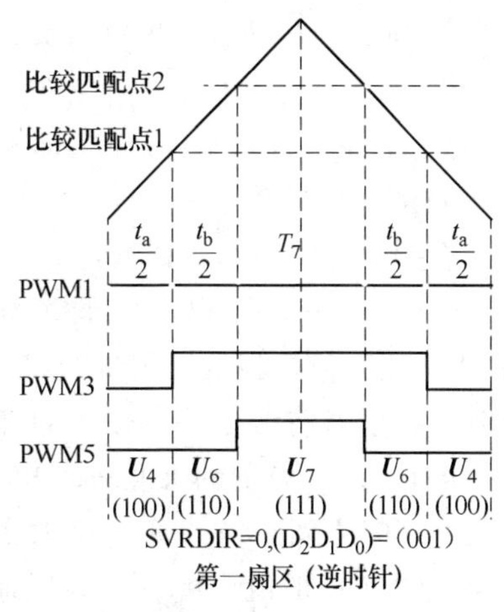

图 11-7　五段式 SVPWM 波形的产生

图 11-7 中的三角波代表通用定时器的计数寄存器 T1CNT 的值，通用定时器的工作模式设置为连续增/减计数模式。通用定时器内部有三个比较寄存器 CMPR1、CMPR2 和 CMPR3，在 CMPR1 中存放第一个比较匹配点（即 $t_a/2$）；在 CMPR2 中存放第二个比较匹配点（即 $t_a/2+t_b/2$）。在通用定时器周期寄存器 T1PR 中存入周期值的一半。通用定时器的计数寄存器 T1CNT 从 0 开始增计数，在 T1CNT 的值与比较寄存器 CMPR1 的值相等之前事件管理器 A（EVA）的 PWM 信号保持不变，始终输出 U_4；当 T1CNT 的值与 CMPR1 的值相等时，开始输出 U_6，然后保持不变；当 T1CNT 的值与 CMPR2 的值相等时 EVA 开始输出 U_7，然后保持不变；当 T1CNT 的值与周期寄存器 T1PR 的值相等时，计数器开始减计数；当 T1CNT 的值再次与 CMPR2 的值相等时，输出 U_6，然后保持不变；当 T1CNT 的值再次与 CMPR1 的值相等时，输出 U_4，然后保持不变，直到 T1CNT 的值为零。这时计数器自动开始下一周期的增计数，如果在此处使能定时器 1 的下溢中断，即当 T1CNT 的值为零时产生中断，且中断没有被屏蔽，则会跳入中断服务程序（参见图 11-4）。在中断服务程序中可以计算出下一周期内的两个比较匹配值，并设置 ACTRA 以修改下一周期内的时间分配方式。

硬件法除了自动分配零电压矢量作用的时间外，还自动分配作为 A、B、C 三相输出的 PWM 口。通常把 PWM 端口 1、3、5 为一组，控制逆变器上桥臂的三个开关；端口 2、4、6 为一组，用以控制逆变器下桥臂的三个开关。

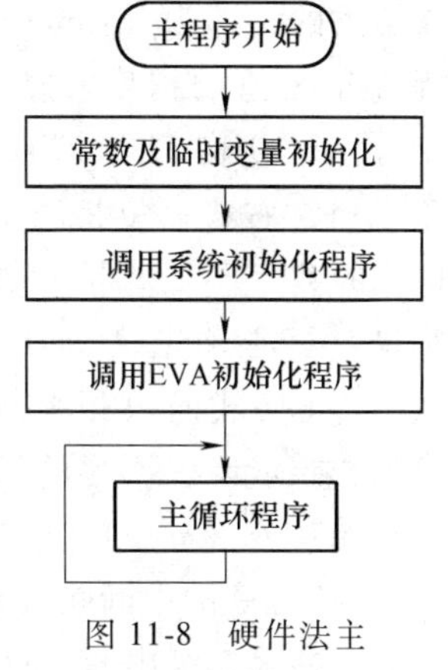

图 11-8　硬件法主程序流程图

（2）软件编程

为了产生连续的 SVPWM 波形，通用定时器必须持续不停地计数，计数方式为连续增/减方式。当每个计数周期结束时产生下溢中断并跳入相应的中断服务程序，在中断服务程序中完成下一个计数周期内比较寄存器数据的计算。硬件法的主程序流程如图 11-8 所示。

实现 SVPWM 算法的中断服务程序的流程如图 11-9 所示。

以汇编语言为例，一个完整的 DSP 软件程序由以下三类文件组成：

1）命令文件（*.cmd），该文件对 DSP 内程序存储器和数据存储器的空间进行分配。它由三部分组成：第一部分是输入/输出文件和选项等，在本设计中并没有用到；第二部分是目标存储器的定义，由 MEMORY 命令定义；第三部分是各段的定义，由 SECTIONS 命令定义。

2）头文件（*.h），该文件的内容为用户自定义的常量、寄存器和 DSP 内部寄存器的助记符，或者是中断向量表。通常在主程序的开始用汇编指示符“. include”和“. copy”对头文件进行调用。本设计的头文件有两个，一个是“lf2407_regs. h”，这个程序包括了LF2407所需的各种寄存器（开发软件已经自带）；另一个头文件是中断向量表。

3）汇编语言源文件（＊. asm），该文件内容是源程序代码。

有关主程序的说明如下：

4）正弦函数表里只存储了0～60°的61个正弦值。当电压矢量的扇区号确定时，根据当前给定的电压矢量角度可以算出它与u_a矢量的夹角θ，θ的范围就在0～60°之间。当计算$t_a/2$时需要知道$\sin(60-\theta)$的值，可以用表尾地址减去θ，即可查到$\sin(60-\theta)$的值；当计算$t_b/2$时需要$\sin\theta$，就用表头地址加上θ，即可查到$\sin\theta$的值。

5）程序中的计算方法采用Qx格式，例如：正弦函数表中存储的数据是Q14格式的，即为$(\sin\theta)\times 2^{14}$，这样可以提高正弦值的精度。在计算过程中，要十分注意Q格式的转换，左移一位相当于Q+1，右移一位相当于Q-1。不同Q格式的数字不能直接相加减，若要进行加减计算必须先统一Q值。Qm格式的数与Qn格式的数相乘或除，等于两数直接相乘或除，所得的积或商的Q值为（m+n）或（m-n）。

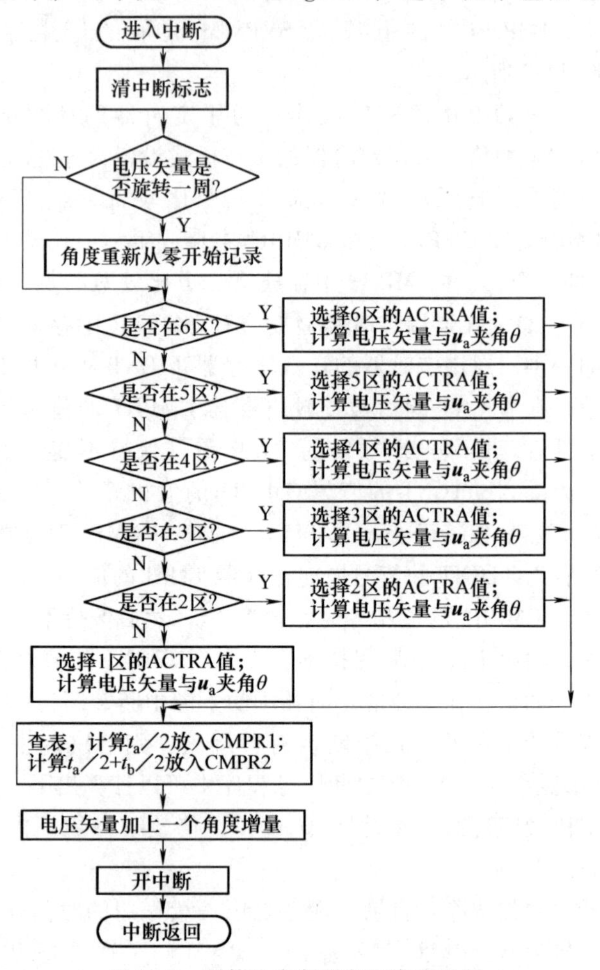

图11-9　硬件法中断服务程序流程图

6）此程序的中断响应采用了两次跳转方式：第一次跳转发生在定时器1产生下溢中断时，此中断为2级中断，程序会自动跳至通用中断服务程序（入口为：GISR2）。在此中断服务中将PIVR的值左移一位作为偏移值，加上外设中断向量表的起始地址后，通过BACC指令产生第二次跳转，进入中断服务程序T1U_ISR。这里的PIVR是外设中断向量寄存器，它是一个只读寄存器，当CPU响应外设中断请求时，会将当前中断对应的外设中断向量值自动存入PIVR中。把PIVR的值左移一位的原因是，在中断向量表（pwm_generate_vec. h）中使用的都是跳转指令B，此指令为两个字长，所以实际的偏移地址应为PIVR值乘2。

7）电压旋转矢量角度增量的确定：此程序每次退出中断之前都要在辅助寄存器AR1中加上18，这是因为电压旋转矢量的周期是0.02s，即0.02s内电压矢量转过360°。中断每0.02/20s进入一次（对应的开关频率为1kHz），所以每次进入中断的时候电压矢量都转360/20＝18°。当然如果提高进入中断的频率，电压矢量每次进入中断的角度增量就会变小，这样产生的电机定子旋转磁链就更接近圆形。在本程序中，由于正弦函数表的精度是1度，所以进入中断的频率最高只能调至 50Hz×360 = 18kHz，若要再高，必须修改正弦函数表。

8）死区的设置：实际逆变器中功率开关器件的开通和关断都会有一定的过渡时间。如果逆变器上半桥臂的开关尚未关断，此时同一桥臂的另一开关却已经导通，那么就会使电源短路，产生很大的电流，极易造成功率开关的损坏。为了避免这一现象的发生，除了功率转换电路自身要采取措施进行硬件保护之外，还需要在用户程序层面进行保护，使得跨接在电源两端的两个功率开关能够在一个开关关断以后，另一个开关才开始导通，即需要在程序中设置“不灵敏区域”（死区）。本程序具有死区控制的功能，在前述程序的设置中并没有使能。如果要使用此程序控制逆变器工作，需要对相关的语句进行适当的修改，相关语句如下：SPLK #0000h，DBTCONA。该语句用来配置死区控制寄存器 A。

9）此程序的输出结果是可以控制逆变器工作的 PWM 波，其中 1、3、5PWM 端口是一组，高电平有效，分别控制 A、B、C 三相的上桥臂开关管；2、4、6PWM 端口是一组，低电平有效，分别控制 A、B、C 三相下桥臂开关管。

10）从程序的编写思路可以看出，如果需要改变期望电压矢量的频率或幅值，或者改变逆变器直流电压等，程序中用到的参数就需要编程人员手工计算后再修改，程序的灵活性不强。实际上可以将参数的计算过程编入程序，让 DSP 根据输入量自动计算参数，也可以通过实时的数据采集取得计算 SVPWM 参数所需的基本给定值，从而更灵活地控制 DSP 发出期望的开关指令。

（3）试验结果

运行上述程序，测量 PWM1 口得到如下试验波形。

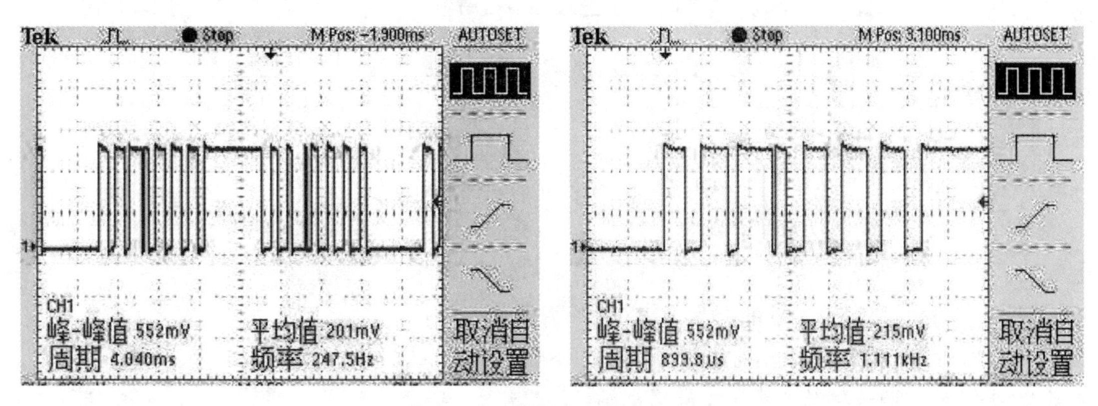

图 11-10　硬件法 SVPWM 波形

由上面的两幅图可以看出，硬件法产生的 SVPWM 波形与前述的七段式 SVPWM 波形不大相同，它虽然也有中间宽两边窄的总特点，但并不严格遵守这种规律。造成这种现象的原因是硬件法对于零电压矢量的时间分配与七段式方法不同。采用硬件法时，有的扇区只有 T_0(000) 时间而没有 T_7(111) 时间，如逆时针旋转时的 2、4、6 扇区；有的扇区则刚好相反，只有 T_7 时间而没有 T_0 时间，如逆时针旋转时的 1、3、5 扇区。

2. 软件法 SVPWM

（1）算法原理

软件法 SVPWM 的产生原理与前面 MATLAB 仿真中开关信号波形的产生原理一致，产生的波形是七段式 SVPWM 波，如图 11-11 所示。

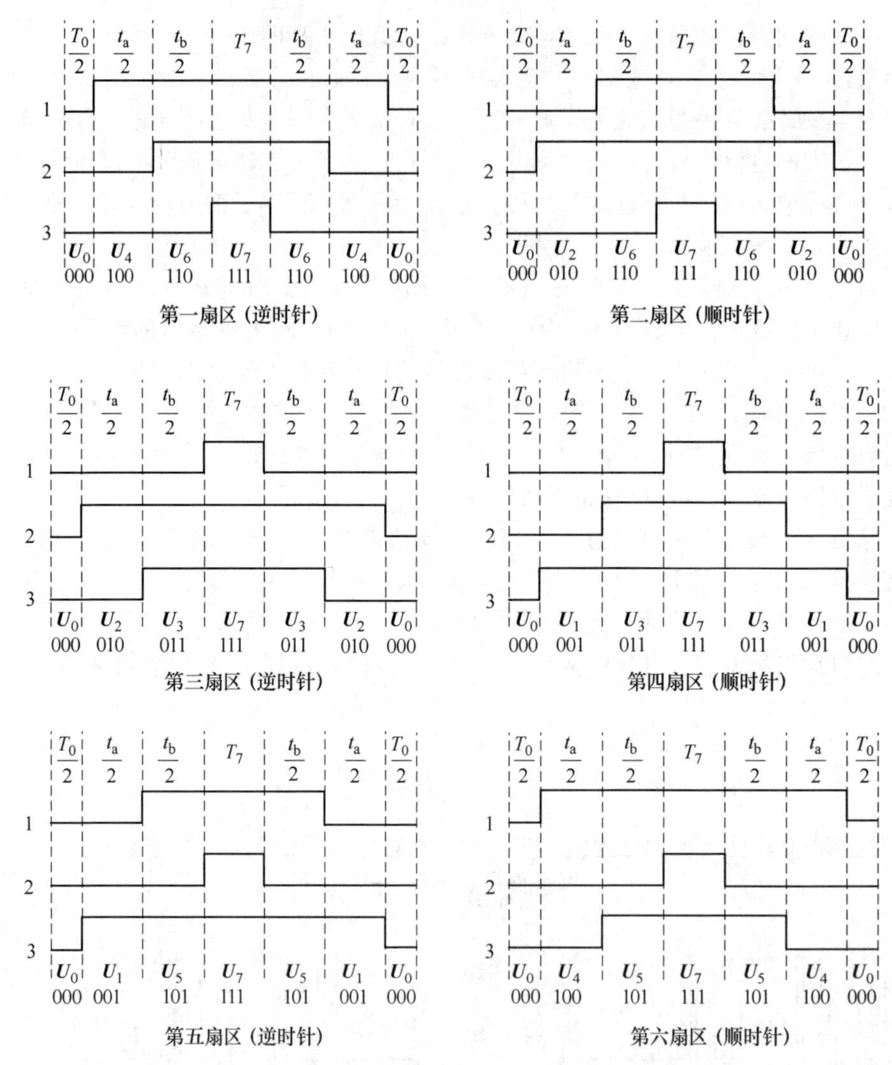

图 11-11　软件法的 SVPWM 波形

软件法与硬件法最重要的差别在于前者不能自动为 A、B、C 三相分配输出端口。例如在图 11-12 中定时器仍然按照连续增/减方式计数，在匹配点 1 的两次匹配之间，1 号电压为高电平；在匹配点 2 的两次匹配之间，2 号电压为高电平；依次类推。但是究竟 1 号电压对应 A、B、C 三相中的哪一相却不能由系统自动确定，而要通过编程人员在软件里面设置。

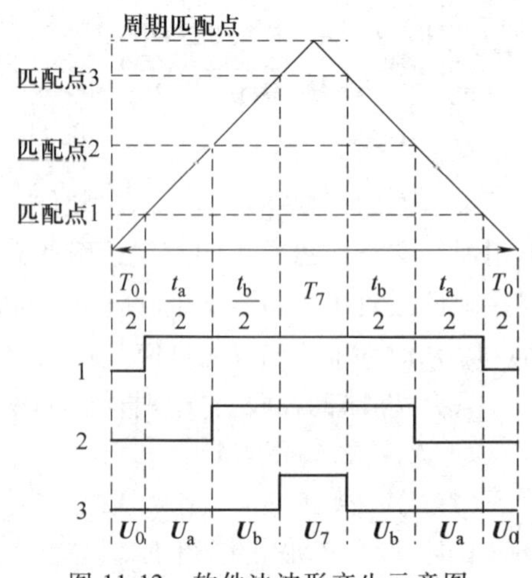

图 11-12　软件法波形产生示意图

使用软件法产生 SVPWM 时，CMPR1、CMPR2、CMPR3 将分别控制 PWM 端口 1 和 2、3 和 4、5 和 6，所以一般设置 1、2PWM 端口为 A 相上、下桥臂开关管的控制信号，3、4PWM 端口为 B 相上、下桥臂开关管的控制信号，5、6PWM 端口为 C 相上、下桥臂开关管的控制信号。

令 $t_1=\frac{t_a}{2}+\frac{t_b}{2}+\frac{t_0}{4}$，$t_m=\frac{t_b}{2}+\frac{t_0}{4}$，$t_s=\frac{t_0}{4}$，则不同扇区内三相逆变器中上桥臂导通时间规律见表 11-2。假定开关频率为 f_s，那么某相导通时间 t 与对应 CMPR 的关系为

$$\text{CMPR}=\text{PWMPRD}\times(1-t\times f_s) \tag{11-1}$$

表 11-2 三相上桥臂导通时间的 1/2 与扇区关系

扇区	A 相	B 相	C 相	扇区	A 相	B 相	C 相
1	t_1	t_m	t_s	4	t_s	t_m	t_1
2	t_m	t_1	t_s	5	t_m	t_s	t_1
3	t_s	t_1	t_m	6	t_1	t_s	t_m

(2) 软件法的流程图（见图 11-13）

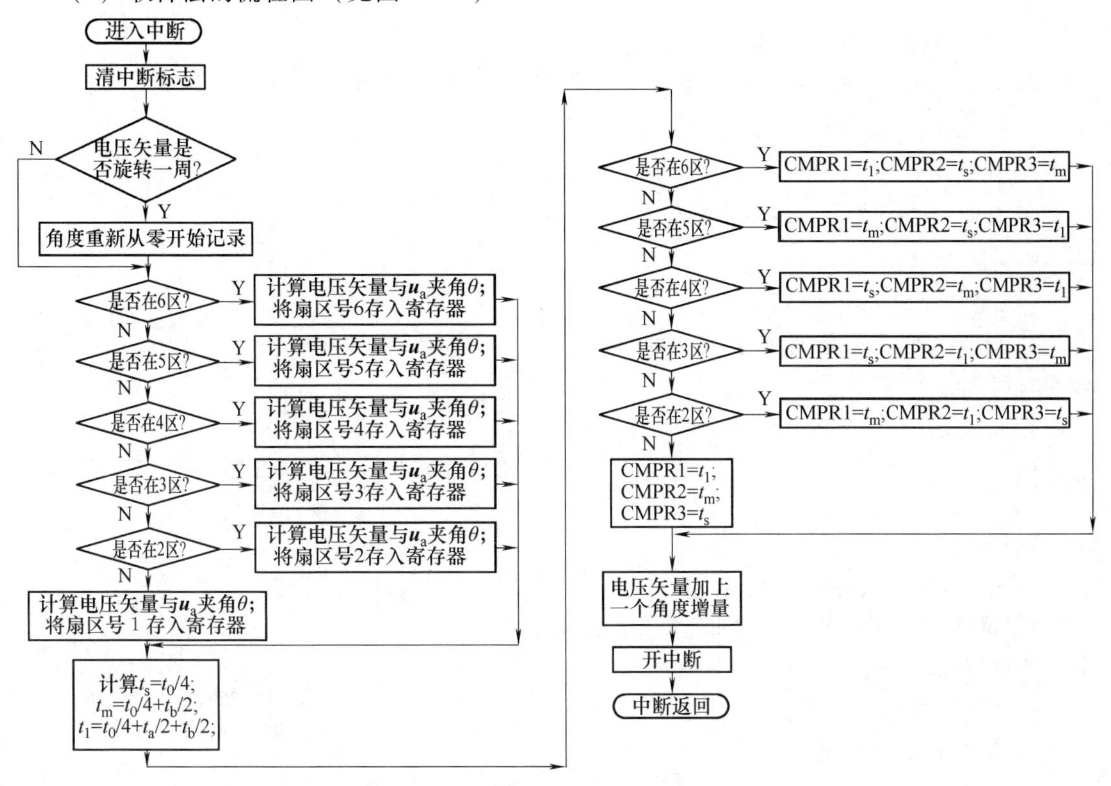

图 11-13 软件法中断服务程序流程图

软件法使用的“lf2407_refs. h”、“pwm_generate_vec. h”与硬件法的文件相同，不再列出。其“*. asm”文件的程序编写思路也与硬件法相同，只是算法上做了调整。图 11-14 是用示波器观测 PWM1 端口波形的试验记录，图 11-14b 为局部放大后的波形。

(3) DSP 中常用的一种空间电压矢量（SVPWM）算法流程

在软件实现 SVPWM 控制算法的过程中，SVPWM 波形计算需要的已知量有：静止坐标系中两个正交电压分量指令 $u_{s\alpha}$ 和 $u_{s\beta}$、直流母线电压 U_{dc}、PWM 载波周期 T，具体的计算步骤如下：

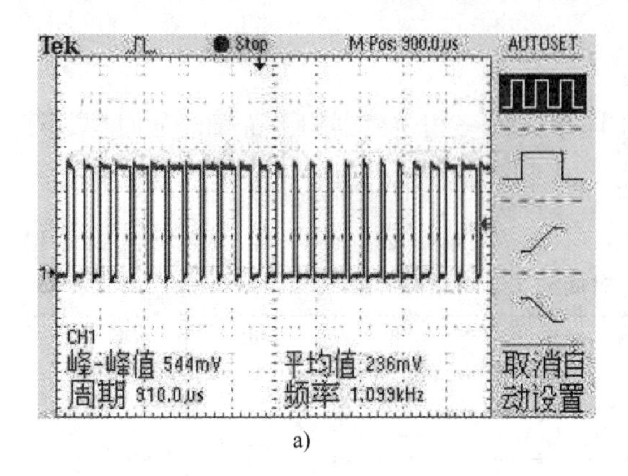

a)

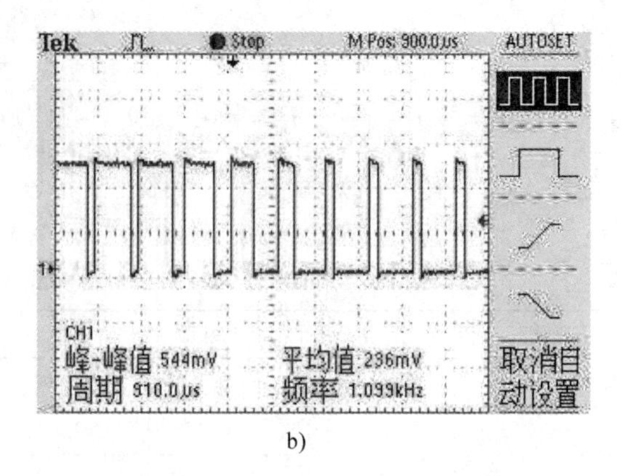

b)

图 11-14　示波器测量到的 SVPWM 波形

1）判断矢量 u_s 所处的扇区

通过分析 $u_{s\alpha}$ 和 $u_{s\beta}$ 的关系，可按如下规律计算扇区 $SECTOR$：

① 如果 $u_{s\beta}>0$ 那么 A=1 否则 A=0

② 如果 $\sqrt{3}u_{s\alpha}-u_{s\beta}>0$ 那么 B=1 否则 B=0

③ 如果 $-\sqrt{3}u_{s\alpha}-u_{s\beta}>0$ 那么 C=1 否则 C=0

则扇区为

$$SECTOR=A+2B+4C \tag{11-2}$$

2）计算逆变器相邻两个电压空间矢量工作导通时间 T_1、T_2

为了方便说明，定义中间变量 X、Y、Z 为

$$\begin{cases}X=\sqrt{3}u_{s\beta}T/(2U_{dc})\\Y=(\sqrt{3}u_{s\beta}+3u_{s\alpha})T/(4U_{dc})\\Z=(\sqrt{3}u_{s\beta}-3u_{s\alpha})T/(4U_{dc})\end{cases} \tag{11-3}$$

SVPWM 的空间矢量和扇区的划分以及第 3 扇区的空间矢量的合成，如图 11-15 所示。

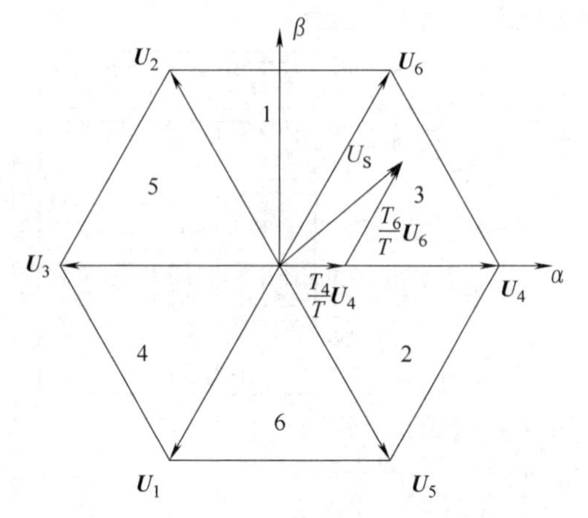

图 11-15　电压空间矢量图及第 3 扇区工作周期的分配

在线性工作区内，不同扇区对应的导通时间 T_1、T_2 按表 11-3 取值。

表 11-3　在线性工作区扇区号与工作周期 T_1、T_2 对照表

扇区号	1	2	3	4	5	6
T_1	Z	Y	−Z	−X	X	−Y
T_2	Y	−X	X	Z	−Y	−Z

在非线性区饱和情况下的计算（将两个非零电压矢量的作用时间按比例缩小）：

如果$(T_1+T_2)>$PWMPRD 那么

$$T_1=T_1\frac{\text{PWMPRD}}{T_1+T_2}$$

$$T_2 = T_2 \frac{\text{PWMPRD}}{T_1 + T_2}$$

其中 PWMPRD 为周期寄存器的值，与 $T/2$ 的时间是对应的。

3）计算三相桥臂各自所需的工作周期为

$$\begin{cases} T_A = (\text{PWMPRD} - T_1 - T_2)/2 \\ T_B = T_A + T_1 \\ T_C = T_B + T_2 \end{cases} \tag{11-4}$$

根据参考电压矢量所在扇区,把正确的工作周期分配给三相电机的正确相,也就是正确的寄存器 CMPRX。表 11-4 给出了确定方法。

表 11-4　扇区号与寄存器 CMPRX 的取值对照表

	1	2	3	4	5	6
CMPR1	T_B	T_A	T_A	T_C	T_C	T_B
CMPR2	T_A	T_C	T_B	T_B	T_A	T_C
CMPR3	T_C	T_B	T_C	T_A	T_B	T_A

图 11-16 给出了第 3 扇区 PWM 开通模式以及寄存器 CMPRX 的取值。

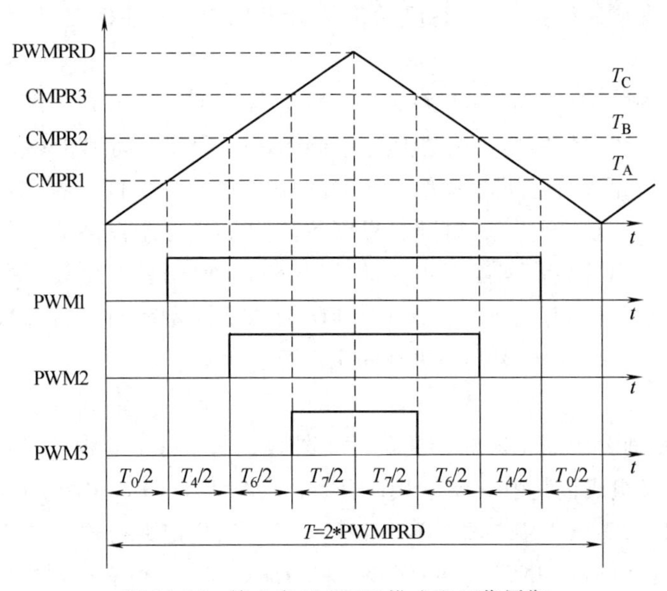

图 11-16　第 3 扇区 PWM 模式和工作周期

11.3　TMS320F2812

TMS320C28x 是 32 位控制器，主要包括了 TMS320F280x、TMS320F281x、TMS320F282xx 和浮点的 TMS320F283xx 系列。4 个子系列都是采用同样的 C28x CPU 核，软件完全兼容。

TMS320F2833x 是 TI 公司推出的浮点数字信号控制器，包含了定点的 32 位 C28x CPU 核，还包括一个单精度 32 位 IEEE754 浮点单元（FPU），浮点协助处理器可达 300MFLOPS，主要产品有 TMS320F28332、TMS320F28334 和 TMS320F28335。针对 TMS320F2833x 系列

DSP，用户可以使用高级语言开发系统控制软件，也可以使用 C/C++开发数学算法。TMS320F2833x 系列 DSP 在完成数学算法和系统控制方面都具有相当高的性能，这避免了一个系统需要多个处理器的麻烦。

11.3.1　性能特点

1. 总体特点

TMS320F2812 是 TI 公司的一款用于控制的高性能、多功能、高性价比的 32 位定点 DSP 芯片。该芯片兼容 TMS320LF2407 指令系统，最高可在 150MHz 主频下工作，并带有 18k×16 位零等待周期片上 SRAM 和 128k×16 位片上 FLASH。其片上外设主要包括 2×8 路 12 位 ADC（最快 80ns 转换时间）、2 路 SCI、1 路 SPI、1 路多通道缓存串行口 McBSP、1 路增强的 eCAN（Enhanced Controller Area Network）等，并带有两个事件管理模块（EVA、EVB），分别包括 6 路 PWM/CMP、2 路 QEP、3 路 CAP、2 路 16 位定时器（或 TxPWM/TxCMP）。另外，该器件还有 3 个独立的 32 位 CPU 定时器，以及多达 56 个独立编程的 GPIO 引脚，可外扩大于 1M×16 位程序和数据存储器。TMS320F2812 可进行双 16×16 乘加和 32×32 乘加操作，因而可兼顾控制和快速运算的双重功能。通过对 TMS320F2812 定点 DSP 芯片合理的系统配置和编程可实现快速运算。图 11-17 给出该 DSP 的内部功能框图。

2. 存储空间

TMS320F2812 为哈佛（Harvard）结构的 DSP，即在同一个时钟周期内可同时进行一次取指令、读数据和写数据的操作。在逻辑上有 4M×16 位程序空间和 4M×16 位数据空间，但物理上已将程序空间和数据空间统一为一个 4M×16 位的存储空间，各总线按优先级由高到低的顺序为：数据写、程序写、数据读、程序读。为了尽可能提高器件的工作速度，在对 FLASH 寄存器编程使其在较高速度下工作的同时，可将时间要求比较严格的程序（如时延计算子程序、FIR 滤波子程序等）、变量（如 FIR 滤波器系数、自适应算法的权向量等）各堆栈空间搬移到 H0、L0、L1、M0、M1 空间来运行。

3. 中断

TMS320F28x 系列 DSP 都有非常丰富的片上外设，每个片上外设均可产生 1 个或多个中断请求。中断由两级组成，其中一级是 PIE 中断，另一级是 CPU 中断。CPU 中断有 32 个中断源，包括 RESET、NMI、EMUINT、ILLEGAL、12 个用户定义的软件中断 USER1～USER12 和 16 个可屏蔽中断（INT1～INT14、RTOSINT 和 DLOGINT）。所有软件中断均属于非屏蔽中断。由于 CPU 没有足够的中断源来管理所有的片上外设中断请求，所以在 TMS320F28x 系列 DSP 中设置了一个外设中断扩展控制器（PIE）来管理片上外设和外部引脚引起的中断请求。

PIE 中断共有 96 个，被分为 12 个组，每组内有 8 个片上外设中断请求，96 个片上外设中断请求信号可记为 INTx. y（x=1，2，…，12；y=1，2，…，8）。每个组输出一个中断请求信号给 CPU，即 PIE 的输出 INTx（x=1，2，…，…12）对应 CPU 中断输入的 INT1～INT12。TMS320F28x 系列 DSP 的 96 个可能的 PIE 中断源中有 45 个被 TMS320F2812 使用，其余的被保留作以后的 DSP 器件使用。ADC、定时器、SCI 编程等均以中断方式进行，可提高 CPU 的利用率。

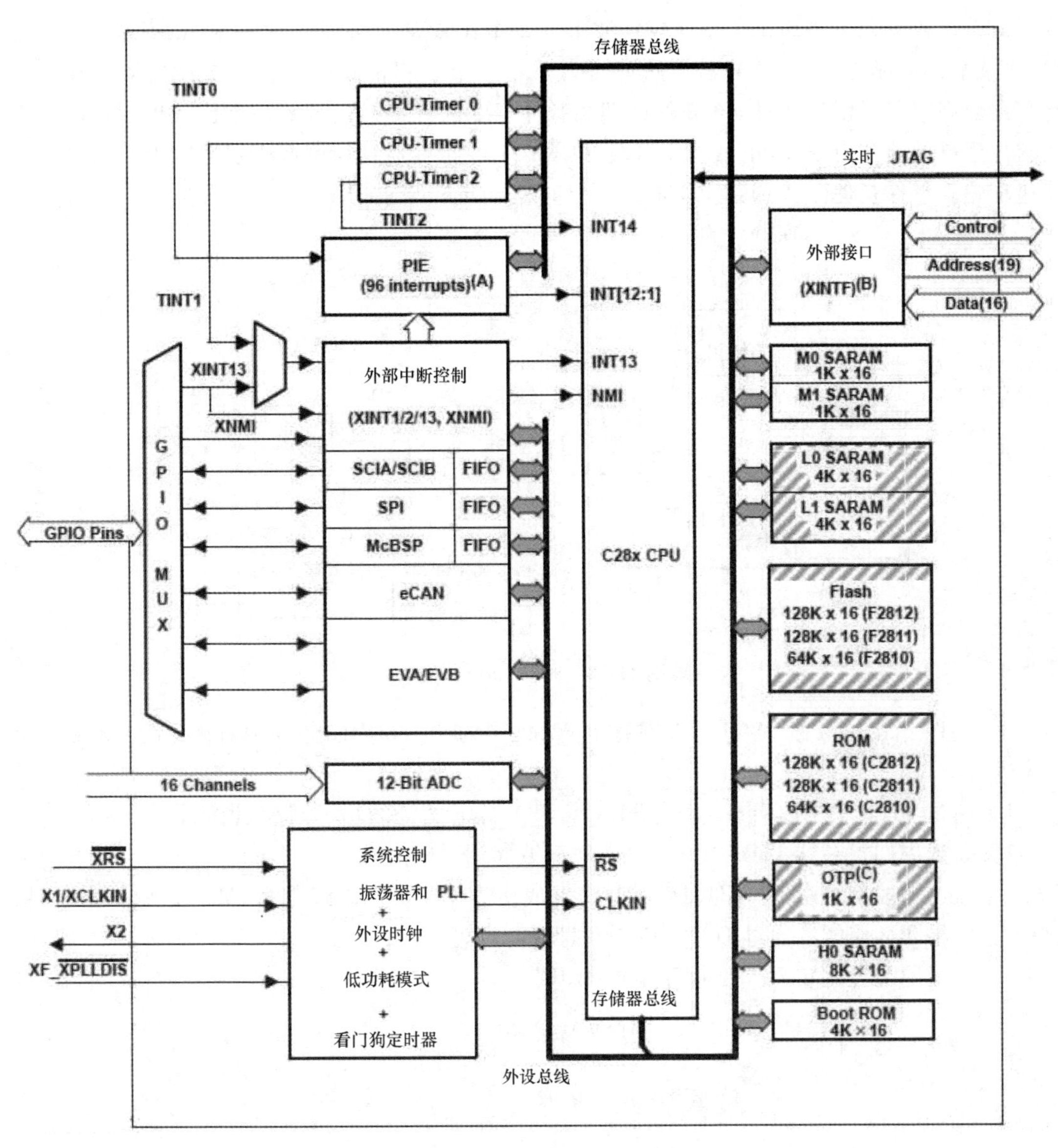

图 11-17　TMS320F2812 功能框图

4. PWM 发生单元

TMS320F2812 提供了两个结构和功能相同的事件管理器 EVA 和 EVB 模块，每个事件管理器模块都包含：通用定时器（General Purpose Timers，GPT）、全比较/PWM 单元（Full Compare Units）、捕获单元（Capture Unit）、正交编码脉冲电路（Quadrature Encode Pulse Circuit）。

通用定时器可以为比较、PWM 电路、软件定时提供时基，用于产生采样周期；有 3 种连续工作方式，具有可编程预定标器的内部或外部输入时钟；通用定时器可独立工作或互相同步工作。

TMS320F2812 的两个事件管理器共可产生 16 路独立 PWM 信号。由 3 个具有可编程死区的全比较单元产生独立的 3 对 PWM 信号，由通用定时器比较单元产生独立的两路 PWM

信号。全比较单元主要用来生成PWM波形，每个比较单元可以生成一对（两路）互补的PWM波形，生成的6路PWM波形正好可以驱动一个三相桥式电路；双缓冲的周期和比较寄存器允许用户根据需要对PWM的周期和脉冲宽度进行编程；对每一个比较单元输出，死区的产生可单独被使用/禁止；利用双缓冲的ACTRx寄存器，死区产生器的输出状态可以被高速配置。事件管理器A内部PWM信号产生的功能方框图如图11-18所示。

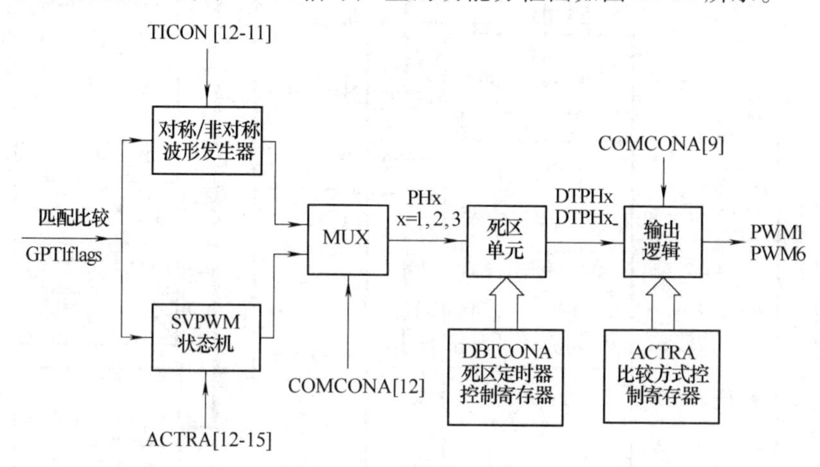

图11-18　PWM功能框图

图11-19给出了对称PWM与非对称PWM波形的产生原理图，其中对称PWM波形的产生步骤为：

1）通过T1CNT的12与11位将T1（或T3）设置为连续增/减计数模式；
2）装载周期寄存器T1PR（等于PWM载波周期对应值）；
3）将比较控制寄存器COMCONA/B配置成使能比较操作，使能PWM输出引脚；
4）如果死区使能，通过DBTCONA/B设置死区时间值；
5）适当地配置比较方式控制寄存器ACRTA/B。

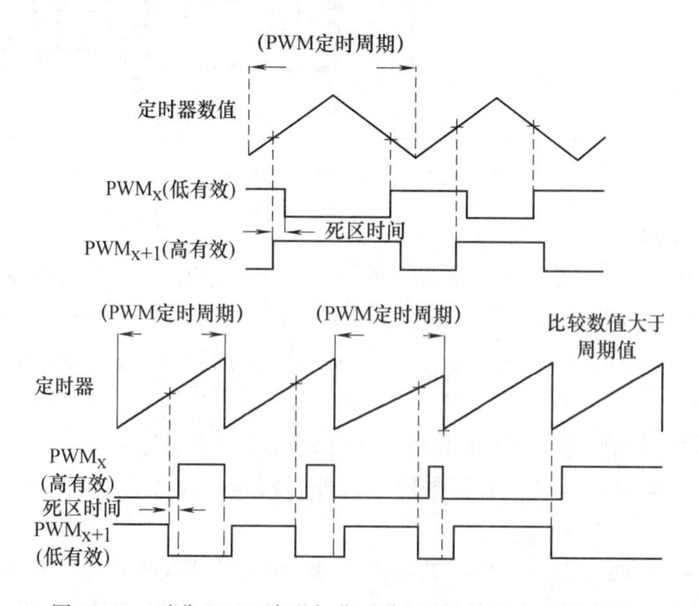

图11-19　对称PWM波形与非对称PWM波形产生原理图

与非对称 PWM 波形相比，对称 PWM 波形的特点在于它存在有两个相同长度的非激活区（无效区），这两个区分别位于 PWM 波形的起始和结束处。

11.3.2 基于 SIMULINK 的 DSP 中的 SVPWM 程序开发

MATLAB 提供了面向 TI 公司 TMS320F2812 的 PMSM 的矢量控制（基于模型开发的）程序，文件名为 c2812pmsmsim. slx。SIMULINK 中打开例程文件以后，出现的界面如图 11-20 所示。

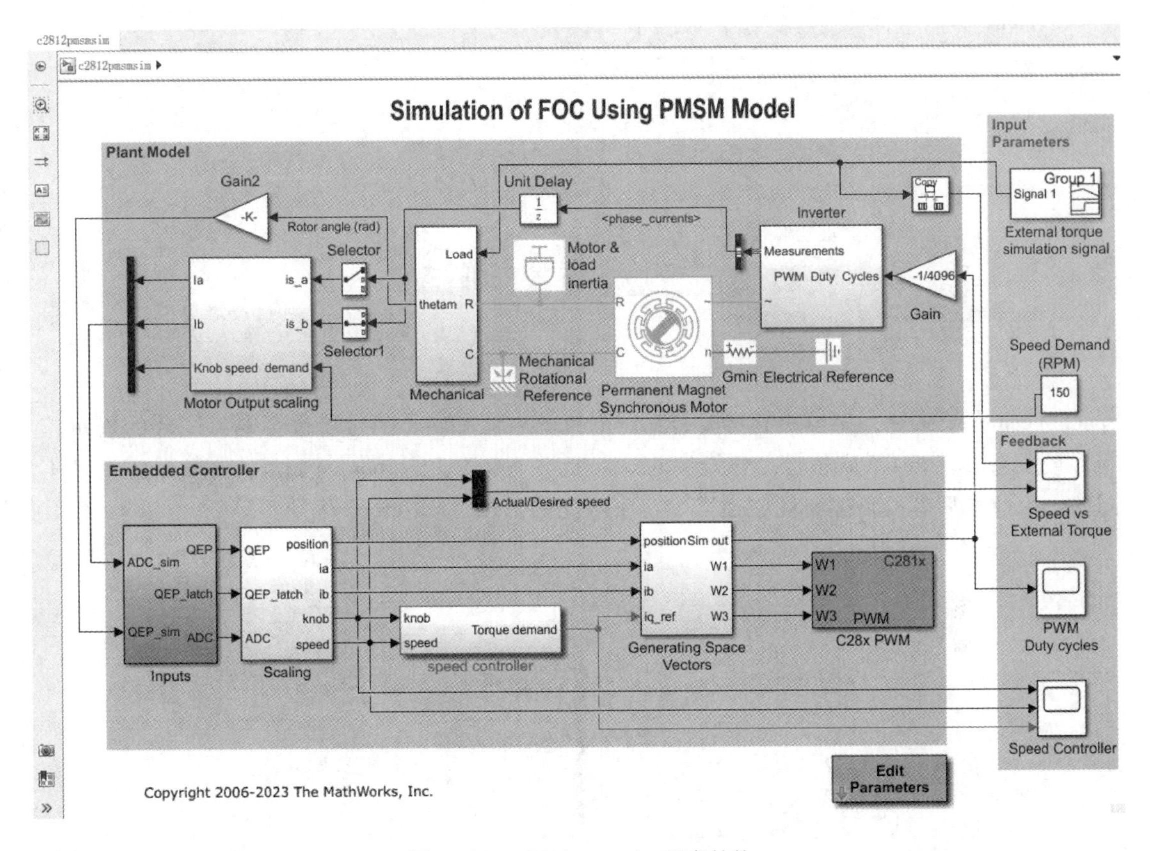

图 11-20 c2812pmsmsim 程序结构

上方是对象模型（pmsm 模型和逆变器平均值模型、转子位置信息、电流信息 i_{ab} 和速度命令 knob 信息），下方是嵌入式控制器模块（输入变量接口、电流与速度标定模块、速度控制器模块、矢量控制核心算法模块和 2812 的硬件 PWM 设置模块 C28xPWM），右边上方是输入参数——负载转矩与速度指令，右边下方是输出信号——速度与转矩波形、PWM 占空比信息和速度控制器信息（速度信息、转矩指令信息）。程序中还需要用到 Ts。设置为 50e-6 后，可以仿真了（在 file 菜单里面的 model properties/postloadfcn 里面也有设置 Ts=50e-6）。

如图 11-21 所示，在 Configuration Parameters 对话框左侧 Code Generation 下拉的 Hardware Implementation 设置目标板信息，目标版 board 选择为 TIF281X，CPU 时钟频率为 150MHz。

图 11-22 给出了 Generating Space Vectors 子系统的内部结构。核心模块是 Generating Raw

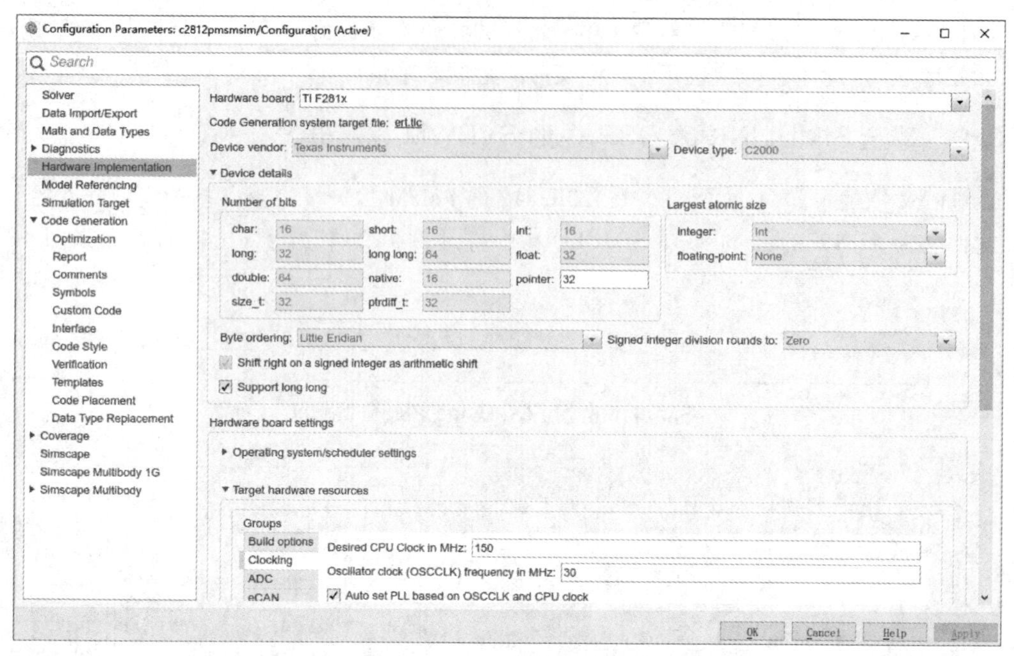

图 11-21　目标板信息的设置

Space Vectors 子系统，该模块的功能是利用电机的电流和转子的位置进行电流闭环的矢量控制，最后输出三相 PWM 信号。该模块的输入变量 ia、ib、position 与 iq_ref 的数据速率是不同的，因此在后者的传输路径中插入了速率匹配的 Rate Transition2 模块。

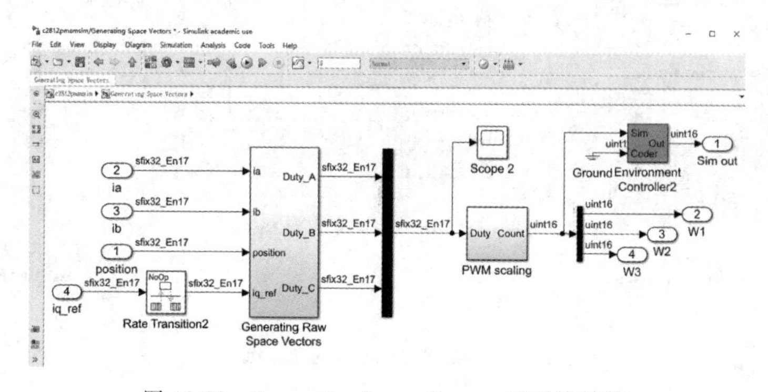

图 11-22　Generating Space Vectors 子系统结构

图 11-23 给出了 Generating Raw Space Vectors 子系统的内部结构，里面使用了 TI 公司数

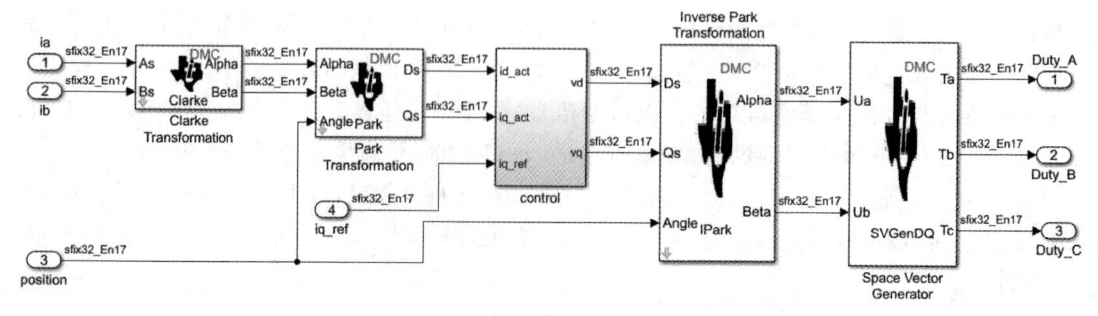

图 11-23　Generating Raw Space Vectors 子系统结构

字电机控制的库函数（需要预先安装 TI 公司的电机控制硬件包），例如从 A 和 B 两相电流变换到 α 和 β 电流的 Clarke Transformation 模块、从 α 和 β 电流到 d 和 q 电流的 Park Transformation 模块以及 Inverse Park Transformation 模块、Space Vector Generator 模块等。其中的 control 子系统实现了 d、q 电流的闭环控制，其内部结构见图 11-24。

图 11-24 给出的 d、q 电流闭环控制中，可以看出 d 轴电流的命令值为 id_ref 的 0，q 轴电流命令值来自于 iq_ref 值，它来自于图 11-20 中的速度控制器 speed controller 子系统的输出。

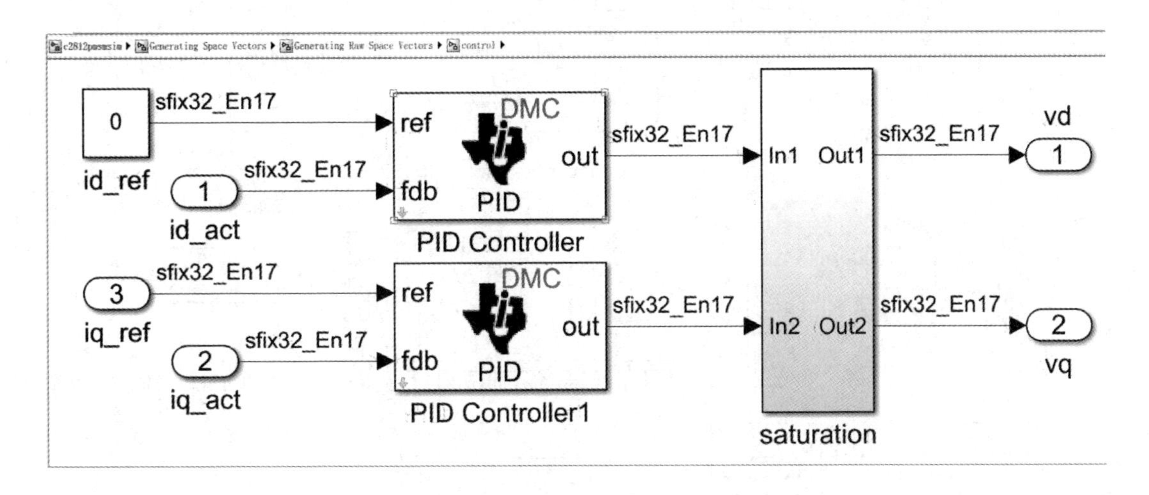

图 11-24　两路电流 PI 控制的 control 子系统结构图

图 11-24 中的 PID 调节器也是来自于 TI 公司数字电机控制（DMC）库函数。附录 H 给出了上述仿真程序的其他一些模块，并进行了简单介绍，供读者参考。

11.4　英飞凌 TC29x

TC29x 是英飞凌 AURIX（Automotive Realtime Integrated Next Generation Architecture）系列中的 32 位高性能微控制器，具有三个独立 TriCore CPU 内核（见图 11-25 的 CPU0、CPU1 和 CPU2）、程序和数据存储器、总线、总线仲裁、中断系统、DMA 控制器和强大的一组片上外围设备。TC29x 将精简指令集计算（RISC）处理器架构、数字信号处理操作和寻址模式、片上存储器和外设集成在一颗芯片上，便于实现功耗低、速度快、性价比高的嵌入式应用解决方案。DSP 操作和寻址模式提供了强大的计算能力，能有效地分析真实世界中的各种复杂信号；RISC 加载/存储架构以较低的系统成本实现了高计算带宽。

多核的存在为汽车应用领域如动力、底盘、车身以及娱乐提供了功能安全、负载均衡、能源合理分配等诸多方面的优势。使用 AURIX 单片机进行软件开发，最高能达到 ISO 26262 功能安全标准的 ASIL-D 安全等级。

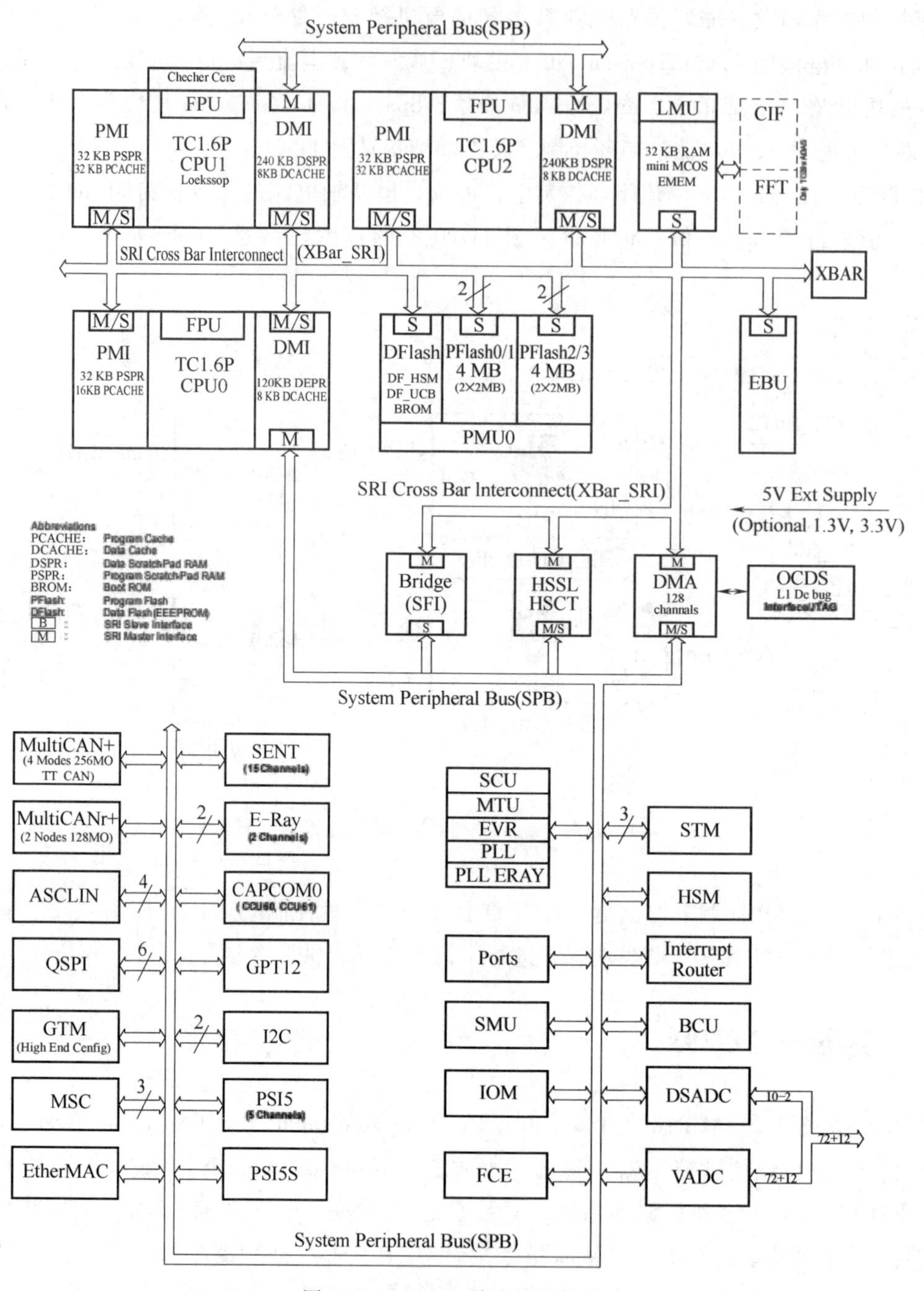

图 11-25　TC29x 单片机结构图

1. CPU

支持时钟信号 133~300MHz，采用 32 位加载存储架构，同时支持 16 位、32 位指令以减少代码长度，支持 4GB 的地址空间，支持字节及比特寻址方式，支持 IEEE-754 单精度浮点运算，拥有丰富的乘加指令和灵活的内存保护机制。

2. 通用时钟管理模块（GTM）

GTM 是一个模块化定时器单元，计时器分辨率高达 24 位，可以满足多种应用，包括动态数字 PWM 输出、带滤波的数字采集、电机控制等。

GTM 的核心组件是高级路由单元（ARU），通过配置连接 ARU 的定时器输出模块（ATOM）可以灵活地产生各种 PWM，如非对称死区时间的生成、中央或边缘对齐的 PWM 等，用于实现对电机的精确控制，其基本框图如图 11-26 所示。

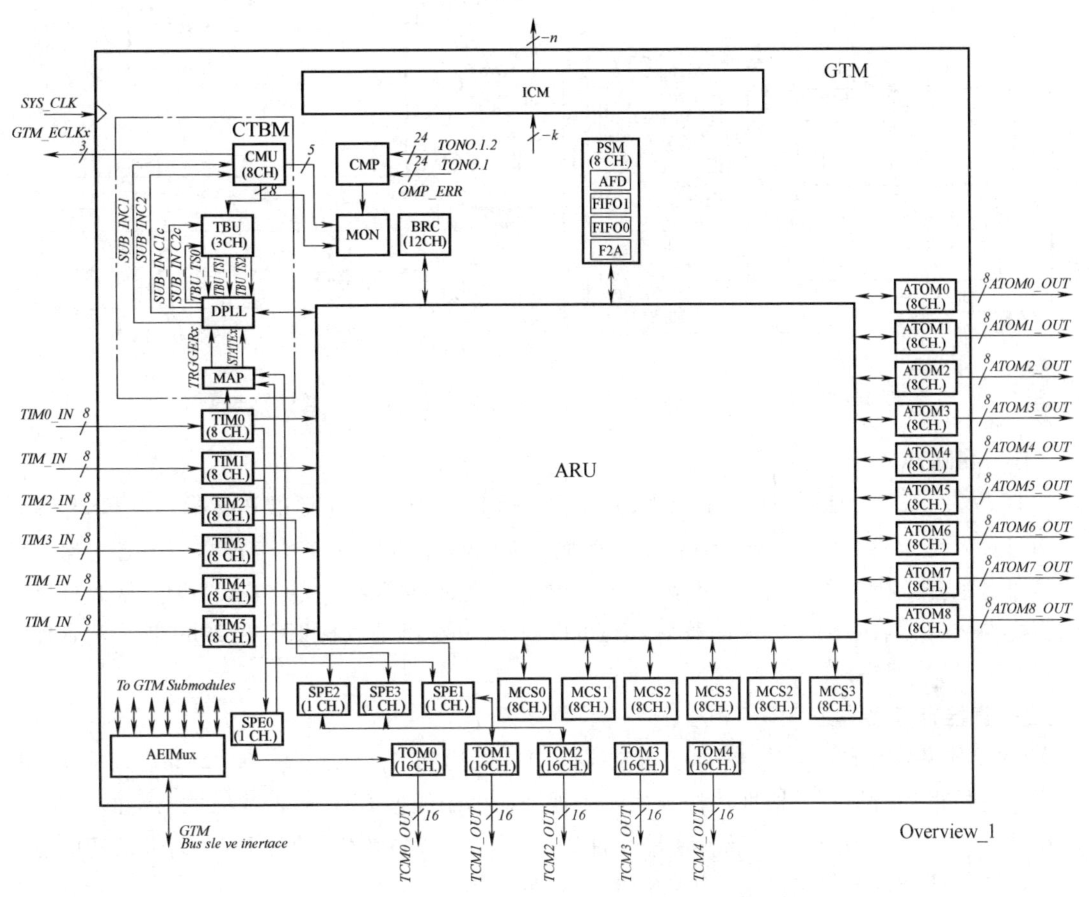

图 11-26　GTM 结构框图

3. 灵活的模数转换器（VADC）

VADC 使用逐次逼近寄存器（SAR）原理的模拟/数字转换器将模拟输入值（电压）转换为离散数字值。且单个 SAR 转换器均使用专有的采样保持单元。ADC 集群的每个转换器都可以由一组专用寄存器控制，由专用组请求源触发并且都可以独立运行，每个通道的结果可存储在专用通道特定的结果寄存器或在特定组的结果寄存器中。

4. DSADC 模块

TC29x 单片机提供了 10 路 DSADC 通道。DSADC（Delta-Sigma ADC）用于对旋变位置进行解码，该模块集成了旋变激励信号发生单元（Carrier Generation），可以通过编程产生旋变所需的正弦激励信号；还可以对旋变的两路反馈信号（正弦输出与余弦输出）进行同步采样，内部集成了滤波器和积分器单元，通过配置单片机寄存器可以直接得到旋变位置解码所需的正余弦电压转换结果。最后通过软件算法就可以解算出旋变的位置与转速信息，如图 11-27 所示。

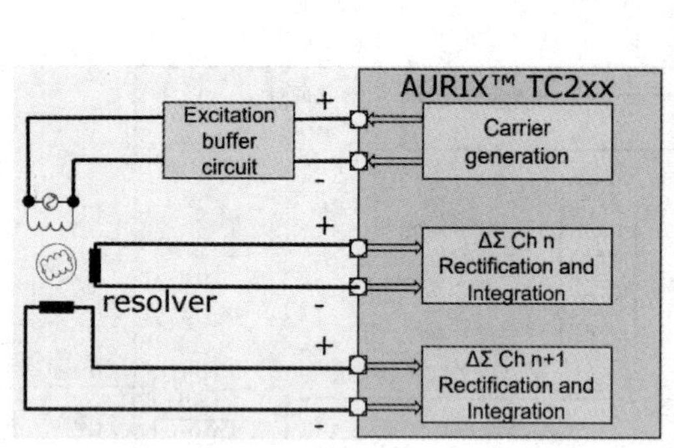

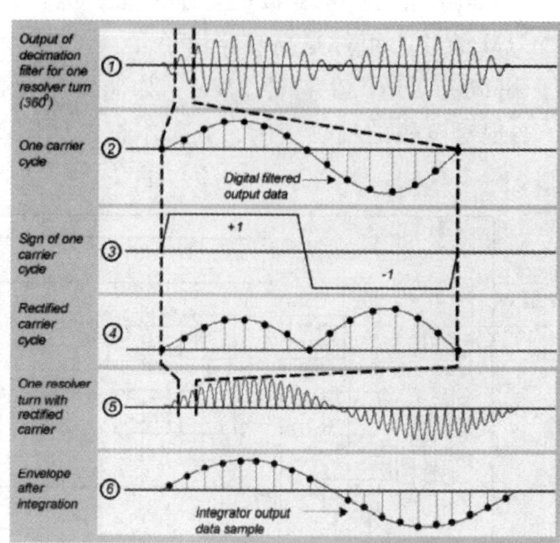

图 11-27　DSADC 进行旋变位置软件解码的电路及内部解调过程示意图

5. MultiCAN+

TC29x 的 CAN 总线结构遵循通用的 V2.0B 标准，支持 11bit 标准消息标识符和 29bit 扩展消息标识符，在 CAN 总线模块中有 4 个独立的 CAN 节点以及 128 个独立的信息对象。这些信息对象分布在 4 个节点共 8 个列表中，由用户进行自定义。支持 CAN-FD，从而可以支持更高的数据传输率以及更大的载荷，且可以与 11bit 标准消息标识符和 29bit 扩展消息标识符共存于 CAN 网络。

6. **直接存储器存取**（DMA）

DMA 的基本操作是进行数据移动，数据位可以达到 8、16、32、64、128、256 位。其主要功能是将数据从一个地址传送到另一个地址而不用经过 CPU 或者其他片上设备。TC29x DMA 拥有两个移动引擎可用于响应并行的 DMA 请求，支持软件/硬件 DMA 请求，任何能够触发中断的外设请求都能发起 DMA 硬件请求。

11.5　飞思卡尔 DSP56F807

Freescale 半导体公司前身为摩托罗拉半导体产业部，是世界半导体产业与技术的开拓者，也是全球大型的半导体公司之一，在微控制器领域长期居全球市场领先地位，尤其是在汽车微控制器领域。Freescale 公司的微控制器产品系列齐全，温度范围不同，以可靠性高、性价比高和应用方便引导微控制器的发展。

Freescale 的 DSP56F807 是一种 16 位数字信号控制器芯片，是专用于工业电机驱动、不间断电源等控制的 DSP 芯片，这种 DSP 能够通过内部 A/D 模块瞬时读取逆变电源的输出，并实时计算输出逆变电源主电路的 PWM 控制信号，以实现逆变电源的全数字控制。

如图 11-28 所示，Freescale DSP56F807 内部功能框图的配置主要包括：

- 60k 可编程 FLASH 程序存储器，2k 随机程序存储器；
- 8k 可编程 FLASH 数据存储器，4k 随机数据存储器；

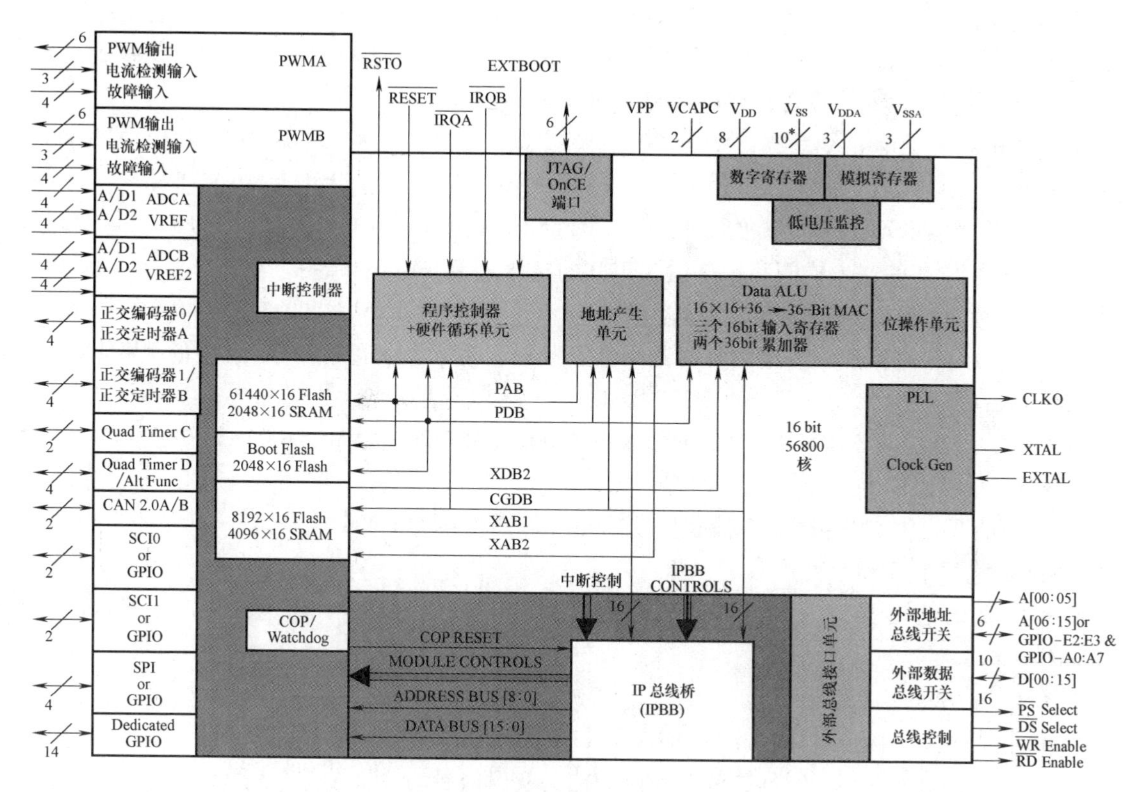

图 11-28 DSP56F807 内部功能框图

- 2k 可编程引导 FLASH 存储器;
- 可寻址 64k 程序存储器和寻址 64k 数据存储器;
- 一个 CAN2.0 接口，两个 SCI 异步串行口和一个 SPI 同步串行口;
- 两个 8 路 12 位 A/D 转换模块;
- 两个相位检测接口和两个 PWM 模块;
- 14 个独立 I/O 口和 18 个共享 I/O。

DSP56F807 有两个脉宽调制模块 PWMA 和 PWMB，每个 PWM 模块有 6 个输出引脚，这 6 个通道能够被配置成 6 个互补/独立模式。例如 1 对互补对和 4 个独立输出；2 对互补对和 2 个独立输出；3 对互补对等。除此之外还有 4 个电流状态输入引脚 FAULTA0 ~ FAULTA3。

PWM 的主要特性有：3 对互补的 PWM 信号或者 6 个独立的 PWM 信号，互补通道模式下能实现：可编程死区时间插入、通道电流状态输入和软件的顶、底脉宽纠正，独立的顶、底通道极性控制，边沿对齐或者中心对齐的脉宽产生方式，半周期参数重载能力和从 1~16 的整数重载频率，单独的软件控制 PWM 输出，可编程的出错保护，极性控制，带有寄存器写保护功能。

11.6 英飞凌 XMC 系列单片机

基于 ARM Cortex-M 内核的 XMC™ 微控制器系列产品是英飞凌专门面向功率变换、工业电机驱动及楼宇自动化、交通运输及家电行业等领域应用的单片机。XMC 系列微控制器包含基于 Cortex-M0 内核的 XMC1000 系列、基于 Cortex-M4 内核的 XMC4000 系列以及基于 Cortex-M7 内核的 XMC7000 系列，XMC4000 系列特征如下：

- XMC4000 共有 7 个系列：XMC4100、XMC4200、XMC4300、XMC4400、XMC4500、XMC4700 和 XMC4800，提供包含 VQFN、LQFP 和 LFBGA 在内的超过 75 种封装，引脚数为 48~196。
- 带有浮点单元（FPU）、单周期 DSP MAC、CPU 频率为 80~144MHz 的 ARM Cortex-M4。
- 高达 2MB 的嵌入式闪存，高达 352kB 的嵌入式 RAM。
- 12 通道 DMA（XMC4500），8 通道 DMA（XMC4400、XMC4200、XMC4100）。
- 全面的定时器配置、模数解调器、位置接口，带紧急关断和 ADC 触发的 PWM 以及正交编码器接口。
- 4 通道高分辨率 PWM（150ps）（XMC4400、XMC4200、XMC4100）。
- 高达 4 个 12 位 ADC。
- 功能强大的 CCU4/CCU8 捕获比较单元（可产生各类 PWM 信号）。
- 两个 12 位 DAC。
- 丰富的通信接口（USB、CAN、UART、SPI、I2C、I2S、EBU、SOMMC、Ethernet、EtherCAT）。
- Delta/Sigma 解调器。
- 丰富的人机接口（Capacitive Touch、LED Matrix、Programmable Ports）。
- 带日历功能、基于时间或外部唤醒功能的实时时钟。
- 环境温度范围最高可达 125℃。

图 11-29 给出了 XMC1000 单片机对 PMSM 进行矢量控制的系统方框图。图中的结构分为系统软件、片内硬件和片外硬件三个部分。

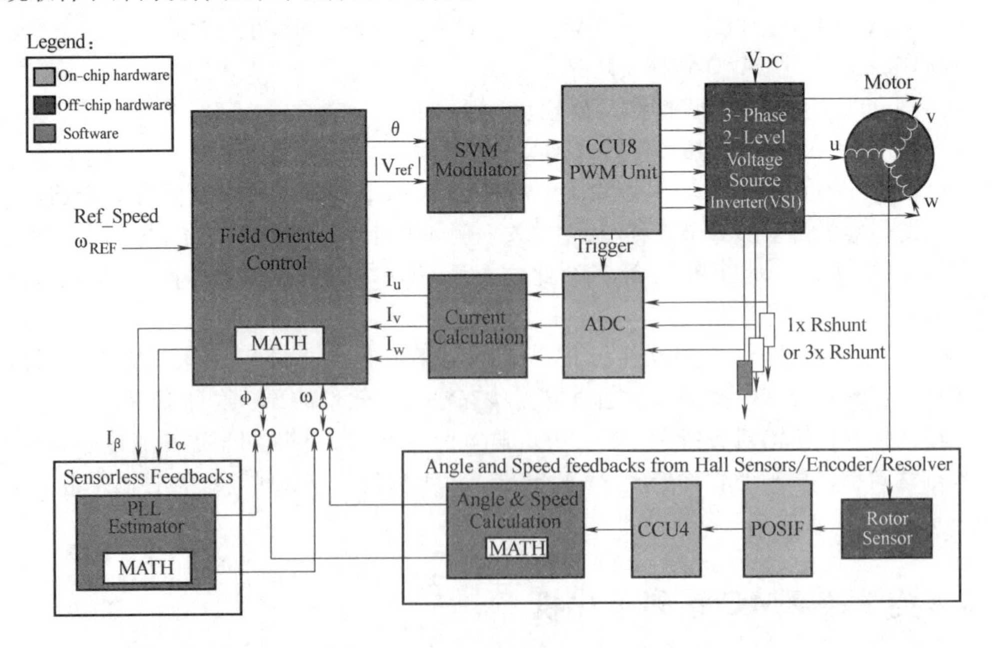

图 11-29　XMC1000 单片机应用于 PMSM 矢量控制系统的方框图

1. 集成开发环境

可以采用英飞凌的DAVE4或者第三方的Keil、IAR等。DAVE4是英飞凌公司开发的基于Eclipse的免费开发环境。除了采用基层驱动库XMC Lib（Low Level Driver）进行代码开发，DAVE内部还集成了很多APP——它们都是基于控件形式提供给用户的，用户仅需在自己的项目文档中添加需要的APP控件，再双击控件就可以在图形用户界面（GUI）中设置相关参数，然后自动生成代码，这样就可以使用该APP的功能了（可以参考附录G）。目前，发布的DAVE APP基本涵盖了常用的外设。

2. 调试工具

兼容SEGGER J-Link的仿真器可以用于XMC单片机的调试。英飞凌提供的XMC1000/4000系列开发套件集成了板载J-Link，其功能完全兼容标准的SEGGER J-Link，而且还能模拟出一个虚拟串口。

3. uC/Probe

英飞凌发布了一款新的调试工具uC/Probe，可以实时地观察变量或者外设寄存器的变化。它以各种控件的形式表示实际的量值，例如文本框、仪表盘、甚至示波器。这种形式的调试会对一些需要动态观测参数的应用带来很大的方便，例如电机和数字电源应用等。

英飞凌官网提供了丰富的XMC单片机开发套件：入门套件、电机应用套件和数字电源应用套件，可以浏览其官网查看套件的具体情况。

小　　结

附录G给出了采用英飞凌XMC1300单片机实现SVPWM算法的相关程序。附录H给出了使用SIMULINK来开发TMS320F2812的矢量控制程序。

数字化控制系统可以通过修改控制软件方便地调整系统控制规律、便捷地进行系统调试、快速地通过网络实现数据共享与网络化控制、灵活地保存系统运行情况，可针对系统进行较全面地故障分析，更重要的是控制电路的稳定性和抗干扰性能大大提高，易于实现智能化控制。

本章首先简单描述了数字控制系统的硬件与软件部分，然后分别以TI、Infineon、Freescale等公司的产品为例，描述了常见DSP芯片的主要功能特点，并结合具体的典型芯片，给出了实现SVPWM控制算法的流程与例程。

【生活可能不像你想的那么好，但是也不会像你想的那么糟】

【开心了就笑，不开心就过会儿再笑】

练　习　题

1. 简述采用TI公司DSP中的事件管理器产生PWM信号的流程。

2. CAP/QEP、CAN的功能是什么？

3. 高速DSP控制系统的硬件电路设计中应注意什么？IC芯片电源引脚处常用的0.01μF电容器的作用是什么？

4. 什么是ISR？作用是什么？

5. 在SVPWM算法中，如何判定参考电压矢量所处的空间扇区？

6. 试结合本书内容，对比分析电机控制用典型DSP芯片的共同特征。

第12章　PMSM的矢量控制变频调速系统

本章讨论的问题：如何实现 PMSM 的转矩控制？磁场定向矢量控制技术的原理及 PMSM 常见的 FOC 控制系统是怎样的？如何在 SIMULINK 中实现 FOC 控制 PMSM 变频调速系统的仿真建模？怎样对 PMSM 变频调速系统进行分析？

12.1　PMSM 转子磁场定向矢量控制技术概念

根据动力学方程式（3-40）可以知道，对永磁同步电动机调速系统的转速控制需要通过对永磁同步电动机电磁转矩 T_e 的控制来实现，所以电动机的转矩控制是电气调速系统的核心任务。

重新列写永磁同步电动机在 dq 转子坐标系中的转矩公式为

$$\begin{aligned} T_e &= 1.5n_p(\psi_d i_q - \psi_q i_d) \\ &= 1.5n_p i_q(\psi_f + (L_d - L_q)i_d) \\ &= T_{e1} + T_{e2} \end{aligned} \tag{12-1}$$

从中可以看出电动机转矩分为两个部分，其一为永磁体产生的磁链 ψ_f 与定子电流转矩分量 i_q 作用后产生的永磁转矩 T_{e1}，其二为转子的凸极结构使得定子电流励磁分量 i_d 与转矩分量 i_q 产生的磁阻转矩 T_{e2}。

$$\begin{aligned} T_{e1} &= 1.5n_p i_q \psi_f \\ T_{e2} &= 1.5n_p(L_d - L_q)i_d i_q = -1.5n_p \beta L_d i_d i_q \end{aligned} \tag{12-2}$$

这两部分转矩都与定子电流转矩分量 i_q 成正比例，也即是说，可以通过控制定子电流转矩分量的大小来控制电动机的转矩——这一电流与直流电动机的电枢电流相对应，因此永磁电动机的转矩控制可以转化为定子电流转矩分量的控制。另一方面定子电流的励磁分量 i_d 会影响电动机定子磁链的大小，可以通过它产生弱磁升速的效果——这一点与直流电动机的励磁电流类似。所以永磁同步电动机与直流电动机存在着很大的相似性。图 12-1 给出了永磁同步电动机内部结构图。

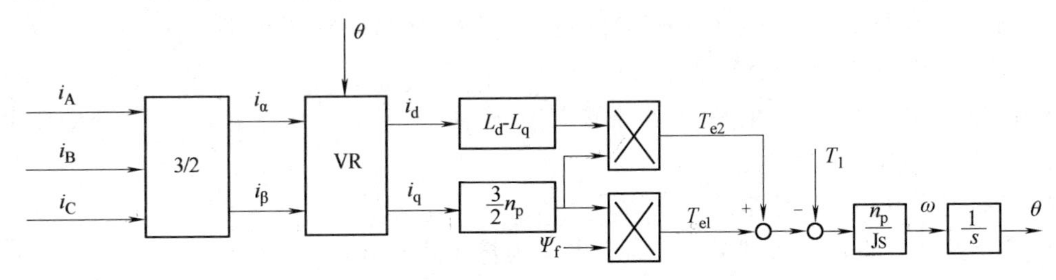

图 12-1　PMSM 内部结构图（电流解耦）

在对交流电动机的转矩进行控制时，必须以磁场的良好控制为前提。目前，PMSM 的高性能控制技术主要有磁场定向矢量控制技术（Field Orientation Control，FOC）与直接转矩控制技术（Direct Torque Control，DTC），两种技术分别建立在转子磁场和定子磁场的控制基础上针对电动机的转矩进行高性能闭环控制。永磁同步电动机磁场定向矢量控制技术的核心是在转子磁场旋转 dq 坐标系中，针对电动机定子电流的励磁电流 i_d 和转矩电流 i_q 分别进行独立控制。图 12-2 给出了永磁同步电动机矢量控制技术原理框图。

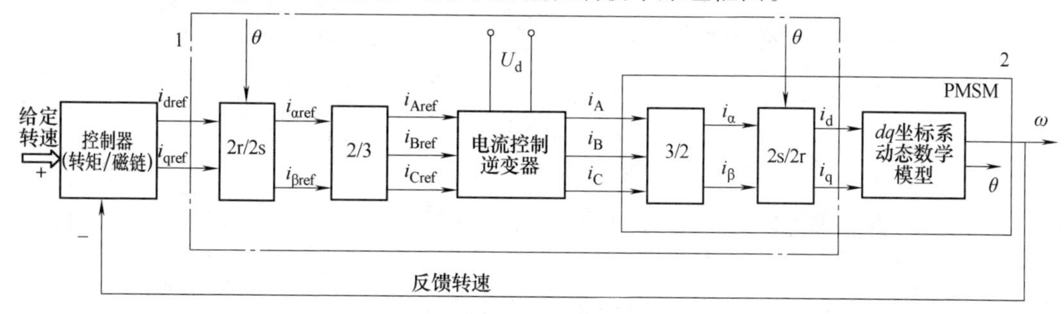

图 12-2　PMSM 矢量控制技术原理框图

图 12-2 中的控制系统根据调速的需求（结合给定转速与电动机的反馈转速），设定合理的电动机转矩与磁链目标值（磁链设定需要考虑电动机电压与工作转速，转矩设定需要考虑电动机的电流，两者的合理设定都需要考虑电机的实际运行环境），结合图 12-1 中 PMSM 转矩与电流的关系，给出合理的 i_{dref} 与 i_{qref} 指令值。这两个电流仅仅存在于 dq 坐标系电动机的数学模型中，并不能直接用来对电动机进行控制，所以需要将它们转化为三相定子坐标系中的变量（即可以直接提供给电机 ABC 三个端子的变量）。经过图 12-2 中的 2r/2s 旋转变换与 2/3 变换两个单元的作用后，得到了三相定子电流的指令值（i_{Aref}、i_{Bref}、i_{Cref}）。采用合适的 PWM（如电流滞环 PWM）技术控制逆变器三相输出电流紧紧跟随该电流参考值。当电机三相定子电流得到很好的控制时，就可以认为 dq 旋转坐标系中的励磁电流 i_d 与转矩电流 i_q 得到了很好的控制，那么 PMSM 的磁场与电磁转矩就得到了很好的控制。

采用 dq 坐标系磁场定向矢量控制策略可以对永磁同步电动机进行高性能的控制。目前，永磁同步电动机的转子磁场定向矢量控制技术较成熟，动态、稳态性能较佳，因此得到了广泛的实际应用。

12.2　典型的转子磁场定向 FOC 控制 PMSM 变频调速系统

FOC 控制 PMSM 变频调速系统通常采用经典的 PI 线性调节器，控制系统调节器参数可以按照经典的线性控制理论进行设计，或者采用工程化设计方法进行设计；逆变器的控制通常采用成熟的 SPWM、SVPWM 等技术。根据图 12-2 设计的永磁同步电动机矢量控制变频调速系统可以有多种不同的具体形式，下面分析几种常见的形式。

12.2.1　*dq* 坐标系电流闭环 PI 调节的 FOC 控制系统

目前，最为常见的永磁同步电动机 FOC 控制系统如图 12-3 所示。系统有一个转速外环，通过速度自动调节器（ASR）提供 i_q 的指令值，i_d 指令值通过其他方式提供（例如根据电动机弱磁程度）。两个电流指令值分别通过经典的 PI 调节器获得 dq 轴控制电压 u_{dref} 与 u_{qref}，将电压变换到 $\alpha\beta$ 静止坐标系后采用 SVPWM 技术控制电压型逆变器向 PMSM 供电。

图 12-3 所示系统在保持速度闭环和负载转矩不变的前提下，通过设置不同的 i_{dref}，系统稳定后会对应有不同的 i_{qref}，这便构成了一条恒转矩曲线。如图 12-3 所示控制系统中的电压型逆变器、SVPWM、各个坐标变换单元分别在第 8、9、3 章已经介绍和分析过，这里着重对图中的 3 个 PI 调节器进行分析。

$$W_{PI}(s)=K_P+\frac{K_i}{s}=K_P\ \frac{\tau s+1}{\tau s} \tag{12-3}$$

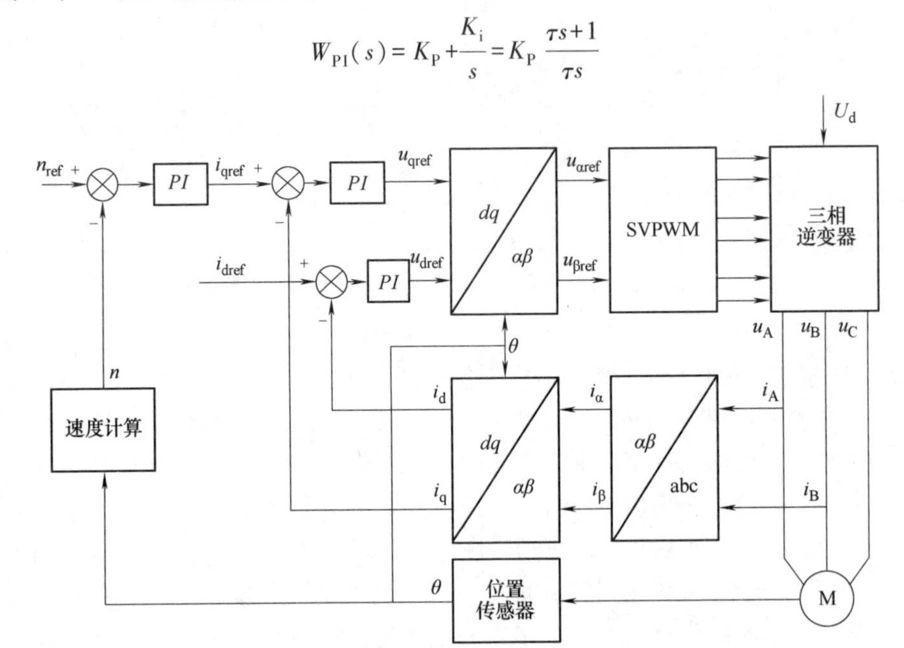

图 12-3　永磁同步电动机矢量控制系统结构框图

PI 调节器的数学表达式见式（12-3），其对数幅频特性曲线如图 12-4 所示。可以看出，在较高频段（对应了系统的快速调节过程）的放大倍数主要决定于 K_p，这是因为积分器呈现低通特性；在较低频段（对应了系统进入稳态后的缓慢调节阶段）的放大倍数与 K_i 密切相关（不同频率与 K_i 的关系程度不同）。

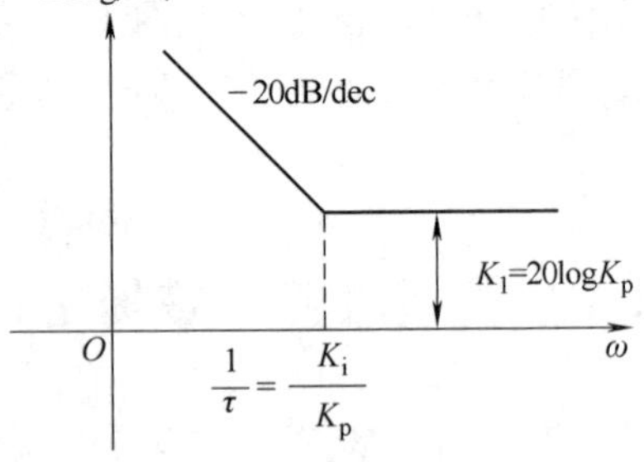

图 12-4　PI 调节器的对数幅频特性

图 12-5 分别给出了恒定的 K_p、K_i、τ 下的 PI 调节器对数幅频特性曲线的变化情况。从中可以看出：

1）当 K_p 恒定时，若 K_i 增加，则时间常数减小。低频范围内响应加快，中频段有所加快，高频范围内没有明显影响。

2）当 K_i 恒定时，若 K_p 增加，则时间常数增加。高频范围内响应明显加快，中频段也有所加快。

3）当时间常数恒定时，K_p 与 K_i 同比例变化。按照时间常数对调节器参数进行调节，可以比较明确地调节系统的转折频率。

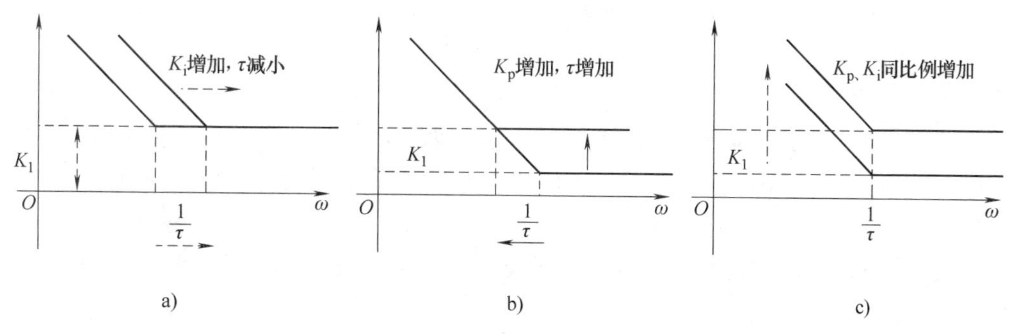

图 12-5　不同调节器参数对 PI 调节器幅频特性的影响

a）K_p 恒定　b）K_i 恒定　c）τ 恒定

技术人员通常会尝试增加 K_p 来加快系统响应速度。从图 12-5 中可以看出，这将直接增大图中的 K_1，从而导致调节器幅频特性上移，明显可以增加系统的调节力度，系统的响应会因此加快；但由于高频段的特性同样会上移，所以会导致闭环系统对高频干扰的响应过于敏感，不利于系统的稳定。

换句话说，如果希望提高闭环系统对高频的响应，需要适当加大 K_p；如果希望提高闭环系统对低频的响应，可以适当加大 K_i；如果希望闭环系统对较高频率信号不敏感，可以选择适当的时间常数 τ。

以 MATLAB/SIMULINK 为例，在建立 PI 调节器仿真模型时，可以采用图 12-6 中的两种不同结构，读者可以根据分析与调试的方便选择其一。注意图中饱和限幅（Saturation）值需要进行合理的设定。以 ASR 为例，由于通常情况下调速系统往往设计成稳态无静差，并且 ASR 的输出为 i_q 指令，所以积分器限幅与 ASR 的输出限幅应设为允许的 i_q 最大值。

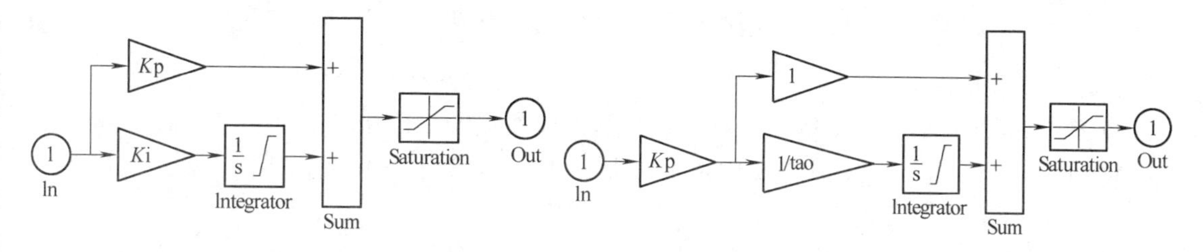

图 12-6　两种 PI 调节器仿真模型

下面针对图 12-3 的 PMSM 矢量控制系统中的 PI 调节器采用工程化设计方法进行参数设计。首先画出图 12-7 所示的 PMSM 矢量控制变频调速系统动态结构框图，在其中加入了转速滤波和电流滤波等环节，并忽略了 i_d 的控制回路（假定 i_d 是恒定值），其中的 ASR 与 ACR 都采用 PI 调节器。u_c 作为 ACR 调节器的输出，用来控制逆变器输出电压 u_q，逆变器等效为图中所示的放大系数为 1 的一阶惯性环节。K_{te} 表示电动机的转矩系数，见式 12-4。

$$K_{te}=\frac{3}{2}n_p\psi_f \tag{12-4}$$

图 12-7 中的 T_m 为电动机的机械时间常数，见式 12-5。

$$T_m=J\frac{2\pi}{60} \tag{12-5}$$

图 12-7 中的 K_e 为电动机的反电动势系数，满足下式。

$$K_e = \frac{2\pi}{60} n_p \psi_d \tag{12-6}$$

图 12-7 所示变频调速系统动态结构图中包含了两个闭环控制，一个是转速的外环控制，另一个是电流的内环控制。对调速系统的转速、电流闭环调节器参数进行工程设计，可以遵循下述步骤：

1）用工程设计方法来设计转速、电流反馈控制的调速系统的原则是先设计内环再设计外环。

2）先从电流环开始，对其进行必要的变换和近似处理，然后根据电流环的控制要求确定其校正目标。

3）再按照控制对象确定电流调节器的类型，按动态性能指标要求确定电流调节器的参数。

4）电流环设计完成后，把电流环等效成转速环（外环）中的一个环节，再用同样的方法设计转速环。

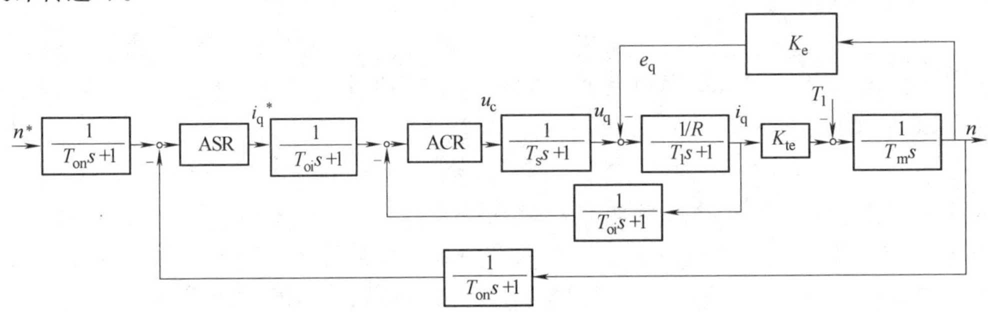

图 12-7　PMSM 矢量控制变频调速系统动态结构框图

1. 电流调节器设计

从图 12-7 中可以看出，电动机反电动势与电流反馈的作用相互交叉，给设计工作带来麻烦。但是实际的电动机调速系统中由于较大的机械惯性，转速的变化往往比电流变化慢得多，对电流环来说，反电动势是一个变化较慢的扰动，在按动态性能设计电流环时，可以暂不考虑反电动势变化的动态影响。

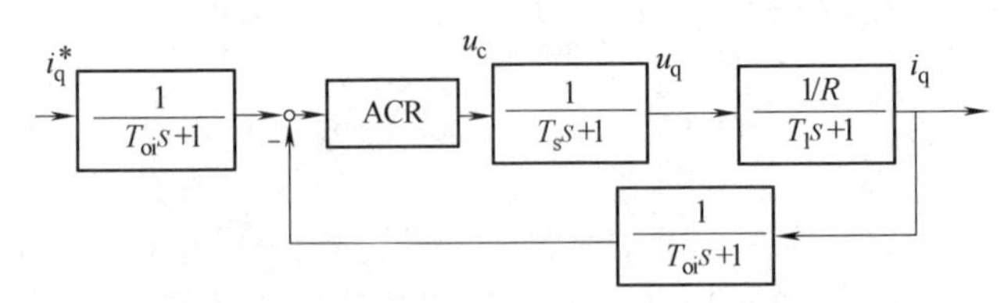

图 12-8　忽略反电动势后的电流调节内环结构图

图 12-8 给出了忽略 q 轴电动机反电动势作用后的电流调节内环的结构图。

忽略反电动势对电流环作用的近似条件是：

$$\omega_{ci} \geqslant 3\sqrt{\frac{1}{T_m T_l}} \tag{12-7}$$

上式中的 ω_{ci} 是电流环开环频率特性的截止频率。

将图 12-8 进行等效变换，得到图 12-9 的结构图。图中除了 ACR 调节器外，还有 3 个惯性环节，其中的时间常数 T_{oi}、T_s 比 T_l 小得多，可以当做小惯性环节近似处理成图 12-10 所示的结构图。需要注意的是，近似处理需要满足式 12-8。

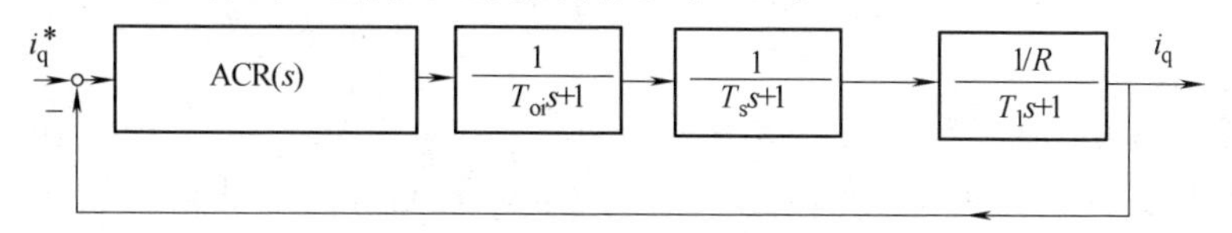

图 12-9 等效后的电流调节内环结构图

$$\omega_{ci} \leqslant \frac{1}{3}\sqrt{\frac{1}{T_{oi}T_s}} \tag{12-8}$$

图 12-10 中的时间常数 $T_{\Sigma i}$ 见式（12-9）。

$$T_{\Sigma i}=T_{oi}+T_s \tag{12-9}$$

在电流环的设计中，一般希望稳态情况下，电流调节无静差，并且能够较好地跟随电流指令值。在强调跟随性能下可以把电流环设计成如图 12-11 所示的典型 I 型系统。

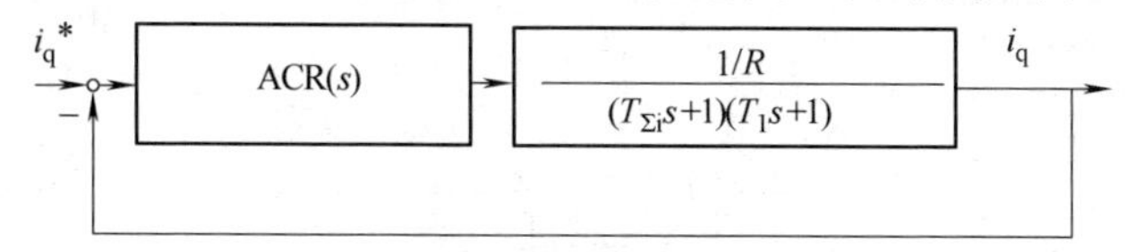

图 12-10 近似处理后的电流环结构图

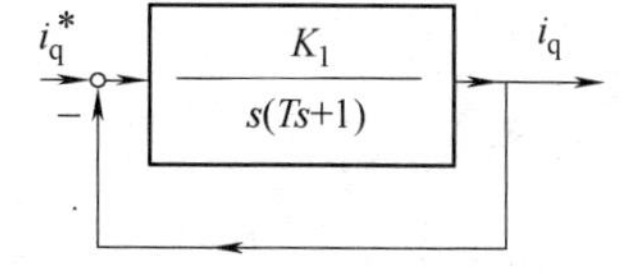

图 12-11 典型 I 型系统结构图

对比图 12-11 与图 12-10 可知，电流调节器可以采用 PI 调节器，其传递函数为

$$W_{ACR}(s)=K_{pACR}\frac{\tau_{ACR}s+1}{\tau_{ACR}s} \tag{12-10}$$

因为 $T_1>T_{\Sigma i}$，所以选择

$$\tau_{ACR}=T_1 \tag{12-11}$$

可以用 PI 调节器的零点消去控制对象中较大时间常数对应的极点。一般情况下，希望电流超调量不要太大，通常选取阻尼系数为 0.707，此时图 12-11 的系统有（参考文献［4］）

$$T=T_{\Sigma i} \qquad K_1 T_{\Sigma i}=0.5 \tag{12-12}$$

对比图 12-11 与图 12-10，有

$$K_1=K_{pACR}\frac{1/R}{\tau_{ACR}} \tag{12-13}$$

所以有

$$K_{pACR}=K_1\tau_{ACR}R \tag{12-14}$$

经过上述的 PI 调节器参数设计后，电流内环的闭环传递函数为

$$W_{cli}(s)=\frac{K_1}{T_{\Sigma i}s^2+s+K_1}=\frac{1}{\frac{T_{\Sigma i}}{K_1}s^2+\frac{1}{K_1}s+1} \tag{12-15}$$

采用高阶系统的降阶处理方法，忽略高次项，式（12-15）可以近似为

$$W_{cli}(s)=\frac{1}{\frac{1}{K_1}s+1} \tag{12-16}$$

近似的条件为

$$\omega_{cn} \leqslant \frac{1}{3}\sqrt{\frac{K_1}{T_{\Sigma i}}} \tag{12-17}$$

此时，电流控制内环结构图可以等效为如图 12-12 的结构图。

可以看出，电流的闭环控制把双惯性环节的电流环控制对象近似地等效成只有较小时间常数的一阶惯性环节，加快了电流的跟随作用，这是局部闭环（内环）控制的一个重要功能。

需要注意的是，电流调节器参数设计后，要对以下条件是否成立进行校验：忽略反电动势变化对电流环动态影响的条件［式（12-7）］；电流环小时间常数近似处理条件［式（12-8）］。

2. 转速调节器设计

将电流环简化等效环节放入到图 12-7 的系统动态结构图后得到图 12-13 的动态结构图。

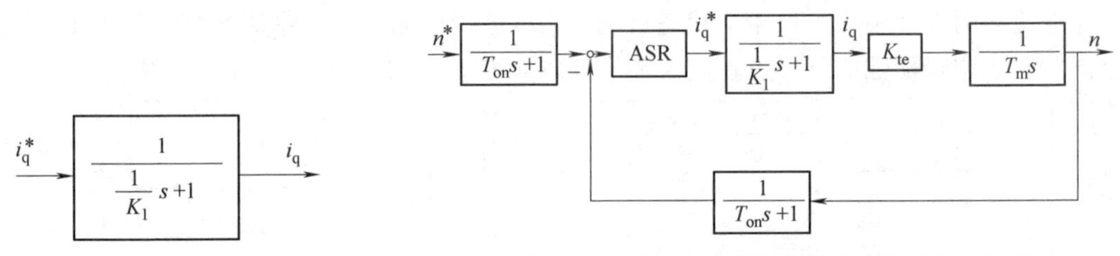

图 12-12　简化等效后的电流环

图 12-13　代入电流环简化环节的转速环结构图

将图 12-13 中的滤波环节移入到前向通道上，得到图 12-14 所示的结构图。

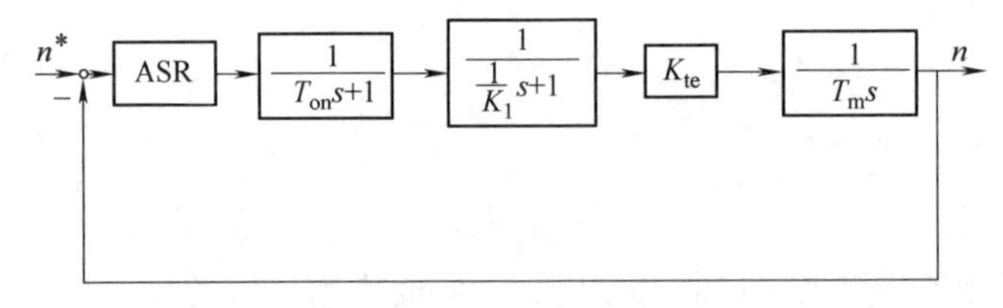

图 12-14　具有单位负反馈的转速环结构图

将图 12-14 中两个惯性环节合并成为一个，图 12-14 的系统可以近似处理成图 12-15 的系统，其中 $T_{\Sigma n}$ 见式（12-18）。

$$T_{\Sigma n} = T_{on} + \frac{1}{K_1} \tag{12-18}$$

转速环小时间常数合并处理的条件是：

$$\omega_{cn} \leqslant \frac{1}{3}\sqrt{\frac{K_1}{T_{on}}} \tag{12-19}$$

在转速环的设计中，一般希望稳态情况下，转速调节无静差，并且具有较好的抗干扰能力，因此可以将转速环设计成典型Ⅱ型系统，图 12-16 给出了典型Ⅱ型系统的动态结构图。

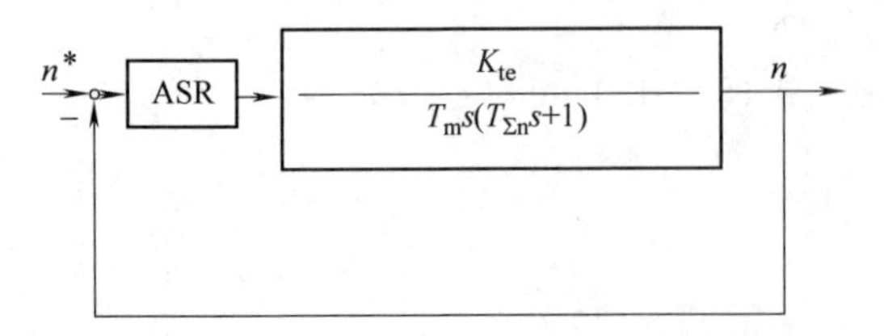

图 12-15　近似处理后的转速环结构图

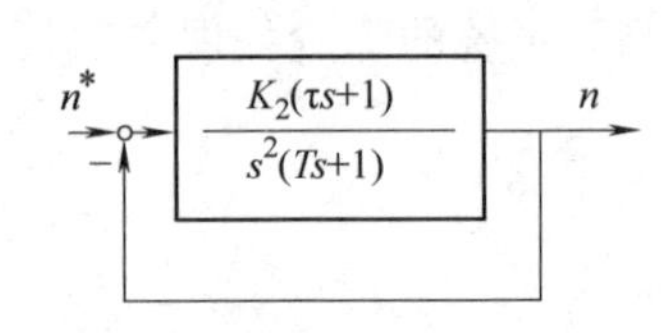

图 12-16　典型Ⅱ型系统结构图

对比图 12-16 与图 12-15 可知，ASR 转速调节器可以采用 PI 调节器，其传递函数如下：

$$W_{ASR}(s)=K_{pASR}\frac{\tau_{ASR}s+1}{\tau_{ASR}s} \tag{12-20}$$

图 12-16 中系统的参数如下：

$$K_2=\frac{K_{pASR}K_{te}}{\tau_{ASR}T_m}\qquad \tau=\tau_{ASR}\qquad T=T_{\Sigma n} \tag{12-21}$$

通常情况下，针对Ⅱ型的转速环，综合考虑跟随性能指标与抗扰性能指标，可以选取中频宽 $h=5$（参考文献［4］第 4 章），即

$$h=\frac{\tau_{ASR}}{T_{\Sigma n}}=5 \tag{12-22}$$

根据式（12-22）可计算出 ASR 的时间常数 τ_{ASR}。

根据“振荡指标法”中闭环幅频特性峰值最小准则，可以得出下式：

$$K_2=\frac{h+1}{2h^2T^2} \tag{12-23}$$

从而可以计算出 ASR 的比例系数 K_{pASR}。

$$K_{pASR}=\frac{\tau_{ASR}T_m(h+1)}{2h^2T_{\Sigma n}^2K_{te}} \tag{12-24}$$

需要注意的是，转速调节器参数设计后，要对以下条件是否成立进行校验：电流环简化条件［式（12-17）］；转速环小时间常数近似处理条件［式（12-19）］。

图 12-17 将电流内环与转速外环的开环对数幅频特性进行了比较，可以发现：外环的响应要比内环更慢，这是设计多环控制系统的特点；需要注意的是，两个闭环控制的剪切频率要间隔一定的距离以避免两个闭环调节相互影响。

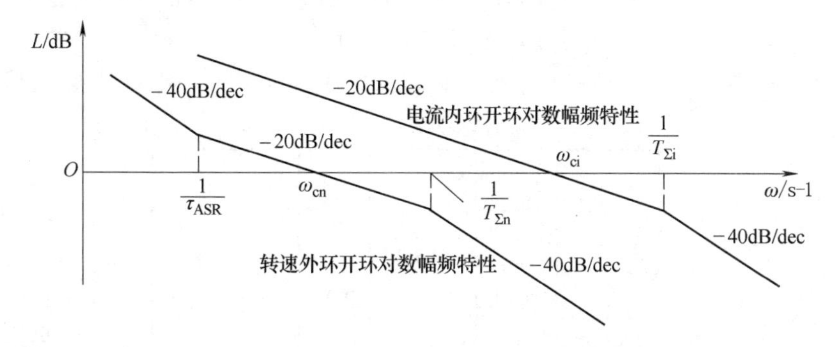

图 12-17　电流内环、转速外环开环对数幅频特性的比较

12.2.2　三相静止坐标系定子电流滞环控制 FOC 控制系统

图 12-3 的矢量控制系统建立在电动机 dq 轴电流的闭环控制上，此外 FOC 也可以建立在三相静止坐标系中电动机定子电流的闭环控制基础上。图 12-18 就给出了采用 CHBPWM 技术进行三相定子电流闭环控制的 FOC 调速系统的结构框图。

CHBPWM 是电流闭环控制中响应最快的一种 PWM 控制技术，进行仿真建模也比较容易实现。本书 12.3 节部分 PMSM 调速系统的仿真建模分析就是针对图 12-18 展开的。

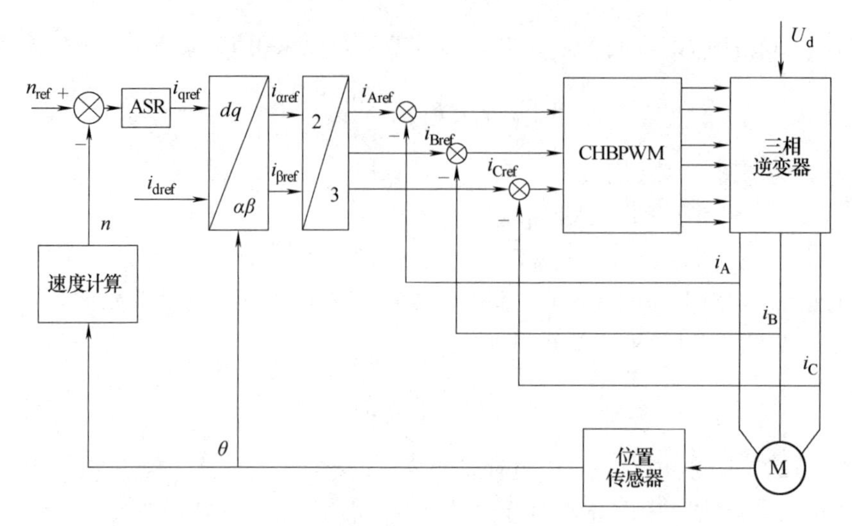

图 12-18　三相静止坐标系中定子电流闭环控制 FOC 控制系统

12.2.3　转矩控制的 FOC 控制系统

电动机调速系统中转速调节器的输出可以是电流指令，也可以是转矩指令，只要该变量最终可以对电动机转矩施加影响进而调节转速即可。图 12-19 给出了转矩指令作为 ASR 输出的 PMSM FOC 控制系统原理图，可以看出电流指令值来源于图中的查表模块（LOOKUP TABLE）——根据电动机工作速度与转矩指令进行查表。

由于嵌入式 PMSM 的转矩不仅与 i_q 有关，同时与 i_d 密切相关；采用不同的 i_d、i_q 可以调节永磁转矩与磁阻转矩的比例，进而影响了电动机的转矩输出能力；不同的 i_d、i_q 组合对应的电动机损耗也不同。所以设计合理的表格，可以控制电动机运行在更加适宜的电流工作点，进一步优化电动机的工作性能（可参考 15.8 节）。

图 12-19 的控制系统在电动汽车中得到较多的应用。汽车在行驶中多数情况下是由司机

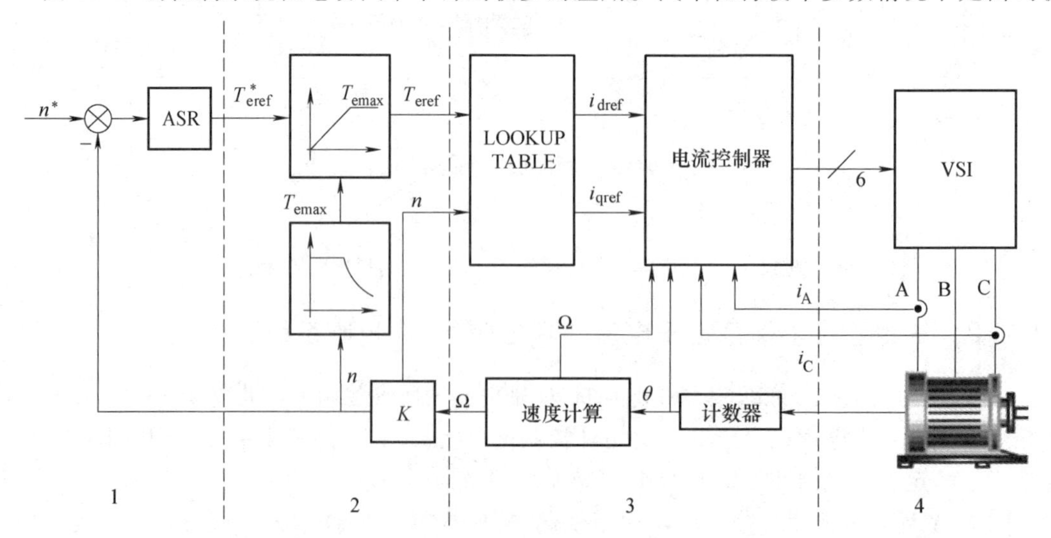

图 12-19　某电动汽车用转矩控制 FOC 控制系统原理图

本人负责控制车速，司机通过油门踏板给出转矩指令值，电动机驱动系统是具体的执行机构。电动机驱动系统的控制软件中通常不含有图 12-19 中的 1 部分。当然如果汽车是工作在巡航情况下，车速由整车控制器负责调节（转矩指令则由整车控制器提供）。

图 12-19 中的 1 是转速调节部分，2 是转矩指令部分，3 是电流指令值产生及其闭环控制部分，4 是调速系统的功率电路部分。

图 12-19 中的 3 部分可以根据本书前面章节分析的 PMSM 的工作特性得出，当电动机参数在较大范围内发生变化时，较难用一个恒定的解析式实现转矩到电流的变换，此时可以根据电动机测试结果，以查表的方式获取 i_d 与 i_q 电流指令值（可参考 15.8 节）。

图 12-19 中的 2 部分是将 ASR 输出的转矩指令值 T_{eref}^* 经过适当的处理后变成真正的转矩指令值 T_{eref}，这里的处理指的是适当的限幅——随着电动机速度的提高，电动机工作区域从恒转矩区逐步过渡到恒功率区，所以要对电动机转矩指令进行限幅。当转矩指令值超出电动机输出能力时，电流的闭环控制将会失效。

12.2.4　电压解耦型 FOC 控制系统

在图 12-3 的控制系统中，u_{dref} 与 u_{qref} 尚不能真正实现对 d、q 轴电流的解耦控制。在添加图 12-20 中的解耦单元后，电动机 dq 轴电流的动态控制效果就会明显提高（可参考附录 L）。

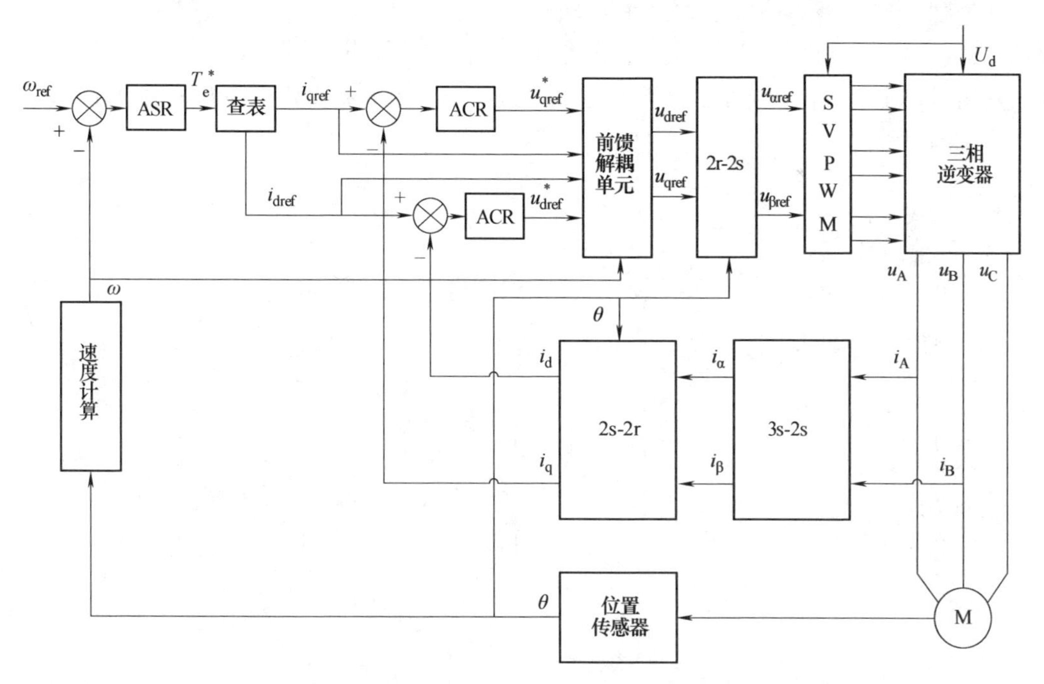

图 12-20　基于前馈型解耦的永磁同步电动机矢量控制系统结构框图

图 12-20 中的解耦单元内部框图如图 12-21 所示，其原理是根据定子电压方程的旋转电压添加了电压解耦单元（具体解释见附录 L）。图 12-20 中在控制系统中对 i_d、i_q 进行闭环调节得到 u_{dref}^*、u_{qref}^*，再经过电压解耦处理以后才成为真正的控制量 u_{dref}、u_{qref}，见下式

$$u_{dref}=u_{dref}^*-\omega\psi_q$$

$$u_{qref}=u_{qref}^*+\omega\psi_d \tag{12-25}$$

图 12-21 的解耦单元借鉴了交流异步电动机的矢量控制技术，由于采用了电压前馈解耦型矢量控制技术，系统的 dq 轴电流响应更为迅速。附录 L 给出了有关电压补偿的分析。

12.2.5 含逆变器直流电压闭环的 FOC 控制系统

采用电压型逆变器供电的永磁同步电动机工作在高速区域时，由于定子电压接近极限，所以电流调节器可能会出现饱和以致电动机电流处于开环控制，从而导致系统进入非可控状态，存在着较大的安全隐患。对此的改进措施是，当电流调节器进入饱和时，将调速系统对电动机定子电压的需求和逆变器直流侧电压进行对比，并产生一个额外的去磁电流分量（i_d）补偿到原电流指令值。

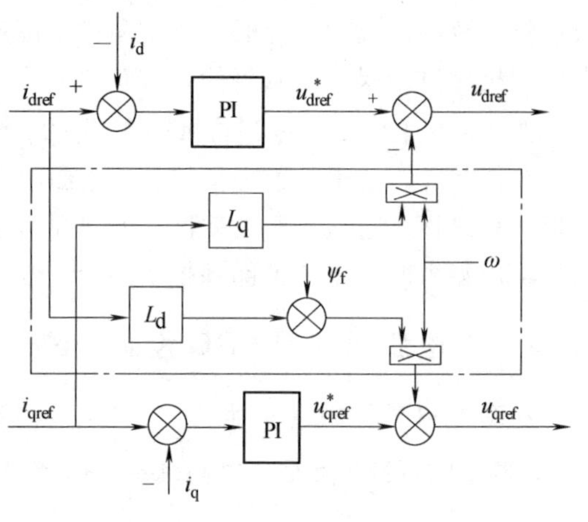

图 12-21　前馈单元内部结构框图

图 12-22 给出了含有逆变器直流电压闭环的永磁同步电动机矢量控制系统框图，里面除了前面介绍的速度闭环、两路电流闭环以外，还增加了一个电压闭环。新增电压闭环可以抵消电动机运行时对定子电压的额外要求，从而避免定子电流调节器进入深度饱和，进而对定子电流实施更为有效的闭环控制，提高了系统的可控性。

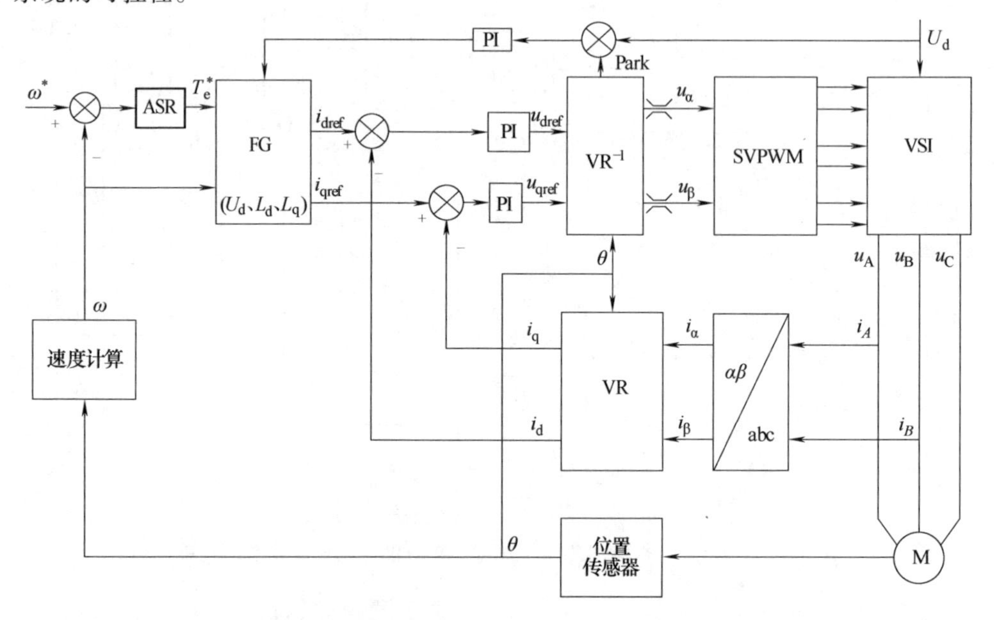

图 12-22　含有逆变器直流电压闭环的永磁同步电动机矢量控制系统框图

图 12-23 给出了定子电流指令值发生器的内部框图，电动机转矩命令值首先经过预处理：一方面在不同运行区域内的转矩最大值受限，另一方面输出转矩受到直流电压的限制，当电压降低时，转矩指令需要相应减小。然后根据运行中的不同优化控制策略，将转矩指令

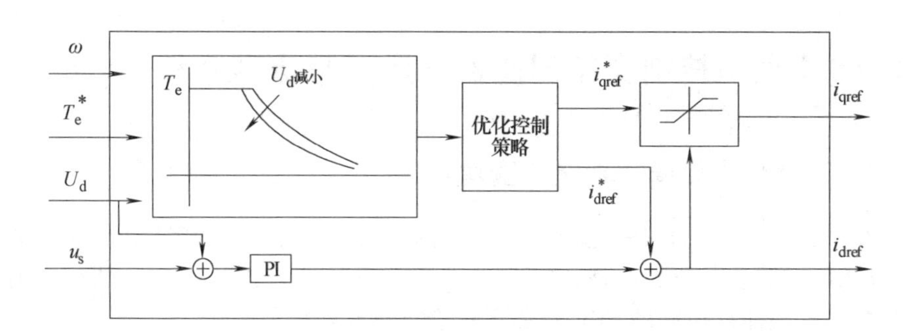

图 12-23　高性能电流命令发生器框图

转化为定子电流的命令值 i_{dref}^*、i_{qref}^*。高速运行的电动机受到电压极限的限制作用是比较明显的，所以根据图中电压调节产生的电流指令补偿量，最终形成真正的电流指令值 i_{dref}、i_{qref}。

下面针对采用图 12-22 的控制系统对电动机定子电阻、励磁电感等参数变化的抑制效果进行了仿真。

图 12-24 中电动机运行于高速负载情况下，图中的箭头标注了不同的干扰：1—定子电阻逐渐增加；2—定子电感缓慢减小；3—定子电感快速减小；4—定子电阻逐渐减小，恢复正常。从中可以看出，随着电动机参数的变化，由于图 12-22 中的电流指令同步发生变化，所以电流调节器可以继续保持电流的闭环控制。

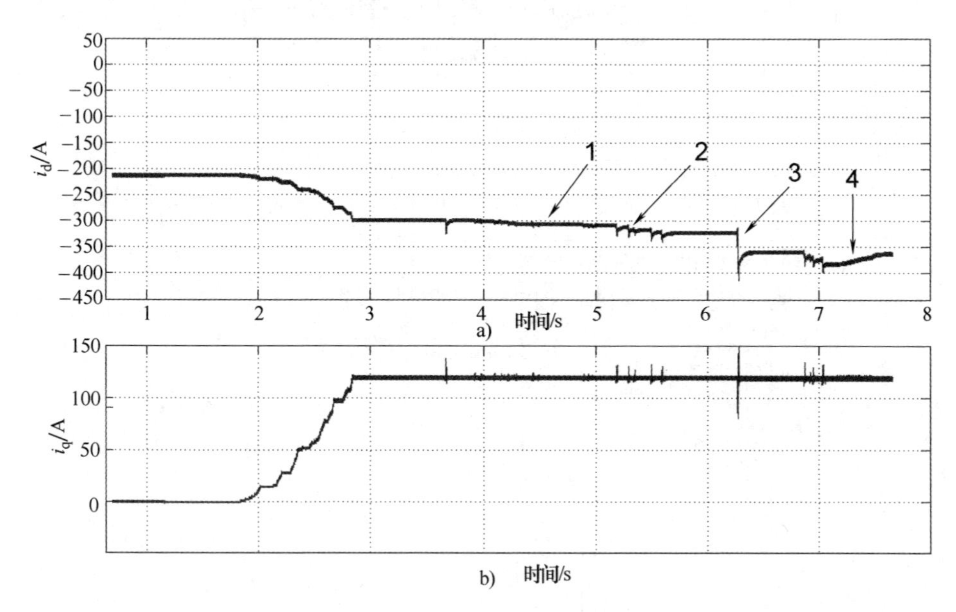

图 12-24　电压闭环控制效果

需要指出的是，由于电动机内部磁场饱和的影响，PMSM 中的 L_d、L_q 电感值与定子电流 i_d、i_q 大小有关，特别是 L_q 在定子电流较大时会有明显的下降，从而会显著影响电动机的转矩控制效果。对电动机转矩控制性能要求较高的场合（如电动汽车）需要考虑对电动机内部某些参数进行在线辨识。

12.3 PMSM 矢量控制变频调速系统建模与仿真分析

12.3.1 FOC 控制变频调速系统仿真建模

前面章节中已经分析过 PMSM 变频调速系统中各单元（包括 PMSM 电动机建模、VSI 逆变器建模、PWM 控制技术仿真模型、PI 调节器参数设计等）的建模，这里对采用图 12-18 的基于三相定子电流滞环控制的 FOC 控制系统进行仿真建模与分析。

MATLAB/SIMULINK 仿真程序如图 12-25 所示。程序运行中使用到 4 个变量（逆变器直流侧电压 u_d、电流滤波器时间常数 t_{oi}、电流滞环宽度 delta_i、电动机极对数 p）在图 12-26 中进行了定义，该对话框可以在图 12-25 的 file 菜单的 model properties 中打开。打开图 12-26 选项卡 Callbacks 的 InitFcn 部分，在右侧模型初始化函数（Model initialization function）部分键入图示的变量初始化语句，在 mdl 文件运行前 MATLAB 会依据键入的语句自动初始化各变量。

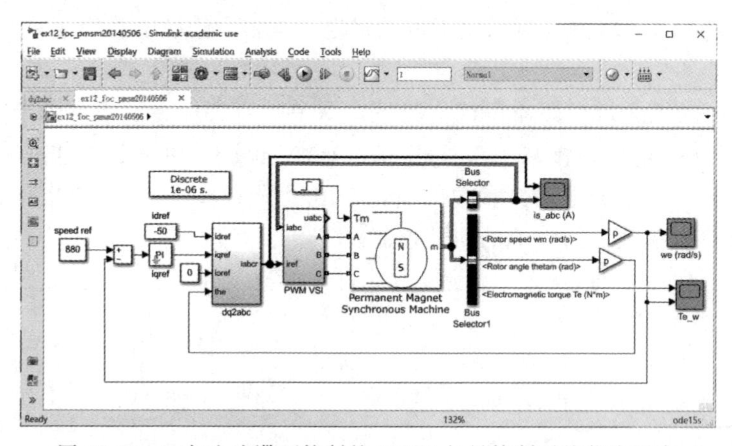

图 12-25　三相电流滞环控制的 PMSM 矢量控制系统仿真程序

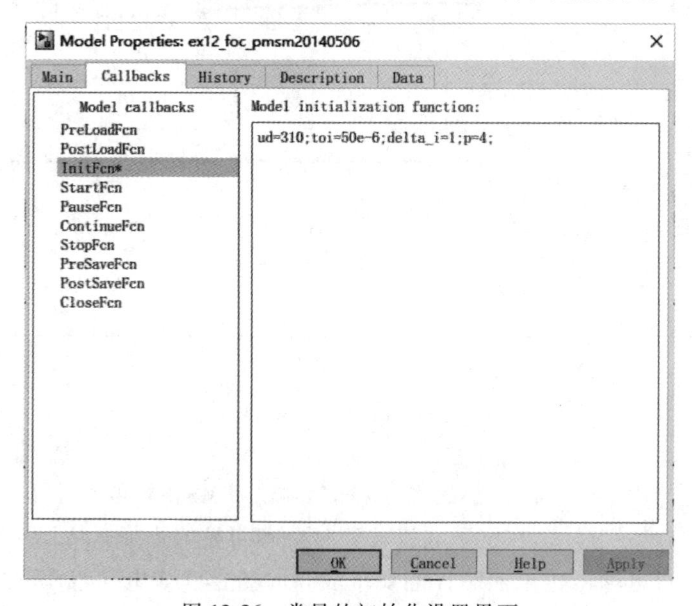

图 12-26　常量的初始化设置界面

图 12-25 中转速给定模块（Speed Ref）使用 SIMULINK 中的常数（Constant）模块。从电动机测量模块得到的机械角速度乘以增益 p 后变成了电角速度，它与速度指令 880 的偏差进行 PI 调节以实现速度闭环。故而 880 的含义也就是电机的电角速度指令值，对应的定子频率为 880/2/pi≈140Hz。

PMSM 电动机参数设置对话框如图 12-27 所示，图 12-27a 中选择电动机为正弦（Sinusoidal）反电动势类型（Back EMF waveform）和机械端输入（Mechanical input）为转矩变量，在图 12-27b 中设置定子电阻（Stator phase resistance Rs）、dq 轴电感（Inductance）、定子绕组的永磁磁链（Flux linkage established by magnets）、电动机的转动惯量（Inertia）、电动机的转矩摩擦系数（friction factor）、电动机的极对数（pole pairs）、电动机的初始转速、位置、电流（Initial conditions）。仿真中的电机转子零位置如图 12-27c 所示。

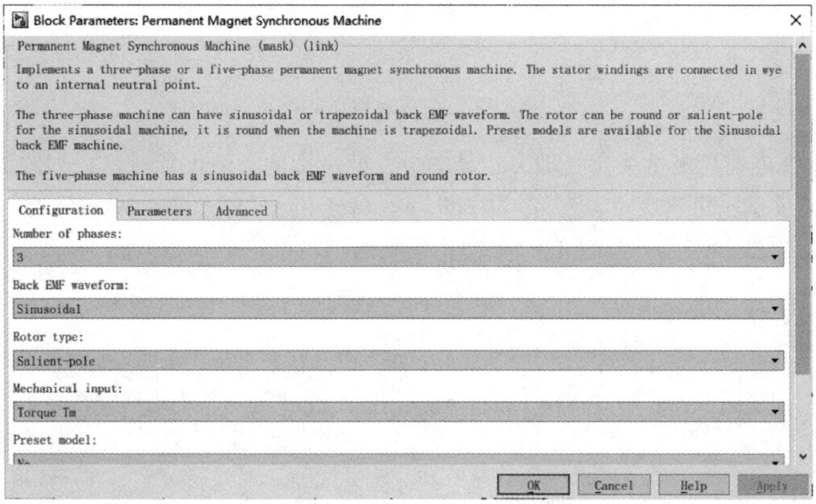

a)

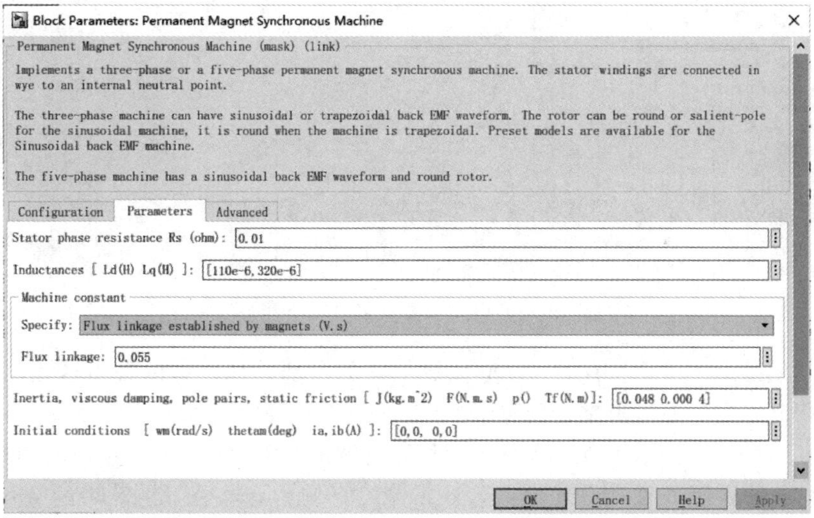

b)

图 12-27　电动机参数设置对话框

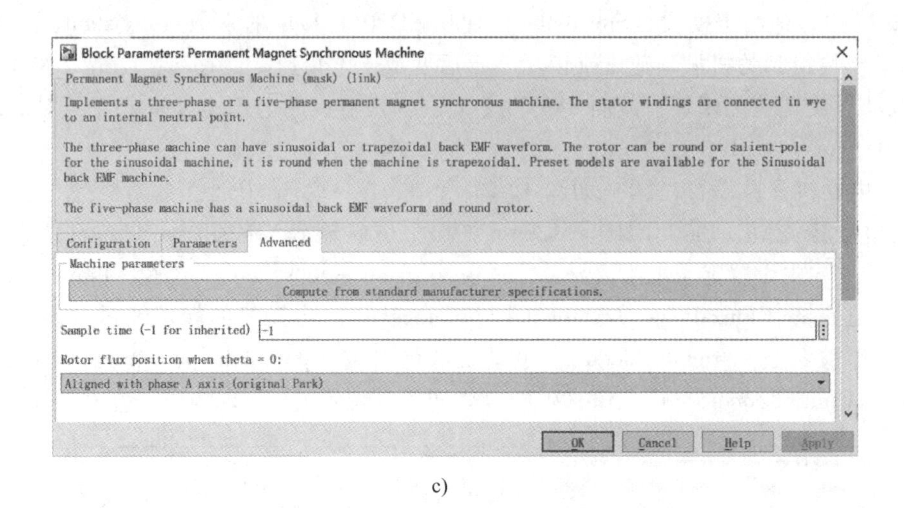

c)

图 12-27　电动机参数设置对话框（续）

图 12-25 中电动机测量单元（即 Bus Selector1 模块）的参数设置对话框如图 12-28 所示，这里选择了转子机械角速度（w_m，单位 rad/s）、转子机械位置角（thetam，单位 rad）、电磁转矩（T_e，单位 Nm）。另外，Bus Selector 模块选择输出定子三相电流。

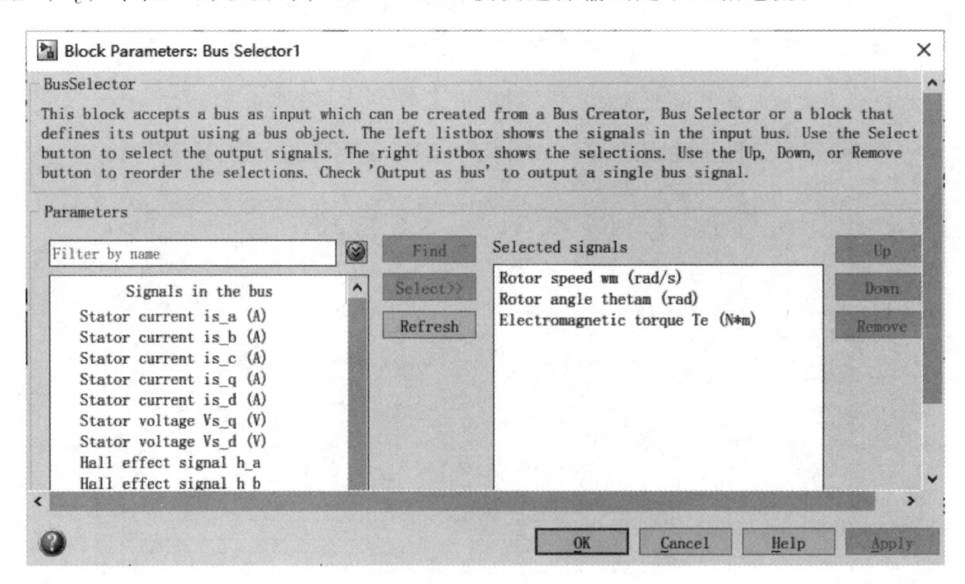

图 12-28　电动机测量模块输出变量

图 12-29 给出了图 12-25 中的转速 ASR 调节器的内部结构，可以看出这是一个带有内、外限幅（即积分限幅和输出限幅）的 PI 调节器，两个系数分别为 P、I，上、下限幅值变量为 max 与 min，采用一个名为 PI 的 Scope 模块进行波形观测。图 12-30 给出了对速度调节器子系统进行封装的界面，图 12-30a 中键入 disp（'PI'）可以在图 12-25 中的 ASR 模块上显示“PI”字符。图 12-30b 对图 12-29 中的变量进行了定义。在图 12-30 和图 12-31 中可以很容易看出变量的对应关系，min、max 两个变量来自于 sat 变量的两个分量。ASR 封装完成后，双击图 12-25 中的 ASR，则会弹出图 12-32 所示的调节器参数设置对话框。

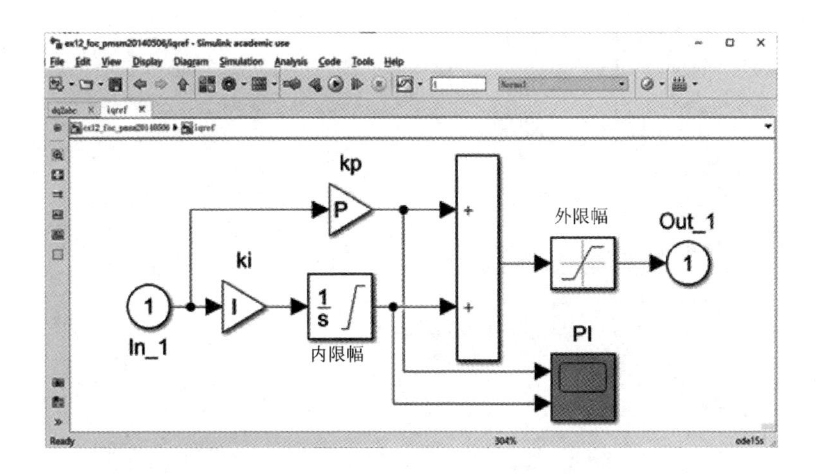

图 12-29 ASR 转速 PI 调节器内部结构图

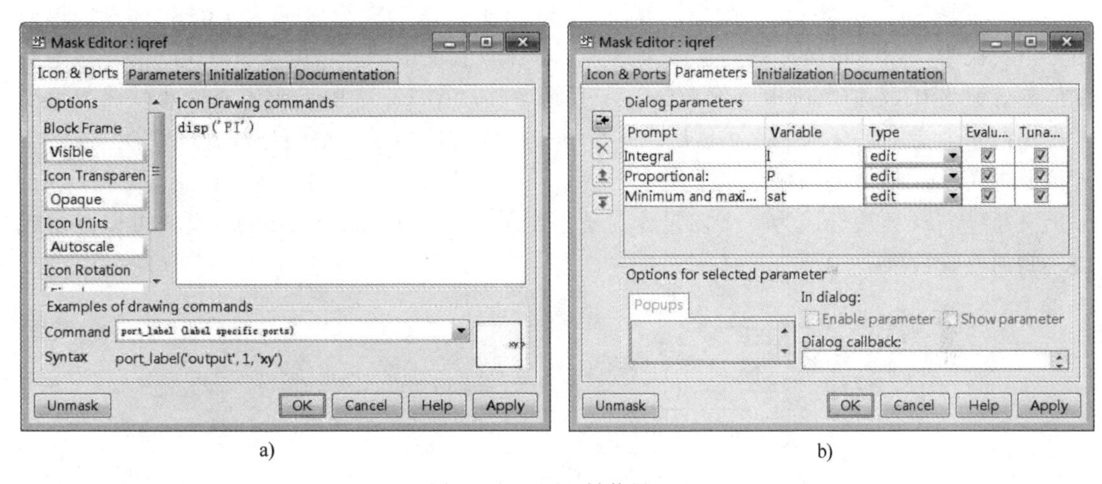

a) b)

图 12-30 ASR 封装界面 1

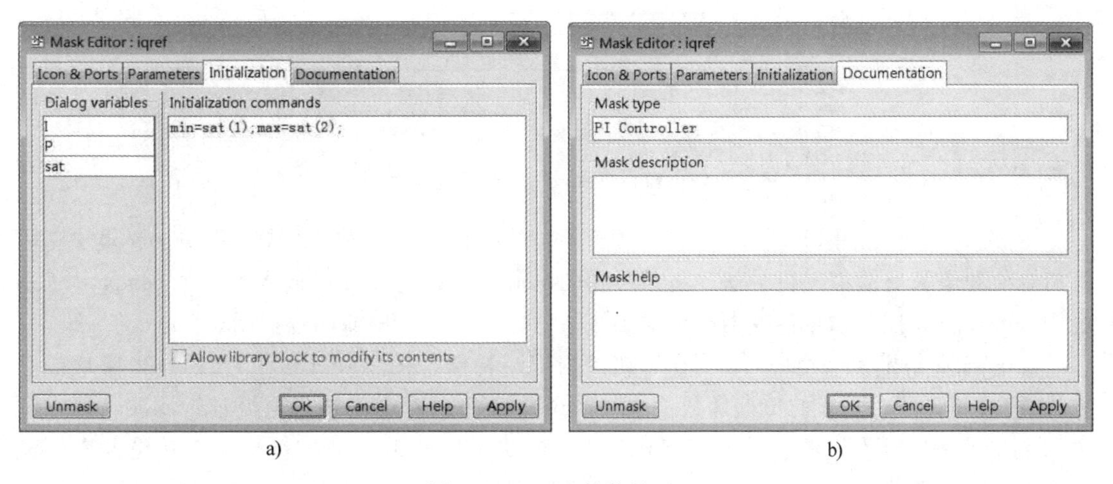

a) b)

图 12-31 ASR 封装界面 2

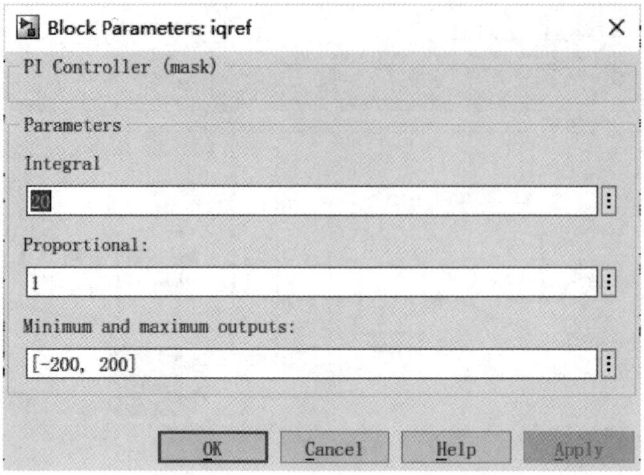

Block Parameters: iqref

PI Controller (mask)

Parameters

Integral

20

Proportional:

1

Minimum and maximum outputs:

[-200, 200]

OK　Cancel　Help　Apply

图 12-32　ASR 对话框参数设置

图 12-25 中的 dq2abc 子系统结构如图 12-33 所示，该模块的功能是将 dq 坐标系的电流指令值转换为三相静止坐标系的电流指令值。本仿真实例中的 d 轴电流指令值、零序电流指令值都设置为 0，q 轴电流指令值来自于 ASR 调节器。图 12-33 中采用了 mux 模块将坐标变换使用的 4 个变量综合到一起，然后在 3 个 Fcn 函数模块中通过语句进行坐标变换，4 个变量按照进入 mux 模块的顺序分别采用 u（1）、u（2）、u（3）、u（4）进行调用。3 个 Fcn 的输出又通过 mux 模块合成为一个向量作为子系统的输出。显然，采用 mux 模块可以减少模块之间的连线数量。

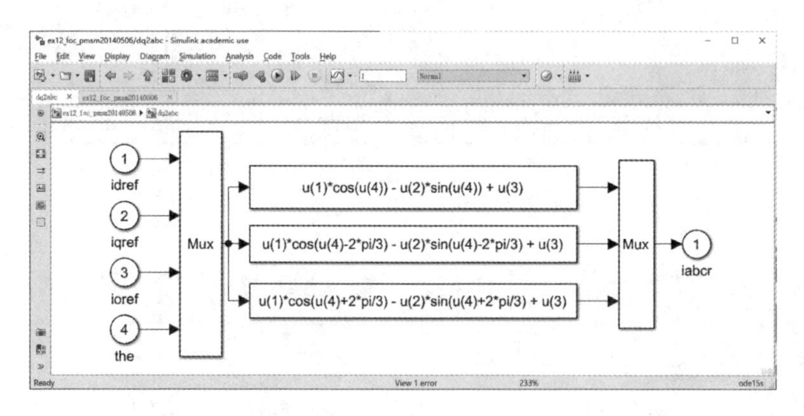

图 12-33　dq 轴电流指令变换为三相静止坐标系电流指令

图 12-34 给出了图 12-25 中 PWM VSI 子系统的内部结构。图中首先采用 demux 模块将电流指令值和电流反馈值进行分解，将某一相的电流指令值与实际值输入到一个 compare 子系统中进行比较并控制该相逆变器桥臂输出合适的相电压进行电流闭环控制。

图 12-35a 给出了一个 compare 子系统的内部结构图，图 12-35b 给出了 Relay1 模块的参数设置。时间常数为 toi 的传递函数模块（Transfer Fcn）对电动机相电流进行滤波，可以滤去 A 相电流中的高次谐波。继电器（Relay1）模块实现电流滞环控制功能，其输入为电流指令值与电流反馈值的差值，输出为 A 相相电压数值。Relay1 的开通动作值（Switch on

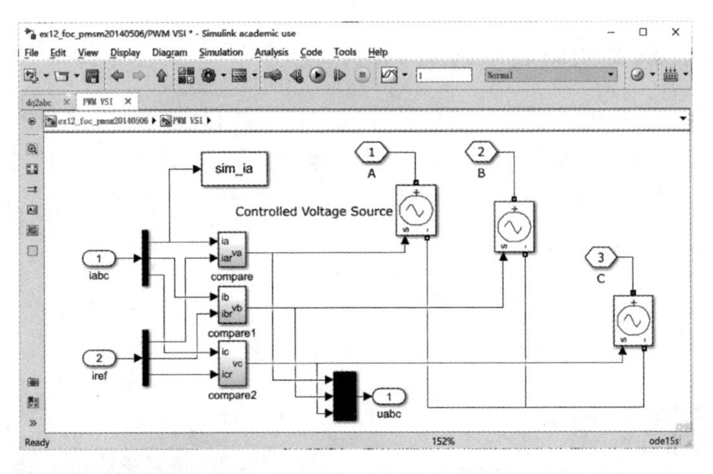

图 12-34　三相电流滞环控制及逆变器子系统模块的内部结构图

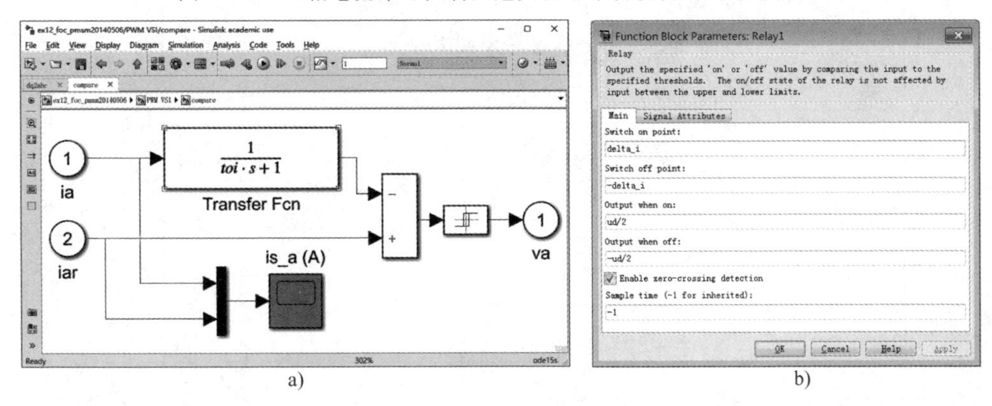

a)　　　　　　　　　　b)

图 12-35　电流滞环比较器内部结构及参数设置对话框

point)、关断动作值（Switch off point）分别为图 12-26 定义的电流滞环宽度（delta_i）的一半。Relay1 的开通输出值（Output when on)、关断输出值（Output when off）分别为图 12-26 定义的逆变器直流侧电压（ud）的一半。Relay1 实现的功能为：当电流指令值与电流反馈值的差值达到“开通动作值”时，输出高电平电压；当电流差值达到“关断动作值”时，输出低电平电压。

图 12-34compare 子系统输出信号为 SIMULINK 中的信号（即数值信号)，它是不能与图 12-25 中的电动机模型直接相连接的，需要使用图 12-34 中的受控电压源（Controlled Voltage Source）把数值信号转换为 Sim Power Systems 中的物理信号。

图 12-36 给出了图 12-25 中负载转矩模块（step）的参数设置，电动机的负载在 0. 6s 时从 20Nm 阶跃变化为 50Nm。

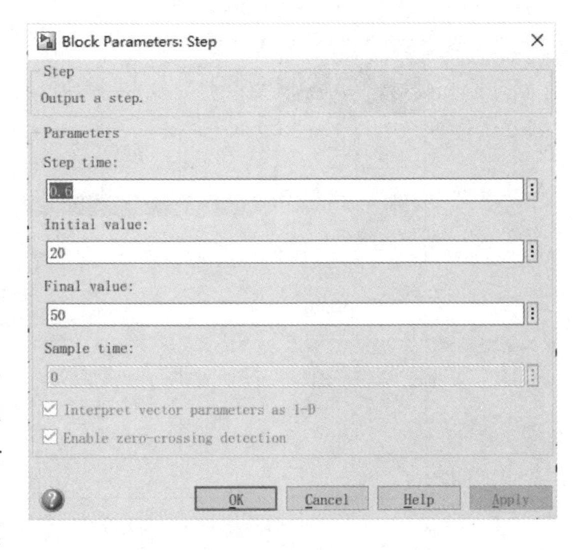

图 12-36　负载转矩设置对话框

12.3.2 FOC 控制变频调速系统仿真结果与分析

图 12-37 给出了电动机转矩与转速的仿真波形图。可以看出，电动机的转矩可以较好地进行控制，并在稳态情况下与负载转矩相平衡。电动机转速可以进行较好地控制，具有较好的负载扰动能力。图 12-37a 给出的响应对应于图 12-32 的 ASR 参数，若 ASR 的 P、I 参数分别为 9.1 与 1818，则响应波形为图 12-37b。

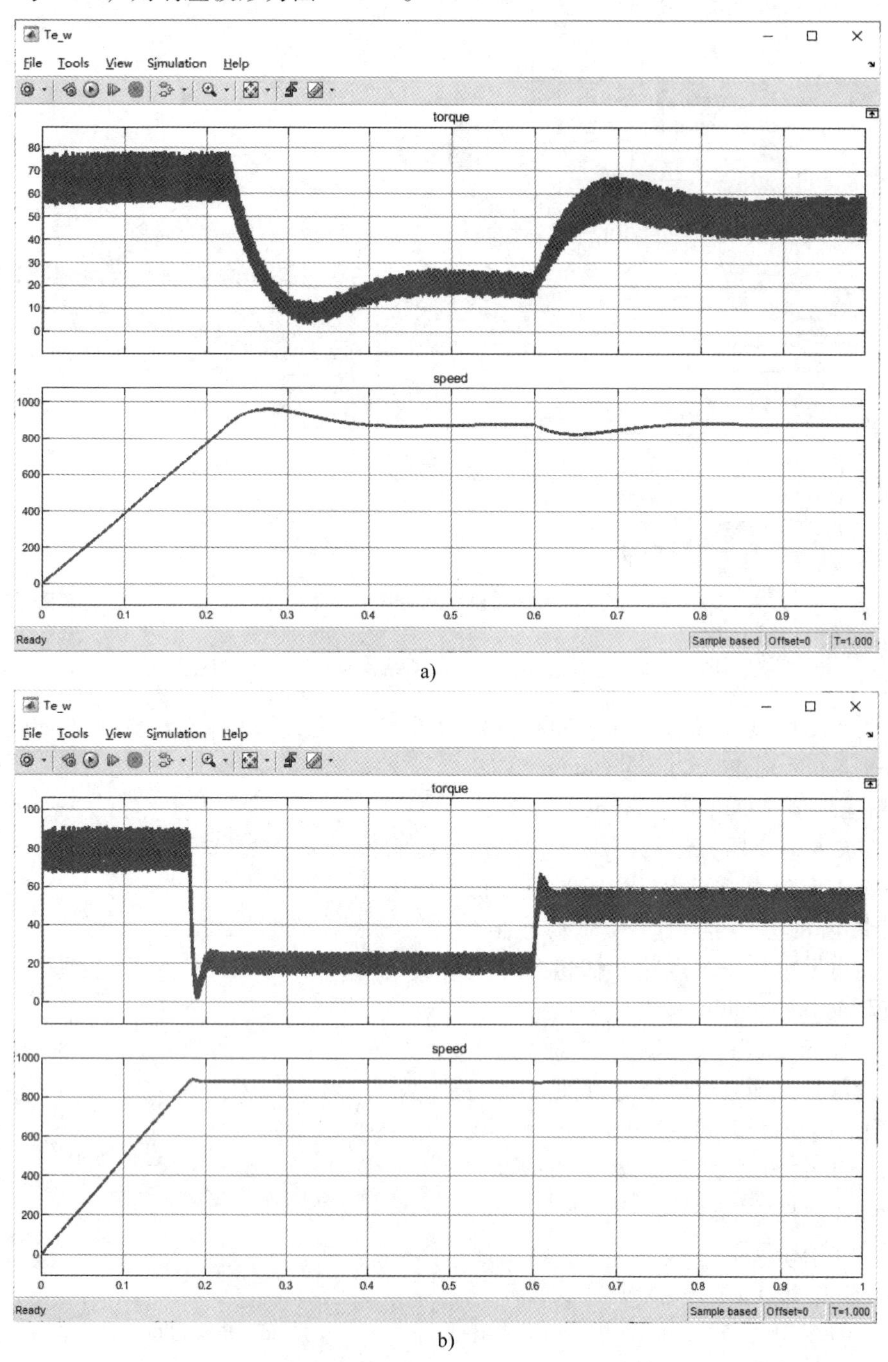

图 12-37 电动机转矩与转速仿真波形图

图 12-38 给出了电动机的三相定子电流仿真波形图。在起动加速阶段，电流都保持在较大值，从而产生较大的转矩；当速度稳定下来后，由于负载较小，所以电流较小；0.6s 后，当负载转矩增加时，电动机电流迅速增加，从而产生较大转矩抵抗扰动，并最终与负载平衡。

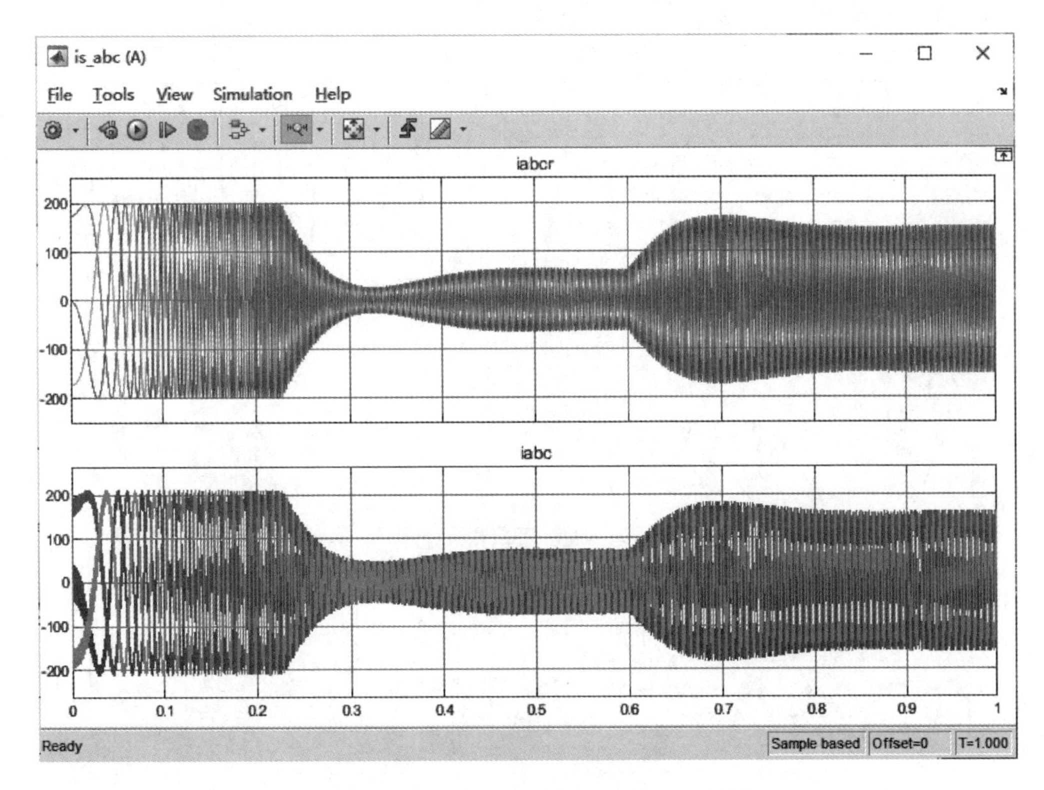

图 12-38　电动机三相定子电流仿真波形图

图 12-39 给出了图 12-35 中 is_a Scope 的波形——A 相电流指令值与实际值波形。可以看出两者总体上比较接近，电流得到了较好的闭环控制。

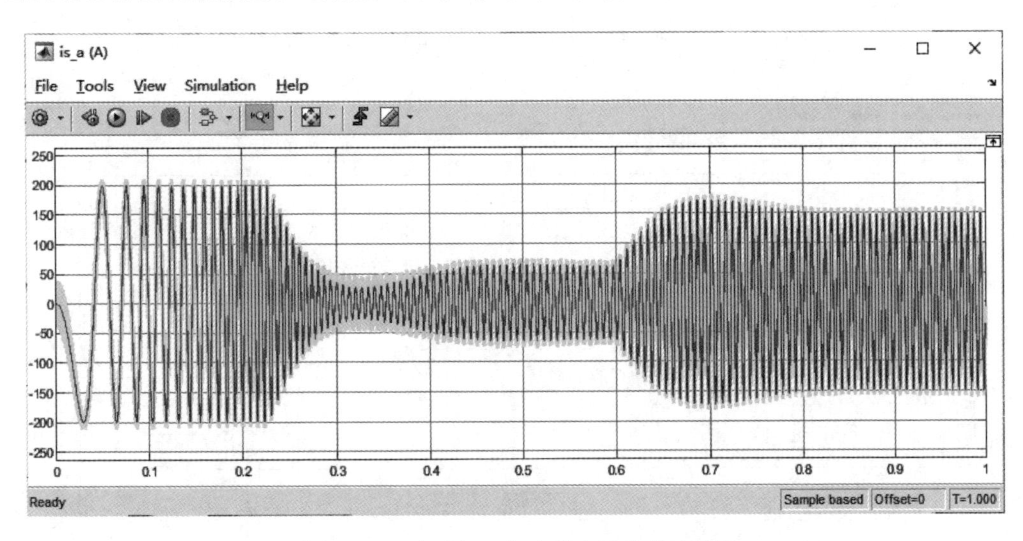

图 12-39　电动机一相定子电流仿真波形图

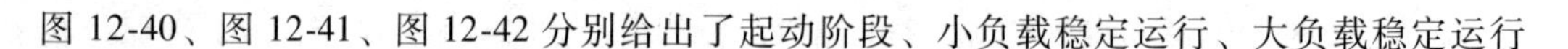

图 12-40、图 12-41、图 12-42 分别给出了起动阶段、小负载稳定运行、大负载稳定运行

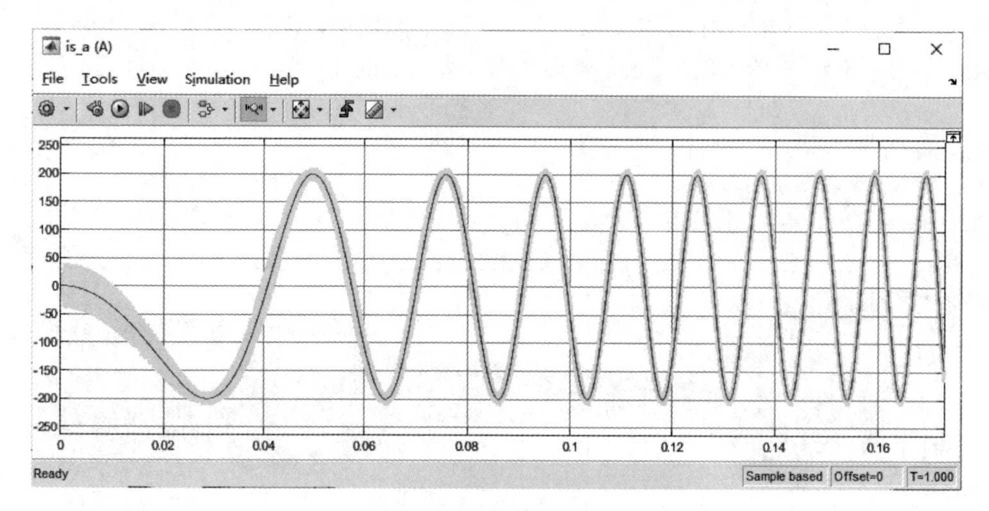

图 12-40　起动阶段电动机定子 A 相电流波形

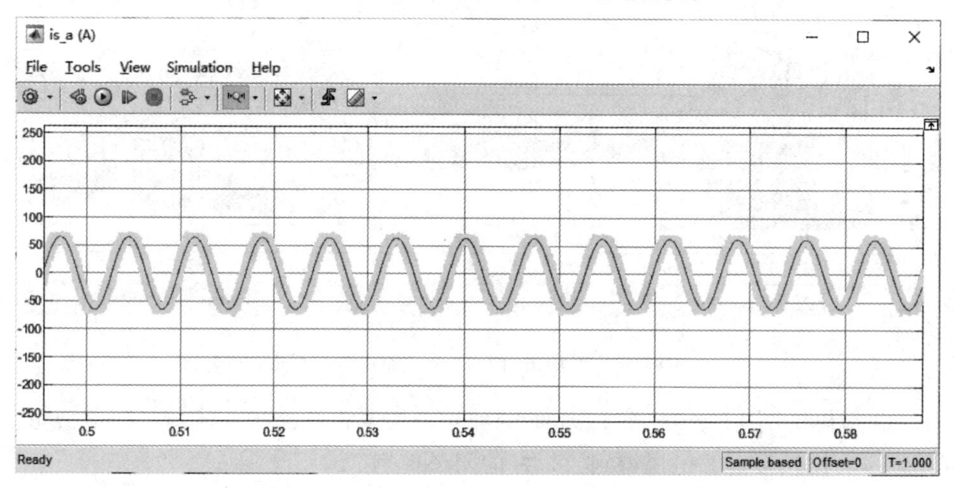

图 12-41　电动机稳定运行时定子 A 相电流波形（轻载）

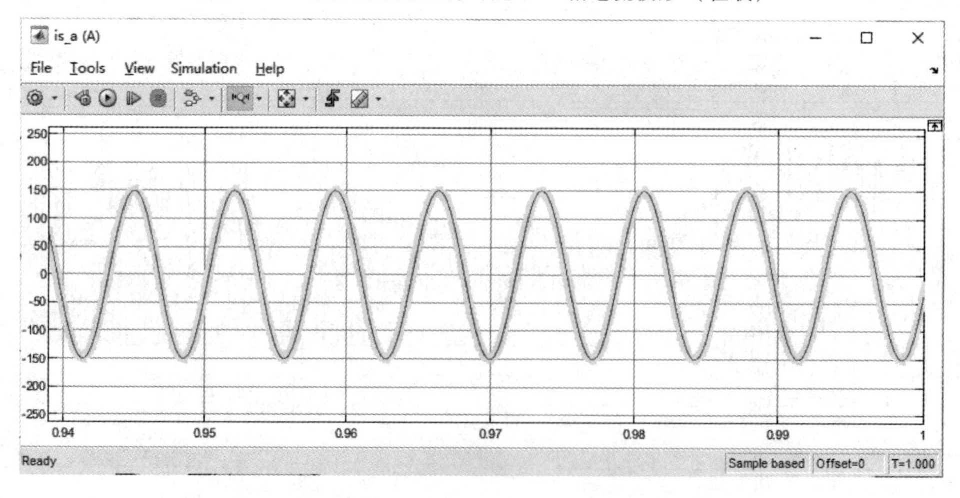

图 12-42　电动机稳定运行时定子 A 相电流波形（重载）

时的定子电流波形图。从中可以明显看出，不同阶段的电流跟踪波形略有不同，这与本书前面分析的 CHBPWM 的特点相吻合——转速、电流、反电动势都会影响到实际电流的上升、下降规律。

图 12-43 给出了电动机定子绕组相反电动势与三相电流波形。由于图 12-25 中采用了 $i_d=0$ 控制策略，所以定子相电流与相反电动势保持同相。重新设定 i_d 的指令值，修改为 −50A 以后，仿真波形如图 12-44 所示，可以看出，电流的相位超前于绕组相反电动势（即式（3-38）的导数，即式 15-8），这是弱磁控制时的电流波形特点。

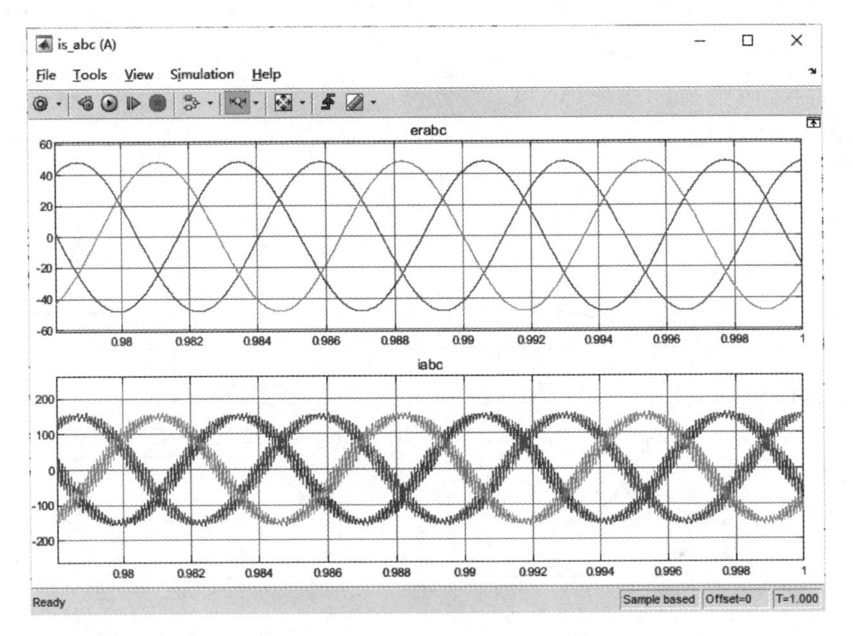

图 12-43　定子绕组相反电动势与三相电流波形（$i_d=0$）

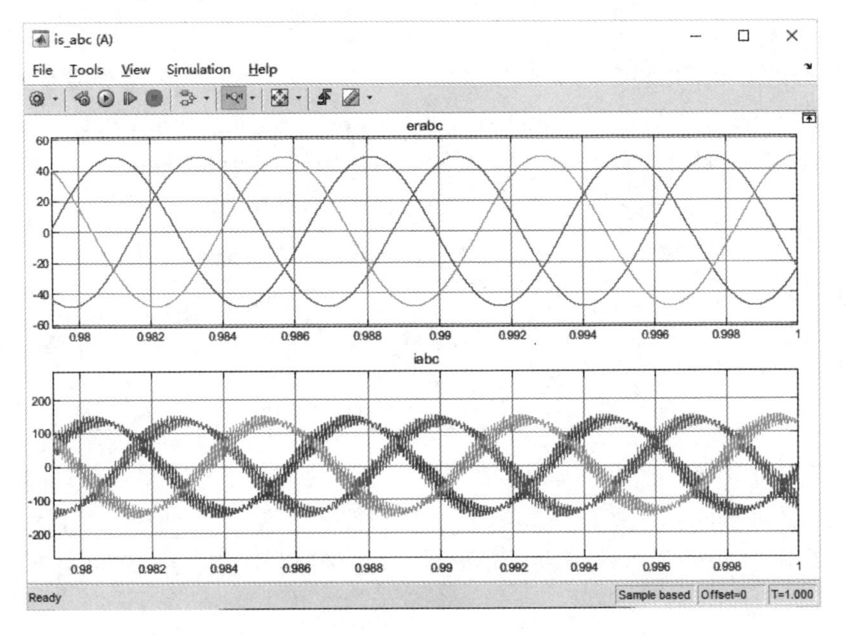

图 12-44　定子绕组相反电动势与三相电流波形（$i_d=-50$）

图 12-45 给出了图 12-29 ASR 中名为 PI 的 Scope 模块观测的波形，上图为比例调节器的输出，下图为积分调节器的输出。可以看出：

1）在转速调节的动态过程中，比例调节器响应速度明显高于积分调节器；

2）在转速无静差的稳态情况下，i_q 电流指令值的产生依赖于积分调节器；

3）比例调节器根据当前转速误差量直接产生电流指令值，而积分调节器需要根据转速变化的整个过程得到电流指令值，后者有较大的滞后。

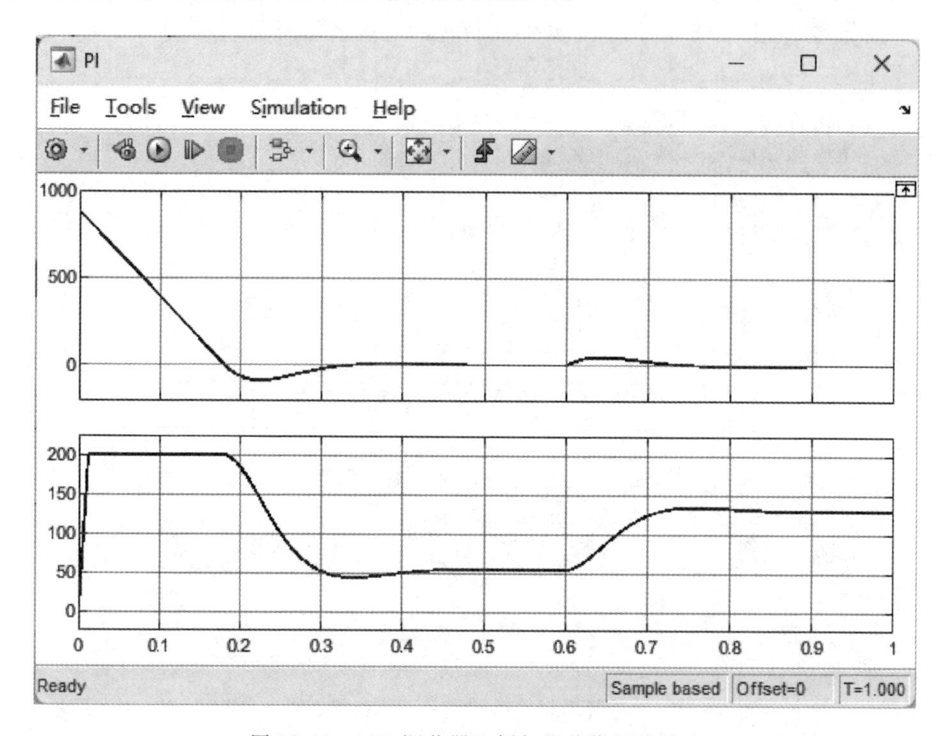

图 12-45 ASR 调节器比例与积分作用的输出

表 12-1 给出了不采用与采用弱磁控制的 PMSM 电流、电压、磁链等变量的仿真数据。从中可以看出实施弱磁控制以后，电机的功率因数得到了提高。另外，从定子磁链幅值对比中可以看出定子磁链幅值得到了削弱；弱磁控制可以明显降低电动机定子电压的需求，在逆变器直流侧电压 u_d 恒定的情况下，增加了电动机电流的可控性。

表 12-1 不同 i_d 电流指令下电动机运行数据对比

i_q 电流/A	i_d 电流/A	定子电压幅值/V	定子电压相位/度	定子电流相位/度	定子磁链幅值/Wb	铜耗/W	基波功率因数	输入功率/W
151.5	0	65.67	130.5	90	0.0733	344.3	0.76	11344
127.2	-50	57.7	129	111.5	0.0641	280	0.954	11280

下面采用 SIMULINK 中的 Powergui 图形用户程序对 A 相定子电流进行频谱分析。分析前需要将该变量通过 sinks 库中的 to workspace 模块按照 StructureWithTime 的格式保存到工作空间中，如图 12-46a 所示。在系统仿真结束后，双击图 12-25 左上角的 Powergui 模块的图标（此时模块显示 Discrete），可以出现图 12-46b 所示的工具。单击 Tools 选项卡后出现 12-46c 所示的工具界面。

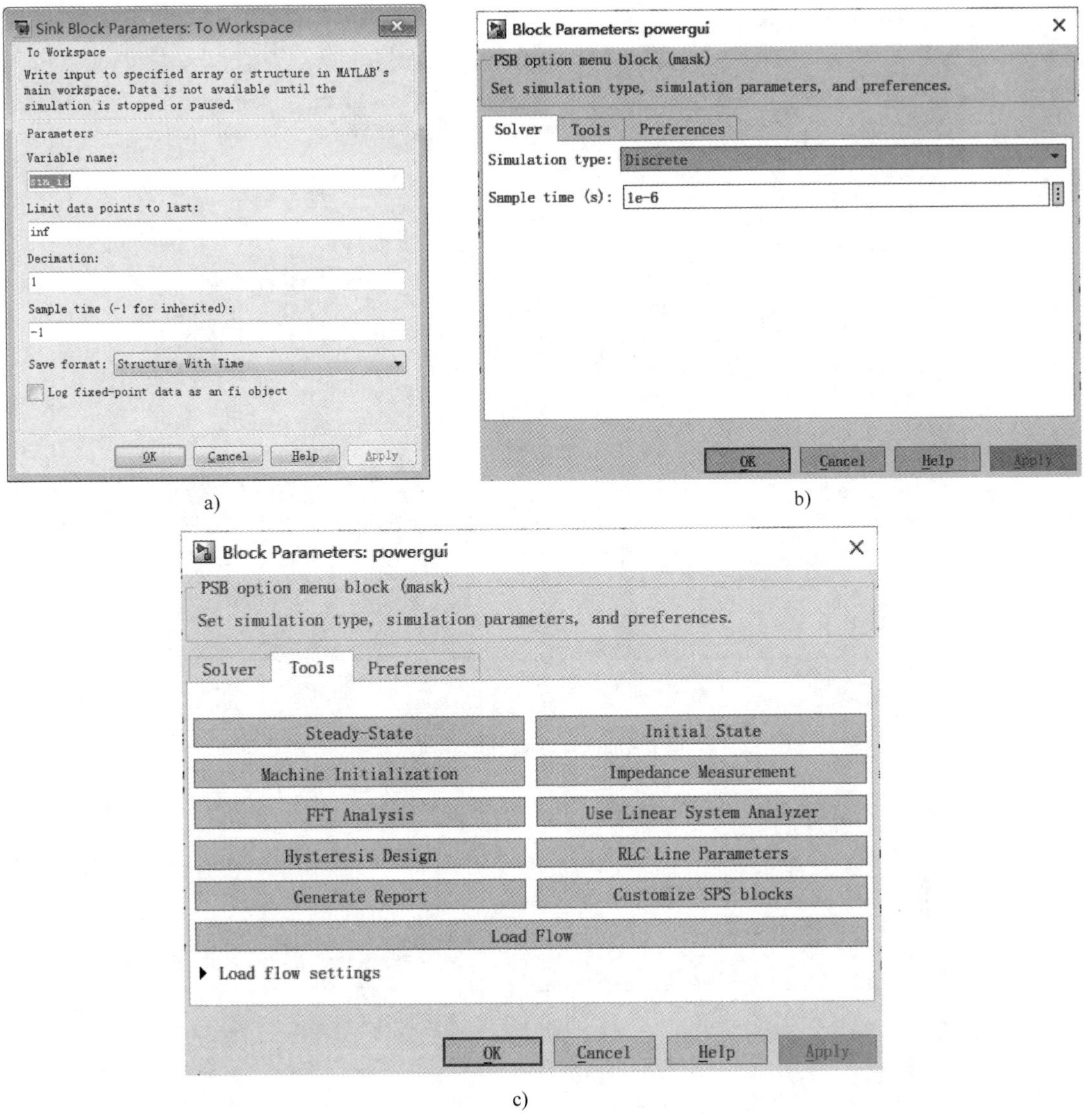

Sink Block Parameters: To Workspace
To Workspace
Write input to specified array or structure in MATLAB's main workspace. Data is not available until the simulation is stopped or paused.
Parameters
Variable name:
sim_ia
Limit data points to last:
inf
Decimation:
1
Sample time (-1 for inherited):
-1
Save format: Structure With Time
Log fixed-point data as an fi object
OK Cancel Help Apply

a)

Block Parameters: powergui
PSB option menu block (mask)
Set simulation type, simulation parameters, and preferences.
Solver Tools Preferences
Simulation type: Discrete
Sample time (s): 1e-6
OK Cancel Help Apply

b)

Block Parameters: powergui
PSB option menu block (mask)
Set simulation type, simulation parameters, and preferences.
Solver Tools Preferences
Steady-State
Initial State
Machine Initialization
Impedance Measurement
FFT Analysis
Use Linear System Analyzer
Hysteresis Design
RLC Line Parameters
Generate Report
Customize SPS blocks
Load Flow
Load flow settings
OK Cancel Help Apply

c)

图 12-46　电流变量保存与 powergui 功能设置界面

单击图 12-46c 中的 FFT Analysis 后出现图 12-47 的频谱分析界面。在右侧 Name 下拉菜单中选择电流变量 sim_ia，在 Start time（s）中键入分析的起始时间，在 Number of cycles 中键入分析波形的周波数目，在 Fundamental frequency（Hz）中键入基波的频率。因为电动机速度稳定在 880rad/s，所以基波频率为 $880/2/\pi \approx 140$Hz。在 Max frequency（Hz）中键入待分析的最高频率，在 Frequency axis 下拉菜单中选择横坐标为谐波次数（Harmonic order），在显示样式（Display style）中选择样式 Bar（relative to fundamental）。最后单击 Display，即可出现频谱分析的结果。

注意频谱分析界面左上角的图是时域波形图，横坐标为时间（s）。左下角的波形图为频谱分析结果，横坐标表示频率，纵坐标是以基波分量幅值为基值进行标幺化处理的结果，可以通过选择对话框最上方菜单中的编辑工具对图形进行编辑。

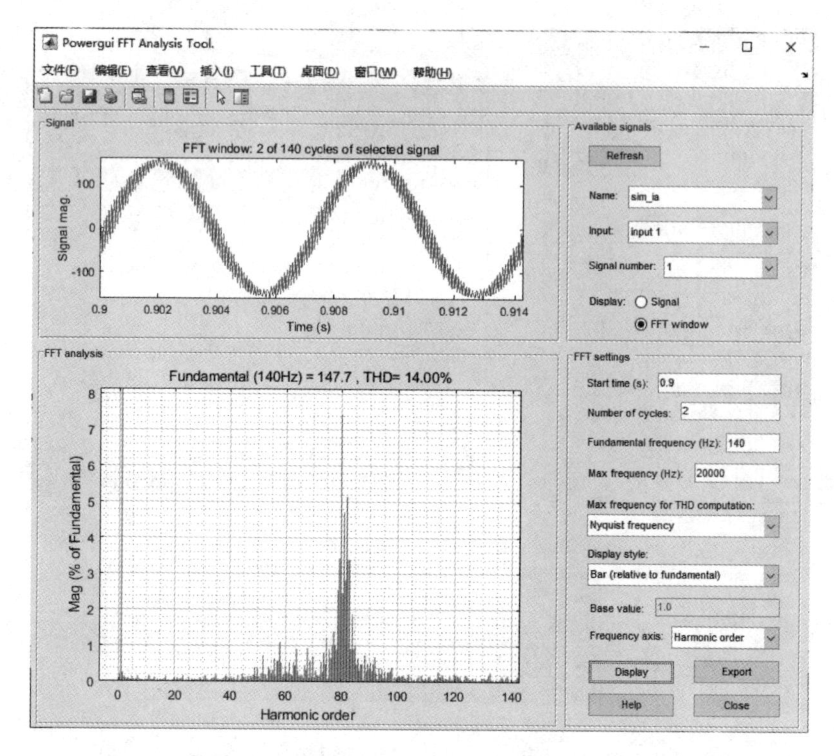

图 12-47　FFT Analysis 频谱分析界面（$i_{\mathrm{d}}=0\mathrm{A}$）

图 12-48 给出了 $i_{\mathrm{d}}=-50\mathrm{A}$ 下的电流频谱分析结果。

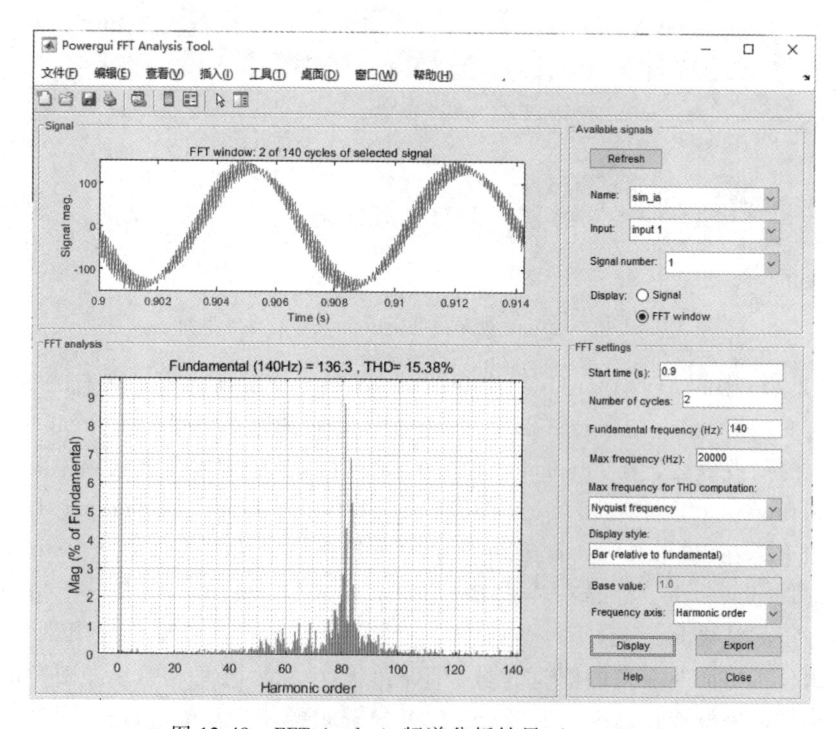

图 12-48　FFT Analysis 频谱分析结果（$i_{\mathrm{d}}=-50\mathrm{A}$）

12.3.3　矢量控制变频调速系统的五要点分析法

电机调速系统的组成单元是比较多的，同时也涉及多个技术领域，本节简要介绍对永磁同步电机矢量控制调速系统分析的五要点分析法。

要点1：转矩控制是核心。

电机调速系统的核心问题是控制电机的转矩。

要点2：i_d、i_q 的控制是两个关键。

电机是一个具有确定属性的对象，对于电机的转矩控制，i_d 与 i_q 两个变量的控制是关键，这两个电流闭环控制得好，那么转矩的控制性能就可以得到保证。

要点3：电压保证够用，电流指令保证合适，PWM保证无误。

在矢量控制系统中，在当前工作速度下，如果 i_d 与 i_q 的指令值有问题，或者 u_d、u_q 的控制有问题（例如电压受到限制，不能输出期望的电压供给电机），或者PWM算法有问题，那么 i_d 与 i_q 的闭环控制就会直接受到影响。另外，相电流反馈和位置反馈也不能出现问题。

要点4：调速系统问题剖析的四个步骤。

步骤1：转速波形满意吗？不满意的话主要看电机转矩（也可能负载转矩有问题）。

步骤2：电机转矩波形可行否？不行的话就要看 i_d、i_q 了。

步骤3：i_d、i_q 电流指令正确吗？如有问题，就要对电机的数据进行理论分析和有限元分析。

步骤4：i_d、i_q 电流反馈有问题吗？如有问题，考虑电流和转子位置的采集和变换；如果没有问题，就要分析电流调节器正常工作吗？同时注意前面说的三个保证（要点3）。

要点5：五个评价指标。

指标1：电机转动是否平稳？是否有异常振动或噪声？

指标2：电机电流的正弦度是否较好？

指标3：电机的速度是否上的去？

指标4：电机的输出功率是否出得来？

指标5：电机调速系统的效率是否比较高？

小　　结

在固定于转子的 dq 坐标系中，PMSM的数学模型得到了简化，由此可以看清楚电动机定子绕组中的两个性质截然不同的电流分量——一个是控制磁场的励磁电流，另一个是控制转矩的转矩电流。从电流矢量的角度出发，对电动机的磁场与转矩分别进行独立控制，这是PMSM矢量控制的核心思想。

经过了电流的解耦，调速系统的转速控制转化为永磁同步电动机电磁转矩 T_e 的控制，所以电动机的转矩控制是电气调速系统的核心任务。

本章详细分析了矢量控制变频调速系统的结构与各单元功能，给出了转速与电流PI调节器的参数设计流程。然后分别描述了 dq 坐标系电流闭环控制、三相静止坐标系中定子电流滞环控制、转矩控制、电压解耦型控制、直流侧电压闭环控制等典型的PMSM矢量控制变频调速系统。最后给出了采用FOC控制技术的PMSM变频调速系统仿真建模实例并进行了仿真分析。

【放下并不是丢失，而是为了更好的收获】

练　习　题

1. 简述 PMSM 矢量控制技术的含义。

2. 以电动汽车为例，何时会采用转速控制，何时会采用转矩控制？

3. 矢量控制系统中的电压解耦是何含义？如何实现电压解耦？

4. 为何在目前的电动汽车中，通常采用查表的方式求算出电动机电流的指令值？

5. 在不弱磁与弱磁两种控制方式下，试通过具体算例对比分析 PMSM 工作特性的不同。

6. 从 PMSM 数学模型可以看出，定子电流励磁分量 i_d 也可以用来调节转矩，转矩电流 i_q 也可以用来调节电动机磁场，对此如何理解？

7. 图 1-11 中，下列 14 个单元的功能分别是什么？n-ref、PI、转矩限幅、转矩查表、电流调节器、前馈电压补偿 1、前馈电压补偿 2、dq to abc、电动机模块 1、测速模块、Gain1、Gain2、Scope1、T-load。

8. 请结合 PMSM 的定子电压方程及附录 L 说明 d、q 轴定子电压的耦合现象。

9. 请结合 PMSM 的定子电压方程，试说明在 i_d 与 i_q 的动态调节过程中，u_d、u_q 各自发挥什么作用；在电流进入稳态保持不变后，u_d、u_q 与 i_d、i_q 的关系又如何（忽略定子电阻，且 ω 较高）？

10. 请参考 12.3 节内容，建立 PMSM 的矢量控制变压变频调速系统的 SIMULINK 仿真模型，借助仿真软件给出电机工作在稳态情况下的输入和输出功率、铜耗与铁耗（铁耗可以参考 6.6 节）。

11. 参考图 12-20，建立 PMSM 的矢量控制变频调速系统的 SIMULINK 仿真模型，要求图中从转矩指令获取电流指令分别按照如下方式完成：1）idref = 0，根据转矩公式计算 iqref；2）按照 MTPA 规律求取 idref 和 iqref。

12. 建立图 12-3 的 PMSM 矢量控制调速系统的 SIMULINK 仿真模型，直流侧电压为 30V，SVPWM 开关频率为 10kHz，先不对速度闭环以及 i_d、i_q 的电流闭环进行仿真，直接按下述规律给出 u_α 与 u_β 进行仿真分析：1）4V、0V；2）$u_\alpha = 4\cos(2\pi ft)$、$u_\beta = 4\sin(2\pi ft)$；3）修改（2）中的电压幅值为 2V 或其他值，修改（2）中的频率 f 为 1Hz 或其他值，可以考虑采用上位机通讯的方式修改电压幅值与频率，便于在线调试（本实验相当于开环恒压频比调速）；（4）$u_\alpha = 4\sin(2\pi ft)$、$u_\beta = 4\cos(2\pi ft)$。

第13章　PMSM的直接转矩控制变频调速系统

20世纪80年代中期，德国鲁尔大学Depenbrock和日本Takahashi学者相继提出直接转矩控制技术（DTC）。它是继矢量控制技术之后发展起来的一种高动态性能的交流电动机变压变频调速技术。DTC技术首先应用于异步电动机的控制，后来逐步推广到弱磁控制和同步电动机的控制中。

PMSM直接转矩控制变频调速系统如图13-1，从系统结构上看，它与异步电动机的直接转矩控制系统比较相似。直接转矩控制技术对PMSM的控制原理是基于电压型逆变器输出的电压空间矢量对电动机定子磁场和电动机转矩的控制作用上。

13.1　直接转矩控制技术原理

图13-1的变频调速系统中，利用转矩闭环直接控制电动机的电磁转矩，因而得名“直接转矩控制”。经典的直接转矩控制是在定子静止坐标系中针对电动机的定子磁链和电磁转矩实施独立控制——通过在适当的时刻选择优化的电压空间矢量（通过查询电压矢量表获得）去控制电压型逆变器来实现两者近似解耦的控制效果。为配合该控制方法，定子磁链与电动机转矩的两个调节器不再选用PI调节器，而是采用具有继电器特性的砰砰调节器。

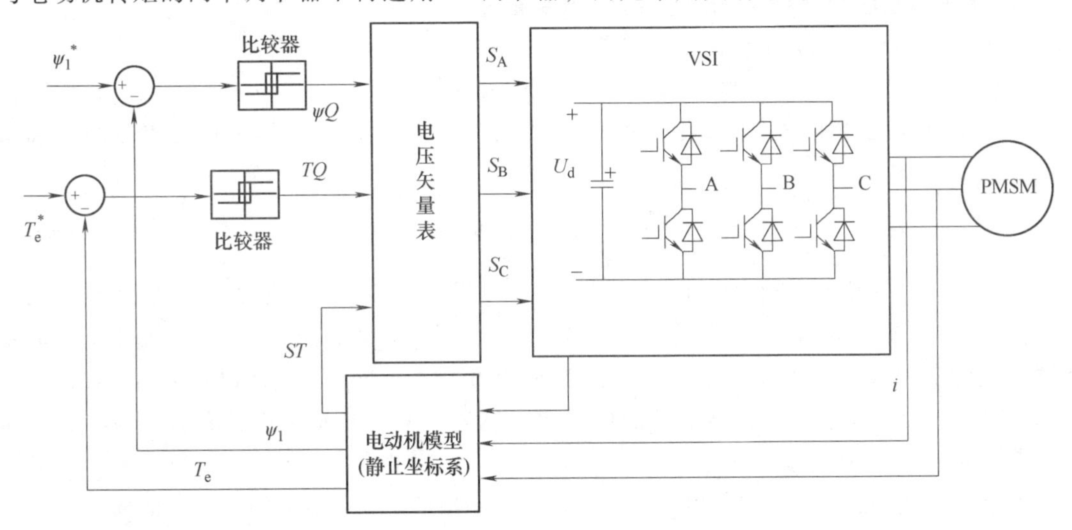

图13-1　永磁同步电动机直接转矩控制系统原理图

控制系统具有较强的非线性特征，但系统的响应非常快速，可以充分发挥电压型逆变器的开关能力。

经典直接转矩控制交流调速系统具有下述特点：

1）基于静止坐标系对电动机进行闭环控制，控制系统简单，不需要磁场定向矢量控制技术中的旋转坐标变换。

2）没有电流调节单元，不需要磁场定向矢量控制技术中对定子电流的磁场分量与转矩分量进行闭环控制。

3）没有专门的对定子电压进行脉宽调制的单元，不像磁场定向矢量控制技术中采用了专门的 PWM 算法（如空间矢量脉宽调制技术或者电流滞环脉宽调制技术等）。

4）特有的电压矢量选择表。这在其他控制技术中通常不会见到。

5）对定子磁链幅值、电磁转矩均通过砰砰滞环调节器实施闭环控制，这也是经典直接转矩控制系统所特有的。

对交流调速系统进行高性能的控制，必须尽量缩短电动机的电磁暂态过渡过程。在电动机运行过程中，如果通过合适的控制使电动机的定子、转子或气隙磁场中有一个始终保持不变，那么电动机中的暂态电流就基本上不会出现。**磁场定向矢量控制尽量保持转子磁场的恒定，而直接转矩控制则是力图保持定子磁场的恒定——这是直接转矩控制的基本原理之一。**具体过程是引导定子磁链空间矢量的轨迹沿着一条预先设定好的曲线（如准圆形、六边形或者十八边形等轨迹）做旋转运动，并且预先设定了一个误差带，实际的定子磁链被控制在该误差带内，由于该误差带是很小的，所以可认为其幅值基本不变。同时应当看出，定子磁链幅值的细小波动正是驱动直接转矩控制技术产生 PWM 信号的动力。

直接转矩控制技术将电压型逆变器与交流电动机作为一个整体进行控制，其控制效果是建立在逆变器输出的电压空间矢量基础上的。因此，下面从电压空间矢量入手，着重分析它对 DTC 的控制目标——定子磁链与转矩的控制作用。

13.1.1　定子磁链控制原理

1. 基于静止坐标系的定子磁链幅值控制原理分析

永磁同步电动机在静止坐标系的定子电压矢量方程式为

$$\boldsymbol{u}_1^{2s}=R_1\cdot\boldsymbol{i}_1^{2s}+p\boldsymbol{\psi}_1^{2s} \tag{13-1}$$

忽略定子电阻的压降，略去右上角的坐标系符号，那么定子磁链矢量可以化简为（从 t_0 时刻到 t_1 时刻）：

$$\boldsymbol{\varPsi}_1=\int_{t_0}^{t_1}\boldsymbol{u}_1\mathrm{d}t+\boldsymbol{\varPsi}_1(t_0) \tag{13-2}$$

式（13-2）表明，当输入电压 $\boldsymbol{u}_1$ 为零矢量时，即 $\boldsymbol{u}_1=0$，定子磁链矢量保持 $\boldsymbol{\varPsi}_1(t_1)=\boldsymbol{\varPsi}_1(t_0)$ 不变；如果 $\boldsymbol{u}_1$ 是一个非零矢量，那么定子磁链矢量将在原有 $\boldsymbol{\varPsi}_1(t_0)$ 基础上，沿着与输入电压矢量 $\boldsymbol{u}_1$ 平行的方向，并以正比于 $\boldsymbol{u}_1$ 幅值的线速度移动。所以在不同时刻，通过选择适当的电压矢量，就可以按照预定的规律（轨迹）对定子磁链进行有效的控制，从而获得旋转的定子磁场。

PMSM 变频调速系统中的两电平电压型逆变器输出的基本电压空间矢量在前面已经分析过，如图 13-2a 所示。显然图 13-1 中逆变器可以输出到电动机定子端部的电压空间矢量仅仅有 8 个，不仅数量有限，并且 8 个电压矢量的幅值和方向也都是固定不变的。

零电压矢量使定子磁链的幅值保持不变，但考虑到定子电阻压降以后，它还是逐渐减小的（相当于电路的零输入响应）。非零电压矢量对定子磁链圆轨迹的控制作用会因定子磁链所处位置不同而变化，下面以 $\boldsymbol{U}_6$ 矢量为例进行讨论。

首先把两相静止坐标平面 360°空间均匀划分为 6 个扇区（sector），每个扇区为 60°，如图 13-2b 中的 $S_1 \sim S_6$。以定子磁链空间矢量逆时针旋转为正方向，当矢量端点处于图中 A 点时，在 $\boldsymbol{U}_6$ 的作用下，定子磁链矢量端点将会向右上角的圆外移动，显然该电压矢量能够使定子磁链幅值增加，同时也使其相角较快地增加。

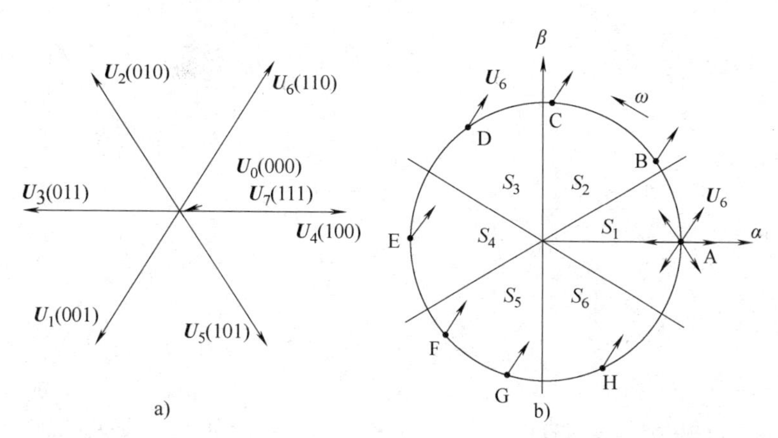

图 13-2　两电平电压型逆变器输出的基本电压矢量与空间扇区的划分

当定子磁链分别位于图中 A、B、C、D、E、F、G、H 时，$\boldsymbol{U}_6$ 对定子磁链矢量的作用规律见表 13-1。

表 13-1　不同位置的定子磁链受电压矢量 $\boldsymbol{U}_6$ 的影响

	A	B	C	D	E	F	G	H
定子磁链幅值	↑	↑↑	↑↑	↑	↓	↓↓	↓↓	↓
定子磁链相角	↑	~↑	~↓	↓	↓	~↓	~↑	↑

表中各符号的含义是：↑↑迅速地增加，↑较快增加，~↑略有增加，↓↓迅速地减小，↓较快地减小，~↓略有减小。

从表 13-1 可以知道：当定子磁链矢量处于不同位置时，即便是同一个电压空间矢量，它对定子磁链的调节作用也是不相同的，因此对整个空间划分为 6 个扇区是必要的。考虑到 6 个非零电压矢量以后，情况就更加复杂了。S_1 内各电压矢量对定子磁链矢量的作用见表 13-2，其余类推。

表 13-2　扇区 S_1 内各电压矢量对定子磁链的影响

	$\boldsymbol{U}_1$	$\boldsymbol{U}_2$	$\boldsymbol{U}_3$	$\boldsymbol{U}_4$	$\boldsymbol{U}_5$	$\boldsymbol{U}_6$
定子磁链幅值	↓	↓	↓↓	↑↑	↑	↑
定子磁链相角	↓	↑	先减小后增加	先增加后减小	↓	↑

表 13-1 与表 13-2 中电压矢量对定子磁链幅值的影响可用于定子磁链的闭环自调节，而相角的增加或减小则与电动机的转矩调节相关。

综上所述，要对定子磁链的幅值进行控制，只需要知道它当前所在的扇区以及磁链幅值控制目标（增大还是减小）即可。图13-3给出了采用DTC控制的电动机定子磁链的近似圆形轨迹仿真图。可以看出，在扇区S_1内交替采用$\boldsymbol{U}_6$与$\boldsymbol{U}_2$两个电压矢量引导定子磁链矢量端点沿着A→B→C→D→E→F→G路径移动，可以实现定子磁链矢量在空间的正向旋转。

2. 基于旋转坐标系的定子磁链幅值控制原理分析

上面的分析是建立在对式（13-2）和图13-2的直观理解基础上的，下面根据电动机的数学模型通过相关公式进行分析。

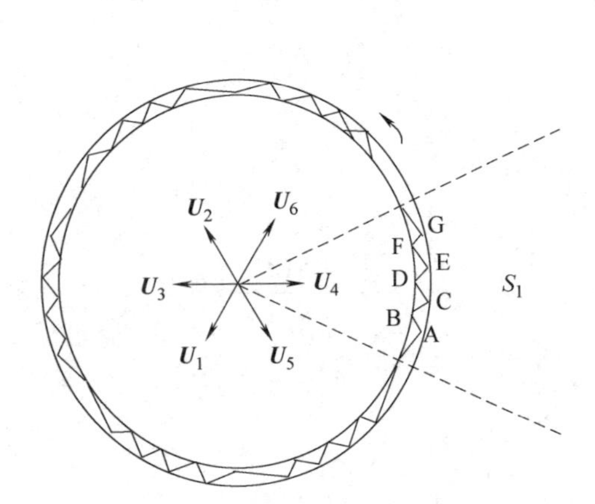

图13-3　电压空间矢量对磁链轨迹的控制作用仿真图

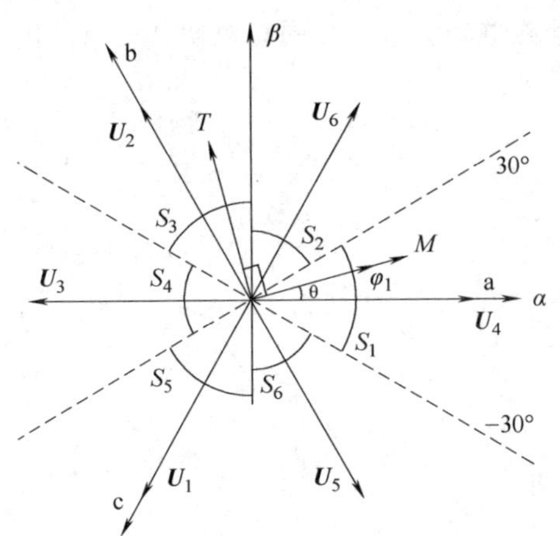

图13-4　MT坐标系以及空间扇区示意图

建立在以定子磁链矢量定位的同步旋转坐标系（这里称为MT坐标系，见图13-4）中永磁同步电动机定子电压方程式的矢量形式为

$$\boldsymbol{u}_1=R_1\boldsymbol{i}_1+p\boldsymbol{\psi}_1+\mathrm{j}\omega_1\boldsymbol{\psi}_1 \tag{13-3}$$

上式中ω_1为定子磁场坐标系的同步速度，将其改写为标量方程为

$$\begin{aligned}u_{\mathrm{M}}&=R_1i_{\mathrm{M}}+p\psi_{\mathrm{M}}-\omega_1\psi_{\mathrm{T}}\\u_{\mathrm{T}}&=R_1i_{\mathrm{T}}+p\psi_{\mathrm{T}}+\omega_1\psi_{\mathrm{M}}\end{aligned} \tag{13-4}$$

由于该MT坐标系是采用定子磁链矢量进行定位（M轴与定子磁链矢量方向重合），所以下述关系式成立：

$$\begin{aligned}\psi_{\mathrm{M}}&=\psi_1\\\psi_{\mathrm{T}}&=0\end{aligned} \tag{13-5}$$

从而定子电压方程变为

$$\begin{aligned}u_{\mathrm{M}}&=R_1\boldsymbol{i}_{\mathrm{M}}+p\psi_1\\u_{\mathrm{T}}&=R_1\boldsymbol{i}_{\mathrm{T}}+\omega_1\psi_1\end{aligned} \tag{13-6}$$

式（13-6）中的u_{M}和u_{T}是电压型逆变器输出电压空间矢量在M、T坐标轴上的分量。当定子磁链空间矢量在空间内旋转时，各电压矢量的u_{M}和u_{T}分量就会随θ变化而变化。图13-5给出了u_{M}和u_{T}在扇区S_1中随θ（M轴与A轴的夹角）的变化情况。图中的$U_{\mathrm{m}}=2U_{\mathrm{d}}/3=|\boldsymbol{U}_{\mathrm{i}}|$为非零电压矢量的幅值（$i=1\sim6$）。

重新列出M轴电压方程式$u_{\mathrm{M}}=R_1i_{\mathrm{M}}+p\psi_1$，由于定子绕组电阻一般都很小（大功率电机更是如此），可近似改写为

$$u_M \approx p\psi_1 \tag{13-7}$$

这就表明了电动机定子磁链的幅值 ψ_1 直接受到 u_M 的控制，正的 u_M 分量会增加 ψ_1；负的 u_M 分量会减小 ψ_1。参考图 13-5 可以知道，扇区 S_1 内各电压矢量对定子磁链幅值的控制作用见表 13-3。

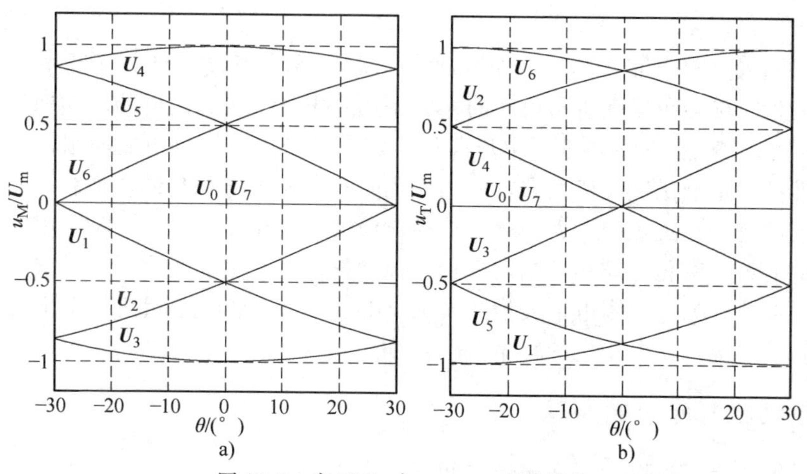

图 13-5　扇区 S_1 内 u_M、u_T 变化规律

表 13-3　扇区 S_1 中各电压矢量对定子磁链幅值作用表

电压矢量	$\boldsymbol{U}_1$	$\boldsymbol{U}_2$	$\boldsymbol{U}_3$	$\boldsymbol{U}_4$	$\boldsymbol{U}_5$	$\boldsymbol{U}_6$	$\boldsymbol{U}_0$、$\boldsymbol{U}_7$
定子磁链幅值	↓	↓	↓↓	↑↑	↑	↑	基本不变

其中 $\boldsymbol{U}_1$、$\boldsymbol{U}_2$ 可以减小 ψ_M，$\boldsymbol{U}_5$、$\boldsymbol{U}_6$ 则增加 ψ_1；而 $\boldsymbol{U}_3$ 急剧减小 ψ_1，$\boldsymbol{U}_4$ 则急剧增加磁链 ψ_1；$\boldsymbol{U}_0$、$\boldsymbol{U}_7$ 保持 ψ_1 基本不变。该表格的内容与表 13-2 相符。

综上所述，当定子磁链矢量位于扇区 S_1 内时，若对其幅值进行控制，那么定子电压矢量的选择原则为：

1）若需要迅速建立磁场，可以选择 $\boldsymbol{U}_4$（有可能会引起电流的冲击）。

2）若需要迅速减小磁场，可以选择 $\boldsymbol{U}_3$（有可能会引起电流的冲击）。

3）若要保持磁场基本不变，可以选择零电压矢量 $\boldsymbol{U}_0$ 或 $\boldsymbol{U}_7$。考虑到定子电阻的存在，实际的 $\boldsymbol{\psi}_1$ 会逐渐衰减的。

4）若需要小幅度增加磁场，可以选择 $\boldsymbol{U}_5$ 或 $\boldsymbol{U}_6$。同时从图 13-5 中还可以看出它们对磁场的影响还是有区别的：$\boldsymbol{U}_5$ 在前 30°范围内的作用比较强，而在后 30°范围内的作用比较弱；$\boldsymbol{U}_6$ 则正相反。值得注意的是：如果在−30°附近时选择 $\boldsymbol{U}_1$ 或者 $\boldsymbol{U}_6$ 的话，考虑到定子电阻的存在，那么就可能出现电压矢量对 $\boldsymbol{\psi}_1$ 的控制达不到预期控制效果的情况。

5）若需要小幅度减小磁场，可以选择 $\boldsymbol{U}_1$ 或 $\boldsymbol{U}_2$。这时它们也存在前述的情况：电压矢量的实际控制效果会随着定子磁链矢量的位置有所变化。

在其余各扇区内，定子电压矢量对电动机定子磁链幅值的控制作用可以依次类推。

3. 定子磁链相角的控制原理分析

前面对式（13-2）的分析中指出：当定子输入电压为零矢量时，定子磁链矢量就保持不变；如果是一个非零电压矢量作用，定子磁链矢量端点将在原有基础上，沿着与输入电压矢量 $\boldsymbol{u}_1$ 平行的方向，以正比于 $\boldsymbol{u}_1$ 幅值的速度移动。式（13-2）表明定子磁链矢量端点移动的

线速度就是定子电压矢量的幅值：$v_\Psi=|\boldsymbol{u}_1|$。对于非零电压矢量：$v_{\Psi1}=2U_d/3$；对于零电压矢量，有 $v_{\Psi0}=0$。非零定子电压矢量作用下定子磁链的瞬时旋转角速度为

$$\omega_{\Psi1}=2U_d/(3|\boldsymbol{\Psi}_1|) \tag{13-8}$$

零电压矢量作用下，定子磁链瞬时旋转角速度为

$$\omega_{\Psi0}=0 \tag{13-9}$$

图 13-4 中逆变器输出的非零电压矢量的幅值都很大，所以一旦选择其中一个矢量，那么定子磁链的瞬时旋转角速度将是很大的；若采用零电压矢量，瞬时旋转角速度就为零。

表 13-2 给出了扇区 S_1 内各非零电压矢量对定子磁链矢量相位角的控制作用，其余扇区可以依次类推。在定子磁链幅值没有较大的变化时，定子磁链相角的增加和减小是与交流电机定子、转子磁链矢量夹角的增大和减小是相对应的。表中 $\boldsymbol{U}_3$、$\boldsymbol{U}_4$ 一般不用，它们会导致定子磁链幅值的显著变化，破坏了电动机转矩控制的前提，除非当定子磁链显著偏离给定值需要对其迅速调节。另外，零电压矢量 $\boldsymbol{U}_0$、$\boldsymbol{U}_7$ 作用时，虽然磁链相角基本不变，但是在电动机转子转动的情况下，电动机的转矩角会减小。

13.1.2　电动机转矩控制原理

电动机转矩与定子磁链、转子磁连之间的关系为

$$T_e=\frac{3}{2}\frac{n_p}{L_d}|\boldsymbol{\Psi}_1||\boldsymbol{\Psi}_f|\sin\theta_{sr}+\frac{3n_p}{4}\frac{1-\rho}{L_q}|\boldsymbol{\Psi}_1|^2\sin2\theta_{sr} \tag{13-10}$$

公式中$|\boldsymbol{\Psi}_1|$是定子磁链的幅值，θ_{sr} 是定子磁场超前转子磁场的电角度（见图 3-8）。

在直接转矩控制中，定子磁链幅值一般保持不变，而$|\boldsymbol{\Psi}_f|$是常数，所以当定、转子磁链之间的夹角 θ_{sr} 保持在合适的范围内时，电动机的电磁转矩是可以通过改变该夹角来控制的。

由于采用合适的电压空间矢量可以快速地对该夹角进行调节，因此通过选择合适的电压空间矢量，直接转矩控制技术就可以实现对电动机转矩的有效控制。

需要指出的是，如果根据式（13-10）严格按照下述原则实施控制——需要增加转矩就增加夹角 θ_{sr}，那么就必须将 θ_{sr} 控制在一个合适的范围内。否则，当该角度超出某个范围时，增加 θ_{sr} 反而可能会导致电动机的转矩减小。图 13-6 给出了 PMSM（$L_d<L_q$）的矩角特性示意图。

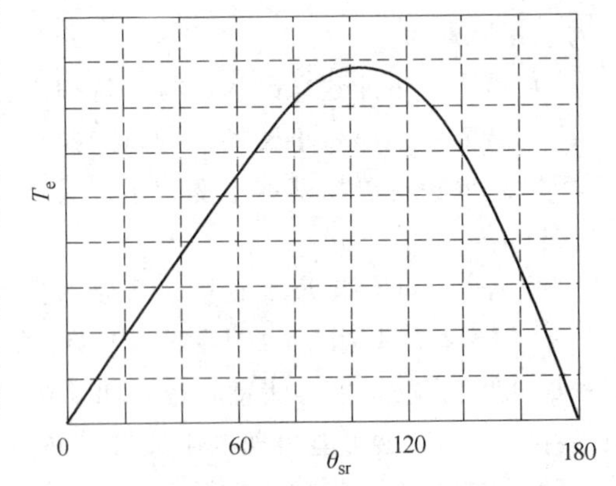

图 13-6　电动机转矩与 θ_{sr} 关系

另外，如同交流异步电动机的直接转矩控制原理，在基频以下，可以采用在非零电压矢量中插入零电压矢量的方法来改变定子磁链瞬时旋转角速度进而调节转矩。

但是在基频以上的时候，由于定子电压引起的定子磁链矢量旋转的速度［见式（13-8）］相对转子速度不够大，那么就不能依靠该方法调节夹角 θ_{sr}。此时可以通过减小式（13-8）的分母（即弱磁的方式）对转矩实施控制。

13.1.3　PMSM 转矩增量分析

下面首先根据转子坐标系中永磁同步电动机的数学模型推导出在一个数字控制周期 T_s

内转矩的增量 ΔT_e（假定 $L_d = L_q$）。

dq 转子坐标系中 PMSM 定子电压矢量方程式为

$$\boldsymbol{u}_1 = R_1 \boldsymbol{i}_1 + p\boldsymbol{\varPsi}_1 + \mathrm{j}\omega\boldsymbol{\varPsi}_1 \tag{13-11}$$

而定子电流矢量可以表示为

$$\boldsymbol{i}_1 = \frac{\boldsymbol{\varPsi}_1 - \boldsymbol{\varPsi}_f}{L_d} \tag{13-12}$$

那么在一个控制周期 T_s 内，施加在电动机定子上的电压矢量 $\boldsymbol{u}_{1,k+1}$ 产生的新的定子磁链矢量为

$$\boldsymbol{\varPsi}_{1,k+1} = \boldsymbol{\varPsi}_1 + T_s\left(\boldsymbol{u}_1 - \frac{R_1}{L_d}(\boldsymbol{\varPsi}_1 - \boldsymbol{\varPsi}_f) - \mathrm{j}\omega\boldsymbol{\varPsi}_1\right) \tag{13-13}$$

电动机的转矩可以描述为

$$T_e = \frac{3n_p}{2L_d}\mathrm{Im}\{\boldsymbol{\varPsi}_1 \cdot \boldsymbol{\varPsi}_f^*\} = \lambda|\boldsymbol{\varPsi}_1||\boldsymbol{\varPsi}_f|\sin\theta_{sr} \tag{13-14}$$

上式中 $\lambda = \dfrac{3n_p}{2L_d}$，Im｛｝表示取复数的虚部。根据式（13-14）可以求出在（$k+1$）T_s 时刻的电动机转矩 $T_{e,k+1}$ 为

$$T_{e,k+1} = \lambda\mathrm{Im}\{\boldsymbol{\varPsi}_{1,k+1} \cdot \boldsymbol{\varPsi}_{f,k+1}^*\} \tag{13-15}$$

将式（13-13）代入式（13-15），一般 T_s 较小，忽略 T_s 的高次项后得到

$$T_{e,k+1} \approx T_{e,k} + \Delta T_{e1} + \Delta T_{e2} + \Delta T_{e3} \tag{13-16}$$

其中 $T_{e,k} = \lambda\mathrm{Im}\{\boldsymbol{\varPsi}_{1,k} \cdot \boldsymbol{\varPsi}_{f,k}^*\}$，表示 kT_s 时刻电动机的电磁转矩。这样可以得到电动机转矩的增量 ΔT_e，它由下面三部分组成：

$$\Delta T_{e1} = -T_s \cdot T_{e,k}/T_1 \tag{13-17}$$

$$\Delta T_{e2} = -T_s\omega T_{e,k}\cos\theta_{sr}/\sin\theta_{sr} \tag{13-18}$$

$$\Delta T_{e3} = \lambda T_s\psi_f u_{1q} = \lambda T_s|\psi_{f,k}| \cdot |\boldsymbol{u}_{1,k+1}| \cdot \sin\gamma \tag{13-19}$$

上式中：$T_1 = L_d/R_1$，角 γ 是施加在永磁电动机定子端的电压矢量 $\boldsymbol{u}_{1,k+1}$ 超前当前转子磁链矢量 $\boldsymbol{\psi}_{f,k}$ 的电角度。电动状态下，前两项转矩增量为负，只有第三项在合适的 $\boldsymbol{u}_{1,k+1}$ 下才可能为正。

综上所述，在一个控制周期 T_s 内电动机转矩增量 ΔT_e 的三个组成部分与电动机自身的参数、转子磁链的幅值、电动机在前一时刻的转矩、转子的速度、数字控制系统的控制周期以及定子电压矢量有关，见表 13-4。

表 13-4　影响电动机电磁转矩变化的各种因素

影响因素		电动机参数 /λ	控制周期 /T_s	电动机转矩 /T_e	转子速度 /ω	转子磁链 /$\varPsi_f$	定子磁链 /$\varPsi_1$	定子电压矢量 /($\boldsymbol{u}_{1,k+1}$)
转矩增量	ΔT_{e1}	✓	✓	✓	×	×	×	×
	ΔT_{e2}	×	✓	✓	✓	×	✓	×
	ΔT_{e3}	✓	✓	×	×	✓	×	✓

注：表中的✓表示该因素对转矩增量有显著影响，×表示它对转矩变化量基本没有影响。

使用表 13-4 可以对电动机转矩控制性能进行较详细的分析：

1）ΔT_{e1}、ΔT_{e3} 增量与电动机参数 λ 有关，因此可以通过设计或选取具有合适参数的电动机使调速系统获得较好的转矩性能指标。

2）三项转矩增量均与采样时间 T_s 成正比，因此通过减小采样时间可以减小转矩的脉动，从而对其实施更精确的控制。但这无疑对数字控制器的运算速度提出了更高的要求。同时 T_s 的选取还与系统数字控制器的运算量有关，不能一味地通过减小 T_s 提高转矩的控制性能。

3）kT_s 时刻的电磁转矩与两项负的增量有关系。

4）转子速度对后两项有影响。ΔT_{e2} 以与转速成正比的速度下降；在 ΔT_{e3} 中，当转子速度较高时，式中的 γ 不再保持恒定，而有着显著的变化（减少），即这一项正的转矩增量在高速时对转矩增加的贡献不如低速时大。

5）转子磁链对 ΔT_{e3} 有明显影响，而定子磁链的选取一方面会影响转矩的变化量 ΔT_{e2}（通过 θ_{sr} 起作用），另一方面可以优化系统的运行效率。

6）定子电压矢量直接对 ΔT_{e3} 起着重大的控制作用。通过选取不同幅值和相角的 $\boldsymbol{u}_{1,k+1}$ 可以产生控制系统预期的转矩响应。

13.1.4　两种磁链轨迹控制方案

在交流电动机直接转矩控制技术的发展过程中，出现了两种不同磁链轨迹的直接转矩控制方案，一种是圆形磁链轨迹控制方案（见图 13-1），它是日本学者 Takahashi 提出的；另一种是德国学者 Depenbrock 提出的六边形磁链轨迹控制方案（见图 13-7）。前者的定子磁链轨迹为准圆形，电动机的定子电流呈现出较好的正弦度，但是逆变器的开关频率比较高，适合于中小功率等级的交流调速系统；后者采用六边形磁链轨迹方案，逆变器的开关频率大为降低，非常适合在大功率交流调速场合应用（如城市轨道交通列车交流电气牵引系统），但是定子电流中含有较多的 5、7 次等谐波。

1. 准圆形磁链轨迹的 Takahashi 方案

图 13-1 方案是现今研究较多的一种 DTC 方案，它采用查询电压矢量表的方法同时对定子磁链和电动机转矩进行调节：系统首先应用模型观测器观测出电动机的定子磁链和电磁转矩；然后对其同时进行滞环式砰砰调节，这样就可以得到两个控制目标 ΨQ 和 TQ；再根据定子磁链矢量所处的空间扇区位置（ST），控制器从电压型逆变器的 8 个电压矢量中直接选择出较为合适的一个，将其转换为逆变器的开关控制信号来控制 IGBT 器件的开通与关断。

两点式磁链滞环砰砰调节器的工作原理为

$$\Psi Q=\begin{cases}1 & : \quad \Psi_1-\Psi_1^* \geqslant \Delta\varepsilon \\ 0 & : \quad \Psi_1-\Psi_1^* \leqslant -\Delta\varepsilon \\ \text{保持不变} & : \quad \text{其他}\end{cases} \tag{13-20}$$

该调节器的目的是提供磁链闭环控制的目标 ΨQ：当 $\Delta\Psi_1=\Psi_1-\Psi_1^* \geqslant \Delta\varepsilon$，那么调节器的输出量 $\Psi Q=1$，这意味定子磁链幅值过大，需要选择减小磁链的电压矢量；当 $\Delta\Psi_1 \leqslant -\Delta\varepsilon$，那么调节器的输出量 $\Psi Q=0$，这标志定子磁链的幅值太小，需要选择增加磁链的电压矢量。转矩的砰砰滞环调节器的工作原理与其类似。

磁链与转矩的两个滞环调节器各自提供了一个数字量（即 ΨQ 与 TQ），根据它们的闭环控制需求和定子磁链的扇区位置（$S_1 \sim S_6$）就可以选择合适的电压矢量，表 13-5 给出了一种可行方案。

表 13-5　电压矢量选择表

		S_1	S_2	S_3	S_4	S_5	S_6
$TQ=0$	$\Psi Q=1$	$\boldsymbol{U}_2$	$\boldsymbol{U}_3$	$\boldsymbol{U}_1$	$\boldsymbol{U}_5$	$\boldsymbol{U}_4$	$\boldsymbol{U}_6$
	$\Psi Q=0$	$\boldsymbol{U}_6$	$\boldsymbol{U}_2$	$\boldsymbol{U}_3$	$\boldsymbol{U}_1$	$\boldsymbol{U}_5$	$\boldsymbol{U}_4$
$TQ=1$		$\boldsymbol{U}_0$ 或 $\boldsymbol{U}_7$					

图 13-3 是采用上述控制方案下的定子磁链矢量轨迹示意图。其外围的两个圆分别是预先设定的定子磁链空间矢量端点轨迹的波动范围。两圆之间的折线是实施直接转矩控制策略时定子磁链空间矢量端点的实际运动轨迹。右上角的箭头注明了定子磁场的旋转方向。

以扇区 S_1 为例，当定子磁链矢量端点运动到 A 点时，定子磁链幅值超出了设定的上限，因此根据表 13-5 选择 $\boldsymbol{U}_2$；接下来的定子磁链由 A 点向 B 点移动，幅值逐渐减小。而到了 B 点后，定子磁链幅值超出设定的下限，所以改选电压矢量 $\boldsymbol{U}_6$；然后定子磁链就会从 B 点运动到 C 点，定子磁链幅值又增加了。这样依次类推，定子磁链就可以沿着 A→B→C→D→E→F→G 运动，定子磁链的相角就可以不断地增加，转矩不停地增加。在上述过程中，一旦转矩要求减小（$TQ=1$），那么就选择 $\boldsymbol{U}_0$ 或 $\boldsymbol{U}_7$（当然也可以采用别的矢量）来减小定子、转子磁链矢量的夹角进而减小电动机的转矩。

2. 六边形磁链轨迹的 Depenbrock 方案

图 13-7 为德国学者 Depenbrock 提出的直接转矩自控制（Direct Self Control，DSC）方案。其工作原理是：按照预先给定的定子磁链幅值指令和相位关系顺次切换六个非零电压矢量，从而实现了预设的六边形定子磁链轨迹控制——这是磁链自控制单元（图 13-7 虚线框内部分）的功能；同时根据转矩砰砰控制器的输出信号 TQ，适时地插入零电压矢量来调节电动机的转矩保持在合适的范围内——这是转矩自控制单元（ESS）的功能。

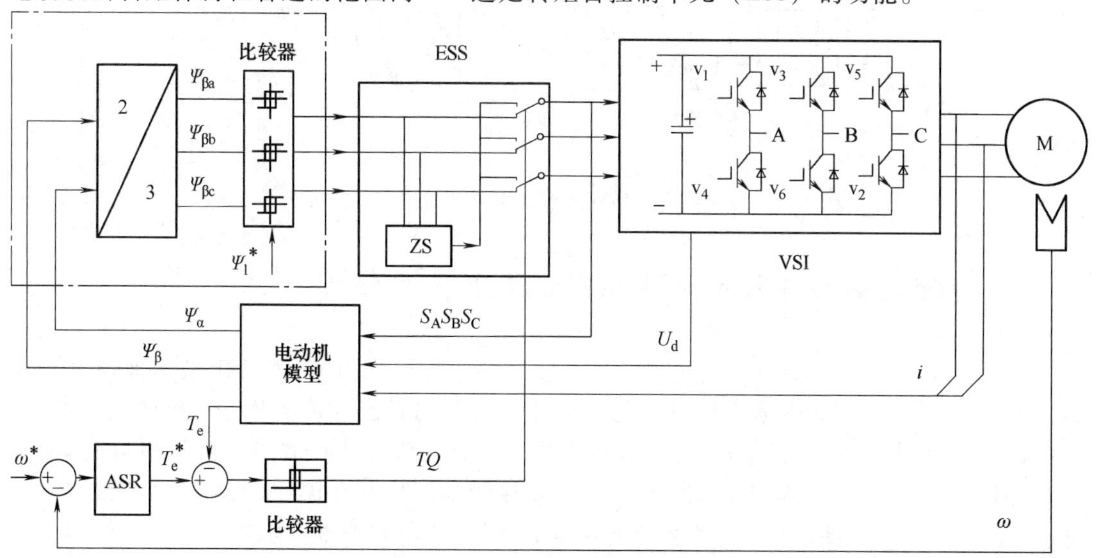

图 13-7　Depenbrock 提出的直接自控制方案

从上述两种方案中可以看出，虽然它们的定子磁链轨迹不同，但都是根据滞环调节器提供的简单控制目标（被控量是太大还是太小，控制目标是需要增加还是减小被控量）和定子磁链的近似空间位置，就可以选择出合适的定子电压矢量，系统的控制结构较矢量控制系统更为简单。

13.1.5 定子磁链观测器

定子磁链的观测是直接转矩控制的基础，也一直是电动机控制领域内的研究热点之一。

在定子磁链各种观测模型中较简单的模型是利用定子电压和定子电流的电压模型，在两相静止坐标系中，其理论依据见式（13-21）。将该式与式（13-1）对比可知，模型对磁链的初始值比较敏感，这直接决定了该模型是否能够正确计算出定子磁链。

$$
\begin{aligned}
\hat{\psi}_{1\alpha} &= \int (u_{1\alpha} - R_1 i_{1\alpha})\,\mathrm{d}t \\
\hat{\psi}_{1\beta} &= \int (u_{1\beta} - R_1 i_{1\beta})\,\mathrm{d}t
\end{aligned}
\tag{13-21}
$$

此外，还有根据电动机定子电流和转子位置计算定子磁链的电流模型，如图13-8中左下角的虚线框所示。

有文献提出采用图13-8的混合模型，它将前面两种开环观测模型综合起来，通过PI调节器根据两种模型的观测误差对电压模型进行校正，从而改善观测结果。有学者提出通过对图中的观测结果再进行相位补偿，可以进一步改善电动机在中、高速运行时的磁链相位偏差。

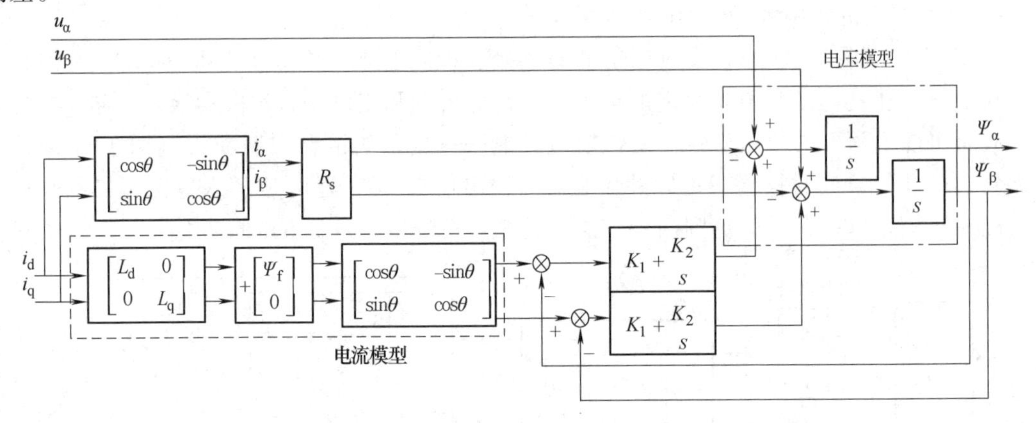

图13-8 基于混合模型的永磁同步电动机定子磁链观测器

13.2 传统直接转矩控制中PMSM转矩脉动分析

从式（13-17）、式（13-18）和式（13-19）可以看出：电磁转矩变化量的前两个分量ΔT_{e1}与ΔT_{e2}均为负值，并且它们只与电动机前一时刻的磁链、转矩及电动机的速度有关。只有ΔT_{e3}项可能为正，而它与$\boldsymbol{u}_{1,k+1}$密切相关——通过选取具有适当幅值和相角的$\boldsymbol{u}_{1,k+1}$可以使电动机产生预期的转矩响应。但是传统直接转矩控制中的电压矢量表仅由少量的电压矢量构成（例如两电平电压型逆变器只有8个），其大小与幅值都是恒定不变的；再者，从电压矢量表中查询到某个合适的电压矢量后，该电压矢量将在电动机定子上作用一个数字控

制周期 T_s 时间。故而 ΔT_{e3} 的大小是难以控制的，这必然导致较大的转矩脉动。特别是低速时电动机需要的电压较低，通过查询矢量表得到的较大幅值的电压矢量会使转矩有很大的变化量，这就导致了稳态时转速有较明显的波动，极大地恶化了低速下电动机的控制性能。

式（13-8）和式（13-9）分别给出了非零电压矢量与零电压矢量作用在电动机定子后，定子磁链的瞬时旋转角速度。在传统直接转矩控制（Classical Direct Torque Control，CDTC）技术中，这两类电压矢量是交替作用在电动机定子上的。图 13-9 给出了电动机工作在不同速度时，定子电压矢量对定子磁链瞬时旋转角速度作用的示意图，图 13-10 则给出了对应的电动机转矩脉动示意图。

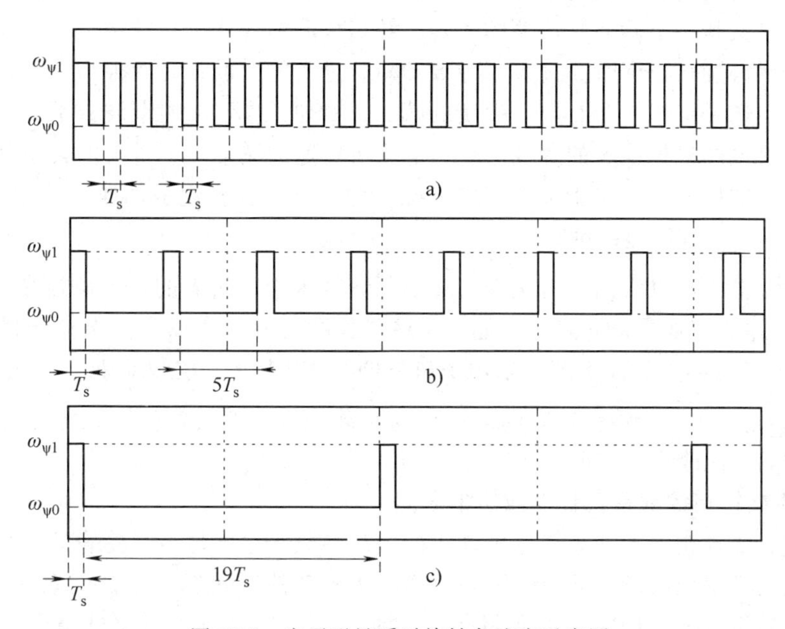

图 13-9　定子磁链瞬时旋转角速度示意图

图 13-9a、图 13-9b、图 13-9c 分别对应了电动机转速逐渐减小的工况。当电动机运行于稳态情况下，定子磁链旋转的平均角速度总是与电动机转子的电角速度是相等的。图 13-9a 中的 $\omega_{\psi1}$ 与 $\omega_{\psi0}$ 交替出现，那么平均角速度约为 $\overline{\omega}_{\psi}=0.5\omega_{\psi1}$。此时电动机的转矩以较快的速度交替上升与下降，总的说来，此时的转矩脉动较小，见图 13-10a。

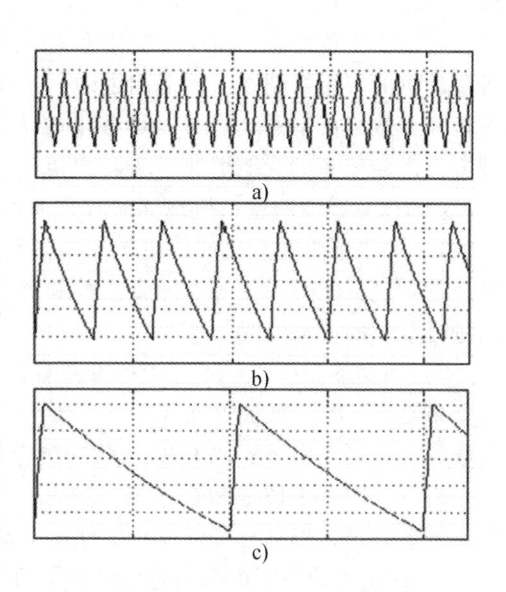

图 13-10　电动机电磁转矩脉动示意图

图 13-9b 中交流电动机的速度大约为 $\overline{\omega}_{\psi}=0.167\omega_{\psi1}$。根据前面的分析可知，由于电动机转子旋转速度较小，所以施加非零电压矢量时，与图 13-9a 相比，定、转子磁链之间的夹角在相同的时间（T_s）内会增加更多一些，因此电动机的转矩就会更加快速地增加。所以电动机的转矩在

一个 T_s 内就有了较大的增加，如图 13-10b，因而转矩砰砰控制器决定了在下一个 T_s 范围内定子电压矢量改选为零电压矢量。此时定子磁链矢量基本不动，而由于电动机的转速较小，定转子磁链之间夹角的减小速度较图 13-9a 慢一些，所以转矩以较小的速度减小。在等到电动机的转矩减小到滞环调节器的下限过程中，图 13-9b 中已经插入了比图 13-9a 更多的零电压矢量。与图 13-10a 相比，图 13-10b 中的转矩脉动已经有较大的增加。

再分析图 13-9，由于此时电动机的运行速度已经很低，约为 $\overline{\omega}_{\psi}=0.05\omega_{\psi1}$，一个控制周期 T_s 内非零电压矢量的作用就已经导致电动机的转矩有了特别大的增加，远远超出了误差带。所以接下来需要更多个周期的 $\omega_{\psi0}$（采用零电压矢量）才能使电动机的转矩回落到误差带范围内，随后又是一个循环。从整体上看，转矩也能围绕着负载转矩上下变动。但从局部细节看，定子磁链旋转速度时而过大，导致转矩有过大的增加；时而很小，并且长时间采用零矢量，致使定子磁链幅值会有较大程度的减少，增加了电流中的谐波分量。电动机转矩的脉动经过较大惯性的机械系统的衰减后变为电动机转速的波动。但过大的转矩脉动就会使得电动机产生明显的振动，这对于生产机械来说极为不利，也恶化了调速系统运行的稳定性，这就是 CDTC 的一个较明显的缺点。

从上面的分析中可以看出：传统直接转矩控制技术中，所需的定子磁链角速度 $\overline{\omega}_{\psi}$ 是要通过若干个 T_s 才能实现的，并且也只能是一些不连续的值（所以定子电流频谱的谐波分布比较宽）；而磁场定向矢量控制技术采用了成熟的 SVPWM 等脉宽调制技术，能够在一个 T_s 内产生所需的 $\overline{\omega}_{\psi}$，所以能够在短时间内产生与负载相平衡的转矩，因此稳定了转速。这一点是 CDTC 方案性能改进的基础。

1. 传统直接转矩控制系统性能改进的思路

传统直接转矩控制技术并未使用电动机的全部参数，也不是经过精确的计算来得到电动机控制需要的定子电压矢量；而只是在估算出定子磁链的空间近似位置（扇区信息）、定子磁链及电动机转矩两者较模糊地控制目标（增加、减小）基础上直接选择电压矢量，所以计算量较小，控制系统结构简单。

正由于上述特点，CDTC 方案的 T_s 必须要足够小，才能够将电动机的定子磁链，特别是电动机的转矩控制在误差范围之内，这样又对数字控制器的运算速度提出了较高的要求。所以如果数字控制系统能够以足够小的 T_s 工作，那么 CDTC 就是一个较好的选择方案，其他方案都会或多或少地增加逆变器的开关频率。

CDTC 方案中调速系统性能的改善还可以从下述几个方面来考虑：

1）如果可以对直流环节电压 U_d 进行调节，那么定子磁链旋转角速度 ω_{ψ} 就会因此而调整，特别是低速时系统的性能就会得到极大的改善。但这需要对交-直-交的主电路拓扑结构进行较大的调整。

2）前面的分析表明了 CDTC 方案难以对电压矢量在 T_s 内的占空比进行连续的控制，因此如果能在 CDTC 系统中加入精确电压空间矢量计算单元，然后通过对电压矢量占空比进行连续调节就可以实现类似 FOC 系统的调速性能。

3）从式（13-18）和表 13-4 可以看出，在满足转矩输出的前提下，如果能够适当调整定子磁链幅值，那么也可以在一定程度上减小转矩的脉动（但 θ_{sr} 会因磁链改变而变化）。

2. 传统直接转矩控制系统的设计要点

上面对传统直接转矩控制系统的性能进行了分析，该系统在设计过程中会遇到一些棘手的问题：

1）从式（13-17）、式（13-18）和式（13-19）都可以看出，较小的控制周期 T_s 可以实现对转矩的更精确地控制。但 T_s 不可能无限制减小。T_s 可以减小到多少，这主要是由其运算速度及其所需完成的工作量决定。同时它对逆变器的开关频率也有影响。

2）逆变器的开关频率可以达到多少，一方面要考虑电力半导体开关器件自身的性能，另一方面还要考虑到开关损耗、系统的散热条件等因素。

3）电气传动系统中电动机的电流谐波会影响其性能及使用寿命，所以设计中也需要考虑到。

因此，在设计采用直接转矩控制技术的交流调速系统时，需要综合考虑到上面三点和下面几个因素。

DTC 技术采用不同的电压矢量开关表、不同阶数滞环调节器以及不同滞环宽度的情况下，系统的性能都不尽相同。例如转矩的滞环宽度直接影响逆变器的开关频率，而定子磁链的滞环宽度则与电流的谐波分量密切相关（见后面的仿真分析）。

在整个系统的硬件设备都已经确定下来时，那么在硬件允许下，控制周期较小些，有利于提高系统的性能。同时依据调速系统对系统静态和动态性能指标的要求来选择合适的电压矢量表、电动机转矩与定子磁链的误差范围。

总的说来，交流电动机的 DTC 控制系统呈现强烈的非线性特征，该系统的分析与设计不像 FOC 控制系统有较多的理论公式作为定量分析的依据。若 CDTC 调速系统的某些性能达不到系统综合性能指标的要求，那么可以尝试采用下面分析的改进型直接转矩控制（Improved Direct Torque Control，IDTC）方案。

13.3 PMSM 直接转矩控制变频调速系统性能改善方案

13.3.1 基于扩充电压矢量表的改进方案

前面对电动机转矩脉动的分析表明了：当电动机转速较高时，所需的定子频率较大，CDTC 方案施加在定子绕组的平均电角频率也较大，所以转矩的脉动较小；当电动机转速较低时，所需定子频率较小，而 CDTC 方案的定子频率由于在一个闭环控制周期内不能改变，所以产生了较大的转矩脉动，并且会形成一种特有的低频脉动。当电动机转速越低时，上述的低频脉动越明显，这将导致系统运行性能的降低。如果可以利用 SVPWM 技术将两电平逆变器原有的电压矢量进行幅值上的调制，从而可以减小一个 T_s 内的定子平均电角速度，就可以改善电动机低速运行的性能。

根据本书前述 SVPWM 技术的分析部分，对两电平电压型逆变器的基本电压矢量进行拟合可以得到相角任意的、幅值较小的电压空间矢量，采用该技术可以扩充电压矢量表的矢量个数。例如，可以在原有（图 13-11a）电压空间矢量中增加 6 个幅值较小的同方向电压矢量（如图 13-11b），也可以在原有 6 个电压矢量错开 30°的位置扩充 6 个新电压矢量，如图 13-11c 所示，这样就可以得到图 13-11d 中共 19 种不同的电压空间矢量（包括零矢量）。

采用图 13-11 中小幅值电压矢量去扩充 CDTC 方案的电压矢量表，并且在较低速度的时候使用，就可以明显改善系统的转矩性能。图 13-12 给出了采用上述方法后调速系统的仿真结果。图 13-12a 给出的是 CDTC 方案的仿真结果；图 13-12b 采用图 13-11b 中小幅值电压矢量（幅值为基本电压矢量的 1/2）得到的结果；图 13-12c 给出了采用幅值为原电压矢量 1/5 的合成矢量后得到的仿真结果。从图 13-12 中看出，图 13-12b 比图 13-12a 的转矩波动有了一定程度地减小，但是由于电动机速度相当低，图 13-12b 方案中电压矢量幅值仍然比较大，所以相应的转矩波动没有非常明显的改善；而在图 13-12c 中，由于合成电压空间矢量的幅值仅为原来的 1/5，所以稳态时的转矩脉动已经有了较大改善。

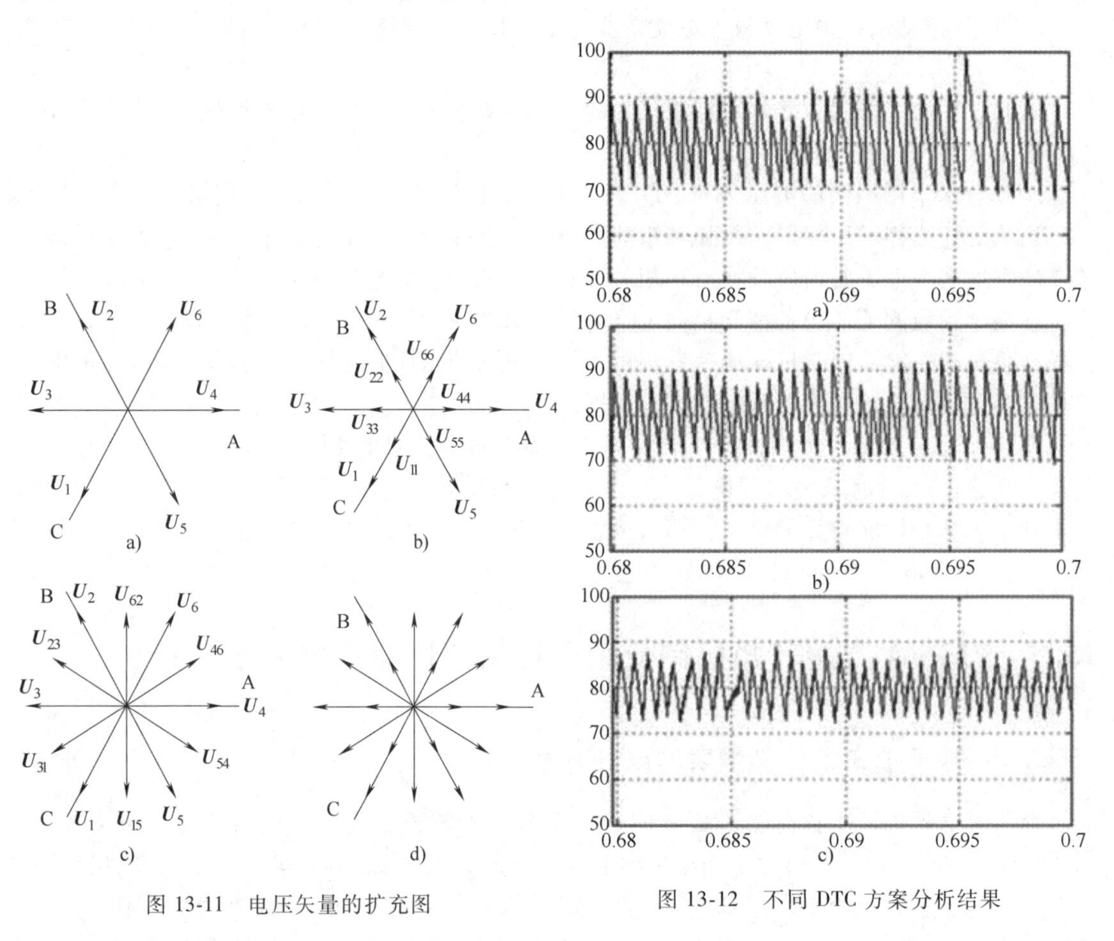

图 13-11　电压矢量的扩充图

图 13-12　不同 DTC 方案分析结果

即便在转矩的动态过程中，图 13-12c 中改进后的方案仍然能够产生较快的转矩响应。但是本方案仅能够从扩充后的电压矢量表中挑选一个较合适的电压矢量，尚不能根据电动机实际运行工况来计算出幅值与方向更合适的电压矢量，仍有进一步改进的空间。

图 13-11d 非常类似于三电平电压型逆变器的电压矢量图。它与三电平逆变器的矢量图存在本质的不同：后者本身固有这 19 个基本电压矢量（逆变器处于一种导通状态时就可以输出图中的一个电压矢量），而两电平逆变器必须采用 PWM 技术才可以获得等效的电压矢量（需要在设定的开关周期内切换多个电压矢量）。

13.3.2　基于调节电压空间矢量占空比的改进方案

观察式（13-17）、式（13-18）和式（13-19）看出，转矩增量前两部分都为负，仅有

ΔT_{e3} 可以为正。如果能够连续改变定子电压矢量的幅值，那么就可以对 ΔT_{e3} 进行期望的控制。不仅能够满足在暂态时较大转矩的需求，还可以在稳态时保持较小的转矩脉动，新方案的系统框图如图 13-13 所示。

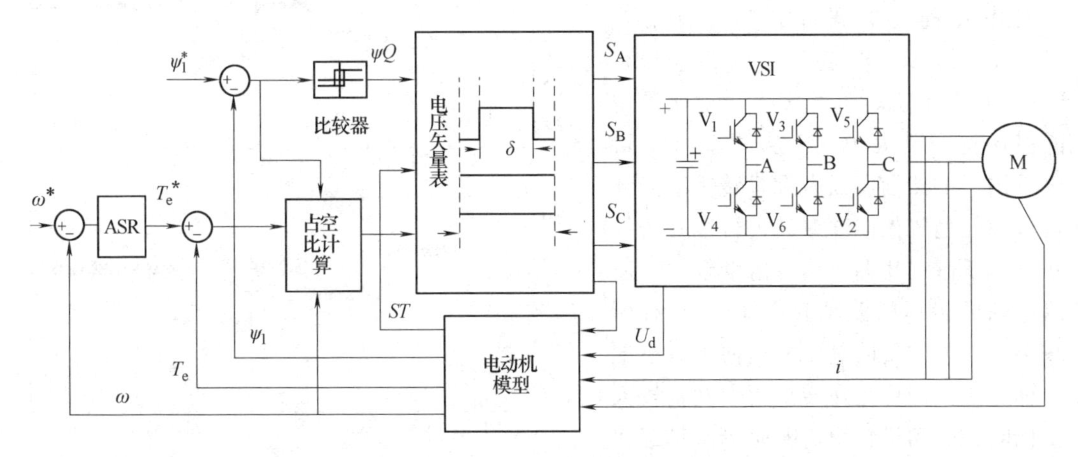

图 13-13　基于占空比调节的交流电机直接转矩控制系统框图

图示系统框图与 CDTC 方案相比，少了转矩的滞环调节器，同时多一个占空比 δ 的调节单元。电动机模型单元求解出电动机定子磁链、电动机转矩、定子磁链所处扇区信号 ST。磁链滞环调节器输出 ΨQ 以提供定子磁链幅值的控制目标，用以对其进行滞环控制。采用 ΨQ 与 ST 通过电压空间矢量表 13-6 查询出对定子磁链幅值进行闭环调节的电压矢量。占空比单元用以对转矩进行闭环控制，它根据电动机的速度、转矩的误差量以及定子磁链幅值的误差量来确定在一个 T_s 周期内电压矢量作用的时间份额（即占空比）。这种控制系统的显著特点是：

1）占空比连续可调，因此该方案包含了 13.4.1 节方案中小幅值电压矢量；

2）在 T_s 较大的情况下，仍然可以对交流电动机的转矩进行有效的控制。

表 13-6　定子电压矢量选择表

	S_1	S_2	S_3	S_4	S_5	S_6
$\Psi Q=1$	$\boldsymbol{U}_2$	$\boldsymbol{U}_3$	$\boldsymbol{U}_1$	$\boldsymbol{U}_5$	$\boldsymbol{U}_4$	$\boldsymbol{U}_6$
$\Psi Q=0$	$\boldsymbol{U}_6$	$\boldsymbol{U}_2$	$\boldsymbol{U}_3$	$\boldsymbol{U}_1$	$\boldsymbol{U}_5$	$\boldsymbol{U}_4$

图 13-13 系统的关键环节是占空比的计算单元，该单元需要考虑以下几个因素：

1）考虑到交流电动机定子磁链幅值保持不变时，定子电压近似与电动机转速 ω 成正比，由此可以得到 δ 的主体部分：$\delta_1=k_1+\omega/\omega_0$。式中的 ω_0 为电动机的基频，k_1 是用来对 δ 进行适当提升的分量，另外还需对 δ_1 进行限幅，δ_1 的上限幅为 1，下限幅为 0。

2）为加速定子磁链的过渡过程，引入 $\delta_2=k_2\cdot\Delta\psi_1$。$\Delta\psi_1$ 是定子磁链幅值给定与其实际值的差值。δ_2 的上限幅为 1，下限幅为 0。

3）为加快电磁转矩在暂态过程中的响应速度，特别引入 $\delta_3=k_3\cdot\Delta T_e$。$\Delta T_e$ 是转矩给定值与实际值的差值。

控制系统计算的电压矢量占空比为 $\delta=\delta_1+\delta_2+\delta_3$，且上限幅设置为 1，下限幅设置为 0。$\delta_1$ 是系统工作在稳态时的占空比主要部分，δ_2 与 δ_3 分别在磁场与转矩的暂态过渡过程中起主要作用，通过对它们的调试可以保证系统有较好的暂态性能。

图 13-14 是 $T_s=50\mu s$ 时占空比调节新方案与 CDTC 方案的仿真结果。后者方案中设置转矩调节器滞环宽度为 5N·m，但从图 13-14b 可以看出，CDTC 中电动机转矩的实际波动比设定的滞环宽度要大一些。从图 13-14a 可以看出，虽然前者没有设置转矩的滞环调节，但是仍然能够对其进行很好的控制；由于占空比调节的自由度较大，所以电动机转矩的波动较图 13-14b 有所减小。尤为重要的是，根据前述占空比计算算法，即便是在转矩指令发生较大变化时，电动机转矩的响应仍然足够快速，并不比图 13-14b 逊色。

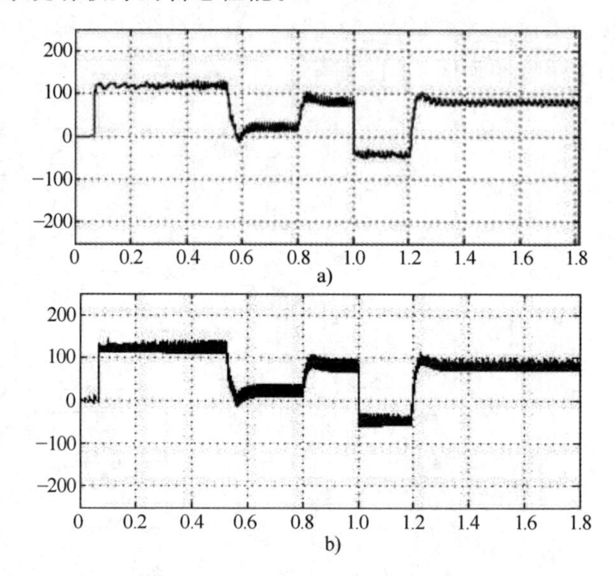

图 13-14　$T_s=50\mu s$ 时不同控制方案的转矩波形

a）新方案　b）CDTC

图 13-15 给出了各占空比分量的波形，图 13-15a 中的 δ_1 与电动机转速波形相似，它们之间基本上是成正比例的，当电动机运行于稳态时，它构成了 δ 的主体部分，$\delta\approx\delta_1$。图 13-15b 中的 δ_2 在定子磁链的建立过程中起了较大作用。它主要是为了加速定子磁链的暂态过渡过程，使磁链幅值更快地变化到指令值。当磁链幅值在给定值附近以后，δ_2 就变得很小，基本不起作用了。图 13-15c 中的 δ_3 主要在转矩变化过程中起到加速转矩变化的作用，它的正/负分别与增加/减小电动机转矩相对应。正是由于它的存在，一方面可以大大缩短转矩的过渡过程；另一方面在稳态下当转矩较大地偏离给定值时，也能够将实际的电磁转矩重新纠正到给定值附近。图 13-15d 给出了电压矢量实际作用的占空比。从 δ 波形中可以看出低速下的占空比是比较小的。

对上面的占空比 δ 图形进行分析，可以看出——在对转矩进行良好控制的前提下，并不总是需要较大幅值的定子电压矢量，特别是低速情况下较小幅值的电压矢量完全可以满足电动机控制的需求。而传统直接转矩控制技术中总是采用幅值恒定不变的非零电压空间矢量，对运行于低速情况时的交流电动机造成了较大的冲击，所以电动机转矩的波动要大得多。

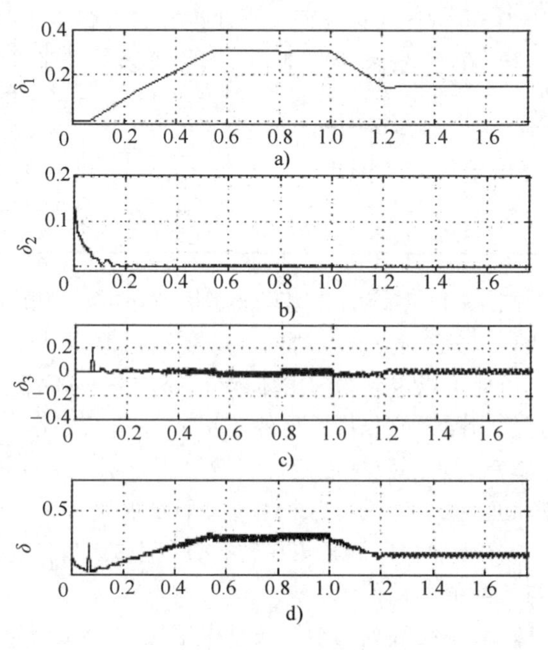

图 13-15　占空比波形

此外，传统直接转矩控制技术中的 T_s 不能太大，否则定子磁链就会有明显的暂态过程出现，打破了其正常工作的机理。这里特意对较大 T_s 时基于占空比调节方案进行了仿真，结果如图 13-16 所示。

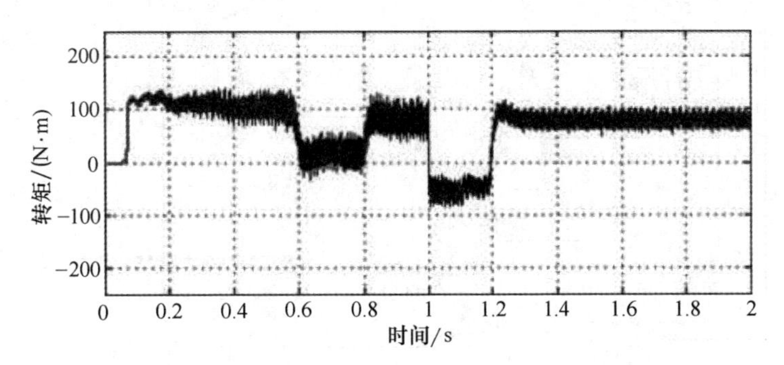

图 13-16　$T_s=500\mu s$ 时占空比控制方案的转矩波形

图 13-16 中的波形是控制周期 T_s 扩大了 10 倍后电动机转矩的仿真结果。与图 13-14 相比，电动机转矩脉动有了明显的增加；但是转矩仍然可以得到较好地控制，所以该方案的优点是显而易见的。

从前述几种减小电动机转矩脉动的方案中，不难发现，电动机转矩脉动的改善往往是有代价的：①系统具有更加复杂的控制结构；②逆变器具有更高的开关频率。所以传统直接转矩控制方案中 VSI 的开关频率相对来说是比较低，但是会带来转矩、电流波动较大等不足，它们之间是有因果关系的。

直接转矩控制技术具有简单的控制结构、优良的转矩响应，一直是研究的热点。下面给出了另外两种 DTC 方案。

（1）基于定子磁链幅值调节的电动机高效运行方案

根据电动机运行原理可以知道，电动机高效运行出现在电动机铜耗与铁耗近似相等时。在大负载下运行，电动机的定子磁链幅值通常保持在较高的水平；当电动机运行在轻载下，若依然保持较大磁链，那么电动机的运行效率就会降低。所以可以根据电动机负载情况来适当调节定子磁链的幅值。该方案的原理如图 13-17 所示。

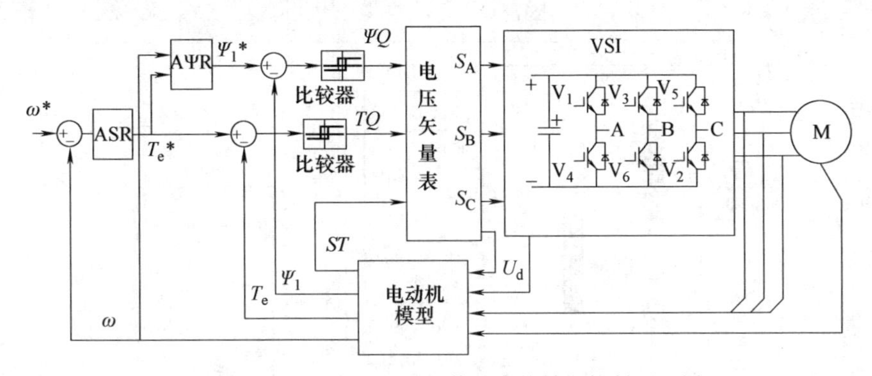

图 13-17　调节定子磁链幅值的直接转矩控制原理图

（2）基于电流闭环控制的直接转矩控制方案

PMSM 的定子电流 i_q 分量控制电动机的转矩，i_d 分量控制电动机的磁场，所以可以针对电动机的电流 i_d 与 i_q 实施砰砰控制，如图 13-18 所示，该方案也可以归为直接转矩控制

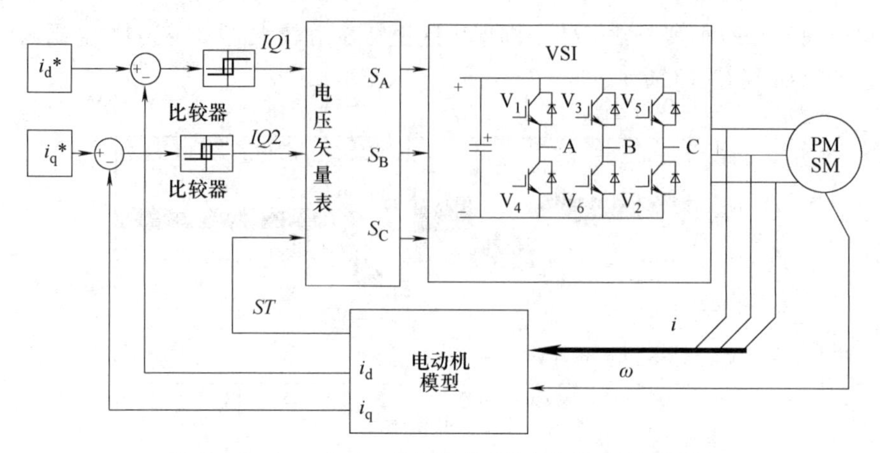

图 13-18　基于定子电流闭环的直接转矩控制原理框图

的范围。

13.4　PMSM 直接转矩控制变频调速系统仿真建模与分析

下面针对 PMSM 进行 DTC 控制仿真建模。其中 PMSM 与逆变器的仿真建模前面已经介绍，这里不再赘述。

1. 电动机磁链与转矩观测单元

图 13-19 给出了电动机定子磁链与转矩观测单元的总体仿真图，其输入为电动机的两相电流与三相电压，输出为两相静止坐标系的定子磁链两个分量与电动机的电磁转矩。图 13-20 给出了定子磁链（flux）观测子系统的内部仿真模型。PMSM 永磁体产生了 α 轴定子磁链的初始值，需要在图 13-20a 的 Integrator 中设置，设置对话框如图 13-20b 所示。图

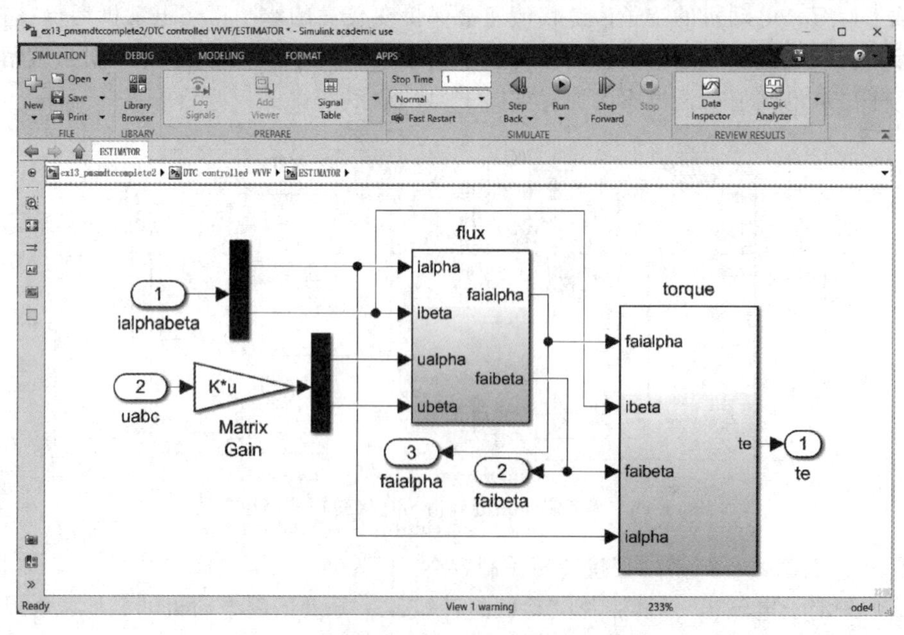

图 13-19　电动机磁链与转矩观测模块总体图

13-21a 给出了电压变换矩阵系数（Matrix Gain），图 13-21b 给出了电动机转矩（torque）的观测模型。

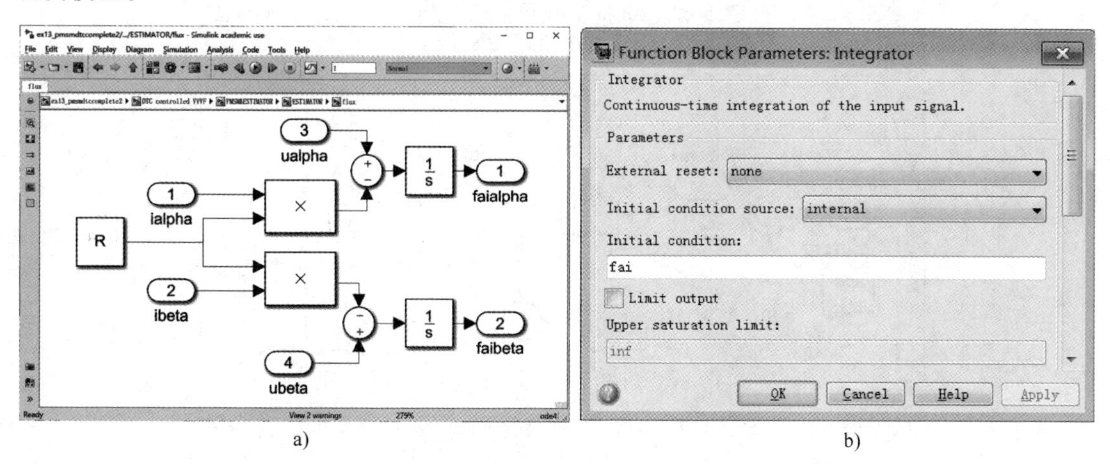

a)　　　　　　　　b)

图 13-20　定子磁链观测仿真模型

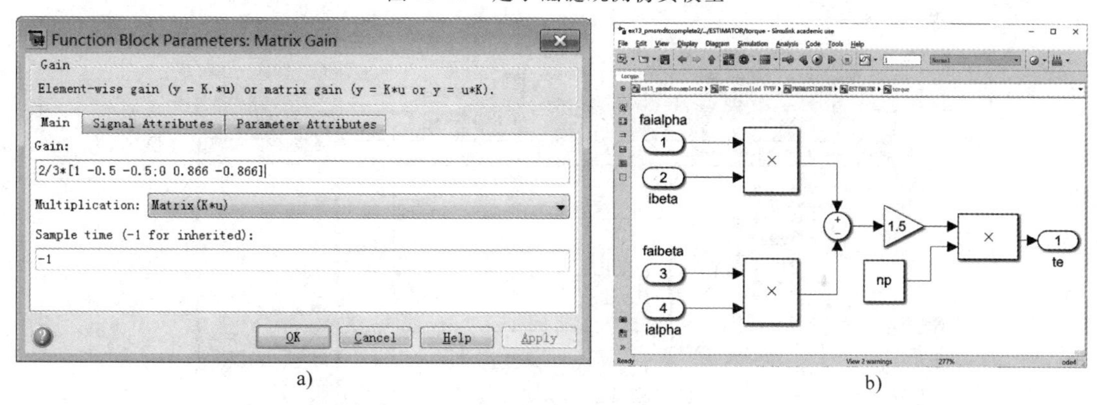

a)　　　　　　　　b)

图 13-21　电压变换矩阵系数

2. 定子磁链扇区判定单元

图 13-22 根据磁链观测器提供的静止坐标系中两相定子磁链分量，利用 MATLAB 中提供的 4 象限反正切函数计算定子磁链的相位角。图中将相位角变换到 0～2π 的范围内。图 13-23 提供了一种利用 SIMULINK 分立模块通过一系列 switch 开关模块判断定子磁链扇区信号的仿真模型，注意必须要有清晰的扇区概念，否则极易弄错。图中共有 5 个 switch 模块，每个 switch 模块的动作阈值均是 π/3 乘以图中所示的 switch 模块的序号（图中序号分别为 5、4、3、2、1），Switch5 的参数对话框如图 13-24 所示。

判定扇区的另一种方法是利用 MATLAB function 编写一个简单的函数，这样逻辑关系会更加清楚，如图 13-23 所示。

图 13-23 中的函数示例如下：

```
functiony = sita1(st)
%st: 0～360
st = st * 180/pi;
if st<60
```

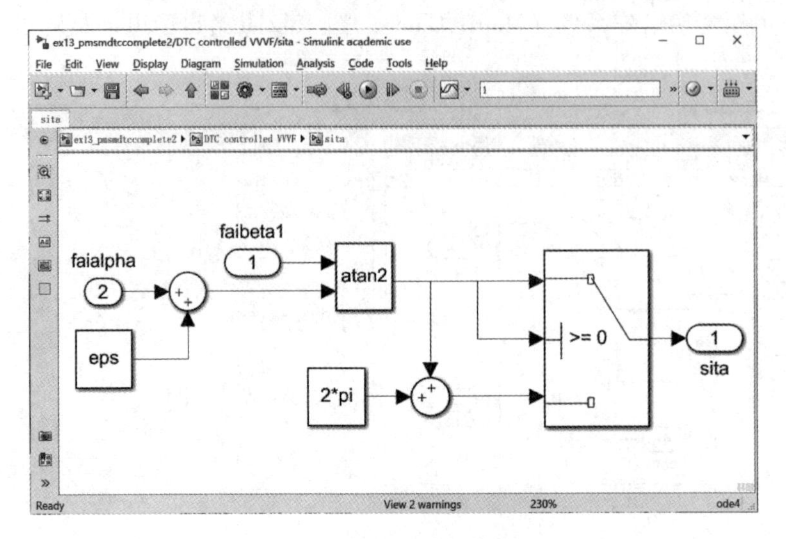

图 13-22　定子磁链相角计算模块（0~2π）

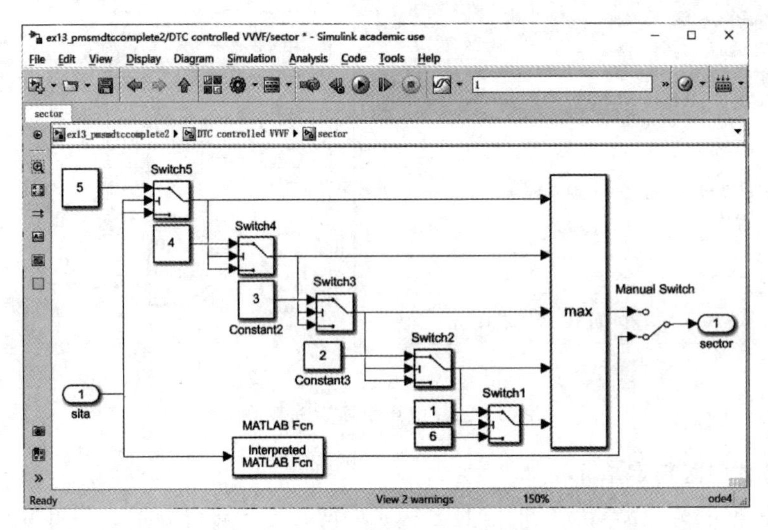

图 13-23　分立模块方式实现扇区判定的仿真模型

```
y=1;
elseif st<120
y=2;
elseif st<180
y=3;
elseif st<240
y=4;
elseif st<300
y=5;
else y=6;
end
```

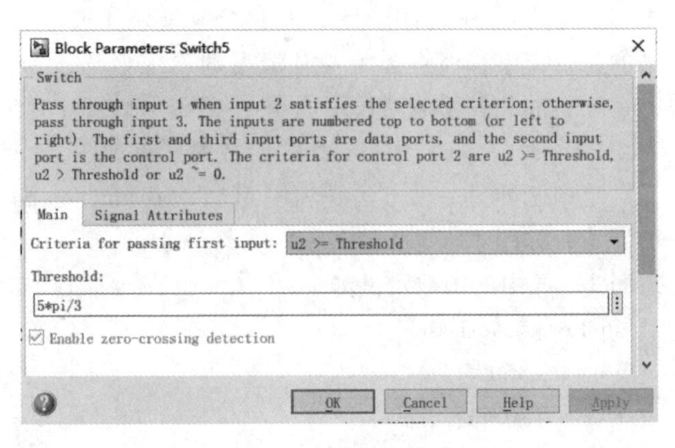

图 13-24　Switch5 模块的参数对话框

3. 磁链和转矩砰砰比较器单元

磁链比较单元将给定磁链幅值和实际磁链幅值进行比较，如图 13-25 所示，如果实际值更大就产生一个“1”信号，反之则给出一个“0“信号。滞环环差值是在图中 Relay 模块中设置的。转矩比较单元与之相似。

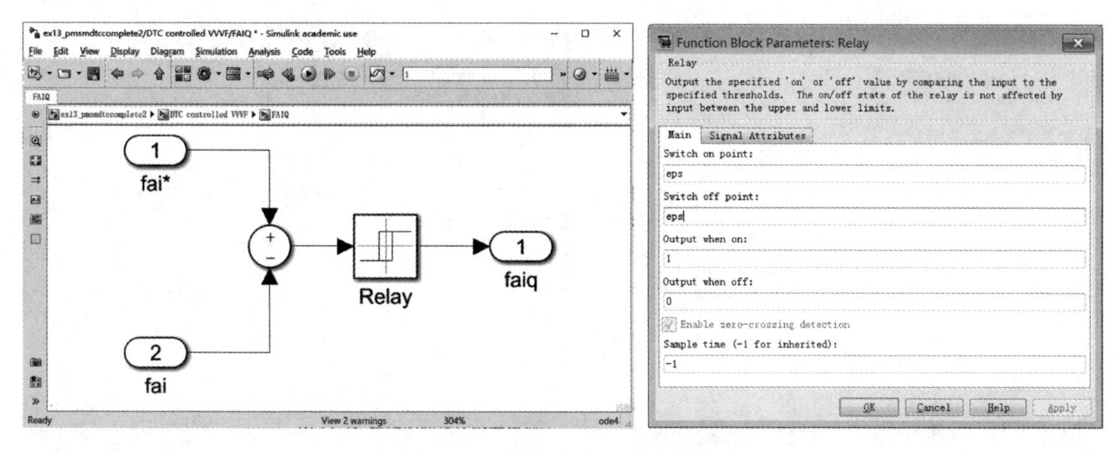

图 13-25　磁链的滞环比较器模型

4. 开关表单元

开关表单元根据前面的磁链比较模块、转矩比较模块以及扇区判断模块的 3 个控制信号（teq、faiq、sector）确定逆变器三相开关信号（或电压矢量）。图 13-26 给出了一种可行的仿真模型。

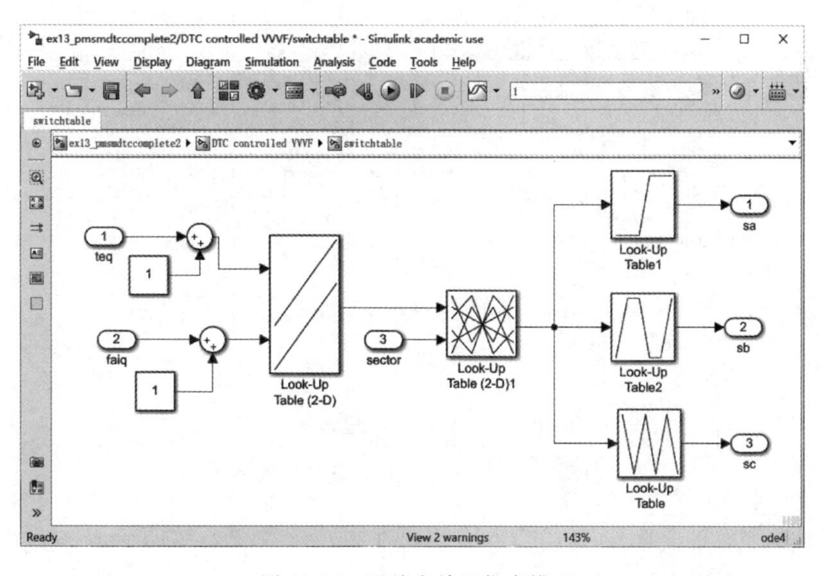

图 13-26　开关表单元仿真模型

逆变器的开关信号（Sa、Sb、Sc）根据 3 个信息获得：转矩的控制目标 teq、磁链的控制目标 faiq 和磁链的位置 sector。做一个三维的表非常麻烦，所以可以使用两个二维的表格来建模。首先把 faiq 和 teq 通过一个二维的表格来进行综合，把它们可能的 4 种状态分别编号为 1、2、3、4。再将该信号与扇区信号 sector 通过查询一个二维开关表获得电压矢量的编号，最后通过一维查询表格分解得到三相的开关信号。各查询表的详细设置如图 13-27、图 13-28 所示。

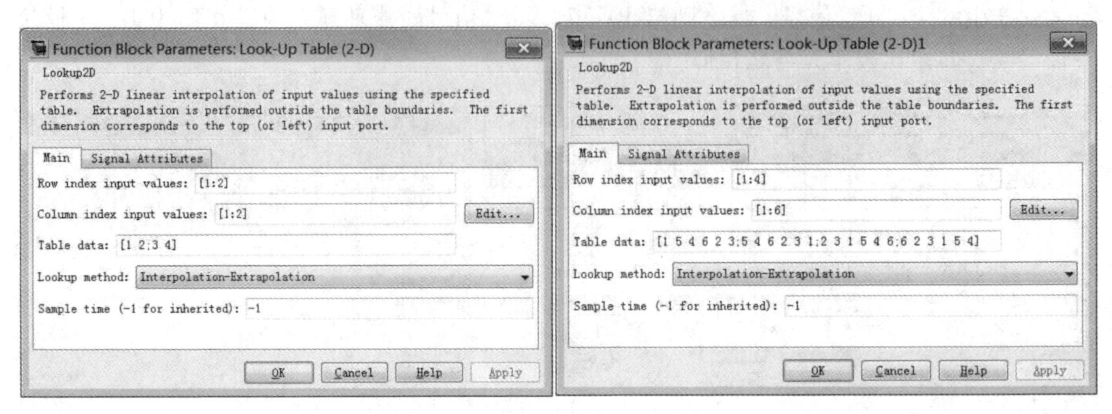

图 13-27　二维查表模块的参数设置

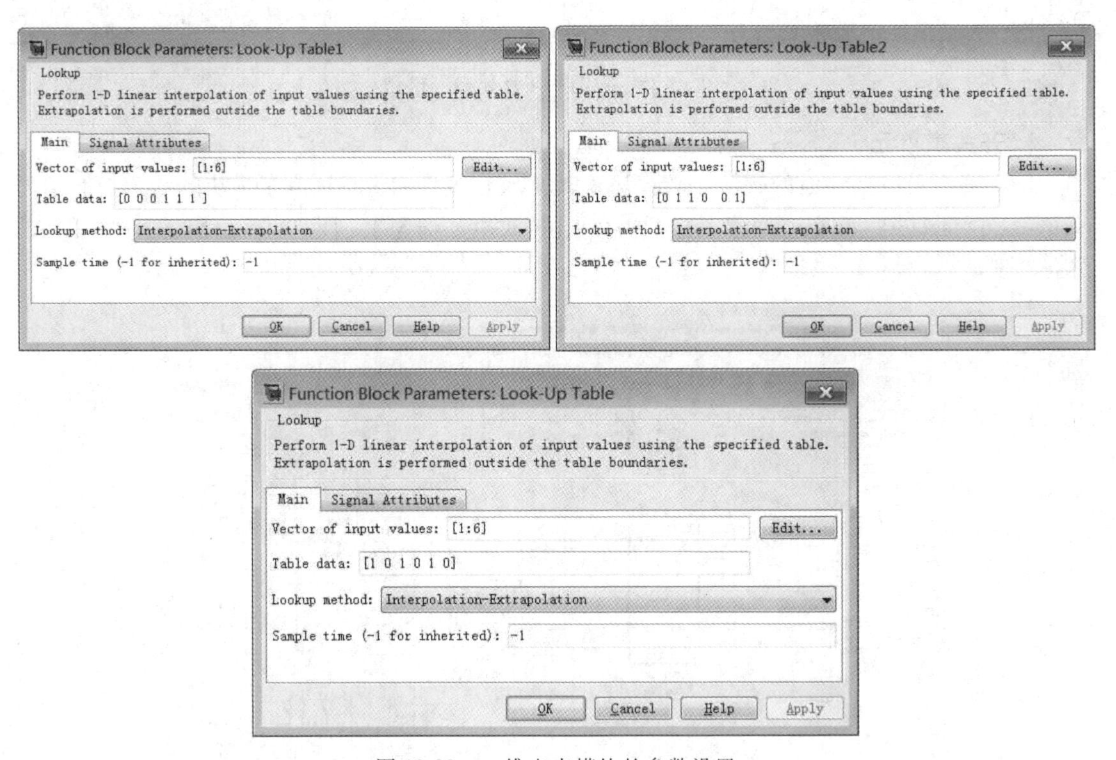

图 13-28　一维查表模块的参数设置

这里有必要强调的是，Look-Up Table 的属性中，行数和列数的输入注意不要弄颠倒，否则将得不到正确的结果。

5. 调速系统总界面

如图 13-29 所示给出了对 PMSM 的 DTC 控制变频调速系统进行仿真的总界面。图中 DTC controlled VVVF 模块的内部结构如图 13-30 所示，图中的各单元在前面都已经详细介绍过。运行仿真前需要在命令窗口键入 efai = 0. 02；ete = 0. 1；初始化变量。

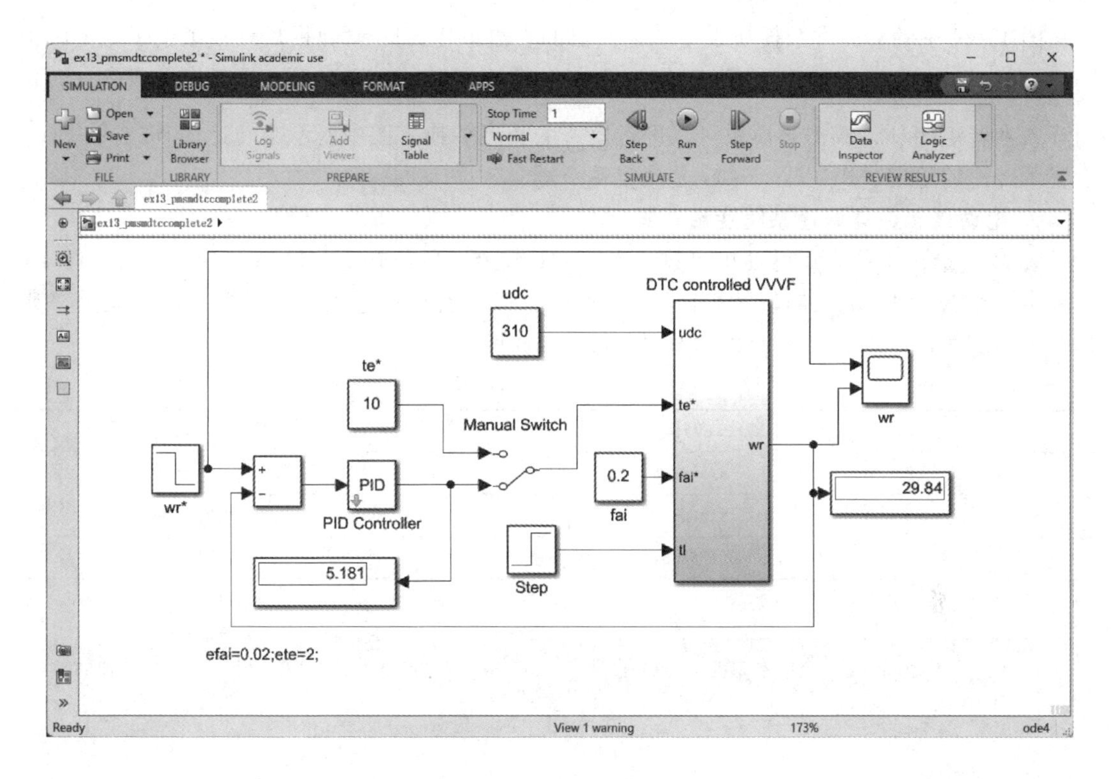

图 13-29　系统仿真总界面

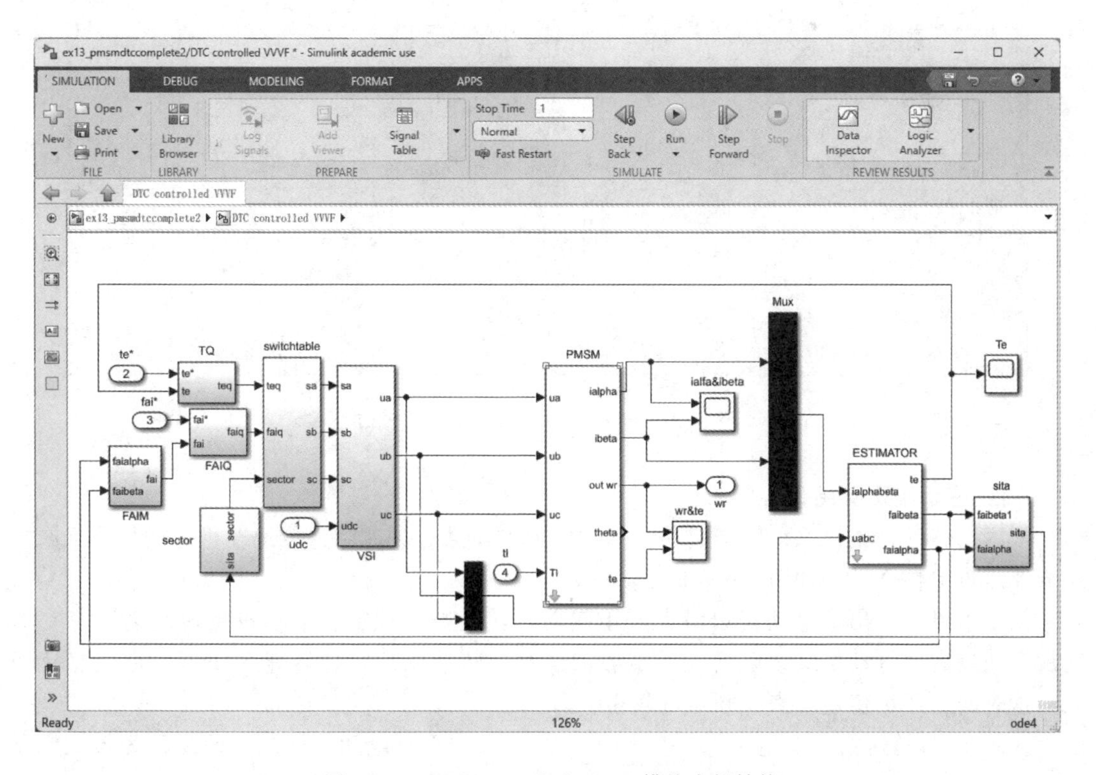

图 13-30　DTC controlled VVVF 模块内部结构

图 13-29 中的 udc 常数模块设置了逆变器的直流电压，fai 常数模块设置了定子磁链幅值的指令值，step 设置了负载转矩，Manual Switch 模块设置了 VVVF 系统的工作方式——转速闭环或者转矩闭环，双击该模块可以进行模式的相互切换。图中所示为转速闭环方式，wr* 设置了转速的给定，PID Controller 是速度调节器。

6. 电动机参数与调速系统变量设置

表 13-7 给出了仿真用电动机参数，图 13-31 给出了负载转矩与转速指令给定值。图 13-32 提供了转速 PID 调节器模块内部仿真模型图，可以看出，这里同时设置了内限幅与外限幅，限幅值的设定以及 PID 参数的设置如图 13-33 所示。

表 13-7　电动机参数表

R_1	2.875Ω	J	0.02kg·m^2
L_d	8.5mH	B	0
L_q	8.5mH	n_p	4
Ψ_f	0.175Wb		

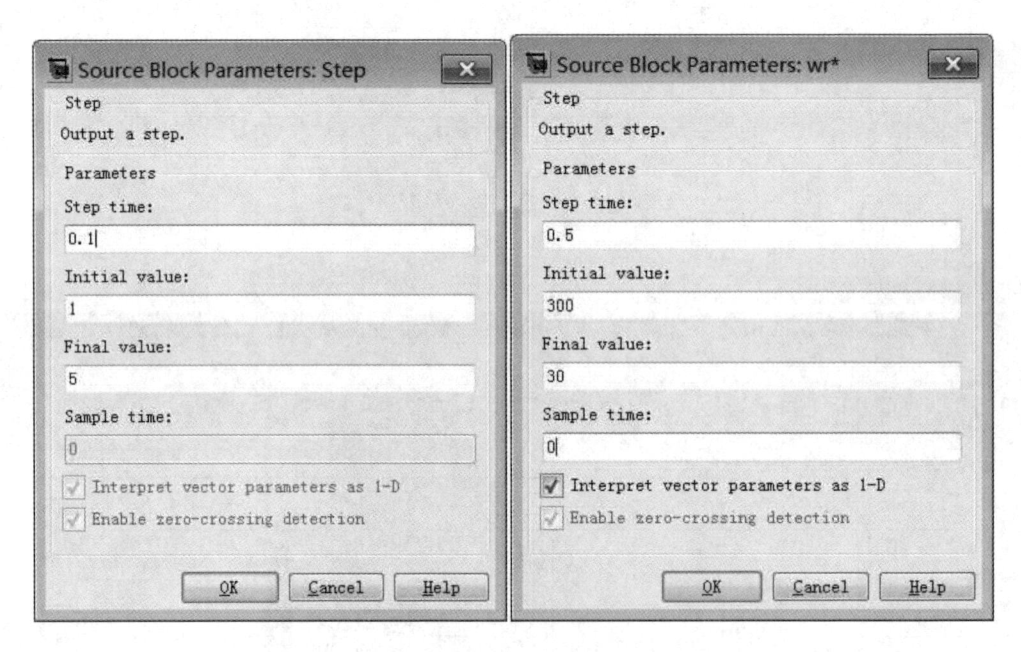

图 13-31　负载转矩与转速指令给定值

7. 调速系统仿真结果

根据上述的设置，系统轻载起动，起动中突加负载，加速到目标速度稳定运行后又减速到低速运行，仿真结果如图 13-34 所示。

从图中可以看出，电动机以最大转矩起动，转矩响应快速，电动机迅速起动。在 0.1s 突加负载以后，电动机继续以最大转矩加速运行。转速到达目标转速 300rad/s 后就稳定下来，这时的转矩也稳定下来，并与负载相平衡。

在 0.5s 时转速指令发生变化，变为 30rad/s。可以看到电动机转矩快速变化为最大制动转矩对电动机进行制动，电动机转速响应快速。从两相静止坐标系中电动机定子电流中也可以看出对应情况，电动机转矩为正时，α 轴电流超前 β 轴电流；仿真中设置的砰砰调节器的环差都很小，所以电流波形较好，电动机转矩脉动也较小。

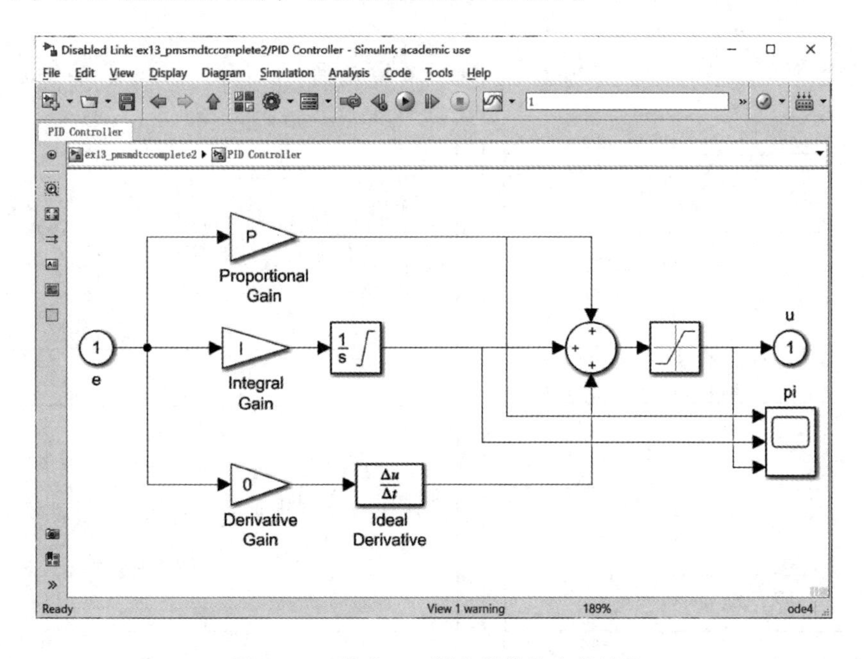

图 13-32　转速 PID 调节器模块内部结构

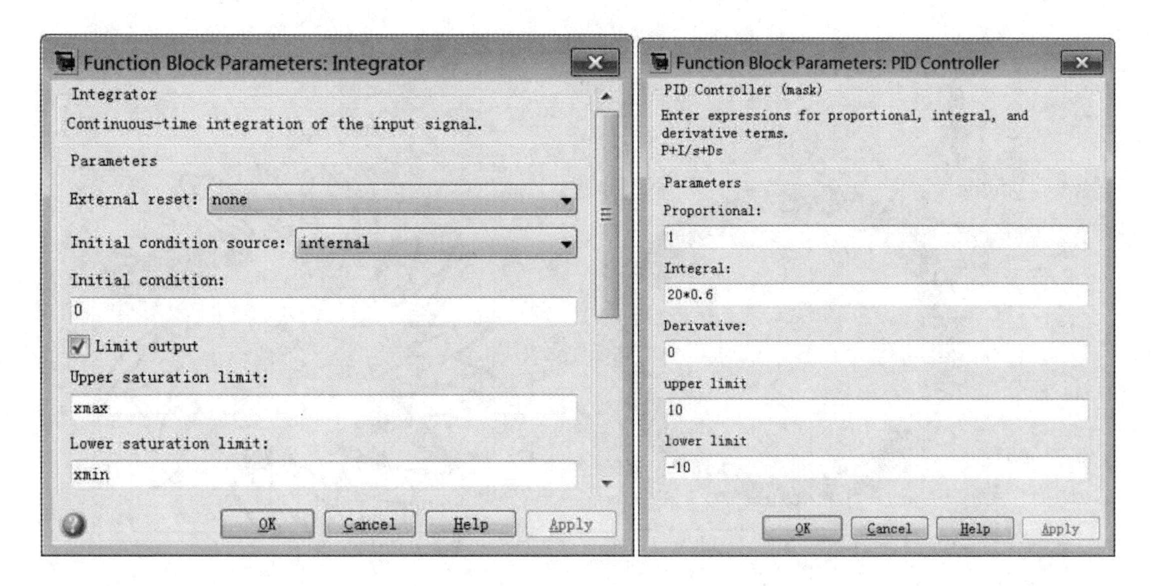

图 13-33　转速调节器参数设置

8. 不同磁链滞环环差的仿真结果

DTC 控制技术领域的文献指出，直接转矩控制系统中两个滞环调节器的环差对于整个调速系统的性能会有显著的影响。这里以磁链环差的变化为例进行仿真分析，分别将磁链的总环差放大为 0.02 和 0.06。

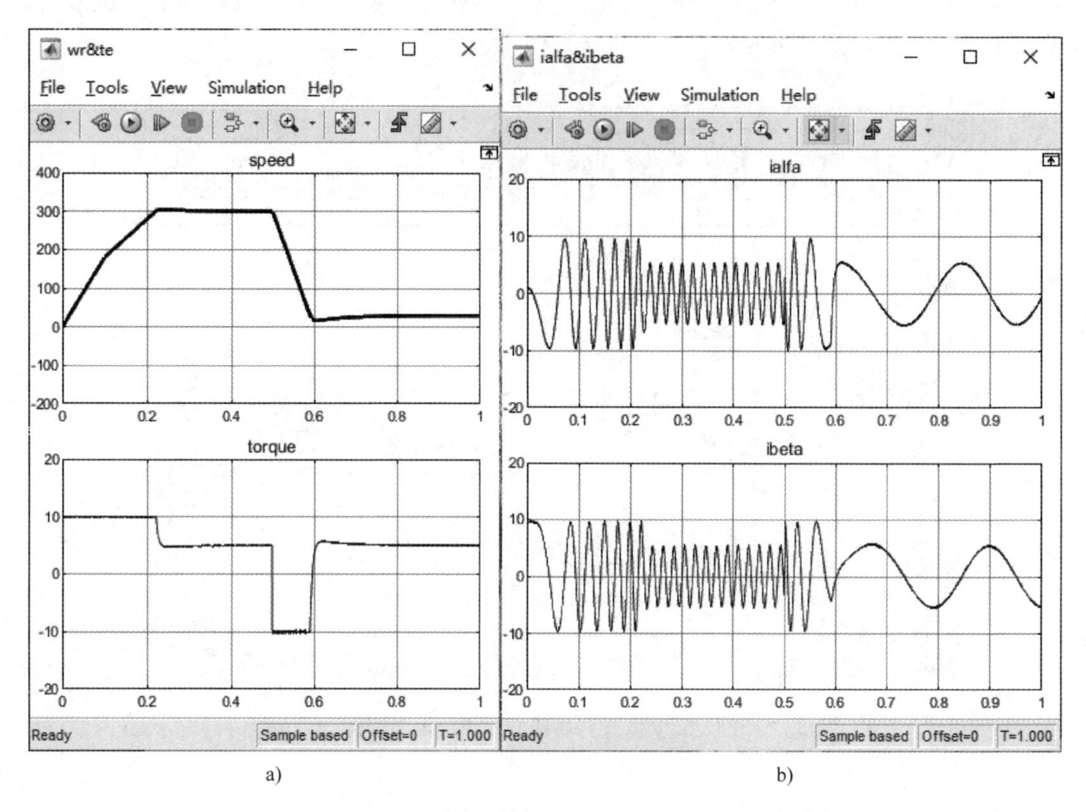

图 13-34　PMSM 调速系统仿真波形

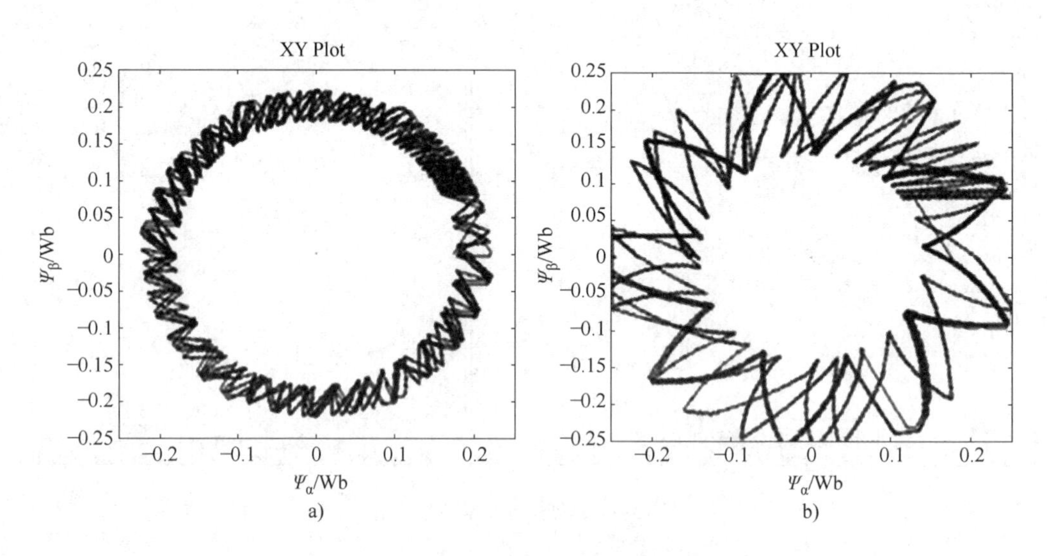

图 13-35　不同滞环环差时的定子磁链矢量图

从图 13-35 中定子磁链矢量端点轨迹曲线图中可以看出，滞环环差越大，磁链幅值的波动也就越大。两种环差下的转速、转矩及电流仿真波形分别如图 13-36 和图 13-37 所示，可以看出电动机电流中的谐波分量会有明显的增加。

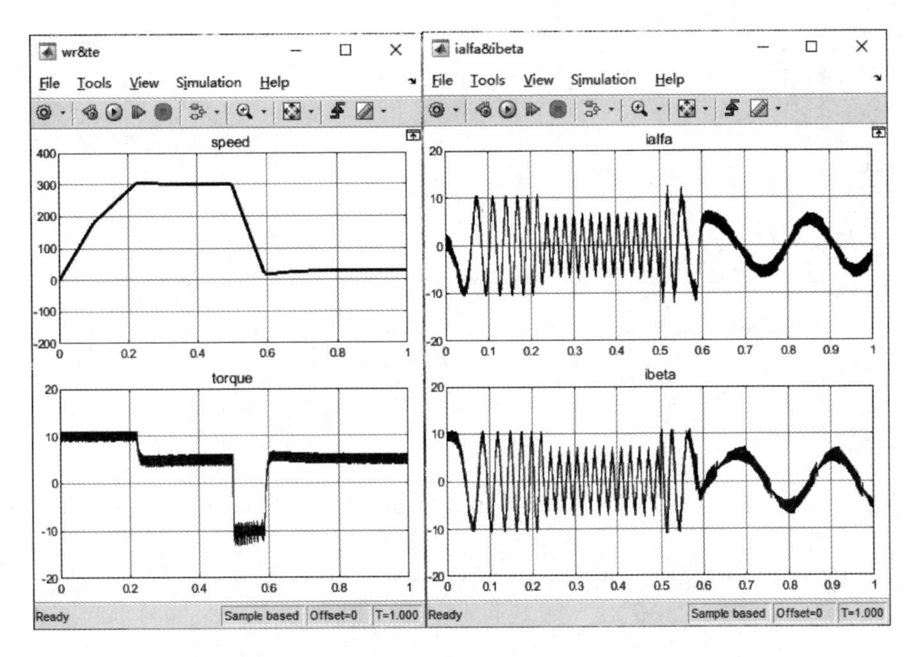

图 13-36　磁链滞环环差为 0.02 的仿真结果

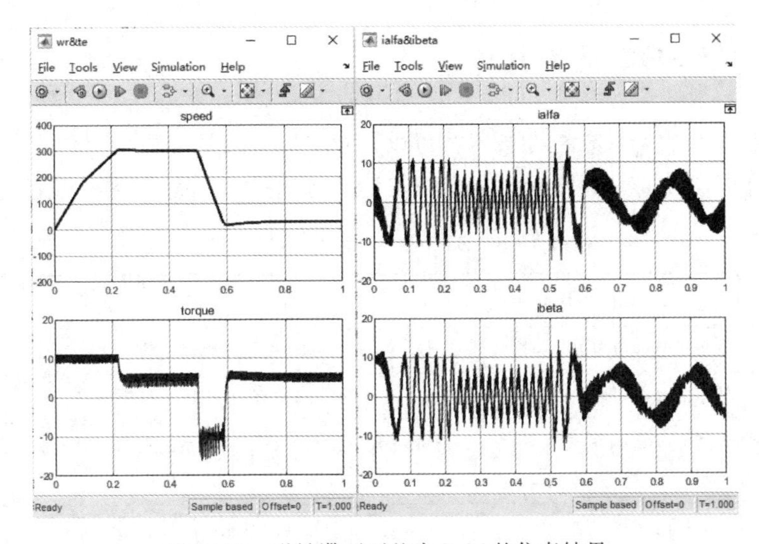

图 13-37　磁链滞环环差为 0.06 的仿真结果

针对电动机运行在高速情况下，不同滞环环差对定子电流谐波影响的仿真结果如图 13-38 所示。

图 13-38a 是总滞环环差为 0.06 时的定子电流谐波情况，图 13-38b 为总滞环环差为 0.02 时定子电流的谐波情况。从图中可以发现滞环环差较小时，电流的低次谐波分量很小，只有在 23 次谐波的地方有一个峰值。而滞环环差较大时，较大范围内的低次谐波分量都较大，而且七次谐波分量竟然比基波分量更大——这表明定子电流已经发生了严重的畸变。因此，虽然滞环环差大一些可以降低逆变器的开关频率，但是会带来较多的电流谐波，对电动机的发热、系统的运行效率等都会带来一系列的负面影响。

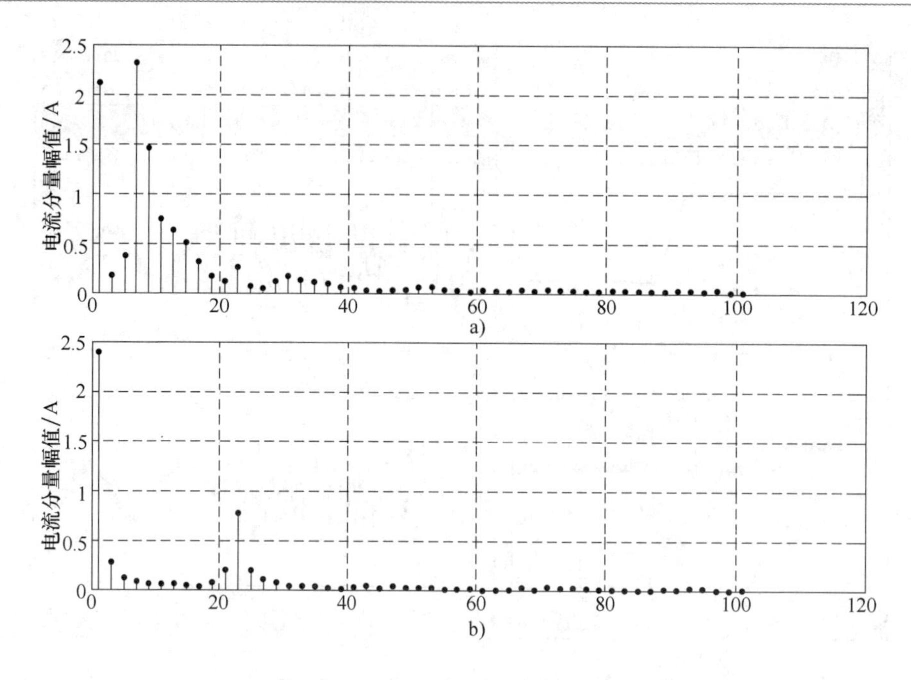

图 13-38　定子电流谐波分析结果图

13.5　DTC 与 FOC 的对比

直接转矩控制技术与矢量控制技术都可以针对交流电动机变频调速系统实施高性能的动态控制，是目前针对交流电动机的两种最为典型的控制技术，表 13-8 对两者进行了比较。

表 13-8　DTC 和 FOC 技术特点比较

特点	DTC	FOC
双闭环控制	定子磁链幅值与电动机转矩的双闭环	电动机定子励磁电流和转矩电流的双闭环
电动机转矩控制	转矩的直接闭环控制	无转矩的直接闭环控制
电动机磁链控制	需要定子磁链大致位置，定子磁链幅值闭环控制	需要转子磁链精确定向，转子磁链可以开环或者闭环控制
电流控制	无电流的闭环控制	有定子电流的闭环控制
坐标变换	静止坐标变换	静止与旋转坐标变换
闭环控制调节器	非线性滞环调节器	传统的 PI 线性调节器
动态转矩	响应更快	响应快
稳态转矩	脉动较大	较平滑
PWM 算法	特有的电压矢量表，仅能输出几个有限、离散的定子电压矢量	传统的 SPWM、SVPWM 等算法，较容易控制逆变器输出电动机期望的定子电压矢量

直接转矩控制技术的最大特点是其转矩动态响应的快速性。图 13-39a 给出了某试验测试中，DTC 与 FOC 控制技术中电动机转矩响应时间对比图。从中可以看出，前者响应时间

明显较后者更加快速。对此的一种解释是 DTC 采用了滞环控制器，相当于纯比例控制，而 FOC 采用的是 PI 控制。

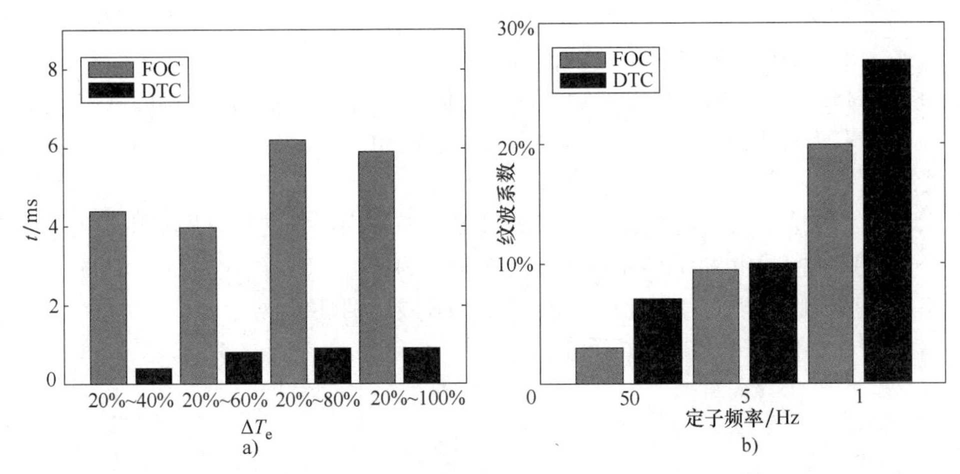

图 13-39 转矩响应时间、转矩纹波系数对比图

图 13-39b 给出了不同定子频率下电动机稳态运行时，电动机转矩的纹波系数对比图。从中可以看出，不同频率下 FOC 控制的电动机转矩纹波系数较 DTC 控制的要小，特别是在较低速度和较高速度时都非常明显。

小　　结

DTC 技术得名于在其控制系统内直接采用转矩闭环控制电动机的电磁转矩。

经典直接转矩控制交流调速系统具有下述特点：

1）基于静止坐标系对电动机进行闭环控制，控制系统简单。

2）没有电流调节单元。

3）没有专门的对定子电压进行脉宽调制的单元。

4）特有的电压矢量选择表。

5）对定子磁链幅值、电磁转矩均通过砰砰滞环调节器实施闭环控制。

DTC 技术特有的结构决定了它可以获得前所未有的动态性能，但是转矩脉动较为明显，故而致力于改进经典 DTC 性能指标的各种方案被相继提出。比较常见的就是通过引入 SVPWM 技术来扩充电压矢量查询表的方案。通过对比可以发现，各种优化方案都在一定程度上增加了逆变器的开关频率，这就是代价。

本章对直接转矩控制技术理论基础进行了详细的阐述，推导并分析了定子电压矢量对定子磁链幅值及电动机电磁转矩的控制原理。本章对一个数字控制周期内的转矩增量进行了深入的分析，得到了影响电动机转矩增量的因素。基于此分析，读者可以比较清楚地看出经典 DTC 技术中转矩脉动较大的原因，还可以尝试新方法去减小电动机的转矩脉动。

【世界不缺少美，关键是有一双能够发现美的眼睛；你也不会缺少梦想和未来，关键是自己要积极努力付出，不是每个人都能遇到伯乐的。】

【当你清楚自己要做什么事情时，效率就出来了。】

练　习　题

1. 直接转矩控制技术的思想是什么？

2. 对于 PMSM，DTC 是如何控制定子磁链幅值的，又是如何控制电机的电磁转矩？

3. 在一个采样周期内，PMSM 的转矩增量与哪些因素有关？如果试图控制转矩增量，应如何做？

4. 六边形与准圆形磁链轨迹的 DTC 控制技术有何异同点？它们分别适用于哪些场合？

5. 经典 DTC 技术中电机的转矩脉动比较明显，为什么？

6. 举例说明，哪些措施可以用来改进经典 DTC 技术的性能？

7. 请简单对比 DTC 与 FOC 的技术特点。

第14章 PMSM变频调速系统应用实例

国家推荐标准 GB/T 19596—2017 电动汽车术语给出了电动汽车的 3 个分类：纯电动汽车、混合动力电动汽车与燃料电池电动汽车。电动汽车的能量来源于可消耗的燃料、可以充电/储能装置或者燃料电池，动力全部或者部分来源于电动机。在电动汽车驱动电动机的发展过程中，异步电动机曾得到广泛的应用。但是随着电动汽车电驱动系统技术要求的不断提高，永磁同步电动机（PMSM）驱动系统在国内外电动汽车中的应用日益得到重视和推广。电动汽车作为一种重要的交通工具，要求电动机具有高效率、高适应性的特点。由于成本及空间的限制，电动机的输出能力受到制约，所以电动机的高密度、小型轻量化和低成本对整车来说至关重要。采用强迫水冷结构、高电磁负荷、高性能磁钢、高转速以及超短端部长度绕组技术等措施，使永磁电动机进一步小型轻量化，从而实现高密度。目前，汽车用永磁同步电动机的功率密度可达 1.6kW/kg，通过稀土永磁材料和电动机的优化设计，汽车驱动电动机的最高效率可以达到 97%。

国家“863”计划对电动汽车不同类型驱动电动机的支持力度在不同时期是显然不同的，从“十五”到“十一五”，异步电动机驱动系统的比例从 56%下降到 17%，永磁电动机驱动系统的比例从 22%上升到 78%。表 14-1 给出了 2009 年与 2010 年参加新能源汽车驱动系统测试的电动机类型分布情况，可以看出永磁电动机（包括 PMSM 和 BLDCM）驱动系统的比例从 2009 年的 37%增加到 2010 年的 74%。

表 14-1 国内新能源电动汽车驱动系统测试电动机情况（百分比）

时间 \ 电动机类型	异步电动机	永磁同步电动机	永磁无刷直流电动机	磁阻电动机
2009 年	59	11	26	4
2010 年	25	49	25	1

表 14-2 给出了国内部分车企纯电动乘用车车型的一些信息，从表中可以看出车企都采用了永磁同步电动机，在双电机系统中，选用交流异步电动机与永磁同步电动机配合，所以永磁同步电动机占有了绝对优势。

表 14-3 给出了几款国内外电动汽车的驱动电动机性能指标。国内已经有一些电动汽车企业（如上海电驱动等）提供较高性能的永磁电动机驱动系统，但是仍需在产品的机电一体化集成度、整车制造能力、系统结构的优化与动力系统效率的进一步提高等方面继续努力。

表 14-2　国内部分车企纯电动乘用车车型信息

车企	通用名称	最高车速(km/h)	续驶里程(km,工况法)	驱动电机类型	驱动电机峰值功率/转速/转矩(kW/r/min/Nm)
安徽江淮汽车集团股份有限公司	蔚来 ET7	200	675	前:永磁同步电动机/后:交流异步电动机	前:180/16000/350 后:300/15000/500
比亚迪汽车有限公司	比亚迪唐	180	600	永磁同步电动机	168/15500/350
东风汽车集团有限公司	风神 E70	101	270	永磁同步电动机	45/9000/150
合众新能源汽车有限公司	哪吒 V	121	401	永磁同步电动机	70/13000/150
奇瑞新能源汽车股份有限公司	QQ 冰淇淋	100	120	永磁同步电动机	20/7500/85
上汽大众汽车有限公司	奥迪 Q5 e-tron	160	520	前:交流异步电动机/后:永磁同步电动机	前:80/13500/162 后:150/16000/310
特斯拉(上海)有限公司	Model 3	261	675	前:交流异步电动机/后:永磁同步电动机	前:137/17000/219 后:220/19000/440
肇庆小鹏新能源投资有限公司	小鹏 P7	170	670	永磁同步电动机	196/12000/390
中国第一汽车集团有限公司	红旗 E-QM5	160	431	永磁同步电动机	140/12000/320

表 14-3　几款国内外电动汽车驱动电动机性能指标

相关厂商	上海电驱动	大众 Kassel	美国 Remy HVH250 HT	丰田 2010 Pruis
电动机类型	PMSM	PMSM	PMSM	PMSM
峰值功率/kW	110	85	82	60
持续功率/kW	42	50	60	/
最高转速/(r/min)	12000	12000	10600	13500
峰值转矩/Nm	240	270	325	207
额定转矩/Nm	100	160	200	/
最高系统效率	94%	/	95%	95%
冷却系统	70℃水冷/12L	70℃水冷/8L	90℃油冷/5L	水冷+油冷

14.1　PMSM 在国内电动汽车中的应用

14.1.1　国内的燃料电池电动汽车

我国燃料电池轿车研发以同济大学、上海燃料电池汽车动力系统有限公司和上汽集团为代表，先后历经 2003 年“超越一号”、2004 年“超越二号”、2005 年“超越三号”。其中

“超越三号”燃料电池轿车最高车速达到120km/h，0~100km/h加速时间为20s，最大爬坡能力20%，一次加注续驶里程达到230km，中国城市工况的氢气燃料消耗率百公里小于1.2kg。“超越二号”和“超越三号”燃料电池轿车分别参加了2004年上海和2006年巴黎国际必比登清洁能源汽车挑战赛，综合成绩名列前茅，而且燃料经济性和车外噪声测试指标位列第一。2006年，新一代燃料电池轿车动力系统技术平台研制成功，并应用于上海大众帕萨特领驭等车型。与第三代燃料电池车辆动力系统相比，新一代燃料电池轿车各项指标均有大幅提高，最高车速达到150km/h，0~100km/h加速时间缩短为15s，最大爬坡能力20%，一次加注续驶里程达到300km，燃料经济性指标在整车质量比“超越三号”重近250kg的前提下基本相当。

2020年，上汽大通燃料电池电动汽车MAXUS EUNIQ 7下线，如图14-1所示，座位数为7，整车尺寸为5225mm×1980mm×1938mm，轴距为3198mm。MAXUS EUNIQ 7电动汽车采用了质子交换膜燃料电池，车载电源为6.4kg高压氢气（耐压强度为70MPa)+13kW·h三元锂电池，后桥单电机驱动，电机最大功率为150kW。

图14-1 上汽大通燃料电池电动汽车

根据国家推荐标准GB/T 24548—2009燃料电池电动汽车中的定义，燃料电池（Fuel Cell）是将外部供应的燃料和氧化剂中的化学能通过电化学反应直接转化为电能、热能和其他反应产物的发电装置，而燃料电池电动汽车（Fuel Cell Electric Vehicle）是以燃料电池系统作为动力电源或主动力电源的汽车。燃料电池作为车用动力电源，具有效率高、污染小、传动系统结构简单等优点，但是由于燃料电池输出特性偏软，无法满足电动机控制器的需求。通常情况下，需要加入DC/DC变换器来改善燃料电池的输出特性，对其进行阻抗匹配。

另外，燃料电池启动时间较长，动态响应差，功率密度较低，无法回收车辆制动能量。通常需要加入车载蓄电池来弥补燃料电池的不足，图14-2给出了一种典型的燃料电池电动汽车动力系统的结构示意图。由于采用了两种车载能源，也可称之为“混合动力”。

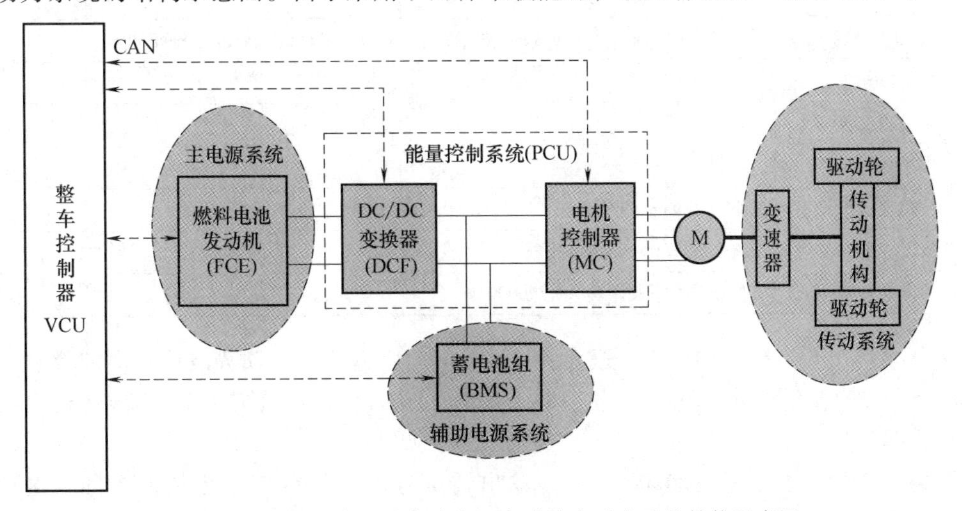

图14-2 燃料电池（混合动力）电动汽车动力系统结构示意图

整车控制器是电动汽车的大脑，它通过车载总线（如 CAN 总线）与车辆中的燃料电池管理系统、电池管理系统、驱动电机控制器等进行通信。整车控制器一方面接收来自驾驶员的操作信息（如车辆点火开关、油门踏板、制动踏板、挡位信息等）对整车工况进行判断与控制；另一方面基于反馈的车辆信息（如车速、电机速度、制动信息等）以及动力系统的状态（如燃料电池及动力蓄电池的电压电流等），对车载多能源进行能量的分配控制和车辆牵引、制动与能量回收等的控制。

EUNIQ 7 动力系统主要设备包括氢燃料电池系统、储氢罐、驱动电机、动力电池等部分，采用了前置燃料电池系统+中置储氢罐+后置电机和动力电池的形式，如图 14-3 所示。氢能源系统设置了 4 种工作模式：直驱模式、行车补电、停车补电和能量回收。EUNIQ 7 车辆开到加氢站仅需 3min 就可以完全加满氢气，车辆的 NEDC 续航里程可达 605km，百公里耗氢为 1.18kg。

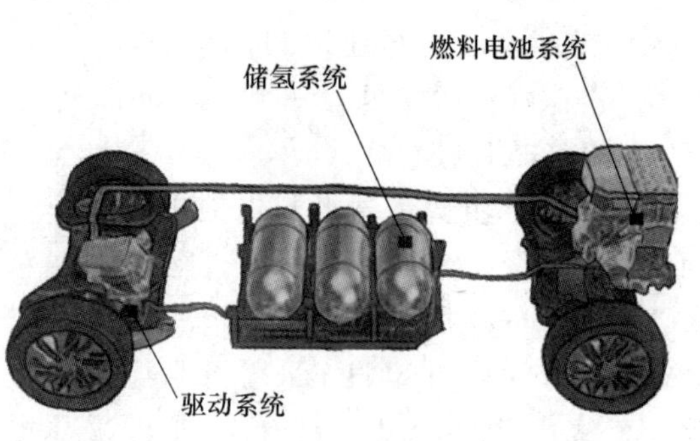

图 14-3　EUNIQ 7 动力系统

14.1.2　PMSM 电动机及控制器性能指标

前述 88kW 永磁同步电动机及其控制器的考核指标见表 14-4，图 14-4 给出了 PMSM 转矩/转速的性能考核指标。

表 14-4　车用驱动电动机及其控制器性能考核指标

项　　目	性　能　指　标
额定直流母线电压	DC375V
正常运行电压范围	DC336～415V
电动额定运行转矩曲线	恒转矩区：0～4000r/min，100Nm 恒功率区：4000～11500r/min，42kW
电动峰值运行转矩曲线	恒转矩区：0～4000r/min，210Nm 恒功率区：4000～11500r/min，88kW
电动机效率	最高效率大于 96%，高效区（效率大于 85%）占电动机整个运行区间 50%以上
冷却方式	水冷
最高进水温度	70℃
质量	不超过 70kg
尺寸	小于 280mm×397mm
抗振性能	符合汽车电气设备基本技术条件（QC/T 413—2002）的相关要求
使用寿命要求	保证整车行驶距离大于 200000km

图 14-5 给出了 88kW PMSM 样机在 4000r/min 时空载线反电动势波形实测波形和有限元仿真波形，实测线反电动势峰峰值为 318V，有限元仿真波形的峰峰值为 322V，仿真结果与实测数据基本吻合。

图 14-6 为电动机转速为 4000r/min、输出转矩为 210.6Nm 时的电流波形图。电动机的定子电流幅值为 532A，电流超前角为 37°。有限元计算结果为当转速 4000r/min、通入电流

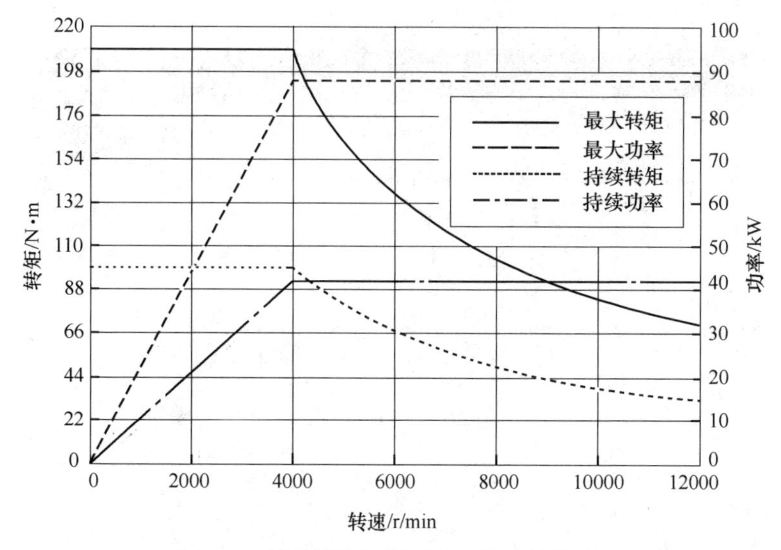

图 14-4　车用驱动电动机转矩/转速性能指标

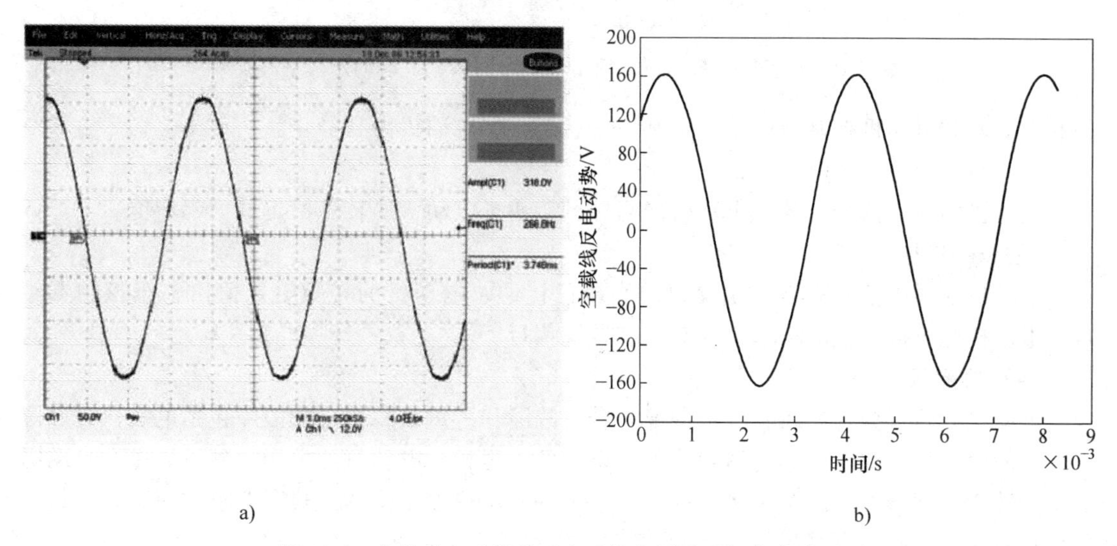

a)　　　b)

图 14-5　空载时电动机线反电动势实测波形与仿真波形

幅值 530A、电流超前角为 40°时，电动机输出转矩为 210.7Nm，两者基本吻合。

附录 J 给出了与电动汽车和永磁电动机等内容相关的一些国家标准，供读者参考。

14.1.3　电动汽车控制系统实例分析

以某款电动汽车为例，其动力系统主要包括：车载动力蓄电池及电池管理、高压管理单元、电动机及驱动系统、整车管理系统及动力转向车体等，各单元之间通过 CAN 总线传递控制指令与状态信息。电动机驱动与整车控制的各种状态可用 000~111 表示，主要包括驱动状态、起步状态、待机状态、故障状态等，同时具有电动机使能信号、转向信号及转矩给定信号，电动机单元要随时上传相应的状态信息及转速、转矩等信息。例如：

（1）待机状态

电动机初始化完毕后，或者整车控制器发出驱动状态信号但电动机使能信号无效时设置

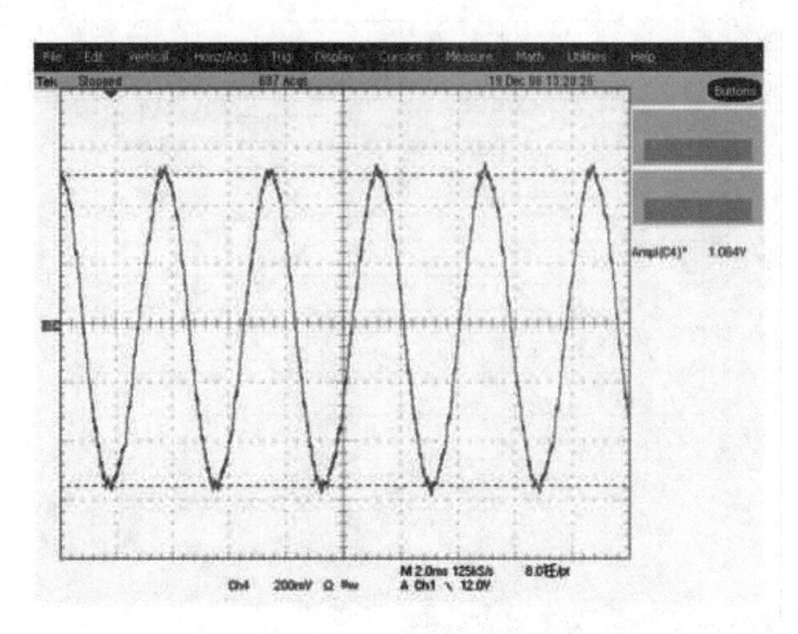

图 14-6　转速为 4000r/min、输出转矩为 210.6Nm 时的定子电流波形

的状态。此时电动机控制器已处于正常工作状态，但电动机尚且静止。

（2）起步状态

电动机的使能信号有效，电动机的高压已接通，电动机的转矩给定值为起步值。

（3）驱动状态

电动机的使能信号有效，电动机的高压已接通，电动机的转矩给定值由整车控制器给定，电动机此时按车辆的需求完成转向和转矩执行。

（4）故障状态

电动机故障可分为三级：一般故障、警告故障和严重故障。一般故障包括电动机自己定义的一般性故障，此时整车将适当降低功率、低速运行。电动机的警告故障下，整车自动降低最大转矩限制与最高转速限制，同时要求电动机尽快停止驱动。对于严重故障，整车将立即停止驱动，同时请求高压管理单元切断高压。

1. 抗饱和 PI 调节器

如图 12-7 所示，电动机控制器在转速调节与定子电流调节中往往采用合适的调节器对电动机转速和电动机电流进行闭环控制。转速调节器输出 i_q 命令值调节转矩从而对转速进行控制。定子 i_q 电流调节器输出 u_q 命令值，定子 i_d 电流调节器输出 u_d 命令值，两个电压命令值通过控制电压型逆变器的输出电压从而对 PMSM 定子电流的两个分量实施有效的闭环控制。

高性能的调节器在闭环控制中起到至关重要的作用。速度调节器的作用是对给定速度与实际速度之差按照一定的规律进行运算，并通过运算结果对电动机进行调速控制。由于电动机轴端负载转动惯量的存在，速度响应的时间常数较大，系统的响应较慢。电流调节器的作用有两个。一是在起动和大范围加、减速时起到电流调节和限幅的作用。因为此时速度调节器呈现饱和状态，其输出信号被限幅为极限值提供给电流调节器。电流调节器的作用效果是使绕组电流迅速达到并稳定在其最大值上，从而实现快速加、减速及限流作用。电流调节器的另一个作用是使系统的抗电源扰动和负载扰动的能力增强。如果没有电流环，扰动会使绕组电流随之波动，使电动机的速度受到影响。采用电流调节器会显著提高系统的调速性能。

上述三个调节器一般都采用PI调节器，其原理是根据给定值与反馈值的当前误差以及误差的历史累积值产生输出。在设计上述调节器的过程中必须考虑实际调速系统的限制条件，例如电源的额定电压、额定电流等限制，所以有必要对调节器的输出量进行限幅——将其限制在合理的范围内。同时为了提高调节器的性能，不仅要实施外限幅，更重要的是进行内限幅——就是限制调节器内部积分器的饱和，否则极易造成系统大幅度振荡、调节时间延长等结果。

图14-7给出了抗积分饱和的PI调节器，其基本原理是将限幅前后的输出求差，然后反馈到积分支路。图14-7中y_r为指令值，y是反馈值，误差$e(t)=y_r(t)-y(t)$。

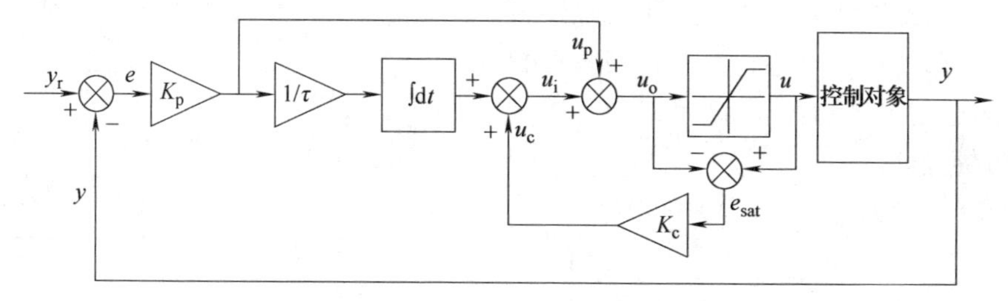

图14-7　抗积分饱和的PI调节器

$$u_o(t)=u_p(t)+u_i(t) \tag{14-1}$$

$$u(t)=\begin{cases} u_{max} & u(t)>u_{max} \\ u_{min} & u(t)<u_{min} \\ u_o(t) & \end{cases} \tag{14-2}$$

$$u_p(t)=K_p e(t) \tag{14-3}$$

$$u_i(t)=\frac{K_p}{\tau}\int_0^t e\mathrm{d}t+K_c(u(t)-u_o(t)) \tag{14-4}$$

式(14-1)~式(14-4)中符号的含义如下：$u(t)$是PI调节器的输出；$u_o(t)$是PI调节器饱和处理前的输出；$e(t)$是参考指令值与反馈值的差；K_p是比例增益；τ是积分时间常数；K_c是饱和校正增益。

2. 数字测速

(1)采用脉冲编码器对电动机速度进行检测

假定电动机的转子每转一圈，编码器产生60个脉冲，传感器的输出通道(A和B)直接与DSP控制器的QEP单元连接，控制器对脉冲的上下沿均进行计数。DSP的片内QEP单元把脉冲数记录在计数器寄存器T2CNT中。在每个采样周期中，将该计数值存入变量*count*中。由于机械时间常数远大于电气时间常数，速度调节环的数字控制周期可以大于电流调节环的闭环控制周期。在电动机控制软件中，电流调节发生在每个PWM中断服务程序中，设定一个计数变量*temp*0对PWM中断次数进行计数。当其值达到预设的某一常数(*SPEED-STEP*)时，将QEP得到的脉冲增量数保存到变量*temp*1中，然后开始执行速度调节算法。速度检测软件的流程如图14-8所示。

(2)通过旋变解码电路直接获得转子位置并进行速度计算

永磁同步电动机转子位置通过旋转变压器进行检测，旋转变压器输出的模拟信号经过解码芯片得到转子绝对位置的数字信号(12位并行数据格式，即转子旋转一周对应0000H～0FFFH)，经过电平转换为3.3V信号送到TMS320LF2407 DSP中。电动机驱动系统在调试阶段可以测量并保存旋转变压器检测的转子零位置信号与控制系统定义的转子零电角位置之间的关系(两者相差$\theta_{m(0)}$)。这样系统运行时，根据绝对位置检测电路检测的机械角位置信号$\theta_{m(1)}$与电动机极对数n_p就可以知道转子的实际电角位置θ_e。

$$\theta_e = rem(n_p(\theta_{m(1)} - \theta_{m(0)}), 1000H) \tag{14-5}$$

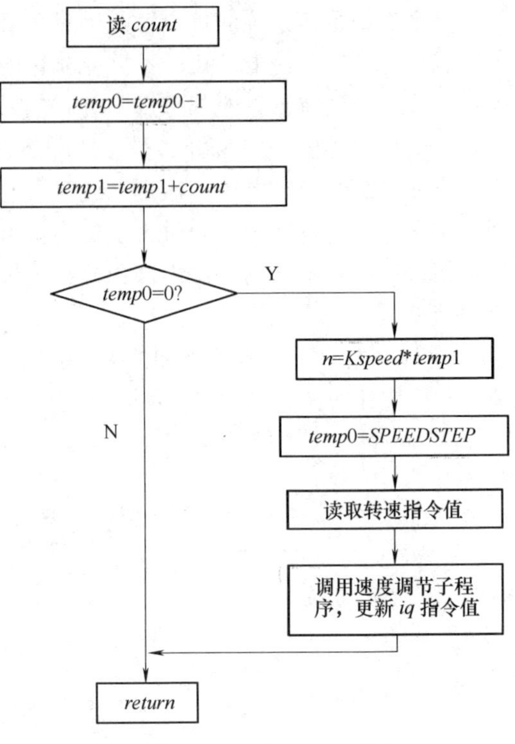

图 14-8　速度检测与调节流程图

上述 *rem*（）函数表示对1000H（即4096）求余。以360为基值，那么式（14-9）计算的结果也就是电角度的标幺值（Q12格式）。

图14-9给出了转子位置机械角度（标幺值）与转子位置电角度（标幺值）之间的关系（电动机的极对数为4）。

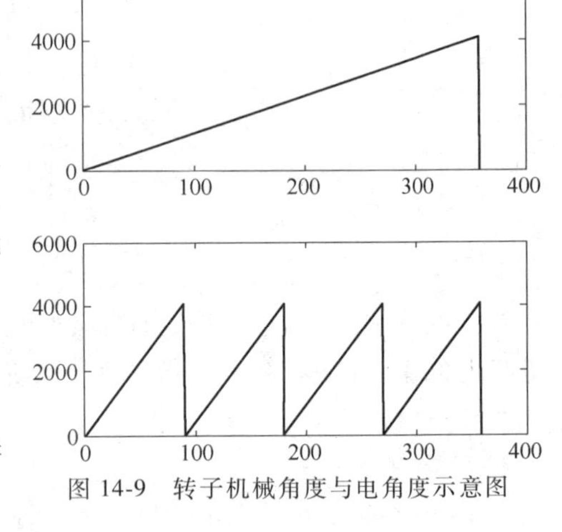

图 14-9　转子机械角度与电角度示意图

转子旋转速度是转子机械角位置的导数，这里根据前后两次检测的转子位置（$\theta_{m(2)}$与$\theta_{m(1)}$）可以求出转子的速度n。转子位置传感器的分辨率为12位，那么转速为

$$n = \frac{\theta_{m(2)} - \theta_{m(1)}}{1000H \cdot \Delta t} \times 60 \tag{14-6}$$

实际系统在处理中采用标幺值计算（数据保存格式为Q12）。以n_b为基值，那么转速为

$$n^* = \frac{\left(\dfrac{\theta_{m(2)} - \theta_{m(1)}}{1000H \cdot \Delta t} \times 60\right)}{n_b} \times 1000H \tag{14-7}$$

若系统的PWM控制周期为60μs，速度采样时间为28个PWM周期，取基速为3000r/min，所以

$$n^* = \frac{\left(\dfrac{\theta_{m(2)} - \theta_{m(1)}}{28 \times 60\mu s} \times 60\right)}{3000} = (\theta_{m(2)} - \theta_{m(1)}) \times 11.9 = k_{speed} \cdot (\theta_{m(2)} - \theta_{m(1)}) \tag{14-8}$$

软件处理过程中，将速度系数以 Q8 格式存储，则 $k_{speed}=11.9\times2^8=0BE6H$。

3. 数字滤波

在数字控制系统中，为减少采样值的干扰，常常采用数字滤波技术。

针对变化较快的量（如电动机的相电流）可采用滑动平均值滤波的方法。滑动平均滤波算法每次只采样一个点，将本次采样值和过去的若干次采样值一起求平均后使用。如果取 N 个采样值求平均，数字控制器的 RAM 中必须开辟 N 个数据的暂存区。每新采集一个数据后便存入暂存区，同时去掉一个最老的数据，保持这 N 个数据始终是最近的数据。这种数据存放方式可以用环形队列结构方便地实现。

针对变换过程比较慢的量（如逆变器温度、电动机温度和母线电压等），可采用一阶低通滤波方法。将一阶低通滤波器的微分方程用差分方程来表示，就可以用软件算法来模拟硬件滤波的功能。一阶低通滤波算法如式（14-9）所示。

$$Y_n=a\cdot X_n+(1-a)\cdot Y_{n-1} \tag{14-9}$$

式中，X_n 为本次采集值，Y_{n-1} 为上次的滤波输出值，a 为滤波系数（其值通常远小于 1），Y_n 为本次滤波的输出值。

由式（14-9）可以看出，滤波器输出值主要取决于上次滤波器输出值，本次采样值对滤波输出的贡献是比较小的（与 a 值有关）。这种算法模拟了具有较大惯性的低通滤波功能。滤波器的截止频率可由下式计算：

$$f_L=\frac{a}{2\pi t} \tag{14-10}$$

式中的 t 为软件滤波算法的间隔时间。当目标量为变化很慢的物理量时，一阶低通滤波是很有效的。

4. 程序流程图

这里以 TMS320LF2407 为例给出了某电动机控制软件中的主要流程图。

（1）主程序流程图

如图 14-10 所示，控制系统上电或者复位以后，DSP 从主程序开始执行指令，首先进行系统控制与状态寄存器等环境的初始化，其次对系统使用的 I/O 端口进行设置，例如转子位置检测电路解码芯片的运行模式需要在此进行设置（确保为并行模式运行），然后对系统所用的变量进行初始化，对系统片上外设（如 AD 转换器、事件管理器、正交编码脉冲电路、CAN 控制器等）进行初始化设置。初始化完成以后系统进入自循环阶段，根据通信的需要执行相应的程序。

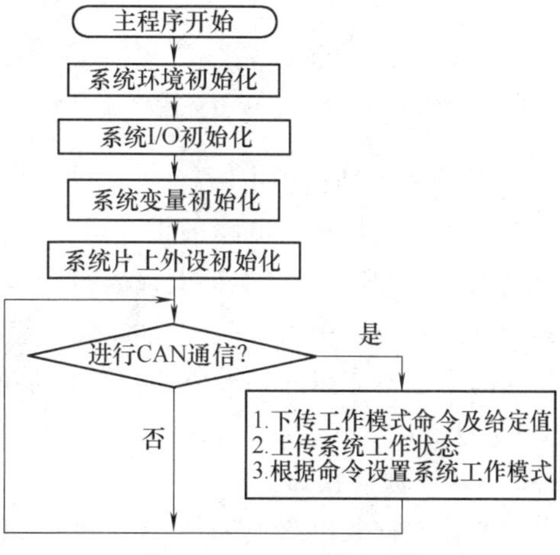

主程序开始
系统环境初始化
系统I/O初始化
系统变量初始化
系统片上外设初始化
进行CAN通信?
是
否
1.下传工作模式命令及给定值
2.上传系统工作状态
3.根据命令设置系统工作模式

图 14-10　主程序流程图

（2）AD 中断服务程序

AD 中断服务子程序是控制系统的重要环节。AD 转换是由事件管理器 EVA 中定时器 T_1 启动的，AD 转换结束后产生低优先级中断请求。系统响应该中断请求，进入中断服务子程序。在该程序中完成 FOC 控制算法，并设置好全比较单元的 3 个比较寄存器（CMPR1、

CM-PR2 与 CMPR3）。详细流程如图 14-11 所示。

（3）SVPWM 算法流程图

图 14-12 给出了控制系统采用的 SVPWM 算法的具体流程图。

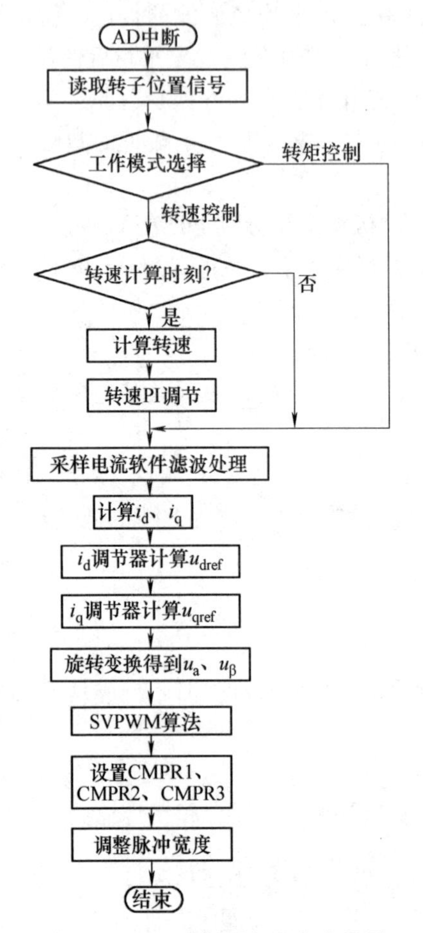

图 14-11　AD 中断服务程序流程图

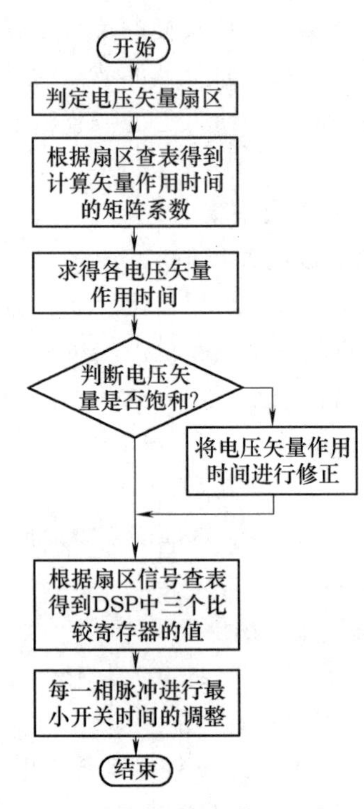

图 14-12　SVPWM 算法流程图

（4）功率驱动保护中断

功率驱动保护对主电路的正常运行起到重要的保护作用，当电动机发生过电流或者 SCALE 驱动板上报故障的情况下，产生高优先级的驱动保护中断，系统响应该中断，进入中断服务子程序。流程如图 14-13 所示，清除相应的中断标志以后，设置事件管理器的全比较单元动作控制模式，且置 PWM 无效。

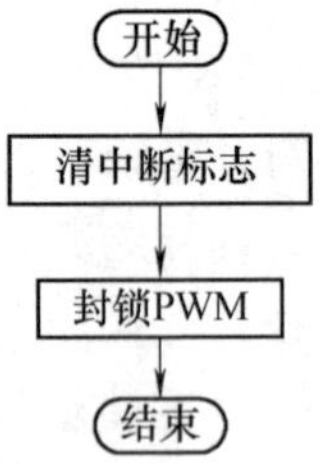

开始
清中断标志
封锁PWM
结束

图 14-13　功率驱动保护中断服务程序流程图

5. CAN 通信接口

电源板向控制电路板提供 5V 电源（该电源与其他控制电源隔离），信号传输采用两线差分传输。

CAN 通信收发器采用 PHILIPS 公司 PCA82C250 芯片，信号与 DSP 通信中采用 TLP115 光耦进行电气隔离。图中在 CAN 两根通信线之间接入防过电压二极管避免传输信号的干扰对芯片造成损坏。

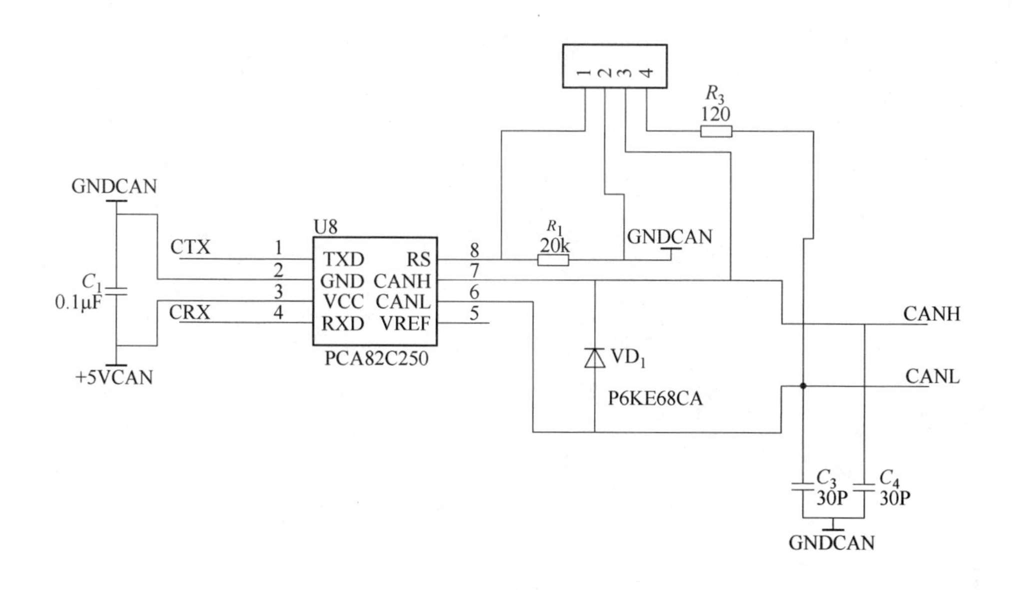

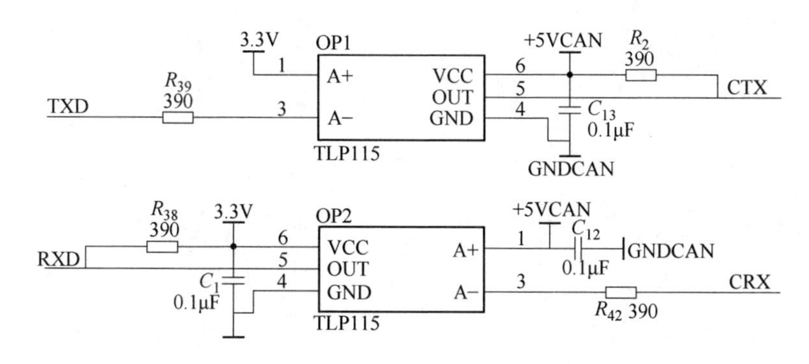

图 14-14　CAN 通信电路图

6. 电动机电流调理电路

电动机的一相电流传感器的调理电路，如图 14-15 所示。该电路将电流传感器输出的正（或负）电压信号通过叠加一个直流电压信号变成正电压信号，然后经限幅后送至控制板。

7. 变量显示单元

在控制系统软件的具体调试过程中，将程序中的某些关键变量输送到硬件电路并显示在示波器上是十分有用的。为此可以在数据存储器中开辟一段区域，把待显示的变量送到该区域。然后利用 DSP 系统自带的通用定时器比较单元 T3PWM，将待显示的变量按比例变换到 0~512 范围内后作为调制波，定时/计数器的计数周期值设为 512，将定时/计数器内部的三角波作为载波，就可以利用 T3PWM 引脚把变量以 PWM 信号的形式输出。在此引脚上接入一阶 RC 低通滤波器，将调制波进行还原，则可以显示出相应变量。硬件电路如图 14-16 所示。图中 C 一般可取 0. 1μF，R 可取 1~10kΩ。

8. 测试系统与测试波形

图 14-17 给出了电动汽车驱动电动机性能测试系统平台的照片。图中可以清楚地看到试验台架以及安装在上面的驱动电动机、测功机、电动机控制器和恒温水箱。

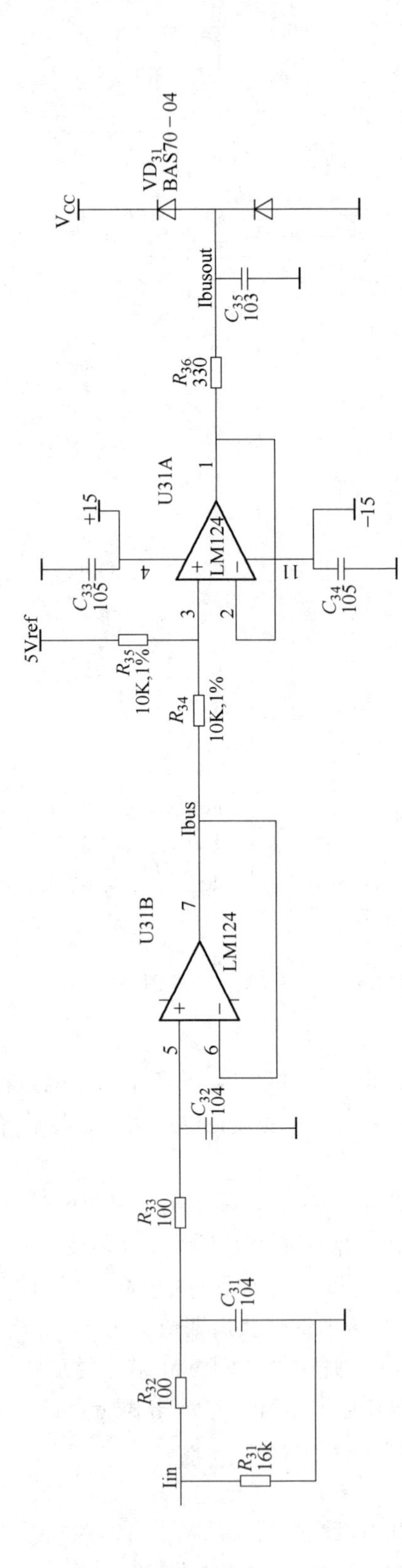

图 14-15　相电流信号调理电路

图 14-18a 与 14-18b 给出了 IGBT 开通与关断过程的测试波形。黄色波形 1 为驱动电路板的输入 PWM 信号，蓝色波形 2 为驱动电路板输出到 IGBT 的 G、E 端子的驱动脉冲信号。

在 IGBT 驱动电路的设计中，需要估算供电电源的功率以保证驱动电路可靠的工作。当驱动电路工作环境温度较高时，很多电源模块会降功率运行，所以驱动电路的电源务必有足够的功率输出能力。

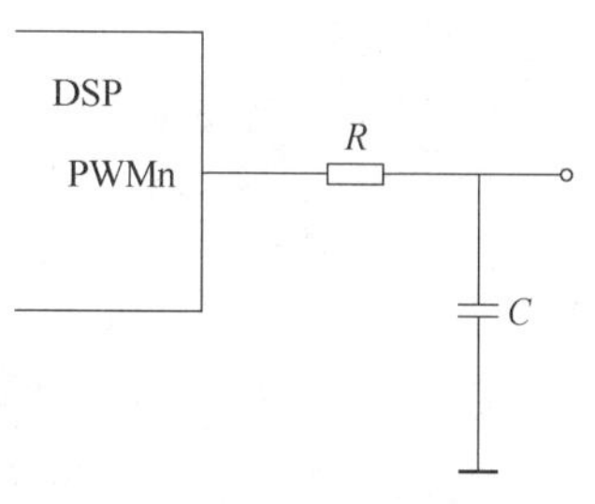

图 14-16　显示变量用 RC 低通滤波器

图 14-17　驱动电动机测试系统平台图片

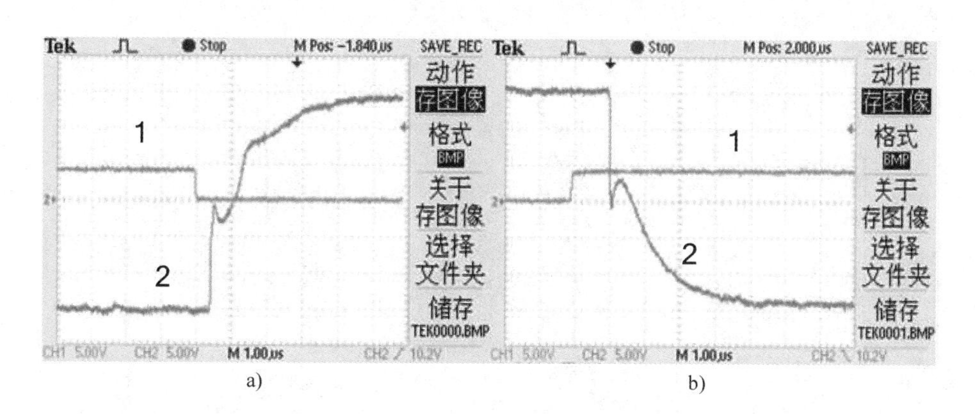

图 14-18　IGBT 导通与关断过程波形

若已知驱动电路的关断电压 V_{GEoff}、导通电压 V_{GEon}、IGBT 的门极电荷 Q_G、PWM 的开关频率 f_s，可以按照式（14-11）计算出一个 IGBT 的驱动功率 P_{drv}。

$$P_{drv}=Q_G\cdot(V_{GEon}-V_{GEoff})\cdot f_s \tag{14-11}$$

举例来说，当开关频率为 10kHz，导通电压为 15V，关断电压为 -15V，门极电荷为 8.5μC，那么该 IGBT 模块的门极电路驱动功率为

$$P_{drv}=8.5\times10^{-6}\times(15+15)\times10^4\text{W}=2.55\text{W}$$

图 14-19 给出了控制电路输出的 PWM 波形经过一阶 RC 滤波处理后的电压波形，从中可

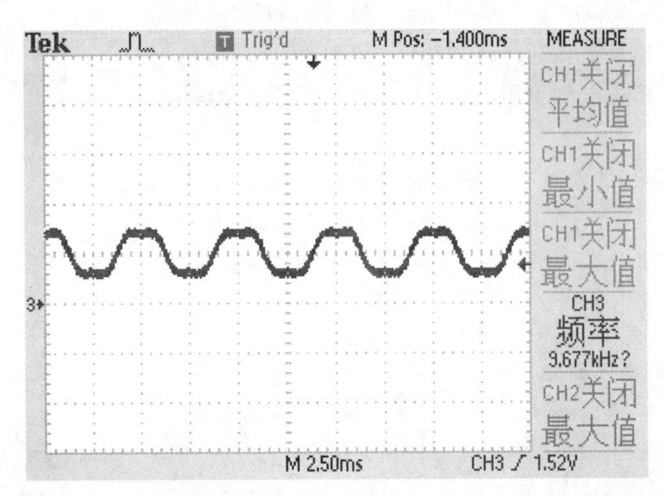

图 14-19　相电压的调制波形

以清楚地看到 PWM 波形的马鞍波调制波，波形中含有明显的三次谐波分量（三次谐波在三相逆变器输出相电压中出现，在线电压中就不存在了），这是 SVPWM 控制中比较典型的波形。

图 14-20 给出了 PMSM 电动机的定子两相电流，从中可以看出，定子频率大约为 32. 9Hz。图 14-21 中定子电流大约为 66. 7Hz。

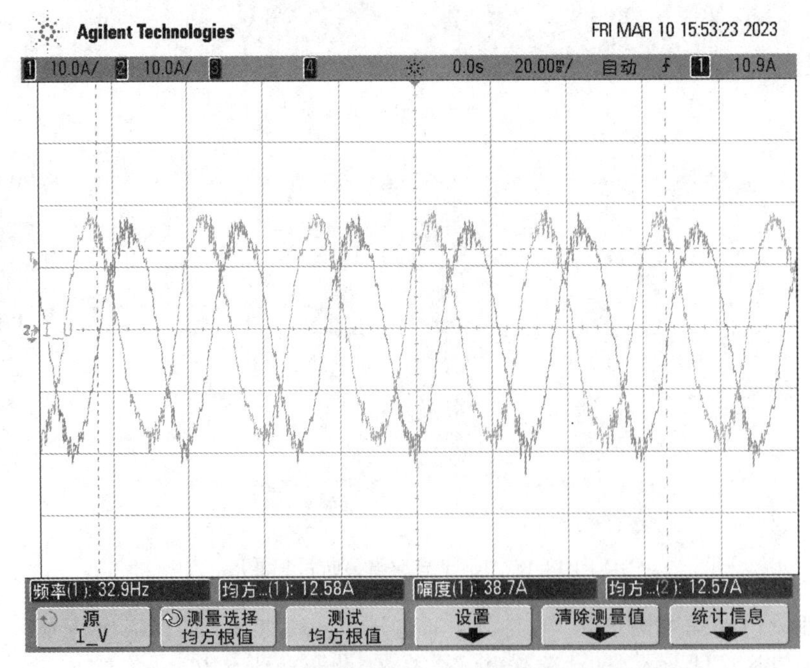

图 14-20　低速时电动机定子两相电流测试波形图

根据电动机性能测试试验结果绘制电动机的转矩/转速曲线，如图 14-22a 所示。电动机的性能测试结果表明，电动机性能达到了表 14-4 中的预期指标要求。低速运行时，电动机能输出 210Nm 的峰值转矩；高速运行中基本能维持 88kW 的峰值功率。图 14-22b 为驱动电动机的运行效率图。从图中可以看出，效率大于 85%的高效区占整个工作区域的 80%以上。

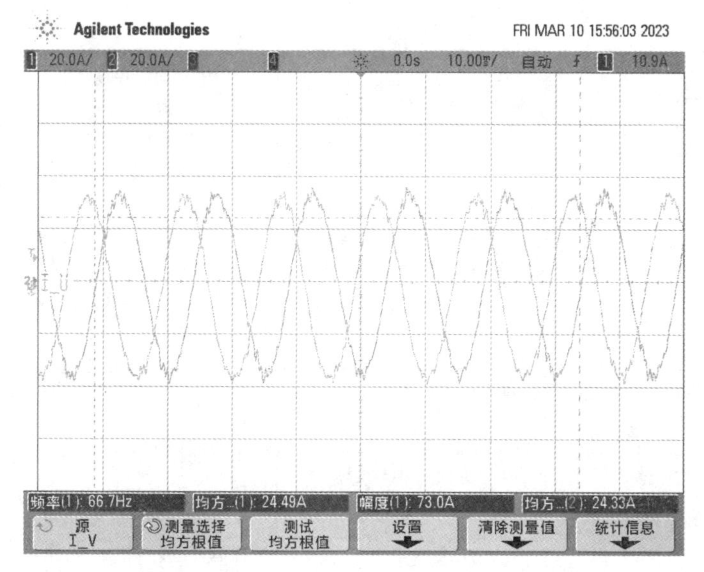

图 14-21 中速时电动机定子相电流测试波形图

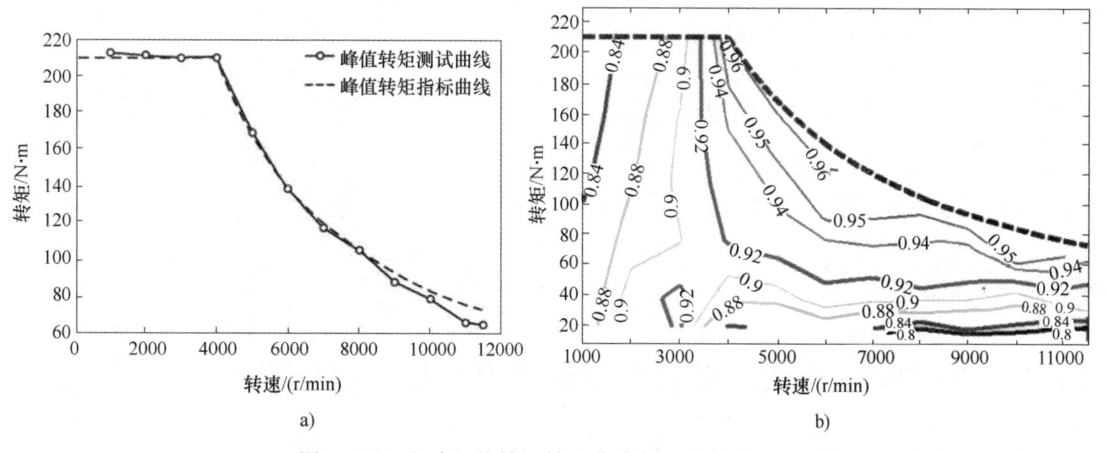

图 14-22 电动机的转矩转速曲线与运行效率 MAP

9. 电动机系统的故障诊断及失效处理

在电动汽车运行中，整车控制器对驱动电动机系统进行实时监控。如有故障，需及时进行故障记录和故障分析与诊断，并针对不同类别的故障及时进行必要的处理。表 14-5 给出了某电动汽车电动机系统的故障诊断及失效处理措施（可参考 QC/T 893—2011）。

表 14-5 电动机系统故障处理

故障级别	故障描述	故障条件	MCU(电动机控制器)采取策略	整车控制器(VCU)采取策略
断开高压回路	母线电流超过极限值	电流超过 400A	• 自动停止电动机当前操作 • MCU 发送相应的故障标志或故障码 • 故障恢复前禁止再次起动电动机	• 清除转矩指令 • 电动机使能标志置为无效 • 发出紧急关机状态 • 断开直流回路

（续）

故障级别	故障描述	故障条件	MCU(电动机控制器)采取策略	整车控制器(VCU)采取策略
断开高压回路	堵转故障	转速低于 60r/min,转矩超过 100Nm,持续时间超过 6s	● 自动停止电动机当前操作 ● MCU 发送相应的故障标志或故障码 ● 故障恢复前禁止再次起动电动机	● 清除转矩指令 ● 电动机使能标志置为无效 ● 下电后重新上电后故障标志消除
MCU 自动停机	母线电压低于极限值	母线电压<260V	● 自动停止电动机当前操作 ● MCU 发送相应的故障标志或故障码 ● 故障恢复前禁止再次起动电动机	● 清除转矩指令 ● 电动机使能标志置为无效 ● 发出紧急关机状态 ● 重新使能电动机,如果故障消失,则继续工作
	母线电压高于极限值	母线电压>400V		
	MCU 温度超过极限值	电动机控制器温度>85℃		
	电动机温度超过极限值	电动机温度>120℃		
	模块故障	IGBT 模块故障		
	电动机过电流	电动机相电流峰值>640A		
	电动机转速高于极限值	转速>12500r/min		
	通信故障	连续未收到数据>20 帧		
MCU 降功率运行	逆变器温度过高	逆变器温度>80℃	● MCU 发出一般故障状态,并发出相应的故障标志或故障码 ● MCU 根据不同温度相应减少转矩	● 整车控制器发出降功率运行状态
	电动机温度过高	电动机温度>110℃		
	电动机 A 相电流过载	A 相电流峰值>600A		
	电动机 C 相电流过载	C 相电流峰值>600A		

14.2　PMSM 变频调速系统在城市轨道交通中的应用

目前，大功率永磁同步电动机在城市轨道交通列车牵引系统中应用很少。值得一提的是，株洲南车时代电气股份有限公司联合南车株洲电力机车有限公司和南车株洲电动机有限公司，共同研制开发了储能式电力牵引轻轨列车，于 2012 年 8 月在湖南株洲下线。该列车是采用超级电容器储存电能并作为主动力能源的城市轨道交通列车，可实现牵引、制动工况中电能和动能的高效循环利用。

14.2.1　列车概况

储能式电力牵引轻轨列车是利用储能系统（由超级电容器组件构成）储存电能，并以此作为牵引动力电源的一种轻轨列车。在车站内由地面充电系统快速（30s 内）完成储能系统的充电，列车行驶到下一个车站再次充电，实现列车无弓网运行，节约建设成本，并在电制动过程中，储能系统回收全部电制动能量。

列车由两节具有独立动力单元的动车构成，共有 3 个转向架，其中前后端为动力转向架，中间为铰接式非动力转向架，这种结构方便实现小半径转弯。电气牵引系统主电路由两套完全相同的主电路组成，如图 14-23 所示，分别对应两个动力转向架。两套主电路通过并联电路给

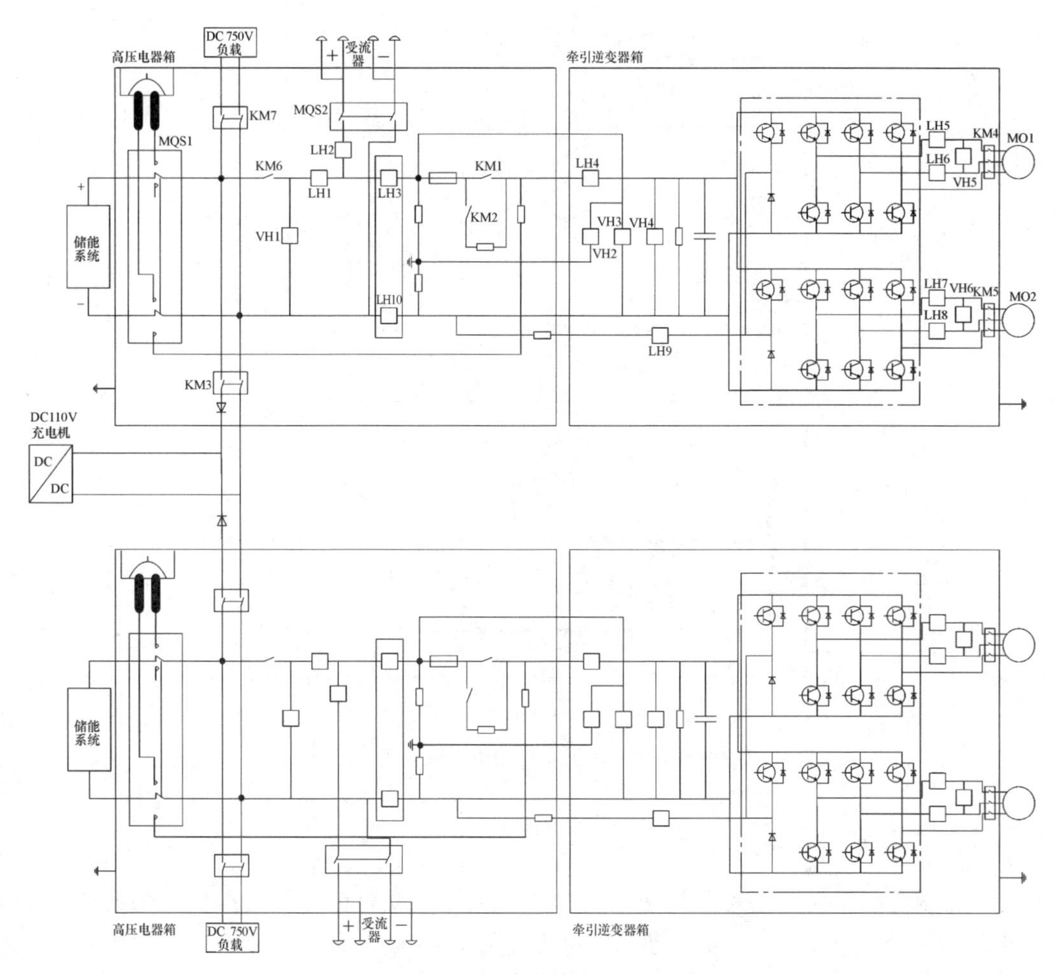

图 14-23　列车电气牵引系统原理图

DC/DC 充电动机供电（输出 110V 作为控制系统供电电源，并给车载蓄电池进行充电）。

列车牵引额定电压 DC 750V，允许波动电压范围 DC 500 ~ 900V。列车空车自重 44500kg，最大载客量（AW3）为 310 人。车轮的新轮、半磨耗轮、全磨耗轮的轮径分别为 680mm、640mm、600mm，齿轮箱传动比为 6.97，传动效率为 0.98。

列车的牵引性能如下：在半磨耗轮径 640mm、定员载荷 AW3、干燥清洁平直道线路、额定电压 DC 750V 情况下，0 ~ 30km/h 平均加速度为 0.9m/s^2，0 ~ 80km/h 平均加速度为 0.34m/s^2，0 ~ 70km/h 加速距离为 420m，常用制动减速度为 1.0m/s^2，紧急制动减速度为 1.5m/s^2，80km/h ~ 0 的制动距离为 220 ~ 250m，冲击极限为 0.75m/s^3。AW3 下的列车牵引力为 F_{st3} = 60kN，恒牵引力速度范围 0 ~ 30km/h，恒功速度范围 30 ~ 50km/h，自然特性速度范围 50 ~ 80km/h。

牵引系统充分利用轮轨粘着条件，并按列车载重从空车 AW0 到超员载荷 AW3 范围内自动调整牵引力的大小，使列车在 AW0 至 AW3 范围内保持起动加速度基本不变，并具有反应迅速、有效可靠的防空转控制。图 14-24 给出了在不同负载（不同数量乘客）下的列车牵引特性与电制动特性曲线图。

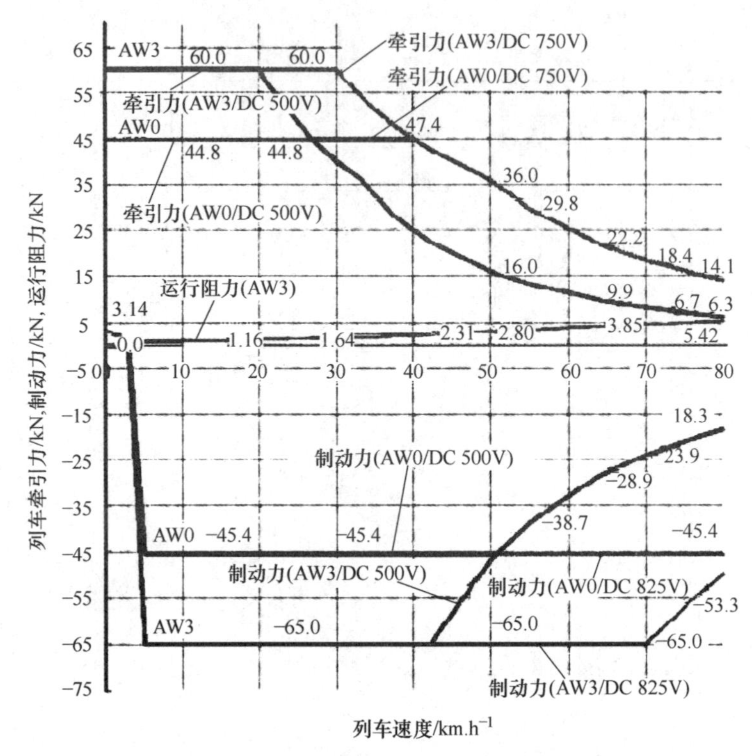

图 14-24　列车牵引特性与电制动特性曲线图

14.2.2　牵引电气系统

列车牵引电气系统主电路采用两电平电压型直交逆变电路。储能系统提供的 DC 750V 直流电经由 VVVF 逆变器变换成频率、电压均可调（VVVF）的三相交流电，向同步电动机供电。永磁同步电动机通过联轴节与齿轮传动装置连接，传递牵引或电制动转矩，在 VVVF 牵引逆变器的驱动下使列车前进或制动。

列车牵引电气系统主电路由储能系统、高压电器、储能管理系统、接地检测电路、电容器充放电单元、斩波及过电压抑制单元、逆变器单元、检测单元等组成。

每一节列车都有独立储能电源。储能电源由多个动力型超级电容器组件通过串并联方式构成。单台储能电源参数如下：额定工作电压 DC 750V，最高充电电压 DC 900V，终止放电电压 DC 500V，超级电容器单体 2.7V/7000F，采用 4 并 342 串的结构，储能电源总容量 82F，储能电源存储总能量 9.2kW · h，储能电源工作总能量 6.4kW · h，储能电源质量为 1600kg。

高压电器箱的设计参数如下：额定输入电压 DC 750V，输入电压范围 DC 500 ~ 900V，地面向车载储能装置充电电流 DC 900A（30s），防护等级 IP54。

VVVF 逆变器单元采用 IGBT 功率元件和两电平逆变电路。逆变器单元集成了两套三相逆变桥臂及斩波桥臂安装在同一个散热基板上构成逆变器模块，如图 14-23 中虚线框所示。逆变器输出三相交流电经过三相交流接触器后驱动各自的永磁同步电动机。逆变器模块采用抽屉式结构，通过热管散热器自然冷却。

再生制动时，若逆变器直流侧电容器两端电压上升至一定值使得储能系统无法吸收再生能量时，触发电阻制动斩波模块，调节开关元件的导通占空比将电容器两端电压稳定在一定的电压值。当电容器两端电压高于一定值时，切除电制动，此时列车采用空气制动。若电容器两端电压或电网电压回落，则再恢复再生制动。牵引或制动工况时，通过触发导通斩波模块能有效抑制因空转等原因引起的瞬时过电压。

列车的牵引控制单元（DCU）对牵引电动机采用空间矢量控制方式（SVPWM）。在低速起动区采用异步调制 SVPWM 控制技术，保证开关频率的充分利用，尽可能地降低 VVVF 逆变器输出电流的谐波含量，保证牵引传动系统的工作噪声处于较低的水平；DCU 在高速区和恒功区采用同步调制 SVPWM 控制技术来实现电动机的转矩控制，瞬时控制永磁同步电动机定子磁链和电磁转矩，实现高动态响应，将负载扰动对速度的影响降到最低。

由于超级电容器储能系统和永磁同步电动机的应用，储能式牵引系统具有电路形式更简单、系统重量更轻、效率更高、能耗更低等优点。储能式列车电气牵引系统与传统异步电动机列车电气牵引系统对比见表 14-6。

表 14-6 列车电气牵引系统对比

项目	储能式电气牵引系统	传统电气牵引系统
主电路形式	无线路电抗器、制动电阻	有线路电抗器、制动电阻
系统质量	约减小 900kg	—
牵引传动效率	0.96×0.98×0.98	0.92×0.98×0.98
制动能量吸收率	0.95	0.72

小 结

国家推荐标准 GB/T 19596—2017 电动汽车术语把电动汽车划分为三类：纯电动汽车、混合动力电动汽车与燃料电池电动汽车。电动汽车作为一种重要的交通工具，要求驱动电动机具有高效率、高适应性的特点。由于采用强迫水冷结构、高电磁负荷、高性能磁钢、高转速以及超短端部长度绕组技术等措施，使永磁电动机逐步小型轻量化，所以 PMSM 驱动系统在国内外电动汽车中的应用日益得到重视和推广。

本章首先结合国内某典型的燃料电池电动汽车，介绍了电动汽车中电动机及控制器的主要性能指标，介绍了控制系统的一些具体实例，并给出了故障诊断与失效处理措施。然后结合近些年来发展尤为迅速的城市轨道交通，介绍了我国自行研发与生产的采用超级电容器储能的轻轨列车。该列车采用高循环寿命的超级电容器储存电能并作为主动力能源，可实现牵引、制动工况中电能的高效循环利用，有较好的应用前景。

练 习 题

1. 电机及控制器的主要技术指标有哪些？
2. 电动汽车的分类是怎样的？为何说电动汽车是未来汽车的发展方向？
3. 举例说明 PMSM 变频调速系统在城市轨道交通中的应用。
4. 当逆变器直流侧电流超过允许值或者电动机出现堵转现象，应如何应对？
5. 目前的电动汽车在牵引用电动机使用最多的两种电机是什么？它们分别有什么优缺点？

第15章　PMSM参数获取及典型试验

关于 PMSM 参数的各种获取方法，诸多文献有详细的分析，本章简要地介绍电机参数的试验获取并进行一些仿真分析，同时也介绍一些典型试验。

15.1　PMSM 的三相耦合电感电路模型

图 15-1 给出了 PMSM 的基于三相耦合电感的等效电路，R_1 为三个等值的相电阻，最为复杂的是图中的三相相互耦合的电感，每一个相电感都与其余两相电感进行耦合，每个电感的自感与耦合电感值可以参见式 3-17、式 3-25，每一相定子电路中还有转子耦合过来的转子反电动势 e_x（x = A、B、C）。三相定子绕组为 AX、BY、CZ，默认情况下它们是 Y 联结（X、Y、Z 短接，形成中性点 N）。

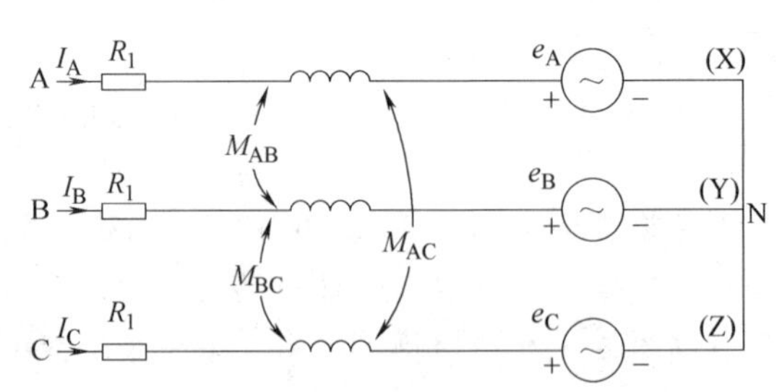

图 15-1　三相耦合电感的 PMSM 定子电路模型

15.2　相电阻

1. 万用表测量

1）电机定子 C 端子开路，直接采用万用表（或微欧计）测量 A、B 之间的直流电阻，测量值为 $R_{A\text{-}B}$，其值为：

$$R_{A\text{-}B}=R_1+R_1 \tag{15-1}$$

2）电机定子 B、C 端子短接，然后采用万用表（或微欧计）测量 A、B 之间的直流电阻，测量值为 $R_{A\text{-}B}$，其值为：

$$R_{A\text{-}B}=R_1+\frac{1}{2}R_1 \tag{15-2}$$

2. 测量电压与电流并计算电阻值

1）电机定子 C 端子开路，在 A、B 之间施加直流电压或直流电流并测量其电流值与电压值，则有 $R_{A\text{-}B}$ 为

$$R_{A\text{-}B}=2R_1=\frac{U_{A\text{-}B}}{I_A} \tag{15-3}$$

2）电机定子 B、C 端子短接，如图 15-2 连接电机到直流稳压电源，测量 I_1 与 U_1 后，有下式成立

$$R_1=\frac{2U_1}{3I_1} \tag{15-4}$$

3）在上述的 2）测试中，可以得出下面的变量。

$$\begin{aligned}&I_A=I_1,I_B=-I_1/2,I_C=-I_1/2\\&U_{AO}=U_1,U_{BO}=0,U_{CO}=0\end{aligned} \tag{15-5}$$

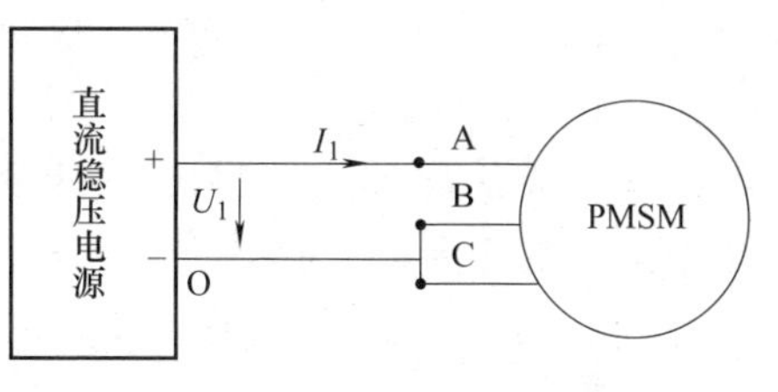

图 15-2　电阻值的测量

采用三相/两相坐标变换，可以得出两相静止坐标系中的电压、电流变量如下：

$$\begin{aligned}&I_\alpha=I_1,I_\beta=0\\&U_\alpha=\frac{2}{3}U_1,U_\beta=0\end{aligned} \tag{15-6}$$

根据两相静止坐标系中的定子电压方程，并且在直流供电情况下，可以得出

$$U_\alpha=R_1I_\alpha=\frac{2}{3}U_1 \tag{15-7}$$

所以，根据此式也可以得出相电阻 R_1 的值，结果与式（15-4）一致。

15.3　永磁磁链

当电机的三相开路时，三相的电流都为零，根据定子电压方程式（3-1）、磁链关系式（3-2）和式（3-38）以及图 15-1，可以知道

$$\begin{aligned}&u_{AN}=e_A=-\omega\Psi_f\sin\theta\\&u_{BN}=e_B=-\omega\Psi_f\sin(\theta-120°)\\&u_{CN}=e_C=-\omega\Psi_f\sin(\theta-240°)\end{aligned} \tag{15-8}$$

可以推导出线电压关系式为

$$\begin{aligned}&u_{AB}=u_{AN}-u_{BN}=-\sqrt{3}\omega\Psi_f\cos(\theta-60°)\\&u_{BC}=-\sqrt{3}\omega\Psi_f\cos(\theta-180°)\\&u_{CA}=-\sqrt{3}\omega\Psi_f\cos(\theta-300°)\end{aligned} \tag{15-9}$$

可以发现永磁磁链 Ψ_f 与线电压有效值 u_{AB_rms} 之间的关系如下：

$$\Psi_f=\frac{\sqrt{2}u_{AB\_rms}}{\sqrt{3}\omega} \tag{15-10}$$

当定子开路的 PMSM 被外力驱使恒速转动（典型的例子是在本章 15.7 节的对拖平台中由测功机拖动该测试电机）时，速度为恒定值，电机的线电压也是比较稳定的，可以用示波器或是万用表测量线电压有效值，于是可以按照式（15-10）计算出永磁磁链。

15.4　转子的零位置

在 15.3 节中提到的被拖试验中，三相定子端部开路的 BC 之间的线电压满足下式：

$$u_{BC}=-\sqrt{3}\,\omega\Psi_f\cos(\theta-180°)=\sqrt{3}\,\omega\Psi_f\cos(\theta) \tag{15-11}$$

从式中可以看出，u_{BC} 与转子位置之间是标准的余弦函数，所以利用示波器测量电机的线电压（或是经由电压信号调理电路得到该线电压信息），其波峰位置就对应了转子（电角）位置的零点。图 15-3 进行了上述线电压的 SIMULINK 仿真，并给出了线电压 u_{AB} 和转子位置电角度 θ 的波形，可以看出波形是符合上述规律的。

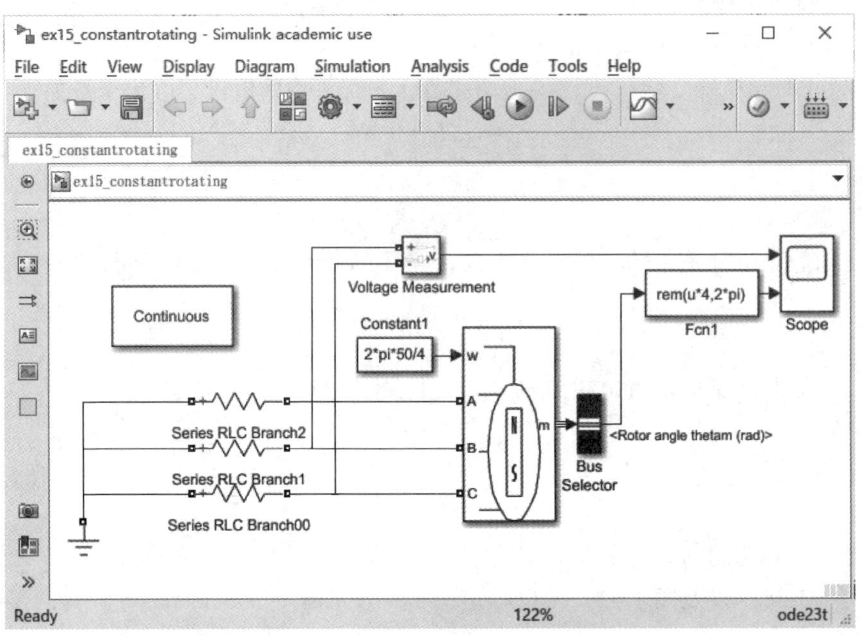

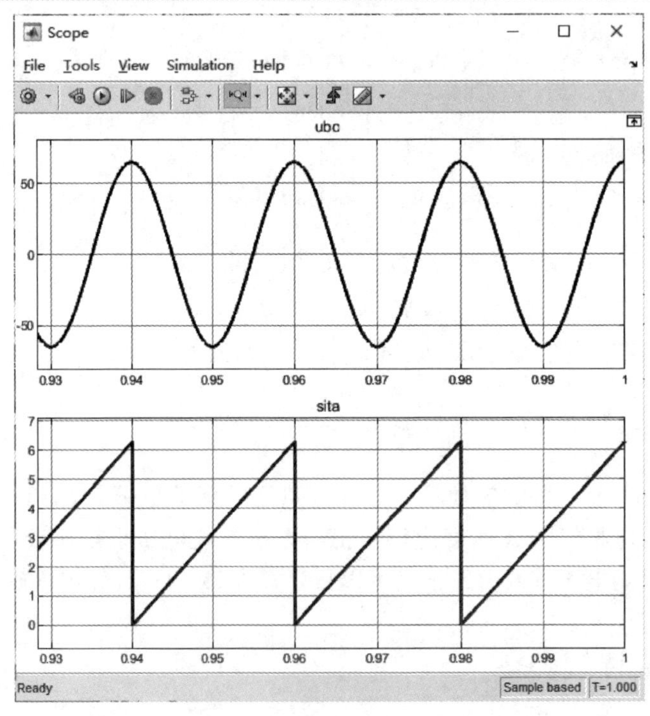

图 15-3　定子绕组开路恒速拖动的 PMSM 仿真模型及波形

图 15-3 的仿真中不允许定子绕组开路的（因为是感性电路），因此三相绕组端部都串接了 1MΩ 的电阻（相当于开路，图中的三个 Series RLC Branch），采用电压传感器（Voltage-Measurement）测量线电压，电机测量端子 m 接入了 Bus Selector 从其对话框中挑选了转子（机械）位置信号（Rotor angle thetam/rad），函数模块 Fcn1 是将转子位置信号（倍数 4 可以将机械角位置转换成电角位置）调理为 0~2pi 之间的信号（rem 为取余函数）。常数 Constant1 为 50Hz 对应的机械角速度，这与图 15-4 中电机初始角速度也是一致的。

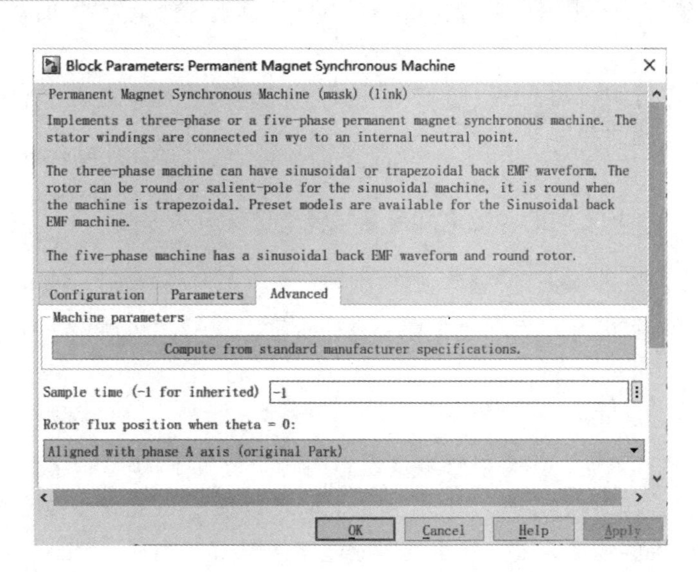

图 15-4　电机参数对话框

另外，从图 15-3 中观测到的电机线电压幅值约为 65V，所以可以计算出转子磁链为

$$\Psi_f = 65/(\sqrt{3}\omega) = 65/(1.732\times2\times\pi\times50) \approx 0.11944\text{Wb}$$

这个计算值与图 15-4 中电机参数设置的 0.1194 吻合的很好。

利用图 15-2 的方法也可以近似知道电机转子的零位置（即定子绕组 A 轴线的位置）。

前提是电机的转轴上没有负载，转子可以自由地转动并且基本没有阻力，此时按图 15-2 供电的电机相当于采用逆变器（VSI）的 100 电压矢量（可参考表 8-6 中编号 4 的电路）进行供电，定子电流矢量的方向与 A 轴线是重合的，因为转子可以自由转动且没有阻力，所以最后转子的位置也是与 A 轴线正方向是重合的（没有外部扰动的情况下，也有一定的可能性与 A 轴线负方向重合）——于是找到了转子的零位置（可参考第 9 章练习题 17、18）。

15.5　电机的极对数

在图 15-3 给出的电机被外力恒速拖动的试验波形中，可以比较容易地看出电机的极对数。因为电机的同步速度符合规律 $n=60f/n_p$，所以极对数 $n_p=60f/n=60/(nT)$，其中 n 的单位是 r/min，T 是图 15-3 中线电压的周期，单位是 s。所以在知道定子频率以及电机转速的情况下，就可以直接计算出电机的极对数。另外，也可以利用 15.4 节电压矢量定位的方法，用手转动电机偏离零位一定的角度后转子会稳定停在另一个零位上，圆周上的转子零位的个数等于极对数（注意定子端部不要短接，否则转动过程中由于制动转矩较明显而不易转动）。

15.6　L_d 与 L_q

在图 15-1 中，三相绕组的电感相互耦合，这是非常复杂的。如果 c 相绕组开路，那么 $i_c=0$，它对 A、B 两相就没有耦合磁链了，这时分析 A、B 绕组的话，就只需要考虑 A、B 之间的耦合电感 M_{AB}。根据电路理论中耦合电感的解耦等效电路的知识，下式是成立的：

$$L_{A\_B}=L_{AA}+L_{BB}-2M_{AB} \tag{15-12}$$

式中的 L_{AA}、L_{BB} 与 M_{AB} 参见式（3-17）与式（3-25），进而可以得出下式：

$$L_{A\_B}=2L_1+\frac{3}{2}(L_{AAd}+L_{AAq})+\frac{3}{2}(L_{AAq}-L_{AAd})\cos(2\theta-120°) \tag{15-13}$$

可以看出，A、B 之间的等效电感值是与转子位置有关系的。可以求出该电感值的最小值与最大值如下式。

$$\begin{aligned}L_{A\_B\_min}&=2L_1+\frac{3}{2}(L_{AAd}+L_{AAq})-\frac{3}{2}(L_{AAq}-L_{AAd})=2L_d\\L_{A\_B\_max}&=2L_1+\frac{3}{2}(L_{AAd}+L_{AAq})+\frac{3}{2}(L_{AAq}-L_{AAd})=2L_q\end{aligned} \tag{15-14}$$

由式（15-14）可见，如果能够测量出不同转子位置下的 A、B 之间电感值的最小值与最大值，就可以直接得到 L_d 与 L_q 值。所以此时可以采用 LCR 测量仪直接进行测量。

如果此时电机的速度为零，那么其等效电路如图 15-5 所示。在 A、B 端子加入单相正弦交流电，测量电压与电流，可以获得 A、B 间的阻抗，从而可以得到定子电阻、L_q 与 L_d 值。

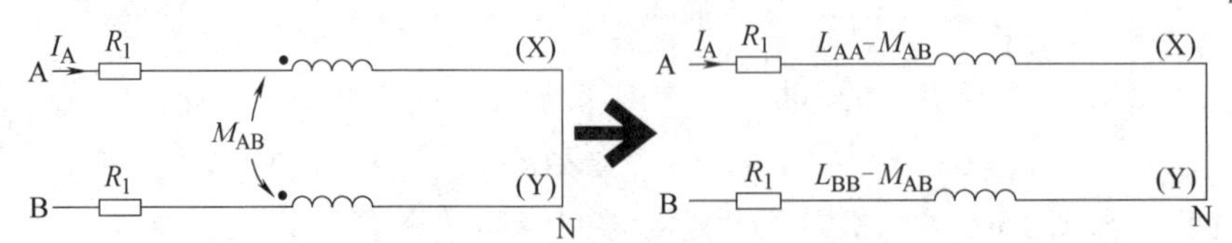

图 15-5　C 相绕组开路时静止电机的等效电路图

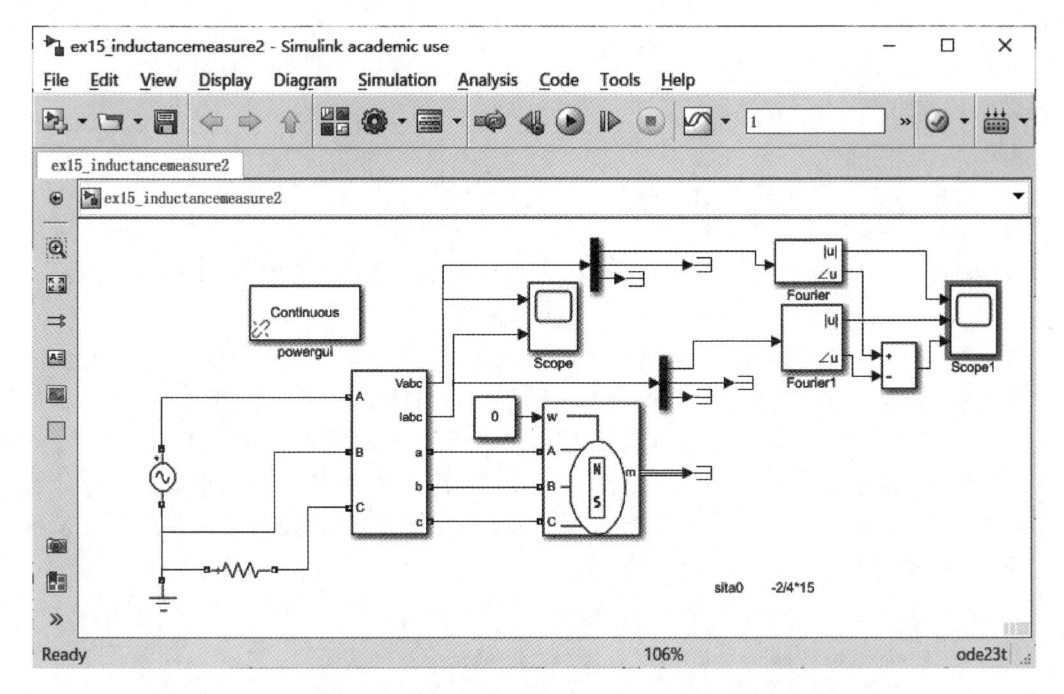

图 15-6　C 端开路 A、B 间进行电阻与电感值测量的仿真模型

图 15-6 给出了上述试验的仿真模型，C 端采用 1MΩ 电阻连接到地模拟其端子开路，A、B 之间施加一单相正弦波电压（这里设置为 60Hz、100V 幅值电压），电机的工作模式为速度输入以保证其速度为 0（实际工作中采用夹具固定电机的转轴迫使其速度为 0，也就是电机转子处于堵转状态）并设其初始转子机械位置为 sita0，使用电压、电流测量模块输出信号为时域信号，采用两个 Fourier 模块分别对电压和电流进行 FFT 变换得到其幅值与相位角，在 Scope1 模块中保存其三个输入信号（相电压的幅值、相电流的幅值、相电压与相电流相位的差）且变量名为 ScopeData_ui 的结构体数据。

建立一个 MATLAB 的 m 语言脚本文件（m 文件的一种），键入如下命令，然后运行脚本，就可以得到图 15-7 的波形图。

```
sita=(0:10:350); %转子位置电角度数组变量
n=length(sita);
uab=zeros(n,1);   %用以保存不同转子位置下测量的相电压幅值的数组变量
iab=zeros(n,1);   %用以保存不同转子位置下测量的相电流幅值的数组变量
stab=zeros(n,1);   %用以保存不同转子位置下测量的相电压与相电流相位差的数组变量
for ii=1:n
sita0=sita(ii)/4 %每一次循环中,初始化转子位置角度
sim('ex15_inductancemeasure2');   %后台方式运行 mdl 仿真文件 ex15_inductancemeasure2.mdl
uab(ii)=ScopeData_ui.signals(1).values(end);   %保存当前测量的相电压幅值数据到数组中
iab(ii)=ScopeData_ui.signals(2).values(end);   %保存当前测量的相电流幅值数据到数
```

组中

stab(ii)= ScopeData_ui. signals(3). values(end);　%保存当前测量的相电压与相电流相位差数据到数组中

end

zab=uab. /iab;　%计算 A、B 之间的阻抗幅值

rab=zab. * cos(stab * pi/180);　%计算 A、B 间阻抗的实部,即线路的串联电阻值

xab=zab. * sin(stab * pi/180);　%计算 A、B 间阻抗的虚部,即线路的串联感抗值

plot(sita,iab,sita,rab * 10,sita,xab)　%相关变量的绘图

图 15-7 中给出的 r_{ab} 是放大 10 倍的数据，显示其值几乎不变，近似为 0. 2Ω，它应该为相电阻的两倍，这与图 15-4 中的电机参数（相电阻 0. 1Ω）相一致。图 15-7 给出的 x_{ab} 是转子电角度的两倍频函数，其值变化范围是 3. 3929~6. 7858Ω，将 x_{ab} 除以电角频率（2 * pi * 60），得到的串联电感值的变化范围是 9~18mH，最小值为 9mH 和最大值为 18mH 分别与 $2L_d$ 和 $2L_q$ 吻合的很好（L_d、L_q 见图 15-4），所以式 15-14 的规律在仿真试验中得到了很好的验证。

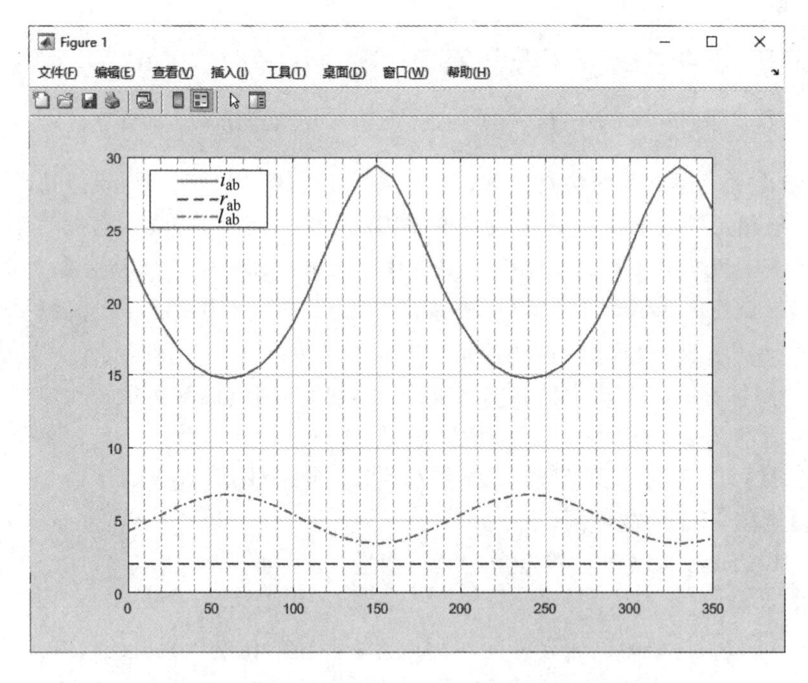

图 15-7　不同转子位置的 A、B 间阻抗计算结果图

15. 7　电机对拖试验

图 15-8 给出了针对被测电机设计的共直流母线的电机对拖试验平台。其中被测电机（Equipment Under Test，EUT）与测功机（Dynamometer，它也可以是一台 PMSM）通过联轴器进行机械连接，在一般的测试中可以认为两台电机的转速是完全相同的，忽略轴上的摩擦，也可以认为轴转矩是一个变量。扭矩仪（如北京新宇航、德国 HBM 等）通常会机械连

接到轴上用来测量轴的转速与扭矩。两台电机各自由其控制器控制其速度或者转矩，两个控制器的输入如果为相同的直流母线（由同一台直流稳压电源供电），则系统为共直流母线的对拖测试平台。

在试验中，通常是针对被测电机进行转矩测试，因此 EUT 处于转矩控制模式，而测功机处于速度控制模式。从而可以实现 EUT 的四象限工况测试（正转电动、正转发电、反转电动、反转发电），共直流母线对拖测试平台允许被测电机的功率比直流稳压电源更大，理论上说，直流稳压电源只需要提供一个直流电压平台和大于系统损耗功率的容量，所以直流稳压电源的要求降低了（考虑到动态过程的功率需求，其容量还是大一些为宜）；测功机因为需要稳定速度，所以其功率等级最好是明显比被测电机大一些（有利于提升整个机械系统的稳定性）。

采用图 15-8 所示的测试平台，可以比较容易地完成前面章节所述的被测电机恒速拖动的试验测试。此时只需测功机主电路上电（被测电机主电路可以不上电），设定工作速度后运行即可。对拖平台测试中，一般需注意以下几点：

1）一般先控制测功机速度稳定后，再调节 EUT 的转矩，并且 EUT 的转矩是从小到大逐步调节的。如果调节转矩时出现振荡（一般是增大转矩出现的情况），应尽快地恢复为先前的工作状态，即恢复小转矩运行。

2）将 EUT 转矩调节到比较小的值后，再增加测功机的速度，否则可能会出现过载（动态转矩过大）的情况引起系统振荡或者保护。如果增加测功机的速度后发生振荡，应尽快地恢复为先前的工作状态，即恢复小转速运行。

3）考虑到直流稳压电源一般是对外输出功率，其内部一般没有较大能力进行能量回收，所以应避免出现较大的制动能量的测试工况，如果确有需要测试也应比较缓慢地改变工作指令，使得两台电机可以很好地进行工况的匹配。

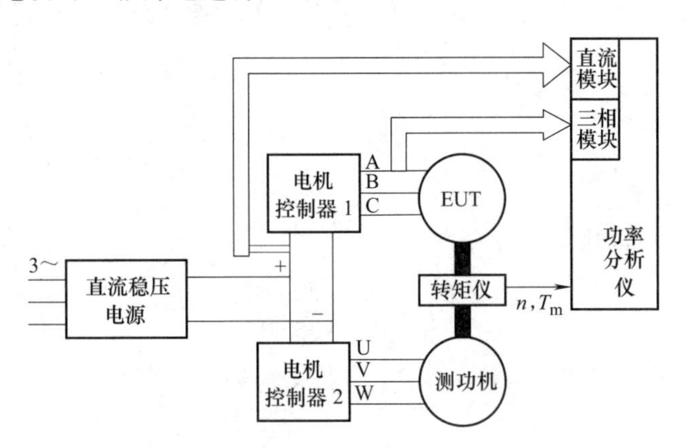

图 15-8 共直流母线的电机对拖平台

15.8 电机效率 MAP 图

电机效率 MAP 图可以用来对其在不同工况下的总体运行效率进行整体评估。例如分析 NEDC 循环工况下的电动汽车能耗时需要使用电机及其控制器的效率 MAP 图。电机效率 MAP 图示例如图 15-9 所示，包含电机控制器的效率 MAP 图是类似的一张图，只不过各点的效率略微降低一些。图 15-9 中横坐标是速度，纵坐标是转矩，图中描绘的是电机效率的等效率线，转矩为正的区域对应了电动工况，转矩为负的区域则对应了制动发电工况。

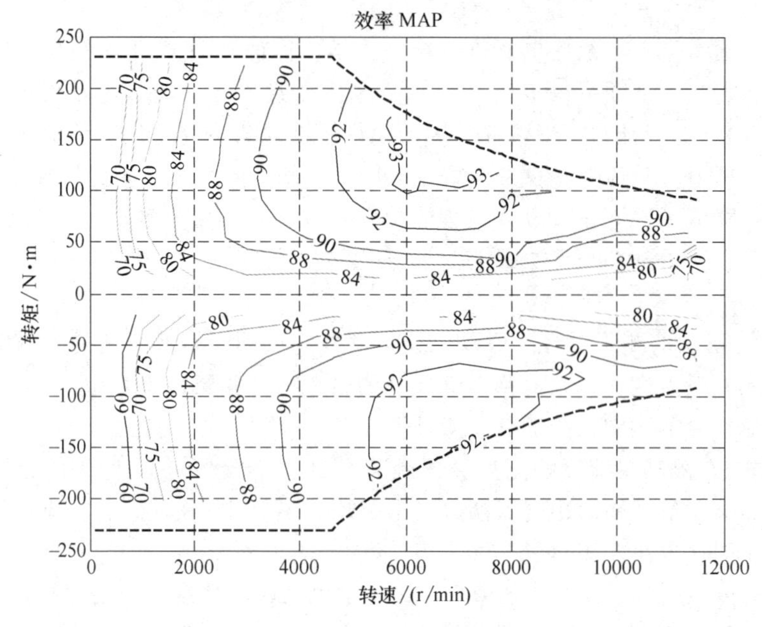

图 15-9　电机效率 MAP 图

1. 电机控制器的运行效率

在图 15-8 的对拖测试平台中，一般会连接一台功率分析仪，如果配置了足够的测试模块，它可以测试逆变器（电机控制器）直流侧功率 P_{dc}、逆变器交流侧功率 P_1、电机的轴功率 P_m（扭矩仪输出的信号可以连接到功率分析仪）。所以电机控制器的运行效率可以用下式计算：

$$\eta_1=\frac{P_1}{P_{dc}} \tag{15-15}$$

2. 电机的运行效率

电机的运行效率可以用下式计算：

$$\eta_2=\frac{P_m}{P_1}=\frac{nT_m}{9.55P_1} \tag{15-16}$$

式中，n 为转矩仪提供的速度（r/min）；T_m 为转矩仪提供的转矩（Nm）；9.55 是与速度变换相关的一个系数（即 60/(2π)）。

那么包含电机及控制器的整体效率 η 如下：

$$\eta=\frac{P_m}{P_{dc}}=\frac{P_1}{P_{dc}}\frac{P_m}{P_1}=\eta_1\eta_2 \tag{15-17}$$

当电机与控制器的功率流向发生变化时（例如机械能转换成电能、控制器功率从交流侧返回到直流侧时），效率计算的公式需要重新调整。

3. 电机工作点的选取说明

（1）效率 MAP 图的获取

本书第6章分析了恒转矩曲线，可以知道与图15-9某一点（n，T_e）对应的电机的电流工作点（i_d、i_q）的选取不是唯一的。简单测试中可以设置i_d为0，在图15-8的对拖测试平台中，设置测功机的工作指令为n，调节被测电机的电流工作点（注意$i_d=0$，只需要调节i_q，例如可以采用图12-19中除去速度外环后的控制策略），如果扭矩仪测量的转矩达到了T_e，那么保存此时的i_q，这样一组（i_d、i_q）就与（n，T_e）对应起来了。因为实际的电机存在铁耗及附加损耗，所以利用理论公式（6-31）计算的i_q值仍有一些偏差（实际上需要更大一点的i_q）。当下的电机及控制器的效率也可以保存下来，这样就获得了图15-9中某一点（n，T_e）对应的系统效率，当各个（n，T_e）工作点对应的系统效率都获得后，就可以绘制效率MAP图了。

（2）（i_d、i_q）的选取

在测试某一点（n，T_e）对应的电机效率时，i_d可以不设置为0，那么系统稳定后就会得到另一个i_q值，同样，可以记录下此时的（i_d、i_q）。具体说来，可以进行某一个恒定幅值的定子电流（改变电流矢量的相角）的测试，记录不同工作点对应的转矩；然后修改电流幅值继续测试不同相角下的转矩并记录数据；最后对数据进行整理，可以发现同一个转矩对应了不同的电流工作点，其中会有电流最小的工作点（即MTPA工作点），不同工作点对应的系统效率也是不同的，可以选取效率最高的工作点作为真正的工作点并保存在存储器中。一般来说，MTPA工作点与电机效率最高工作点是略有不同的。也可参考图12-3，通过手动或上位机设置不同的i_{dref}，并记录稳定后的i_{qref}，然后选取最佳工作点。

（3）n与U_{dc}的影响

需要注意的是，当n不同时，前面测试的（i_d、i_q）最佳工作点会有所不同，因为铁耗会发生变化。还有一点就是当逆变器直流侧电压U_{dc}在较大范围内变化时，特别是较低的电压下，由于高速工况下的弱磁程度较大，所以（i_d、i_q）工作点的选取也会有所不同。

15.9　PMSM的主动短路运行

对于正在转动中的PMSM，当控制逆变器输出电压矢量为$\boldsymbol{U}_0$（000）或者$\boldsymbol{U}_7$(111)，并且保持不变时，电机的三相定子端部通过（上面三个或者下面三个）开关器件进行了短路，称为主动短路（Active Short Circuit，ASC）。

（1）某一速度下ASC稳态运行的变量关系

利用电机的数学模型［电压方程式（3-57）、磁链方程式（3-60）、转矩方程式（3-65）］，并且令$u_d=u_q=0$（忽略了开关器件的压降），可以求算出在恒定速度（$\omega\neq0$）下的稳态电流值：

$$
\begin{aligned}
i_d &= -\frac{L_q\omega^2\Psi_f}{L_dL_q\omega^2+R^2} \\
i_q &= -\frac{R\omega\Psi_f}{L_dL_q\omega^2+R^2}
\end{aligned}
\tag{15-18}
$$

电机的电磁转矩可以表示为

$$
T_e = -\frac{3}{2}\frac{R\omega n_p\Psi_f^2(L_q^2\omega^2+R^2)}{(L_dL_q\omega^2+R^2)^2} \tag{15-19}
$$

在不同的 ω 下的稳态电流及转矩波形大致如图 15-10 所示。仿真用 PMSM 的参数为电机的极对数为 4，相电阻为 0.013Ω，永磁磁链为 0.0731Wb，L_d 为 0.206mH，L_q 为 0.606mH。

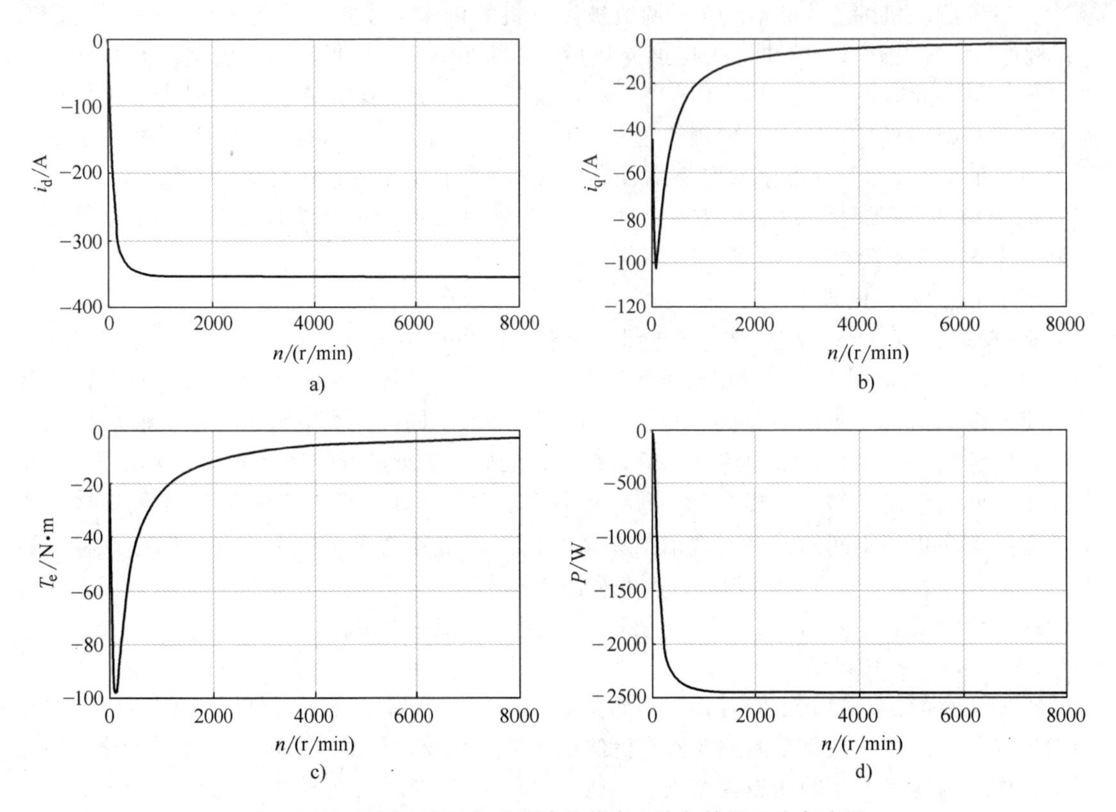

图 15-10　不同速度下主动短路的稳态电流与转矩和功率波形

从图中可以看出在较高速度下（$L_dL_q\omega^2 \gg R^2$）有如下特点：

① i_d 与 i_q 都是负值，且 i_q 绝对值很小，i_d 绝对值远大于 i_q 绝对值；

② 转矩为负，绝对值较小，电机处于制动中，即发电工况运行；

③ 制动功率近似恒定。

较高速度下的电流稳态值近似如下式：

$$
\begin{aligned}
i_d &\approx -\frac{\Psi_f}{L_d} \\
i_q &\approx 0
\end{aligned}
\tag{15-20}
$$

此时定子电流矢量的幅值近似为$\dfrac{\Psi_f}{L_d}$，可以利用此关系测量 L_d。

电磁制动功率全部消耗在电机的内部，（忽略铁耗的话）功率近似为

$$
-\frac{3}{2}\frac{\Psi_f^2}{L_d^2}R \tag{15-21}
$$

功率数值中的负号表明它是制动功率。在图 15-10c 中可以看到在较低速度下的制动转矩会比较明显，并且出现了一个峰值转矩。式（15-19）中的转矩对速度求导，并令其等于 0，可以求解出对应的临界速度和峰值转矩，如下：

$$\omega=\sqrt{\frac{3\rho-3+\sqrt{9\rho^2-14\rho+9}}{2}}\frac{R}{L_q}$$

$$T_e=-\frac{3n_p\Psi_f^2}{L_q}\frac{(3\rho-1+\sqrt{9\rho^2-14\rho+9})\rho^2}{(5\rho-3+\sqrt{9\rho^2-14\rho+9})^2}\sqrt{\frac{3\rho-3+\sqrt{9\rho^2-14\rho+9}}{2}} \tag{15-22}$$

$\rho=L_q/L_d\geqslant 1$ 为 PMSM 的凸极率。

假定 $L_d=L_q$，则 $\rho=1$，那么峰值转矩和对应的临界转速见式（15-23）。

$$T_e=-\frac{3}{4}\frac{n_p\Psi_f^2}{L_d},\omega=R/L_d \tag{15-23}$$

从式（15-22）可以发现一个很有意思的现象，峰值转矩与 R 无关，但对应的临界转速却与 R 成比例，这与异步电动机自然机械特性有较多的相似之处。

参考上面的规律，倘若电机的相电阻 R 可以调节，例如增加 R，那么就会提高较高速度下的稳态制动转矩。从式（15-21）的较高速度下的制动功率公式也可以看出，R 越大，那么功率和转矩也就会越大。图 15-11 针对图 15-10 中的电机数据进行了增大 R 后的稳态转矩数据分析，即便该电机的 L_d 与 L_q 不等，也呈现出相同的规律（转折点对应的临界速度以及较高速度下的制动转矩与 R 的关系）。

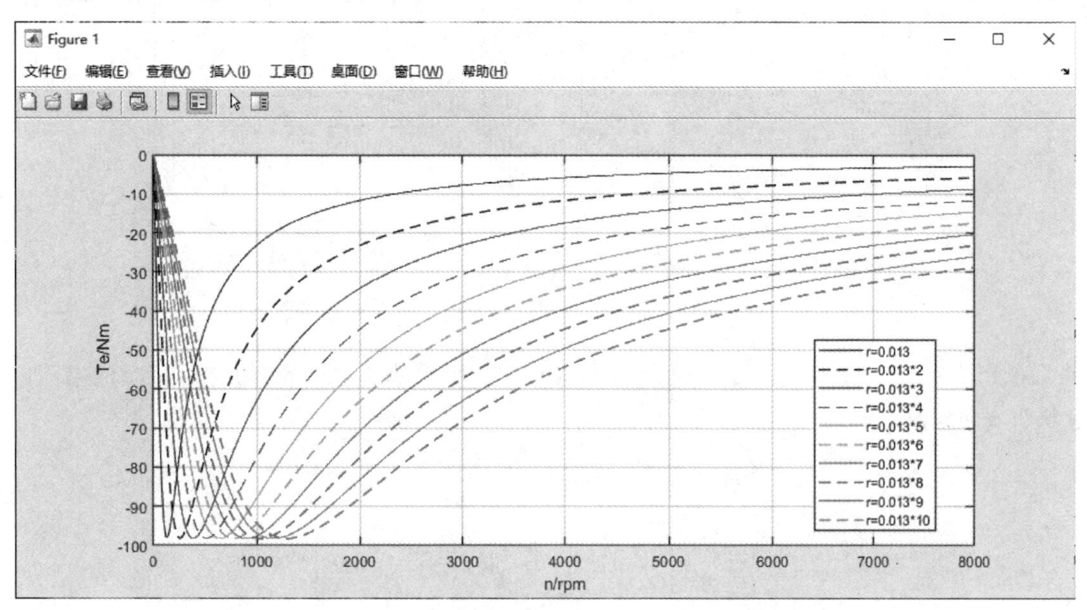

图 15-11 增大相电阻阻值对不同速度下的 ASC 稳态制动转矩影响

（2）速度不变时工况切换引起的暂态电流响应

有文献指出，当电机从当前的稳态工作中突然进入到三相短路的状态时，由于初始电流与稳态电流一般是不相等的，那么就会出现明显的暂态电流，从而带来短时的电流与转矩的冲击，这种冲击可能具有一定的破坏性。为此，可以预先评估当前工作状态是否允许直接进入到 ASC 短路状态；另外，可以考虑设计一个适当的过渡过程，引导电机从当前的工作电流向 ASC 短路后的稳态电流靠近，那么切换到短路状态后的冲击电流与冲击转矩就会明显小很多。

图 15-12 给出了某电机从稳态工作点（i_d 与 i_q 分别为 0A 和 120A）直接进行主动短路后的电流和转矩暂态波形，其中假定速度保持不变（图中为 4000r/min[⊖]）。可以看出 i_d 与 i_q 都发生了强烈的振荡，经过大约 0.1s 后进入了稳态（i_d 与 i_q 约为-354A 和-4.5A），暂态的电流幅值相当大。稳态的制动转矩约为-6Nm，但是暂态中的振荡转矩是非常的大，这会对机械系统带来强烈的冲击，具有一定的破坏性。

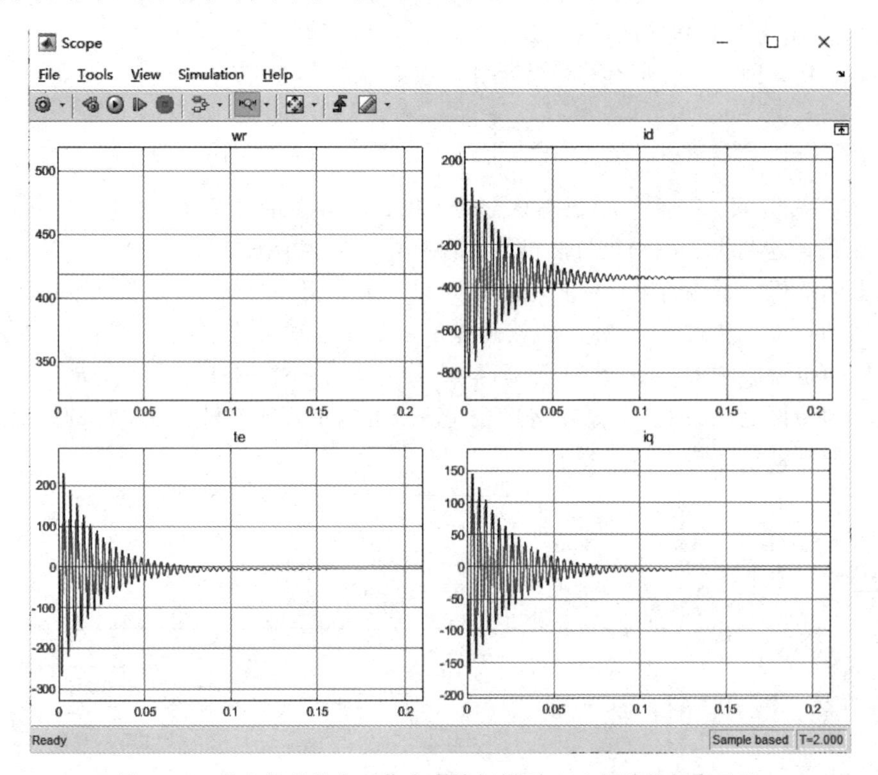

图 15-12　某电机从稳态工作点直接切换到 ASC 短路的暂态过程

式 15-24 给出了当前工作电流为 i_{d0} 和 i_{q0} 的 PMSM 直接进入 ASC 短路运行时的电流响应解析表达式。

$$\begin{pmatrix} i_d \\ i_q \end{pmatrix} = e^{-\frac{t}{\tau}} \begin{pmatrix} \cos\Omega t - \dfrac{\beta R}{2L_q\Omega}\sin\Omega t & \dfrac{\omega\rho}{\Omega}\sin\Omega t \\ -\dfrac{\omega}{\rho\Omega}\sin\Omega t & \cos\Omega t + \dfrac{\beta R}{2L_q\Omega}\sin\Omega t \end{pmatrix} \begin{pmatrix} i_{d0} \\ i_{q0} \end{pmatrix} + \begin{pmatrix} -\dfrac{\omega^2 L_q \Psi_f}{L_d L_q\omega^2 + R^2} + \dfrac{\omega^2 L_q \Psi_f\left(\dfrac{1}{\tau}\sin\Omega t + \Omega\cos\Omega t\right)}{\Omega(L_d L_q \omega^2 + R^2)} e^{-\frac{t}{\tau}} \\ -\dfrac{\omega\Psi_f R}{L_d L_q\omega^2 + R^2} - \dfrac{\omega\Psi_f\left(\dfrac{L_d}{\Omega}\left(\omega^2 - \dfrac{\beta R^2}{2L_d L_q}\right)\sin\Omega t - R\cos\Omega t\right)}{L_d L_q\omega^2 + R^2} e^{-\frac{t}{\tau}} \end{pmatrix} \tag{15-24}$$

⊖　r/min = rpm。

式中 ρ 是凸极率，时间常数 $\tau=\dfrac{2L_dL_q}{R(L_d+L_q)}$，振荡角频率 $\Omega=\sqrt{\omega^2-\dfrac{(L_q-L_d)^2R^2}{4L_d^2L_q^2}}=\sqrt{\omega^2-\dfrac{\beta^2R^2}{4L_q^2}}$，$\beta=\rho-1$。可以推导出在较高速度下，$\Omega\approx\omega$，式 15-24 可以近似为式 15-25。

$$\begin{pmatrix} i_d \\ i_q \end{pmatrix}\approx\begin{pmatrix} -\dfrac{\omega^2L_q\Psi_f}{L_dL_q\omega^2+R^2} \\ -\dfrac{\omega\Psi_fR}{L_dL_q\omega^2+R^2} \end{pmatrix}+e^{-\frac{t}{\tau}}\begin{pmatrix} \left(\dfrac{L_di_{d0}+\Psi_f}{L_d}\right)\cos\Omega t+\rho i_{q0}\sin\Omega t \\ i_{q0}\cos\Omega t-\left(\dfrac{L_di_{d0}+\Psi_f}{L_q}\right)\sin\Omega t \end{pmatrix}\tag{15-25}$$

如果需要估算振荡电流的最大值，可以参考式（15-26）的近似值（忽略指数项的衰减倍数）。一般情况下 i_{dmax} 更加明显。

$$\begin{aligned} i_{dmax}&\approx-\frac{\Psi_f}{L_d}-\sqrt{\left(\frac{L_di_{d0}+\Psi_f}{L_d}\right)^2+\left(\frac{L_q}{L_d}i_{q0}\right)^2} \\ i_{qmax}&\approx-\sqrt{\left(\frac{L_di_{d0}+\Psi_f}{L_q}\right)^2+(i_{q0})^2} \end{aligned}\tag{15-26}$$

分析上述动态电流公式，可以知道，如果设法引导电机电流（i_d、i_q）接近其稳态值（$-\Psi_f/L_d$、0），然后再切换到 ASC，那么过渡电流就会减小很多了。

（3）主动短路工况的应用说明

本节描述的 PMSM 的三相短路工况有一些实际的应用价值，例如：①当电机在高速情况下突然出现转速异常或者运行失控，可以进入主动短路状态，以免有过高的反电势抬升逆变器的直流侧电压从而导致主电路器件的损坏，并且此时有一定的制动转矩对机械系统进行缓慢地制动，系统处在比较安全的状态中；②如果电动汽车的动力电池出现严重故障，那么对逆变器实施主动短路的控制，可以将电机与动力电池隔离；③如果逆变器的开关管出现故障时，可以考虑实施主动短路控制，防止电机进入不可控整流状态，避免产生较大的不可控大电流损坏半导体器件或动力电池。另外，根据式（15-20）还可以对电机参数 L_d 进行测量。

在两台电机的对拖测试平台中，对被测电机进行 ASC 试验是非常有意义的。试验中，第一步，对被测电机控制器进行编程，在直流侧电压接通情况下使电机控制器始终输出 000 的零电压矢量（或者 111）并且保持不变，从而使被测电机在静止状态下就进入主动短路的状态；第二步，控制测功机控制器，使其工作在速度闭环模式下，并且逐步提高速度，使被测电机先后处于不同速度的 ASC 稳态下。试验中，注意使用外部的测量工具（功率分析仪或者万用表）测试被测电机的电流，如果有扭矩测量仪也可以测量轴的速度与转矩。应注意在 ASC 测试中的电机电流往往比较大，需要进行适当地散热（电机与电机控制器）。

上述试验的意义在于，该试验中通过被测电机控制器对电机电流和转子位置角进行测量，从而可以对它们进行标定：1）对比不同方式测量的电流结果，从而标定被测电机控制器中的电流值；2）被测电机控制器中同时测量电机电流与转子位置，从而得到 i_d 与 i_q 的波形，将其结果与前面给出的 ASC 电流公式对比，从而可以分析转子位置信号的正确性。电机电流和转子位置的标定是进行电机控制的前提，所以有了这两者的正确反馈，就可以对电机调速系统逐步进行其他试验了。

ASC 试验进行电流标定的一个好处是：无需对被测电机进行矢量控制以及编写复杂的控制程序，就可以方便地获得较大定子电流的稳定测试，并且电机转矩也是相当稳定的；同时电机电流的正弦度也是非常好的。

练　习　题

1. 建立图 12-3 的 PMSM 矢量控制调速系统的 SIMULINK 仿真模型，直流侧电压为 30V，SVPWM 开关频率为 10kHz，先不对速度闭环以及 i_d、i_q 的电流闭环进行仿真，直接按下述规律给出 u_d 与 u_q 进行仿真分析：1）4V、0V，转子位置信号使用固定值（如 0、π/2 等）；2）2A、0A，转子位置信号使用 $2\pi ft$（f 为 1Hz 或其他值）；3）4V、0V，使用真实的转子位置；（4）±2V、±2V，使用真实的转子位置。

2. 建立上题的仿真模型，先不对速度闭环进行仿真，直接按下述规律给出 i_d 与 i_q 的指令值进行仿真分析（应对电流调节器的输出限幅值进行合理的设置，例如 4V）：1）2A、0A，转子位置信号使用固定值（如 0、π/2 等）；2）2A、0A，转子位置信号使用 $2\pi ft$（f 为 1Hz 或其他值）；3）2A、0A，使用真实的转子位置；4）±2A、±2A，使用真实的转子位置。

3. 试建立如下图所示的 EUT（被测 PMSM）与电力测功机（可以是一台 PMSM 或其他类型的电机）构成的对拖试验系统的 SIMULINK 模型，应注意以下几点：

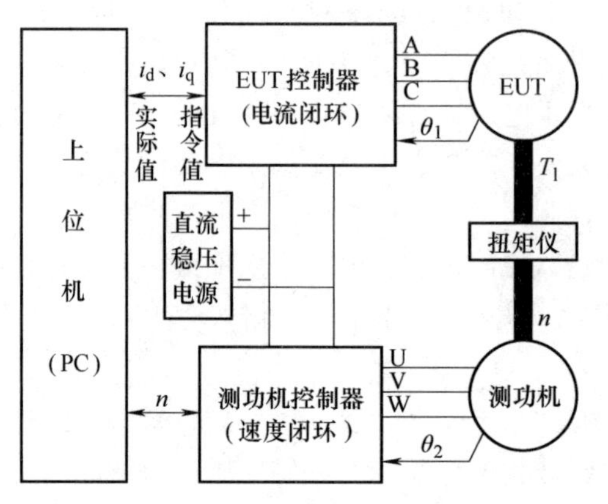

1）EUT 使用转速模式的电机模型，转速信号 n 来自于测功机，EUT 的转矩作为负载转矩输出给测功机；

2）EUT 控制器接受上位机下达的 i_d、i_q 指令，并进行电流闭环控制从而控制 EUT 的输出转矩，控制系统框图可以参考图 12-3（除去速度调节器）；

3）测功机使用转矩模式的电机模型，模型中使用动力学方程（测功机的电磁转矩、EUT 提供的负载转矩等）计算转轴的速度 n（提供给 EUT 的仿真模型）；

4）测功机控制器接受上位机下达的 n 指令并进行速度闭环控制，控制系统框图可以参考图 12-3；

5）上位机的输入可以是测功机的 n 指令、EUT 的电流矢量幅值及其相位（转换为 i_d、i_q 指令后输出），在输出各指令信号时，可以考虑对指令的变化速率进行适当的限制。上位机同时与两台电机控制器进行 CAN 通信，当发现 EUT 出现电流或者速度振荡时，可以自动

（或手动）恢复电流或速度指令为先前的值（或更小）以便使系统重新稳定下来。

6）该仿真模型运行进入稳态后，可以得到一组与（i_d、i_q、n）对应的 EUT 转矩值，通过控制电流矢量幅值（如 $0\sim2I_N$）及相角的范围（如 $\pi\sim2\pi$），可以获得某固定 n 下 EUT 工作在第二象限内的电机转矩数据，从而可以进一步绘制电机的恒转矩曲线、某一 n 下的 MTPA 曲线或最大效率曲线（某一 n 且输出期望转矩时效率最高点 i_d、i_q 构成的曲线），然后再对不同 n 的工况进行仿真，从而可以获得图 12-19 中的转矩-电流表格。

4. 若按下述方式对 PMSM 系统进行调试，请分析是否可行？

1）以直流电压（或电流）矢量进行转子定位（可参考 15.4 节最后一段）；

2）按角度递增（或递减）的方式进行一系列不同位置的转子定位；

3）在 1）、2）中测试转子位置与定子电流的反馈值；

4）按恒压频比的方法对电机进行低速调速（注意过电流）；

5）按 FOC 控制方法对电机进行调速。

6）直流稳压电源一般不具有能量吸收的能力，所以试验中应采取有效措施避免电机处于发电状态以免损坏直流电源，例如缓慢降低电机速度；不要出现较大的制动转矩；电动机速度不高时直接切断逆变器直流侧的供电让电机自由停转。

附　　录

附录 A　两相静止坐标系中 PMSM 数学模型

PMSM 在两相静止坐标系中的数学模型包括定子电压方程、定子磁链方程、电动机转矩方程和动力学方程。

定子电压方程为

$$\begin{pmatrix} u_\alpha \\ u_\beta \end{pmatrix} = \begin{bmatrix} R_1 & 0 \\ 0 & R_1 \end{bmatrix} \begin{bmatrix} i_\alpha \\ i_\beta \end{bmatrix} + p \begin{bmatrix} \psi_\alpha \\ \psi_\beta \end{bmatrix}$$

定子磁链方程为

$$\begin{pmatrix} \psi_\alpha \\ \psi_\beta \end{pmatrix} = \begin{bmatrix} L_1 + L_2\cos 2\theta & L_2 \sin 2\theta \\ L_2 \sin 2\theta & L_1 - L_2 \cos 2\theta \end{bmatrix} \begin{bmatrix} i_\alpha \\ i_\beta \end{bmatrix} + \begin{bmatrix} \cos\theta \\ \sin\theta \end{bmatrix} \psi_\mathrm{f}$$

其中电感系数为

$$L_1 = (L_\mathrm{d} + L_\mathrm{q})/2$$
$$L_2 = (L_\mathrm{d} - L_\mathrm{q})/2$$

电机转矩方程为

$$T_\mathrm{e} = 1.5 n_\mathrm{p} (\psi_\alpha i_\beta - \psi_\beta i_\alpha)$$

动力学方程为

$$T_\mathrm{e} - T_1 = \frac{J}{n_\mathrm{p}} \frac{\mathrm{d}\omega}{\mathrm{d}t}$$

附录 B　SIMULINK 分立模块搭建出 PMSM 仿真模型

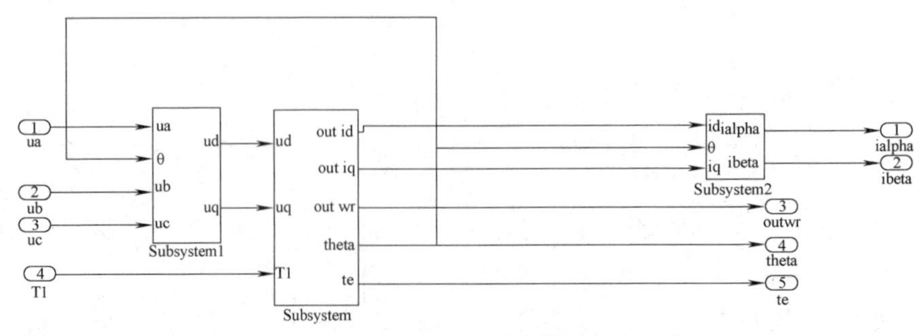

图 B-1　PMSM 仿真模型

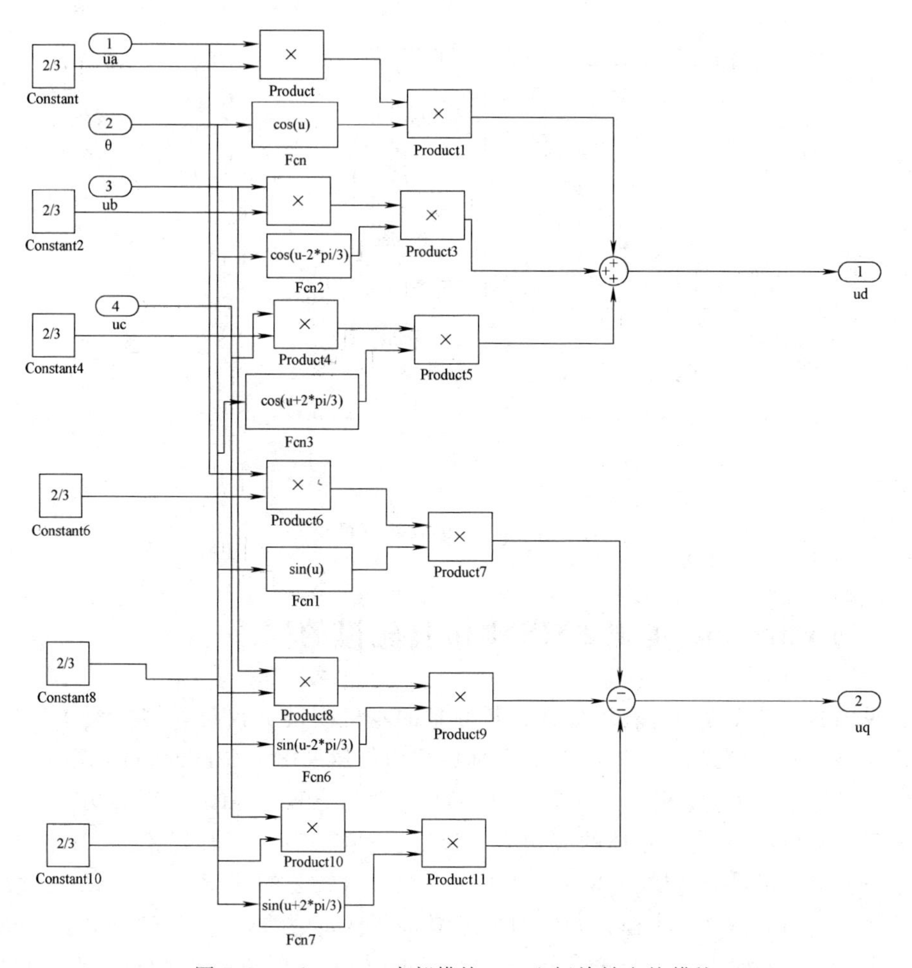

图 B-2　subsystem1 内部模块——坐标旋转变换模块

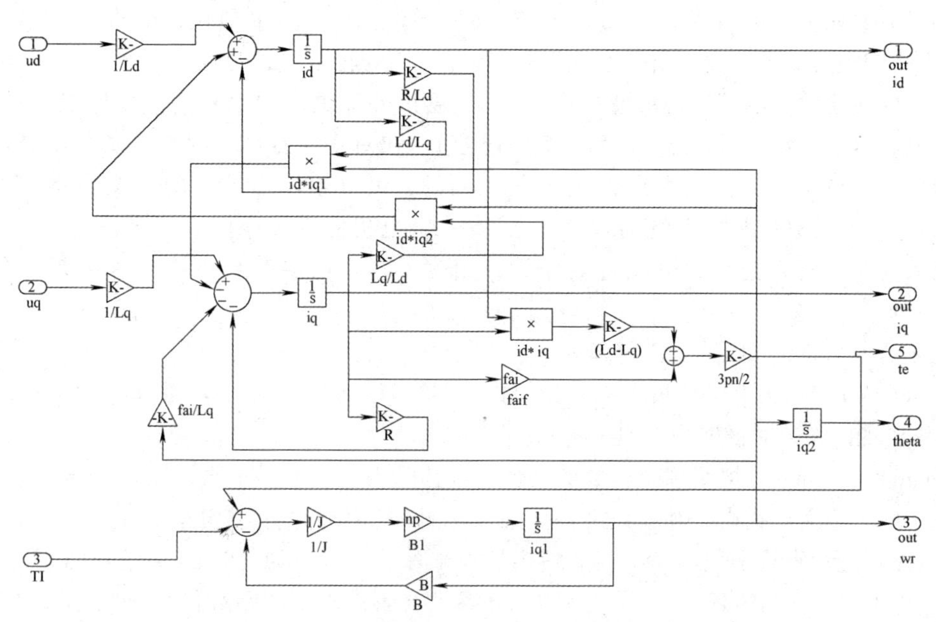

图 B-3　subsystem 内部模块

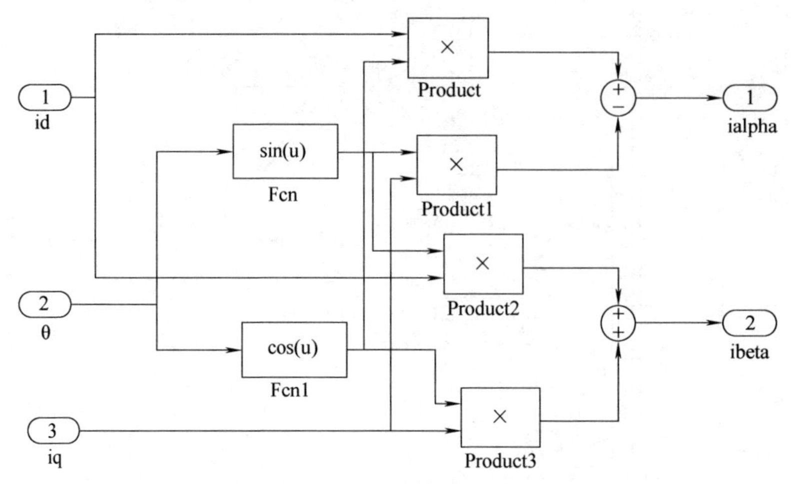

图 B-4　subsystem2 内部模块

附录 C　S-Function 实现 PMSM 仿真建模的程序

本附录内容在第 2 版中进行了修改，从原来的电机模型（仅包含转矩模式）升级为双模式电机模型（转矩模式和转速模式），具体的建模仍然采用了 S-Function 函数建模。

PMSM 完整的数学模型仍是电压方程（3-57）、磁链方程（3-60）、转矩方程（3-64）和动力学方程（3-40）。但是在具体的应用中可以有两种模式：1）转矩模式，即使用完整的上述四个方程对电机进行建模，并且从动力学方程获得转子的速度，需要使用负载转矩 T_1 作为模型的一个输入信号。本模式相应的标志位 mode_flag 为 1。2）转速模式，电机的速度由外部决定，因而此时它是一个输入信号，电机的建模中不再使用动力学方程，其他的三个方程仍然需要使用。本模式相应的标志位 mode_flag 为 0。简单地说，mode_flag 设置为 1（如图 C-1 中最后一个参数 1 所示），就可以当作常用的转矩模式的电机模型使用。

典型的转速模式电机模型的应用有：1）速度由外部决定的永磁同步发电机；2）两台电机构成的对拖平台（可以参考 15.7 节的内容）。在对拖平台中，对刚性的机械转动部分简化建模时，可以认为转动部分的速度是相同的，可以用转矩模式的电机模型来确定它（即由该电机模型确定机械系统的转速）；而另一台电机使用转速模式的电机模型，速度是它的输入变量，同时把它的电磁转矩作为输出变量提供给另一台电机（作为后者的负载转矩）。

具体的 S-Function 函数建模解释如下。

S-Function 函数为 PMSMdq2mode. m，如图 C-2 所示，它与图 4-18 相对应，双击 S-Function 模块出现的参数对话框如图 C-1 所示。

S-Function name 处填写系统函数的文件名（应注意，该函数需要和 mdl 或 slx 仿真模型文件处于同一个文件夹中，并且该文件夹必须为 MATLAB 的当前工作目录），S-Function parameters 处填写该系统函数的所有需要使用的外部参数，这里为［L R psi_f IFP(3) IFP(1) IFP(2)］、［id0，iq0，wr0，theta0］和 1。各参数与下面提供的函数代码对照可以知道（同时可以参考图 4-20 可以更好地理解变量的对应关系），L 对应电感值 L_d 与 L_q，R 代表相电

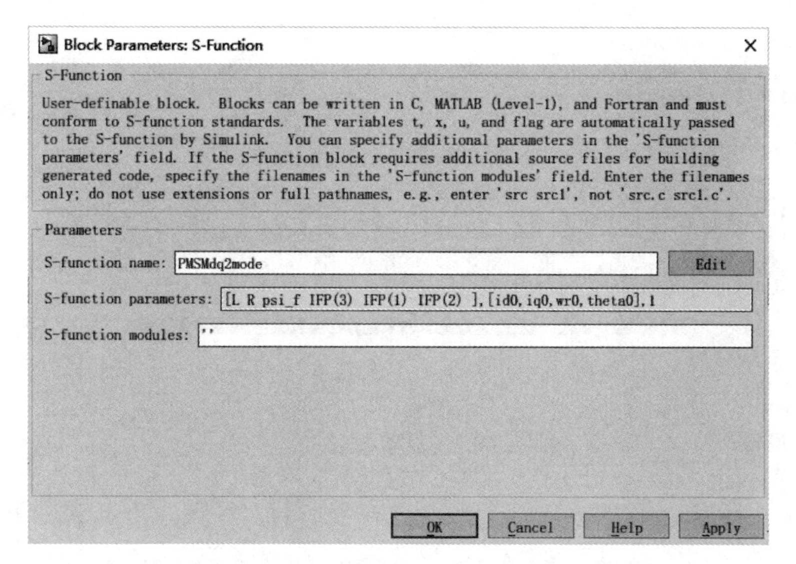

图 C-1 系统函数的对话框（工作在转矩模式下，对应于第 4 章图 4-19）

阻值，psi_f 对应永磁磁链值，参考图 C-3 知道 IFP(3) 对应的极对数 p，IFP(1) 对应了转动惯量 j，IFP(2) 对应了机械系统的摩擦系数 mu_f，id0、iq0、wr0、theta0 分别对应了 4 个状态变量（i_d 和 i_q 电流、机械角速度 ω_r、电气角位置 theta）的初始值，最后一个参数 1 对应了系统函数的 mode_flag 标志。

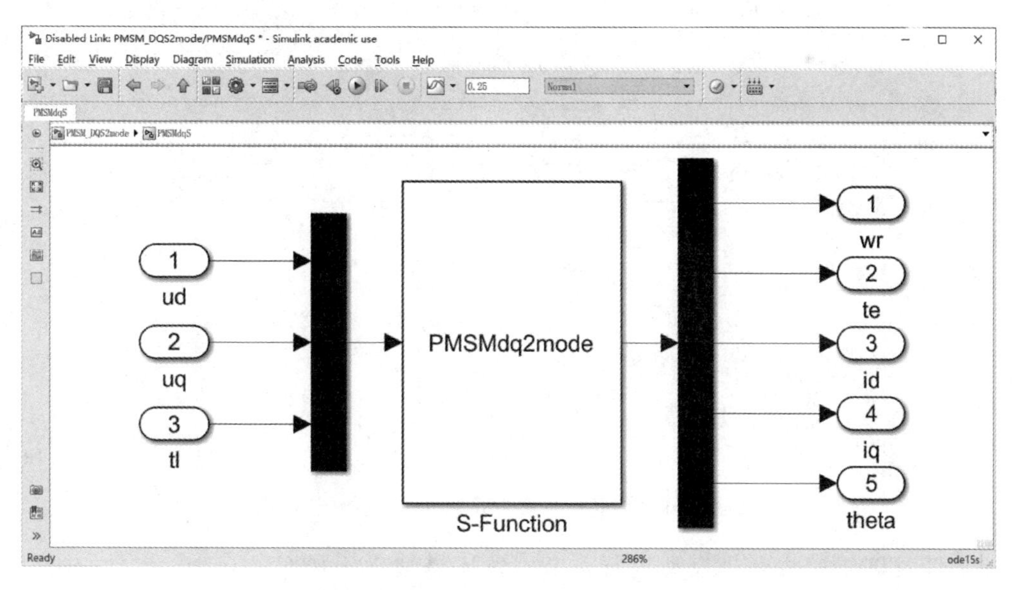

图 C-2 使用双模式电机模型的仿真界面（对应第 4 章图 4-18）

如果动力学方程（3-40）需要在系统函数里面建模从而计算出转子的转速，这就是转矩模式，mode_flag 就需要设置为 1，那么下面的系统函数与前面第 4 章介绍的 PMSMdq. m 就是等效的。如果需要把电机设置成转子速度作为输入变量的转速工作模式，那么就需要把 mode_flag 设置为 0，如图 C-4 所示。此时，系统函数内部就不会再对动力学方程进行求解了，转子机械角速度直接从 s 函数的第三个输入变量获取。另外，仍对电气角位置、电磁转矩进行计

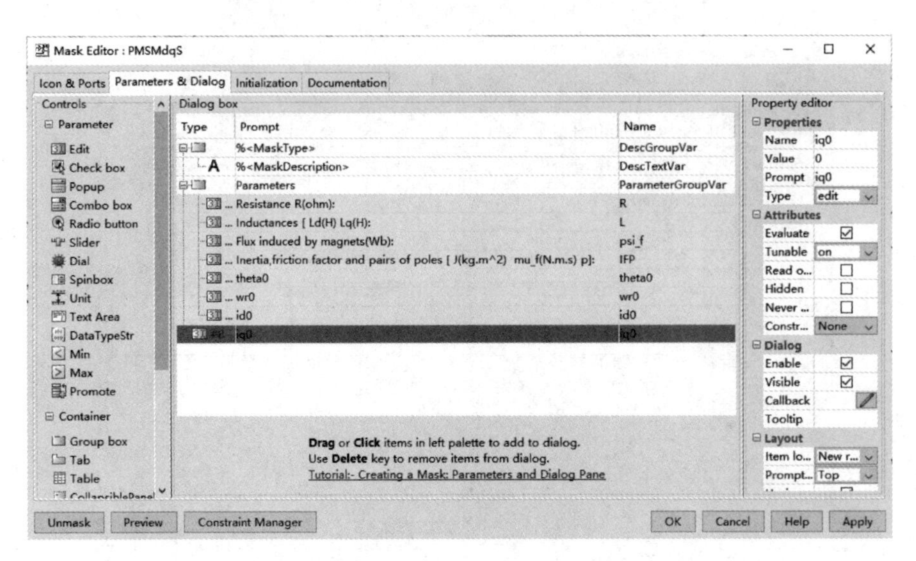

图 C-3 系统函数的封装（mask）界面（对应于第 4 章图 4-20）

算，系统函数的输出变量保持不变，所以此时存在输入到输出的直接通道，故而在系统函数的初始化过程中，变量 sizes.DirFeedthrough 需要设置为 1，否则系统运行会报错误的。

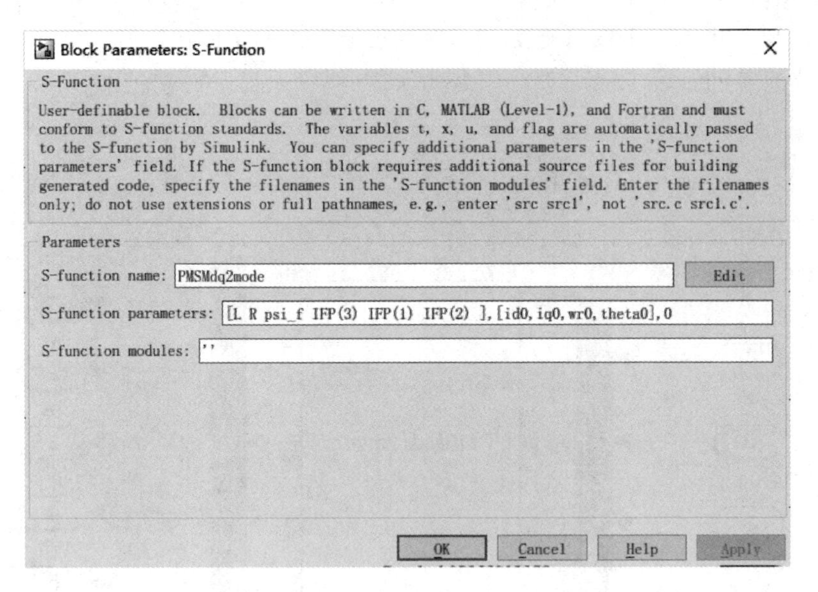

图 C-4 系统函数对话框的参数设置（工作在转速模式下）

下面针对该双模式电机模型进行仿真，整体模型仍然如图 4-14 所示，不过此时的 PMSM 工作在转速模式下。图 C-5 给出了三相交流电压源的参数对话框，它与图 4-15 仍保持相同，电源是恒定的 50Hz 交流电源。

图 C-6 给出了图 4-14 中 step 模块的参数对话框，原本是外部负载转矩的信号，现在是外部输入的转子速度信号，因为此时的电机工作在转速模式下。可以看出在 0.1s 之前速度始终为 0，0.1s 之后速度突变为 2×pi×50/4，刚好就是 50Hz 交流电源供电下的转子稳态速度（机械角速度值，约为 78.54rad/s）。

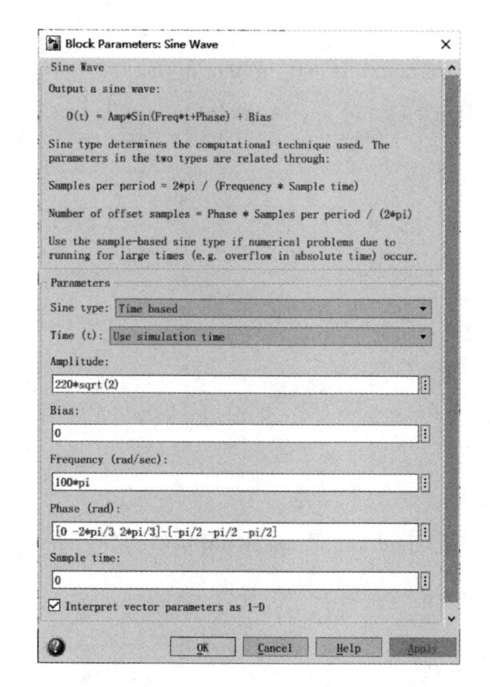

图 C-5　三相交流电压源参数设置

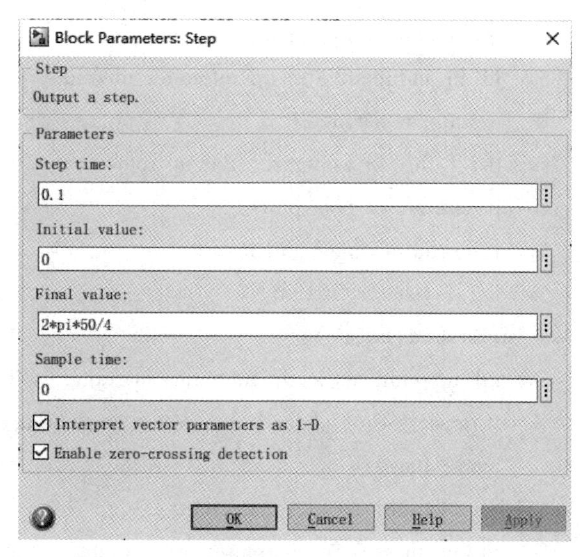

图 C-6　外部输入的转子速度参数对话框

图 C-7 给出了关键变量的仿真波形图。可以看出 0.1s 之前的速度为 0，电气角位置也保持为初始值 0 不变，因为供电电源是 50Hz 的，所以它们是不同步的，故而 dq 电流和转矩都是振荡的。在 0.1s 之后速度突变为同步速度，所以 dq 电流迅速进入稳态（可以看出中间有稍许的过渡过程），转矩也随着电流很快稳定下来。

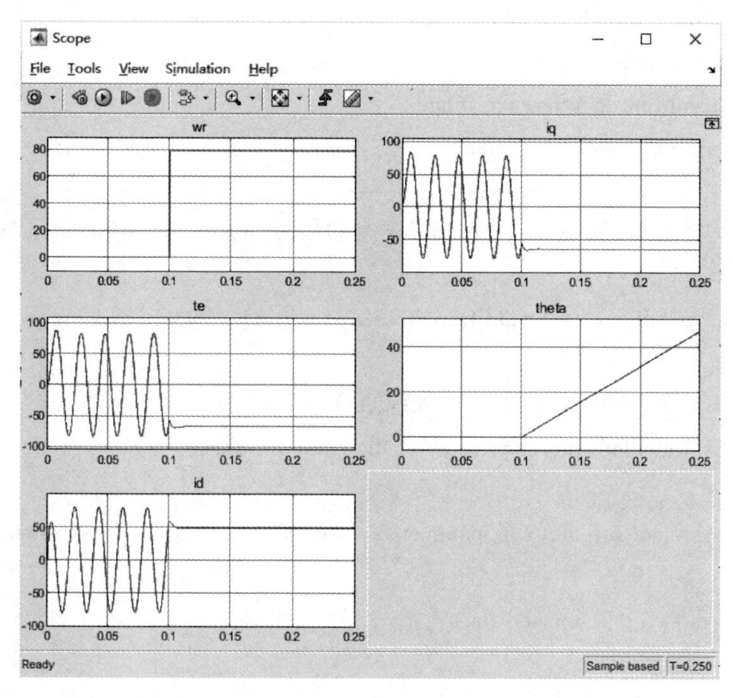

图 C-7　仿真波形（转速模式下，0.1s 以后为同步速度运行）

下面给出了双模式电机模型的 s 函数代码。

```
function[sys,x0,str,ts]=PMSMdq2mode(t,x,u,flag,parameters,x0_in,mode_flag)
% PMSM model for two modes:torque mode(mode_flag=1)and speed mode(mode_flag=0).
% parameters(ld,lq,r,psi_f,p,j,mu_f):
%   ld,lq:inductance in dp reference of frame
%   r:stater resistance
%   psi_f:flux in webers by PM on rotor
%   p:number of pole pairs
%   j:inertia of motor and load
%   mu_f:viscous friction
%3inputs(ud,uq,tl ):
%   ud,uq:voltages in dp reference of frame
%   tl or wr:torque of load(Nm)when mode_flag=1 or mechanical speed input(rad/s)when
%   mode_flag=0
%4 state variables (id,iq,wr,theta):
%   id,iq currents in dq reference of frame
%   wr:mechanical angular velocity of the rotor
%   theta:electrical position of rotor
%4 initial values of state variables:
%   x0_in is the initial values of (id,iq,wr,theta).
%5 outputs (wr,te,id,iq,theta):
%   wr:mechanical angular velocity of the rotor
%   te:electromagnetic torque
%   id,iq currents in dq reference frame
%   theta:electrical position of rotor
%-----------------------------------------------------
switch flag   %flag is the system variable of MATLAB during the S-Function is executed.
      case 0
           [sys,x0,str,ts ]=mdlInitializeSizes(x0_in); % Initialization of the S-Function.
      case 1
           sys=mdlDerivatives(x,u,parameters,mode_flag);
           % Calculate the derivatives of the state variables
      case 3
           sys=mdlOutputs(x,u,parameters,mode_flag); % Calculate the output variables.
      case {2,4,9}
           sys=[]; % unused flags
   otherwise
           error(['Unhandled flag=',num2str(flag)]);        %Error handling
```

```
    end
% End of PMSMdq
%-----------------------------------------------
% mdlInitializeSizes
function[sys,x0,str,ts]=mdlInitializeSizes(x0_in)
    sizes=simsizes;
    sizes.NumContStates=4;          %连续状态变量有4个。
    sizes.NumDiscStates=0;          %离散状态变量有0个。
    sizes.NumOutputs     = 5;       %S函数的输出变量有5个。
    sizes.NumInputs     = 3;        %S函数的输入变量有3个。
    sizes.DirFeedthrough  =1;
%1 is used here because the output variables are directly linked to the input variables.
    sizes.NumSampleTimes  =1;
    sys=simsizes(sizes);
    x0=x0_in;                       %状态变量的初始值。
    str=[];
    ts=[0 0];
% End of mdlInitializeSizes.
%---------------------------------------------------
% mdlDerivatives   % Return the derivatives for the continuous states
function [sys]=mdlDerivatives(x,u,parameters,mode_flag)
%   u represents the input variables.
%   sys represents the state variables.
%   x represents the state variables.
    %Attention wr values is represented by(x(3)*mode_flag+u(3)*(1-mode_flag))so wr comes
% from the equation (3-40) when mode_flag=1 or from the input u(3) when mode_flag=0.
    % id'=ud/ld-r*id/ld + lq*p*wr*iq/ld
        sys(1)=u(1)/parameters(1)-parameters(3)*x(1)/parameters(1)
        + parameters(2)*parameters(5)*(x(3)*mode_flag+u(3)*(1-mode_flag))*x
(2)/parameters(1);
    % iq'=uq/ld-r*iq/lq-ld*p*wr*id/lq-psi_f*p*wr/lq
        sys(2)=u(2)/parameters(2)-parameters(3)*x(2)/parameters(2)
        -parameters(1)*parameters(5)*(x(3)*mode_flag+u(3)*(1-mode_flag))*x
(1)/parameters(2)
        -parameters(4)*parameters(5)*(x(3)*mode_flag+u(3)*(1-mode_flag))/param-
eters(2);
    % te=1.5*p*[psi_f*iq + (ld-lq)*id*iq]
        te=1.5*parameters(5)*(parameters(4)*x(2)
        + (parameters(1)-parameters(2))*x(1)*x(2));
```

```
% wr '=(te -mu_f * wr-tl)/j when mode_flag=1 and wr '=0 when mode_flag=0.
    sys(3)=(te-parameters(7) * x(3)-u(3))/parameters(6) * mode_flag;
% theta '=p * wr
    sys(4)= parameters(5) * (x(3) * mode_flag+u(3) * (1-mode_flag));
% 角度的导数或者来自于状态变量 3(角速度),或者来自于输入的角速度
% End of mdlDerivatives
%--------------------------------------------------
% mdlOutputs  % Return the block outputs.
function sys=mdlOutputs(x,u,parameters,mode_flag)
%   u represents the input variables.
%   sys represents the output variables.
%   x represents the state variables.
% output wr
  sys(1)=(x(3) * mode_flag+u(3) * (1-mode_flag));
%wr 机械角速度,或者来自于 mode_flag 为 1 时的状态变量 x(3)（采用动力学方程计算）
%或者来自于 mode_flag 为 0 时的第 3 个输入变量 u(3)
% output te
  % te=1.5 * p * [psi_ f * iq + (ld-lq) * id * iq]
  te=1.5 * parameters (5) * (parameters (4) * x (2)
       + (parameters (1) -parameters (2) ) * x (1) * x (2) );
  sys (2) =te;
% output idq
  sys (3) =x (1); %id
  sys (4) =x (2); %iq
% output theta
  sys (5) =x (4);
% End of mdlOutputs
```

附录 D　采用类似 SPWM 方式实现 SVPWM 的仿真模型

图 D-1 给出了采用类似 SPWM 中正弦波与三角波比较的方式（也适于在 DSP 中实现）来实现 SVPWM 算法的 MATLAB/SIMULINK 仿真模型，其依据是第 9 章中的式（9-23）。

式（9-23）中的电压均为标幺化的电压，其中基值电压为 $U_d/2$，在图 D-1 中可以清楚地看出。公式中的 λ 即是图 D-1 中的 0.5（即是说两个零矢量的作用时间是相等的）。图 D-1 中的 Sine Wave 模块的参数设置如图 D-2 所示，Repeating Sequence 模块的参数设置如图 D-3 所示，Zero-Order Hold 模块的参数设置如图 D-4 所示。

图 D-1 中的 Relay 模块的参数设置如图 D-5 所示（VSI 直流侧电压为 DC 375V），用来对 VSI 输出相电压进行 FFT 分析的 Fourier 模块的参数设置如图 D-6 所示。仿真后，由图 D-1 中的 Scope 观察到的 A 相电压 50Hz 基波分量的电压幅值波形如图 D-7 所示，可以看出，A 相 50Hz 电压幅值为 100V，这与图 D-2 中的参数设置是相吻合的。

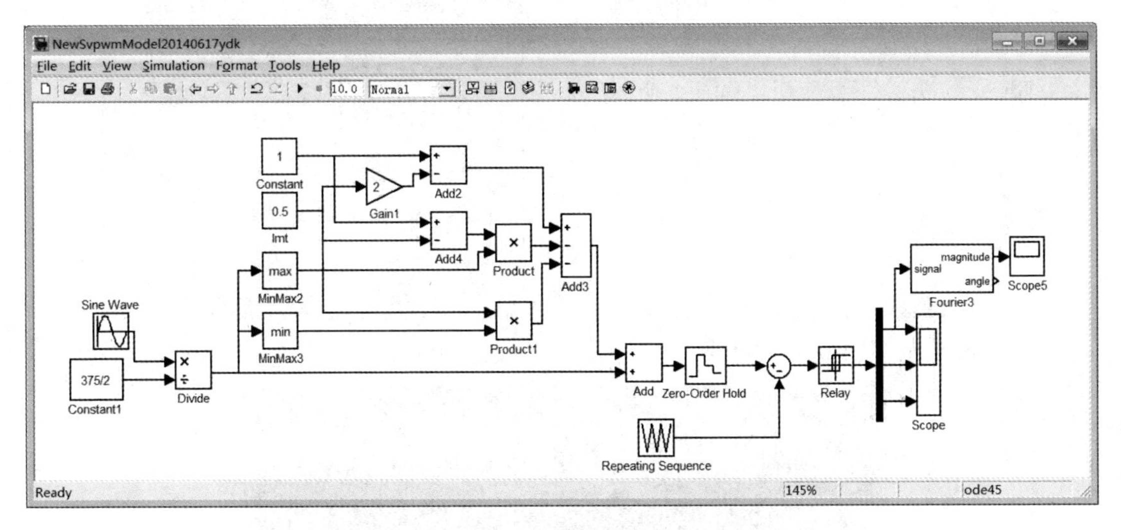

图 D-1 仿真模型总界面

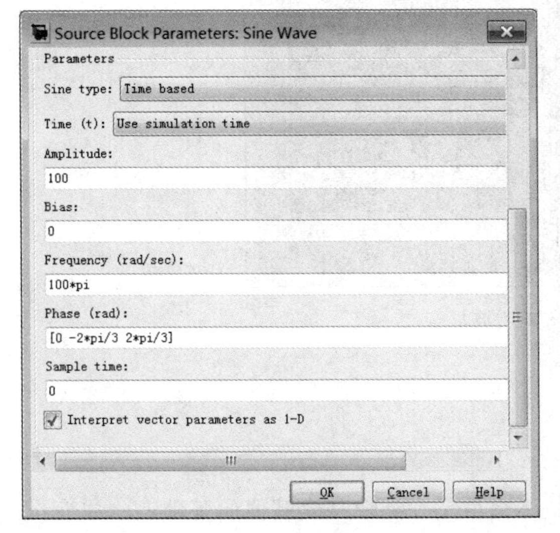

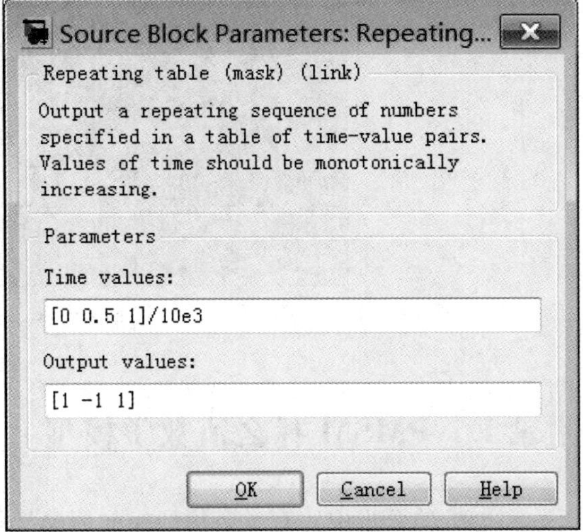

图 D-2 Sine Wave 模块参数设置

图 D-3 Repeating Sequence 模块参数设置

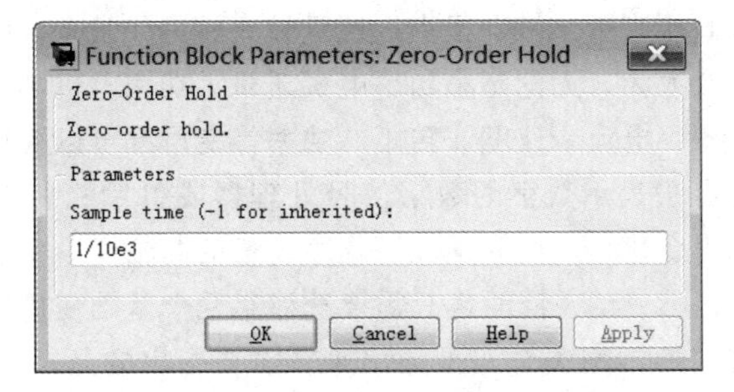

图 D-4 Zero-Order Hold 模块参数设置

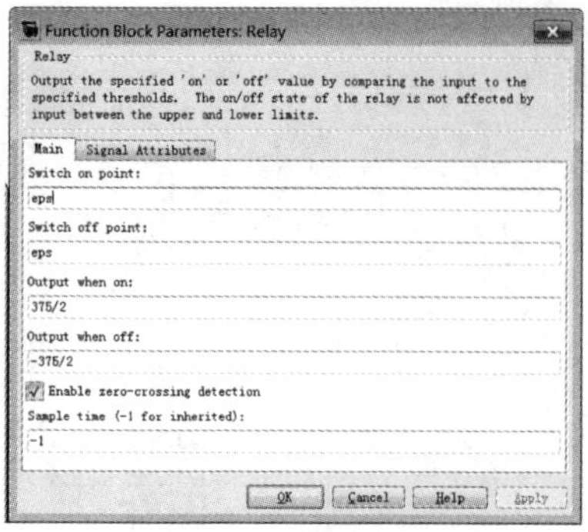

Function Block Parameters: Relay
Relay
Output the specified 'on' or 'off' value by comparing the input to the specified thresholds. The on/off state of the relay is not affected by input between the upper and lower limits.
Main　Signal Attributes
Switch on point:
eps
Switch off point:
eps
Output when on:
375/2
Output when off:
-375/2
Enable zero-crossing detection
Sample time (-1 for inherited):
-1
OK　Cancel　Help　Apply

图 D-5　Relay 模块参数设置

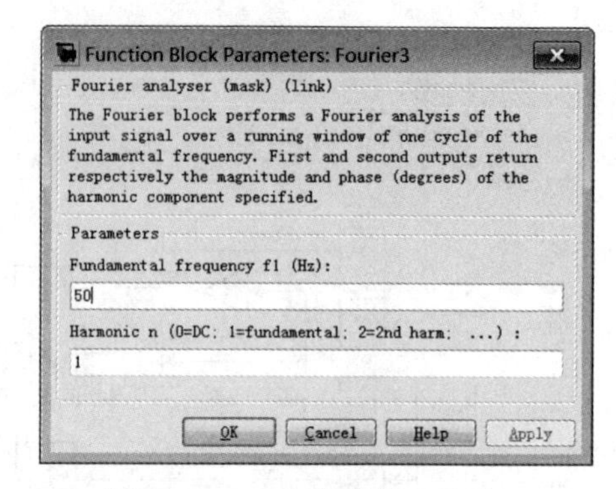

图 D-6　Fourier 模块的参数设置

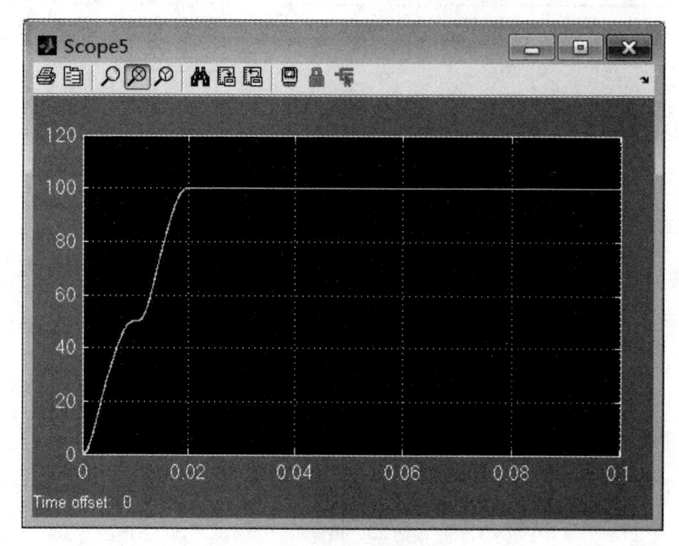

图 D-7　Scope 观测波形

附录 E　PMSM 标幺值数学模型

在电机的分析中，有时会用到标幺值模型。标幺值是在选取某个基值的基础上，原变量除以基值得到其标幺值。标幺值实际上是一个相对值，无量纲，其数值大小反映了变量的实际值与基值的相对大小。若取基值为其额定值，那么标幺值通常就会在-1~1之间，从而仅仅知道了标幺值就可以直接判断其值是很小，还是较大或是异常大。所以简单地说，标幺值表示的变量数值范围不会太大，无论是小功率电机还是大功率电机都是如此，便于我们判断其工作情况。常用的电压、电流、速度、转矩、功率等变量都可以采用标幺值表示。还有一个好处是，对于采用定点法表示数字的数字信号处理器或单片机，如果采用标幺值表示变量，数值不会在大范围内变化，从而易于保证程序变量的高精度。

变量基值的选取不是唯一的，同时也只需要选取某几个基础变量的基值，其他一些变量的基值可以通过变量之间的常用关系式推导出来。需要指出的是，在不同的基值选取方法中，电机数学模型的表达式可能会有不同的呈现（可能会出现一些与基值有关的常系数）。

这里用上标 * 表示变量的标幺值。以电流 i 为例，其基值为 $I_{\rm b}$，则有下面等式成立：

$$i^{*}=\frac{i}{I_{\mathrm{b}}}, i=i^{*}\cdot I_{\mathrm{b}} \tag{E-1}$$

将变量之间的上述关系代入永磁同步电机数学模型中，就可以推导出 PMSM 的标幺值数学模型。

表 E-1 给出了永磁同步电机常见变量的基值的选取。

表 E-1 变量的基值选取

变量符号	变量名称	基值选取	说明
U_{b}	电压基值	独立，可以选取为电机额定相电压幅值，或者逆变器能够输出最高的相电压幅值	—
I_{b}	电流基值	独立，可以选取为最大的相电流幅值	—
ψ_{b}	磁链基值	独立，可以选取为永磁磁链幅值（具体含义可以参见 3.4.1 节中对电机参数的解释）	—
Z_{b}	阻抗基值	$Z_{\mathrm{b}}=\frac{U_{\mathrm{b}}}{I_{\mathrm{b}}}$	阻抗基值可以用作电阻、感抗的基值
ω_{b}	电角速度基值	$\omega_{\mathrm{b}}=\frac{U_{\mathrm{b}}}{\psi_{\mathrm{b}}}$	可以计算出频率的基值
L_{b}	电感基值	$L_{\mathrm{b}}=\frac{Z_{\mathrm{b}}}{\omega_{\mathrm{b}}}$	
T_{b}	转矩基值	$T_{\mathrm{b}}=\frac{3}{2}n_{\mathrm{p}}\psi_{\mathrm{b}}I_{\mathrm{b}}$	
P_{b}	功率基值	$P_{\mathrm{b}}=\frac{3}{2}U_{\mathrm{b}}I_{\mathrm{b}}$	可以用作有功功率、无功功率、视在功率及功耗的基值
J_{b}	转动惯量基值	$J_{\mathrm{b}}=P_{\mathrm{b}}/\Omega_{\mathrm{b}}^{2}$	Ω_{b} 为机械角速度基值，$\Omega_{\mathrm{b}}=\omega_{\mathrm{b}}/n_{\mathrm{p}}$

下面给出了 PMSM 的标幺值数学模型。

定子电压方程：

$$u_{\mathrm{d}}^{*}=R_{1}^{*}i_{\mathrm{d}}^{*}+\frac{1}{\omega_{\mathrm{b}}}p\psi_{\mathrm{d}}^{*}-\omega^{*}\psi_{\mathrm{q}}^{*}$$

$$u_{\mathrm{q}}^{*}=R_{1}^{*}i_{\mathrm{q}}^{*}+\frac{1}{\omega_{\mathrm{b}}}p\psi_{\mathrm{q}}^{*}+\omega^{*}\psi_{\mathrm{d}}^{*}$$

也可以用电流作为状态变量表示为

$$u_{\mathrm{d}}^{*}=R_{1}^{*}i_{\mathrm{d}}^{*}+\frac{L_{\mathrm{d}}^{*}}{\omega_{\mathrm{b}}}pi_{\mathrm{d}}^{*}-\omega^{*}L_{\mathrm{q}}^{*}i_{\mathrm{q}}^{*}$$

$$u_{\mathrm{q}}^{*}=R_{1}^{*}i_{\mathrm{q}}^{*}+\frac{L_{\mathrm{q}}^{*}}{\omega_{\mathrm{b}}}pi_{\mathrm{q}}^{*}+\omega^{*}(\psi_{\mathrm{f}}^{*}+L_{\mathrm{d}}^{*}i_{\mathrm{d}}^{*}) \tag{E-2}$$

定子磁链方程：

$$\psi_{\mathrm{d}}^{*}=\psi_{\mathrm{f}}^{*}+L_{\mathrm{d}}^{*}i_{\mathrm{d}}^{*}$$

$$\psi_{\mathrm{q}}^{*}=L_{\mathrm{q}}^{*}i_{\mathrm{q}}^{*}$$

电磁转矩方程：

$$T_{\mathrm{e}}^{*}=i_{\mathrm{q}}^{*}[\psi_{\mathrm{f}}^{*}+(L_{\mathrm{d}}^{*}-L_{\mathrm{q}}^{*})i_{\mathrm{d}}^{*}]=i_{\mathrm{q}}^{*}(\psi_{\mathrm{f}}^{*}-\beta L_{\mathrm{d}}^{*}i_{\mathrm{d}}^{*}) \tag{E-3}$$

应特别注意的是，转矩基值的选取中已经包含了系数（1.5 乘以极对数），所以标幺值转矩公式中就不再出现该系数了。

动力学方程：
$$T_{\mathrm{e}}^{*}-T_{\mathrm{L}}^{*}=J^{*}\frac{d_{\mathrm{SL}}^{*}}{\mathrm{d}t}$$

附录 F　MTPA 相关公式汇总

本部分涉及的主要变量是电机工作在 MTPA 模式下的电磁转矩 T_e、电流 i_d 和 i_q 及对应的电流矢量幅值 i_{1m}、电流相位角 δ 等，为了描述方便，大部分公式都采用标幺值形式，其中电流与转矩的基值如下。

$$I_b = \frac{\psi_f}{\beta L_d} \tag{F-1}$$

$$T_b = \frac{3}{2} n_p \psi_f I_b \tag{F-2}$$

采用标幺值表示的变量加注上标 * 。举例来说，电流幅值 i_{1m} 与其标幺值 i_{1m}^* 的关系是：

$$i_{1m}^* = \frac{i_{1m}}{I_b} \tag{F-3}$$

转矩中的永磁转矩标幺值：

$$T_{e1}^* = \frac{\frac{3}{2} n_p \psi_f i_q}{T_b} = i_q^* \tag{F-4}$$

转矩中的磁阻转矩标幺值：

$$T_{e2}^* = \frac{\frac{3}{2} n_p i_q (-\beta L_d i_d)}{T_b} = -i_d^* i_q^* \tag{F-5}$$

可以推导出两个转矩分量的比值为

$$\frac{T_{e2}^*}{T_{e1}^*} = -i_d^* \tag{F-6}$$

特别指出的是：i_d^* 电流标幺值的含义就是两种转矩分量的比值，这一点很有意思。

MTPA 是 PMSM 的极为重要的特性曲线之一，相关的公式比较多，为了更好地给出这些公式，下面按顺序给出描述 T_e^*、i_d^*、i_q^*、i_{1m}^*、δ 之间关系的主要公式。

1. 用 i_d^* 表示其他变量

$$T_e^* = \sqrt{i_d^* (i_d^* - 1)^3}$$

$$i_{1m}^* = \sqrt{(i_d^*)^2 + (i_q^*)^2} = \sqrt{2(i_d^*)^2 - i_d^*}$$

$$i_q^* = \frac{T_e^*}{1 - i_d^*} = \sqrt{(i_d^*)^2 - i_d^*}$$

$$\cos\delta = \frac{i_d^*}{i_{1m}^*} = -\sqrt{\frac{i_d^*}{2i_d^* - 1}}$$

$$\tan\delta = \frac{i_q^*}{i_d^*} = -\sqrt{\frac{i_d^* - 1}{2i_d^*}}$$

2. 用 i_{1m}^* 表示其他变量

$$i_d^* = \frac{1-\sqrt{1+8(i_{1m}^*)^2}}{4}$$

$$\cos\delta = \frac{1-\sqrt{1+8(i_{1m}^*)^2}}{4i_{1m}^*}$$

$$T_e^* = \frac{1}{16}(3+\sqrt{1+8(i_{1m}^*)^2})\sqrt{8(i_{1m}^*)^2-2+2\sqrt{1+8(i_{1m}^*)^2}}$$

3. 用 i_q^* 表示其他变量

有如下关系：

$$(i_d^*)^2-i_d^*-(i_q^*)^2=0$$

$$i_d^* = \frac{1-\sqrt{1+4(i_q^*)^2}}{2}$$

i_q^* 与转矩 T_e^* 的关系可以查图 6-11。

4. 用δ 表示其他变量

$$i_d^* = \frac{1}{1-(\tan\delta)^2} = \frac{(\cos\delta)^2}{2(\cos\delta)^2-1}$$

$$i_q^* = \frac{\tan\delta}{1-(\tan\delta)^2}$$

$$i_{1m}^* = \frac{\cos\delta}{2(\cos\delta)^2-1}$$

5. 用 T_e^* 表示其他变量

T_e^* 与 i_d^*、i_q^*、i_{1m}^*、δ 的关系可以查图 6-11。T_e^* 与 i_d^* 的关系还可以参考式（6-38）。

附录 G　英飞凌 XMC1300 单片机的 SVPWM 程序

本附录 G 举例说明如何在 XMC1300 单片机开发板上以 APP 的方式开发简单的 SVPWM 程序。具体步骤如下：

1）安装好 INFINEON 的集成开发环境 DAVE 软件。

2）安装好 SEGGER JLINK 驱动程序。

3）打开 DAVE 软件。

4）新建项目文档为 DAVE CE Project 项目文档，为了使用 APP 方式进行编程必须选择此类项目，如图 G-1 所示。

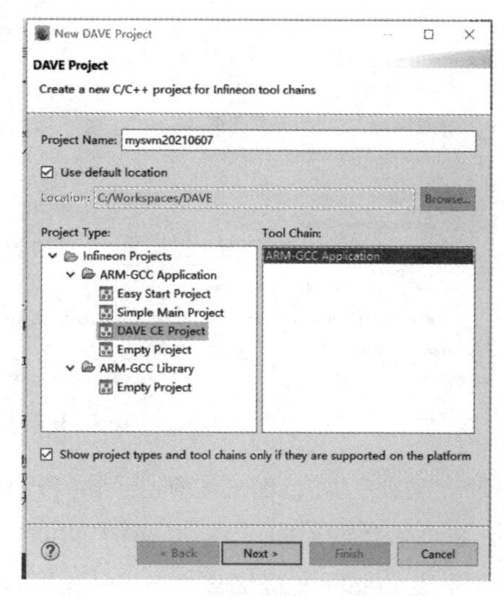

图 G-1　建立 CE Project 项目对话框

然后，单击“Next”按钮后选择好相应的开发板 XMC1300 BOOT KIT。

5）在菜单栏中选择添加 APP 功能，搜索到

SVM 的 APP 后选择添加（Add）。然后，再加入中断的 APP，如图 G-2 所示。

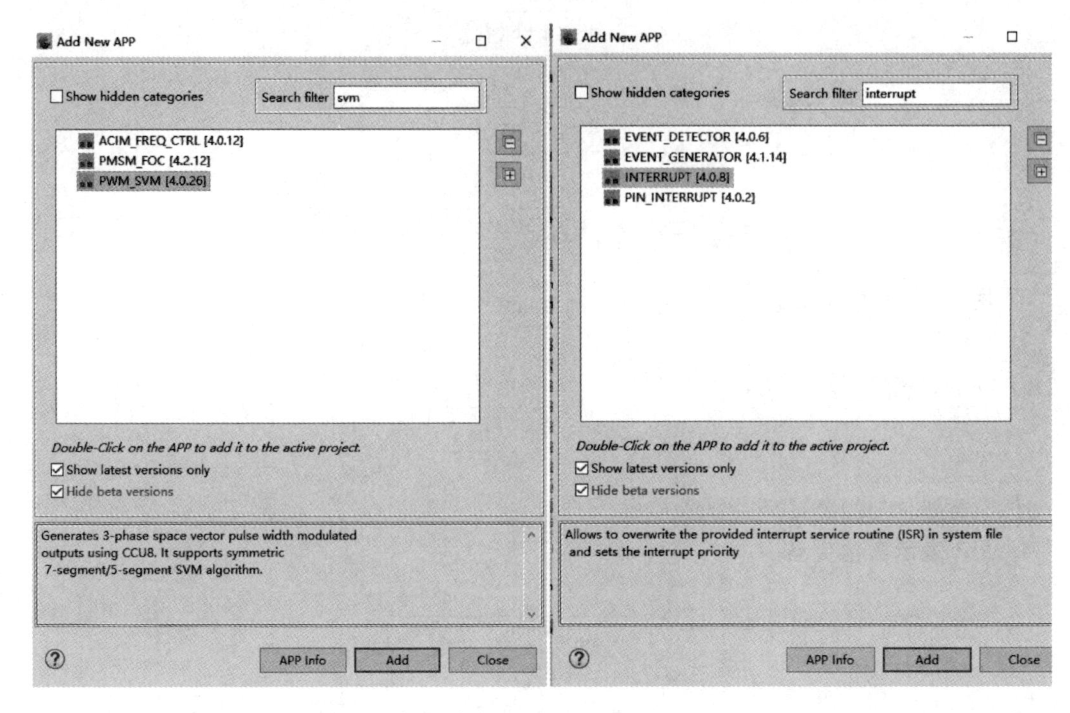

图 G-2　加入 SVM 与中断的 APP

6）以对话框的形式配置完 SVM 的 APP。然后，设置 SVPWM 功能对应的单片机引脚端，如图 G-3 所示的快捷菜单中选择 Manual Pin Allocator，随后出现如图 G-4 所示的对话框，设置 PWM 信号引脚为 P0.0、P0.1、P0.2、P0.3、P0.8、P0.9。

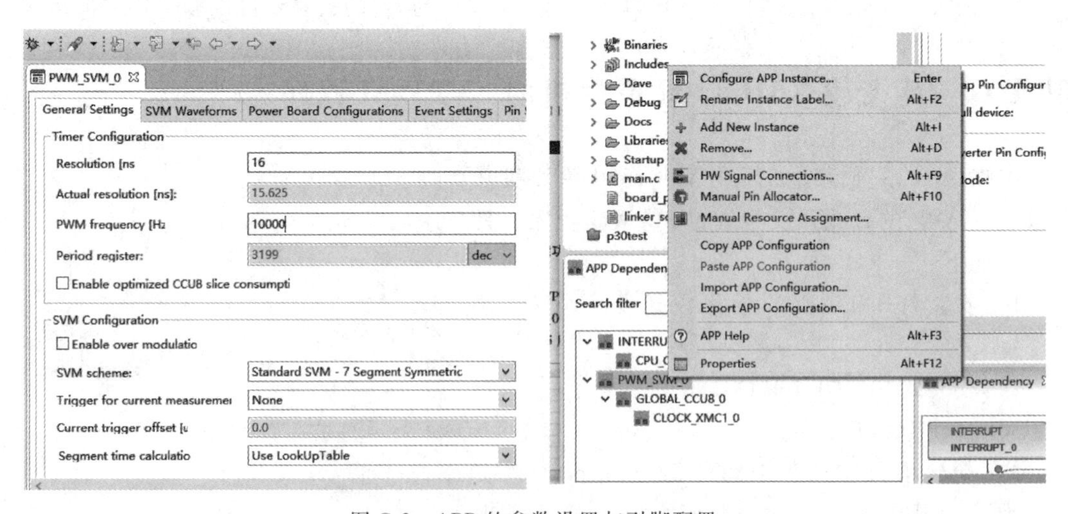

图 G-3　APP 的参数设置与引脚配置

7）如图 G-5、图 G-6 所示，进行中断 APP 的合理设置。

8）在 DAVE CE 编辑界面的菜单中，选择自动生成代码（GENERATE CODE），系统会自动生成必要的文档，包括 main.c 源程序文档。

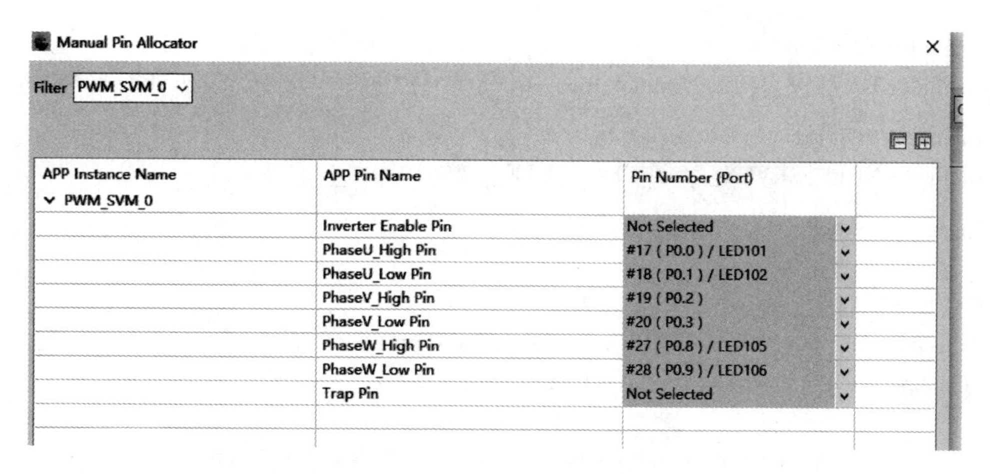

图 G-4　6 路 PWM 引脚的设置

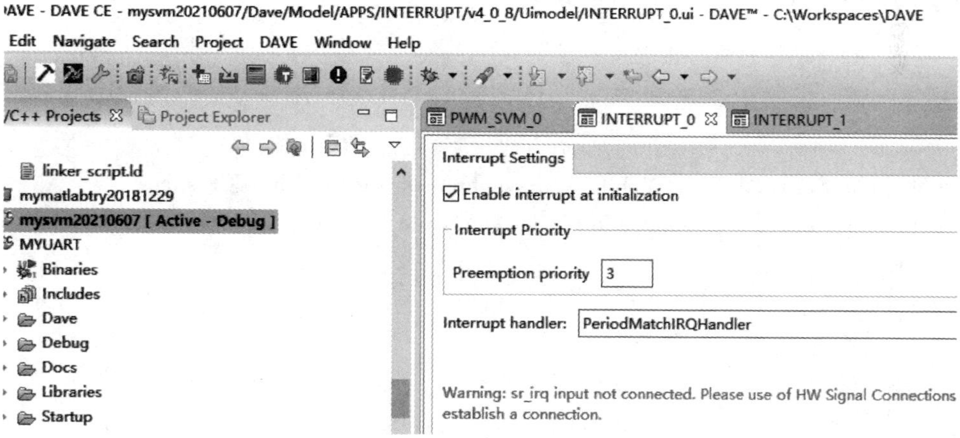

'AVE - DAVE CE - mysvm20210607/Dave/Model/APPS/INTERRUPT/v4_0_8/Uimodel/INTERRUPT_0.ui - DAVE™ - C:\Workspaces\DAVE
Edit Navigate Search Project DAVE Window Help
/C++ Projects　Project Explorer
PWM_SVM_0　INTERRUPT_0　INTERRUPT_1
linker_script.ld
mymatlabtry20181229
mysvm20210607 [Active - Debug]
MYUART
Binaries
Includes
Dave
Debug
Docs
Libraries
Startup
Interrupt Settings
Enable interrupt at initialization
Interrupt Priority
Preemption priority 3
Interrupt handler: PeriodMatchIRQHandler
Warning: sr_irq input not connected. Please use of HW Signal Connections establish a connection.

图 G-5　中断 APP 的设置

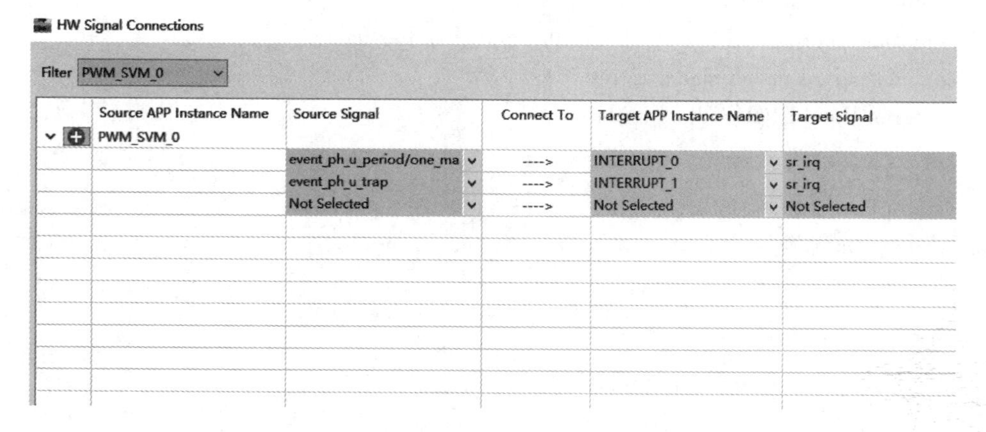

图 G-6　与 PWM 有关的中断信号的设置

9）在 main. c 里面补充必要的程序代码（主要是下面阴影部分代码），完整的代码如下（可以在 DAVE help 中 DAVE APP 下面的 PWM_SVM[4. 0. 26] 找到具体的 APP 使用方法帮助示例）。

```
#include<XMC4500.h>
#include<DAVE.h>//Declarations from DAVE Code Generation(includes SFR declaration)
#define ANGLE_ONE_DEGREE(46603U)
#define ANGLE_SEVEN_DEGREE(ANGLE_ONE_DEGREE * 7.2)
int main(void)
{
DAVE_STATUS_t status;
status=DAVE_Init();/* Initialization of DAVE Apps */
if(status == DAVE_STATUS_FAILURE)
{
/* Placeholder for error handler code. The while loop below can be replaced with an user error handler */
XMC_DEBUG(("DAVE Apps initialization failed with status %d\n",status));
while(1U)
{
}
}
PWM_SVM_Start(&PWM_SVM_0);// synchronous start for the CC8 slices.
/* Placeholder for user application code. The while loop below can be replaced with user application code. */
while(1U)
{
}
return 1;
}
//enable period match in event settings tab
//Drag one interrupt APP configure with below handler name
//connect period match signal to interrupt
void PeriodMatchIRQHandler(void)
{
    static uint32_t angle=0;
if(angle > 0xffffff)
{
angle=0;
}
else
{
angle=angle + ANGLE_SEVEN_DEGREE;
}
PWM_SVM_SVMUpdate(&PWM_SVM_0,500,angle);
}
```

10）单击编译项目 BUILD ACTIVE PROJECT。

11）再单击并调试 DEBUG。DEBUG 之前需要连接好系统的硬件，即开发板与（板载）仿真器（也可以在一开始就连接好系统）。

12）需要设置好正确的调试参数，例如 JLINK 驱动的安装路径等。

13）成功进入 DEBUG 后，单击连续运行，可以观察程序的执行结果。

14）默认情况下，程序已经烧入了单片机。在对开发板重启后就可以自动运行内部程序了。

附录 H　基于 SIMULINK 的 TMS320F2812 矢量控制程序

本附录配合 11.3.2 节的内容，介绍了 MATLAB 提供的 TMS320F2812 矢量控制程序。

图 H-1 给出了例程 c2812pmsmsim.mdl 的界面，该程序使用到 TI 公司的数字电机控制库函数，所以需要用户提前安装好相应的硬件支持包，安装好以后，在 SIMULINK 的库浏览器中可以看到相应的模块集，如图 H-2 所示。

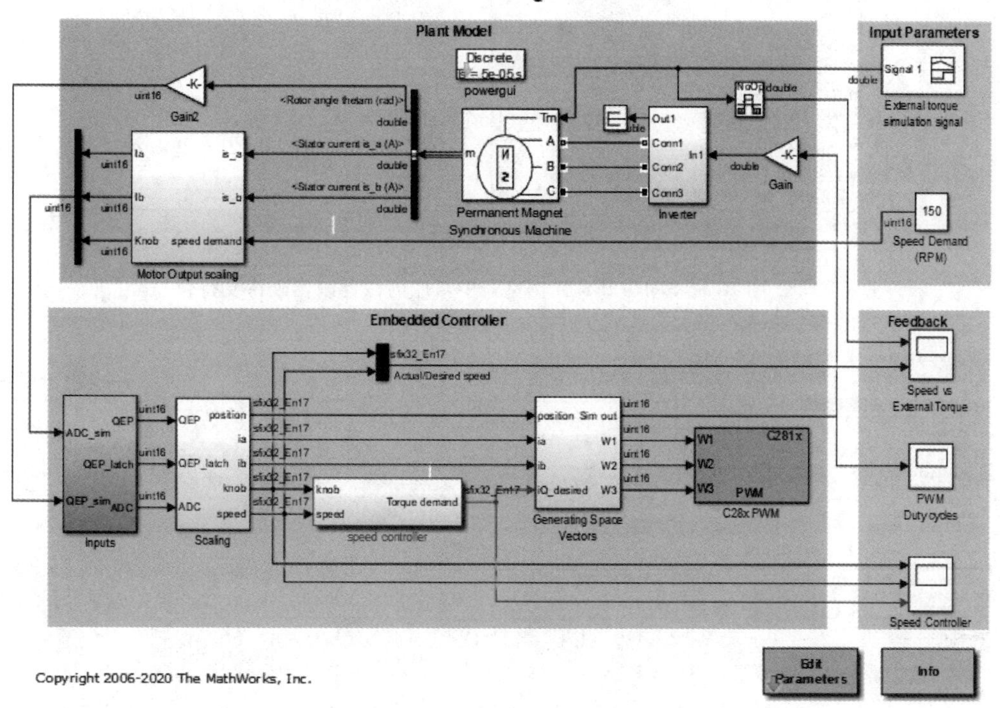

图 H-1　例程 c2812pmsmsim.mdl 的界面

图 H-2 中可以看到在左侧有支持 XMC 系列单片机的 Embedded Coder Support Package for Infineon XMC Family 工具包，还有支持 TI 公司 C2000 系列 DSP 的 Embedded Coder Support Package for Texas Instruments C2000 Processors 工具包，图中显示出了 C28x DMC 数字电机控制库。

图 H-3 给出了本仿真程序的解算器设置，仿真总时间为 5s，定点仿真，步长为 50μs。

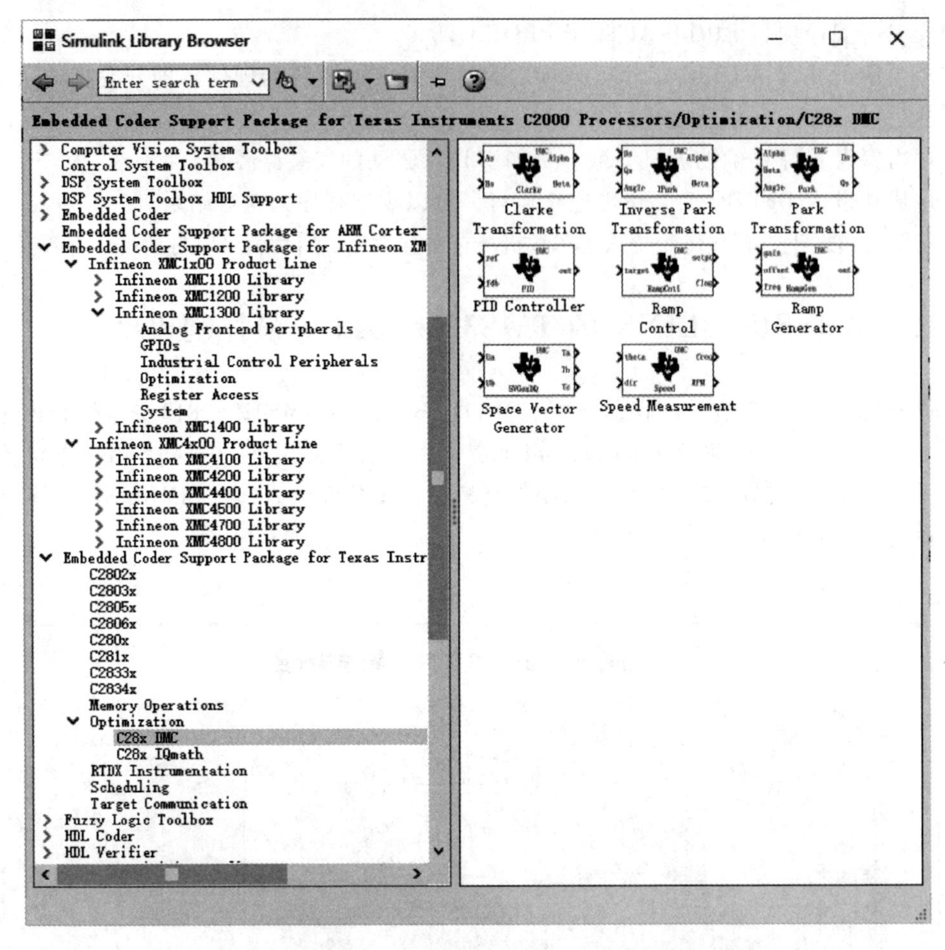

图 H-2　SIMULINK 库浏览器中对应的微控制器硬件支持包

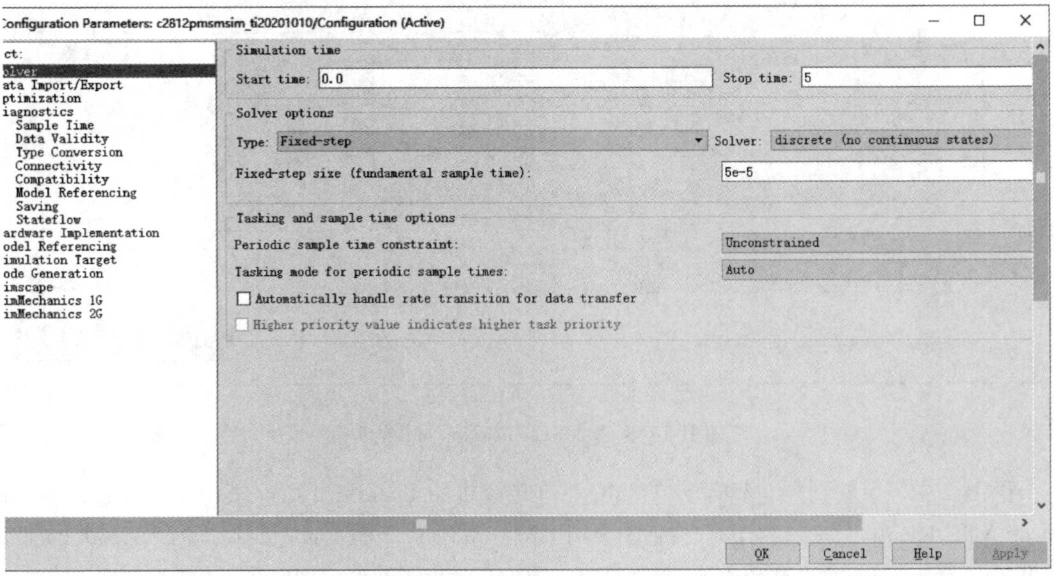

图 H-3　仿真解算器的设置

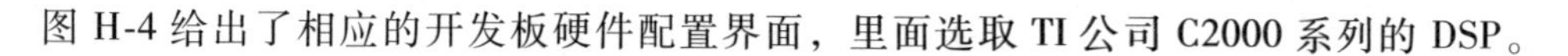

图 H-4 给出了相应的开发板硬件配置界面，里面选取 TI 公司 C2000 系列的 DSP。

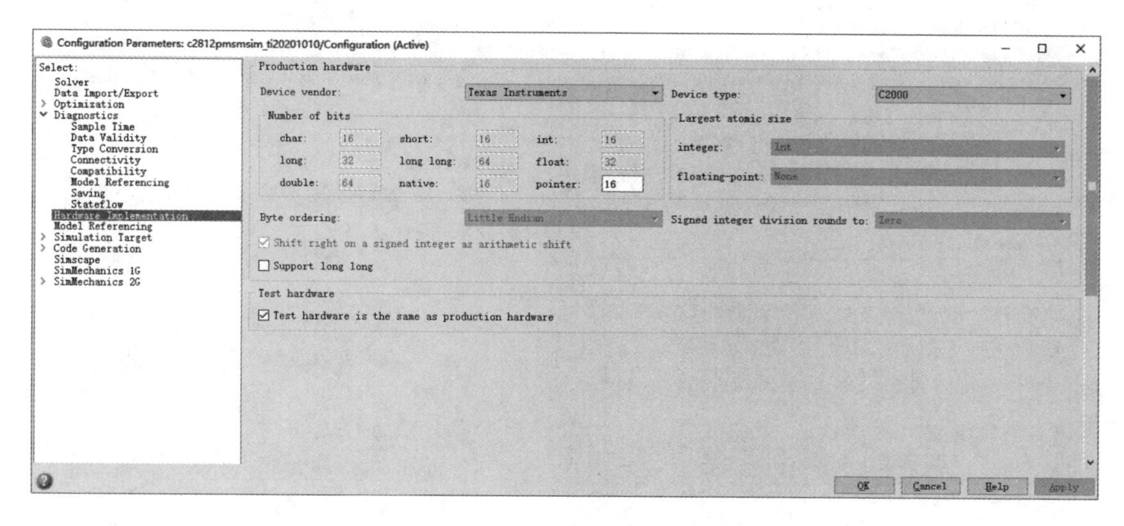

图 H-4　硬件套件的参数设置

图 H-5 给出了代码生成设置界面。

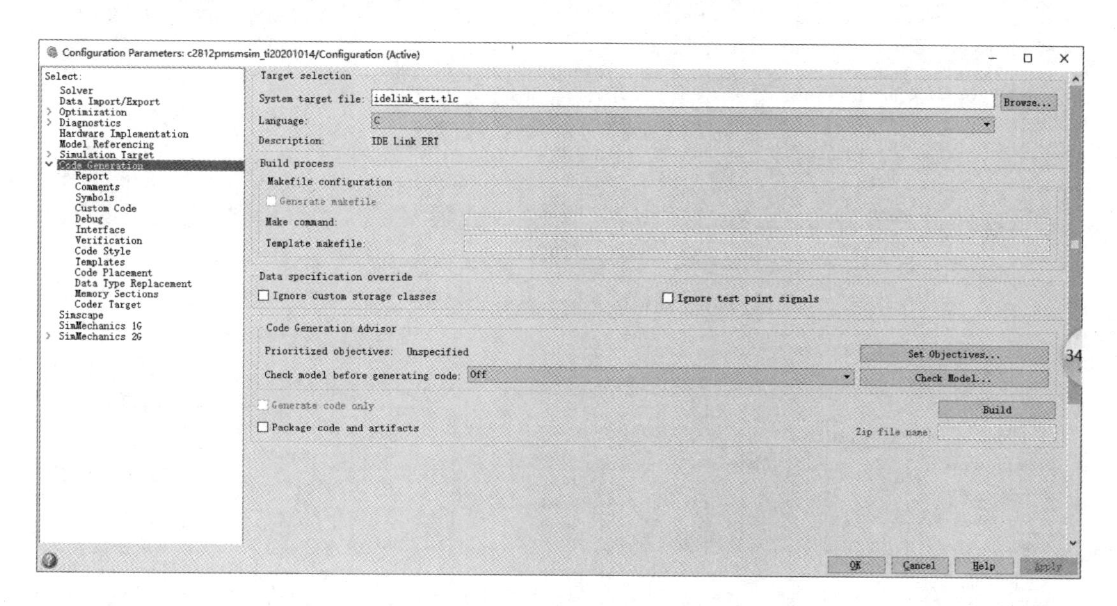

图 H-5　硬件开发板的代码生成设置

图 H-6 给出了图 H-1 下方 C28x PWM 的设置，这需要结合 F2812 的事件管理器配置进行设置。图 H-6a 给出了定时器 Timer 的参数设置，图 H-6b 给出了输出的设置，图 H-6c 给出了相关的逻辑电平设置（6 路 PWM 有效电平），图 H-6d 给出了死区的设置，图 H-6e 给出了 PWM 与 ADC 的关联，这里设置为计数器的下溢起动 ADC。

图 H-7 给出了图 H-1 中逆变器（平均值模型）模块的设置。逆变器内部模型如 H-7a 所示，里面由两个 DC 300V 模块串联而成直流环节电压 DC 600V，模型的输入 Duty 直接使用的是三相 PWM 占空比信息，而不是 1、0 开关信息。图 H-7b 给出了其仿真波形。

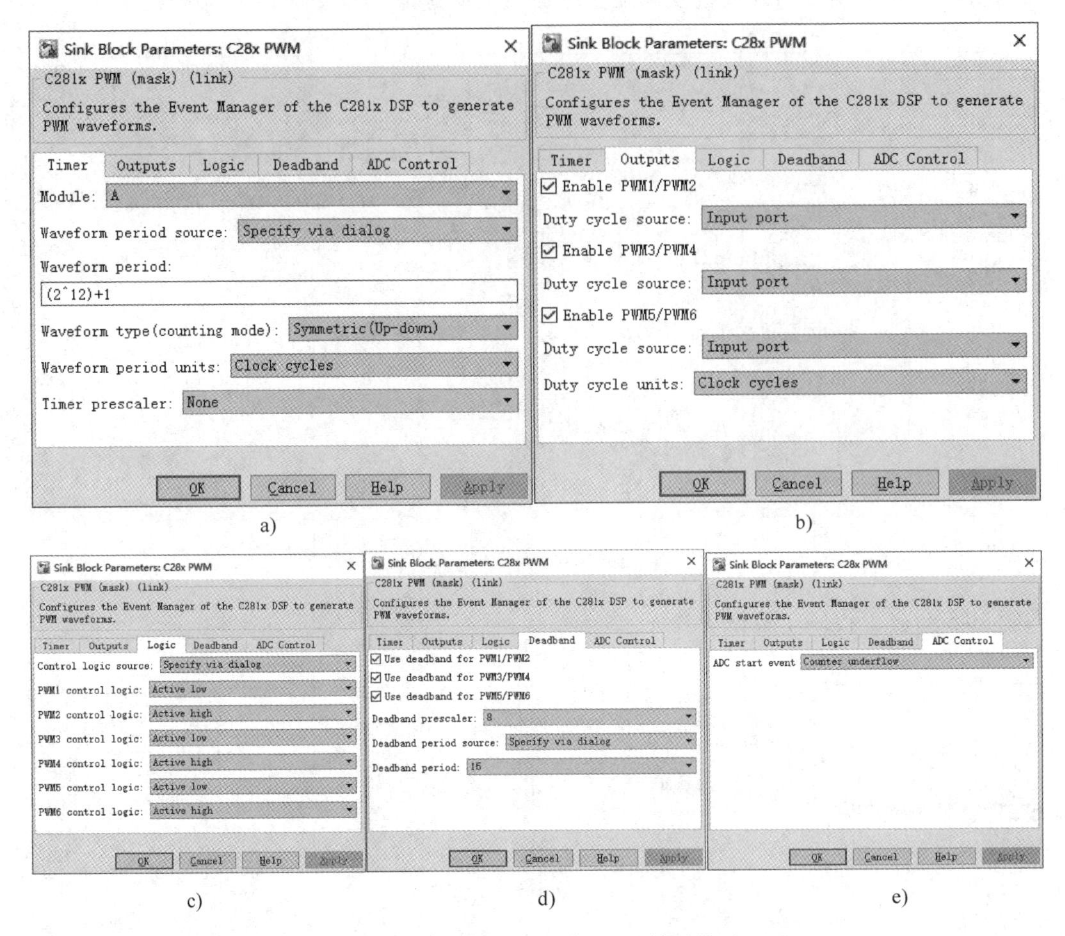

a)　b)

c)　d)　e)

图 H-6　2812DSP 的 6 路 PWM 单元设置

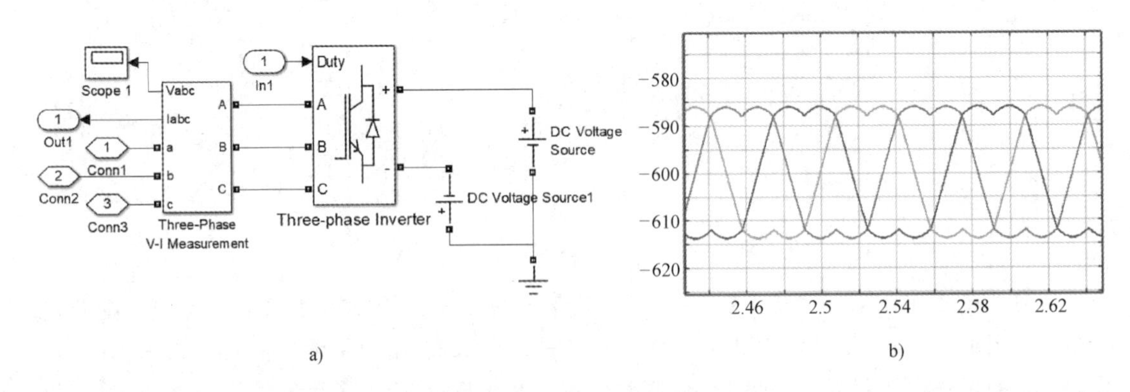

a)　b)

图 H-7　逆变器平均值模型

图 H-8 的 Motor output scaling 子系统对电机两相电流和速度手柄 knob 信息进行传感器及信号调理的处理，将实际值最后转换成 ADC 处理后输出的数据，图 H-8b 给出了实际电流 i_{s_a} 与 ADC 输出的电流信号 i_a 的波形。

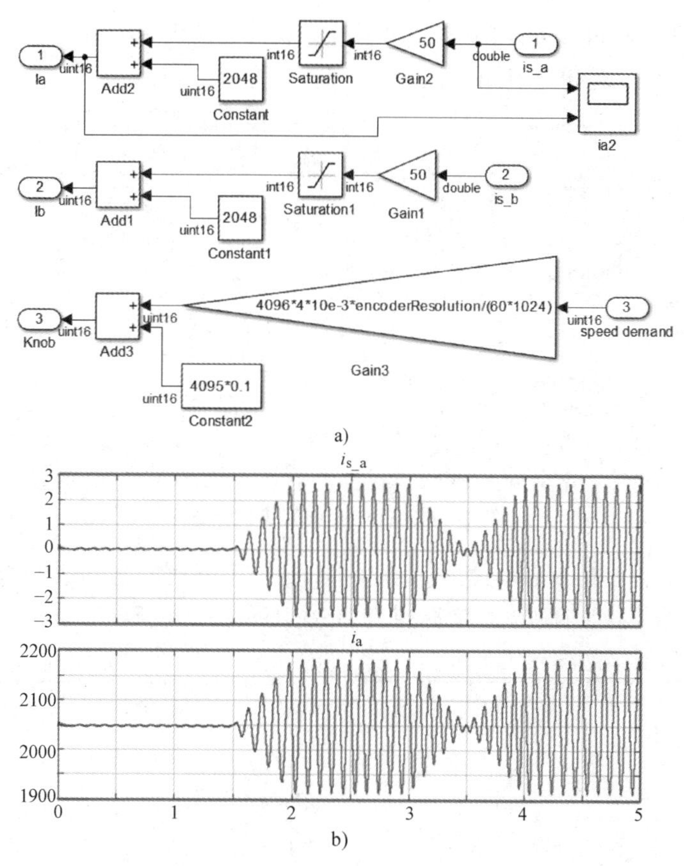

图 H-8　电机相电流与手柄速度信号的处理

图 H-9 给出了 Inputs 子系统内部结构，本单元的功能是为后续的矢量控制提供变量的输入，或者是仿真的电机数据（图 H-9a），或者是控制板硬件实际得到的输入数据（图 H-9b），

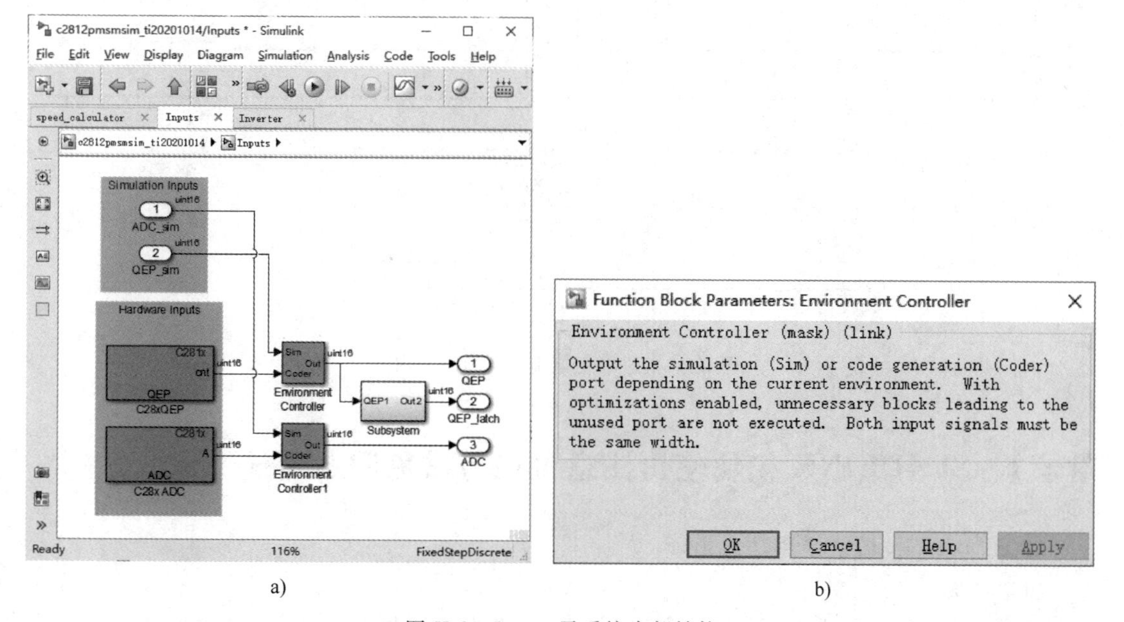

图 H-9　Inputs 子系统内部结构

两种数据通过 Environment Controller 连接在一起，双击该模块如图 H-9 右图所示。

ADC 模块的参数设置如图 H-10 所示。

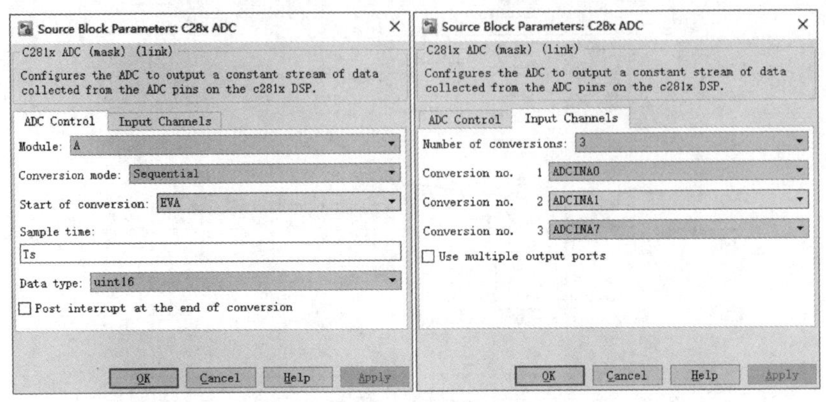

图 H-10　ADC 模块的参数设置

图 H-11 给出了程序仿真后的波形。图 H-11a 给出了外部转矩和速度指令及实际速度信号，图 H-11c～d 给出了手柄速度、实际速度和 iQ_desired 的波形。

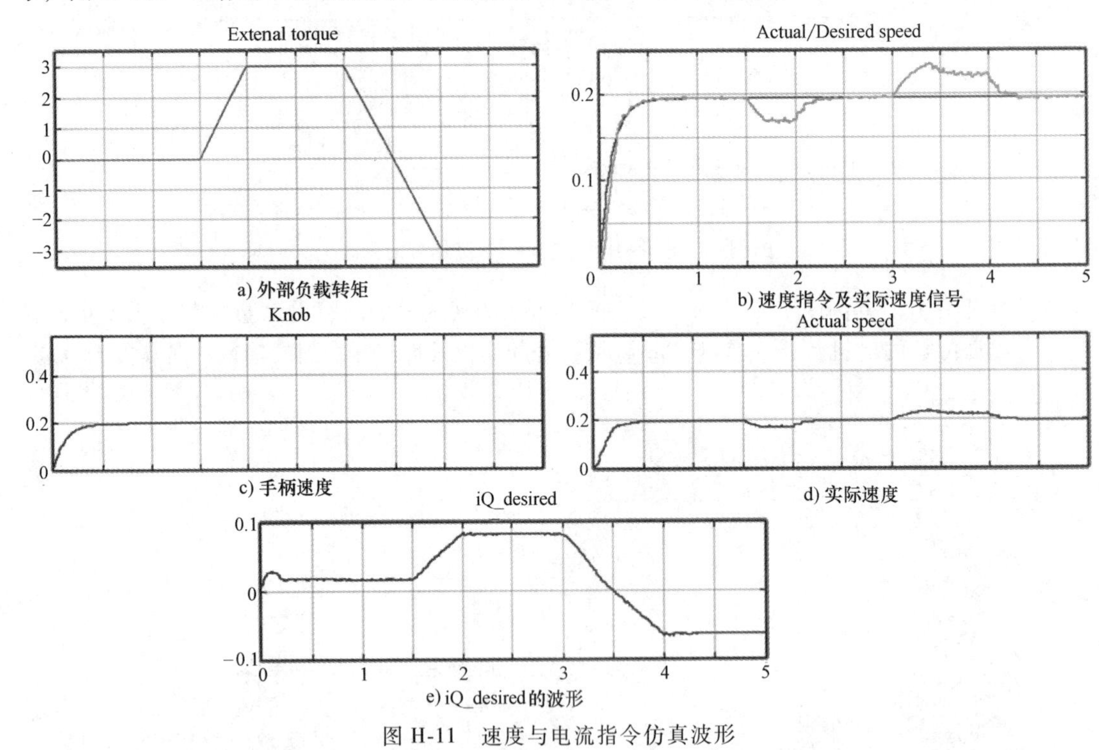

图 H-11　速度与电流指令仿真波形

附录 I　SIMULINK 模块使用注意事项与常见问题调试

1. SIMULINK 模块使用注意事项

(1) Goto

SIMULINK 中 Goto 模块用来对某个信号进行数值传递，在信号的源头放置并连接 Goto 模块，在信号的目的地放置并连接 from 模块，可以省去连接线，使得界面更加整齐、简洁。在使用 Goto 模块时务必注意待传递信号的作用范围，如图 I-2 所示，选择不同作用范围（global、scoped、local）时，Goto 模块中的变量显示是不同的，如图 I-1 所示，多数情况下可选取 global。

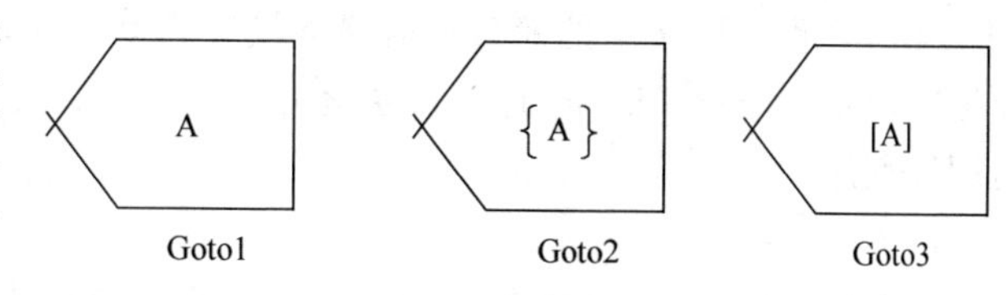

图 I-1　不同类型的 Goto 模块

（2） Display

Display 模块及其参数设置如图 I-3 所示，该模块可用来动态显示变量的数值，但是它会影响系统的仿真速度。通常不需要非常快速地显示变量值，因此可以在图 I-3 中参数设置对话框中将 decimation 设置为 100 等较大的数，这样就不会明显影响仿真速度了。

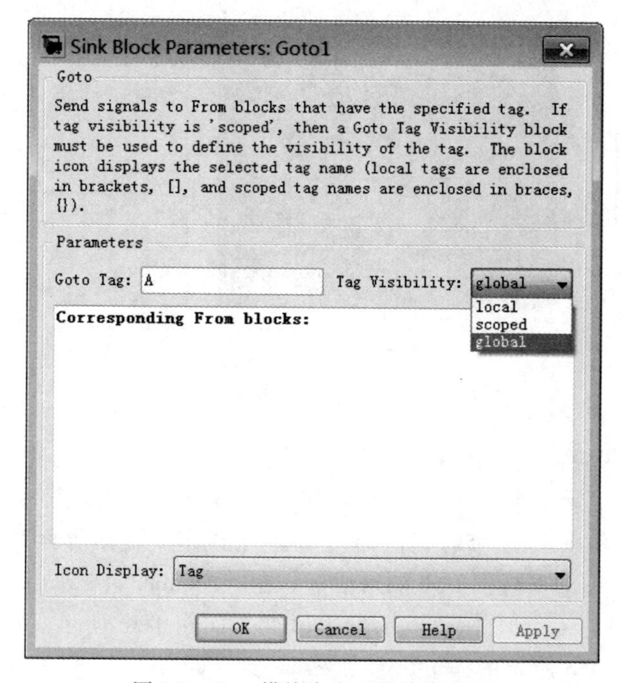

图 I-2　Goto 模块中变量的作用范围

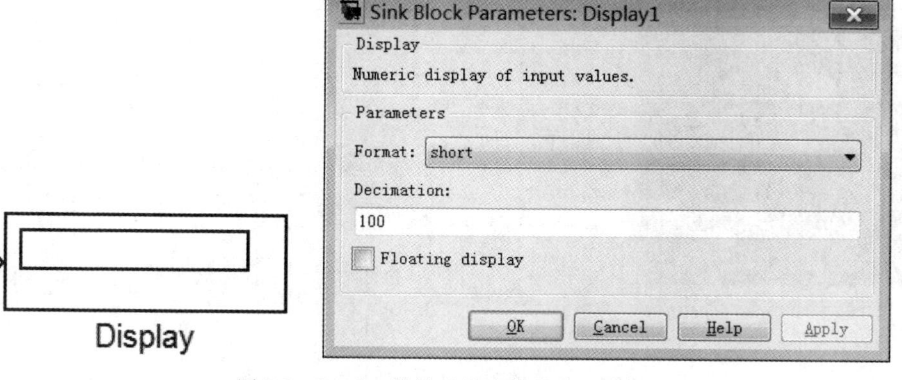

图 I-3　Display 模块及其参数设置对话框

在仿真程序除法中的除数有时错误设置为 0（例如某些变量未被正确初始化），则会导致仿真出错。若把 Display 连至除法运算的结果处，则 Display 会在仿真时显示 NaN，方便我们调试程序。

（3） scope

图 I-4 中的 scope 模块是 SIMULINK 中观察波形最常用的模块。为了在波形界面中显示变量名称，如图 I-4a）所示，可以在其输入连线附近用鼠标双击，随即会出现文本输入框。当输入 te 后，双击 scope 模块后出现的波形显示界面中就会在上方出现 te。另外，在图 I-4b）中，鼠标右键单击黑色绘图区域，在快捷菜单中选择 Configuration properties 后，出现了图 I-4c）所示的对话框。在“Title”一栏中也可以设置变量的名称。另外，在对话框中可以设置波形显示界面中纵轴（Y-limits）的范围。

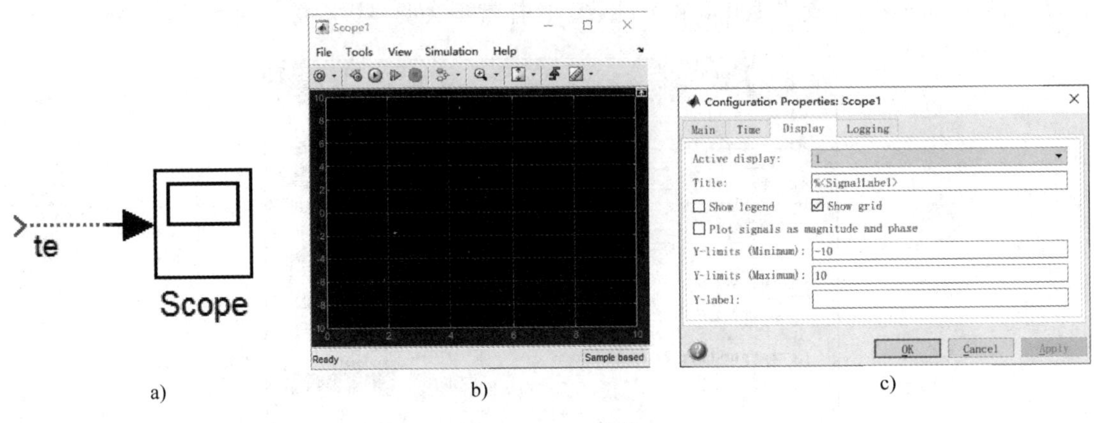

a)　　b)　　c)

图 I-4　scope 模块

在图 I-4 中，如果输入连线传递的是多个变量，那么在 scope 的波形显示界面中会按照默认的颜色顺序同时显示多个波形。如果不同变量的变化范围相差很多，那就不便于同时观察多个波形，此时希望采用图 I-5a）所示的上下两个或多个显示界面。此时可以在图 I-4c）中单击选项卡 Main，随即出现图 I-5b 的对话框。在“Number of input ports”中输入“2”即可，此时仿真文件中的 scope1 外观显示发生改变，如图 I-5c 所示。注意：需要合理设置 Layout 才可以显示图 I-5a 所示的样子。

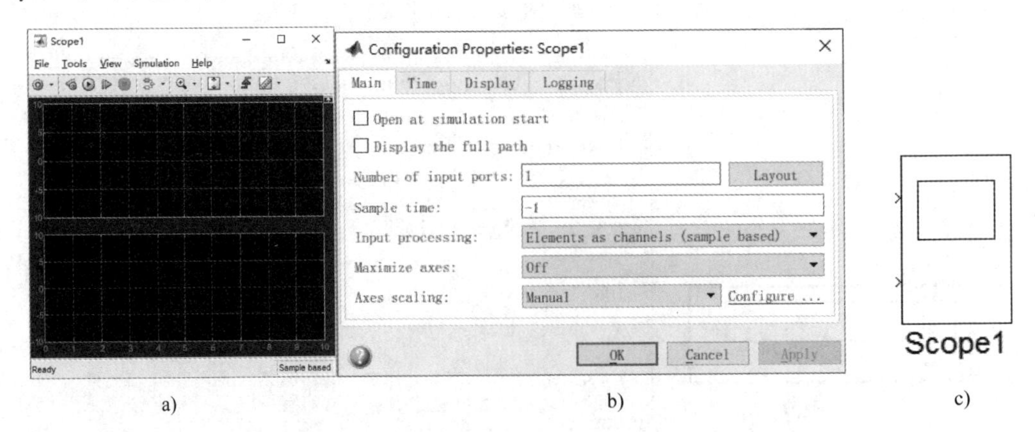

a)　　b)　　c)

图 I-5　显示两个绘图区的 scope 模块设置

打开图 I-6a）的“Time”选项卡，可以在“Time span”中设置 0.1（默认设置是 Auto），目的是为了在仿真中动态显示的时间跨度为 0.1s。在“Time-axis labels”中选择“All”，目的是为了在上下两个绘图区中都显示时间的标记。

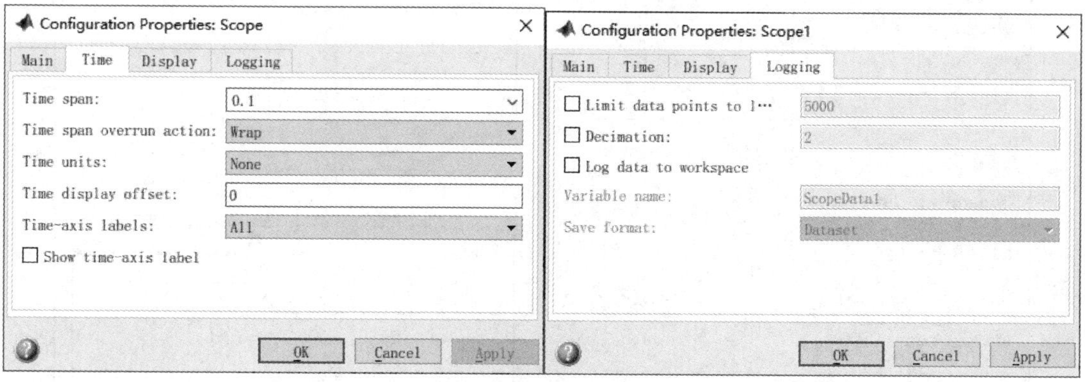

a)　　　　b)

图 I-6　scope 模块中时间显示与数据保存的设置

另外，在图 I-6b）的“Logging”选项卡中不勾选“limit data points to last 5000”的目的是不要将显示波形限制在最后的 5000 个数据点内，也就是说显示所有的波形，如果数据量太多，将会严重影响系统的仿真速度，甚至会出现内存溢出（out of memory）的问题。当然也可以将 5000 改写为更大的数值。SIMULINK 默认设置是不勾选该复选框的。在图 I-6b）下方还可以设置将显示波形数据以变量的形式保存到工作空间中，这需要勾选“Log data to workspace”。应注意的是变量保存的具体格式（如 array、structure、structure with time 等）和引用方式是不同的，一般可以选择 structure with time。“Decimation”中设置“2”的目的同“Display”模块中该参数的设置目的是相同的。

如果需要对 scope 中的绘图区进行个性化设置，可以从菜单 View 或者绘图区右键快捷菜单里面打开 Style 对话框，如图 I-7 所示。Figure color 设置绘图区外围 1 的颜色，Axes colors 设置绘图区底色 2（如图可以设置成白色）与栅格线 3 的颜色。Active display 选择当前编辑的子窗口（如图所示有上下 2 个），Properties for line 设置当前编辑的曲线来自输入端口的哪个信号（如果是多个信号同时显示在一起时就需要正确选择），Line 选择曲线的线型、曲线的宽度及颜色，如图 I-7b 所示。

（4）电力电子变换器中的 PWM 发生器与高频三角载波的设置

以 DC/DC 斩波器为例，经常使用高频三角载波与直流电压调制波相比较获得半导体开关的 PWM 控制信号。如图 I-8 就采用了 PWM 控制的 BUCK 直流变换器对直流电动机进行调压调速。

参考阮毅、杨影与陈伯时老师《电力拖动自动控制系统》（第 5 版）37 页例题 3-3 的相关数据，有 $C_e=0.2\text{Vmin/r}$，$T_m=0.0417\text{s}$，$T_l=0.01\text{s}$，$T_s=1.25\text{e}-4\text{s}$，假定 BUCK 直流输入电压为 300V，即 $K_s=300$。根据教材公式（3-22），很容易计算出调速系统的稳定条件是 $K_p<0.23$。取 $K_p=0.2$，可以计算出阶跃给定下的转速稳态误差，见下式

$$\frac{\Delta n}{n^*}=\frac{1}{1+K}=\frac{1}{1+\dfrac{K_pK_s}{C_e}}\approx 0.03$$

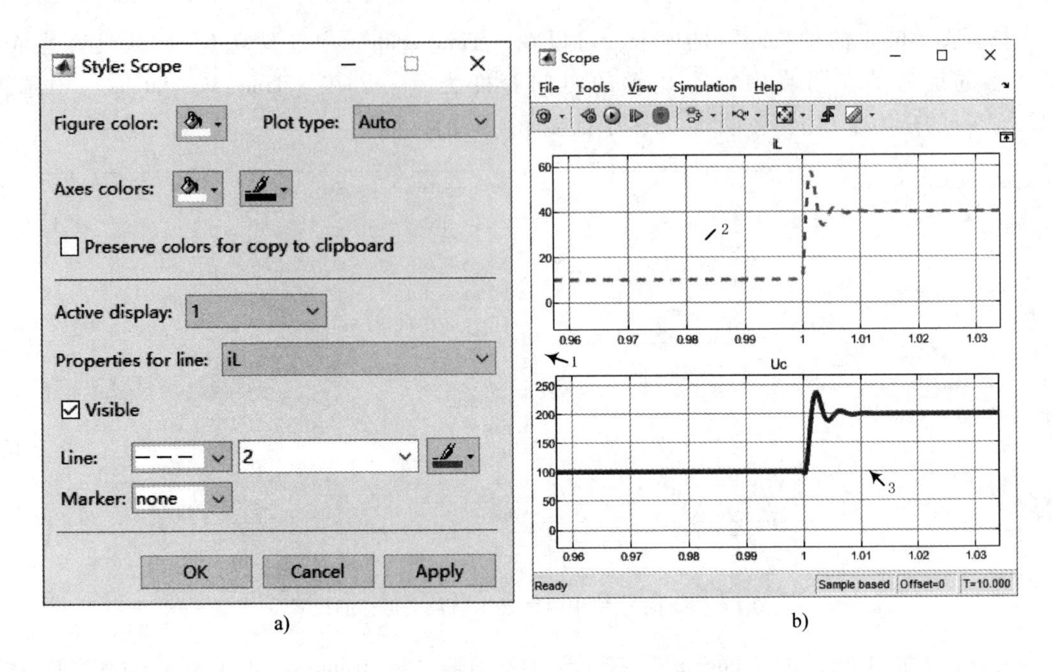

a) b)

图 I-7 scope 中绘图曲线的设置对话框界面

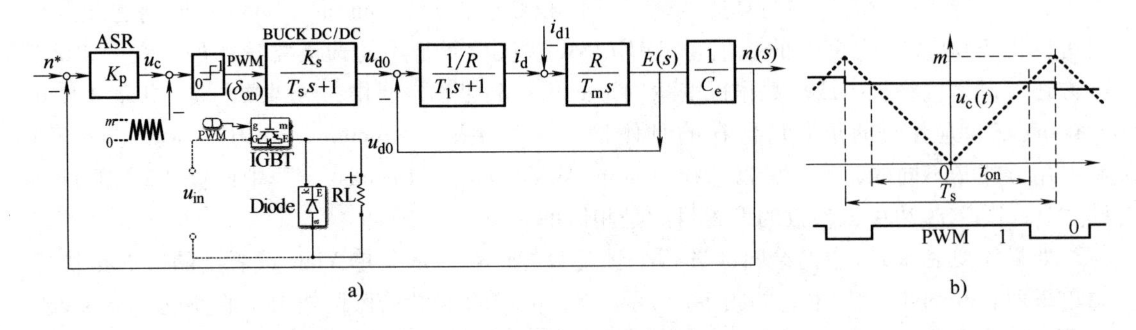

图 I-8 转速单闭环直流电动机调速系统动态结构图与 PWM 导通占空比示意图

当给定转速为 1000r/min 时，稳态转速误差可以达到 30r/min。为了进一步减小稳态误差，很容易想到的方法是增加 K_p。仅仅从数学模型上看，K_p 过大（超过 0.22）会导致系统不稳定，但图 I-8 的系统则不然。因为增加 K_p 后极易出现 $u_c>m$，此时 BUCK 变换器的输出电压最多为 300V，所以系统不会发散（即此时的供电电压已被限制为有限的最大值，前面判断稳定性的条件已不再成立）。最终在 ASR 的负反馈调节作用下，电机的转速会有较大幅度的脉动。增加了 K_p（参考图 12-5b）导致了系统的稳定性变差（u_c、u_{d0}、i_d、T_e、E、n 等中都会含有高频振荡分量），此时 ASR 的作用类似于滞环调节器，失去了线性调节作用。

一般应避免出现上述情况而使 PWM 斩波器工作在线性区域，如图 I-8b 所示，可以推导出开关管的导通占空比满足 $\delta_{on}=t_{on}/T_s=u_c/m$，导通占空比是［0,1］范围内的实数，所以有 $u_c<m$。仿真建模中必须注意的是：为了使 PWM 斩波器处于线性调节范围，需要对图 I-8a 比例调节器输出的 u_c 进行限幅处理。因为有 $\Delta n*K_p<m$，所以必须有 $K_p<m/\Delta n$ 成立，因而 K_p 不能太大才可以使图 I-8 系统处于线性调节中。

小结：1）为了使 u_c 有实际的线性调节作用，K_p 应满足式（$K_p<m/\Delta n$）；2）m 的具体数值不会影响上述的分析，方便起见可取 $m=1$；3）一般可采用试凑法初步确定 K_p。

对比例调节器的改进方法之一就是采用比例积分调节器，参考图 12-5 可以知道，积分器提供了直流频率处的无穷大增益从而有效地减小了稳态偏差（理论上可以做到无静差），PI 调节器在低频处有一定的调节作用，特别是 PI 调节器在高频段也不会有太大的增益（K_p 不应选择太大）从而避免了高频能量在闭环环路内的传播。

（5）Integrator

控制系统经常会使用到积分器（Integrator），SIMULINK 中不同的积分器单元如图 I-10 所示，图 I-11 与图 I-12 分别给出了 5 个不同功能积分器的模型参数设置对话框。

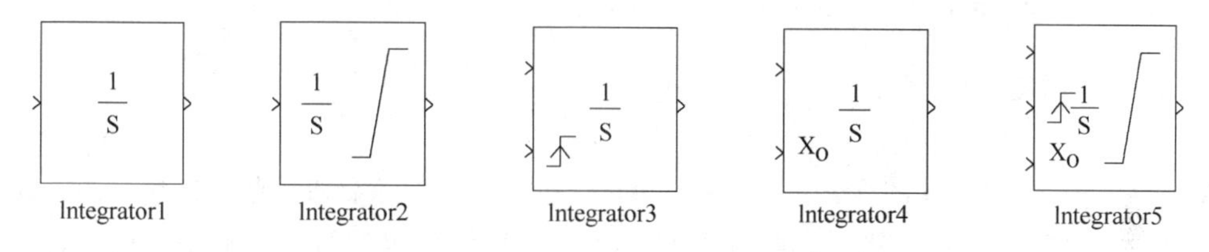

图 I-10　SIMULINK 中不同功能的积分器模块

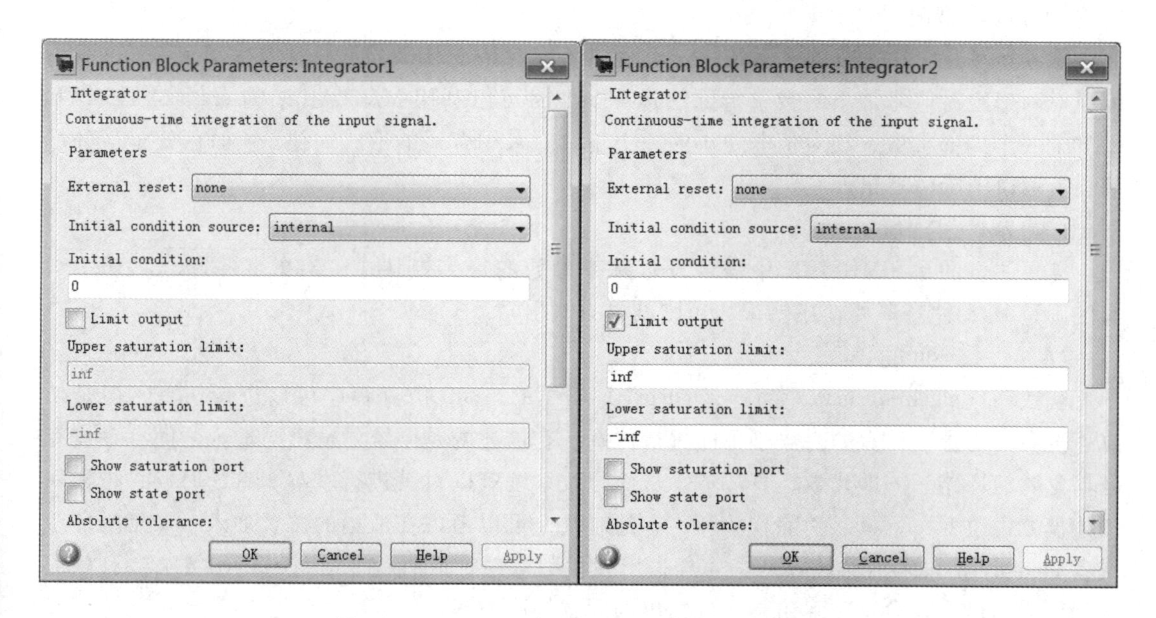

图 I-11　Integrator1 与 Integrator2 参数设置对话框

其中 Integrator1 是一般功能的积分器，它的参数设置对话框如图 I-11 所示，可以看出它仅仅通过对话框设置了积分初始值。如果设置积分器的上下限幅值，就变成了 Integrator2，如图 I-11 右侧所示。如果需要对积分器进行复位（reset），需要图 I-12 左侧的对话框中选择合适的 External reset 条件，此时为 Integrator3。如果需要在外部设置积分器初始值，如图 I-12 中间对话框所示，此时为 Integrator4。如果同时需要设置外部积分初始值和外部复位信号，如图 I-12 右侧对话框所示，此时为 Integrator5。

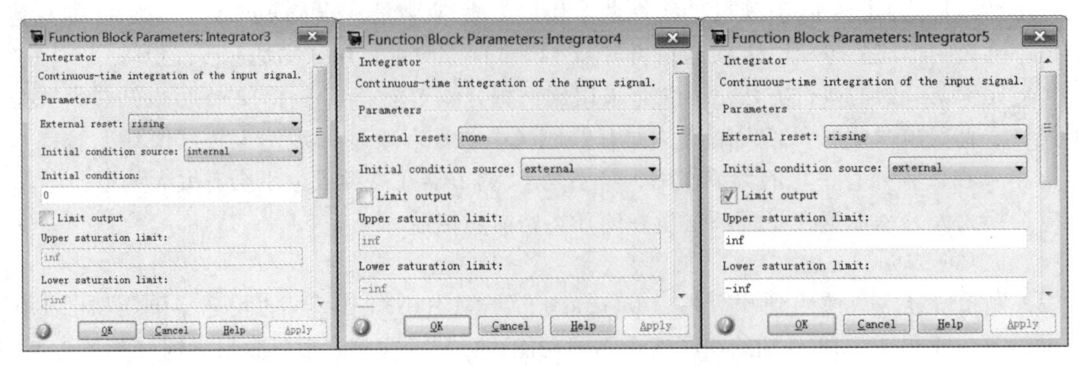

图 I-12　Integrator3、Integrator4 与 Integrator5 参数设置对话框

2. 常见问题与调试

（1）NaN

在 MATLAB 中，NaN 的含义是 not a number，往往在 0 为除数的情况下出现。因为此时不能进行运算，所以导致严重错误，此时 MATLAB 也会自动弹出运行错误的小窗口。为了找到错误的根源，可以找到运行错误窗口提示的模块，然后在与其相关的各条信号线上面连接 display 单元，可以观察到底是哪条信号线的数值有问题，然后逐一分析，直至找出问题所在。

（2）除零错误与 eps

除零运算是无法进行的，系统一定会报错。有时情况比较特殊——在某些特殊条件下，需要对两个绝对值非常小的数进行除法运算。此时可以利用 MATLAB 中的 eps，它是 MATLAB 的一个内部常数，绝对值非常小的一个正数。采用合适的形式，把 eps 加在分子与分母后，就可以消除仿真错误了。

（3）rad/s 与 Hz

需要注意的是 SIMULINK 中需要设置频率参数的很多模块中，有的频率单位是 rad/s，有的则是 Hz，注意不要使用错误，否则结果只能出错。

（4）代数环问题

代数环（algebraic loop）问题有的时候并不严重，mdl 仿真程序可以进行仿真，但是仿真速度会大受影响；有的时候则不能进行仿真。它描述的是系统的输出与输入之间存在没有任何延时的环路——即代数运算环节，从而导致系统难以对其进行求解。有的时候，把模块的建模方式改变一下可以消除代数环；有的时候，可以考虑在适当的位置加入一个延时环节或者 Memory 模块来消除代数环。另外，出现代数环时，MATLAB/SIMULINK 常常会有相应的问题描述，可以尝试一下仿真系统给出的问题解决方案。

附录 J　国内外电动机调速系统相关标准的标准号及名称

标准号	标准名称
GB/T 156—2017	标准电压
GB/T 762—2002	标准电流
GB/T 755—2019	旋转电机定额和性能

（续）

标准号	标准名称
GB/T 999—2021	直流电力牵引额定电压
GB/T 1032—2012	三相异步电动机试验方法
GB/T 1402—2010	轨道交通牵引供电系统电压
GB/T 1971—2021	旋转电机线端标志与旋转方向
GB/T 2423.1—2008	电工电子产品环境试验　第2部分:试验方法　试验A:低温
GB/T 2423.10—2019	电工电子产品环境试验　第2部分:试验方法　试验Fc:振动(正弦)
GB/T 2900.1—2008	电工术语　基本术语
GB/T 2900.25—2008	电工术语　旋转电机
GB/T 2900.33—2004	电工术语　电力电子技术
GB/T 2900.34—1983	电工名词术语电气传动及其自动控制
GB/T 2900.36—2021	电工术语　电力牵引
GB/T 2900.60—2002	电工术语　电磁学
GB/T 3859.1—2013	半导体变流器　通用要求和电网换相变流器　第1-1部分:基本要求规范
GB/T 3859.4—2004	半导体变流器　包括直接直流变流器的半导体自换相变流器
GB/T 3886.1—2001	半导体电力变流器　用于调速电气传动系统的一般要求　第1部分　关于直流电动机传动额定值的规定
GB/T 4208—2017	外壳防护等级(IP代码)
GB/T 4365—2016	电工术语　电磁兼容
GB/T 7180—1987	铁路干线电力机车基本参数
GB/T 7928—2003	地铁车辆通用技术条件
GB/T 10236—2006	半导体变流器与供电系统的兼容及干扰防护导则
GB/T 10411—2005	城市轨道交通直流牵引供电系统
GB/T 12668.6—2011	调速电气传动系统　第6部分:确定负载工作制类型和相应电流额定值的导则
GB/T 13422—2013	半导体电力变流器电气试验方法
GB 14023—2022	车辆、船和内燃机　无线电骚扰特性　用于保护车外接收机的限值和测量方法
GB/T 14472—1998	电子设备用固定电容器　第14部分:分规范　抑制电源电磁干扰用固定电容器
GB 14711—2013	中小型旋转电机通用安全要求
GB 14892—2006	城市轨道交通列车　噪声限值和测量方法
GB/T 15287—1994	抑制射频干扰整件滤波器　第一部分:总规范
GB/T 15708—1995	交流电气化铁道电力机车运行产生的无线电辐射干扰的测量方法
GB/T 17007—1997	绝缘栅双极型晶体管测试方法
GB/T 17619—1998	机动车电子电器组件的电磁辐射抗扰性限值和测量方法
GB/T 17626.1—2006	电磁兼容　试验和测量技术　抗扰度试验总论
GB/T 17626.2—2018	电磁兼容　试验和测量技术　静电放电抗扰度试验
GB/T 17626.29—2006	电磁兼容　试验和测量技术　直流电源输入端口电压暂降、短时中断和电压变化的抗扰度试验

（续）

标准号	标准名称
GB/T 17702—2021	电力电子电容器
GB/Z 18333. 1—2001	电动道路车辆用锂离子蓄电池
GB/T 18384. 1—2015	电动汽车　安全要求第1部分：车载可充电储能系统(REESS)
GB/T 18385—2016	电动汽车动力性能试验方法
GB/T 18386. 1—2021	电动汽车能量消耗量和续驶里程试验方法第1部分：轻型汽车
GB/T 18387—2017	电动车辆的电磁场发射强度的限值和测量方法
GB/T 18487. 3—2001	电动车辆传导充电系统　电动车辆交流/直流充电机(站)
GB/T 18488. 1—2015	电动汽车用驱动电机系统　第1部分：技术条件
GB/T 18488. 2—2015	电动汽车用驱动电机系统　第2部分：试验方法
GB/T 18655—2018	车辆、船和内燃机无线电骚扰特性　用于保护车载接收机的限值和测量方法
GB/T 19596—2017	电动汽车术语
GB/T 19951—2019	道路车辆　电气/电子部件对静电放电抗扰性的试验方法
GB/T 20137—2006	三相笼型异步电动机损耗和效率的确定方法
GB/T 21418—2016	永磁无刷电动机系统通用技术条件
GB/T 21437. 1—2008	道路车辆　由传导和耦合引起的电骚扰　第1部分：定义和一般描述
GB/T 22669—2008	三相永磁同步电动机试验方法
GB/T 22711—2019	三相永磁同步电动机技术条件(机座号80~355)
GB/T 24338. 1—2018	轨道交通　电磁兼容　第1部分：总则
GB/T 24338. 3—2018	轨道交通　电磁兼容　第3-1部分：机车车辆列车和整车
GB/T 24338. 4—2018	轨道交通　电磁兼容　第3-2部分：机车车辆设备
GB/T 24338. 6—2018	轨道交通　电磁兼容　第5部分：地面供电和系统的发射与抗扰度
GB/T 24339. 1—2009	轨道交通　通信、信号和处理系统　第1部分：封闭式传输系统中的安全相关通信
GB/T 24347—2021	电动汽车 DC/DC 变换器
GB/T 24548—2009	燃料电池电动汽车　术语
GB/T 25117. 1—2010	轨道交通　机车车辆　组合试验　第1部分：逆变器供电的交流电动机及其控制系统的组合试验
GB/T 25119—2021	轨道交通　机车车辆电子装置
GB/T 25120—2010	轨道交通　机车车辆牵引变压器和电抗器
GB/T 25122. 1—2018	轨道交通　机车车辆用电力变流器　第1部分：特性和试验方法
GB/T 25123. 2—2018	电力牵引　轨道机车车辆和公路车辆用旋转电机　第2部分：电子变流器供电的交流电动机
GB/T 25123. 3—2011	电力牵引　轨道机车车辆和公路车辆用旋转电机　第3部分：用损耗总和法确定变流器供电的交流电动机的总损耗
GB/T 28046. 3—2011	道路车辆　电气及电子设备的环境条件和试验　第3部分：机械负荷
GB/T 29307—2012	电动汽车用驱动电机系统可靠性试验方法
GB 38031—2020	电动汽车用动力蓄电池安全要求
GB/T 38661—2020	电动汽车用电池管理系统技术条件

（续）

标准号	标准名称
GB/T 39086—2020	电动汽车用电池管理系统功能安全要求及试验方法
GB/T 40822—2021	道路车辆　统一的诊断服务
GB 50157— 2013	地铁设计规范
GJB/Z 25—1991	电子设备和设施的接地、搭接和屏蔽设计指南
GJB/Z 35—1993	元器件降额准则
GJB 5240—2004	军用电子装备通用机箱机柜屏蔽效能要求和测试方法
EN 60349-4—2013	Electric traction. Rotating electrical machines for rail and road vehicles. Part 4: Permanent magnet synchronous electrical machines connected to an electronic converter.
JB/T 1093—1983	牵引电机　基本试验方法
JB/T 6480—1992	牵引电机　基本技术条件
JB/T 7490—2007	霍尔电流传感器
JB/T 10183—2000	永磁交流伺服电动机通用技术条件
JB/T 10922—2008	高原铁路机车用旋转电机技术要求
QC/T 742—2016	电动汽车用铅酸蓄电池
QC/T 743—2016	电动汽车用锂离子蓄电池
QC/T 893—2011	电动汽车用驱动电机系统故障分类及判断
QC/T 896—2011	电动汽车用驱动电机系统接口
QJ 1417—1988	元器件可靠性降额准则
SJ 2811. 1—1987	通用直流稳定电源术语及定义、性能与额定值
SJ 2811. 2—1987	通用直流稳定电源测试方法
SJ/T 10691—1996	变频变压电源通用规范
SJ 20156—1992	电源中减小电磁干扰的设计指南
SJ 20392—1993	穿心电容器和射频滤波器插入损耗的测量方法
SJ 20454—1994	电子设备可靠性设计方法指南
SJ 20722—1998	热电阻温度传感器总规范
SJ 20790—2000	电流电压传感器总规范
TB/T 1449—1982	机车用直流电机基本技术条件
TB/T 1608—2001	机车车辆用三相异步电机基本技术条件
TB/T 1704—2001	机车电机试验方法　直流电机
TB/T 2436—2006	电力牵引　铁路机车车辆和公路车辆用除电子变流器供电的交流电动机之外的旋转电机
TB/T 2437—2006	机车车辆用电力变流器特性和试验方法
TB/T 2509—2014	电力机车及电动车组牵引效率试验方法
TB/T 2513—1995	电力机车牵引电动机输入特性试验方法
TB/T 2990—2000	机车、动车的牵引电机悬挂和轮对传动系统及其推荐使用范围
TB/T 3001—2000	铁路机车车辆用电子变流器供电的交流电动机

（续）

标准号	标准名称
TB/T 3034—2002	机车车辆电气设备电磁兼容性试验及其限值
TB/T 3075—2003	铁路应用　机车车辆设备　电力电子电容器
TB/T 3117—2005	铁路应用　机车车辆　逆变器供电的交流电动机及其控制系统的综合试验
TB/T 3153—2007	铁路应用　机车车辆布线规则
TB/T 3238—2017	机车车辆电机　动车组异步牵引电动机
TB 10072—2000	铁路通信电源设计规范
UL 458—2015	Power Converters-Inverters and Power Converter-Inverter Systems for Land Vehicles and Marine Crafts

上述标准号前缀的含义如下：

EN：欧洲标准

IEC：国际电工委员会标准

UL：美国保险商实验室标准

GB：强制性国家标准

GB/T：推荐性国家标准

GB/Z：国家标准化指导性技术文件

GJB：国家军用系列标准

JB/T：推荐性国家机械行业标准

QC/T：推荐性国家汽车行业标准

QJ：国家航天工业标准

SJ：国家电子行业标准

SJ/T：推荐性国家电子行业标准

TB：国家铁路行业标准

TB/T：推荐性国家铁路行业标准

附录 K　SVPWM 的调制电压及逆变器输出电压的频域分析

1. 空间矢量脉宽调制技术的调制电压的时域表达

PWM 技术可用来控制逆变器输出变压变频（VVVF）三相交流电压。在电压与频率两个维度上，通常更看重的是调节电压的作用。直流电压为 U_d 的两电平电压型逆变器的相电压瞬时值可以看作是 $-U_d/2$ 或 $U_d/2$，采用 PWM 技术可以降低一个 PWM 周期内的平均电压，可以理解为相电压在 $[-U_d/2, U_d/2]$ 内精确可调。这里称期望输出电压为调制电压 $u_A(t)$，即用 $u_A(t)$ 去调制逆变器相电压，使其输出幅值在 $[0, U_d/2]$ 内的正弦交流电压。

为获得 PWM 控制信号，比较简单易行的方法如图 K-1 所示的三角载波规则采样 PWM 示意图（$\omega_c/(2\pi)$ 为 PWM 开关频率）。以 $U_d/2$ 为基值对 $u_A(t)$ 进行标幺化处理得到调制函数 $u(t)$，并将其与范围在 $[-1,1]$ 的高频三角波进行比较，可以得到上桥臂器件的导通

时间 t_{on} 为

$$t_{on}=T_s\left(\frac{1+u(t)}{2}\right) \tag{K-1}$$

若已知 t_{on}，则可以计算出 $u_A(t)$ 为

$$u_A(t)=\frac{U_d}{2}u(t)=\frac{U_d}{2}\left(2\frac{t_{on}}{T_s}-1\right) \tag{K-2}$$

根据第 9 章的分析，可知在线性调制区内，正弦波调制电压 $u_A(t)$ 的幅值 u_m 与调制比 m 的关系为

$$u_m=m\frac{U_d}{2} \tag{K-3}$$

根据 9.3 节 SVPWM 的分析，可以推导出各个扇区内的三个上桥臂的导通时间，进而根据式（K-2）可以计算出 SVPWM 的调制电压。参考 9.3.2 节的内容，当期望电压矢量 $\boldsymbol{u}_s=u_m e^{j\omega_1 t}$ 位于扇区 1 时（ω_1 为基波电压角频率），基本电压矢量 $\boldsymbol{U}_4$ 与 $\boldsymbol{U}_6$ 的作用时间分别是 t_4 与 t_6：

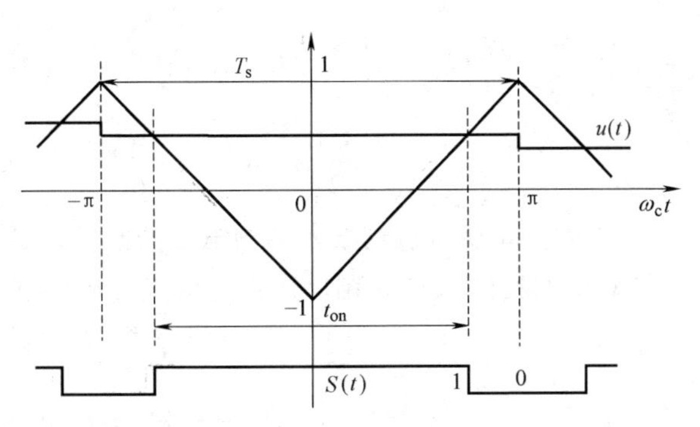

图 K-1　规则采样的 PWM 中各变量关系图

$$t_4=\frac{\sqrt{3}T_s u_m}{U_d}\sin\left(\frac{\pi}{3}-\omega_1 t\right)$$
$$t_6=\frac{\sqrt{3}T_s u_m}{U_d}\sin\omega_1 t \tag{K-4}$$

如图 K-2，因为 $\boldsymbol{U}_4$ 对应的三相开关函数是 100，$\boldsymbol{U}_6$ 对应的三相开关函数是 110，所以 A 相上桥臂的导通时间以及 A 相的调制电压为

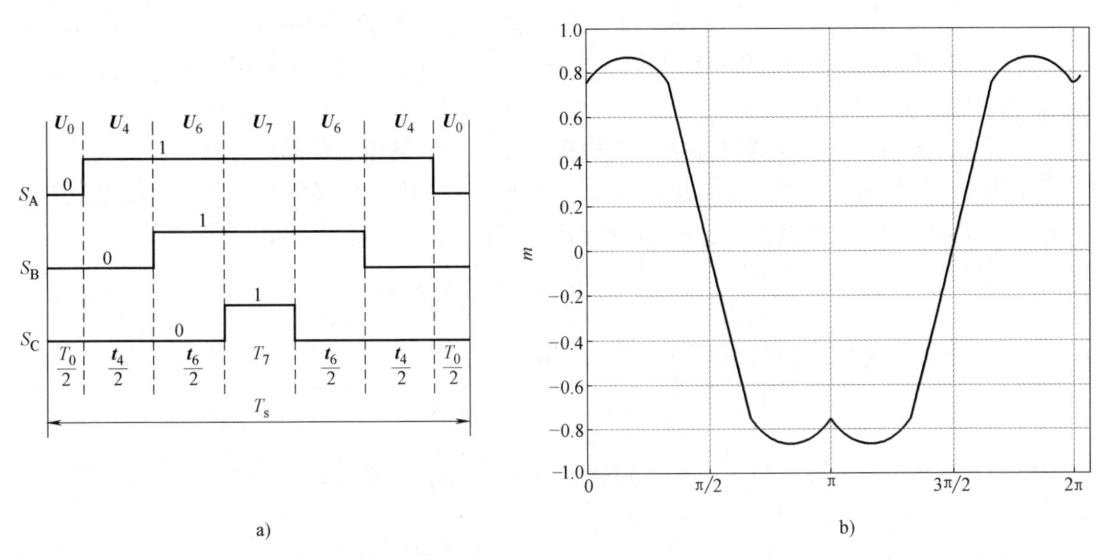

图 K-2　典型的三相 SVPWM 波形及 0~2π 内的 A 相调制电压（$m=1$）波形

$$t_{on}=t_4+t_6+T_7=\frac{T_s+t_4+t_6}{2}$$
$$u_A(t)=\frac{\sqrt{3}}{2}u_m\cos\left(\omega_1 t-\frac{\pi}{6}\right) \tag{K-5}$$

采用同样的方法，可以计算出6个扇区内的A相调制电压，它是一个分段函数，见式（K-6)，其波形绘制在图K-2中，可以看出是一个类似马鞍的波形。

$$u_A(t)=\begin{cases}\frac{\sqrt{3}}{2}u_m\cos(\omega_1 t-\frac{\pi}{6}) & 0\leqslant\omega_1 t<\frac{\pi}{3}、\quad \pi\leqslant\omega_1 t<\frac{4\pi}{3}\\ \frac{3}{2}u_m\cos(\omega_1 t) & \frac{\pi}{3}\leqslant\omega_1 t<\frac{2\pi}{3}、\quad \frac{4\pi}{3}\leqslant\omega_1 t<\frac{5\pi}{3}\\ \frac{\sqrt{3}}{2}u_m\cos\left(\omega_1 t+\frac{\pi}{6}\right) & \frac{2\pi}{3}\leqslant\omega_1 t<\pi、\quad \frac{5\pi}{3}\leqslant\omega_1 t<2\pi\end{cases} \tag{K-6}$$

2. 空间矢量脉宽调制技术调制电压的频域表达

针对周期性的A相调制电压进行傅里叶级数展开，得到：

$$u_A(t)=\sum_{n=1}^{\infty}A_n\cos n\omega_1 t$$
$$A_n=\frac{1}{\pi}\int_{-\pi}^{\pi}u_A\cos n\omega_1 t d(\omega_1 t) \tag{K-7}$$

将式（K-6）的分段函数代入上式中的积分项中，可以得到，

$$A_1=u_m,A_n=\frac{-3\sqrt{3}u_m}{\pi(n^2-1)}\quad n=6k+3,k=0、1、2\cdots \tag{K-8}$$

可以看出，$u_A(t)$ 可以表示为基波分量与3的所有奇数次倍数谐波分量之和，

$$u_A(t)=u_m(\cos\omega_1 t-\frac{3\sqrt{3}}{8\pi}\cos3\omega_1 t-\frac{3\sqrt{3}}{80\pi}\cos9\omega_1 t-\cdots) \tag{K-9}$$

在精度允许的范围内，近似为下式：

$$u_A(t)\approx u_m(\cos\omega_1 t-0.2067\cos3\omega_1 t-0.02067\cos9\omega_1 t) \tag{K-10}$$

所以，SVPWM的调制电压可以近似看作是注入了三次谐波的SPWM（约1/5倍基波分量)，调制电压类似马鞍波形。

3. 受三次谐波注入的PWM控制三相电压型逆变器输出电压的频域分析

这里考虑的调制电压是基波电压中注入了三次谐波的情况，与图K-1对应的三相调制电压可以表示为下式，m 为调制比，d 为三次谐波幅值与基波幅值的比例。

$$u_j(t)=m[\cos(\omega_1 t+\varphi_j)-d\cos3\omega_1 t] \tag{K-11}$$

式中，φ_j 表示A、B、C三相的初相位，见下式。

$$\varphi_j=-j\frac{2\pi}{3}\quad j=0、1、2 \tag{K-12}$$

如图K-1所示的脉冲状的周期开关函数 $S_j(t)$，对其进行傅里叶级数展开，可以得到：

$$S_j(t)=\frac{1+u_j(t)}{2}+\sum_{n=1}^{\infty}A_n\cos n\omega_c t \tag{K-13}$$

$\omega_c=2\pi/T_s$ 是 PWM 的开关频率对应的角频率。针对图 K-1 中的 PWM 波形，

$$S_j(t)=\frac{1+u_j(t)}{2}+\sum_{n=\text{奇数}}^{\infty}\frac{2}{n\pi}\sin\frac{n\pi}{2}\cos\left[\frac{n\pi}{2}u_j(t)\right]\cos n\omega_c t+\sum_{n=\text{偶数}}^{\infty}\frac{2}{n\pi}\cos\frac{n\pi}{2}\sin\left[\frac{n\pi}{2}u_j(t)\right]\cos n\omega_c t \tag{K-14}$$

上式中的两个关键系数如下，

$$\cos\left[\frac{n\pi}{2}u_j(t)\right]=\cos[\beta_n\cos(\omega_1 t+\varphi_j)]\cos[d\beta_n\cos(3\omega_1 t)]+\sin[\beta_n\cos(\omega_1 t+\varphi_j)]\sin[d\beta_n\cos(3\omega_1 t)]$$

$$\sin\left[\frac{n\pi}{2}u_j(t)\right]=\sin[\beta_n\cos(\omega_1 t+\varphi_j)]\cos[d\beta_n\cos(3\omega_1 t)]-\cos[\beta_n\cos(\omega_1 t+\varphi_j)]\sin[d\beta_n\cos(3\omega_1 t)] \tag{K-15}$$

式中的 β_n 为

$$\beta_n=n\frac{m\pi}{2} \tag{K-16}$$

这里需要使用雅可比-安格尔恒等式，如式 K-17 所示：

$$\begin{aligned}&\cos[x\cos\theta(t)]=J_0(x)+2\sum_{k=1}^{\infty}(-1)^k J_{2k}(x)\cos[2k\theta(t)]\\&\sin[x\cos\theta(t)]=2J_1(x)\cos\theta(t)+2\sum_{k=1}^{\infty}(-1)^k J_{2k+1}(x)\cos[(2k+1)\theta(t)]\end{aligned} \tag{K-17}$$

所以，式 K-15 中的四项表达式分别为

$$\cos[\beta_n\cos(\omega_1 t+\varphi_j)]=J_0(\beta_n)+2\sum_{k=1}^{\infty}(-1)^k J_{2k}(\beta_n)\cos[2k(\omega_1 t+\varphi_j)]$$

$$\cos[d\beta_n\cos(3\omega_1 t)]=J_0(d\beta_n)+2\sum_{k=1}^{\infty}(-1)^k J_{2k}(d\beta_n)\cos[2k(3\omega_1 t)]$$

$$\sin[\beta_n\cos(\omega_1 t+\varphi_j)]=2J_1(\beta_n)\cos(\omega_1 t+\varphi_j)+2\sum_{k=1}^{\infty}(-1)^k J_{2k+1}(\beta_n)\cos[(2k+1)(\omega_1 t+\varphi_j)]$$

$$\sin[d\beta_n\cos(3\omega_1 t)]=2J_1(d\beta_n)\cos(3\omega_1 t)+2\sum_{k=1}^{\infty}(-1)^k J_{2k+1}(d\beta_n)\cos[(2k+1)(3\omega_1 t)] \tag{K-18}$$

前面各式中的函数 $J_n(x)$ 是关于自变量（n，x）的第一类贝塞尔函数，MATLAB 与 EXCEL 中都有内部函数可供用户直接调用。

式（K-14）是开关函数 $S_j(t)$ 的频域表达式，因为使用到无穷项求和所以不太方便使用，由于 $J_n(x)$ 函数会随 n 的增大快速衰减，这里忽略较高次的项，并求出下面四个系数，

$$A_2=[-2J_0(d\beta_n)J_2(\beta_n)+2J_2(d\beta_n)J_4(\beta_n)+2J_1(d\beta_n)J_1(\beta_n)+2J_1(d\beta_n)J_5(\beta_n)+2J_3(d\beta_n)J_7(\beta_n)]$$

$$A_3=[2J_0(d\beta_n)J_4(\beta_n)+2J_2(d\beta_n)J_2(\beta_n)+2J_1(d\beta_n)J_1(\beta_n)-2J_1(d\beta_n)J_7(\beta_n)-2J_3(d\beta_n)J_5(\beta_n)]$$

$$B_1=[2J_0(d\beta_n)J_1(\beta_n)-2J_2(d\beta_n)J_5(\beta_n)-2J_1(d\beta_n)J_4(\beta_n)+2J_1(d\beta_n)J_2(\beta_n)+2J_2(d\beta_n)J_7(\beta_n)]$$

$$B_3=[2J_0(d\beta_n)J_5(\beta_n)-2J_2(d\beta_n)J_1(\beta_n)+2J_1(d\beta_n)J_2(\beta_n)+2J_3(d\beta_n)J_4(\beta_n)] \tag{K-19}$$

在 PWM 控制下，A 相电压可以认为是 $S_0(t)$ 乘以直流侧电压，读者可以利用前面的公式进一步深入分析。下面针对 A、B 线电压再作进一步分析，三相电压型逆变器输出的线电压 $u_{\text{PWM\_AB}}(t)$ 可以表达为

$$u_{\text{PWM\_AB}}(t)=U_d\times[S_0(t)-S_1(t)]=u_{\text{PWM\_AB\_1}}(t)+u_{\text{PWM\_AB\_2}}(t)+u_{\text{PWM\_AB\_3}}(t)$$

$$u_{\text{PWM\_AB\_1}}(t)=m\frac{U_d}{2}\left[\cos(\omega_1 t)-\cos\left(\omega_1 t-\frac{2\pi}{3}\right)\right]=\sqrt{3}m\frac{U_d}{2}\cos\left(\omega_1 t+\frac{\pi}{6}\right)$$

$$u_{\text{PWM\_AB\_2}}(t)\approx\sum_{n=\text{奇数}}^{\infty}\frac{2U_d}{n\pi}\sin\frac{n\pi}{2}\left\{-\sqrt{3}A_2\sin\left(2\omega_1 t-\frac{2\pi}{3}\right)-\sqrt{3}A_3\sin\left(4\omega_1 t-\frac{\pi}{3}\right)\right\}\cos n\omega_c t$$

$$u_{\mathrm{PWM\_AB\_3}}(t) \approx \sum_{n=\text{偶数}}^{\infty} \frac{2U_{\mathrm{d}}}{n\pi} \cos\frac{n\pi}{2} \left\{ -\sqrt{3} B_1 \sin\left(\omega_1 t - \frac{\pi}{3}\right) - \sqrt{3} B_3 \sin\left(5\omega_1 t - \frac{2\pi}{3}\right) \right\} \cos n\omega_{\mathrm{c}} t \tag{K-20}$$

$u_{\mathrm{PWM\_AB\_1}}(t)$、$u_{\mathrm{PWM\_AB\_2}}(t)$、$u_{\mathrm{PWM\_AB\_3}}(t)$ 分别代表线电压中的基波分量、奇数倍开关频率附近的谐波和偶数倍开关频率附近的谐波，后两项在式（K-20）中仅仅对开关频率整数倍的左右各两个边频分量进行了表达（奇数 n 对应了 $n\omega_{\mathrm{c}} \pm 2\omega_1$、$n\omega_{\mathrm{c}} \pm 4\omega_1$，偶数 n 对应了 $n\omega_{\mathrm{c}} \pm \omega_1$、$n\omega_{\mathrm{c}} \pm 5\omega_1$），并且可以看出线电压中不含有开关频率整数倍的谐波分量。从式（K-20）中还可以看出，线电压基波分量的幅值是相电压基波幅值的$\sqrt{3}$倍，且 A、B 线电压的相位超前 A 相电压 $\pi/6$。

式（K-11）中 d 取不同值对应了不同的 PWM 方法，$d=0$ 对应了经典的 SPWM；$d=1/6$ 是经典的三次谐波注入 SPWM（与 SVPWM 一样，可以获得最高的直流电压利用率）；$d=0.2067$ 近似代表了前面分析的经典 SVPWM；$d=1/4$ 时，有文献指出此时可以获得优化的总电流谐波（但直流电压利用率略低于最大值）。下面列表给出四种 PWM 方法分别在 $m=1$ 与 $m=0.6$ 两种情况下的线电压几个典型频率点的谐波含量，见表 K-1。

表 K-1　$m=1$ 和 $m=0.6$ 时不同 PWM 方法中几个典型频率点的电压谐波分量表

m	$m=1$				$m=0.6$			
n	$n=1$		$n=2$		$n=1$		$n=2$	
	A_2	A_3	B_1	B_3	A_2	A_3	B_1	B_3
$d=0$	−0.4995	0.0280	0.5689	0.1043	−0.2061	0.0039	1.1629	0.0107
$d=1/6$	−0.3430	0.1789	0.6963	0.3247	−0.1389	0.0705	1.2271	0.0975
$d=0.2067$	−0.3037	0.2154	0.7112	0.3653	−0.1225	0.0865	1.2333	0.1134
$d=1/4$	−0.2607	0.2548	0.7199	0.4028	−0.1047	0.1038	1.2360	0.1281

4. 三相电压型逆变器直流侧电流的分析

忽略逆变器死区的影响，当 A 相桥臂的开关函数为 1 时，A 相电流才会对直流正母线的电流有贡献，因而三相桥臂对直流正母线电流的总贡献（参见图 9-1 中标注的 i_1）为

$$i_1(t) = i_A(t) \cdot S_0(t) + i_B(t) \cdot S_1(t) + i_C(t) \cdot S_2(t) \tag{K-21}$$

在电机等强感性负载条件下，电压型逆变器的负载电流可以认为是比较理想的正弦电流。三相电流可以表示为

$$\begin{aligned} i_A(t) &= i_m \cos(\omega_1 t + \varphi_0) \\ i_B(t) &= i_m \cos(\omega_1 t + \varphi_0 - 2\pi/3) \\ i_C(t) &= i_m \cos(\omega_1 t + \varphi_0 - 4\pi/3) \end{aligned} \tag{K-22}$$

三相开关函数在式（K-14）中给出了表达，联合式（K-14）与式（K-22）两式，可以推导出 $i_1(t)$ 的表达式，

$$i_1(t) = i_{\mathrm{dc}} + \sum_{n=\text{奇数}} \frac{6 i_m}{n\pi} \cos n\omega_{\mathrm{c}} t \left\{ \sum_{q=1}^{\infty} (-1)^q \cos[(6q-3)\omega_1 t - \theta_1(n,q)] \right.$$
$$\left. \sqrt{J_{6q-4}^2(\beta_n) + J_{6q-2}^2(\beta_n) - 2J_{6q-4}(\beta_n) J_{6q-2}(\beta_n) \cos 2\varphi_0} \right\} +$$

$$\sum_{n=\text{偶数}} \frac{6i_m}{n\pi}\cos n\omega_c t\left\{ |J_1(\beta_n)|\cos\varphi_0 + \sum_{q=1}^{\infty}(-1)^{q+1}\cos[6q\omega_1 t-\theta_2(n,q)]\right.$$
$$\left.\sqrt{J_{6q-1}^2(\beta_n)+J_{6q+1}^2(\beta_n)-2J_{6q-1}(\beta_n)J_{6q+1}(\beta_n)\cos2\varphi_0}\right\} \tag{K-23}$$

$i_1(t)$ 中含有直流分量 i_{dc}，可以认为它是由直流电源提供的（参见图 9-1 中标注的 i_{dc}），其表达式已在 10.6 节中给出；另外还含有高频谐波，n 为奇数时，谐波分布在 $n\omega_c \pm 3\omega_1$、$n\omega_c \pm 9\omega_1$ 等频率点；n 为偶数时，谐波分布在 $n\omega_c$ 及 $n\omega_c \pm 6\omega_1$、$n\omega_c \pm 12\omega_1$ 等频率点。

可以推导出 $i_1(t)$ 的有效值，

$$I_{1\_rms} = i_m\sqrt{m\frac{\sqrt{3}}{\pi}\left[\frac{1}{4}+\cos^2\varphi_0\right]} \tag{K-24}$$

理想情况下，可以认为 $i_1(t)$ 的直流分量完全由直流电源提供，高频交流分量完全由电容器提供，则逆变器直流侧电容器电流的有效值为

$$I_{C\_rms} = i_m\sqrt{m\left[\frac{\sqrt{3}}{4\pi}+\cos^2\varphi_0\left(\frac{\sqrt{3}}{\pi}-\frac{9}{16}m\right)\right]} \tag{K-25}$$

忽略直流侧电源电压的波动和电容器的 ESR，电容器吸收上述谐波电流进行充放电会产生相应的脉动电压。在 SVPWM 技术下，电容器脉动电压的最大值（时域内）为 $i_m/(8Cf_s)$，C 为电容器的电容量，f_s 为开关频率，该值对应于功率因数为 1、调制比等于 2/3 的工况；电容器脉动电压的有效值为

$$\Delta U_{C\_rms} = \frac{mi_m}{16Cf_s}\sqrt{\left(6-\frac{96\sqrt{3}}{5\pi}m+\frac{108\pi-81\sqrt{3}}{16\pi}m^2\right)\cos^2\varphi_0+\frac{8\sqrt{3}}{5\pi}m} \tag{K-26}$$

以上分析的电流、电压表达式会因 PWM 技术的不同而发生变化。

附录 L　电压解耦和速度等因素对电流控制的影响

1. PMSM 内部 *dq* 轴的电压耦合

PMSM 的 dq 轴定子电压动态方程如下，

$$\begin{aligned} u_d &= Ri_d + L_d di_d/dt - \omega L_q i_q \\ u_q &= Ri_q + L_q di_q/dt + \omega(\psi_f + L_d i_d) \end{aligned} \tag{L-1}$$

上面两式的最后一项分别是 q 轴对 d 轴、d 轴对 q 轴的耦合电压。dq 轴电磁时间常数为

$$\tau_d = L_d/R \quad \tau_q = L_q/R \tag{L-2}$$

基于第 3 章的 PMSM 数学模型，可以绘出图 L-1 的基于 dq 坐标系的 PMSM 内部结构图。它以 u_d、u_q 作为输入信号，图中左边对应了定子电压方程和磁链方程，右侧对应了转矩方程（包括永磁转矩 T_{e1} 和磁阻转矩 T_{e2}），最右侧对应了电机的动力学方程，图中的 ω 与 θ 分别是电机的电角速度和电角位置。

从图中可以看出，d 轴输入电压 u_d 需要加上 q 轴的耦合电压（电角速度乘以 q 轴定子磁链）之后，然后作用于 d 轴的一阶惯性环节（对应于 d 轴的电磁时间常数）后才得到 d 轴的电流，因此 d 轴的电流显然是受到 q 轴耦合电压影响的。同理，q 轴的电流也是明显受到 d 轴耦合电压影响的。在 12.2 节的电流调节器的分析中没有考虑这种交叉耦合。

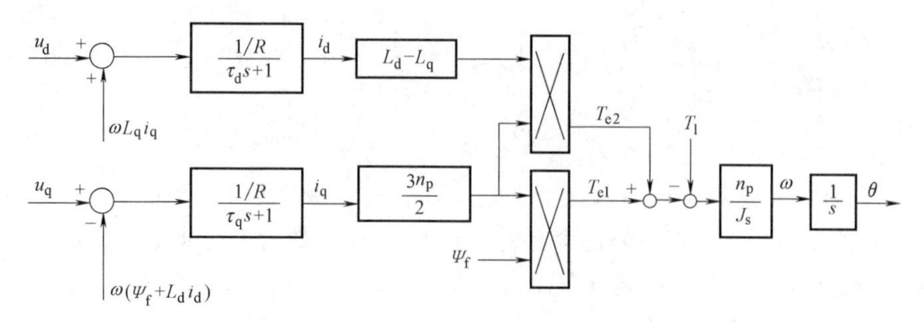

图 L-1　dq 电压作为输入的 PMSM 内部结构图

这里需要指出的是：1）耦合电压会影响 d 轴端电压对 d 轴电流以及 q 轴端电压对 q 轴电流的控制效果。2）以 d 轴电流为例，存在下述的影响路径：$i_d \rightarrow i_q \rightarrow i_d$，即先后通过 d 轴耦合电压及 q 轴耦合电压，i_d 会影响到自身的快速响应。q 轴电流也是如此。3）如果希望消除 dq 轴的这种交叉耦合的影响，需要对定子端电压进行补偿，即 d 轴电压预先减去 q 轴的耦合电压，使其恰好与电机的内部耦合作用相抵消，正如公式 12-25 给出的补偿公式。

2. PMSM 电流控制分析

（1）恒定端电压的电流响应

dq 轴的电磁时间常数一般是在数毫秒～数十毫秒的范围内。如果不考虑 dq 轴的交叉耦合，那么端电压到电流的响应就取决于该时间常数。

因为交叉耦合存在于电机的内部，所以不得不考虑。那么在已知准确电机参数的前提下，可以根据式（L-3）的稳态电压方程计算 dq 轴端电压。

$$\begin{aligned} u_d &= Ri_d - \omega L_q i_q \\ u_q &= Ri_q + \omega(\psi_f + L_d i_d) \end{aligned} \tag{L-3}$$

可以将计算的端电压（假定电机速度不变）作用在电机的 dq 轴定子端部，电流响应波形如图 L-2 所示。由于受到交叉耦合的影响，所以电流响应并不是典型一阶环节的响应波形，而是出现了类似二阶系统的振荡现象（0.2s 时 i_d 的指令从 0A 阶跃变化为−50A）。

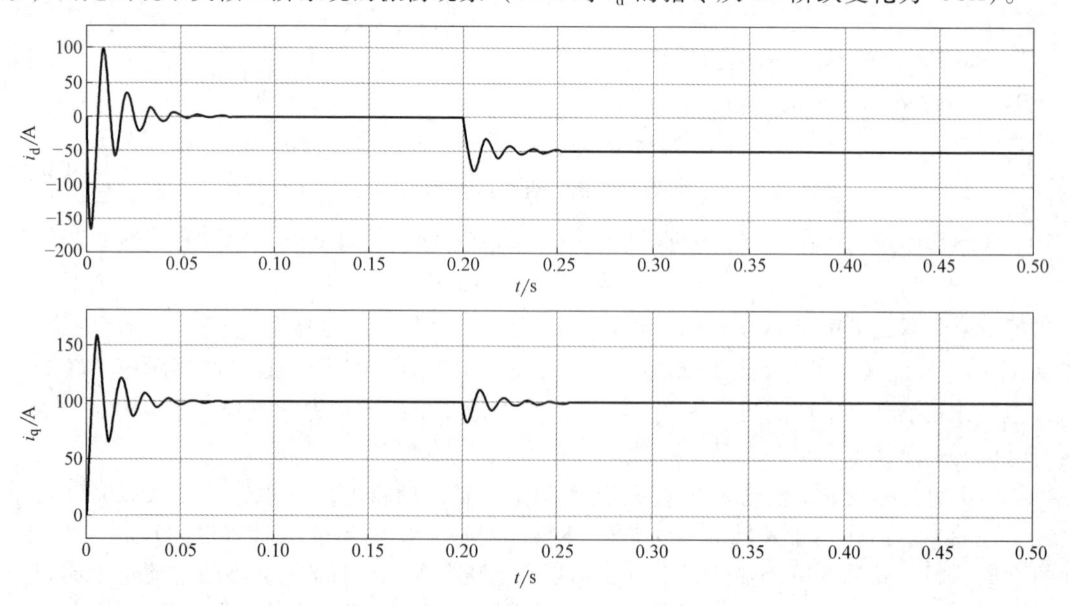

图 L-2　恒定端电压的电流响应波形图

（2）有理想电压补偿的电流闭环控制

为了加快 dq 电流的响应速度，并提高其抗干扰能力，一般会对电流进行负反馈闭环调节。12.2 节中已经采用了图 L-3 所示的比例积分（PI）环节作为电流调节器（ACR）。

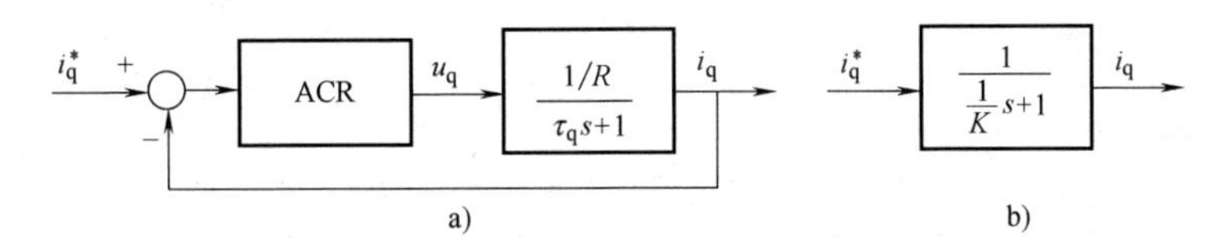

图 L-3　采用电流调节器构成的负反馈调节环路

PI 的传递函数为

$$W_{ACR}(s)=K_p\frac{\tau s+1}{\tau s}=K_p+\frac{K_i}{s} \tag{L-3}$$

参考 12.2 节的内容，一般选择为

$$\tau=\tau_q \tag{L-4}$$

与图 12-12 类似，电流闭环控制单元可以变换成图 L-3b）所示的方框图。于是采用上述 PI 调节器后的 i_q 闭环控制单元就可以等效为一阶惯性环节，其带宽 ω_c 等于系数 K，于是就可以很方便地根据电流控制所需的带宽确定 K 值，而 PI 调节器的参数与 K 的关系为

$$K_p=KL_q=\omega_c L_q \quad K_i=\frac{K_p}{\tau}=\omega_c R \tag{L-5}$$

从理论上说，电流的控制带宽可以根据需要设置得足够高，但是由于系统存在干扰噪声，如果太高的话，容易放大噪声致使系统的稳定性下降，所以不宜太高。另外，由于实际的数字控制系统存在一个控制周期（例如 100μs），所以其物理带宽的上限也受到限制。

如前所述，采用理想的电压解耦单元（见图 12-21）后的电流闭环控制仿真波形如图 L-4 所示。首先电机电流进入了稳态，然后在 0.2s 时 i_d 的指令从 0A 阶跃变化为−50A，在 0.4s 时 i_q 的指令从 100A 阶跃变换为 150A。黑色波形 1 是电流指令的波形，蓝色波形 2 是没有考虑电压补偿的电流响应波形，绿色波形 3 是进行了理想补偿后的电流响应波形。如果不考虑电压补偿，那么蓝色的电流响应会有相对比较长的调节过程（q 轴耦合电压对 d 轴电流的影响看起来更为明显）；加入电压补偿以后，电流的响应非常迅速，其响应速度对应了前面设定的带宽 ω_c。

仿真用电机的参数为极对数为 4，L_d 为 60μH，L_q 为 127μH，永磁磁链为 0.0305Wb，R 为 6.6mΩ，开关频率为 10kHz，峰值功率下电流的幅值为 500A，ω_c = 1000rad/s。

前面仿真是针对恒定速度 PMSM 进行的，所以可以采用图 L-5a）中的 PMSM 简化仿真模型。另外，图 L-5b）给出了另一种耦合电压的补偿方法，图中左侧的 u_d、u_q 信号来自于 PI 调节器的输出，右侧的输出信号 u_{d2}、u_{q2} 提供至 PMSM 的定子侧。

（3）无电压补偿的电流闭环控制

图 L-4 已经给出了没有电压补偿的电流闭环控制波形，可以知道，电流受到交叉耦合的影响是明显的。由于实际电机的电感参数随电流而变化，所以实施理想的电压补偿还必须知道电感的精确值。

在没有电压补偿情况下的电流闭环控制效果还会受到电机转速的影响，下面进行简要的分析。

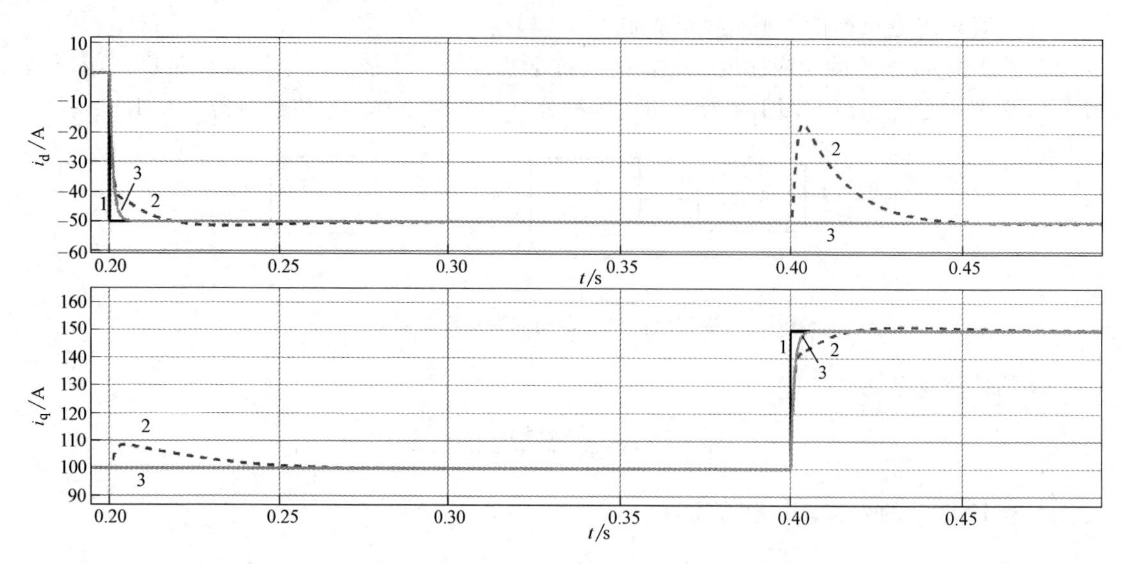

图 L-4　i_d、i_q 闭环控制仿真波形

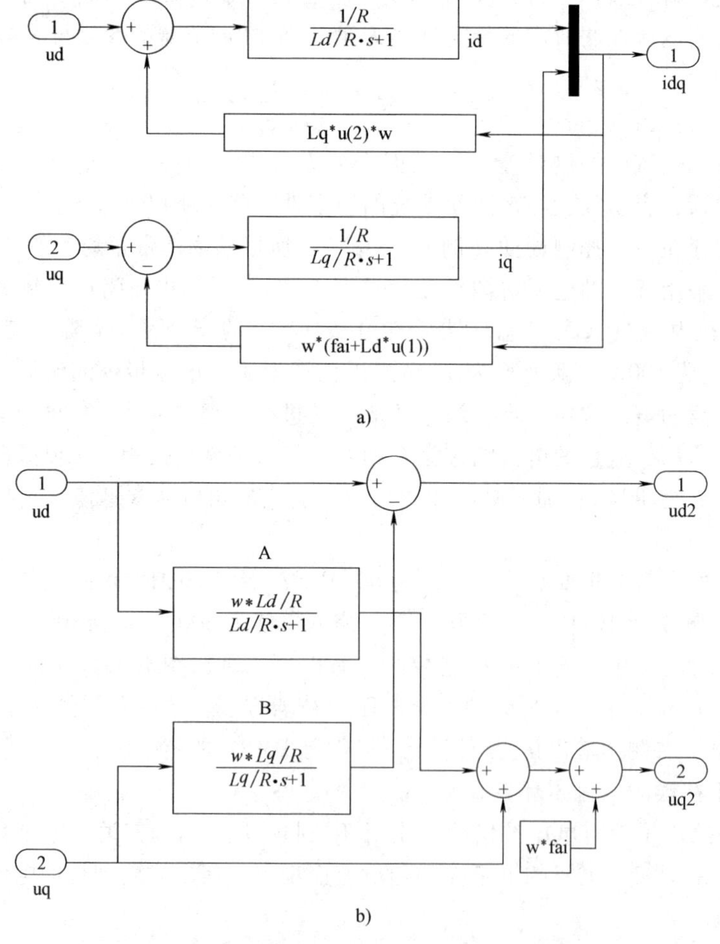

图 L-5　PMSM 简化仿真模型与另一种电压补偿方法

如果不采用前述的电压补偿项，图 L-3a 中的一阶惯性环节需要用下述的 $G_2(s)$ 代替。

$$G_2(s)=\frac{L_d s+R}{L_d L_q s^2+R(L_d+L_q)s+(R^2+\omega^2 L_d L_q)} \tag{L-6}$$

可以看出此时的系统比较复杂，它明显受到转子速度 ω 的影响，这就说明当电机工作于不同速度时，相同参数的 PI 调节器对电流的控制效果会有不同。

针对开环传递函数（ACR 与 $G_2(s)$ 的串联系统）进行 bode 图分析，得出图 L-6a 的结果。图中上半图中倾斜的浅蓝色直线是特意针对 ACR 与一阶惯性环节串联系统进行分析的结果，它不受速度的影响。针对 $G_2(s)$，当速度从 1000r/min 增加到 4000r/min 时的幅频特性向左下移动，导致的结果是：随着速度的增加，幅频特性的剪切频率有明显的下降；最右侧高频部分则几乎没有变化。所以系统对高频噪声的衰减是相同的；针对阶跃指令的稳态（相当于 0 频率）放大倍数都是足够大的，均可以实现无静差（稳态偏差）；针对变化指令的动态响应则存在较大差别，如果剪切频率较高则响应会较快。图中较高速度下的剪切频率下降很多，那么电流的响应会比较缓慢，这一点可以从图 L-6b 的波形看出来。

图 L-6b 中曲线 2、3、4 对应的速度为 1000r/min、2000r/min、4000r/min 下没有电压补偿的电流响应波形，1 是电流阶跃指令，5 是采用理想电压补偿后 4000r/min 下的电流响应，PI 调节器的 ω_c 参数为 1000rad/s。可以看出，对于同样的 PI 参数，速度越高，响应变得越差，超调增加，调节时间变长。这个现象与前面频域分析的结论比较吻合（实际的电流带宽受到了速度的影响）。

3. FOC 系统中 dq 坐标系到 $\alpha\beta$ 坐标系电压变换的相位补偿

参考 12.1 节中的图 12-2，可以看到从静止坐标系的三相电流变换到 dq 坐标系的 i_d、i_q 以及从 dq 坐标系的 u_d、u_q 变换到 $\alpha\beta$ 静止坐标系的定子电压时，都需要使用转子的电角位置信息，准确的转子位置是非常关键的一个重要变量。

PWM 中断服务程序的流程可以参考图 14-11。一般情况下，在一个 PWM 中断服务程序开始的时候，会启动定子电流的采集和转子位置 θ_0 的读取，如果认为它们是同时获取的，那么经过旋转变换就得到了准确的 i_d、i_q，然后经过 dq 轴电流的调节和电压补偿后可以得到 dq 轴电压的指令值。理想情况（包括理想的仿真）中，该 dq 轴电压值变换成静止坐标系电压值，再经过 PWM 技术变换成开关信号去控制三相逆变器的六只功率开关的通断，从而向 PMSM 提供 i_d、i_q 闭环控制所需的定子电压——这个过程是没有额外耗时的。但如图 L-7 所示的实际情况，PWM 中断程序的执行是需要时间的，当 PWM 信号确定下来后，一般也不能立即去控制开关管（不能做到在 $t_0\sim t_1$ 内更新 PWM 波形），而是在当前 PWM 周期（典型值 100μs）结束后再更新专用寄存器值去控制接下来 100μs 内的开关信号（即在 $t_1\sim t_2$ 内更新由 FOC 确定的 t_0 时刻期望的 PWM 波形）。换句话说，当 PWM 开关信号真正开始作用在电机的定子端部时，转子已经转动过了 100μs 的时间——这即是说，电机定子端部接收到的电压矢量 $\boldsymbol{u}_1^{\alpha\beta}$ 相对应的 $\boldsymbol{u}_1^{dq}$ 已经不同于原本的 u_d、u_q 电压指令值了。所以 FOC 中，电压指令从 dq 坐标系变换到 $\alpha\beta$ 坐标系时，需要对转子位置信息进行补偿。

另外，$t_1\sim t_2$ 内的开关信号是花费了 100μs 的时间完全作用到定子端部的，即 u_d、u_q 电压的施加时间存在延迟，所以还需要再补偿 50μs（开关周期的一半）。综上所述，在本例中需要补偿共计 150μs 时间内转子转过的电角度。可以估算一下，电机速度为 7500r/min 时，电机极对数为 4，那么电角速度为 1000πrad/s，150μs 对应的电角度为 27°，如果不补偿的话，就相当于电机端部实际获得的定子电压矢量滞后了 27°（电动工况下）。

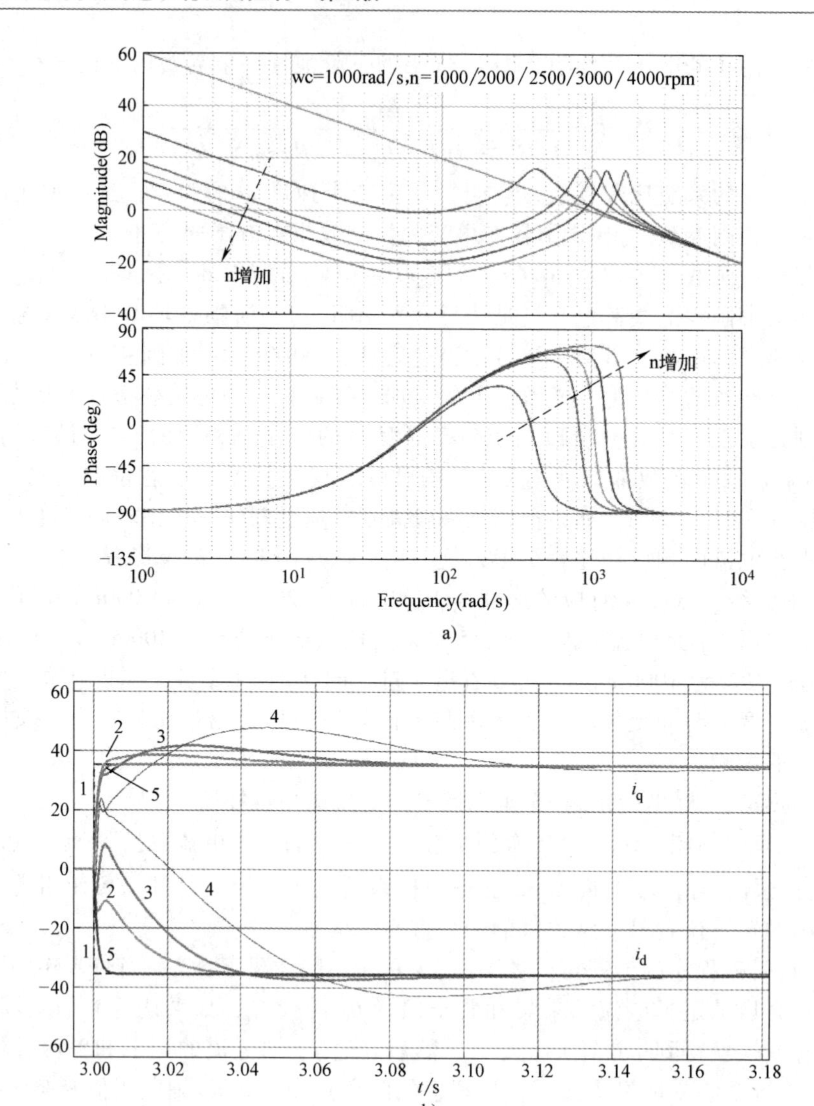

图 L-6　$\omega_c = 1000\text{rad/s}$ 的开环系统 bode 图及不同速度下的电流响应波形

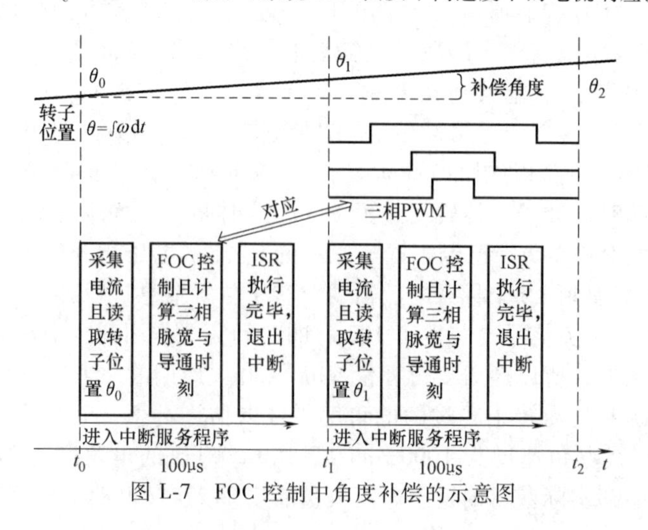

图 L-7　FOC 控制中角度补偿的示意图

部分练习题提示：

1-6：合适，电压中主要是高次谐波，此时电机的感抗很大，所以高次谐波电流并不明显。

1-7：合适，电机的反电势与电机类型以及电机速度有关。

2-3：电角速度 ω 等于机械角速 ω_m 乘以电机的极对数 n_p；电角位置 θ 等于机械角位置 θ_m 乘以电机的极对数 n_p。另外，还有以下关系式：$\omega=2\pi f$、$\omega_m=\frac{2\pi f}{n_p}=\frac{2\pi}{60}n$、$n=\frac{60f}{n_p}$。

2-8：可以的，只要有非零的 i_d 与 i_q 就会有非零的磁阻转矩。

2-10：说法正确。

3-2：仅仅在动力学方程中会出现机械角速度，其他电气变量相关的（如反电势、电压方程等）都是电角速度。

3-3：异步电动机中一般没有较为明显的转子凸极效应，所以两个电感数值相等，不加区分。

3-8：测量永磁磁链数值，可以参考 15.3 节。

3-11：该公式太过复杂，涉及变量众多，所以虽然理论上可行，但实际操作的可行性很差。

3-12：三相电流 1、1、-2A，三相电压 2、2、-4V，$\alpha\beta$ 坐标系电流与电压分别是 1、1.732A 与 2、3.464V，dq 坐标系电流与电压分别是 2、0A 与 4、0V，dq 坐标系转子电角度是 60 度（此时可以理解为采用 110 电压矢量进行转子定位）。

4-1：在某电机的分析中，前后必须采用同一种 3/2 及相应的 2/3 变换，一定不要两种混用。

4-4：结合第 7 章的分析，知道较低频率较低电压的 VVVF 电源更加适合交流电机的顺利起动。

4-7：i_q 分别是 303A 与 219A，定子相电流幅值分别为 303A 与 240A。

4-8：忽略定子电阻压降的话，两种情况下的电机最高转速分别为 3032r/min 与 4074r/min。

6-5：在较高速度下，如果继续选择 MTPA 的工作点，那么电压需求会更多，可能会不满足。另外，从电机效率最高的角度出发，会优先选择电机效率最高的恒转矩曲线上的电流工作点，其对应的电流可能比 MTPA 稍多一点。

7-3：如果负载不够稳定，那么会影响电机的同步运行，可以加装阻尼绕组提高其稳定性。

8-9：三相 VSI 可以将直流侧功率传递到交流侧，也可以反过来，所以它可以实现能量的双向传递。

8-12：A 相电流由 $u_{AN'}$ 而不是由 u_{AO} 决定；参考图 4-38 右下角模块，$u_{AN'}=(2u_{AB}+u_{BC})/3$。

9-7：SVPWM 技术加入了共模电压到相电压的调制波中，从而在相电压没有超出线性调制范围的前提下提高了交流电压的输出。其频谱可以参考附录 K。

9-10：可以利用恒幅值2/3变换，或者参考式9-6。

9-17与9-18：该试验输出的SVPWM波形实际上是100电压矢量与零矢量线性组合的输出；15.4节的试验是仅仅输出100电压矢量，没有零矢量参与；3-12习题中是仅仅采用110电压矢量；如题目中的提示内容，由于电机电阻较小，即便加入较低的直流电压（例如1V）都极易出现很大的相电流而导致直流电压源出现过电流保护甚至故障，所以采用本题所述的SVPWM输出直流电压（里面叠加了高次电压谐波）供给电机，电机的相电流（直流）数值或许很大，但是直流电源的电流数值会小很多（$U_{DC}I_{DC}=(I_A^2+I_B^2+I_C^2)R$），因而是较为合适的试验方案，适宜用来实现15.4节中最后一段所述的对电机转子进行定位的试验测试。

10-5：电压型逆变器直流侧电容器的主要作用：稳定电压，吸收电源和三相半桥电路的脉动电流成分，与电路中的电感进行无功功率的交换等。

11-5：式11-2与式11-3给出的就是一种常用的判断扇区的方法。

12-9：在动态调节过程中，u_d对i_d、u_q对i_q分别起主要的调节作用；但是进入稳态后，i_d对u_q、i_q对u_d的数值分别起主要决定作用。

主要关键词索引

（续）

关 键 词	章 节
弱磁	1.3、2.1.2、3.5、6.2.1、7.3、12.2.5、12.3.2、附录 D
数字信号处理(器)	1.4、11、14.1.3、附录 G、附录 H
铁耗	5.3、6.6
铜耗	3.4.1、4.5.4、6.6
无刷直流电机(BLDCM)	1.1、1.3、3.1、3.2.3
效率	1.3、3.4.1、6.6、9.3.6、10.7、12.3.2、13.4、15.8
谐波	3.4.1、5.3、9.1、9.2.4、9.4.3、10.3、10.4、10.5.2、12.3.2、附录 K
旋转坐标系	3.1、3.3、12.1、附录 L
永磁磁链	3.2.2、3.4.1、4.5.4、15.3
永磁转矩	1.3、3.2.3、3.4.1、6.3.1、12.1
正弦脉宽调制	9.2、附录 K
直接转矩控制	1.3、13
最大转矩电流比	6.3.4、附录 F
坐标变换	3.3、4.5.3、4.5.4

参考文献

[1] 张舟云，贡俊. 新能源汽车电机及驱动控制技术［M］. 上海：上海科学技术出版社，2013.
[2] SUL SK. 电机传动系统控制［M］. 张永昌，等译. 北京：机械工业出版社，2013.
[3] KRISHNAN R. 永磁无刷电机及其驱动技术［M］. 柴凤，等译. 北京：机械工业出版社，2013.
[4] 阮毅，杨影. 陈伯时. 电力拖动自动控制系统——运动控制系统［M］. 北京：机械工业出版社，2021.
[5] 周扬忠，胡育文. 交流电动机直接转矩控制［M］. 北京：机械工业出版社，2011.
[6] 罗兵，甘俊英，张建民. 智能控制技术［M］. 北京：清华大学出版社，2011.
[7] DEPENBROCK M. Direct Self-Control（DSC）of Inverter-Fed Induction Machine［J］，IEEE Transactions on Power Electronics，1988，3（4）：420-429.
[8] 王成元，夏加宽，杨俊友，等. 电机现代控制技术［M］. 北京：机械工业出版社，2006.
[9] 叶金虎. 现代无刷直流永磁电动机的原理和设计［M］. 北京：科学出版社，2007.
[10] 李永东. 交流电机数字控制系统［M］. 北京：机械工业出版社，2003.
[11] 王兆安，黄俊. 电力电子技术［M］. 北京：机械工业出版社，2000.
[12] 汤蕴璆，罗应立，梁艳萍. 电机学［M］. 北京：机械工业出版社，2011.
[13] BOSE B K. 现代电力电子学与交流传动［M］. 北京：机械工业出版社，2004.
[14] 袁登科，陶生桂，龚熙国. 空间电压矢量脉宽调制技术的原理与特征分析［J］. 变频器世界，2005.
[15] LUTZ J，et al. 功率半导体器件——原理、特性和可靠性［M］. 卞抗，等译. 北京：机械工业出版社，2013.
[16] 陶生桂，袁登科，毛明平. 永磁同步电动机直接转矩控制系统仿真［J］. 变频器世界，2002.
[17] 张舟云. 电动汽车用高密度永磁无刷电机控制系统研究［D］. 上海：同济大学，2006.
[18] 袁登科，陶生桂. 交流永磁电机变频调速系统［M］. 北京：机械工业出版社，2011.
[19] 康龙云. 新能源汽车与电力电子技术［M］. 北京：机械工业出版社，2010.
[20] FITZGERALD A E，et al. 电机学［M］. 6版. 北京：清华大学出版社，2003.
[21] PAUL C R. 电磁兼容导论［M］. 闻映红，等译. 北京：机械工业出版社，2006.
[22] MCLYMAN C. 变压器与电感器设计手册［M］. 龚绍文，译. 北京：中国电力出版社，2009.
[23] 孙大南，刘志刚，林文立，等. 地铁牵引变流器直流侧振荡抑制策略研究［J］. 铁道学报，2011，33（8）：52-57.
[24] 马伟明，张磊，孟进. 独立电力系统及其电力电子装置的电磁兼容［M］. 北京：科学出版社，2007.
[25] 钱照明. 电力电子系统电磁兼容设计及干扰抑制技术［M］. 杭州：浙江大学出版社，2000.
[26] 李崇坚. 交流同步电机调速系统［M］. 北京：科学出版社，2006.
[27] 王志福，张承宁，等. 电动汽车电驱动理论与设计［M］. 北京：机械工业出版社，2012.
[28] 刘哲民. 横向磁通永磁同步电机研究［D］. 沈阳：沈阳工业大学，2006.
[29] 贡俊. 电动汽车工程手册（第五卷）：驱动电机与电力电子［M］. 北京：机械工业出版社，2019.
[30] 博格丹M，维拉穆夫斯基，大卫欧文J. 电气工程手册：电力电子. 电机驱动［M］. 翟丽，译. 北京：机械工业出版社，2019
[31] 马伟明. 十二相同步发电机及其整流系统的研究［D］. 北京：北京大学，1996.
[32] JARDAN K R，DEWAN S B，SLEMON G R. General Analysis of Three-Phase Inverters［J］. IEEE

Transactions on Industry and General Applications, 1969, 5 (6): 672-679.

[33] BUJA G S, KAZMIERKOWSKI M P. Direct Torque Control of PWM Inverter-Fed AC Motors-a Survey [J]. IEEE Transactions on Industrial Electronics, 2004, 51 (4): 744-757.

[34] HAVA A M, KERKMAN R J, LIPO T A. A High-Performance Generalized Discontinuous PWM Algorithm [J]. IEEE Transactions on Industry Applications, 1998, 34 (5): 1059-1071.

[35] WU YUNXIANG, SHAFI M A, KNIGHT A M, et al. Comparison of the Effects of Continuous and Discontinuous PWM Schemes on Power Losses of Voltage-Sourced Inverters for Induction Motor Drives [J]. IEEE Transactions on Power Electronics, 2011, 26 (1): 182-191.

[36] LEE D C, LEE G M. A Novel Overmodulation Technique for Space-Vector PWM Inverters [J]. IEEE Transactions on Power Electronics, 1998, 13 (6): 1014-1019.

[37] HOLTZ J, LOTZKAT W, KHAMBADKONE A M. On Continuous Control of PWM Inverters in the Overmodulation Range Including the Six-Step Mode [J]. IEEE Transactions on Power Electronics, 1993, 8 (4): 546-553.

[38] PLATNIC M. Implementation of Vector Control for PMPM Using TMS320F240 DSP [OL]. https://www.tij.co.jp/jp/lit/an/spra494/spra494.pdf.

[39] Y M. How to Design Motor Controllers Using Simscape Electrical, Part 2: Modeling a Three-Phase Inverter [OL]. https://www.mathworks.com/videos/how-to-design-motor-controllers-using-simscape-electrical-part-2-modeling-a-three-phase-inverter-1567758371716.html? s_tid=srchtitle_inverter%20simulation%20video_13.

[40] 钟再敏. 车用驱动电机原理与控制基础 [M]. 北京：机械工业出版社，2021.

[41] 袁新枚，范涛，王宏宇，等. 车用电机原理及应用 [M]. 北京：机械工业出版社，2016.

[42] 杨耕，罗应立. 电机原理与电力拖动系统 [M]. 北京：机械工业出版社，2022.

[43] 朱元，陆科，吴志红. 基于 AUTOSAR 规范的车用电机控制器软件开发 [M]. 上海：同济大学出版社，2017.

[44] 杉本英彦，伍家驹，刘桂英. 现代交流电动机矢量控制理论与设计实践 [M]. 北京：航空工业出版社，2002.

[45] CASANELLAS F. Losses in PWM inverters using IGBTs [J]. IEE Proceedings Electric Power Applications, 1994, 141 (5): 235-239.

[46] 英飞凌 IGBT 模块在线损耗仿真工具 IPOSIM [OL]. https://www.infineon.com/cms/en/tools/landing/iposim-infineon-online-power-simulation-platform/? redirId=158779.

[47] VAN DER BROECK H W, SKUDEINY H C, STANKE G V. Analysis and Realization of a Pulsewidth Modulator Based on Voltage Space Vectors [J]. IEEE Transactions on Industry Applications, 1988, 24 (1): 142-150

[48] 中国汽车技术研究中心，日产（中国）投资有限公司，东风汽车有限公司. 中国新能源汽车产业发展报告（2022）[M]. 北京：社会科学文献出版社，2022.

[49] 上海鹰峰电子，汽车电容器 [EB/OL], http://www.eagtop.com/index.php? class=product & cid=35 & id=1023.

[50] HOLMES D.G, LIPO T.A. 电力电子变换器 PWM 技术原理与实践 [M]. 周克亮译. 北京：人民邮电出版社，2010.

[51] 嘉兴斯达半导体，产品中心 [EB/OL], http://www.powersemi.cc/product.html.

[52] 广义变流，Metro Vehicle [EB/OL], http://www.occonverter.com/About-Company/Product %20 Application/2015519156.html.